Reliability Engineering

신뢰성공학

머리말

신뢰성이란 KS 용어 정의에 따르면, "주어진 기간 동안 주어진 조건에서 요구 기능을 수행할 수 있는, 품목의 능력"이다.

제품의 디자인이나 성능도 중요하지만 선진국에서는 신뢰성이 더 중요하게 되었다. 처음의 품질을 유지하면서 고장없이 오래 쓸 수 있을 때 신뢰성이 높다고 말할 수 있다. 후진국에서 선진국으로 갈수록 성능, 품질, 디자인, 신뢰성의 순으로 관심과 중요도가 커지게 된다. 세계적 명품은 신뢰성을 확보하였기 때문에 가능하였다. 품질과 신뢰성은 곧잘 붙어다니는데 신뢰성 자체가 주요 품질이며 오래 고장나지 않게 한다는 점에서 "미래품질"이라고도 할 수 있다.

신뢰성공학은 산업화를 겪고 선진국이 된 우리나라에서 산업에서나 사회에서 필수적인 요소가 되었다. 4차산업의 시대에 신뢰성은 더욱 중요성이 커질 것이다.

2000년대 들어 정부주도의 법제도적으로 신뢰성 향상 사업이 추진되었는데, 이는 우리나라의 소재·부품의 신뢰성을 높이는데 기여하였고, 기업에서 신뢰성 인식을 높이는 계기가 되었다. 신뢰성인증제도와 신뢰성평가센터가 그 역할을 크게 담당하였다.

저자는 일찌기 발간된 박경수 교수의 "신뢰도공학 및 정비이론"이 우리나라 신뢰성공학을 발전시켰다고 믿고 있다. 이번에 "신뢰성공학"으로 개정판을 펴내게 되었다. 계량적인 신뢰도, 보전공학을 포함하여 신뢰성공학이 더 적절한 제목이라고 보았다. 이번 개정에서는 고장해석, 가속수명시험, 인간신뢰도, 소프트웨어신뢰도 부문을 보충하였고, 미니탭을 사용한 신뢰도 풀이를 각 장마다 소개하였다. 참고문헌에는 신뢰성에 관한 KS들을 소개하였다.

저자는 존경하는 박경수 교수님으로부터 카이스트에서 많은 가르침을 받았고 신뢰성공학으로 박사 졸업을 하였기에 무언가 신뢰성공학 분야에 마음의 짐이 있었다. 그런데 신뢰성공학의 태두(泰斗)이신 박경수 교수님의 책을 개정하는데 공저를 하는 영예를 얻었으니, 기쁘기 한량없으며 행여 누를 끼치지 않을지 두렵다.

사실 이론과 실무에 대해 말한다면, 미분값이 '0'의 극한으로 간다고 하는 것은 실용적으로 '충분히 적은' 단위라고 보면 된다. 예를 들어 일주일이 될 수도 있고 일년이 될 수도 있다. 선형이라는 것도 관심 구간에서 직선으로 간주할 정도이면 선형으로 해법에 접근할 수 있다. 확률지를 사용한 그래프 기법에서 어림셈으로도 대부분 충분한 정보를 얻을 수 있다. 확률을 다루기 때문에 확률의 현실적인 의미를 생각하면 그럴 수 있다.

신뢰성공학에서 수학적 표현, 특히 확률론이 많이 사용되는데 그것은 분석하기 용이하고 객관적 표현에 편리하기 때문이며, 신뢰성공학은 수학이 아니다. 단지 이해를 위한 매개체이다. 수학은 정성적인 표현의 모호함을 제거할 수 있으나 이에 매몰되어서 공식 외우기 식으로 하여서는 안된다. 실무적으로 신뢰성공학은 통계학과 관리기법이 중요하게 사용된다. 그러나 신뢰성을 높이기 위해 결국 전기공학, 기계공학, 화학공학 등의 공학적 설계로 구현되어야 한다.

수학적인 표현이 사용될 때에는 물리적인 의미, 즉 차원(단위)이 무엇이가를 생각하는 것이 바람직하다. $e^{-\lambda t}$란 대표적인 공식을 외우기 이전에, 고장률의 단위, 평균수명의 단위, 확률밀도함수의 단위, 분산의 단위가 어떻게 되는가에 대해 답할 수 있어야 한다.

용어는 가급적 KS에 따랐다. 다만 리던던시에 대해서 "여분"이란 용어를 사용하였다. 중복이란 단어는 적합치 않다고 본다.

한 가지, 한국어의 관례는 특별한 경우가 아니면 영어의 'and'에 해당하는 '및'을 넣지 않고, 복수형을 쓰지 않는다. 서울 부산 간이라고 하지 서울 및 부산 간이라고 하지 않으며, 사과 세 개라고 하지 사과들 세 개라고 하지 않는다. 그러나 필요하다고 생각되면 사용하였다.

띄어쓰기는 학문에서 까다로운 문제이다. 조사 외의 모든 단어는 띄어쓰기를 하는 것이 한글의 원칙인데 용어화한 것은 붙여 쓸 수 있다. 한국, 과학, 기술원은 각각의 단어이지만 한국과학기술원은 한 덩어리로 이해되는 단어이다. 그러나 역시 한 교재 내에서도 띄어쓰기는 어려운 문제이다. 독자의 양해를 바란다.

외래어 표기에 관해 저자의 생각은 원어의 음절수와 가급적 같게 하고, 받침은 원어와 비슷한 자음을 쓰는 것이 좋다고 본다. RPM은 외래어표기법으로 '아르피엠'이지만 사람들은 보통 '알피엠'이라고 한다. 그러나 가급적 외래어표기법에 따르도록 한다.

참고문헌의 표시는 저자명만, 그러나 복수인 경우에 년도표시를 하였다.

이번 개정판에 양이 늘어났지만 미흡한 부분도 많고 지나친 부분도 있을 것으로 생각한다. 장, 절에 *표가 붙은 것 등, 학부과정에서는 과감히 생략할 수 있다. 말하자면 깊은 연구에나 필요한 부분도 있다. 한편으로 모든 신뢰성공학의 내용을 전부 담기도 어려웠다. 계속해서 보완된 모습을 보여드리려고 한다. 바쁜 시간을 내어 감수해 주신 정해성 신뢰성학회정께 진심 감사드린다.

이 책의 출판을 맡아주신 한올출판사의 정성에 감사를 드리며, 그동안 격려를 하여준 아내와 가족에게 고맙게 생각한다.

2018년 1월 1일
북악관 연구실에서
저자 대표 김국(金局)

개정판의 머리말

『信賴度工學 및 整備理論』이 출판된 지도 어언 20년이 지났다. 초판을 출간할 당시만 해도 우리나라의 보전공학, 나아가서는 산업공학 전반에 대한 인식이 미흡하여 신분야를 소개한다는 입장에서 집필하였으나, 이제는 신뢰성/보전성이 소비자 제품뿐만 아니라 공공·민간 부문을 불구하고 설비의 경제성과 안전성의 측면에서 대단한 관심사가 되었다.

그동안 우리 경제가 괄목할 성장을 이룸에 따라 여러 분야에서 長期 투자 사업이 활발히 추진되어 왔고, 그 규모의 거형화는 투자설비의 보전을 중심으로 우리에게 설비보전의 문제를 심각하게 던져 주고 있다. 거대한 투자를 요하는 설비라면, 그 타당성과 올바른 설치의 확인에 그치지 않고, 적절한 기능을 유지하도록 지속적으로 노력해야 하기 때문이다.

또 한 가지 두드러진 여건의 변화는 공장 자동화(FA)와 物流(logistics) 비중의 증가 추세이다. 선진 공업국들이 국제 경쟁력의 초점을 자동화에 맞춰 평가하고 있으며, 이제는 이러한 경향이 우리나라의 산업계에도 급속히 확산되고 있다. 최근에는 컴퓨터 수치 제어(CNC)나 산업 로봇을 응용하여 생산線을 자동화시키는 것에 그치지 않고 물류와 경영 관리까지를 집적화한 컴퓨터 통합 제조(CIM) 및 유연 제조 체계(FMS)로 발전되어 경영 효율을 극대화시키고 있다. 이와 같은 집적도의 증가는 필연적으로 자동화 설비 보전문제의 심각성을 더해 주게 된다. 옛날 같이 단독으로 운전되던 기계의 고장은 그 장치의 운용 손실로 끝나게 되지만 이것이 완전히 집적화된 경우에는 전체 공장에 치명적으로 작용하기 때문이다.

한편 합리성을 중시하는 西洋 사고 방식에서 나온 기능 분업론을 배경으로 한 예방보전(PM)에서 더 나아가, 최근 일본에서는 전원 참가의 PM으로서 생산 보전에 작업자의 自主 보전을 가미한 종합 생산 보전 (TPM)을 적극 추진하고 있다.

이와 같이 공공·민간 부문을 통틀어 보전공학의 개념이 급속히 변하고 있다. 보전이라 하면 기계의 단순 분해/조립을 연상하여 경시하기 쉬우나, 신뢰성/보전성 개선, 보전 정책, 고장 진단 등 폭 넓은 전문 지식이 필요한 응용 분야이다. 컴퓨터 網, 새로운 수학 및 통계적 도구, 또 행태 과학의 여러 자료들은 바야흐로 지식 폭발을 일으키고 있으며 이는 현대 보전 기사들에게 더없이 귀중한 것이다.

이들 환경 변화를 반영하고, 그간 새로이 발표된 이론들을 보충하여 개정판을 출간하기에 이르렀다. 초판에서 사용한 불명확한 용어는 좀더 정확한 의미를 전달할 수 있는 용어로 개정하고자 노력하였다. 지난 20년간 끊임없이 편달해 주신 讀者 여러분께 감사하며, 그들의 관심과 개정판에 대한 요구에 부합하고자 노력하였으나, 아직도 미흡한 점이 많으리라 사료된다. 미비한 점은 앞으로도 계속 개선할 것을 약속드린다. 그동안 개정 원고를 정리하고 교정을 하는 등 많은 도움을 준 신뢰성/인간공학 연구실의 여러 제자에게 감사하며, 출판을 맡아주신 英志文化社의 정성에 사의를 표한다.

1999년 1월 1일
한국과학기술원
朴 景 洙

초판의 머리말

信賴性이란 조그마한 家電製品을 使用하는 消費者로부터 巨大한 企業體나 技術的인 project를 運營하는 사람에 이르기까지 모두가 關心을 가지고 있는 特性이다. 더구나 輸出主導型 경제개발을 계속 추진해 나가는 우리나라 經濟는 製品의 國際競爭力伸張에 최대의 力點을 두고 있고, 여기에 발 맞추어 品質管理運動도 活潑히 展開되고 있는 바, 製品, 生産裝備 및 工程의 信賴度는 품질관리의 先決條件으로서도 그 提高가 절실히 要請되고 있다.

本書는 此際에 이와 같은 要求에 副應하고자 信賴度의 槪念과 技法 그리 고 修理時間에 影響을 미치는 裝備設計 및 整備支援施設의 整備度를 分析하고 評價하는 技法을 理論的으로 展開하여 간단한 部品에서부터 복잡한 system에 이르기까지의 信賴度 및 整備問題를 分析, 設計 및 檢査하는 方法에 關하여 폭넓은 理解를 할 수 있도록 하였다.

信賴度工學이란 一般的으로 말해서, 部品이나 system의 平均壽命(혹은 일반적으로 壽命分布), 特定한 時點 혹은 任意 時點에서 system이 正常稼動할 確率 혹은 주어진 기간內에서 system의 정상가동률을 推算하거나 最適化하는 문제를 다루는 學問이다. 또한 信賴性을 向上시키기 위해 檢査, 修理, 部品交換을 하게 되므로 信賴度問題의 解는 整備政策의 意思決定에도 영향을 미치게 된다. 그리고 信賴度는 system의 整備度, 可用度 및 安全度와도 直結되므로 이에 關한 槪念을 定量的으로 取扱하는 方法도 包含시켰다.

그러므로 讀者들은 本書에서 system 信賴度를 豫測하고, 信賴度目標를 設定하며, 이를 成就하는데 必要한 節次를 決定할 때에 有用하게 쓰일 많은 信賴度公式을 발견하게 될 것이다.

本書는 信賴度문제를 定量的으로 다루어야 하는 實務者와 信賴度문제에 關心을 갖고 있는 産業工學徒를 爲主로 쓰여졌으나, 다른 分野에 從事하고 있는 科學者나 engineer에게도 도움이 되리라 생각하며 特히 제12章에 있는 Laplace 逆變換의 數値解電算 program과 제19章에 나와 있는 線型數理計劃(L.P.) 電算 program은 整備學 以外의 다른 분야에서도 일반적으로 상당히 유용하게 사용되리라 생각한다. 本書는 모두 5部 19章으로 構成되었으며 그 內容을 簡單히 要約하면:

제1부에서는 信賴度工學의 기초가 되는 내용으로서 信賴度體系에 대한 槪觀, 信賴度 分析에 必要한 數學的 背景, 直觀的 方法에 의한 分布推定방법 等이 소개되었으며, 本書의 2章과 3章만을 가지고도 工業統計學이나 産業工學의 敎材로 使用할 수 있도록 집필하였다.

제2부에서는 신뢰도를 靜信賴度와 動信賴度로 나누어 構造分析 및 信賴度改善方法이 자세히 다루어졌고, 故障 현상을 强度와 負荷의 相互作用에 의한 偶發過程(stochastic process)으로 규명하여 기본적 고장법칙들을 유도하였다.

제3부에서는 現實的인 信賴度의 응용문제들로서 computer simulation (Monte

Carlo), 逐次檢査 및 人間信頼度等이 다루어졌고, 또한 신뢰도 管理指針들이 제시되었다.

제4부에서는 整備計劃에 대한 전반적인 理論이 검토되었으며, 예방정비의 경제성, 部品交換政策, 修理정책, computer simulation (GPSS), 예비부품의 재고관리를 포함한 整備支援 등이 토의되었고, 豫防整備體制의 導入과 運營에 관한 지침이 제시되었다.

제5부에서는 高等整備學으로 檢査(監視)정책, 故障珍斷정책, Markov 整備過程 등이 이론적으로 분석되었다.

著者가 整備理論에 관심을 갖기 시작한 것은 O.R. 특히 偶發過程 (Stochastic process)의 巨將인 Michigan 大學 H. P. Galliher 博士研究助手로 勤務하면서 人間의 死亡率分析, Pap smear test의 經濟頻度決定, multiple logistic function을 利用한 coronary heart disease의 危險 要因分析, ECG differential diagnosis 등을 研究하면서 이것이 裝備故障率, 檢査日程計劃, 豫防整備, 故障探索 및 診斷의 문제와 同一하다는 것을 發見하고, 이 宇宙에는 生命體나 無生物을 통틀어 支配하는 一貫性 있는 雄大한 自然法則이 있다는 것을 痛感한 때부터이다.

本書의 內容을 構成함에 있어서 可及的 廣範圍한 分野에서 多樣한 문제를 取扱하려고 하였으나 漏落된 內容도 없지 않으리라 생각된다. 이와 같은 부족한 점을 切實하게 느끼는 讀者 中에서 이를 補完하는 冊을 빠른 時問內에 出版할 수 있다면 多幸한 일이라 생각하겠다. 또한 여러 가지 事情 으로 短期間에 執筆하였다는 點과 著者의 非才淺識으로 많은 缺點이 있으리라 思慮된다. 이런 點에 대해서 先輩諸賢과 讀者諸位의 忌憚없는 批判 과 指導를 바라마지 않는다.

그간 큰 關心을 가지고 著者에게서 信頼度工學 및 整備理論 講義를 들은 學生들에게 감사하며, 그들의 關心이 이 冊을 쓸 勇氣를 북돋아 주었다. 이 冊을 내는데 있어서 陰으로 陽으로 많은 協助를 해주신 韓國科學院 產業工學科 教授 여러분들에게 謝意를 表하며, 內容을 검토하고 校正을 하는 등 많은 도움을 준 生産管理研究室의 여러 弟子 특히 安秉夏 中領께 감사한다.

이 冊의 出版을 맡아주신 塔出版社의 厚意와 支援에 衷心으로 謝意를 表하며, 끝으로 이 冊을 쓰는 동안 仁雅를 가진 무거운 몸으로 忍耐心을 가지고 激勵해준 사랑하는 아내 榮惠와 아빠와 같이 놀 時間을 讓步해야 했던 우리 아들 仁成에게 고맙게 생각한다.

이 世上을 조금이라도 더 浪費가 적고, 安全하며 信賴할 수 있는 곳으로 만드는 데에 本書가 다소나마 보탬이 되기를 祈願하며

1978年 1月1日
韓國科學院에서
朴 景 洙

주요 기호 및 약어

$h(t)$	(순간) 고장률
$\overline{h}(t_1,t_2)$	평균고장률
$R(t_1,t_2)$	신뢰도
$z(t)$	(순간) 고장강도
$\overline{z}(t_1,t_2)$	평균고장강도
$\mu(t)$	(순간) 수리율
$\overline{\mu}(t_1,t_2)$	평균수리율
$M(t_1,t_2)$	보전도
$A(t)$	순간가용도
$\overline{A}(t_1,t_2)$	평균가용도
$\overline{A}$	점근평균가용도
A	점근가용도
$U(t)$	순간비가용도
$\overline{U}(t_1,t_2)$	평균비가용도
$\overline{U}$	점근평균비가용도
U	점근비가용도
FMEA	고장형태영향분석
FMECA	고장형태영향치명도분석
FTA	결함나무분석
MTTF	평균고장시간
MTTFF	평균최초고장시간
MTBF	평균고장간운용시간
MTTR	평균복구시간
MRT	평균수리시간
MUT	평균가동시간
MDT	평균가동불능시간 (평균다운시간)
MADT	평균누적가동불능시간 (평균누적다운시간)
MAD	평균행정지연
MLD	평균보급지연
MMH	보전공수

차 례

제1장 서론

1.1 신뢰성의 개념

사람이 믿을 만하다, 즉 신뢰할 수 있다는 것은 인류가 생길적부터 존경되고 추구되어 온 특성인 것 같다. “신용있다”, “신빙성이 있다”, “변함없다”는 형용사들은 모두 믿을만한 사람을 가리키는 말로서 이것을 보더라도 왜 신뢰성이 높이 평가되는가를 알 수 있다. 사람들은 언제나 서로 믿을 수 있을 때 위안은 느끼며 항상 변함없고 예측할 수 있는 사물을 열망한다.

사람에 있어서 신뢰성이 이렇게 높이 평가되고 있는 것은 확실하지만 어떤 특성이 신뢰성인가를 정확하게 정의한다든가 또 신뢰성의 금전적 가치가 얼마인가를 측정하기는 곤란하다. 또한 신뢰성이란 정도 문제로서 누구는 신뢰할 수 있고 누구는 신뢰할 수 없는 사람이라고 분명하게 나눌 수 있는 경계선도 설정하기가 곤란하다. 단지 어떤 사람이 다른 특정한 사람보다도 상대적으로 좀 더 신뢰할 수 있다든가 하는 등의 판단은 가능하다. 더구나 이러한 평가가 인간의 어떤 특정한 기능과 관련된 것이라면 판단하기가 용이해진다. 예를 들어 출근시간이나 회의참석시간이 얼마나 정확한가에 따라 사람들이 이런 일에 얼마나 신뢰성이 있는가를 평가하는 척도로 사용할 수 있을 것이다.

먼저 신뢰성의 정의를 보자. 신뢰성(reliability)은 “주어진 기간 동안 주어진 조건에서 요구 기능을 수행할 수 있는, 품목의 능력”이다(KSA 3004. 용어 — 신인성 및 서비스 품질)[1].

그림 1-1 신뢰성이 제품 경쟁력[소재부품종합정보망, 신뢰성정보 중]

---

1) KS A 3004 (용어 — 신인성 및 서비스 품질)는 신뢰성의 표준 용어를 제공한다. 그런데 KS 간 또는 한 KS 내에서도 용어의 오류가 있다. 예를 들면 보전성을 보존성, 수리보수성이라고 하거나, 신인성을 의존성이라고 한다든지, 어떤 데는 국문용어화한 것을 다른 데에서 원어를 노출한 것 등이다. 여하튼 표준을 최대한 참조한다. 이 표준은 국제표준 IEC 60050-191을 한국화한 것이다.

1.1.1 신뢰도의 정의

신뢰성을 말할 때 신뢰도란 용어가 더불어 사용된다. “도(度)”라는 어미는 신뢰성의 개념의 계량화를 암시하는 것이다. 즉 신뢰도는 “신뢰성을 확률로 나타낸 것”이다. 영문으로는 신뢰성과 신뢰도 모두 ‘reliability’이다. 확률이란 어떤 특정한 사상(事象, 이 경우에는 충족한 가동)이 발생할 가능성이다. 확률 외에 신뢰성의 계량화 척도에는 평균고장률이라든지 평균수명과 같은 다른 것들도 가능하다. 한편 불신도는 신뢰도의 반대 개념으로서 1에서 신뢰도를 뺀 값이다.

신뢰도의 정의를 나누어 검토해 보면 “주어진 조건”, “주어진 기간”, “요구기능의 수행”, “확률”의 4가지 요소들이 포함되어 있는 것을 알 수 있다. 이 4 가지 요소들은 전부 어떤 장비나 부품의 신뢰도에 큰 영향을 끼치는 중요한 요소들로서 차례로 검토해 보기로 한다.

우선 ‘확률’이라는 단어부터 검토해 보면 신뢰도 자체가 확률로서 표시되는 것이며, 이것은 총시행횟수 중에서 어떤 사건이 몇 번 발생하는가를 나타내는 비율이나 %로서, 예를 들어, 어떤 장비를 50시간 운용할 때의 신뢰도가 70%란 말은 50시간의 운용을 100회하면 70회의 경우에만 장비가 그 운용을 견디어 낼 것이라는 말이다.

‘주어진 조건’에 대해서 3장에서도 자세히 설명되겠지만, 신뢰도란 운용되는 환경에서 오는 스트레스 수준과 부품에 내재적인 강도와의 상호작용에서 결정되는 것으로 환경이 명시되어야 비로소 부품의 신뢰도가 정의될 수 있다. 전형적인 환경요소로는 온도, 습도, 충격, 진동 등이 있으며 경험을 통하여 우리는 이런 환경요소들이 성능을 좌우한다는 것을 잘 알고 있다. 만약 주어진 장비나 부품이 운용될 환경에 대한 묘사가 생략이 된다면, 이것은 주어진 장비나 부품이 설계될 때 운용되기로 의도된 환경자체와 동일한 환경에서 사용될 것이라는 암묵적 합의가 될 것이다. 사용 목적의 장비란 특정한 조건 하에서 특정한 작동을 하도록 설계되어 있다. 여기서 조건이란 생산과정, 운반 중, 보관 중, 사용 중에 흔히 부딪히는 여러 가지를 말하는 것으로 기온, 압력, 습도, 가속도, 진동, 충격, 소음, 등과 같은 주위 환경이 있으며 전압, 전류, 토크, 부식성 공기 등과 같은 운용조건이 있다. 만일 하나의 장비가 원래 의도된 환경에서 운용되었을 때 고장나든가 과도하게 쇠약해진다면 이는 신뢰도가 낮은 것을 나타내지만, 설계된 원래의 운용조건 보다도 더 악조건에서 장비를 가동하여 발생하는 고장은 신뢰도의 척도가 될 수 없다. 예를 들어 승용차를 늘상 험지에서 무거운 물건을 끄는 데에 사용하고서 고장이 자주 나니 신뢰도가 낮다고 말할 수 없다.

‘요구기능의 수행’이라는 요소를 보면 무엇이 요구기능을 만족한 작동인가를 명확하게 명시하거나 정의할 수 있는 판단기준이 필요한 것을 알 수 있다. 부품의 작동 특성은 일반으로 연속변수로 묘사할 수 있겠으나 분석을 용이하게 하기 위해서 작동특성을 양호·불량의 두 상태로 구분할 수 있다. 양호·불량의 두 상태는 때에 따라서는 정상·완전파괴와 같이 명확할 수도 있으나, 경우에 따라서 어떤 자동차가 시내에서, 달릴 수 있는가에 따라서 양호·불량을 판단하는 것과 같이 임의적일 수도 있다. 여기서 중요한 것은 그 의도되는 사용 목적이며 같은 자동차라도 시내운전에 양호한 차가 경주용에는 불량할 수가 있는 것이다. 이 책에서는 주로 두 상태로 분류되는 경우를 다룰 것이나 경우에 따라서는 나중에 거론되겠지만, 불량상태를 막힌 고장(폐회로고장)과 뚫린 고장(개회로고장)의 종류로 세분할 경우도 있다.

'주어진 기간'이라는 요소는 좀 더 명확하다. 의도된 사용기간이 명시되어야 신뢰도가 설명될 수 있다. 장비를 동원한 한 작전의 임무는 그 소요시간이 있으며, 제품의 보증서에는 그 유효기간이 명시되어 있다. 고장시간[2)]이 사용기간보다 길어야 할 것이다. 무엇이 장비의 가동상태인가를 판단하는 기준이 정의된 후에는 운용기간동안 가동상태의 기준과 비교된다. 세탁기의 신뢰도가 높다는 말을 할 때, 무한정 길게 고장나지 않고 작동된다고 말할 수 없다. 10년간 고장없이 사용하는 확률은 1년간 고장없이 사용하는 확률보다 작을 수밖에 없다.

사실상 신뢰도를 논할 때는 항상 어떤 기능이나 임무와 관련되어서 사용된다. 넓은 의미로 보면 신뢰도란 성과를 측정하는 척도이다. 그러므로 신뢰도의 개념은 인간의 활동뿐만이 아니라 인간이 만들어 낸 사물들이 그 주어진 기능을 얼마나 잘 수행하는가를 나타내는 척도로도 사용되는 것이다. 사람이 다른 사람에게 실망할 수 있는 것 같이, 어떤 사물이 생각대로 기능을 발휘해 주지 않는다면 또 실망하게 될 것이다. 사람의 경우보다 사물의 경우에 신뢰성이 결여되어 있다면 이것은 단지 환멸을 느낄 정도에 그치는 것이 아니고 시간낭비, 자본낭비, 또 때로는 인간의 생명에 위협을 줄 수도 있다. 이렇게 신뢰성의 결여로부터 야기되는 결과가 심각해질수록 신뢰성 있는 제품을 원하게 되며 신뢰도에 관심을 쏟게 되는 것이다.

신뢰성의 결여로부터 야기되는 결과의 경중에 따라 한편으로는 신뢰도 높은 TV를 원하는 예를 들 수도 있다. 만약 TV가 고장나면 소비자는 귀찮게 생각할 수도 있고, 화가 날 수도 있고, 수리하는 비용을 지출해야 될 때도 있다. 주어진 TV의 신뢰도가 얼마나 높아야 하는가는 소비자가 귀찮고 화나지 않는 것이 얼마나 가치가 있다고 생각하는가, 또 수리하는 비용은 얼마나 되는가에 달려 있다.

또한 극단적인 예를 든다면 항공사 입장에서는 신뢰도 높은 비행기를 원할 수도 있다. 만일 비행기가 추락하게 되면 이것은 귀찮고 화나는 일로 끝나는 것이 아니다. 사상자에 대한 처리를 해야 하므로 거액의 비용이 지출될 수도 있다. 이 경우

2) 고장과 작동은 반대인데, 고장시간과 작동시간은 왜 같다고 할까. time to failure는 '고장까지 시간'이며 고장상태의 시간이 아니다. 관례적으로 고장시간이라고 하며(영어도 그렇다), 역시 수명(life, lifetime)과 동의어이다. 이 책에서 고장시간과 수명은 같이 쓰인다. 수리품목의 고장시간은 time between failure라고 하며 '고장간 시간'이라고 부르기도 한다.

에 비행기의 신뢰도가 얼마나 높아야 하는가는 당연히 TV의 신뢰도 기준과는 훨씬 다를 것이다.

앞에 든 두 개의 예로부터 알 수 있듯이, 신뢰성이란 제품의 소비자로부터 기업가 또는 어떤 기술적인 프로젝트의 책임자에 이르기까지 모든 사람들의 관심사이다. 물론 관심의 정도와 신뢰도 수준은 신뢰도가 부족할 경우의 결과에 달려 있다. 신뢰도를 개선하는 데에는 비용이 들지만 결과적으로 다른 종류의 비용절감을 가능하게 하거나 사회적인 관점에서 바람직하거나 인명의 손실을 방지할 수도 있다. 이런 종류의 어떤 실제적인 문제와도 마찬가지로 신뢰도를 성취하기 위한 비용과 그로부터 얻을 수 있는 혜택의 경제적인 타협점을 발견해야 한다. 그러므로 어떠한 기능적인 물건에 대해서도 그것이 신뢰성이 있는가를 아는 것뿐만 아니라 특히 "계량화된" 신뢰도가 충분한가를 알 필요가 있다. 바꾸어 말하면 경제적인 타협점을 구하기 위해서는 신뢰도 자체를 측정할 수 있는 양으로 정의하여 사용해야 한다.

1.1.2 품목의 정의

품목(品目, item)은 개별적으로 고려될 수 있는 단품, 부품, 디바이스, 하위시스템, 기능유닛, 장비 또는 시스템(체계)을 말한다. 품목은 하드웨어, 소프트웨어 또는 이들 모두로 구성될 수 있고, 특별한 경우에는 사람을 포함할 수도 있다. 여러 품목들이 하나의 품목으로 간주될 수 있다. 상위 품목(시스템)에서 하위 품목(요소)까지 계층적인 뜻으로 널리 사용되고 있다. 현 KS A 3004에서는 영어 발음대로 '아이템'이라고 표기하고 있지만, '품목'이 더 나은 표현이라고 보인다. 한편 KS에선 개체(entity)를 동의어로 정의하였다.

품목은 수리품목과 비수리품목으로 나눌 수 있다. 수리품목은 수리 보전에 의해 요구기능을 복구시킬 수 있는 품목으로, 수리 보전에 의해서 계속 사용하는 품목을 말한다. 품목이 시스템일 때 수리가능체계 또는 수리계라고 한다.

한편 고장이 일어났을 때, 수리가능하지만 수리하지 않거나, 또는 수리가 불가능한 품목을 비수리품목이라고 한다. 비수리품목을 굳이 구별하여 수리불능품목이라고 부르기도 한다. 특히 1회만 사용하는 품목을 일회용(one-shot) 품목이라고 한다. 비수리품목이 시스템일 경우 비수리계라고 한다. 고장에 대한 개념과 분류는 뒤에서 더 살펴볼 것이다.

1.1.3 품목상태(item state)*

품목이 요구 기능을 수행하고 있는지 또는 가동하고 있는지의 상태를 말한다. 품목의 상태 및 그에 관련된 시간은 다음과 같은 종류가 있다. 표 1-1은 품목상태를 국제표준에 의거해 요약한 것이다. 신뢰성 척도 관련 시간은 제4장에서 설명한다.

(1) 요구시간(required time)

과거에는 '동작필요시간'이라는 용어로 사용되었다. 사용자가 품목이 요구기능을 수행하는데 필요로 하는 기간이다. 이때 기능 수행을 필요로 함에도 불구하고 가동상태 뿐 아니라 가동불능상태에 있을 수도 있다. 가동상태의 시간이 가동시간(uptime), 가동불능상태(downtime)의 시간이 가동불능시간 또는 다운시간이다.

표 1-1 요구시간 중의 상태

<table>
<tr><td colspan="4">가동상태(up state)</td><td>가동불능상태(정지상태, 다운상태, down state)</td></tr>
<tr><td colspan="2">운용상태(operating)</td><td colspan="3">비운용상태(non-operating)</td></tr>
<tr><td></td><td colspan="2">대기상태(standby)</td><td colspan="2">불능상태(disabled)</td></tr>
<tr><td>(출력산출/부가가치생산)</td><td>유휴(idle)/운용대기(hot standby)</td><td>비운용 대기(cold standby)</td><td>외적불능</td><td>내적불능</td></tr>
</table>

(2) 비요구시간(non-required time)

과거에는 '동작불요시간'이라는 용어로 사용되었다. 사용자가 품목이 요구기능을 수행하는데 필요로 하지 않는 기간을 말한다.

1.1.4 신뢰성척도

신뢰성척도는 신뢰성을 정량적인 값으로 표현하는 수치로서, 신뢰도함수, 고장밀도함수, 수명분포함수, 백분위수, B_{10} 수명, 고장률, 누적고장률, 평균수명, 평균잔여수명 등이 있다. 그림 1-2는 신뢰성척도와 그들 간의 관계를 나타낸 것이다. 수명 자체는 확률변수이므로 단일한 수치로 표현되기 어렵다.

1.1.5 고유신뢰도와 운용신뢰도

고유신뢰도(inherent reliability)는 품목의 설계, 제작, 시험 등의 과정을 거쳐 만들어지는 신뢰도, 말하자면 품목이 태어나면서 갖는 신뢰도이다. 설계자의 신뢰도이다. 평균고장시간은 MTTF이다.

운용신뢰도(operational reliability)는 사용신뢰도라고도 하는데, 운용 상태에서의 품목의 신뢰도를 말한다. 품목이 제조장소에서 운용장소에 이르는 과정(포장, 수송, 보관) 또는 운용단계에서의 환경, 부하, 조작, 보전성 등의 요인에 영향받는다. R_o를 운용 신뢰도, Ri를 고유 신뢰도라고 하면 $R_o = k \times Ri$이다. 단, k는 운용, 보전의 조건에 따라 변하는 계수로 보통 $k < 1$이다. 정의상 운용신뢰도는 수리품목에서 적용된다. 평균고장시간은 MTBF이다.

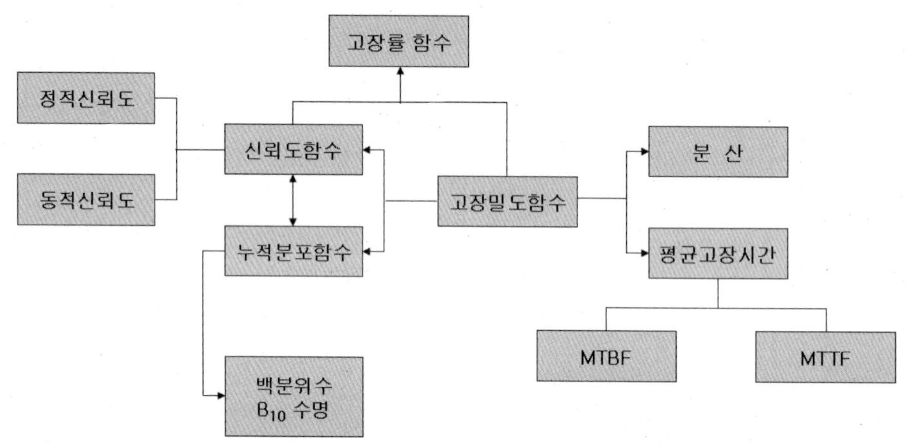

그림 1-2 신뢰성 척도 및 관계

1.2 제품 수명주기와 신뢰성, 품질

신뢰성은 제품의 수명주기 전반에 걸쳐서 종합적으로 관리되어야 하며 이를 신뢰성 학습의 초반에 이해하는 것이 중요하다. 그런데 서론에서의 부담을 줄이고 보전지원체계와 연관하여 이해하도록 12장에서 설명하기로 한다.

신뢰성과 떨어질 수 없는 관계를 갖고 있는 것이 품질이다. 품질은 주로 생산, 출하 당시의 제품 성능에 대해 다루는 반면, 신뢰성의 영역은 초기성능 뿐 아니라 사용, 보전, 폐기에 이르기까지 수명주기 전반에 걸친 내구성능과 특성을 다룬다. "품질은 좋은데 오래 쓰지 못해서 문제야"란 말에서 품질과 신뢰성의 차이를 느낄 수 있을 것이다. 그래서 "품질관리의 선결이 신뢰성"이라고 말하는 것이다.

1.3 신뢰성의 필요성

요즈음 들어서는 고도의 신뢰도를 갖는 체계나 부품을 만들어야 할 중요성이 점차로 증대하고 있다. 순전히 경제적인 관점에서 보면 고도의 신뢰도는 총비용을 줄이기 위해서 필요하다. 어떤 군용장비는 연간 보전비가 원래의 장비구 입가격의 10배씩이나 된다는 것을 보아도 신뢰도를 높여야 할 필요성을 알 수 있다[Amstadter].

어떤 부품이 고장나면 그 부품을 잃게 되는 것뿐만 아니라 흔히 그 부품을 포함하는 조립체나 체계까지도 고장나는 수가 있다. 말굽 못 하나 때문에 징을 잃고 결국 말 한 마리를 잃게 되었다는 옛이야기가 그대로 적용되는 셈이다.

안전도 또한 중요한 고려 사항이다. 새는 브레이크 실린더는 인명에 피해를 줄 수도 있고 이로 인해서 막대한 비용이 지출될 수도 있다. 비행기의 착륙장치가 고장나면 비행기가 파손될 수 있고 이런 경우 승객들이 타고 있다면 그 결과는 너무나 심각하게 되는 것이다. 또 불충분한 신뢰도 때문에 예정시간이 늦추어지고, 불편과 고객의 불만을 사게 되고 회사의 신용 또는 나아가서는 국가의 신용을 손상당하게 되고 이것이 국가안보에 연결될 수도 있다. 불편이나 지연 외에도 고장에는 항상 비용이 따르게 마련이다. TV 부품고장의 하찮은 예에서도 비용, 불편, 생산회사의 신용손상, 또 고객불만이 모두 따르는 것이다. 신뢰도의 필요성과 중요성은 정부나 생산업체에서 점점 더 신뢰도를 강조하는 것에도 반영되고 있다.

(1) 신뢰도의 중요성

군사 및 과학의 여러 분야에서 복잡한 기기들이 사용되고 있는 현대에 높은 신뢰도는 절대로 필요한 것이다. 꼭 필요한 시기에 정상적으로 작동하지 않을 지도 모르는 장비를 가지고 모험을 하기에는 비용, 인명, 국가안보의 면에서 걸려 있는 것이 너무나 많다.

옛날에는 무기 자체도 비교적 단순했다. 무사가 가진 칼이라고 해야 한 조각의 강철로 만들어 진 것이다. 전투 중에 칼이 부러진다 하더라도 영향을 받는 것은 그 칼의 주인 한 사람이었다. 그러나 현대에는 하나의 미사일이 필요할 때에 작동을 하지 않는다면 그 표적이 무엇인가에 따라서는 그 불발탄은 전투 전체의 성패를 판가름할지도 모른다.

더구나 현대의 병기란 칼과는 달리 수천 개의 작은 부품들로 이루어지고 이들 부품들이 서로 거미줄 같이 연결이 되어서 하나의 완전한 체계를 이루는 것이다. 이들 수천 개의 부품 중에서 하나만이라도 고장이 난다면 그 무기 자체의 성능에 악영향을 끼칠 수도 있는 것이다. 그러므로 어떤 장비가 복잡하고 또 신뢰도가 높아야 한다면 그 구성부품들도 모두 높은 신뢰도를 가져야 한다. 그러나 현재의 기술로서는 원하는 정도의 높은 신뢰도를 갖는 부품을 만들 수 없는 경우가 자주 있어 다른 방도를 찾게 되는 것이다.

개별적인 부품의 신뢰도를 높이지 않고도 체계의 신뢰도를 높일 수 있는 방법으로 먼저 신뢰도 예측방법이 있다. 이 방법은 한 장비를 구성하고 있는 부품들의 신뢰도의 영향을 종합하여 통계적인 방법에 의해서 체계의 전체적인 신뢰도를 구하는 방법이다.

신뢰도 예측을 하는 큰 장점은 설계자가 달성할 수 있는 신뢰도의 추정치를 구할 수가 있고, 어떤 부품의 신뢰도가 체계의 신뢰도에 악영향을 미치는가를 평가하여 어떤 부품을 여분설계해야 하는가를 결정할 수 있는 것이다. 이 외에도 수리와 보전을 하여 신뢰도를 높일 수가 있으며, 모든 주제들을 이하 여러 장에 걸쳐 차례로 검토하게 될 것이다.

미국의 예를 들자면 국방부(DOD), NASA, 원자력위원회(AEC)의 계약에는 대부분 하청업자가 지켜야 할 신뢰도에 관한 조항이 들어 있다. 이들 조항은 체계 신뢰도 목표를 정의하는 일반적인 조항으로부터 경우에 따라서는 신뢰도를 입증하여야 된다는 조항이 포함될 수도 있다. 정부 지원으로 수행되는 대부분의 기술적인 사업에서는 계약상 미국방규격 MIL-STD-785, NASA규격 NPC 250-1이나 USAF 규격 MIL-R-26484와 같은 신뢰도 프로그램이 최소한 갖추어야 할 요구사항들을 따르도록 되어 있다. 또한 대부분의 경우 특정한 자금이 신뢰도 분야에 할당되어서 신뢰도 프로그램을 개발, 계획하고 정기적인 신뢰도 보고서를 제출하도록 되어 있다[Amstadter].

군에 비해서 일반 산업계에서는 신뢰도에 대한 중요성이 덜 인식되고 있는 것 같다. 과거에는 생산자들은 신뢰도 개선을 위한 비용이 그 가치에 비해 너무 크다고 믿었던 것 같다. 신문이나 TV를 통해서 자기 회사제품의 신뢰도에 대한 광고를 하지만 실제로는 신뢰도에 대해서는 무관심해 온 것은 사실이다. 그러나 다행스럽게도 점점 더 많은 회사들이 능률적인 품질관리나 신뢰도 관리가 가져오는 경제적인 이점을 인식하게 되는 데 따라 이런 태도는 점차로 변하고 있는 것 같다. 모 전자회사의 탱크주의 광고에서 10년간 쓸 수 있는 튼튼하고 편리한 제품을 만든다고 하는 것이 한 예이다.

(2) 신뢰성인증제도와 신뢰성평가센터

2000년대 초에 법령에 따라 정부주도의 신뢰성향상 사업이 시행되어 신뢰성향상 기반구축과 신뢰성산업체확산사업을 추진하여 우리나라의 소재·부품의 신뢰성을 높이는데 기여하였고, 기업에서 신뢰성 인식을 높이는 계기가 되었다. 그 결과 신뢰성인증제도와 신뢰성평가센터가 실질적인 역할을 하였다.

이 제도의 근거는 '소재·부품전문기업 등의 육성에 관한 특별조치법'(제정 2001, 개정 2017 법률 제15087호, 담당 산업통상자원부 소재부품정책과)이다.

신뢰성인증제도란 정부에서 공고한 평가대상품목 및 평가기준을 바탕으로 신뢰성인증기관이 당해 신청품목에 대하여 신뢰성을 평가(종합 성능시험, 내환경성시험, 수명시험, 안전성시험)한 후 평가결과가 평가기준에 해당하게 된 경우에 한하여 신뢰성인증을 부여하는 제도이다. 이 제도는 국산 부품·소재 산업의 신뢰성 향상과 세계시장 진입을 촉진하기 위해 실시하는 제도이다. 신뢰성인증기관은 2009

년까지 정부(국가기술표준원)에서, 2009년부터 신뢰성평가센터의 민간인증 형태가 되었다.

신뢰성평가센터들이 각각 수행해오던 소재 부품 신뢰성 민간인증에 대한 컨트롤타워 역할을 위해 2015년 한국신뢰성학회 산하 '한국신뢰성인증센터'가 설립되었다. 이로써 법에 따른 신뢰성인증은 한국신뢰성인증센터를 중심으로 수행되고 있다.

신뢰성인증 품목의 장점은, 공공기관의 우선구매제도를 통한 판로지원이다. 현재 1,300여개 소재·부품이 신뢰성인증을 받았다. 민간의 신뢰성평가센터 현황은 표 1-2와 같다.

표 1-2 신뢰성평가센터

소재분야	신뢰성평가센터	소재분야	신뢰성평가센터
기계	한국기계연구원	기초금속	포항산업과학연구원
자동차	자동차부품연구원 한국조선해양기자재연구원	가공금속	한국생산기술연구원
전자	전자부품연구원 한국산업기술시험원 한국기계전기전자시험연구원	화학	한국화학연구원 한국화학융합시험연구원 한국건설생활환경시험연구원 한국세라믹기술원
전기	한국전기연구원 한국조명연구원	섬유	한국생산기술연구원 FITI시험연구원 한국의류시험연구원

참조 : http://mctnet.org/Reliability/do/Main/main.do, 소재부품종합정보망 신뢰성정보센터(산업통상자원부 산하 산업기술진흥원(KIAT)에서 구축한 사이트) 신뢰성인증, 신뢰성바우처 등의 사업을 안내함. 신뢰성 평가 기준 1,200여개, 가속수명시험법 300여개, 평가기관의 신뢰성장비 2,500여개가 소개됨. http://koras-krc.or.kr/, 한국신뢰성인증센터. 신뢰성인증 안내, 신뢰성 평가기준 소개

신뢰성 연구센터로서는 국방기술품질원 산하 국방신뢰성시험센터(2019예정, 신뢰성분석팀에서 발전), 포항산업과학연구원, 한국전자통신연구소, 한국나노기술원, 삼성전자, LG전자, 두산인프라코어, 대우일렉트로닉스, 아남산업, 동양매직 등에 설치되어 있다. 대학으로는 아주대, 서울대, 창원대, 부산대, 한양대, 한세대, 수원대 등등 수많은 대학에 신뢰성연구센터가 있다. 신뢰성시험분석, 신뢰성예측을 서비스업으로 하는 전문 회사들도 다수 있다. 예를 들어 미니탭 중심의 이레테크, ALTA, WEIBULL++, ISOGRAPH 중심의 한국신뢰성기술서비스, SAS 코리아, RELEX의 모아소프트, HandyMTBF의 프론티스, 윈텍 등이 있다. 외국계 기업으로서 솔루션이나 툴을 제공하는 회사로서, 지멘스 인더스트리 소프트웨어, 아키텍트그룹, MDS테크, ikv 테크놀로지, APIS IT GmbH 등이 있다.

1.4 신인성의 정의

신인성(信認性, dependability)이란 '주어진 사용 및 보전 조건하에 성공기준에 부합하는 능력'으로, 국제표준 IEC 60050-191에서 정의된 'dependability'의 KS 용어이다. 신인성은 신뢰성, 보전성, 보전지원성을 포함하는 정성적 용어로 일반적인 설명을 위해서만 사용된다.

신인성은 신뢰성의 개념이 확장되어 보전성을 아우르면서 발전된 용어이다. dependability란 용어는 각국이 대응 자국어의 선택에 어려움을 겪고 있는 용어이며, 예컨대 일본은 영어 발음 그대로를 표준으로 한 '디펜더빌리티'라고 하는데, 다른 많은 자료에서 '신뢰성·보전성' 혹은 '통합신뢰성'이라고 표현된다. 우리나라 KS 중에도 의존성이라고 오역한 것도 있다.

미 국방규격에서는 신인성에 대한 정의를 '품목이 임무를 시작할 때 가용하다는 조건 하에서 특정한 임무수행 중에 요구 기능을 수행할 수 있는 능력의 정도를 나타내는 척도'라고 하여 여러 척도를 포함한다. 러시아에서도 dependability란 용어에 대응되는 본래의 러시아어는 다른 개념을 내포하고 있으며, 적절한 번역어가 아직 없다. 같은 한자 단어라도 한국, 일본, 중국이 달리 쓰이는 예와 같다. dependability를 광의의 신뢰성, reliability를 협의의 신뢰성이라고 생각한다면 '통합신뢰성'이 바람직할지 모르지만, '신인성'으로 자리 잡힌 것으로 보인다.

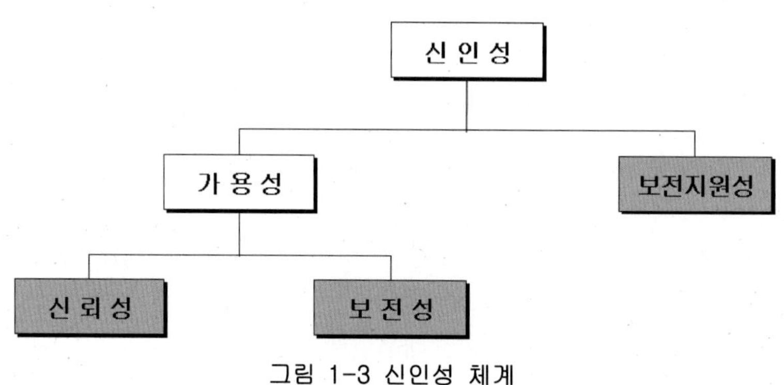

그림 1-3 신인성 체계

신인성, 가용성, 신뢰성, 보전성은 모두 품목의 성능(performance)을 말하는 것들이다. 이들의 계량적 표현은 가용도, 신뢰도, 보전도라고 하는데 비해 신인도란 용어는 정의되지 않는다. 품목의 능력과 가용성 두 가지를 고려한 성능 특성을 유효성(effectiveness)라고 부른다.

참고로 신뢰성 용어에 대한 한자권 국가의 용어를 표 1-3으로 보였다.

표 1-3 한자권 국가의 신뢰성 용어

영어	한국	북한(조선)	일본	중국
Dependability	신인성(信認性)	?	디펜더빌리티	可信性(가신성)
Reliability	신뢰성(信賴性)	믿음성	信賴性(신뢰성)	可靠性(가고성) ※靠: 기댈 고
Maintainability	보전성(保全性)	?	保全性(보전성)	可维护性(가유호성) 可维修性 ※护=護
Availability	가용성(可用性)	?	어베일러빌리티	有效性(유효성)
Maintainability Support	보전지원성	?	?	?

1.5 신뢰도 이론의 발전역사

제1차 세계대전 이후 영국과 미국의 비행기산업들이 팽창할 즈음 비행기 엔진의 고장 가능성 때문에 사람들은 다발 비행기를 개발하기 시작하였다. 주어진 비행임무를 완수하기 위하여 단발과 쌍발기, 쌍발과 4발기들의 성능이 비교되었다. 그러나 그 당시만 해도 이런 비교는 순전히 정성적인 것이었고, 예를 들어 엔진 배치에 따른 임무완수율 등으로 신뢰도를 나타내지는 않았었다. 그러나 시간이 지남에 따라 많은 비행시간이 축적되었고 이에 따라 주어진 기간 동안 주어진 비행기 대수 중에 몇 대가 고장을 일으켰는가 등의 정보가 수집되기 시작하였다. 이리하여 1930년대에는 평균고장횟수나 평균고장률 등으로 비행기의 신뢰도를 나타내기에 이르렀다. 이때부터 비행기에 대한 신뢰도 기준이 설정되었고 필요한 안전수준이 허용 할 수 있는 최대 고장률로 표현되기 시작하였다. 1940년대에 들어서면서 비행기의 사고율은 '평균 10만 비행시간당 1회를 초과하지 말아야 한다'는 기준이 설정되었고, 그 후 이와 비슷한 수치적 표현이 신뢰도를 나타내는 데 쓰이기 시작하였다. 예를 들어 1960년대에는 '100만 착륙당 1회' 정도의 착륙사고가 발생하였으나 자동착륙장치가 개발되면서부터는 그런 장치의 신뢰도는 '1,000만 착륙당 1회'의 착륙사고 이하로 명시되었다[Greene & Bourne]. 비행기 분야 이외에도 제2차 세계대전 중 독일에서는 V1 미사일에 신뢰도 이론이 적용되었다. V1의 개발은 1942년부터 시작되었는데, 당시 신뢰도에 대한 개념은 약한 고리 개념, 즉 "사슬 전체는 가장 약한 고리보다 강해질 수 없다"는 원칙이었다. 이러한 개념 하에 많은 연구가 수행되었고, 전쟁 중의 환경에서 모든 가용한 자원을 투입하여도 결국 100%의 임무가 실패로 돌아갔다.

결국 사람들은 "사슬 전체는 가장 약한 고리보다도 더 약해 질 수 있다"는 원칙을 발견하게 되었고, 이로부터 많은 연구가 수행되어 결국 V1 은 60%의 임무 완수를 할 정도의 신뢰도를 갖게 되었고, 비슷한 신뢰도가 V2에도 적용되었다[Greene & Bourne]. (나중에 학습하겠지만, 신뢰도 직렬구조는 직렬의 부품이 늘어날 때마다 전체 신뢰도가 낮아진다. 즉 강한 고리도 비록 약한 고리보다는 작지만 역시 부서질 확률이 있고 이러한 확률이 가산되는 것이다) 무인 인공위성의 성공확률로 미루어 보더라도 이런 장비들의 신뢰도는 아직도 60% ~ 70%의 임무성공확률 밖에 안되는 것 같다. 이 경우 부품의 신뢰도는 물론 그간 많은 발전이 있었으나 장비의 복잡성 때문에 그 효과가 상쇄되는 것이다.

그 후 미군에서도 복잡한 군장비의 신뢰도에 대해서 깊은 관심을 갖게 되었다. 한국전쟁 때만 하더라도 전자장비 매 $1당 연간 $2의 보전비용이 들었다 한다 [Greene & Bourne]. 미 육군에서는 가끔 모든 차량에 대한 신뢰도를 조사하여 초기비용, 보전비용, 가용도 등으로부터 가장 경제적인 예방보전 및 교환기간을 계산하기도 하였다. 비슷한 신뢰도 계산이 차량을 사용하는 일반 기업에서도 행해지기 시작하였는데, 이 예들은 비용과 보전의 관점에서 신뢰도가 얼마나 중요한가를 나타낸다. 대체로 전자부품의 신뢰성 이론은 1950년대에 발전되고, 기계부품에 대한 신뢰성은 1960년대에 발전하였다.

표 1-4 신뢰성 이론의 년도별 발전 과정

년도	내용
1943	VTDC(Vacuum Tube Development Committee) 결성
1946	ARINC(Aeronautical Radio Incorporated) 설립
1952	AGREE(Advisory Group on Reliability of Electronic Equipment) 구성
1957	AGREE 연구보고서 발간
1958	NASA(National Aeronautics and Space Administration) 창설
1961	Bell전화연구소에서 FTA(고장나무분석)수법 개발
1965	MIL-STD-785(신뢰성 프로그램), MIL-STD-690(고장률 샘플링법) 제정
1966	MIL-STD-470(보전성 프로그램)
1968	MIL-STD-883(집적회로 시험법)
1969	MIL-STD-882(시스템 안전성)

1950년대에 미국에서는 신뢰도가 안전의 관점에서 지극히 중요하게 생각되 는 분위기 속에서 원자력 발전소가 생기기 시작하였다. 원자로의 건설과 운용 전반에 걸친 신뢰성 평가가 이루어졌으나 수치적인 신뢰도분석은 원자로의 자동보호장치의 신뢰도에 대한 것에서부터 시작되었다. 이 장치는 원자로 내에 비정상적인 조건이 발생하는 경우 원자로를 보호하여 안전하게 유지하는 장치이다. 이런 보호장치 자체가 고장나는 확률은 '1만분의 1' 정도이나 이런 보호장치가 필요하게 될 경우란 자주 발생하는 것이 아니므로 원자로가 폭발할 확률은 '수백만분의 1' 밖에 안되었다.

공장시설이나 장비가 고장나면 위험한 경우는 비단 원자력 발전소 뿐만은 아니다. 이것은 정도의 차이는 있겠으나 어떤 기업에서도 발생할 수 있다. 구조물 붕

괴, 비산물, 충돌, 고온, 유독가스, 폭발 등은 언제나 발생할 수 있고 사람들에게 위험한 것이다.

이러한 위험이 상당히 느껴지는 경우에는 필요한 보호조치를 제공하는 공장 시설이나 장비들의 신뢰도를 평가할 필요가 있으며, 점차 신뢰성공학은 가공산업, 화학장치산업, 운수산업 등으로 그 적용범위를 확대해 가고 있는 것이다.

1.6 고신뢰도체계의 예*

신뢰도의 필요성을 좀 더 이해하기 위하여 고도로 높은 신뢰도를 필요로 하는 기술집약적 체계를 몇 개 예를 들어 생각해 보는 것이 유용할 것 같다. 앞에서도 제시하였지만 거액의 자본이 걸려 있거나 인명에 피해를 주는 위험한 상황에서는 신뢰도 원칙의 기술적인 응용이 필수임은 더욱 명확할 것이다.

1.6.1 항공기 체계

항공기운항사업의 경우 대당 가격이 수백억 원이나 되는 항공기를 보호하기 위해서는 안전보호 수단이 꼭 있어야 된다. 뿐만 아니라 만일의 경우 항공기가 추락한다면 항공기 손실과 함께 타인의 재산에 피해를 초래하게 됨은 물론이고 인명의 손실을 가져올 가능성도 크다. 자동착륙시스템이 실용되기 이전에 착륙단계중 발생한 항공기 중대사고에 대한 정기운항 여객기의 표본분석결과는 착륙당 사고율이 0.65×10^{-6}임을 보여주었다[Greene & Bourne]. 이 숫자를 그 당시 세계의 전체 대형 항공기에 적용해서 생각 해 본다면 대당 1일 2회 착륙을 기준하여 항공기 사고가 1년에 평균 1건씩 일어난다는 것을 의미한다. 또한 항공기 사고분석결과를 보면 민간항공기의 사고 중 약 40%가 착륙접근중 발생하였는데, 이것도 역시 흥미로운 사실이다. 항공기 운항의 관점에서 본다면 치명적인 착륙사고의 건수를 줄이고 시계제로의 악천후에서도 비행 및 착륙이 가능하도록 성능을 향상시켜야 하는 경제적 원인이 항존하고, 이것이 곧 자동착륙장치의 개발을 서두르게 한 배경을 이루었다. 예를 들어서 영국항공등록협회(British Air Registration Board)는 착륙시스템을 실용할 경우 착륙중 사고율이 10^{-7} 이하이어야 한다고 규정하고 있다.

그림 1-4는 전형적인 자동접근착륙시스템을 보여준다. 이 시스템은 계기착륙장치(instrument landing system, ILS)[3]에 있는 두 개의 무선장비, 유도케이블시스템, 무선고도계를 사용한다. 참고로 ILS는 수평정렬을 위한 진로유도장치(localizer,

---

3) 비행기의 안전한 착륙을 돕는 중요 장치의 하나로 역사가 오래되었다. 현재와 유사한 형태의 등장은 1930년대 후반이었고, 1947년 ICAO(International Civil Aviation Organization)에서 국제표준 시설로 채택되었다. 주변 환경상 ILS를 설치하기에 조건이 여의치 않다면, PAR(정밀접근레이더:Precision Approach Radar)을 쓰기도 한다. ILS가 없고 대신 PAR가 있는 공항도 많다.

LLZ)와 수직정렬을 위한 글라이드슬로프(GS)가 핵심장치이다. ILS가 설치되었다고 해도 한치 앞도 보이지 않는 안개 속에서 무조건 착륙할 수 있는 것은 아니다. ILS 정밀도 등급(Category)이 다르고 정밀도가 높을수록 결심고도(decision height)가 낮다. 시정거리 0 미터에서도 가능한 최고등급(3c)은 우리나라에 설치된 공항이 없고 인천공항은 그 아랫 등급(3b)으로 결심고도 15 미터이다. ILS가 무조건 활주로에 정확하게 유도를 해주는 것은 아니다. 주변 지형 지물 조건 등으로 인해 살짝 뒤틀려 있을 수도 있고, 활주로에 뭐가 있는지 전파유도로는 알 수 없으므로 결국 최종 접근 단계에는 운항 승무원이 육안으로 활주로를 확인해야 하고, 활주로를 육안으로 확인할 수 없으면 착륙 절차를 중단해야 한다. 지상접근경보장치에서 "Minimum"이라 외치는 것이나, ILS가 등급 별로 나뉘는 것도 같은 이유이다.

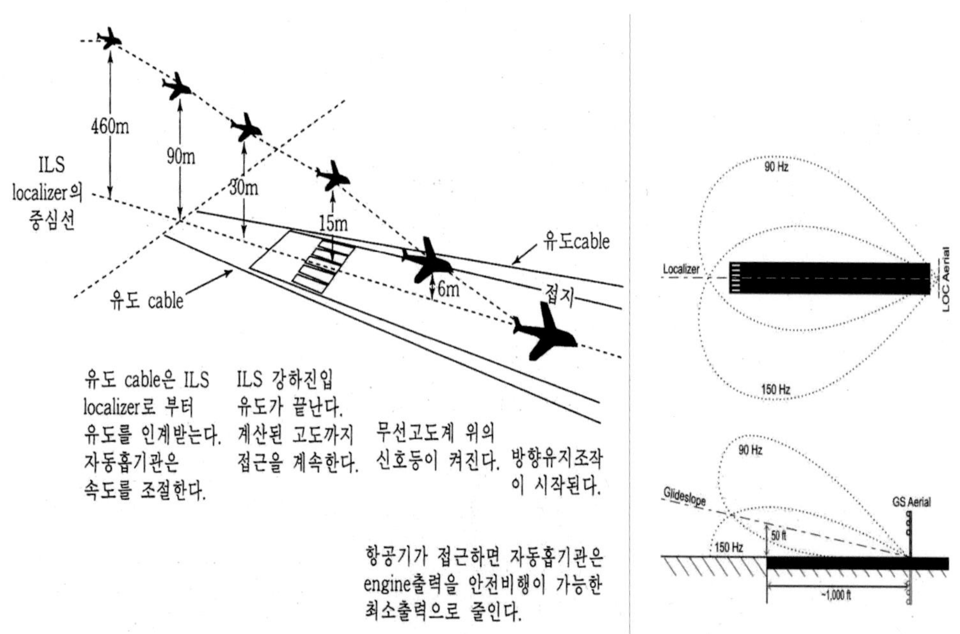

그림 1-4 자동접근착륙시스템과 ILS 개요도

신호가 유도송신기로부터 자동조종장치(autopilot)로 보내지면 신호를 수신 한 자동조종장치는 자동제어전동기(servomotor)들의 도움을 받아 방향타(rudder), 보조익(aileron), 승강타(elevator), 흡기판(throttle) 등을 통제한다. 이외에도 예를 들어서 피치(pitch, 기수를 들고 내리는 것) 조절과 같은 것도 지상으로부터의 무선유도에 의해 통제된다.

요구되는 높은 신뢰도를 만족시키기 위해서 모든 관련 장비가 최소한 이중의 완벽한 경로를 이루도록 설계되어 실용되고 있다. 이것이 바로 잘 알려진 장비의 여분설계(용장[冗長], redundancy) 원리로서 고신뢰도 장비에서 흔히 찾아 볼 수 있다. 이러한 여분설계는 어느 한 장비에 고장이 발생하더라도 예비장비가 있으므로 체계는 계속 그 본래의 기능을 발휘할 수 있다는 것을 암시한다.

전형적인 자동착륙시스템의 장비배치가 그림 1-5에 나타나 있다. 한 통제 축만을 고려해 본다면 이 하부체계는 최소한 이중으로 구성되어 있어서 한 하부체계를 주장비로 사용하고 나머지 하부체계는 대기장비로서 사용하는 한 가지 방법을 생각해 볼 수 있다. 만일 작동중인 하부 체계에 고장이 발생하면 자동 전환되어 대기 하부체계가 곧 작동된다. 물론 이러한 전환기능을 위해서는 신뢰도가 높은 감시장치가 필요하게 된다. 그림 1-6은 두 개의 자동전환장치가 사용된 여분체계의 한 예를 보여준다. 즉, 하나의 자동전환장치는 두 개의 지상송신설비를 위해서, 나머지 하나는 자동조종장치를 위해서 사용 된다.

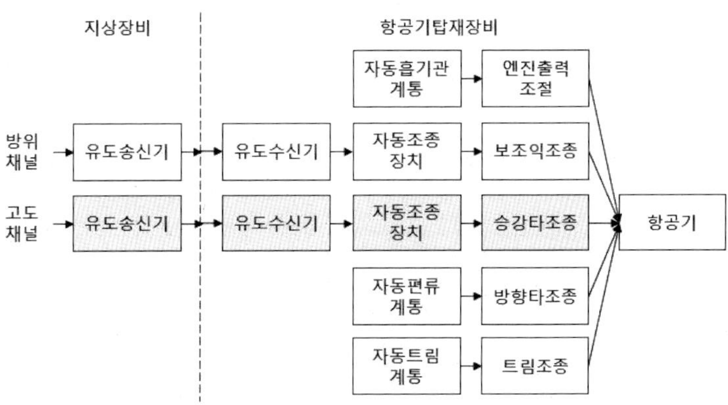

그림 1-5 자동착륙시스템의 장비배치

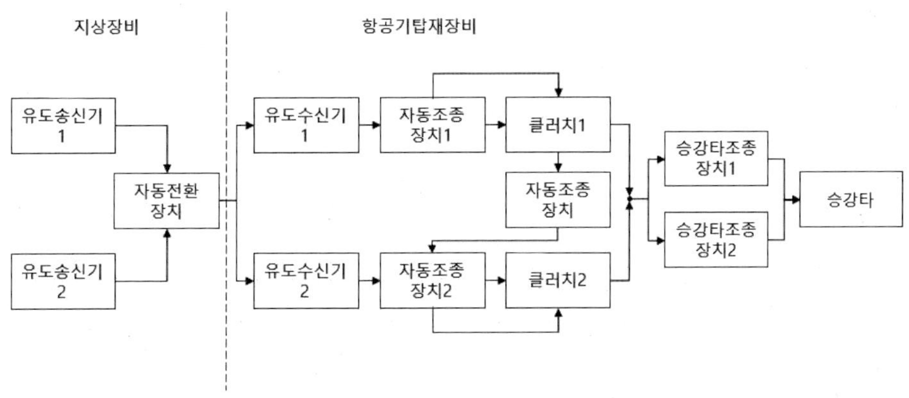

그림 1-6 대기 여분설계를 한 승강타 조종계통

다음으로 이러한 항공기체계를 개발할 때는 아주 중요한 '고장시 안전(fail-safe)' 원리가 적용된다. 이 원리는 위험도가 높은 상황에서 사용되는 체계에 자주 이용된다. 항공기체계에 이러한 원리가 적용되는 예에서는 만일 어느 한 하부체계에서 단독고장이 발생하였다면 항공기의 비행경로를 바꾸지 않고도 자동으로 고장부분을 분리 단절시킨 후 계속 비행할 능력이 있게 되는 것이다.

특정한 용도에 어떤 여분기법과 체계배열을 선택하는가 하는 결정은 신뢰도 및 성능에 대한 수치적 평가를 필요로 하는데 이 문제는 앞으로 다루어질 것이다.

항공기 대형 참사는 MSAW(최저안전고도경고장치, minimum safe altitude warning), GPWS(지상근접경보장치, ground proximity warning system), 고도계와 같은 겹겹이 많은 안전장치가 사고 당시에 고장이든 어떤 이유로든 제 역할을 하지 못해 발생하게 된다.

1.6.2 발전소

고신뢰도를 필요로 하는 공장 중에는 여러 형태의 처리공장이 있으며, 그 중 에서도 원자력발전소의 경우 낮은 신뢰도로부터 야기되는 가용도의 결여는 비경제적일 수가 많다. 만일 그런 발전소의 출력이 1,000MW 이고, 전력요금이 100원/kWh라면 비가용에 따른 수입의 손실은 시간당 1억원이나 된다. 물론 이러한 가용도의 감소는 시설고장으로부터 발생하는 것이다. 이 외에도 다량의 방사성 물질이 유출될 경우에는 인명에 위험을 초래하게 되며, 충분치 못한 신뢰도는 많은 위험을 내포하게 된다. 이러한 경우에 신뢰도를 높일 수 있는 한 예는 특정한 고장요건이 발생하면 원자로를 폐쇄할 수 있는 자동보호장치이다. 이런 자동보호장치의 중요한 부분이 그림 1-7의 블록그림에 나와 있다.

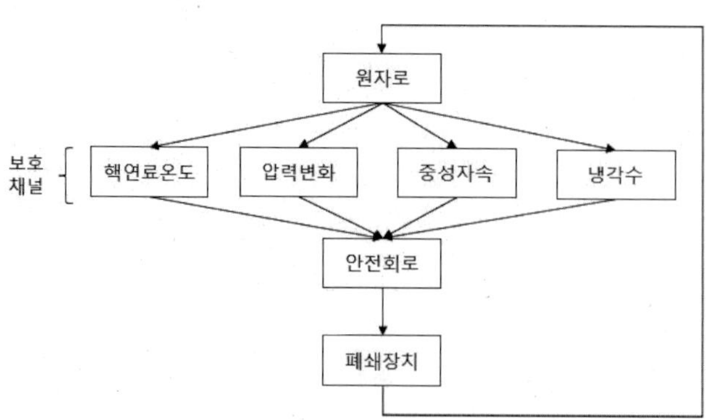

그림 1-7 원자로 보호장치의 블록그림

특정한 원자로 고장상태에서 가장 심한 변화를 보이는 원자로 작동 특성값(parameter)들이 선택되어 이들의 비정상적인 변화는 각 보호 채널(경로)에서 증폭이 되어 감지된다. 어떤 형태의 원자로 고장상태에서 모든 보호 채널이 동시에 반응을 나타내는 것은 아니지만 어떤 종류의 고장이 발생하였을 때 최소한 2개의 채널이 반응을 나타내게끔 설계되어 있어서 보호장치 자체의 고장에 대한 신뢰도를 높여주고 있다. 예를 들어서 냉각수 순환기가 고장났다고 하면 우선 냉각수 보호 채널에서 감지될 것이고, 잠시 후에는 핵연료 온도 보호 채널에서 감지될 것이다. 이들 두 채널 들은 각기 독자적으로 원자로를 폐쇄할 수 있으므로 이들 보호 채널 2개 중에서 1개가 고장이 나더라도 원자로 보호기능은 유지가 되는 것이다. 이 외에도 보호장치의 신뢰도를 높이기 위해서 각 채널에서의 특성값 측정을 중복시킨다. 그러므로 원자로의 한 부분의 온도는 2개의 독립적인 온도측정기(써모커플)에 의해서 측정되어 2개의 독립적인 경로를 통하여 2개의 독립적인 증폭기에 입력된다.

보호장치의 신뢰도는 일반으로 두 종류의 고장상태에 의해서 영향을 받는다. 그 첫 번째 형태는 '고장시 위험(fail-dangerous)' 상태로 보호장치 자체에 고장이 생기면 보호 대상 체계에 고장조건이 발생하더라도 필요한 보호 조치를 취하지 못하는 경우이다. 두 번째 형태는 '고장시 안전(fail-safe)' 상태로 보호장치 자체에 고장이 생기면 보호 대상 체계에 고장조건이 발생 하든지 안하든지를 불문하고 폐쇄조치를 취하게 하는 것이다. 두 종류의 고장상태 모두가 바람직하지 못한 것으로 전자는 물론 안전에 직접적인 위협이 되고, 후자의 경우에는 필요없이 자주 원자로가 폐쇄되므로 발전기 시간이 감소하여 손실을 초래하게 되고 결국 보호장치의 불신을 초래하게 된다.

'고장시 위험' 상태와 '고장시 안전' 상태를 고려하여 타협하는 절충안이 다수결 원칙에 의해서 작용하는 여분설계이다. 예를 들면 온도측정기 3개 중 2개의 출력이 특정치를 넘는 경우에 온도초과라는 상황판단이 내려지는 경우이다. 일반으로 이러한 여분설계 정보의 처리는 안전회로 내에서 처리되게 된다.

1.6.3 화학공장

화학처리공장에서는 생산하기 힘든 화학제품을 더 많이 생산하고 운전효율을 높이기 위해서 점점 그 구조가 복잡해지고 거대 투자화되는 경향이 있다. 그래서 화공산업은 대표적인 장치산업이다. 공정에 따라서는 고온고압에서 수행되며 반응약품들의 농도도 대단히 높은 것을 사용하게 된다.

이런 상황에서 시설고장이 발생하면 막대한 피해를 입게 되며 이것은 직접적으로는 경제적인 손실을 가져올 뿐만 아니라 간접적으로는 판매 시장까지도 잃게 되는 결과를 초래한다. 공장내부에 있는 사람의 생명의 위협은 물론 경우에 따라서 유독성 물질의 유출로 공장외부에 있는 사람들까지도 피해를 입게 된다. 이런 사고가 발생하는 원인은 여러 가지가 있으며 단전 또는 냉각수, 수증기, 공기, 비활성 기체 등의 부족에서 오는 경우가 많다. 이런 사고가 발생하면 화재, 폭발, 약품유실 등의 위험이 있으며, 특히 폭발사고 같은 것은 순간적으로 진행되기 때문에 자동폐쇄장치와 더불어 비정상적인 운용상태를 경고하기 위한 경보장치가 사용되고 있다. 그림 1-8은 전형적인 화학처리공장의 단순화된 흐름도이다.

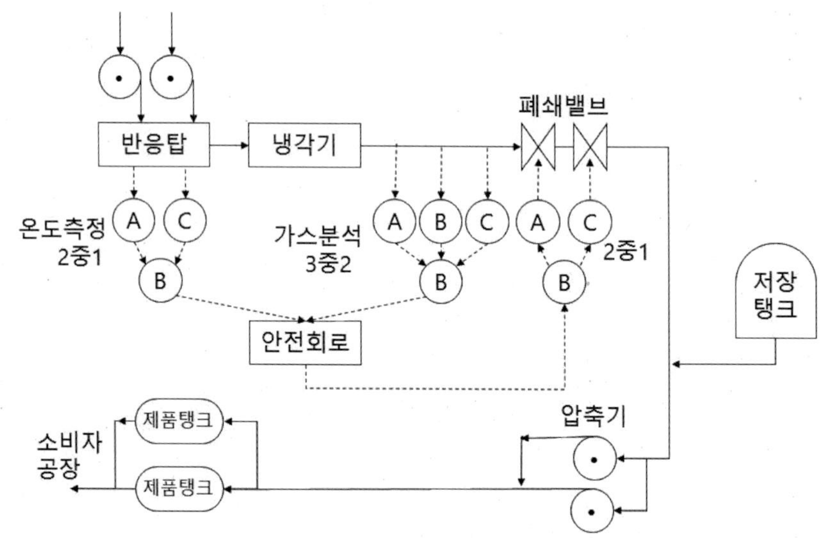

그림 1-8 전형적인 화학처리공장의 단순 흐름도

이 그림에 있는 공장에서는 공기와 시료가 연속적으로 반응탑으로 유입되며 이 속에서는 대기압과 1,000℃의 온도에서 반응이 일어난다. 반응탑에서 나온 기체가 냉각기를 통과하는 동안에 불순기체는 응축되어 배출되고 제품 가스는 800kN/㎡ 정도로 압축되어 제품 탱크에 저장된다. 이 제품 가스를 생산하는 공장이나 사용하는 공장에서 만일 1) 반응탑의 온도가 내려가거나, 2) 2종류의 기체의 혼합비율이 적정한계 밖으로 벗어나거나, 3) 반응이 불완전하면 폭발할 위험성이 발생한다. 폭발사고를 방지하기 위해서 일반으로는 자동폐쇄장치가 사용된다. 대부분의 폭발사고란 순간적으로 진행되기 때문에 운전기사가 계속 감시하는 것만으로는 불충분하다. 자동폐쇄장치의 기본적인 구조가 그림 1-8에 나와 있으며 반응탑의 온도는 2개의 독립적인 측정장치로부터 감시되어 출력 2개 중 1개가 특정치 이하로 떨어지면 안전회로에 의하여 폐쇄신호가 보내진다. 제품 가스의 혼합비율도 3중 2의 원칙으로 감시되어 반응탑의 온도나 혼합비율 중 어떤 것이라도 정상상태에서 벗어나면 안전회로에 의해서 2중 1의 원칙으로 작동하는 폐쇄체계에 폐쇄신호가 보내진다.

1.6.4 일반 체계

높은 신뢰도를 필요로 하는 체계를 설계할 때에 따라야 할 원칙으로는 ①여분설계와 ② 고장시 어떤 상태로 남을 것인가를 고려하여 '고장시 안전'하도록 설계하여야 한다. 여분설계에도 두 가지 방법이 있으며, ① 그림 1-9에서 볼 수 있는 대기여분과 ② 그림 1-10에서 볼 수 있는 병렬여분이 있을 수 있다. 두 경우 모두 2개 이상의 장비의 다중 여분설계가 가능하다.

그림 1-9 대기여분　　그림 1-10 병렬여분

여분설계의 흥미로운 예 하나는 그림 1-11에 있는 구조이다. 여기서 (a)는 비여분구조로서 구조재 중 어느 하나가 고장나도 구조물 전체가 무너지게 된다. 반면에 (b)에서는 구조재 중 어느 하나가 고장나도 구조물은 안전하다.

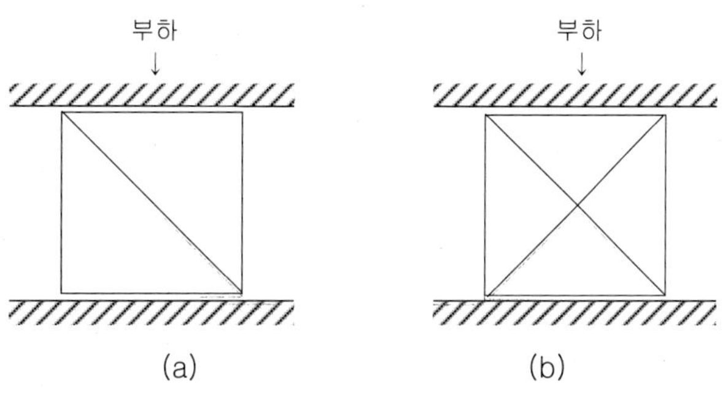

그림 1-11 비여분 및 여분구조

또 하나의 흥미로운 여분설계 예는 그림 1-12에 있는 베어링뭉치인데 (특정한 상황하에서) 하나의 베어링이 고장나면 나머지 베어링이 부하를 견디게 설계되어 있다.

그림 1-12 (a)에 있는 대기여분의 경우에는 볼베어링과 평베어링이 같이 쓰여져서 볼베어링이 고장나면 평베어링이 기능을 수행하도록 되어 있다[4]. 이 예는 특

4) 기계공학적으로 볼베어링의 마찰력은 적고, 평베어링의 마찰력은 크다. 똑같이 볼베어링을 쓰면 병렬구조인 셈이다.

히 흥미있는 설계 예로서 동일한 여분부품을 사용할 경우에 발생할 수 있는 공통 고장조건을 회피할 수 있도록 하여 준다. 즉, 그림 1-12 (b)에 있는 경우는 첫 번째 베어링을 고장나게 한 요인이 지속하는 한, 두 번째 베어링도 곧 고장나게 되겠지만, 그림 1-12 (a)의 예에서 대기부품은 주 부품과는 특성이 약간 다르므로 주 부품을 고장나게 한 요인을 회피할 수 있다. 또 병렬여분 베어링뭉치에서는 보전시 베어링의 조건을 점검해야 하지만 대기여분 베어링뭉치에서는 언제 평베어링이 작동을 시작하는가만 감시할 수 있는 장치만 있으면 된다.

'고장시 안전'의 설계 예는 여러 곳에 적용되나 그 전형적인 예는 특정한 종류의 기관차의 운전봉에 설치된 '죽은 자의 손잡이(deadman's handle)'인 데 평상시에는 기관사가 운전봉 손잡이를 눌러야 하고 어떤 이유에서 기관사가 무력하게 되면 운전봉 손잡이가 원위치로 돌아가게 되어 기관차가 멈추게 설계 되어 있다.

위에서 설명된 여러 가지 방법 중에서 실제로 어떤 방법을 사용하여야 하는가는 특정한 응용 용도에 따라서 신뢰도를 기준으로 하여 판단하여야 할 것이다. 경우에 따라서는 어떤 설계자는 신뢰도를 개선하기 위한 여러 가지 방법을 연구해야 하고 또 경우에 따라서는 주어진 체계의 신뢰도 수준이 충분한가만을 규명해도 될 것이다.

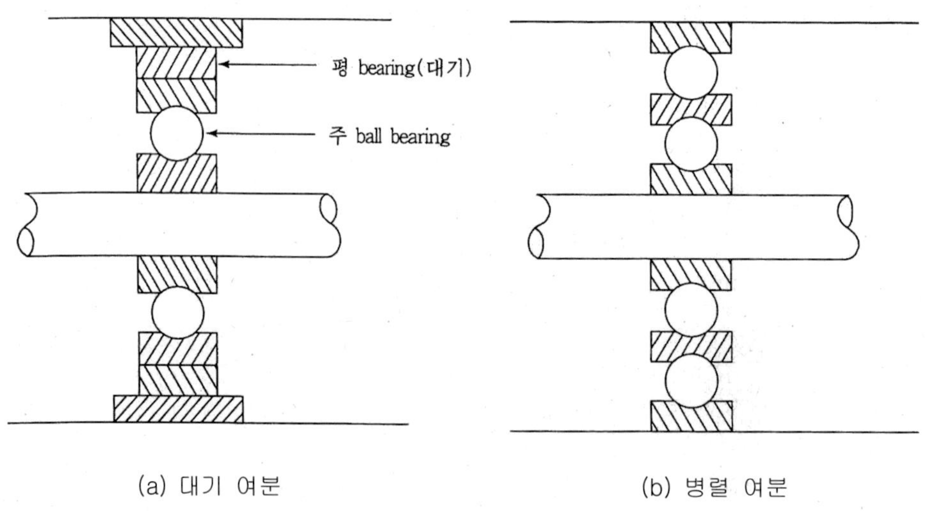

(a) 대기 여분　　(b) 병렬 여분

그림 1-12 베어링뭉치의 여분설계

1.7 기계 체계의 신뢰도

1.7.1 서론

기계부품들은 가해진 부하의 결과 파손되면 고장날 수 있다. 이런 고장들은 주로 두 가지 요인에 의해 발생한다.

1) 파괴(fracture)를 유발하는 과부하: 부하는 장력, 압력 또는 전단력(shear force)일 수 있다. 굴곡하중은 장력, 압력을 유발하지만 파괴는 보통 장력에서 발생한다.
2) 강도가 약화되어 작업부하로 파열을 일으킴: 기계부품과 체계는 아래와 같은 많은 이유들로 고장날 수 있다.
   - 마모, 과다한 공차, 잘못된 조립이나 보전에 의해서 조종장치, 연결부, 기어에 발생하는 반동(backlash).
   - 밸브, 계량기 등의 잘못된 조정
   - 오염, 부식, 표면손상에 의해서 베어링, 슬라이드와 같은 접촉운동부품이 눌어 붙음.
   - 마모나 손상에 의한 밀폐(seal)의 누출.
   - 잘못된 조임, 마모, 또는 잘못된 고착(locking)으로 인한 죔쇠(fastner) 이완.
   - 마모, 불균형 회전부품, 또는 공진으로 인한 과도한 진동 또는 소음.

설계자는 이들과 기타 잠재적 고장원인들을 알아야 하고, 고장발생을 예방하거나 최소화하도록 설계해야 한다. 특히 보전이 수행되고 단순하지 않은 운전자의 개입을 요하는 체계의 경우 '잘못될 수 있는 일은 잘못되기 마련'이라는 머피(Murphy) 법칙을 인정하는 것이 긴요하다.

1.7.2 과부하

스트레스 파열에 이르는 메커니즘이 파괴역학의 주제이다. 파괴역학 이론은 가해진 스트레스로 인해 분자간 또는 결정간의 결합이 깨져서 생기는 파괴고장 메커니즘을 설명한다. 파괴는 깨진 균열(크랙), 기계가공으로 인한 거친 표면과 결정 비정렬 등과 같은 불완전 개소 주위에 스트레스가 집중하여 발생한다. 이로 인해, 대부분의 공학재료들이 실제로 달성 가능한 파괴강도는 이론으로 가능한 것보다 훨씬 낮다. 이는 또 탄소섬유와 같은 순수 단일 결정 구조체 들이 높은 강도를 갖는 이유이기도 하다.

1.7.3 강도 약화

기계부품과 재료의 강도가 약화되는 주요 요인들은 다음과 같다.

1) 임계치를 넘는 주기적 스트레스로 인한 피로
2) 접촉운동면이 손상되었을 때 발생하는 마모는 더 큰 마찰, 더 심한 손상, 고장을 야기한다.
3) 재료(특히 철 합금)가 물속의 이온(주로 산소 또는 할로겐) 들에 의해서 화학적 침식을 받을 때 발생하는 부식

특정한 상황에서 중요시 되는 다른 요인들도 강도를 약화시킬 수 있다. 예를 들어 다음과 같다.

- 장력 스트레스와 온도의 복합 영향으로 인해 미세균열의 망조직이 생성되어 영구적으로 늘어나는 크리프. 크리프는 금속의 강도 저하와 변형을 가져온다.
- 온도로 인한 재료 약화
- 다른 화학적 침식
- 잘못된 취급, 부적절한 기계가공 또는 조립 등으로 인한 손상

(1) 피로(fatigue)

피로손상은 임계 스트레스라고 불리우는 한계치를 초과하는 반복적인 기계적 스트레스가 한 부품에 가해질 때 발생한다. 이 손상은 스트레스가 제거되어도 스트레스 전 원상태로 복귀되지 않는 금속의 결정격자 변형과 같은 내부적인 구조변형에 의한 것이다. 피로손상은 누적적이기 때문에 임계 스트레스를 초과하는 반복적 또는 주기적 스트레스는 결국 고장을 일으킨다. 예를 들어 임계스트레스 이상으로 주기적으로 잡아당긴 용수철은 결국 탄성을 잃고 만다.

피로는 반복적인 스트레스(예를 들어, 반복적으로 걸리는 부하, 간헐 부하, 진동 등)가 가해지는 구조체의 신뢰도에서 매우 중요한 속성이다. 왜냐하면 임계 스트레스는 정적 파괴강도의 1/4보다 작을 수 있고, 정적 강도의 반보다 작은 스트레스라도 10^7~10^8 주기 후에는 파괴가 일어 날 수 있기 때문이다.

(2) 마모(wear)

마모는 다른 부품이나 재료와의 상대적 운동으로 인해 부품 표면으로부터 재료가 닳는 것이다. 마모는 다양한 메커니즘에 의해서 일어나고, 모든 특정 상황에서는 다수의 메커니즘이 작용할 수 있다. 마모를 이해하고 통제하는 것과 관련된 과학과 방법은 마찰공학(tribology) 분야를 이룬다.

마모 저감 방법: 마모를 줄이는 주요 방법은

1) 설계시 예를 들면, 진동하는 표면의 접촉과 같이 마모를 유발하는 조건을 가능한 한 회피하여 마모 가능성을 최소화한다.
2) 내마모 또는 자기윤활하는 재료와 표면처리제를 선택한다.
3) 윤활 및 효율적 윤활 체계 설계와 필요시 윤활을 위한 쉬운 접근

(3) 부식(corrosion)

부식은 철과 알루미늄, 마그네슘과 같은 비철금속을 침식한다. 철 제품의 경우, 특히 습한 환경에서는 부식은 대단히 심각한 신뢰도 문제이다. 부식은 예를 들면, 해안이나 바다환경에서의 염분과 같은 화학적인 오염에 의해서 가속될 수 있다. 전투기라도 공군용과 해군용은 내부식성 설계가 다를 수 있다.

부식의 주 메커니즘은 산화이다. 구리와 같은 어떤 금속들의 산화물은 대단히 강한 표면층을 형성하여 밑의 재료를 보호 한다. 그러나 철합금들은 이 같 은 특성이 없으므로 산화 손상은 누적적이다.

어떤 경우에는 전기부식이 문제가 될 수 있다. 이는 서로 다른 금속이 접촉하여 기전위가 발생하고 전류가 흐를 수 있는 조건이 존재 할 때 발생한다. 이는 금속 화합물을 생성하거나 다른 화학작용을 가속화시킬 수 있다. 또한 전기 및 전자체계에서도 서로 다른 금속 경계에 유도 전류가 흐르면 비슷한 결과를 초래하는 전해부식이 일어날 수 있다. 예를 들어, 접지나 전기적 접합이 불충분할 때 발생할 수 있다.

1.8 전자 체계 신뢰도

1.8.1 서론

신뢰성공학은 주로 전자장비 신뢰도 문제에 부응하여 발전하였고, 많은 기법들이 전자응용으로부터 개발되었다. 다른 어떤 공학분야보다도 체계의 설계와 조립은 대단히 많은 수의 유사한 부품들을 활용해야 되지만, 설계자나 생산기사는 부품에 대한 통제가 비교적 없다. 예를 들어 주어진 논리 기능을 구현하기 위해서 어떤 특정한 집적회로를 선택할 수 있다. 제2의 조달원으로부터 기능적으로 동일한 장치를 선택하는 외에는, 설계자는 통상 목록에 있는 품목을 사용할 수밖에 없다.

대부분의 전자부품과 체계의 경우 신뢰도는 주로 생산공정에 걸친 품질관리에 의해서 결정된다. 이는 비전자부품도 그렇기는 하다. 두 경우 모두 규격에 맞는 품목이 사용되는가에 달렸다. 그러나 대부분의 비전자장비는 신뢰성있게 작동하도록 보증할만한 충분한 수준까지 검사와 시험이 가능하다. 전자부품들은 거의 항상 밀

봉되어져 있기 때문에 쉽게 검사할 수 없다. 사실 초고신뢰도 제품을 위한 부품의 X-선 검사 외에는 내부검사는 일반으로 불가능하다. 전자부품은 일단 밀봉되면 검사할 수 없고, 현대 부품의 크기와 수량은 대단히 높은 생산율에서 대단히 정밀한 치수가 유지될 것을 요구하므로 생산변동은 모든 부품집단에 혼입되게 마련이다. 규격 내에서 기능을 발휘 하지 못하는 것과 같은 큰 결함이라면 자동 또는 수동시험으로 쉽게 발견할 수 있다. 그러나 전자부품 불신도의 주원인은 즉시 성능에 영향을 주지 않는 결함 들이다.

한 전자부품의 전형적인 고장메커니즘을 생각해 보자. 장비의 전도체에 도선이 기계적으로 약하게 접합되었다고 하자. 저항, 축전기, 트랜지스터, 또는 집적회로(IC)에서 이런 경우가 발생할 수 있다. 이런 장치는 제조 후 시험과 체계에 조립된 때의 모든 기능시험에서 만족스럽게 작동할 수 있다. 어떤 실제적인 검사방법도 이런 결함을 발견할 수 없다. 그러나 접합이 불량이기 때문에 접합부위에 걸리는 기계적인 스트레스나 고전류 밀도로 인한 과열로 이후 언젠가는 고장날 것이다.

전형적인 고장메커니즘은 마모나 스트레스로 인한 결함부품의 고장이다. 이런 맥락에서 '양호' 부품은 기대수명 동안 명시된 부하가 적용되어도 고장나지 않는다. 모든 불량품목은 결함과 적용되는 부하의 성격에 따라 독특한 수명 특성을 가지므로, 전자부품의 고장분포의 성격에 대해서 일반화할 수 있다.

불량접합의 경우를 들면, 고장시간은 가해진 전압, 장치 주위의 온도, 진동과 같은 기계적 부하에 의해서 영향받기 쉽다. 예를 들어 실리콘 결정의 결함과 같은 다른 고장기계는 주로 온도변화에 의해서 가속된다. 장치 내의 결함은 높은 국소 전류밀도를 생성하고, 결함장치의 임계치를 넘으면 고장나게 된다.

전자체계의 고장은 강도를 초과하는 부하들 외에 다른 메커니즘에 의해서도 유발될 수 있다. 예를 들면 부품의 특성치 유동, 납땜 결함 또는 부품 속의 함유물로 인한 단락, 계전기 또는 연결기 접점의 고저항, 공차의 부조화 , 전자기 간섭 등이 부하에 의해 유발되지 않는 고장이다.

1.8.2 전자체계 설계에서의 신뢰도

전자체계 설계자는 원래 신뢰성 있는 설계를 제작하기 위해서 다음의 주요 면들을 고려해야 한다.

1) 작동 또는 시험중에 어떤 부품도 과부하가 될 수 없도록 보증하기 위해, 부품들에 가해지는 전기적 또는 기타 스트레스, 특히 열 스트레스
2) 특성치의 가능 범위 안에서 회로가 올바로 기능하도록 보증하기 위해, 부 품 특성치들의 변동과 공차
3) 전기간섭, 타이밍, 기생(parasitic) 특성치 등과 같은 비스트레스 요인의 영향. 이들은 고주파와 고이득회로에 특히 중요하다.

4) 시험하기 쉬운 설계를 포함하여, 제조와 보전의 용이성

이들 주요 고려 사항에 더하여, 신뢰성을 개선하기 위해 응용할 수 있는 회로와 체계설계의 다른 면도 있다. 상이한 부품 종류수를 줄여서, 부품 선택 노력을 줄일 수 있고, 설계를 더 쉽게 점검할 수 있다. 이는 또 생산과 사용에서 비용을 절감하여 준다. 회로의 여분설계도 가능하다. 될 수 있는 한 조정이나 미세공차의 필요성은 피해야 한다.

신뢰성 있는 전자설계를 달성하기 위한 이들 모든 수단들이 상호보완적인 것은 아니다. 예를 들어, 여분설계와 추가 보호장치나 회로를 포함하는 것은 복잡도와 부품 종류수를 감소하는 것과 모순된다. 신뢰성에 관한 다양한 설계 선택 사항들을 효과, 비용, 고장영향과 관련하여 고려해야 한다.

1.9 신뢰도와 예방보전

요즘에는 장비들의 구조가 점점 복잡해짐과 동시에 그 운용조건이 점점 격심 하여지고, 또 체계가 갖추어야 할 효과에 대한 요구조건이 점점 더 높아지고 있다. 이에 따라 이런 요구조건을 만족시키기가 점점 더 힘들어지게 되어 신뢰도를 높이기 위한 하나의 방편으로 예방보전에 주력하게 되었고 예비장비를 확보하여 고장장비를 신속히 수리하여 주는 방법이 사용되고 있다.

여러 가지 계측기기들도 점점 더 복잡해졌고 인건비와 부품의 구입 및 운송비용도 상승일로에 있어 예방보전 및 수리비용은 체계 운용비용의 큰 부분을 차지하고 있다. 하나의 체계가 크면 클수록, 또 복잡할수록 고액의 투자가 필요할 것이고, 또 수입도 클 것이다. 그러므로 이러한 체계의 고장으로 비가용상태가 지속된다면 매시간당 손실도 또 막대하게 된다. 고용량 통신 또는 데이터 전송선로가 고장나면 매시간 수천만 원의 손실이 발생한다고 한다. 보전공학이란 비용을 다루는 어떤 다른 공학이나 경영학에서 하는 것과 마찬 가지로 주어진 환경에서 장비 설계 및 인간공학적인 원칙들을 종합하여 최소한의 비용으로 체계의 가용도를 높이는 것을 연구하는 학문이다. 보전공학을 추구하기 위해서는 전기, 기계, 인간, 산업공학들의 여러 분야의 전문지식이 필요하다. 그러므로 주어진 문제를 넓은 안목으로 볼 수 있으며, 총체적 체계의 효율을 높이기 위해서 총비용의 최소화 개념을 이해하고 다분야에 걸친 관심을 갖는 공학자에게 신뢰도 및 보전공학은 대단히 흥미있는 분야가 될 것이다.

연습문제

1.1 신뢰성, 보전성, 신인성의 정의는 어떻게 되는가.

1.2 신뢰성과 신뢰도는 어떻게 다른가.

1.3* 인도 보팔 가스누출사고(1984)의 전개와 사고의 원인에 대해 조사해 보라.

1.4* 구 소련의 체르노빌 원자력발전소 폭발사고(1986)의 전개와 사고의 원인에 대해 조사해 보라. 체르노빌은 현재 우크라이나 북부의 도시이다.

1.5* 일본 후쿠시마 원자력발전소 사고(2011)의 전개와 사고의 원인에 대해 조사해 보라.

1.6 신뢰성 척도로 쓸 수 있는 것들은 무엇인가.

답) 신뢰도함수, 고장밀도함수, 수명분포함수, 고장률함수, 누적고장률함수, 평균수명, 백분위수, B_{10}수명, 평균잔여수명 등. 경우에 따라 메디안도 가능.

제2장 정신뢰도

앞 장에서 설명한 것처럼 신뢰도는 사용기간 작동할 확률이다. 일반으로 한 품목의 신뢰도는 시간의 함수로서, 이것이 오랜 시간 사용되어 고장없이 목적을 완수하는 확률은 짧은 시간 사용되어 고장없이 목적을 완수하는 확률보다는 작을 것이다. 그러나 경우에 따라서는 시간이 경과하는 데 따른 신뢰도 변화 전체보다도 다음과 같이 그 한 단면만이 요구될 때가 있다.

(1) 품질관리에서 시간 0에서의 체계 신뢰도에 관심이 있을 경우이며 부품의 제작공정에서 생기는 불량률이 주어졌을 때 이런 부품들로 조립된 체계가 불량일 확률을 구하는 경우,
(2) 이미 임무 자체와 그 지속시간이 결정된 상태에서 한 시점에서의 체계 신뢰도에 관심이 있을 경우이며 즉 특정시점에서의 부품의 신뢰도가 주어졌을 때 체계가 임무를 성공시킬 확률을 구하는 문제,
(3) 폭약, 미사일 연료, 특정 릴레이의 경우와 같이 수요가 있을 때 작동할 확률이 시간의 함수가 아니고 상수인 수요신뢰도(demand reliability)의 경우이다.

본장에서는 이렇게 시간이 정해졌을 때의 신뢰도, 즉 정신뢰도(static reliability)에 대해서 고려해 보기로 한다. 신뢰도분석을 위해 확률통계의 기초를 반드시 이해할 필요가 있는데 간단한 요약을 부록에서 참조할 수 있다.

2.1 구조분석

복잡한 체계의 신뢰도분석을 할 때에는 그 체계 전체를 한꺼번에 다루기가 대단히 힘든 경우가 있다. 이런 경우에는 체계를 분해하여 몇 개의 하부 체계나 부품으로 나누어서 생각하는 것이 합리적인 접근방법이다. 이렇게 체계를 세분화하면 부품들의 작동이 어떻게 상호 연관되어 체계를 작동시키는가를 묘사하는 블록그림을 그릴 수가 있다. 이렇게 그려진 부품구조들에 맞는 수학적 모형이 만들어지고 체계신뢰도가 부품의 신뢰도의 함수로 구해진다.

직렬과 병렬 구조는 자주 나타나는 구조이며 이런 경우 체 계 신뢰도는 쉽게 구할 수 있다. 때에 따라서는 이렇게 직렬과 병렬의 조합으로 분석할 수가 없는 경우도 있으며 이때에는 특수한 기법을 사용해야 한다. 일반으로 분석을 용이하게 하기 위해서 모든 부품의 작동은 상호 독립적이라고 가정되나 항상 이런 가정이 성립되는 것은 아니다. 예비부품을 가진 체계에서도 종속적 고장이 발생하며 이런 경우에는 11.4에서와 같이 마코브 모형을 사용하는 것이 편리하다.

대규모 체계에 대한 구조적 신뢰도 모형을 설정하기란 대단히 힘든 문제이며 많

은 경우 적절한 판단과 근사치 계산을 필요로 한다. 이런 분석을 위해서는 주어진 체계의 구조와 운용을 완전히 이해하는 것이 필요하며 이것은 주로 체계공학자의 임무이다.

2.1.1 직렬구조(series structure)

신뢰도분석에서 가장 흔히 쓰이는 신뢰도 구조로는 직렬구조가 있다. 직렬구조의 경우 체계가 정상 가동하기 위해서는 모든 부품이 다 정상 작동해야 한다. 여기서 신뢰도 구조를 강조한 것은 물리적인 구조와 구별을 위해서이다. 즉 하나의 예로서 자동차의 네 바퀴는 물리적인 구조상으로는 모두 병렬로 설치되어 있지만, 그 중 하나만이라도 고장나면 자동차라는 전체 체계가 고장나게 되므로 신뢰도 구조상으로는 직렬구조이다.

직렬구조는 그림 2-1 (a)와 같은 '신뢰도 블록그림'으로 표시하거나 (b)와 같은 '신뢰도 그래프'로 나타낸다. 두 경우 모두 원인에서 결과[1]로 이르는 하나의 경로가 형성된다. 어떤 부품이 고장나는 것은 그림에서 그 부품을 제거하는 것과 같으며 형성된 경로가 끊기게 되므로 체계 자체가 고장나게 된다.

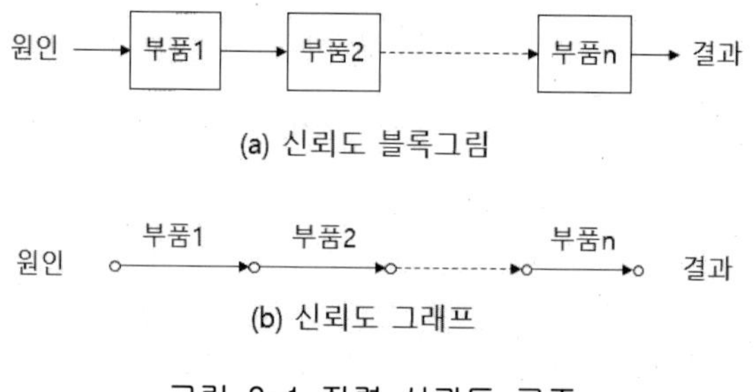

(a) 신뢰도 블록그림

(b) 신뢰도 그래프

그림 2-1 직렬 신뢰도 구조

그림 2-1에 있는 체계는 직렬로 연결된 n개의 부품으로 이루어져 있다. 여기서 i번째 부품이 정상 가동상태이면 ⓘ, 고장난 상태이면 $\underline{i}$로 표시하면 i번 째 부품이 정상 가동될 확률은 P{ⓘ}, 고장인 확률은P{$\underline{i}$}로 표시할 수 있다. 체계가 정상 가동할 확률을 R로 표시한다면 체계가 고장일 확률은 F=1-R로 표시된다. R은 reliability의 약자를 뜻한다.

직렬구조에서는 모든 부품이 정상 작동해야 체계가 정상 가동되므로 체계가 정상 가동하는 것을 나타내는 사상은 ①, ②, …, ⓝ의 교집합이며, 이 교집합의 확률은 다음과 같다.

$$R = P\{①②③\cdots ⓝ\} \tag{2.1.1}$$

1) 이 경로는 입력(input)과 출력(output) 또는 시점(source)과 종점(sink, terminal)로 불리기도 한다.

식 (2.1.1)을 전개하면, 확률의 곱셈공식(부록 참조)을 사용하여 다음과 같다.

$$R = P\{①\cdot P②|①\}\cdot P\{③|①②\}\cdots P\{ⓝ|①②\cdots\} \qquad (2.1.2)$$

식 (2.1.2)는 조건부 확률을 포함하고 있으므로 조심하여 평가해야 한다. 예를 들어 P{③|①②}는 '부품 1과 부품 2가 작동되는 조건'에서 '부품 3의 작동' 확률이다. 조건부 확률의 예로서, 부품 1과 2에서 발산되는 열이 부품 3의 온도 환경에 영향을 미치고 부품의 신뢰도에 영향을 준다면 조건부 확률이 개재되는 것이다[2]. 부품들 간에 이런 상호작용이 없다면 부품고장은 상호 독립이며 Ri=P{ⓘ}라고 할 때, 식 (2.1.2)는 간략화되어 다음과 같다. Π(파이)는 곱(product)을 뜻한다.

$$\begin{aligned} R &= P\{①\}\cdot P\{②\}\cdot P\{③\}\cdots P\{ⓝ\} \qquad (2.1.3) \\ &= \prod_{i=1}^{n} R_i = R_1 R_2 \cdots R_n \end{aligned}$$

직렬 체계의 신뢰도는 항상 가장 약한 부품의 신뢰도보다도 낮기 때문에[3] 신뢰도 면에서 볼 때에는 가장 약한 구조이다. 예를 들어 100×100의 크기를 갖는, 총 10^4의 마그네틱 코어로 된 컴퓨터 기억장치에서 각 코어의 신뢰도를 p라 하고, 계산과정에서 코어 전부가 사용되기 때문에 코어 하나가 오차를 포함해도 전체의 계산착오가 일어난다고 하면, 기억장치 계산의 신뢰도는 p^{10^4}이다. 만약 코어 하나의 불신도를 q라 하고 기억장치 계산의 불신도를 10^{-3}으로 정한다면[4] 다음과 같다.

$$p^{10^4} = (1-q)^{10^4} = 1 - 10^{-3} = 0.999$$

여기서 q는 매우 작은 양수 (q<<1)이므로 다음과 같다.

$$\begin{aligned} (1-q)^{10^4} &\approx 1 - 10^4 q = 0.999 \\ \therefore q &= 10^{-7} \end{aligned}$$

즉 코어의 불신도는 전체 불신도보다도 10^4배나 적어야 할 만큼 코어의 신뢰도가 높아야만 한다.

2.1.2 병렬구조(parallel structure)

체계에 따라서는 원인에서 결과로 이르는 여러 개의 경로가 있어서 그 중에 몇 개가 차단되어도 나머지 경로를 통하여 결과에 이를 수 있는 구조가 있다. 이러한 신뢰도 구조를 병렬구조라 하며 여기에서도 물리적인 구조 자체가 병렬로 설치될

---

2) 어떤 책에서 집 안의 시계들이 비슷한 때에 배터리가 떨어지는 경우를 조건부 확률의 예로 드는 것은 착오이다. 독립적으로 배터리 수명에 도달한 것일 뿐이다.

3) 가장 약한 부품이 먼저 고장난다는 보장이 없기 때문. 독일의 미사일 개발시의 초기 신뢰도 개념 참조

4) 불신도를 비교하는 것은 신뢰도가 1에 가깝기 때문이다. 여기에 사용되는 근사값 계산은 테일러 전개에 의한 것인데 매우 작은 수일 때 유용하다.

필요는 없다. 예를 들어, 전류 서지(surge, 급증)로부터 어떤 섬세한 전자기구를 보호하기 위하여 회로차단기(서킷브레이커)를 설치할 때에 그 안전도를 높이기 위해서 2개를 직렬로 연결할 수가 있는데, 이때에 차단기 2개 중 1개만이라도 정상작동하면 전자기구를 보호할 수 있으므로 이것은 신뢰도 구조상으로는 병렬구조이다. 병렬구조를 나타내는 블록그림과 신뢰도 그래프가 그림 2-2에 나와 있다.

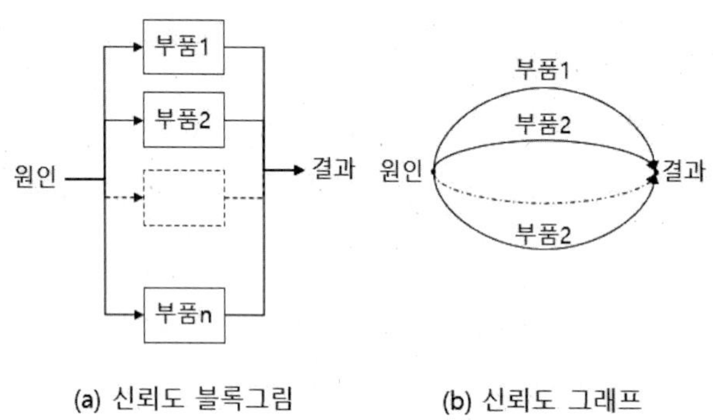

(a) 신뢰도 블록그림 (b) 신뢰도 그래프

그림 2-2 병렬 신뢰도 구조

여기에는 원인과 결과를 연결하는 n개의 경로가 있으며 모든 경로가 차단되는 경우는 부품 모두가 고장일 때이다. 이 병렬구조는 원래 체계구조가 이렇게 설계된 결과일 수도 있고 경우에 따라서는 체계의 신뢰도를 높이기 위하여 의도적으로 중복 설계를 한 결과일 수도 있다.

병렬구조에서 체계가 정상 가동하는 것을 나타내는 사상은 ①, ②, …, ⓝ의 합집합이다. 이 합집합의 확률은 다음과 같다. 여기서 +는 합집합(∪)을 뜻한다.

$$R = P\{① + ② + ③ + \cdots + ⓝ\} \tag{2.1.4}$$

합집합에 대해 확률의 덧셈공식을 사용하면 다음과 같다.

$$R = P\{①\} + P\{②\} + \cdots + P\{ⓝ\} - P\{①②\} - P\{①③\} - \cdots + P\{①②③\} + \cdots \mp \cdots \tag{2.1.5}$$

교집합의 확률은 직렬구조에서 본 것과 같이 조건부확률로 구해야 한다. 부품고장이 상호독립일 때, P{ⓘ}=Ri로 표시하여 전개하면 다음과 같다.

$$\begin{aligned} R &= (R_1 + \cdots + R_n) - (R_1R_2 + R_1R_2 + \cdots) + (R_1R_2R_3 + R_1R_2R_4 + \cdots) - + \cdots \quad (2.1.6) \\ &= \sum_i^n R_i - \sum_{i \neq j}^n R_iR_j + \sum_{i \neq j \neq k}^n R_iR_jR_k - + \cdots \end{aligned}$$

병렬구조의 신뢰도를 불신도를 이용하여 접근할 수 있다. 즉 부품이 모두 고장이어야 체계가 고장이므로 체계고장 확률은 다음과 같다.

$$\begin{aligned} F &= P\{\underline{1}\,\underline{2}\,\underline{3} \cdots \underline{n}\} \quad (2.1.7) \\ &= P\{\underline{1}\}P\{\underline{2}|\underline{1}\}P\{\underline{3}|\underline{1}\,\underline{2}\} \cdots P\{\underline{n}|\underline{1}\,\underline{2} \cdots \underline{n-1}\} \end{aligned}$$

부품들 간에 상호작용이 없어 부품고장이 상호독립일 때 $F_i = P\{\underline{i}\}$라고 표기하면, 식 (2.1.7)는 간단히 다음과 같다.

$$\begin{aligned} F &= P\{\underline{1}\}P\{\underline{2}\}P\{\underline{3}\}\cdots P\{\underline{n}\} \\ &= F_1F_2\cdots F_n \\ &= \prod_{i=1}^{n} F_i \end{aligned} \tag{2.1.8}$$

그러면 체계신뢰도는 1-F와 같다. 곱의 기호 Π에 대응되는 개념으로 이를 뒤집은 기호 ∐를 사용하여 신뢰도를 표현하면 다음과 같다. 이는 결국 덧셈공식과 같아진다. ∐기호를 쌍대곱(coproduct)이라고 부른다.

$$\begin{aligned} R &= \coprod_{i=1}^{n} R_i \equiv 1-\prod_{i=1}^{n}(1-R_i) \\ &= 1-(1-R_1)(1-R_2)\cdots(1-R_n) \\ &= (R_1+\cdots+R_n)-(R_1R_2+R_1R_2+\cdots)+(R_1R_2R_3+R_1R_2R_4+\cdots)\mp\cdots \end{aligned} \tag{2.1.9}$$

이론 상 병렬구조의 부품수는 제한이 없으나, 실제적으로 직렬구조는 부품의 수가 매우 많은 것에 비하여, 병렬구조는 부품의 수가 상대적으로 적다. 따라서 식 (2.1.6)은 이론만큼 길게 전개되지는 않는다.

한편, 다항식으로 신뢰도를 표현할 때, 그 식은 가장 큰 값을 먼저 쓰는 것이 좋다. 0<r<1이므로 예를 들어 $R=r^3-r^2+r$ 보다는 $R=r-r^2+r^3$처럼 쓰는 것이 크기를 짐작하는 데 좋다. 맨 첫 항이 음수로 시작하는 경우는 없다.

신뢰도분석은 작동 대 고장, 절단집합 대 경로집합, 신뢰도 대 불신뢰도, 곱 대 쌍대곱과 같이 대칭적인 개념이 등장하는 연유로 오히려 혼동스러울 때가 많으니 침착하게 접근해야 한다.

2.1.3 n중k 구조

n중k 구조는 k/n구조 또는 다수결 구조라고도 한다. 1장의 예에서 보았듯이 많은 문제에서 모두 개의 부품 중에 몇 개 이상이 작동하면 체계가 정상 가동되는 경우가 있으며, 예를 들면 n 겹의 쇠줄로 움직이는 엘리베이터에서 최대 부하를 견디는데 k겹이 필요한 경우이다. 만약 모든 부품이 동일하고 하나의 부품이 고장 난 후의 스트레스 재분배로 인하여 나머지 부품의 고장확률이 달라지지 않는다고 가정하고 부품의 신뢰도를 r이라 하면 정확히 m개의 부품만 작동일 확률은, 이항(二項)분포를 이용하여 다음과 같다.

$$P_n(m)=\binom{n}{m}r^m(1-r)^{n-m} \tag{2.1.10}$$

이 경우에 체계가 정상 가동 하려면 작동하는 부품수가 k개 이상이어야 하므로 체계신뢰도는 다음과 같다.

$$R = \sum_{m=k}^{n} \binom{n}{m} r^m (1-r)^{n-m} \tag{2.1.11}$$

예를 들어 5중4 구조의 신뢰도는 다음과 같다.

$$\begin{aligned} R &= \sum_{m=4}^{5} \binom{5}{m} r^m (1-r)^{5-m} \\ &= \binom{5}{4} r^4 (1-r)^1 + \binom{5}{5} r^5 (1-r)^0 \\ &= 5r^4 (1-r) + 1r^5 \\ &= 5r^4 - 4r^5 \end{aligned}$$

부품이 고장일 확률로 접근해도 결과는 같다.

여기서 만약 하나의 부품이 고장난 후의 스트레스 재분배로 인하여 나머지 부품의 고장확률이 달라진다면 식 (2.1.10)과 식 (2.1.11)은 사용할 수 없으며 체계가 정상 가동될 부품고장상태의 조합 모두를 열거해 보아야 한다. 예를 들어 4 중 3의 구조에서는 다음을 평가해야 한다.

$$R = P\{\text{①②③}\underline{4}\} + P\{\text{①②}\underline{3}\text{④}\} + P\{\text{①}\underline{2}\text{③④}\} + P\{\underline{1}\text{②③④}\} + P\{\text{①②③④}\}$$

n중k 구조에서 k가 n이면 직렬구조와 같고, k가 1이면 병렬구조와 같은 것은 자명하다.

2.1.4 신뢰도 구조의 비교

한 예로서 비행기 전기 계통에 사용될 신뢰도 높은 전원이 필요하다고 하자. 최대부하는 10kw이고, 평균부하는 7kW, 주요 기능은 5kW의 전력으로 수행할 수 있다. 여기에 사용될 발전기로서 세 가지 대안이 있어서 ① 한 개의 10kW 발전기, ② 두 개의 5kw 발전기, ③ 세 개의 3.5kW 발전기가 고려되고 있다. 실제 운용상 세 종류의 운용상태, 즉 최대, 평균, 비상의 상태가 존재하므로 각 운용상태에서의 체계신뢰도가 계산되어 그림 2-3 (a)에 나와 있다. 각 발전기의 신뢰도는 같다고 한다.

각각의 대안은 크기, 중량, 비용, 성능 면에서 각각 장단점을 가지고 있고, 또 정확한 판단을 하기 위해서 신뢰도도 고려되어야 한다. 그림 2-3 (a)에 있는 신뢰도 공식이 그림 (b)에서 비교되었다. 여기서 직렬구조는 항상 단위 부품보다 나쁘다는 것을 주의해야 한다. 두 개의 부품으로 이루어진 병렬 구조가 가장 신뢰도가 높으며 3 중 2 구조는 $0.5<r\le 1$인 경우는 단위 구조보다 우수하고 $0\le r<0.5$인 경우는 단위구조보다 나빠진다.

체계	10kw 최대부하상태	7kw 평균부하상태	5kw 비상상태
1개의 10kw 발전기	x_1 R=r	x_1 R=r	x_1 R=r
2개의 5kw 발전기	x_1 x_2 R=r^2	x_1 x_2 R=r^2	x_1 x_2 R=2r-r^2
3개의 3.5kw 발전기	x_1 x_2 x_3 R=r^2	x_1 x_2 x_1 x_3 x_2 x_3 R=3r^2-2r^3	x_1 x_2 x_1 x_3 x_2 x_3 R=3r^2-2r^3

(a)

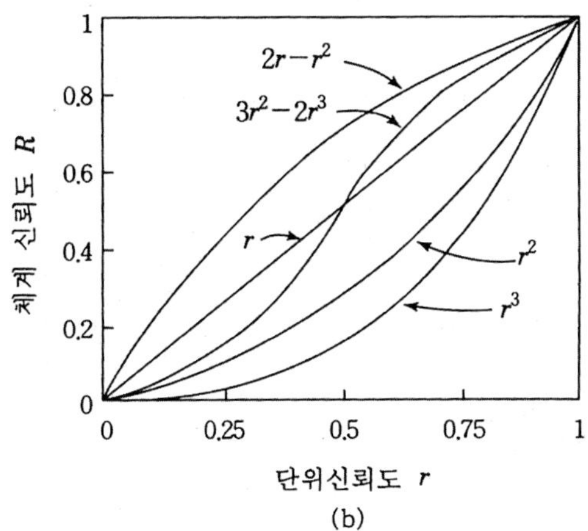

(b)

그림 2-3 비행기 전기계통의 신뢰도 비교

2.1.5 가략구조(reducible structure)

복잡한 체계의 신뢰도분석을 하기 위하여 체계를 분해하여 몇 개의 하부체계나 부품들로 나누었을 때 경우에 따라서는 그 신뢰도 구조가 직렬과 병렬 구조의 반복구조이기 때문에 좀더 간단한 구조로 간략화될 수 있는 구조가 있다. 이런 구조를 가략구조라 하며 가략구조의 한 예가 그림 2-4 (a)에 나와 있으며 이 구조는 (b)에 있는 것과 같이 부품 1, 2, 3이 병렬로 연결된 하부체계와 부품 4, 5가 병렬로 연결된 하부체계가 직렬로 연결된 것임을 알 수 있다.

이 경우 부품간에 상호작용이 없어서 부품고장이 상호독립이라 하면, 첫 번째 하부체계의 신뢰도 R_{123}은 병렬구조의 식 (2.1.9)로부터 다음과 같다.

$$R_{123} = 1 - q_1 q_2 q_3$$

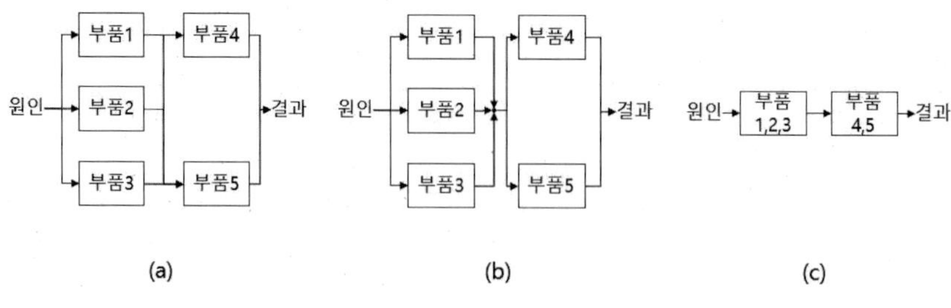

그림 2-4 가략구조

두 번째 하부 체계의 신뢰도는 R_{45}는 다음과 같다.

$$R_{45} = 1 - q_4 q_5$$

전체 체계는 이들 두 하부 체계의 직렬구조이므로 식 (2.1.3)으로부터 다음과 같다는 것을 알 수 있다.

$$\begin{aligned} R &= R_{123} \cdot R_{45} \\ &= (1 - q_1 q_2 q_3)(1 - q_4 q_5) \end{aligned}$$

그림 2-5는 4개의 부품들로 이루어진 가략구조들의 예이다.

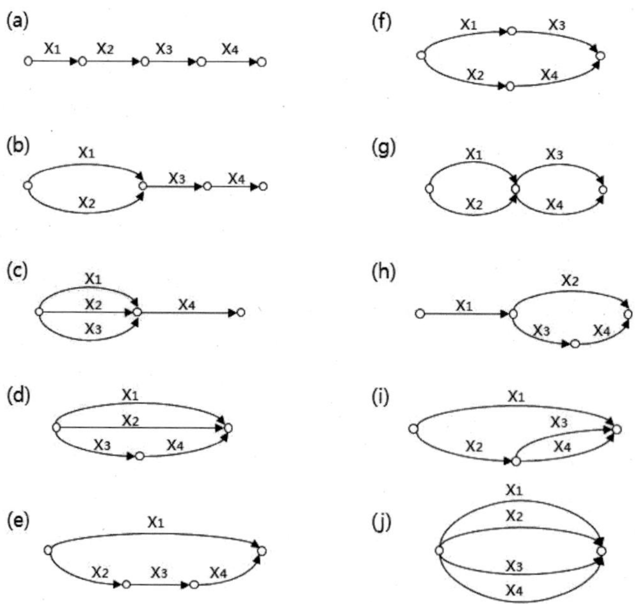

그림 2-5 네 부품의 여러 가략구조의 신뢰도 그래프

[예제] 2.1

어떤 유압계통에서 한 개의 펌프와 두 개의 밸브가 직렬로 연결되어 있는 모듈이 있다. 이 두 개의 밸브는 하류의 압력이 클 때 역류를 막아주기 위한 중복 설계 이며, 두 개 중 한 개만 작동해도 역류를 막을 수 있다. 이 부분에 대한 물리적인 실제 배치도는 그림 2-6에 나와 있다. 여기서 펌프의 신뢰도는 r_p, 밸브의 신뢰도는 r_v라 할 때 이 모듈에 대한 신뢰도를 구하라.

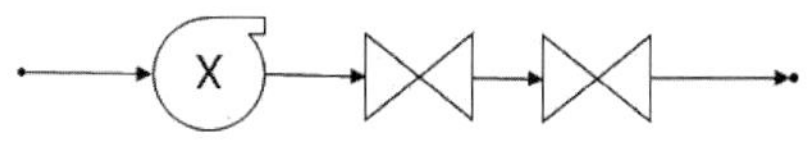

그림 2-6 펌프·밸브의 물리적 계통

풀이)

실제로는 밸브가 직렬로 연결되어 있으나, 2 개가 모두 고장나야 체계가 고장나므로 밸브는 병렬구조이다. 이 점을 염두에 두고 그림 2-6으로부터 신뢰도 구조를 구하면 그림 2-7과 같은 그림을 얻는다.

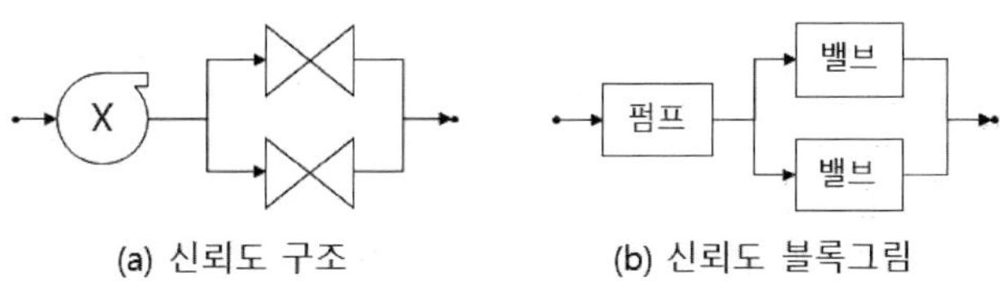

그림 2-7 펌프의 신뢰도 구조

그러므로 $R = r_p \cdot \left\{1-(1-r_v)^2\right\}$이다. 여기서 고장이란 역류에 대한 것만을 생각했고, 밸브가 닫힌 채 고장나는 경우는 고려하지 않았다.

2.2 비가략구조의 신뢰도평가

체계에 따라서는 이를 분해하여 몇 개의 하부체계나 부품들로 나누었을 때, 그 신뢰도 구조가 직렬과 병렬구조의 반복구조가 아니기 때문에 더 이상 간단한 구조로 간략화될 수 없는 구조가 있다. 이런 구조를 비가략구조(irreducible structure)라 하며 그 예가 그림 2-8에 나와 있다.

이런 경우에는 2.2.5에서 사용한 것과 같이 직렬과 병렬부품들의 신뢰도 등가를 순차적으로 구하여 나가는 방법은 사용할 수가 없고, 다음에 설명과 같이 좀 더 일반적인 기법을 필요로 한다.

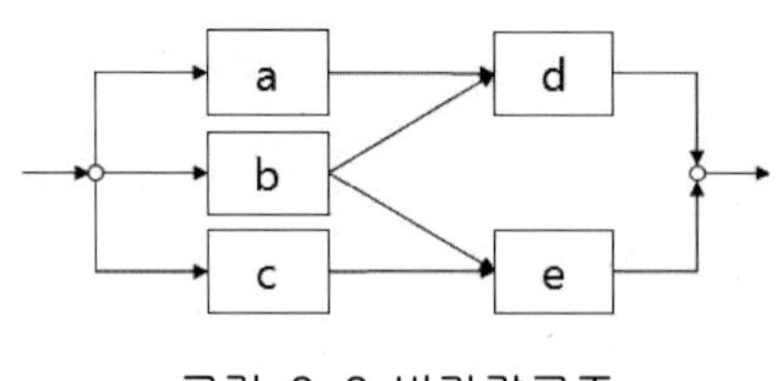

그림 2-8 비가략구조

2.2.1 사상공간법(event space method)

사상공간법을 적용하기 위해서는 주어진 체계에서 '발생가능한 모든 경우'를 나열하여 사상공간 목록을 작성한다. 따라서 완전열거법이라고도 부른다. 이렇게 작성된 목록에 포함된 각각의 사상들을 체계가 고장날 경우와 정상 가동될 경우로 나눈다. 만약 이 목록이 정확하게 만들어졌다면 모든 사상들은 상호 배타적이어야 한다. 그러므로 체계의 신뢰도는 체계가 정상 가동될 경우 각각의 확률의 총계이다. 이 기법을 이해하기 위해서 다음 예를 생각해 보자.

[예제] 2.2

그림 2-8에 있는 비가략구조에서 모든 부품의 고장이 상호독립이고 모든 부품의 신뢰도가 동일하게 r일 때 체계의 신뢰도를 평가하라.

풀이)

주어진 문제에 대한 사상공간 목록을 만드는 과정에서 1) 열거된 사상들이 모두 상호배타적이고, 2) 빠뜨리는 사상이 없도록 주의하기 위하여 표 2-1에 나와 있는 것과 같은 체계적인 방법을 사용하여 목록을 작성하였다. 모든 경우를 고장난 부품 개수별로 분류하였고 분류된 사상들 자체도 조직적으로 나열되었다.

5개 부품 중 고장개수가 i인 경우는 ${}_5C_i$ 개의 사상이 열거될 것이다. 일반으로 체계에 포함된 부품수를 n이라 하면, 사상공간에 포함될 항의 갯수는 2^n이 될 것이다. 따라서 모든 사상을 이진수 00000 ~ 11111로 열거하는 방법을 사용하면 빠트리지 않고 점검할 수 있다.

다음에는 어떤 경우에 체계가 정상 가동할 것인가를 결정하기 위하여 그림 2-8에 있는 신뢰도 블록그림 또는 신뢰도 그래프를 사용한다. 주어진 사상에서 고장난 부품들을 그림에서 지우고 나머지 부품들로 이루어진 구조에서 시점과 종점을 연결하는 경로가 최소한 하나라도 있으면 이 사상은 체계가 정상 가동할 경우이다. 이렇게 모든 사상에 대하여 체계가 고장일 것인가 정상 가동할 것인가를 검사하여 정상 가동할 사상에만 체크표(√)를 하여 준다. 따라서 표 2-1로부터 체계의 신뢰도는 다음과 같다.

표 2-1 예제 체계의 사상공간

고장 부품 개수					
0	1	2	3	4	5
√E1=ⓐⓑⓒⓓⓔ	√E2=aⓑⓒⓓⓔ	√E7=abⓒⓓⓔ	E17=ⓐⓑcde	E27=ⓐbcde	E32=abcde
	√E3=ⓐbⓒⓓⓔ	√E8=aⓑcⓓⓔ	E18=ⓐbⓒde	E28=aⓑcde	
	√E4=ⓐⓑcⓓⓔ	√E9=aⓑⓒdⓔ	√E19=ⓐbcⓓe	E29=abⓒde	
	√E5=ⓐⓑⓒdⓔ	√E10=aⓑⓒⓓe	E20=ⓐbcdⓔ	E30=abcⓓe	
	√E6=ⓐⓑⓒⓓe	√E11=ⓐbcⓓⓔ	E21=aⓑⓒde	E31=abcdⓔ	
		√E12=ⓐbⓒdⓔ	√E22=aⓑcⓓe		
		√E13=ⓐbⓒⓓe	E23=aⓑcdⓔ		
		√E14=ⓐⓑcdⓔ	E24=abⓒⓓe		
		√E15=ⓐⓑcⓓe	√E25=abⓒⓓd		
		E16=ⓐⓑⓒde	E26=abcⓓⓔ		

$$\begin{aligned} R = P\{ & E_1 + E_2 + E_3 + E_4 + E_5 + E_6 + E_7 + E_8 + E_9 + E_{10} \\ & + E_{11} + E_{12} + E_{13} + E_{14} + E_{15} + E_{19} + E_{22} + E_{23} + E_{25} \} \end{aligned} \tag{2.2.1}$$

모든 사상들이 상호배타적이므로 식 (2.2.1)에 있는 사상들의 합집합의 확률은 각각의 확률의 합이고 모든 부품이 동일한 신뢰도 r을 가지므로 식 (2.1.1)을 간단히 하면 다음과 같다.

$$\begin{aligned} R &= r^5 + 5r^4(1-r) + 9r^3(1-r)^2 + 4r^2(1-r)^3 \\ &= 4r^2 - 3r^3 - r^4 + r^5 \end{aligned} \tag{2.2.2}$$

위에서 설명된 사상공간법은 부품고장이 상호독립이기만 하면 어떠한 체계 에도 적용할 수 있다. 그러나 부품수가 5이나 6 이상만 되어도 손으로 이 방법을 적용하기가 복잡해지는 단점이 있다.

2.2.2 경로추적법과 최소경로집합법

사상공간법을 적용하기 위해서는 모든 부품의 작동, 고장 여부에 따라 체계가 정상 작동할 모든 사상을 밝혀내야 했다. 그 후 이들 사상들의 합집합의 확률을 구했었다.

경로집합(path set)이란 그래프에서 '시점과 종점을 연결해주는 가지들'이다. 경로추적법(path tracing method)은 이러한 경로집합들을 밝히고, 경로(일반으로 상호배타적이 아닌) 들의 합집합의 확률에 의해 체계의 신뢰도를 구하는 것이다. 그냥 경로집합들의 합집합의 확률을 구하려면 확률의 기초에 의해 흡수사상[5]을 주의해야 되므로 최소경로집합(minimal path set)들을 사용한다. 물론 최소경로집합법을 사용해도 부품 수준에서의 흡수사상은 나타난다.

하나의 경로집합을 추적할 때 어떤 마디(node)도 한 번을 초과하여 지나가지 않

5) P{A+A}=P{A}, P{A·A}=P{A}, A⊆B일 때 P{A+B}=P{B}

는다면 그 경로집합은 최소이다[6]. 어떤 체계의 최소경로집합이 T_1, T_2, …, T_n이라면 체계 신뢰도는 다음과 같이 주어진다.

$$\begin{aligned} R &= P\{T_1 + T_2 + \cdots + T_n\} \\ &= \sum_{i=1}^{n} P\{T_i\} - \sum_{i \neq j}^{n} P\{T_i T_j\} + \sum_{i \neq j \neq k}^{n} P\{T_i T_j T_k\} - + \cdots \end{aligned} \tag{2.2.3}$$

그림 2-8의 최소경로집합을 살펴 보기로 한다. 신뢰도 블록그림에서 부품수를 1개씩, 2개씩, 3개씩 등으로 부품수를 점차로 증가시켜 나가면서 경로를 검토한다. 그림 2-8을 자세히 검토하면 부품이 1개일 경우의 경로는 없고, 부품이 2개일 경우 중에서 $\{ad\}, \{bd\}, \{be\}, \{ce\}$는 최소경로집합을 이룬다. 3개 이상 부품의 완전경로는 이들이 포함하는 경우이므로 더 이상의 최소경로집합은 없다. 예를 들어 abd는 d 노드를 두 번 경과하므로 ad에 포함된다. 그러므로 체계의 신뢰도는 확률의 덧셈공식을 이용하여 다음과 같다. 단, P{ⓐⓓ·ⓑⓓ}= P{ⓐⓑⓓ}처럼 동일 부품이 겹치면 하나로 흡수됨에 주의하라.

$$\begin{aligned} R = {} & P\{ⓐⓓ + ⓑⓓ + ⓑⓔ + ⓒⓔ\} \\ = {} & P\{ⓐⓓ\} + P\{ⓑⓓ\} + P\{ⓑⓔ\} + P\{ⓒⓔ\} \\ & - P\{ⓐⓑⓓ\} - P\{ⓑⓓⓔ\} - P\{ⓑⓒⓔ\} - P\{ⓐⓒⓓⓔ\} \\ & + P\{ⓐⓑⓒⓓⓔ\} \end{aligned} \tag{2.2.4}$$

만약 모든 부품의 고장이 상호독립이고 동일한 신뢰도 r을 갖는다면 식 (2.2.4)는 식 (2.2.2)와 똑같아진다.

다른 예로, 그림 2-9의 교량 구조의 경우 경로집합 중 최소경로집합은 $\{ad\}, \{be\}, \{ace\}, \{bcd\}$이다. 따라서 식 (2.2.3)으로부터 체계신뢰도는 다음과 같다. 부품 수준의 흡수 여부에 주의하라.

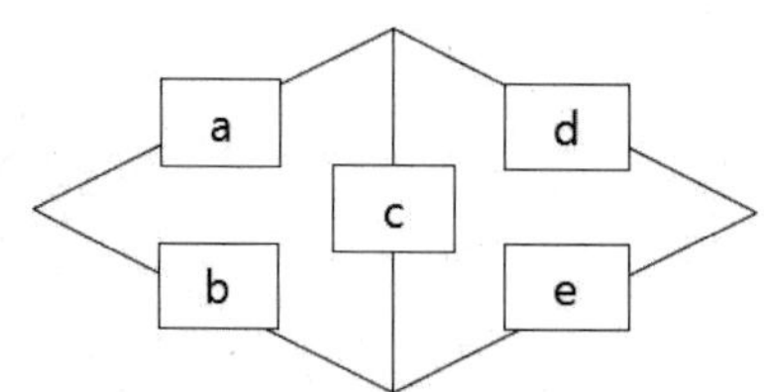

그림 2-9 교량구조의 신뢰도 블록그림

$$\begin{aligned} R = {} & P\{ad + be + ace + bcd\} \\ = {} & P\{ad\} + P\{be\} + P\{ace\} + P\{bcd\} \\ & - P\{abde\} - P\{acde\} - P\{abcd\} - P\{abce\} - P\{bcde\} - P\{abcde\} \\ & + P\{abcde\} + P\{abcde\} + P\{abcde\} + P\{abcde\} \\ & - P\{abcde\} \\ = {} & P\{ad\} + P\{be\} + P\{ace\} + P\{bcd\} \\ & - P\{abde\} - P\{acde\} - P\{abcd\} - P\{abce\} - P\{bcde\} + 2P\{abdec\} \end{aligned} \tag{2.2.5}$$

6) {abc}⊂{ab}이다. 그 이유는 a, b, c들이 원소라기보다 가지들의 AND 결합이기 때문. {미녀&부자&우등생}은 {미녀&부자}에 포함된다.

이 예에서 모든 부품의 신뢰도가 r=0.9로 동일하고 독립이라 가정하면 다음과 같다.

$$R = 2r^2 + 2r^3 - 5r^4 + 2r^5 = 0.97848$$

이 방법은 사상공간 목록을 만들 필요가 없으므로 사상공간법보다는 간단한 방법이다. 그러나 사상공간법에서는 모든 사상들이 상호배타적이었으나, 경로추적법에서는 모든 사상들이 상호배타적이 아니므로 합집합의 확률을 구하기 위해 식을 전개하고 항들을 간략화하는 계산(덧셈공식)은 복잡한 편이다. 두 방법을 비교하면, 복잡한 문제에서는 최소경로집합법이 상대적으로 좀 더 간단한 방법이다.

2.2.3 최소절단집합법

절단집합(cut set)이란 신뢰도 그래프에서 '제거하면 시점과 종점 사이를 단절되게 하는 가지들'이다. 최소절단집합(minimal cut set)은 절단집합 중 최소의 가지를 갖는 절단집합이다. 체계 고장은 적어도 한 개의 최소절단집합의 고장으로써 나타나므로 따라서 체계고장확률은 최소절단집합의 고장사상의 합의 확률이고, 신뢰도는 그것을 1에서 뺀 값이다. $\underline{C_i}$를 i번째 최소절단집합의 고장이라고 하자. 체계의 신뢰도는 다음과 같이 주어진다.

$$R = 1 - P\{\underline{C_1} + \underline{C_2} + \cdots + \underline{C_n}\} \qquad (2.2.6)$$
$$= 1 - [\sum_{i=1}^{n} P\{\underline{C_i}\} - \sum_{i \neq j}^{n} P\{\underline{C_i}\,\underline{C_j}\} + \sum_{i \neq j \neq k}^{n} P\{\underline{C_i}\,\underline{C_j}\,\underline{C_k}\} - + \cdots]$$

절단집합분석의 적용 예로 그림 2-9의 교량 구조의 그래프를 살펴 보자. 절단집합 중 최소절단집합은 $\{ab\}$, $\{de\}$, $\{ace\}$, $\{bcd\}$이다. 최소절단집합 식별 요령은 최소경로집합의 예와 비슷하게 신뢰도 블록그림에서 부품을 1개씩, 2개씩, 3개씩 등으로 늘려 나가면서 절단여부를 검토한다.

식 (2.2.6)과, $P(ⓘ) = 1 - P(\underline{i}), P(\underline{i}\,\underline{j}) = 1 - P(i + j) = 1 - P(i) - P(j) + P(ij)$ 등, 확률의 기초 관계를 이용하여 식 (2.2.7)을 간략히 하면 다음 결과를 얻는다.

$$\begin{aligned}
R &= 1 - P\{\underline{ab} + \underline{de} + \underline{ace} + \underline{bcd}\} \\
&= 1 - [P\{\underline{ab}\} + P\{\underline{de}\} + P\{\underline{ace}\} + P\{\underline{bcd}\} \\
&\quad - P\{\underline{ab}\,\underline{de}\} - P\{\underline{ab}\,\underline{ce}\} - P\{\underline{ab}\,\underline{cd}\} - P\{\underline{de}\,\underline{ac}\} - P\{\underline{de}\,\underline{bc}\} - P\{\underline{ace}\,\underline{bd}\} \\
&\quad + P\{\underline{ab}\,\underline{de}\,\underline{c}\} + P\{\underline{ab}\,\underline{de}\,\underline{c}\} + P\{\underline{ab}\,\underline{ce}\,\underline{d}\} + P\{\underline{de}\,\underline{ac}\,\underline{b}\} \\
&\quad - P\{\underline{ab}\,\underline{de}\,\underline{c}\}] \\
&= 1 - [1 - P\{a+b\} + 1 - P\{d+e\} + 1 - P\{a+c+e\} + 1 - P\{b+c+d\} \\
&\quad - 1 + P\{a+b+d+e\} - 1 + P\{a+b+c+e\} - 1 + P\{a+b+c+d\} \\
&\quad\quad - 1 + P\{d+e+a+c\} - 1 + P\{d+e+b+c\} - 1 + P\{a+c+e+b+d\} \\
&\quad + 1 - P\{a+b+d+e+c\} + 1 - P\{a+b+d+e+c\} + 1 - P\{a+b+c+e+d\} \\
&\quad\quad + 1 - P\{d+e+a+c+b\} - 1 + P\{a+b+d+e+c\}]
\end{aligned}$$

$$R = P\{a+b\}+P\{d+e\}+P\{a+c+e\}+P\{b+c+d\}$$
$$-P\{a+b+d+e\}-P\{a+b+c+e\}-P\{a+b+c+d\}$$
$$-P\{d+e+a+c\}-P\{d+e+b+c\}+2P\{a+b+d+e+c\}$$
$$= P\{ad\}+P\{be\}+P\{ace\}+P\{bcd\}$$
$$-P\{abde\}-P\{abcd\}-P\{acde\}-P\{abce\}-P\{bcde\}+2P\{abdec\} \quad (2.2.7)$$

최소경로집합기법이나 최소절단집합기법이나 결과는 같지만 이를 손계산으로 보여주는 것은 생각보다 쉽지 않다. 사실 최소절단집합기법의 경우 부품 불신도를 사용하여 체계 불신도에 접근하는 것이 편하다. 둘 중 어느 방법이 유리한가는 최소경로집합의 수와 최소절단집합의 수를 비교하여 적은 쪽이 유리하다. 일반으로 실제 문제는 최소절단집합의 수가 적다.

참고로 그림 2-9의 체계신뢰도의 하한치는 직렬구조를 가정한 $R=p^5=0.59049$이고, 상한치는 병렬구조를 가정한 $R=1-(1-p)^5=0.99999$이다.

2.2.4 축분해법(pivotal decomposition method)

복잡한 체계의 신뢰도 구조를 좀더 간단한 구조로 분해하여 조건부 확률을 사용해서 체계의 신뢰도를 구하는 방법을 축분해법이라 한다.

축분해법을 적용하기 위해서는 우선 그 부품만 없었다면, 신뢰도 구조가 아주 간단해질 수 있는 축(pivot, keystone) 부품을 찾아내야 한다. 여기서 축부품이란 일반으로 중요 부품을 말하는 것이 아니다. 그러면 체계의 신뢰도는 축부품의 상태에 따라 두 경우로 나누어 생각할 수가 있으므로 다음과 같다.

$$R = P\{ⓧ\}\cdot P\{\text{체계정상가동}|ⓧ\}+P\{\underline{X}\}\cdot P\{\text{체계정상가동}|\underline{X}\} \quad (2.2.8)$$

예제 2.3에서도 알게 되겠지만 이 식의 각 조건부 확률은 비조건부 확률보다는 훨씬 계산하기 쉽다. 그러므로 결국 어려운 문제 하나를 쉬운 문제 둘로 분해한 셈이 되는 것이다. 분해된 하부구조도 복잡하다면 다시 축분해법을 순차적으로 적용해 나가면 된다. 또한 축부품으로서 어떤 부품을 선택하더라도 축분해법 자체는 적용이 되지만 축부품을 적절히 선택해야 분해된 하부구조가 간단하게 된다.

축분해법을 응용한 구조신뢰도 분석기법 중에서는 종점 쪽 부품에서부터 단계적으로 거꾸로 축부품으로 선택하면서 중간의 직병렬구조와 함께 마디를 축약해 나가는, 따라서 다수 부품을 일시에 축약하는, '당기고 가지치기(pull and prune)' 기법이 가장 효율적이고, 프로그램을 할 경우 재귀식을 이용하여 매우 간단해지는 효과도 있다[Park & Kim].

[예제] 2.3

그림 2-8의 비가략구조에서 모든 부품의 고장이 상호독립이고, 모든 부품의 신뢰도가 동일하게 r일 때 부품 b를 축부품으로 간주하여 축분해법으로 체계의 신뢰

도를 구하라.

풀이)

식 (2.2.8)을 주어진 문제에 적용하면

$$R = P\{ⓑ\} \cdot P\{\text{체계정상가동}|ⓑ\} + P\{\underline{b}\} \cdot P\{\text{체계정상가동}|\underline{b}\} \quad (2.2.9)$$

이고 식 (2.2.9)의 첫 번째 항의 조건부 확률은 부품 b가 작동할 때 체계가 정상 가동할 확률이며, 이것은 두 부품 d와 e의 병렬구조의 신뢰도이며 병렬 구조 신뢰도의 식 (2.2.6)으로부터

$$\begin{aligned} P\{\text{체계가동}|ⓑ\} &= 1 - P\{\underline{d}\}P\{\underline{e}\} \\ &= 1-(1-r)^2 \\ &= 2r - r^2 \end{aligned} \quad (2.2.10a)$$

식 (2.2.9)의 두 번째 항의 조건부 확률은 부품 b가 고장일 때 체계가 정상 가동할 확률이며 이 경우는 '직렬구조가 병렬로 연결된' 가략구조이며, 병렬구조 신뢰도 식 (2.2.6)과 직렬구조 신뢰도 식 (2.2.3)으로부터

$$\begin{aligned} P\{\text{체계가동}|\underline{b}\} &= 1-(1\text{-}R_{ad})(1\text{-}R_{ce}) \\ &= 1\text{-}(1\text{-}P\{ⓐ\}P\{ⓑ\})(1\text{-}P\{ⓒ\}P\{ⓔ\}) \\ &= 1-(1\text{-}r^2)(1\text{-}r^2) \\ &= 1-(1\text{-}2r^2+r^4) \\ &= 2r^2 - r^4 \end{aligned} \quad (2.2.10b)$$

이다. 식 (2.2.10a)와 식 (2.2.10b)를 식 (2.2.9)에 대입하면

$$\begin{aligned} R &= r(2r-r^2)+(1-r)(2r^2-r^4) \\ &= 4r^2 - 3r^3 - r^4 + r^5 \end{aligned} \quad (2.2.10)$$

이 되어 식 (2.2.2)와 일치한다.

물론 이 문제는 b 이외의 다른 부품을 축부품으로 간주하여 분해해도 동일한 결과를 얻게 되겠지만, b의 선택이 가장 쉽다.

2.2.5 Δ-Y (델타 와이) 변환*

그림 2-9의 교량구조의 왼쪽은 그림 2-10 (a)와 같은 Δ구조인데, 만일 각 마디 간의 신뢰도 특성을 유지한 채, 그림 2-10 (b)와 같은 Y구조로 변환할 수 있다면 전체 체계는 가략구조가 된다. Y구조를 스타(star)구조라고도 한다.

마디 1을 시점이라 가정하면, 마디 2와 3 간에는 다음 경우와 같은 '흐름"이 존재할 수 있고, 각 경우의 Δ-Y 등가성이 그림 2-11에 나와 있다.

(a) 부품 C를 통해서 마디 2에서 3으로 흐름

(b) 부품 C를 통해서 마디 3에서 2로 흐름

(c) 부품 C를 통해서 흐름 없음(=부품 C 없음).

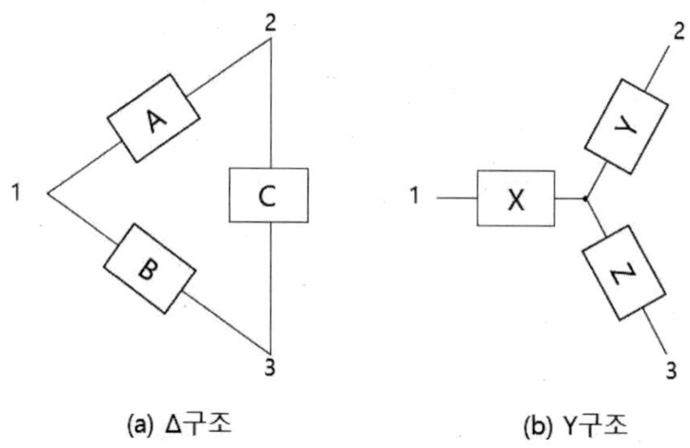

(a) Δ구조 (b) Y구조

그림 2-10 Δ-Y 등가성

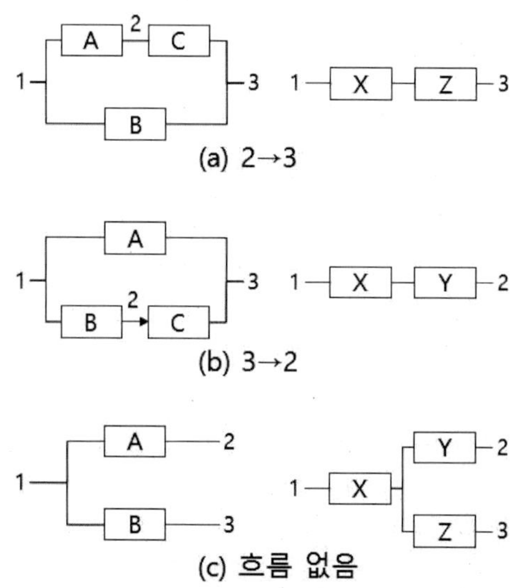

그림 2-11 각 흐름 경우의 Δ-Y 등가성

부품 i의 신뢰도를 p_i라고 할 때, 그림 2-11 (a)과 (b)의 경우 다음 등가가 성립해야 한다.

$$p_x p_z = 1-(1-p_b)(1-p_a p_c) = p_b + p_a p_c - p_a p_b p_c \equiv \alpha \tag{2.2.11a}$$

$$p_x p_y = 1-(1-p_a)(1-p_b p_c) = p_a + p_b p_c - p_a p_b p_c \equiv \beta \tag{2.2.11b}$$

(c)의 경우 Δ구조는 부품 A, B의 병렬구조이고 Y구조는 부품 Y, Z의 병렬구조와 같이 작동하므로 다음 등가가 성립해야 한다.

$$p_x[1-(1-p_y)(1-p_z)] = 1-(1-p_a)(1-p_b) \tag{2.2.11c}$$

a, b, c의 신뢰도로부터 x, y, z의 신뢰도를 구하기 위해서 식 (2.2.11)을 연립으

로 풀어야 한다. (a)와 (b)를 더하고 (c)를 빼어 K라고 하자.

$$p_x p_y p_z = p_a p_b + p_b p_c + p_c p_a - 2p_a p_b p_c \equiv K \qquad (2.2.11d)$$

그러면 등가의 x, y, z의 신뢰도는 다음과 같다.

$$\begin{aligned} p_x &= \alpha\beta/K \\ p_y &= K/\alpha \\ p_z &= K/\beta \end{aligned} \qquad (2.2.12)$$

Δ-Y 등가성은 어디까지나 수학적 구조이다. Δ로 구성된 부품집합의 기능을 Y구조로 연결하여 달성할 수 있는 실제 부품집합은 없을 것이다. 등가성을 확립하는 목적은 장비를 재설계하는 것이 아니고 복잡한 신뢰도 그래프에 대한 신뢰도 계산을 단순화하는 데 있다.

[예제] 2.4

그림 2-9의 교량구조에서 모든 부품들의 신뢰도가 p이고 독립일 때 Δ 등가구조의 부품신뢰도를 구하라.

풀이)

식 (2.2.12)에서 다음과 같다.

$$\begin{aligned} p_x &= (1+p-p^2)^2/(3-2p) \\ p_y = p_z &= (3p-2p^2)/(1+p-p^2) \end{aligned}$$

이 교량구조와 등가인 신뢰도 블록그림이 그림 2-12에 나와 있다. 체계 신뢰도는 $R = p_x[1-(1-p\,p_y)(1-p\,p_z)] = 2p^2+2p^3-5p^4+2p^5$로서 식 (2.2.7)과 일치 한다.

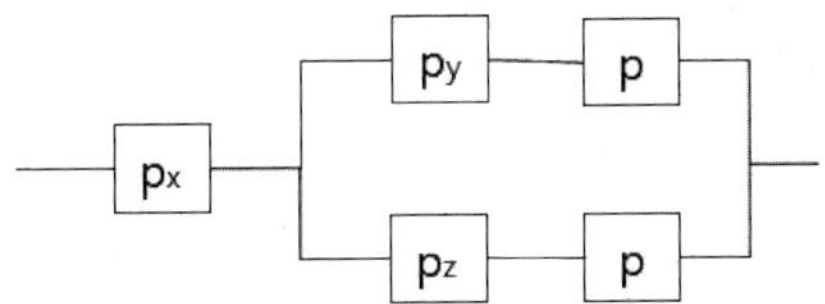

그림 2-12 교량구조의 등가구조

2.2.6 구조함수(structure function)

체계의 성능은 부품들의 성능에 의해 결정된다. 체계와 그 부품들 간의 확정적 구조관계를 나타내는 함수를 구조함수라 한다.

(1) 부품들의 체계

부품 i의 상태를 다음과 같은 이진표시변수(binary indicator variable) x_i로 나

타내자.

$$x_i = \begin{cases} 1, & \text{부품 } i \text{ 작동}, \\ 0, & \text{기타} \end{cases}$$

비슷하게 모든 부품의 상태를 벡터 $\mathbf{x} = (x_1, \cdots, x_n)$라고 할 때, 이의 이진함수인 $\phi(\mathbf{x})$로 체계의 상태를 나타내자.

$$\phi(\mathbf{x}) = \begin{cases} 1, & \text{체계작동}, \\ 0, & \text{기타} \end{cases}$$

$\phi(\mathbf{x})$는 체계의 구조함수라 부른다. 구조함수는 최소절단과 최소경로의 개념을 이용하여 나타낸다. 곱 기호와 쌍대곱 $\coprod_{i=1}^{n} x_i \equiv 1 - \prod_{i=1}^{n}(1 - x_i)$ 기호를 사용하면 직렬체계의 구조함수는 다음과 같다.

$$\phi(\mathbf{x}) = \prod_{i=1}^{n} x_i \ \ (= \min[x_1, \cdots, x_n]) \tag{2.2.13}$$

병렬체계의 구조함수는 다음과 같다.

$$\phi(\mathbf{x}) = \coprod_{i=1}^{n} x_i \ \ (= \max[x_1, \cdots, x_n]) \tag{2.2.14}$$

[예제] 2.5

부품 1이 병렬구조의 부품 2와 3의 모듈과 직렬로 연결되어 있다. 이 체계의 구조함수는?

풀이)

답은 다음과 같다. 쌍대곱 기호 전후에 표기해도 혼동이 없다.

$$\phi(\mathbf{x}) = x_1(x_2 \textstyle\coprod x_3) = x_1[1 - (1 - x_2)(1 - x_3)] = x_1x_2 + x_1x_3 - x_1x_2x_3$$

[예제] 2.6

3 중 2 구조의 구조함수는?

풀이)

$$\begin{aligned} \phi(\mathbf{x}) &= x_1x_2 \textstyle\coprod x_2x_3 \textstyle\coprod x_2x_3 \\ &= x_1x_2(1 - x_3) + x_1(1 - x_2)x_3 + (1 - x_3)x_2x_3 + x_1x_2x_3 \end{aligned}$$

복잡한 체계의 구조함수는 아래의 축분해 규칙[Barlow & Proschan]을 연속적으로 적용하여 간단한 구조함수들로 분해할 수 있다.

$$\phi(\mathbf{x}) = x_i\phi(x_1, \cdots, x_{i-1}, 1, x_{i+1}, \cdots, x_n) + (1 - x_i)\phi(x_1, \cdots, x_{i-1}, 0, x_{i+1}, \cdots, x_n) \tag{2.2.15}$$

이의 증명은 간단하다. $x_i = 1$일 때, $\phi(\mathbf{x})$와 동일하고, $x_i = 0$일 때 역시 $\phi(\mathbf{x})$와

동일하다.

따라서 하나의 어려운 문제는 두 개의 쉬운 문제로 분해된다. 복잡한 문제에 서 첫 번째 분해 후에 만들어 진 구조함수에 대해 분해과정을 반복할 수 있다.

(2) 구조의 신뢰도

부품 i의 상태 X_i를 부품 신뢰도 p_i를 갖는 확률변수라고 하자. 그러면 다음과 같다[7].

$$p_i = P\{X_i = 1\} = E[X_i] \tag{2.2.16}$$

구조함수 $\phi(\mathbf{x})$는 이진 확률변수가 되고 그 기대값은 곧 체계신뢰도이다.

$$R = P\{\phi(\mathrm{X}) = 1\} = E[p(\mathrm{X})] \tag{2.2.17}$$

축분해의 신뢰도는 식 (2.2.15)의 양변에 기대값을 취하여, 앞의 신뢰도 식 (2.2.8)과 같은 축분해 규칙이 적용된다.

$$\begin{aligned} R = E[\phi(\mathrm{X})] &= p_i E[\phi(X_1, \cdots, X_{i-1}, 1, X_{i+1}, \cdots, X_n)] \\ &+ (1-p_i) E[\phi(X_1, \cdots, X_{i-1}, 0, X_{i+1}, \cdots, X_n)] \end{aligned} \tag{2.2.18}$$

(3) 일관구조(coherent structure)

구조함수가 각 독립변수에 대해서 단조 증가할 때 그 체계는 일관, 응집, 또는 단조(monotonic)하다고 한다. 일관체계에서, 한 부품의 성능을 향상시키면 전체 체계의 성능은 저하되지 않는다. 구체적으로 다음과 같으면 구조함수는 일관적이다.

1) $\phi(\mathbf{1}) = \phi(1, \cdots, 1) = 1$,
2) $\phi(\mathbf{0}) = \phi(0, \cdots, 0) = 0$,
3) 모든 i에 대해 $y_i \geq x_i$일 때 $\phi(y_i) \geq \phi(x_i)$

일반으로 신뢰도 구조는 일관적이지만, EOR(Exclusive OR) 논리에 의해 연결된 형태를 가지고 있는 체계, 또는 뒤에 서술될 'n 중 연속 k:고장' 체계는 일관구조가 아니다.

2.3 신뢰도 모형의 연장

2.3.1 위급고장모형

많은 수의 대규모 군사, 산업, 경제 체계들은 체계와 그 하부체계로 나누어서 구

7) X_i와 x_i의 차이: 전자는 확률변수로서 대문자 기호를 쓰는 관례이고, 후자는 확률변수가 취하는 값을 말한다.

조를 묘사할 수 있다. 사실상 이런 체계들이 개발될 때에는 이런 단계적인 구조를 염두에 두고 설계되었을 것이다. 이런 구조가 존재한다면 2.2~2.3에서 설명된 방법으로 손쉽게 신뢰도 구조를 설정할 수가 있다. 그러나 체계에 따라 서는 부품들 간에 상호작용이 있고 부하분배가 이루어지기 때문에 이런 경우에는 신뢰도 블록 그림을 설정하기가 매우 힘들게 된다. 이것은 꼭 대규모 체계뿐만이 아니라 아주 작은 기계부품들이나 전기부품들에서도 부품 간에 상호작용이 강하게 일어나는 경우에는 마찬가지이다. 또한 어떤 경우에는 체계에 대해서 자세히 알지 못하기 때문에 신뢰도분석이 힘든 경우가 있다.

이런 경우에 사용할 수 있는 방법으로는 장비설계자나 또는 장비에 대해서 잘 아는 사람이 각 부품이나 기능적인 조립품들을 나열하여 목록을 작성하고 이 중에서 어떤 부품의 고장이 체계운용에 위급(critical)한가를 결정하는 것이다. 어떤 부품이 고장이 나면 전체 체계가 가동되지 않을 때에 이러한 부품을 위급부품이라 한다.

경우에 따라서는 어떤 특정한 종류의 부품 하나가 고장나면 체계는 성능만 감소하기 때문에, 이 부품 두 개가, 세 개가, 또는 전부가 동시에 고장이 나야 위급한 고장으로 간주하는 경우도 있다. 이런 모형에 해당하는 일반적인 구조가 그림 2-13에 나와 있다.

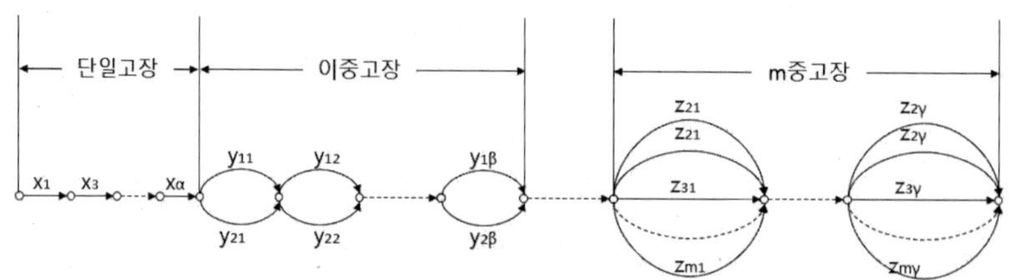

그림 2-13 n개의 부품이 있는 체계의 위급고장모형의 일반구조

때에 따라서는 어떤 부품의 고장이 체계의 성능에 미치는 영향을 분석적으로 확인할 수 없을 때에는, 실험실에서 시뮬레이션을 하여, 부품을 제거하는 등으로 체계의 성능에 미치는 영향을 측정할 수도 있다. 또 특정한 부품의 고장확률이 무시할 정도로 작다는 것을 미리 알 수 있는 경우에는 생략할 수도 있을 것이다.

그리고 각 단일고장 및 다중고장 부품군의 신뢰도를 병렬모형을 사용하여 구한다. 만약 부품고장이 현명하게 정의되었고, 부품간의 상호작용이 적다면 결국 체계의 신뢰도는 상호배타적인 다중고장 부품군들의 신뢰도의 곱으로 나타 낼 수 있을 것이다.

2.3.2 다중상태모형

지금까지 검토된 모든 경우에는 문제가 되는 장비가 정상가동-고장과 같이 상호 배타적인 두 상태 중에 하나만을 취할 수 있다고 가정해 왔다. 그러나 많은 부품 중에는 다중상태(multi-state)를 취할 수 있는 것이 있고 이런 경우에는 약간 다른 모형이 설정되어야 한다.

예를 들어 저항은 정상일 수도 있고, 끊어질 수도 있고(open), 합선(short)될 수도 있다. 트랜지스터는, 모든 고장원인을 규명 한다면 그보다도 더 많은 상태를 취할 수가 있다. 그러나 부품이 고장상태라고 해서 체계가 꼭 고장나는 것은 아니므로 부품이 취하는 각각의 상태가 정상인가 고장인가를 평가할 때에는 문제되는 회로나 그 용도를 염두에 두어야 한다.

그림 2-14에 있는 반도체 정류기는 전류를 한 방향으로만 흐르게 하고 그 반대 방향으로는 막아주는 역할을 하는 부품이다. 정류기가 정상 작동할 때에는 한 방향의 전기저항은 0이고, 반대방향의 전기저항은 ∞이다. 정류기의 고장은 두 종류가 있어 (1) 개회로고장일 때에는 양쪽 방향의 저항이 모두 ∞이고, (2) 폐회로고장일 때에는 양쪽 방향의 저항이 모두 0이다. 그러므로 정류기는 ①정상, ② 개회로, ③ 폐회로의 3상태가 있다. 부품 x가 정상일 경우를 사상 ⓧ, 개회로고장일 경우를 사상 $\underline{x_o}$, 폐회로고장일 경우를 사상 $\underline{x_s}$로 표시한다면, 세 사상은 상호배타적이므로 다음과 같다.

$$1 = P\{ⓧ\} + P\{\underline{x_o}\} + P\{\underline{x_s}\} \tag{2.3.1}$$

여기서 $P\{ⓧ\} = p, P\{\underline{x_o}\} = q_o, P\{\underline{x_s}\} = q_s$라고 하면 그림 2-14 (a)의 단일 정류기의 신뢰도는 다음과 같다.

$$\begin{aligned} R = P\{ⓧ\} &= 1 - P\{\underline{x_o}\} - P\{\underline{x_s}\} \\ &= 1 - q_o - q_s \end{aligned} \tag{2.3.2}$$

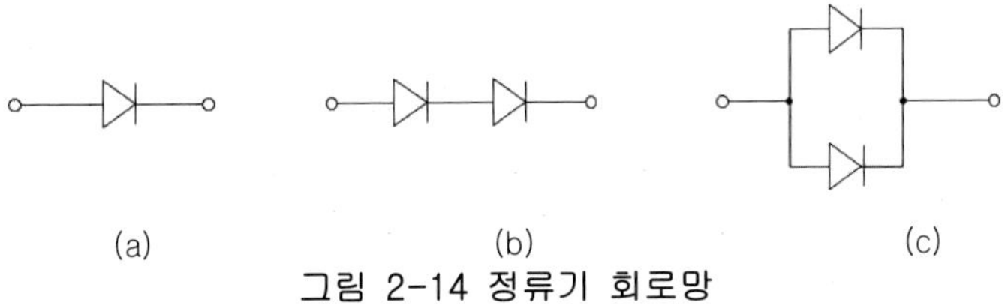

그림 2-14 정류기 회로망

그림 2-14 (b)의 정류기 2개의 직렬회로에서는 체계가 정상 가동되려면 두 개 다 정상 또는 두 개 중 한 개만 합선되어야 한다. 즉 체계의 신뢰도는 다음과 같다.

$$R = P\{①② + ①\underline{2_s} + \underline{1_s}②\} \tag{2.3.3}$$

만약 부품고장이 모두 상호독립이라면 식 (2.3.3)은 다음과 같다.

$$R = p^2 + 2pq_s \tag{2.3.4}$$

그림 2-14 (c)의 정류기 2개의 병렬회로에서는 체계가 정상 가동되려면 2개 다 정상 또는 2개 중 1개만 끊어져야 하므로 부품고장이 모두 독립적이라면 체계신뢰도는 다음과 같다.

$$\begin{aligned} R &= P\{①② + ①\underline{2}_o + \underline{1}_o②\} \\ &= P\{①②\} + P\{①\underline{2}_o\} + P(\underline{1}_o②\} \\ &= p^2 + 2pq_o \end{aligned} \tag{2.3.5}$$

위에서 든 예는 고장상태를 개회로고장과 폐회로고장의 두 상태로 나눌 수가 있어 모두 세 상태를 취할 수 있는 부품들로 이루어진 체계의 신뢰도 모형을 설정하는 방법을 설명하는 하나의 본보기이다. 부품의 고장상태가 세 종류 이상인 경우에도 위에서 설명된 절차를 일반화하여 적용할 수 있다. 우연히 그림 2-14에 있는 정류기회로에 대해서는 신뢰도 그래프를 그릴 수 있지만, 일반으로 복잡한 다중상태 문제에 대한 신뢰도 그래프는 그리기가 매우 힘들다.

2.3.3 종속고장

지금까지 검토해 온 신뢰도분석 방법은 일반적인 것이어서 부품고장이 상호 독립이거나 종속이거나를 불문하고 성립한다. 그러나 지금까지 예로 든 문제들 은 모두 독립적인 부품들만을 다루었기 때문에 여기서는 부품고장이 종속적인 경우의 예를 들어 종속성이 신뢰도에 얼마나 큰 영향을 미치는가를 알아보기로 한다.

[예제] 2.7

네 개의 부품이 병렬로 연결된 신뢰도 구조가 있어 최소 한 개 부품만 작동하면 체계는 정상 가동한다.

1) 네 개의 부품이 모두 동일하고 독립적이다. 부품의 신뢰도가 0.98이라면 체계의 신뢰도는 얼마인가?

2) 첫 번째 부품이 불량일 경우에 그 영향으로 두 번째 부품도 불량인 확률은 첫 번째 부품의 상태에 대한 정보가 없을 때보다 높을 수가 있다. 즉 첫 번째 부품의 신뢰도를 p라 할 때 두 번째 부품의 불신도 $P\{\underline{x_2}|\underline{x_1}\}$는 다음과 같다.

$$1 - p < P\{\underline{x_2}|\underline{x_1}\} \le 1 \tag{2.3.6}$$

여기서 다음과 같이 각 부품 불신도를 가정하면 체계의 신뢰도는 얼마인가?

$$\begin{aligned} q_1 &= P\{\underline{x_1}\} = 1 - p = 0.02 \\ q_2 &= P\{\underline{x_2}|\underline{x_1}\} = 1 - p/2 = 0.51 \end{aligned} \tag{2.3.7}$$

$$q_3 = P\{\underline{x_3}|\underline{x_1}\,\underline{x_2}\} = 1 - p/3 = 0.673$$
$$q_4 = P\{\underline{x_4}|\underline{x_1}\,\underline{x_2}\,\underline{x_3}\} = 1 - p/4 = 0.755$$

풀이)

1) 식 (2.1.9)로부터 체계신뢰도는 다음과 같다.

$$R = 1 - (1 - 0.98)^4 = 0.999,999,840.$$

2) 식 (2.1.7)로부터

$$\begin{aligned} R &= 1 - P\{\underline{x_1}\,\underline{x_2}\,\underline{x_3}\,\underline{x_4}\} \\ &= 1 - P\{\underline{x_1}\}P\{\underline{x_2}|\underline{x_1}\}P\{\underline{x_3}|\underline{x_1}\,\underline{x_2}\}P\{\underline{x_4}|\underline{x_1}\,\underline{x_2}\,\underline{x_3}\} \end{aligned} \quad (2.3.8)$$

식 (2.3.7)을 식 (2.3.8)에 대입하면 체계신뢰도는 다음과 같다.

$$R = 1 - 0.02 \times 0.51 \times 0.673 \times 0.755 = 0.994,810$$

위의 예에서 부품고장이 종속적인 경우에는 체계 불신도는 (1-0.994,810)/(1-0.999.999,840)≈30,000배나 증가하게 된다. 그러므로 부품 고장이 독립이라는 가정을 세울 때에는 주의를 해야 하며 부품간의 종속관계가 시간의 함수일 때에는 11.4에서 검토될 마코브 모형을 사용하는 것이 편리 하다.

2.3.4 n중 연속k:고장 체계*

n개의 중계국이 있는 통신망체계를 생각하자. 제1중계국의 신호는 중계국 2 와 3에서 수신되고, 중계국 2의 신호는 중계국 3과 4에서 수신되는 등이다. 따라서 중계국 2가 고장나도 통신망은 중계국 1에서 n 까지 전송할 수 있다. 그러나 중계국 2와 3이 연속으로 고장나면 중계국 1에서 4로 전송할 수 없으므로 체계는 고장이다.

또 하나의 예는 n개의 펌프스테이션이 있는 송유관체계이다. 만일 한 펌프가 고장나도 인접 펌프에서 부하를 분담하므로 흐름은 중단되지 않는다. 그러나 2개의 연속 펌프가 고장나면, 흐름은 중단되고 체계는 고장이다.

이 예들은, 어떤 연속 2개의 부품도 절단집합이므로 소위 n 중 연속 2:고장 체계라 불린다. 좀 더 일반으로 n개의 부품이 일렬로 구성된 체계에서 연속 k개의 부품이 고장나면 체계가 고장일 때, n중 연속k:고장 체계라 부른다. 그림 2-15에는 선형 10중 연속3:고장 체계의 예이다.

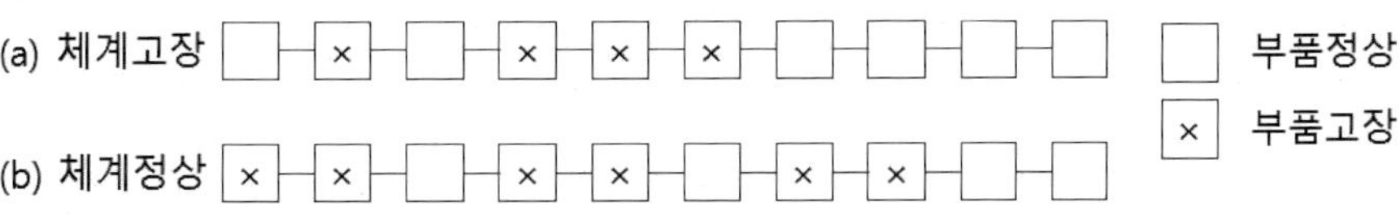

그림 2-15 선형 10중 연속3:고장 체계

(1) 선형 n중 연속k : 고장 체계의 신뢰도

먼저 다음과 같은 기호를 정의하자.

$\mathbf{p}(n)=(p_1,\cdots,p_n)$ 부품 신뢰도 벡터, p_i=부품 i의 신뢰도

$R(\mathbf{p}(n),k)$ 선형 n 중 연속 k:고장 체계 신뢰도

F_i 부품 i의 고장으로 체계가 처음으로 고장나는 사상

그림 2-15 (a)에서 체계는 F_6에 의해서 처음으로 고장나는 상황인데, 1) 그 앞 연속 3개의 부품 4, 5, 6은 고장이고, 2) 그 바로 앞 부품 3은 정상이고, 3) 부품 1에서 2까지에는 연속 3개 이상의 고장부품이 없다. 즉, F_i의 정의가 뜻하는 것은

1) 앞 연속 k개의 부품 i-k+1, i-k+2, ..., i-1, i는 고장이어야 하고
2) i>k일 때는 그 직전 부품 i-k는 정상이고,
3) 부품 1 ~ i-k-1까지에는 연속 k개 이상의 고장부품이 없어야 한다.

사상 F_i 들은 상호배타적이므로 체계가 고장나기 위해서는 사상 $F_k,\cdots,F_n$ 중 하나가 반드시 발생해야 한다. 즉, 체계 내 모든 부품의 고장은 독립이라 가정하면 [Hwang]

$$\begin{aligned} P\{\text{체계고장}\} &= 1-R(\mathbf{p}(n),k) \\ &= \sum_{i=k}^{n} R(\mathbf{p}(i-k-1),k)\,p_{i-k}\prod_{j=i-k+1}^{i}(1-p_j) \end{aligned} \tag{2.3.9}$$

당연히 n<k일 때는 $R(\mathbf{p}(n),k)=1$이므로, $n\geq k$일 경우 체계의 신뢰도를 재귀적으로 계산할 수 있다. 또한, n=k인 특수 경우에는 다음과 같이 병렬구조 신뢰도와 같다.

$$R(\mathbf{p}(k),k)=1-\prod_{j=1}^{k}(1-p_j) \tag{2.3.10}$$

[예제] 2.8

선형 4중 연속2:고장 체계의 신뢰도를 구하라.

풀이)

$$\begin{aligned} R(\mathbf{p}(4),2) &= 1-\sum_{i=2}^{4} R(\mathbf{p}(i-3),2)\,p_{i-2}\prod_{j=i-1}^{i}(1-p_j) \\ &= 1-(1-p_1)(1-p_2)-p_1(1-p_2)(1-p_3)-p_2(1-p_3)(1-p_4) \end{aligned}$$

모든 부품신뢰도가 p인 경우에는 $3p^2-2p^3$으로 간단하게 된다.

(2) 선형 n 중 연속 k : 고장 체계의 구조함수

선형 n중 연속k:고장 체계는 연속 k개의 부품이 고장이어야 체계가 고장난다. k

개의 연속고장을 일으키는 하나의 k-집합은 최소절단집합을 구성한다. 선형 n 중 연속 k:고장 체계는 그림 2-16과 같은 직-병렬 회로망으로 나타낼 수 있는데, 같은 번호를 갖는 부품은 동일 부품이다. 이렇게 표현하면, 중복체계의 특성을 상상하는 데도 도움이 되고, 수학적 정리의 증명을 이해하는 데에도 도움이 된다. 각 열은 최소절단집합이고, 각 열에서 부품 반복을 허용하며, 정상 부품 최소 한 개씩을 선택하면 경로집합을 구할 수 있다.

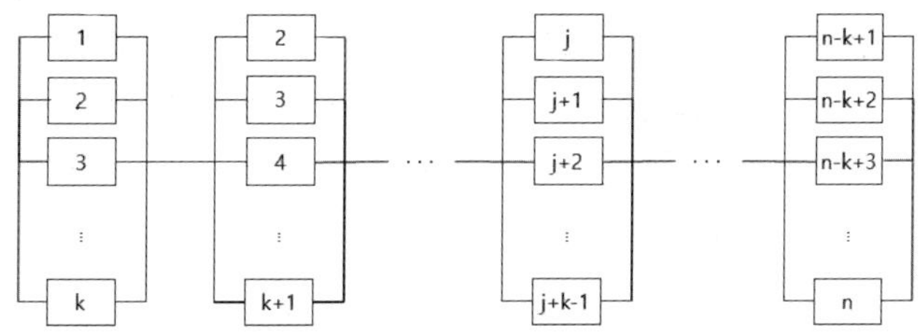

그림 2-16 선형 n중 연속k:고장 체계의 직-병렬 표현

[예제] 2.9

선형 4중 연속2:고장 체계의 경로 집합을 구하라.

풀이)

직병렬 회로망으로 나타내면 $[{}^{1}_{2}][{}^{2}_{3}][{}^{3}_{4}]$이므로 T_1=(123), T_2=(124), T_3=(133)=(13), T_4=(134), T_5=(223)=(23), T_6=(224)=(24), T_7=(233)=(23), T_8=(234), … Tn=(122334)=(1234). 이 중에서 최소경로집합은 (13), (23), (24) 뿐이다.

그림 2-16에서, 각 병렬부품의 열 {j, j+1, …, j+k-1}≡Kj는 j번째 최소절단집합이라는 것을 알 수 있다. 따라서 선형 n 중 연속 k:고장 체계의 구조함수는 쌍대곱 기호를 써서 다음과 같다.

$$\phi(\mathbf{x}) = \prod_{j=1}^{n-k+1} \coprod_{j \in K_j} x_i \tag{2.3.11}$$

선형 n 중-연속 k:고장 체계의 구조함수는 다음과 같은 재귀관계를 갖는다. 이의 증명에 관심이 있다면 Chan, et al.을 보도록 한다.

$$\phi(\mathbf{x}_n) = \phi(\mathbf{x}_{n-1}) - \phi(\mathbf{x}_{n-k+1}) x_{n-k} \prod_{j=n-k+1}^{n} (1-x_j) \tag{2.3.12}$$

따라서 위의 기대값을 취하면 체계신뢰도는 다음과 같은 재귀관계를 갖는다.

$$R(\mathbf{p}_n) = R(\mathbf{p}_{n-1}) - R(\mathbf{p}_{n-k+1}) p_{n-k} \prod_{j=n-k+1}^{n} (1-p_j) \tag{2.3.13}$$

(3) 환형 n중 연속k : 고장 체계의 신뢰도

환형 n중 연속k:고장 체계 신뢰도를 $R^\circ(\mathbf{p}(n), k)$라고 하자.

n개의 부품 {1, 2, ..., n}이 시계방향의 번호를 붙인 환형으로 구성되어 있다고 하자. n번의 부품은 부품 1과 이어진다. 그림 2-17에는 환형 10 중 연속 3:고장 체계의 예이다.

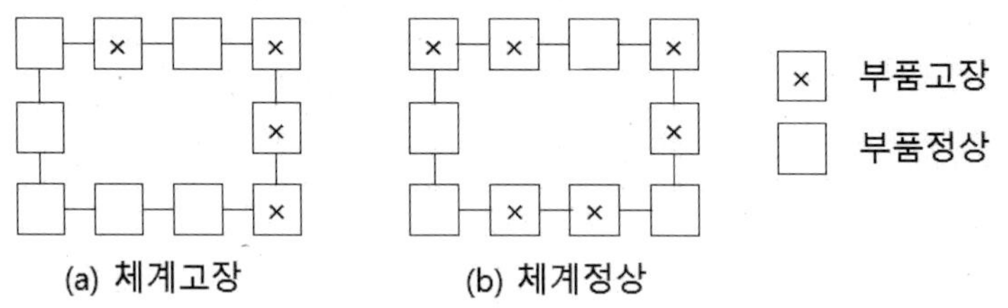

그림 2-17 환형 10중 연속3:고장 체계

첫 번째 정상 부품을 s, 마지막 정상 부품을 w라 하자. n=k인 특수 경우는, 부품들이 모두 고장나야 체계가 고장이므로, s와 w가 특이하지 않아도 체계는 정상일 수 있다. 이 경우, 환형 체계신뢰도도 선형 체계신뢰도의 경우와 마찬가지로 k중 병렬구조 신뢰도와 같아진다. 그러나 일반적인 k<n인 경우 (s, w) 쌍이 존재해야 체계가 정상일 수 있다.

s+n-1은 s의 직전 부품이고, (s+n-1)-w는 1부터 시계방향으로 s까지 사이에 끼어 있는 고장부품수이므로 체계가 정상이기 위해서는 s+n-1-w<k 이어야 한다. 또한 부품 s+1부터 시계방향으로 w-1까지 사이에는 연속 k개 이상의 고장부품이 없어야 한다. 즉 체계신뢰도는 다음과 같다[Hwang].

$$R^\circ(\mathbf{p}(n),k) = \sum_{w-s>n-k-1}\left[\prod_{i=1}^{s-1}(1-p_i)\right]p_s p_w\left[\prod_{i=w+1}^{n}(1-p_i)\right]R(p_{s+1},\cdots,p_{w-1},k) \quad (2.3.14)$$

[예제] 2.10

환형 4중 연속2:고장 체계의 신뢰도를 구하라.

풀이)

$$\begin{aligned} R^\circ(\mathbf{p}(4),2) &= \sum_{w>s+1}\left[\prod_{i=1}^{s-1}(1-p_i)\right]p_s p_w\left[\prod_{i=w+1}^{4}(1-p_i)\right]R(p_{s+1},\cdots,p_{w-1},2) \\ &= p_1p_3(1-p_4)R(p_2,\cdots,p_2,2)+p_1p_4R(p_2,\cdots,p_3,2)+(1-p_1)p_2p_4R(p_3,\cdots,p_3,2) \\ &= p_1p_3(1-p_4)+p_1p_4[1-(1-p_2)(1-p_3)]+(1-p_1)p_2p_4 \\ &= p_1p_3+p_2p_4-p_1p_2p_3p_4 \end{aligned}$$

모든 부품신뢰도가 p인 경우에는 간단히 $2p^2-p^4$이 된다. 흥미로운 것은 이 경우 선형과 환형 신뢰도의 차이는 $p^2(1-p)^2$이지만 그 차이는 미미하다.

(4) 2차원 및 3차원에서의 n중 연속k : 고장 체계

n중 연속k:고장 체계는 2차원 과 3차원 구조로 자연스럽게 확장된다. n^2중 연속 k^2:고장 체계는 한 변에 n개의 부품씩 n^2의 부품으로 이루어진 정방형 격자 구조이다. 체계는 한 변이 최소 k인 정방형 격자구조 내의 모든 k^2 부품이 고장나면 비로소 고장난다.

예를 들어 X-선 사진을 판독하여 병을 진단할 때, p를 사진의 화소(pixel) 가 정상일 확률이라 하자. 병든 세포들의 화소가 예를 들어 최소 k^2인 충분히 큰 모양으로 뭉쳐져야 발견할 수 있을 것이다. 이때는 체계신뢰도가 검출 실패확률이다. 그림 2-18은 5^2중 연속2^2:고장 체계의 예이다.

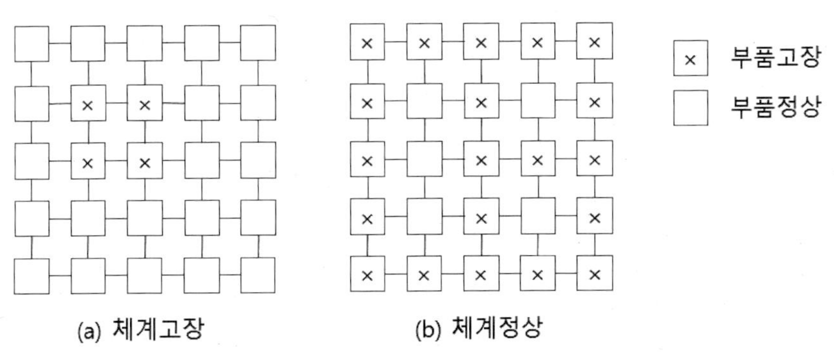

그림 2-18 5^2중 연속2^2:고장 체계

의료진단의 경우, 아마도 3차원 격자가 보다 더 적합할 수 있다. n^3중 연속k^3:고장 체계는 한 변에 n개의 부품씩 n^3의 부품으로 이루어진 입방형 격자구조이다. 체계는 한 변이 최소 k인 입방형 격자구조 내의 k^3 부품이 고장나면 비로소 고장난다.

구조함수를 분석하면 2차원 n^2중 연속k^2:고장 체계의 신뢰도도 조직적으로 수행할 수 있다. 이 구상을 연장하면, 3차원 n^3중 연속k^3:고장 체계의 신뢰도도 같은 방식으로 평가할 수 있을 것이다.

n중 연속k:고장 체계 신뢰도의 해석적 결정은 근사치 계산에 비해서 수치적 정확성을 위해서 필요할 뿐 아니라, 이론적 가치도 있다. 또한, 체계 내 최적 부품배열을 위해서는 동일하지 않은 부품신뢰도의 연구도 필요하고 유용할 것이다. 관심 있는 독자는 참고문헌을 참조하기 바란다.

2.4 신뢰도 개선

본장에서는 체계의 신뢰도를 증가시킬 수 있는 여러 가지 기법들에 대해서 살펴보기로 한다. 처음에 나오는 몇 가지 제안들은 거의 상식적인 이야기들이다. 1장에서도 잠깐 언급하였지만 과거의 신뢰도분석 연구결과에 의하면 부품고장은 거의 절반 정도가 설계를 잘못했거나 부품의 용량을 넉넉히 잡아주지 않은 데 있다는 것이 밝혀졌다[Shooman]. 이렇게 간단하게 실효를 거둘 수 있는 사항들을 해결한 후에는 여기서 더 체계의 신뢰도를 높이기 위해서 다른 기법들이 사용되어야 한다.

우선 한 가지 방법은 고장률이 적은 우수한 부품을 구입하거나 개발하는 일이다. 물론 시간과 자본을 들이고 부피와 용량이 좀 커지는 것을 참으면 부품의 신뢰도를 높일 수 있으나, 이 방법은 곧 한계에 도달하게 된다.

다른 방법으로는 체계구조를 변경하여 체계의 근본적인 기능은 계속 유지하면서 신뢰도를 높일 수 있는 경우가 있다. 특정한 경우에는 기발한 방법으로 높은 신뢰도를 성취할 수 있는 경우도 있으나, 대부분의 경우에는 여분설계에 의해서 가외의 경로를 부가시켜 주는 방법이다. 여분설계방법은 쉽게 응용할 수 있고 특히 체계내에 비슷한 부품이 많은 경우에는 큰 성과를 거둘 수 있다. 정보처리에 많이 쓰이는 디지털회로가 이런 경우이고, 여분 코드에 대해서도 언급하기로 한다. 본장에서는 정신뢰도만을 다루기로 하였기 때문에 앞으로 다른 장에서 다루어지겠지만 이 이외에도 대기부품을 갖는 체계나 수리 또는 교환이 가능한 체계는 신뢰도가 높아진다. 수리나 교환이 가능한 체계의 성능을 나타내기 위해서는 신뢰도 이외에 가용도, 가동시간(up-time), 가동불능시간(down-time), 교환횟수 등의 척도가 함께 사용된다.

2.4.1 적절하고 단순한 설계

장비들이 적절하지 못하게 쓸데없이 복잡하게 설계된 경우는 불행하게도 정말로 많다. 경험있는 설계자들은 어떤 기능을 수행하기 위하여 간단하고 신뢰성 있는 설계를 할 수도 있었음에도 불구하고 아주 복잡한 장치가 사용되는 예를 볼 수 있을 것이다. 적절한 부품을 적소에 사용하고 간단하게 설계하여 신뢰도를 높인다는 것은 어떻게 보면 너무나 기초적이고 직감적인 것 같이 보일지 모르겠으나, 이렇게 중요하고도 근본적인 원칙이 가끔 등한시되고 있다.

한 예로서 인공위성의 자세제어장치를 보자. 만약 외부로부터 교란이 있어 인공위성이 회전하게 되면 그 향배를 바로잡아주기 위해서 인공위성을 반대방향으로 회전시켜 주어야 한다. 이 목적을 위해서 세 개의 모터플라이휠의 직교조합이 사용되며 관성보존법칙에 의하여 플라이휠이 한 방향으로 회전하면 인공위성은 그 반대 방향으로 회전하게 된다. 그러나 만약 태양풍압과 같은 외부로부터 방해 토크가

한 방향으로만 계속 일어나게 되어 플라이휠의 회전이 최고속도에 달하게 되면 그 이상의 향배 조정이 불가능하게 된다. 이때에는 압축 가스제트를 사용하여 인공위성을 회전시켜 플라이휠의 부하를 덜어주게 된다. 그래서 만약 모터가 최고속도의 80%에 달하게 되면 가스제트가 작동하게 되어 플라이휠의 회전속도가 0으로 복귀하게 된다. 문제의 장치는 바로 플라이휠의 회전속도를 감지하여 가스제트를 작동시켜 주는 장치인데 모터 축에 홈이 파진 회전판과 자기저항감응기, 펄스계수기, 회전방향결정 논리회로 등이 사용되었다. 말할 필요도 없이 이 장치는 아주 복잡한 전자회로인데 차라리 처음부터 모터플라이휠 장치에 보통의 직류회전속도계를 부착하였어도 같은 기능을 수행할 수 있었을 것이다[Shooman].

2.4.2 여유 설계 및 여유용량

부품의 용량을 넉넉히 잡아주어 규정된 최대 용량 이하에서 작동하면 안전하다는 것은 여러 공학 분야에서 적용되고 있는 개념이다. 부품에 따라 규정된 최대 용량은 전압, 전류, 전력, 힘 또는 토크 부하, 속도, 온도, 습도 등으로 정의 된다. 토목공학에서의 안전계수는 근본적인 개념이다.

부품을 규정된 최대 용량 이하의 조건에서 작동시킬 때의 고장률 감소는 부품 종류에 따라 달라진다. 때에 따라서는 작동조건을 규정 최대 조건보다 조금만 낮추어 주어도 고장률은 현저하게 감소하는 경우도 있다. 여유용량에 대한 효과를 비교하기 위해 표 2-2가 마련되었다.

표 2-2 여유용량의 효과[Shooman]

부품	규정최대		규정용량 이하		고장률감소	비고
	작동조건	고장률/시	작동조건	고장률/시		
트랜지스터	음극전압	λ	90%음극전압	0.5λ	1/2	약신호
트랜지스터	전력	2×10^{-6}	50% 전력	0.55×10^{-6}	1/3.6	주위온도 저
탄소저항	전력	6×10^{-8}	50% 전력	1×10^{-8}	1/6	주변온도 40°C
권선저항	전력	1.2×10^{-6}	50% 전력	1×10^{-6}	1/1.2	
종이축전기	전압	7.5×10^{-7}	50% 전압	0.5×10^{-7}	1/15	
변압기	내부온도 110°C	1.5×10^{-5}	내부온도 60°C	0.05×10^{-5}	1/22	절연물규정온도 105°C
모터 베어링	10,000 rpm	3.2×10^{-5}	5,000 rpm	0.8×10^{-5}	1/4	브러시 무

표 2-2를 보면 작동조건을 규정 최대 조건의 절반으로 잡아주면 고장률은 1.2~22 배나 감소되는 것을 알 수 있다. 표 2-2의 부품들은 몇 개의 표본에 지나지 않는다. 좀 더 자세한 정보는 MIL-HDBK-217과 같은 자료를 참조하기 바란다.

2.4.3 독창적인 설계

지금까지 강조된 설계원칙들은 정상적인 설계라면 어디서나 찾아볼 수 있는 일반적인 원칙들이었다. 그러나 설계자가 조금만 더 생각하여 새로운 회로를 창조하고자 노력한다면 신뢰성이 높은 우수한 설계를 할 수 있는 예가 얼마든지 있다.

우수한 설계의 한 예로서 자동차 운전석 패널의 경고등의 설계를 들어보자. 대부분의 차에는 충전상태와 윤활유압을 나타내는 경고등이 붙어 있는데, 자동차를 시동걸 때에는 경고등에 모두 불이 들어와 경고등이 작동하는가를 검사할 수 있게 된다. 즉 키를 시동위치로 돌리면 처음 발전기가 천천히 회전하기 때문에 축전지가 방전이 되는 상태에 놓여 충전경고등에 불이 들어오게 된다. 비슷하게 엔진 회전속도도 느리므로 윤활유 순환이 미비하여 유압 경고등에도 불이 들어오게 된다. 일단 시동이 걸려 키가 정상 위치로 복귀되면 충전경고등에 불이 나가고 좀 후에는 유압 경고등에도 불이 나간다. 그러므로 시동 중과 시동 후에 잠깐만 이 경고등의 작동상태를 관찰하면 자동차의 상태 뿐만 아니라 경고등 자체의 상태까지도 점검할 수 있는 것이다.

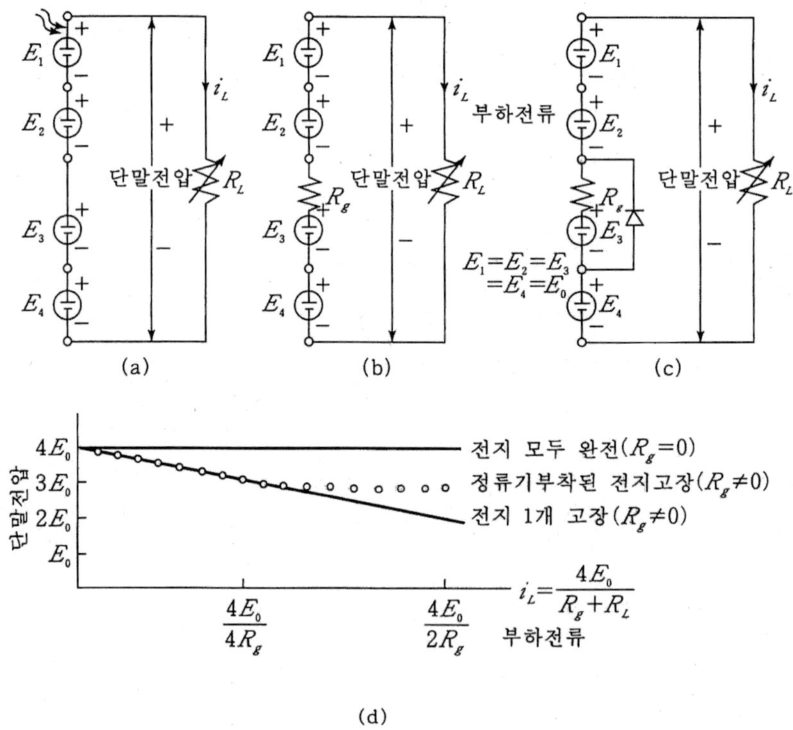

그림 2-19 태양전지 회로개선

우수한 설계의 다른 한 예로서 직렬로 연결된 태양전지회로의 신뢰도 개선방법을 들 수 있다. 네 개의 태양전지가 있는 기본적인 회로가 그림 2-19 (a)에 나와 있다. (b)에서는 고장나기 시작하는 E_3의 내부저항 Rg가 표시되어 있다. 전지 E_1, E_2, E_4는 완전하며 내부저항은 0이다. (c)에는 불량 전지에 정류기(다이오드)가 연결되어 있는데, 이때 부하전류가 증가하여 단말전압이 $3E_0$로 떨어지면 Rg에 의한 전압 강하는 $-E_0$이고 정류기에는 0 볼트가 걸리게 되어 이때부터 정류기는 도전하게 되어 불량한 전지 E_3는 실질적으로 합선되게 된다. 그 단말 특성이 (d)에 나와 있으며 남아있는 3 개의 전지는 단말전압을 $3E_0$로 유지한다. 물론 실제로는 정류기가 E_3에만 연결되어 있는 것이 아니라 모든 전지에 다 연결되어 있어 신뢰도를 높여 주게 된다.

위에 든 2개의 예는 체계 설계개선방법을 들었는데 다음에는 부품개선을 통한 신뢰도 개선방법을 검토해 보기로 하자.

2.4.4 부품개선

체계의 신뢰도를 개선하는 또 하나의 방법은 모든 부품들의 신뢰도를 개선하는 것이다. 물론 실제적으로는 신뢰도 예비분석을 통하여 어떤 부품이 위급부품인가를 결정하여 중요한 부품들에만 노력을 경주할 수가 있다. 또한 완전한 부품이란 논리적으로도 존재할 수 없지만, 주어진 기간 동안만이라도 고장률이 아주 적은 부품을 개발할 수는 있다. 예를 들어 자동차에 대한 5년간의 신뢰도분석을 할 때에는 차체 고장에 의한 자동차고장은 무시할 수도 있는데 이것은 차체 설계시 사용된 안전계수가 충분하여 차체고장은 일어나지 않을 것이라는 가정을 할 수 있기 때문이다.

사실상 3장에서도 검토되겠지만 부품의 강도와 스트레스의 상호작용을 연구 하는 목적은 부품재료 및 구조와 부품고장 간의 인과관계를 찾아내는 데에 있는 것이다. 일단 이런 인과관계가 알려지면 그 구조와 재료의 특성들로부터 예측할 수 있는 부품고장률이 어떤 특정한 수준 이하를 유지하도록 할 수 있다.

그러나 아직도 부품개선에 대한 이론이 완전한 것이 아니어서 부품개선에 의한 체계의 신뢰도 개선은 과학이라기보다는 기술에 속한다고 보아야할 것이다.

2.4.5 여분설계(redundancy)

(1) 개념 및 사례

여분설계는 체계의 신뢰도를 개선하기 위해서 구조에 평행경로를 부가하는 것을 말한다. 간단한 방법으로는 주어진 체계와 동일한 체계를 병렬로 연결하여 주는 것이다. 정성적 의미로 여분성이라고 한다.

예를 들어서 그림 2-20 (a)에 있는 것과 같은 자동차의 제동계통의 신뢰도를 높이기 위해서(브레이크 페달과 연결장치는 고장나지 않는다고 가정하면) (b)와 같이 각 차륜에 브레이크 슈와 휠 실린더를 여분설계하고 마스터 실린더도 하나 더 설치하여 별개의 유압회로로 연결시켜 줄 수도 있다.

결국은 두 개의 별개 체계가 생기게 되고 제동계통의 비용, 중량, 부피들이 2 배로 증가하게 되는 것이다. 이렇게 전체의 체계를 여분설계하는 방법을 체계여분이라 한다.

여분설계의 또 한 가지 방법은 (c)와 같이 마스터 실린더 두 개 를 평행설치하고 유압회로을 이중으로 하여 각 차륜에 이중으로 평행설치된 휠 실린더에 연결하여 주는 것이다. 이 경우에는 각 부품이 개별적으로 여분설계 되는 것이며 이런 방법을 부품여분이라 한다. 이상 두 방법의 절충안으로는 (d)와 같이 브레이크 페달이 두 개의 별개의 마스터 실린더에 연결되고 하나의 마스터 실린더는 앞바퀴의 제동만을 담당하고 또 하나의 마스터 실린더는 뒷바퀴의 제동만을 담당하게 하는 것이다. 물론 이 절충안은 앞바퀴나 뒷바퀴나 한 쌍만 작동하고, 완전하지는 못하지만 비교적 안전한 운전을 할 수 있다는 원칙 하에서 성립한다. 방금 든 예를 이용 하여 여분설계가 어떻게 체계신뢰도를 개선할 수 있는가를 설명하기로 한다.

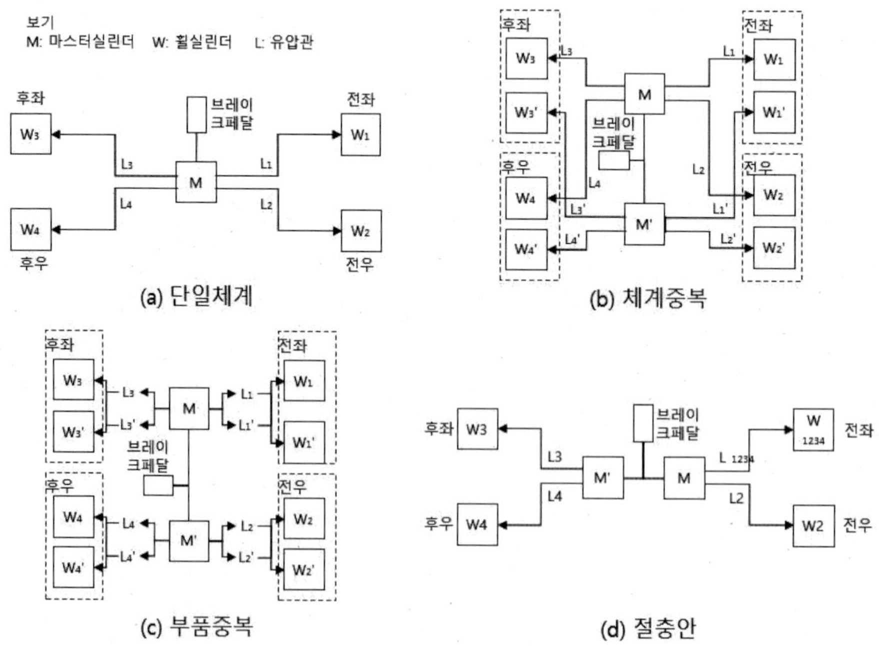

그림 2-20 자동차 제동계통

원래 신뢰도분석에서 가장 중요한 일 중의 하나는 말로 표현된 체계의 구조 를 신뢰도 그래프로 전환하는 일이다. 실제적으로는 다음 (3)에서도 검토되겠 지만 부품이나 체계를 병렬로 연결하면 상호작용이 있을 수도 있고 또 부하분 배, 입력신호 및 출력의 변화 등이 발생하는 경우가 있으므로 신뢰도 그래프로 전환하는 일은 대단히 중요하다. 다음의 예는 어디까지나 여분설계에 대한 기본적인 개념을 설명하는 예이므로 간단히 하기 위해서 상호작용이나 부하분배 등과 같은 영향이 없어 특별한 고려를 하지 않고도 부품이나 체계를 여분설계할 수 있다고 가정한다.

그림 2-20에 있는 블록그림으로부터 각각의 설계에 대한 완전제동과 안전제동의 신뢰도 그래프를 그릴 수가 있다. 그러나 이렇게 정의에 입각한 그래프를 그리기가 복잡하므로 그림 2-21에는 각 차륜의 제동에 대한 신뢰도 그래프가 나와 있다. 그러면 각 차륜의 여러 가지 조합으로부터 완전제동신뢰도 R과 안전제동신뢰도 Rs를 구할 수 있게 된다.

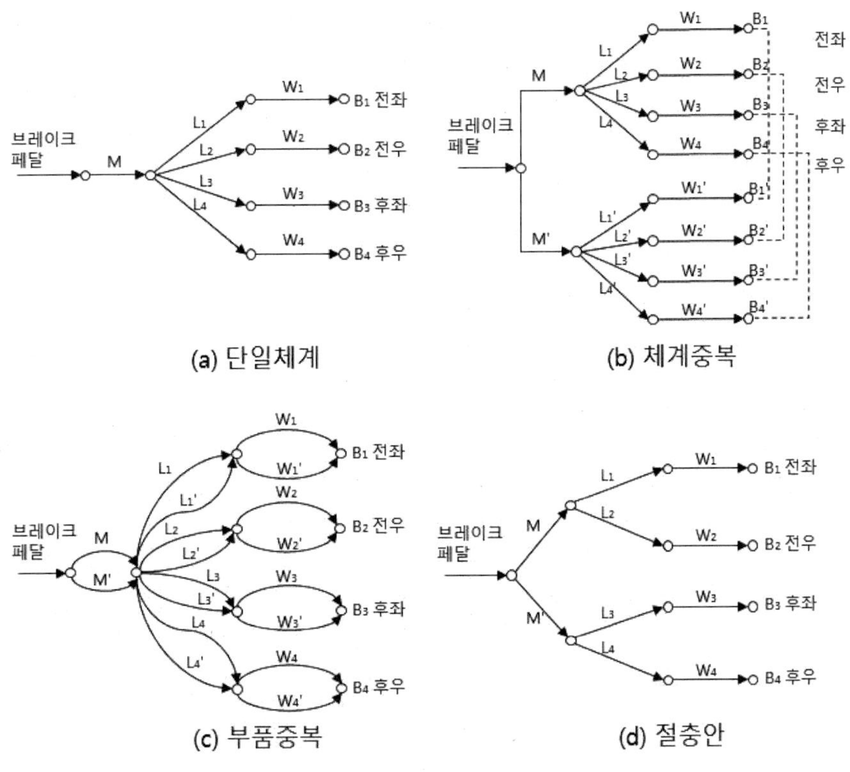

그림 2-21 자동차 제동계통의 신뢰도 그래프

완전제동이란 차륜 네 개가 모두 제동가능한 경우를 말한다. 안전제동이란 최소한 앞바퀴 두 개 또는 뒷바퀴 두 개가 제동가능한 경우를 말한다. 물론 여기에는 네 개가 모두 작동하거나 또는 뒷바퀴 둘과 앞바퀴 하나, 앞바퀴 둘과 뒷바퀴 하나가 작동하는 경우도 포함된다. 앞바퀴 하나와 뒷바퀴 하나가 작동할 경우는 (실제로는 안전할지 모르지만) 안전제동의 경우에서 제외되었다.

(가) 완전제동 신뢰도

각각의 설계를 비교하기 위하여 모든 부품의 고장이 독립이고 동일한 신뢰도 p를 갖는다고 가정하면 4가지의 체계신뢰도는 다음과 같다.

$$\begin{aligned}(a)\ R_a &= P\{B_1B_2B_3B_4\} \\ &= P\{ML_1W_1L_2W_2L_3W_3L_4W_4\} \\ &= p^9\end{aligned} \tag{2.4.1}$$

$$\begin{aligned}(b)\ R_b &= P\{B_1B_2B_3B_4 + B'_1B'_2B'_3B'_4\} \\ &= P\{ML_1W_1L_2W_2L_3W_3L_4W_4 + M'L_1'W_1'L_2'W_2'L_3'W_3'L_4'W_4'\} \\ &= 2p^9 - p^{18} = p^9(2-p^9)\end{aligned} \tag{2.4.2}$$

$$\begin{aligned}(c)\ R_c &= P\{B_1B_2B_3B_4\} \\ &= P\{(M+M')(L_1+L_1')(W_1+W_1')(L_2+L_2')(W_2+W_2') \\ &\qquad (L_3+L_3')(W_3+W_3')(L_4+L_4')(W_4+W_4')\} \\ &= (2p-p^2)^9 = p^9(2-p)^9\end{aligned} \tag{2.4.3}$$

$$\begin{aligned}(d)\ R_d &= P\{B_1B_2B_3B_4\} \\ &= P\{ML_1W_1L_2W_2M'L_3W_3L_4W_4\} \\ &= p^{10}\end{aligned} \tag{2.4.4}$$

이 식들을 살펴보면 설계 (d)는 (a)보다 못하고, 또 $(2-p^9) \geq 1$이고 $(2-p)^9 \geq 1$이기 때문에 (b)와 (c)는 (a)보다 우수하다는 것을 바로 알 수 있다. 설계 (b)와 (c)의 경우, 신뢰도의 비를 구하면 다음과 같다.

$$\frac{R_c}{R_b} = \frac{p^9(2-p)^9}{p^9(2-p^9)} = \frac{(2-p)^9}{(2-p^9)} > 1 \tag{2.4.5}$$

따라서 c가 b보다 우수하다. 이 식은 다음 관계식을 이용하였다[Roberts].

$$\frac{(2-p)^n}{(2-p^n)} > 1,\ 0 < p < 1,\ n \geq 2 \tag{2.4.6}$$

이 결과에 수치를 대입하여 비교하기 위해서 단일계통(a)의 체계신뢰도를 90%, 즉 $Ra=p^9=0.9$가 되게 하려면 부품신뢰도는 $p = \sqrt[9]{0.9} = 0.988$인 셈이다. 이를 식 (2.4.1 ~ 4)에 대입하면 다음과 같다.

Ra = 0.9
Rb = 0.9(2-0.9) = 0.99
Rc = $0.9(2-0.988)^9$ = 0.9928
Rd = 0.9(0.988) = 0.889

그러므로 단일계통(a)의 불신도가 10%라면 체계여분(b)의 불신도는 1%이고, 부품여분(c)의 불신도는 0.72%, 절충안(d)의 불신도는 11%나 됨을 알 수 있다. 예상했던 것처럼 완전제동의 경우에는 절충안은 고장날 수 있는 부품인 마스터 실린더 하나가 더 있음으로써 원안(단일계통)보다도 못하다. 하지만 안전제동의 경우에는 상황이 달라진다.

(나) 안전제동 신뢰도

이 경우에도 각각의 설계를 비교하기 위해서 모든 부품의 고장이 독립이고 동일한 신뢰도p를 갖는다고 가정하면 4가지의 체계신뢰도는 다음과 같다.

(a) $$\begin{aligned} Rs_a &= P\{B_1B_2 + B_3B_4\} \\ &= P\{M_1l_1W_1l_2W_2 + M_1l_3W_3l_4W_4\} \\ &= P\{x_1x_2x_3x_4x_5 + x_1x_6x_7x_8x_9\} = 2p^5 - p^9 \end{aligned} \tag{2.4.7}$$

(b) $$\begin{aligned} R_b &= P\{B_1B_2 + B_3B_4 + B'_1B'_2 + B'_3B'_4\} \\ &= P\{M_1l_1W_1l_2W_2 + M_1l_3W_3l_4W_4 + M'_1l'_1W'_1l'_2W'_2 + M'_1l'_3W'_3l'_4W'_4\} \\ &= P\{\alpha + \beta\}, \\ &\qquad \text{if } \alpha \equiv M_1l_1W_1l_2W_2 + M_1l_3W_3l_4W_4, \\ &\qquad \beta \equiv M'_1l'_1W'_1l'_2W'_2 + M'_1l'_3W'_3l'_4W'_4 \\ &= P\{\alpha\} + P\{\beta\} - P\{\alpha\}P\{\beta\} \\ &= 2P\{\alpha\} - P\{\alpha\}^2, \ \because P\{\alpha\} = P\{\beta\} \\ &= 2(2p^5 - p^9) - (2p^5 - p^9)^2, \ \because P\{\alpha\} = Rs_a \end{aligned} \tag{2.4.8}$$

(c) $$\begin{aligned} R_c &= P\{B_1B_2 + B_3B_4\} \\ &= P\{(M_1 + M'_1)(l_1 + l'_1)(W_1 + W'_1)(l_2 + l'_2)(W_2 + W'_2) \\ &\qquad + (M_1 + M'_1)(l_3 + l'_3)(W_3 + W'_3)(l_4 + l'_4)(W_4 + W'_4)\} \\ &= P\{Y_1Y_2Y_3Y_4Y_5 + Y_1Y_6Y_7Y_8Y_9\}, \ when \ Y_1 = M_1 + M'_1, \cdots, etc. \\ &= P\{Y_1Y_2Y_3Y_4Y_5\} + P\{Y_1Y_6Y_7Y_8Y_9\} - P\{Y_1Y_2Y_3Y_4Y_5Y_6Y_7Y_8Y_9\} \\ &= 2(2p - p^2)^5 - (2p - p^2)^9, \ \because P\{Y_i\} = P\{x + x'\} = 2p - p^2 \end{aligned} \tag{2.4.9}$$

(d) $$\begin{aligned} Rs_d &= P\{B_1B_2 + B_3B_4\} \\ &= P\{M_1l_1W_1l_2W_2 + M'_1l_3W_3l_4W_4\} \\ &= P\{x_1x_2x_3x_4x_5 + x_{10}x_6x_7x_8x_9\} = 2p^5 - p^{10} \end{aligned} \tag{2.4.10}$$

이며 식 (2.4.7~10)의 결과에 수치를 대입하여 비교하기 위해서 부품의 신뢰도 p=0.988이라고 하면 4가지 체계의 신뢰도는 다음과 같다.

$$\begin{aligned} R_{s_a} &= 0.9858 \\ R_{s_b} &= 0.999798 \\ R_{s_c} &= 0.999856 \\ R_{s_d} &= 0.9966 \end{aligned}$$

그러므로 안전제동을 고려할 때에 단일계통(a)의 불신도는 1.4%, 체계여분(b)의 불신도는 0.02%, 부품여분(c)의 불신도는 0.014%, 절충안(d)의 불신도는 0.34%이다. 즉, 안전제동에 관한 한 절충안은 단일계통에 비해서 불신도가 1/4로 감소된 것이다.

물론 위의 예에서 사용된 모형은 정확한 것이라고는 말할 수 없다. 첫째 유압회로, 마스터실린더, 휠실린더 등의 부품들의 신뢰도는 동일하지가 않다. 또한 여기에서는 부품의 불량상태가 한 가지인 경우만을 생각했지만 사실 막힌 고장과 뚫린 고장의 두 가지 경우가 있을 수 있고 뚫린 고장까지 고려한다면, 예컨대 유압회로에 뚫린 고장이 발생한다면 브레이크유 전부가 상실되므로 절충안의 신뢰도가 상대적으로 높아지게 된다.

(2) 부품여분과 체계여분

앞에서는 자동차 제동계통의 예로서 여분설계를 하는 여러 가지 방법을 보여 주었다. 여분설계 중에서 쉽게 분류하여 연구할 수 있는 방법에는 부품여분과 체계여분 방법이 있다. 일반으로 부품여분이 체계여분보다 우수한 설계 방법이다. 이를 보이기 위해서 그림 2-22에 있는 세 종류의 체계를 생각 해 보자.

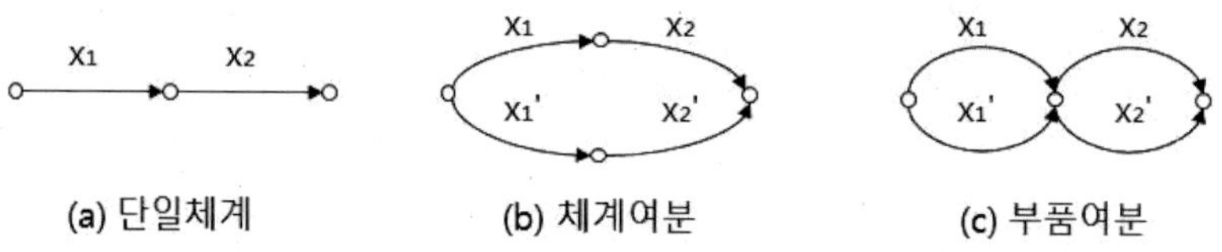

그림 2-22 세 종류의 체계

모든 부품이 동일하고 독립이라면 각 체계의 신뢰도는 다음과 같다.

$$R_a = P\{x_1\}P\{x_2\} = p^2 \tag{2.4.11}$$

$$R_b = P\{x_1x_2 + x'_1x'_2\} = 2R_a - R_a^2 = p^2(2-p^2) \tag{2.4.12}$$

$$R_c = P\{x_1 + x'_1\}P\{x_2 + x'_2\} = [P\{x_1 + x'_1\}]^2 = p^2(2-p)^2 \tag{2.4.13}$$

식 (2.4.12)와 식 (2.4.13)의 비는, 앞에서의 식 (2.4.6)에서 본 것처럼

$$\frac{R_c}{R_b} = \frac{(2-p)^2}{2-p^2} > 1 \tag{2.4.14}$$

따라서 이 구조에 대해서 부품여분이 체계여분보다 우수하다고 말할 수 있다. 이 원칙은 부품의 신뢰도가 모두 같지 않을 경우에도 성립한다. 즉, 예를 들어 그림 2-22에 있는 체계에서 $p_1 = 0.7$, $p_2 = 0.9$라면 이 경우에도 부품여분이 체계여분보다 우수하다.

$$R_a = P\{x_1\}P\{x_2\} = (0.7)(0.9) = 0.63$$

$$R_b = P\{x_1x_2 + x'_1x'_2\} = 2R_a - R_a^2 = 2(0.63) - (0.63)^2 = 0.863$$

$$R_c = P\{x_1 + x'_1\}P\{x_2 + x'_2\} = [2(0.7) - 0.7^2][2(0.9) - 0.9^2] = 0.901$$

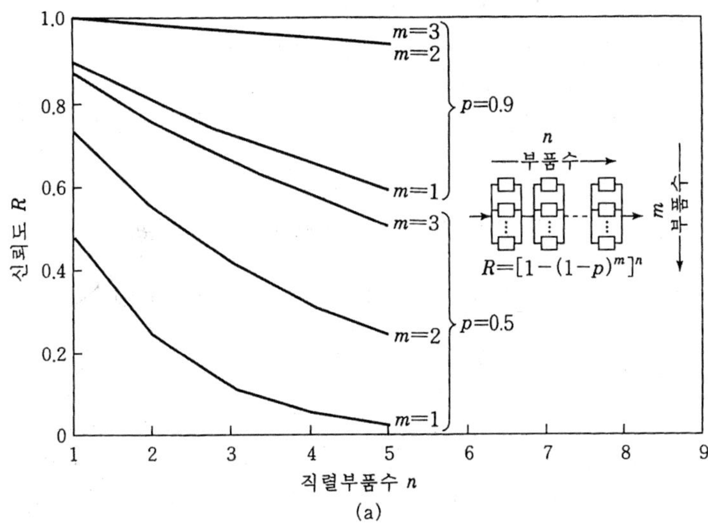

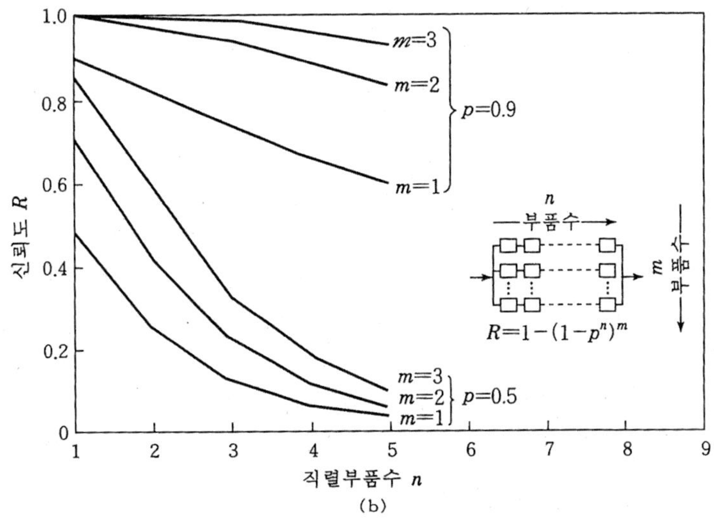

그림 2-23 여분설계의 비교 [ARINC], (a) 부품여분, (b) 체계여분

그림 2-22에 있는 사슬구조를 연장하면 (a) n개의 부품으로 된 직렬구조, (b) 두 개의 (a)로 된 병렬구조, (c) 두 개의 부품의 병렬구조 n개가 직렬연결 된 구조를 얻을 수 있다. 여기서 부품 2 개일 때에 부품신뢰도가 모두 같지 않더라도 부

품여분이 체계여분보다 우수하다는 사실로부터 순차적으로 부품수 n을 하나씩 늘려 나가면 부품 수에 관계없이 부품여분이 체계여분보다 우수하다는 것을 귀납할 수 있다.

여러 가지 복잡한 구조에 대한 신뢰도도 비슷하게 분석할 수 있으며 그림 2-23에는 부품여분과 체계여분이 비교된 그래프가 나와 있다.

부품여분과 체계여분을 비교할 수 있는 흥미로운 또 하나의 경우는 n 중 k 구조의 경우이다. 여기서 k=n이면 직렬구조와 같으므로 부품여분이 우수하다. k=1이면 병렬구조와 같아지므로 부품여분이나 체계여분이나 같다. 흥미있는 경우는 2≤k<n인 경우로서 4 중 2와 4 중 3의 경우의 여분설계의 비교가 그림 2-24에 나와 있다. 물론 여기서도 부품여분이 우수한 것을 알 수 있다.

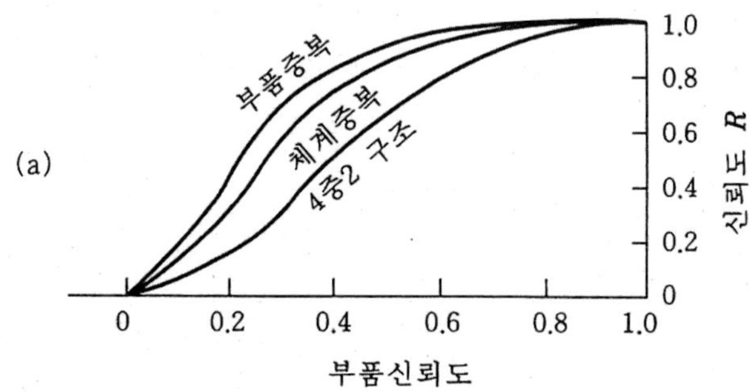

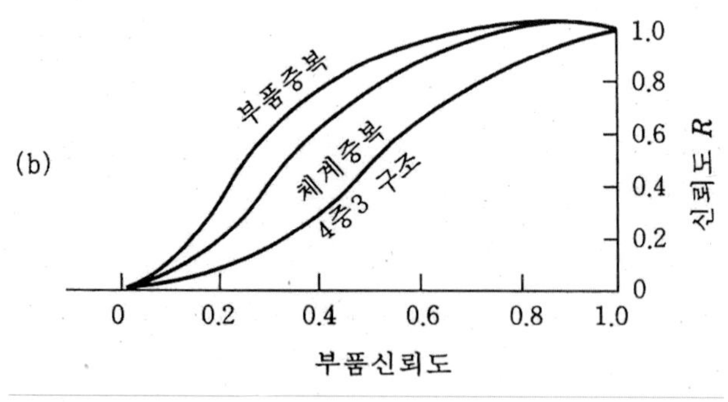

(a) 4 중 2 구조, (b) 4 중 3 구조
그림 2-24 n중k 구조에 대한 여분설계의 비교

(3) 여분설계시 고려사항

위에서 여러 가지 여분설계모형에 대해서 설명할 때에 실제적으로 이러한 모형들을 어떻게 실현할 수 있는가는 고려하지 않았다. 여기서 문제가 되는 것은 임피던스(교류저항), 증폭률 등과 같은, 체계 특성에 대한 세심한 고려를 하지 않고 무턱대고 부품들을 병렬연결해 줄 수가 없다는 점이다.

그림 2-25 (a)에 있는 것과 같은 전압분할회로를 여분설계한다고 하여 같은 종류의 부품 90Ω과 10Ω 저항을 병렬연결하면 전압분할비율은 마찬가지지만 내부 임피던스가 반으로 줄고 전류가 2배로 되어 원래 회로와는 다른 회로가 된다. 또한 이렇게 병렬연결된 저항 중에 하나가 고장나면 전압분할비율은 크게 달라질 것이다.

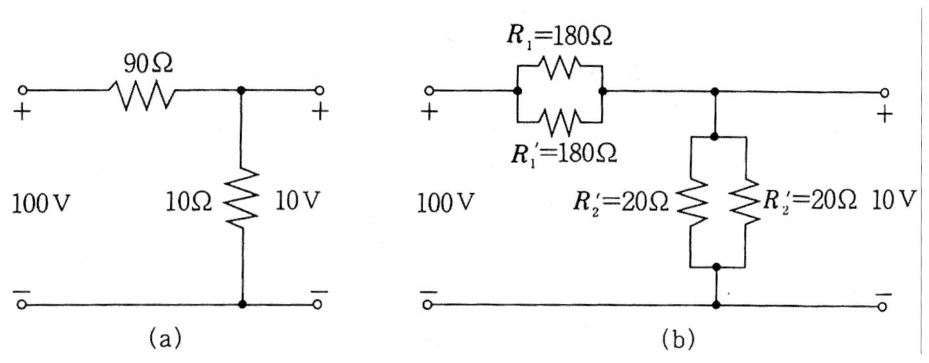

그림 2-25 전압분할회로, (a) 보통 회로, (b) 부품중복회로

이 방법보다 조금 개선된 회로가 그림 2-25 (b)에 나와 있다. 이 회로에서는 모든 부품이 정상일 때에는 전압분할비율, 내부 임피던스, 전류가 원래 회로와 동일하다. 그러므로 모든 부품이 정상일 때에는 출력전압은 10V가 된다. 여기서 만약 R_1이나 R_1'이 끊어진다면(개회로고장) 출력전압은 5.25V로 떨어지게 된다. 만약 R_2나 R_2'이 끊어진다면 출력 전압은 18.2V로 올라간다. 이렇게 심한 출력 전압 변동은 대부분의 경우에 사용할 수 없으므로 회로 (b)의 신뢰도는 회로 (a)보다 낮다. 여기서 각 저항의 신뢰도를 p라 하면 회로 (a)의 신뢰도는 p^2이고 회로 (b)의 신뢰도는 p^4이 된다. 만약 5.25V~18.2V의 전압변동이 사용가능하면 회로 (b)의 신뢰도는 $(2p-p^2)^2$이 된다.

그러므로 예를 든 전압분할회로에서 출력전압 변동오차가 적어야 할 경우에는 2.4.1~2.4.4에서 논의된 방법들을 구상하든가, 또는 릴레이나 정류기를 사용하여 사용중인 부품이 고장났을 때에는 대기부품으로 전환시켜주는 등의 방법을 강구해야 한다. 이런 체계는 대기부품 모형으로 나타 낼 수 있으며 '동신뢰도'에서 다루기로 한다. 그렇다면 여분설계란 비현실적인 개념인가 하면 그렇지는 않다. 우리 생활주변에서 볼 수 있는 제동계통의 예도 이미 들었고, 기발한 여분설계의 예를 또 하나 든다면 주파수가 같은 교류발전기 두 개의 직렬연결을 들 수 있다. 첫 번째 발전기의 전압을 e_1=Asinωt라 하고 위상 조정을 한 두 번째 발전기의 전압을 e_2=Asin(ωt+120°)라 하면 그 합은 e_1+e_2=Asin(ωt+60°)이다. 그러므로 이 경우에는 발전기 두 개 중에 어느 것이 고장나더라도(폐회로고장) 그 전압은 위상만 변할 뿐 일정 하게 된다.

대표적인 여분설계로 포탄의 신관(信管, fuse)을 들 수 있다. 신관이 작동하지 않으면 아무리 멀리 날아가고 정교한 포탄이라도 아무 소용이 없으므로 모든 신관은 중복적으로 설계한다. 똑같은 신관은 공학적으로 무게, 칫수의 설계가 어려우므로 신뢰도가 다소 낮은 보조 신관을 사용하거나, 신관 내부의 중요 부품을 여분설계한다.

여분설계가 쉽게 적용될 수 있는 체계로는 디지털회로가 있다. 만약 디지털통신체계에서 이진법을 쓴다면 모든 입력 신호와 출력신호는 0과 1로 이루어진다. 이런 통신체계에서는 특수한 여분설계원칙이 적용되는데, 이에 대해 검토해 보기로 하자.

(4) 여분의 데이터코드

모든 통신계통이나 제어계통에는 어떻게 하면 전언(메시지)이나 데이터를 오자없이 전달할 수 있는가가 문제이다. 메시지를 나타내기 위해서 어떤 상징적인 부호들이 사용된다면 이것을 코드(암호, code)라 한다.

여기서는 디지털데이터의 전송을 검토하는데 이것은 결국 0과 1로 이루어진 순열의 전송이다. 용어상의 편의를 위해서 0 또는 1을 취할 수 있는 이진 디지털코드 한 단위를 비트(bit)라 부르기로 한다.

여기에 여분설계의 개념을 도입한다면 우선 매 비트를 두 번 반복하여 송신하는 방법이 있다. 이렇게 되면 수신된 메시지에서 반복되는 두 비트가 같으면 두 비트가 모두 정확하든지 모두 틀렸다는 것을 알 수 있게 된다. 반복되는 두 비트가 다르다면 오자가 발생했다는 것은 알 수 있으나 어떤 자가 틀렸는지는 알 수 없다. 이것을 해결하기 위해서는 매 비트를 홀수 번 반복하여 수신된 비트의 과반수가 1인가 0인가를 결정할 수 있다. 이것보다 덜 번거로운 방법으로 널리 사용되는 기법으로 전송되는 숫자마다 체크비트 또는 패리티 비트 하나를 첨가하는 방법이 있다. 체크비트의 값은 이진코드에 포함된 '1'의 수가 몇 개인가에 따라서 결정된다.

예를 들어 숫자 0~9까지를 이진코드를 사용해서 송신한다고 하자. 이 경우 원칙적으로는 4개의 비트가 필요하지만 표 2-3과 같이 '짝수' 체크비트를 첨가하여 이를 포함한 코드 내의 '1'의 수가 '짝수'가 되도록 체크비트의 값을 0 또는 1로 정해준다.

표 2-3 '짝수' 체크비트를 가진 5-비트 코드

수	코드		코드 내의 1의 수
	이진코드	체크비트	
0	0000	0	0
1	0001	1	2
2	0010	1	2
3	0011	0	2
4	0100	1	2
5	0101	0	2
6	0110	0	2
7	0111	1	4
8	1000	1	2
9	1001	0	2

다섯 개의 비트로 이루어진 코드를 수신했을 때 오자가 1, 3, 5개가 포함되었다면 수신된 코드 내의 '1'의 수는 홀수가 된다. 그러므로 만일 '1'의 수가 짝수인 코드를 수신하였다면 오자가 1개, 3개 또는 5개일 수는 없으므로 수신된 코드는 거의 정확하다고 믿을 수 있다. 그러나 아직도 오자가 2개 또는 4개가 포함되는 것은 탐지할 수가 없다. 만약 단일 비트의 신뢰도를 p라 하면 체크비트가 없을 경우 4개 비트의 이진암호 내에 최소한 하나의 오자가 포함될 확률은 다음과 같다.

$$P_E = 1 - p^4 \tag{2.4.15}$$

여기에는 여분코드(redundant code)가 없으므로 오자가 발생하여 탐지되지 못할 확률도 마찬가지이다. 그러나 '짝수' 체크비트가 있을 경우 오자가 2개, 4개가 발생될 확률은 다음과 같다.

$$P'_{2E} = \binom{5}{2} p^3 (1-p)^2 = 10p^3(1-p)^2$$
$$P'_{4E} = \binom{5}{4} p^1 (1-p)^4 = 5p(1-p)^4$$

그러므로 오자가 발생하여 탐지되지 못할 확률은 다음과 같다.

$$P'_E = P'_{2E} + P'_{4E} = 5p(1-p)^2[2p^2 + (1-p)^2] \tag{2.4.16}$$

식 (2.4.15)와 식 (2.4.16)을 비교하기 위해서, q<<1일 때 근사식 $(1-q)^n \approx 1-nq$를 이용하여 비율을 구하면 다음과 같다.

$$\frac{P_E}{P'_E} = \frac{1-p^4}{5p(1-p)^2[2p^2+(1-p)^2]}$$
$$= \frac{1-(1-q)^4}{5pq^2[2p^2+q^2]}$$
$$= \frac{1-(1-q)^4}{10(1-q)^3 q^2 \left[1 + \dfrac{q^2}{2p^2}\right]}$$

$$\approx \frac{4q}{10q^2(1-3q)\left[1+\frac{q^2}{2p^2}\right]}$$

$$\approx \frac{2}{5q}(1+3q)$$

그러므로 단일 비트의 오자율 q=0.1이라 하면 체크비트 하나를 첨가함으로써 탐지 못하는 오자가 발생하는 확률은 1/5로 감소하고 만약 q=0.01이라면 1/41로 감소한다.

2.5 신뢰도 최적화

신뢰성 설계공학자는 전체 체계의 신뢰도를 부품의 신뢰도로 바꿔줘야 한다. 체계신뢰도 목표를 달성하기 위해 개별 부품들의 신뢰도 요구를 배정하는 과정을 신뢰도최적화라 한다. 세분해서 목표 신뢰도를 얻기 위하여 각 부품의 신뢰도를 결정하는 과정을 신뢰도배분(reliability apportionment)이라고 하고, 기존 체계의 신뢰도가 부적절할 때 부품 중 민감한 몇 개의 부품의 신뢰도를 증가하여 체계신뢰도를 향상시키는 것을 신뢰도향상(reliability enhancement)이라고 말한다. 두 가지는 서로 '다를 것이 없는' 분석 방법이다.

앞으로의 구성부품들 사이에 특별히 언급하지 않으면 통계적 독립성을 항상 가정한다.

2.5.1 신뢰도배분

신뢰도배분은 비용, 무게, 부피 등의 제약 조건하에 정해진 체계신뢰도 수준을 충족시키기 위해 개별 부품신뢰도를 배분하는 점에서 동일한 부품을 병렬로 배치하는 부품 중복과는 다르다.

(1) 민감도 분석

체계신뢰도를 증가시키기 위해, 어떤 부품의 신뢰도를 먼저 증가시켜야 하는가? 이는 부품신뢰도의 증가에 대한 체계신뢰도의 민감도를 묻는 문제이다.

n부품 직렬체계의 경우, 체계신뢰도의 민감도는 식 (2.1.3)으로부터 미분 개념을 사용하여 다음과 같다.

$$\partial R/\partial p_i = \partial(\prod_{i=1}^{n} p_i)/p_i = R/p_i \qquad (2.5.1)$$

이는 R이 최소의 p_i의 부품에 대해 가장 민감하다는 것을 암시한다. 그러므로 한 부품을 향상시켜 직렬체계의 신뢰도를 증가시키기 위해서는 '가장 약한 고 리'의 신뢰도를 증가시켜야 한다. 따라서 다른 제약이 없다면 이 원리는 모든 하부체계에 같은 신뢰도를 배정하는 균등배분법을 준다. 병렬로 된 n부품의 경우 체계신뢰도의 민감도는 식 (2.1.9)로부터 다음과 같다.

$$\partial R/\partial p_i = \partial\left[1-\prod_{i=1}^{n}(1-p_i)\right]/\partial p_i = (1-R)/(1-p_i) \qquad (2.5.2)$$

이는 R이 최대의 p_i의 부품에 대해 가장 민감하다는 것을 암시한다. 그러므로 한 부품을 향상시켜 병렬체계의 신뢰도를 증가시키기 위해서는 최대의 p_i를 갖는 부품의 신뢰도를 증가시켜야 한다.

예로서, 포탄의 신관에 주 신관과 보조 신관의 신뢰도는 각각 0.95, 0.9이다. 각 신뢰도를 0.01을 올리는데 비용이 같다면, 어떤 신관의 신뢰도를 높이는 것이 효과적인가?

현재의 신뢰도 = 0.95+0.9-0.95×0.9 = 0.995. 주 신관의 신뢰도를 0.01 높일 경우, 신뢰도 증분은 (2.5.2)에서 다음과 같다.

$$\partial R = (1-R)/(1-p_i)\times\partial p_i = 0.005/(1-0.95)\times 0.01 = 0.001$$

만일 보조 신관의 신뢰도를 0.01 높인다면, 신뢰도 증분은 0.005/(1-0.9)×0.01 = 0.0005이다. 따라서 다른 조건이 같다면, 주 신관의 신뢰도를 높이는 것이 효과적이다.

최적화의 개념은 먼저 부록을 참조한다.

(2) 최적 배분

부품신뢰도를 증가시킬 때 벌금비용(penalty cost)이 있다면 문제는 명백하지 않다. 고려중인 체계의 각 부품 i에 관하여 신뢰도에 따라 벌금함수 $g_i^{(j)}(p_i)$, (j는 비용, 무게, 부피 등의 요소)가 있다고 가정하자. 문제는 전체 가용자원 $a^{(j)}$의 범위 내에서 체계신뢰도를 최대화하는 부품신뢰도를 결정하는 것이다. 그러면 모든 유형의 구조에 대한 일반적인 문제는 다음과 같다.

$$\text{최대화}\; R(p_1, p_2, \cdots, p_n) \qquad (2.5.3)$$

$$\text{제약식} \sum_{i=1}^{n} g_i^{(j)}(p_i) \le a^{(j)},\; j = \text{비용, 무게}, etc.$$

일반으로, 함수 $g_i^{(j)}(p_i)$는 비선형(예, 증가율로 증가)이며, 비선형 계획기법을 써야 한다. 최적 신뢰도 배분의 개념은 인간, 기계신뢰도의 배분으로 확장되었다 [Lasala, et al.].

직렬구조의 신뢰도 배분은 다음들이 있다.

가) 균등배분법

앞에서 본 것과 같이, 목표신뢰도를 직렬구조의 신뢰도 각 부품에 균등하게 배분한다.

$$R_0 = R_1 R_2 \cdots R_n \qquad (2.5.4)$$
$$R_i = (R_0)^{1/n}$$

나) ARINC 배분법

과거 자료에 의한 부품의 고장률을 $\hat{\lambda}_i$, 체계의 목표 고장률을 λ_o라고 하자. 각 부품의 고장률 크기를 가중치로 하여 목표고장률을 각 부품에 재분배하는 것이다.

$$w_i = \hat{\lambda}_i / \sum_{i=1}^{n} \hat{\lambda}_i \qquad (2.5.5)$$
$$\lambda_i = w_i \lambda_o$$

다) AGREE 배분법

체계가 n개의 하부체계들로 이루어지고 하부체계 i는 ν_i개 부품으로 이루어졌다. 먼저 하부체계 i의 수명이 지수분포에 따르고 평균수명은 θ_i, 하부체계의 작동요구시간은 $t_i (< \theta_i)$라 하자. 각 하부체계의 신뢰도는 $R_i(t_i) = e^{-\frac{t_i}{\theta_i}}$, 그리고 하부체계의 고장에 의해 체계가 고장날 확률이 w_i라 하자. 그러면 체계신뢰도는 다음과 같다.

$$\begin{aligned} R_s &= \prod_{i=1}^{k} [1 - w_i(1 - R_i(t_i))] \qquad (2.5.6) \\ &= \prod_{i=1}^{k} [1 - w_i(1 - e^{-\frac{t_i}{\theta_i}})] \\ &\approx \prod_{i=1}^{k} [1 - \frac{w_i t_i}{\theta_i}], \quad \because 1 - e^{-\frac{t_i}{\theta_i}} \approx \frac{t_i}{\theta_i} \ (Taylor\text{근사식}) \\ &\approx \prod_{i=1}^{k} e^{-\frac{w_i t_i}{\theta_i}} \\ &= e^{-\sum_{i=1}^{k} \frac{w_i t_i}{\theta_i}} \end{aligned}$$

이 식은 결과적으로 각 하부체계의 고장률에 w_i를 곱한 것과 같은 모양이 되었다. 각 하부체계 i는, 부품의 평균수명이 τ_i인 같은 부품 ν_i개의 직렬구조로 되어있다고 하면, 하부체계 i의 고장률은 $\frac{1}{\theta_i} = \nu_i \frac{1}{\tau_i}$이므로

$$R_s \approx e^{-\sum_{i=1}^{k} \frac{\nu_i w_i t_i}{\tau_i}} \tag{2.5.7}$$

만일 각 부품이 체계신뢰도에 동일한 역할을 한다면, 즉 $\dfrac{w_i t_i}{\tau_i} = c$일 때,

$$\begin{aligned} R_s &\approx e^{-\sum_{i=1}^{k} \nu_i c} \qquad (2.5.8)\\ &= (e^{-c})^N, \ let \sum_{i=1}^{k} \nu_i = N \\ \ln R_s &= N(-c) \\ &= N\left(-\frac{w_i t_i}{\tau_i}\right) \\ &= N\left(-\frac{w_i t_i}{\nu_i \theta_i}\right), \because \tau_i = \theta_i \nu_i \\ \therefore \theta_i &= -\frac{N w_i t_i}{\nu_i \ln R_s} \end{aligned}$$

2.5.2 최적 부품 여분설계*

일련의 많은 직렬단계를 갖는 체계의 설계에서 높은 체계신뢰도를 보장하기 위해 체계의 각 긴요부품에 대해 여분성을 마련한다(부품여분). 그러나 동시에 체계는 비용, 무게, 부피 또는 복합적인 요인들로 인해 특정한 제약을 받게 된 다. 그렇다면 문제는 어떻게 여분성의 최적 배정, 예를 들어 비용, 무게, 부피 등에 대하여 최대 체계신뢰도를 달성하는가?

이 여분성 최적화 문제는 Moskowitz & McLean이 동일 부품으로 구성되고 비용의 제약이 있는 체계를 변분법(Variational method)으로 고려한 이래 신뢰도 문헌에서 많은 주목을 받아 왔다.

체계는 n개의 단계가 직렬로 연결되어 있다. 체계가 작동하기 위해서 모든 단계가 반드시 작동해야 한다. 하나의 단계 k는 그림 2-26과 같이 m_k개의 병렬부품으로 구성되어 있으며, 각 부품의 신뢰도는 p_i이다. 한 단계가 고장나려면 그 단계 내의 모든 부품이 고장나야 한다. 직렬형태의 구조를 기본체계로 가정하였으므로, 최적화 모형은 $m_k \geq 1$인 양수의 벡터를 선택하여, 전체 가용자원 $a^{(j)}$의 한계 내에서 체계의 신뢰도를 최대화하는 것이다. j=비용, 무게 등이다. 이것은 기본적인 비선형 정수계획법의 문제이다. 여기서는 m_k가 변수이고, p_i는 주어진 값이다.

$$\text{최대화 } R = \prod_{k=1}^{n} \left[1 - \prod_{i=1}^{m_k} (1 - p_k)\right] \tag{2.5.9}$$

$$\text{제약식 } to \ \sum_{k=1}^{n} g_k^{(j)}(m_k) \leq a^{(j)}$$

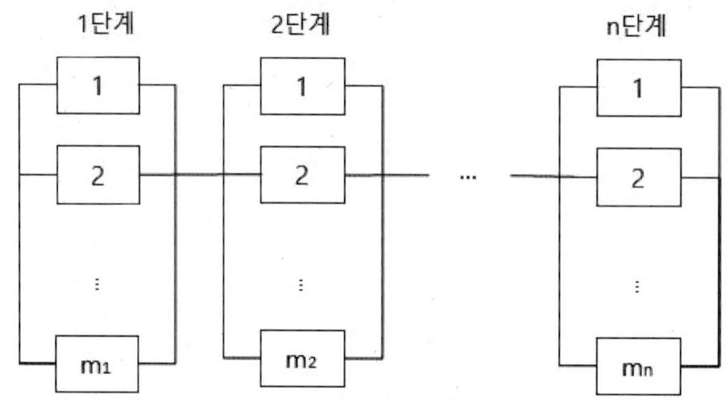

그림 2-26 병렬부품으로 구성된 다단계의 직렬체계

[예제] 2.11

일정기간의 임무를 가진 2단계 직렬 체계의 부품특성은 다음과 같다. 비용과 부피는 갯수에 따라 선형증가한다. 최적 여분 배정은 어떻게 되는가?

부품 신뢰도 : $p_1 = 0.8$, $p_2 = 0.9$

비용 : $g_1^{(1)} = \$1$, $g_2^{(1)} = \$2$, $a^{(1)} = \$7$

부피 : $g_1^{(2)} = 5\ cm^3$, $g_2^{(2)} = 6\ cm^3$, $a^{(2)} = 30\ cm^3$

풀이)

표 2-4와 같이 대안을 모두 열거하여 접근하였다. 이 표에서 대안 중 비용, 부피의 제약을 위반한 것은 해당 제약에 #표를 붙이고, 가능해 중 부분 최적해에 *표를 붙이고 이중 최적해에 **표를 붙였다. 최적값은 $m_1 = 3$, $m_2 = 2$이다.

이 문제의 최적화 방법은 두 가지로 분류할 수 있다. 합리적인 계산시간 내에(흔히는 아주 정확한) 근사해를 제공하는 근사해법과 상당히 많은 계산시간을 요하는 정밀해법이다. 정밀해법은 동적계획법과 정수계획법을 이용한다. 일반으로 다중제약이 있는 문제의 경우 정수계획법이 동적계획법보다 월등하다. 그러나 정수계획법은 변수의 수에 따라 계산시간이 지수적으로 증가한다는 결점이 있다. Yun & Park은 선형 비용제약을 갖는 비선형 정수계획법의 문제를 선형 배낭문제로 대응되도록 재정형화하였다. 또한 정확한 해를 구하기 위해, 일반적인 분기한정법(branch and bound) 해법과는 달리, 다수의 변수를 동시에 다루는 효율적인 절차를 제안하였다.

표 2-4 두 단계 부품여분 설계 대안의 열거 (#표는 제약 위반)

(m_1, m_2)	$(1-0.2^{m_1})(1-0.1^{m_2})=R$		비용($)	부피(cm³)
(1, 1)	.8*.9	=.72	3	11
(1, 2)	.8*.99	=.792	5	17
(1, 3)	.8*.999	=.799*	7	23
~~(1, 4)~~	~~.8*1.0~~	~~=.8~~	~~9#~~	~~29~~
(2, 1)	.96*.9	=.864	4	16
(2, 2)	.96*.99	=.95*	6	22
~~(2, 3)~~	~~.96*.999~~	~~=.959~~	~~8#~~	~~28~~
(3, 1)	.992*.9	=.893	5	21
(3, 2)	.992*.99	=.982**	7	27
~~(3, 3)~~	~~.992*.999~~	~~=.991~~	~~9#~~	~~33#~~
(4, 1)	.998*.9	=.899*	6	26
~~(4, 2)~~	~~.998*.99~~	~~=.988~~	~~8#~~	~~32#~~

근사해법은 식 (2.5.9)의 목적 함수에 로그를 취한 후에 근사 라그랑주 승수 기법을 사용할 수 있다[Rau]. 라그랑주 기법에 대해서는 부록을 참조한다. 구성된 라그랑주 함수는 주어진 라그랑주 승수 집합에 대해 분리 가능한 단계를 가지므로 각 단계에 대한 목적함수는 개별적으로 최대화할 수 있다. 5.5에서 좀 더 설명될 것이다.

2.5.3 최적 체계여분

전체 직렬 체계의 최적 병렬화가 최적 부품여분보다 훨씬 간단하지만, 체계여분은 부품여분보다 열등하다. 기본 직렬체계의 신뢰도는 다음과 같다.

$$R_b = \prod_{i=1}^{n} p_i \tag{2.5.10}$$

이런 기본 직렬체계 m개가 여분설계, 즉 병렬화되면 체계신뢰도는 다음과 같은 최적화 모형이 된다. j는 비용, 무게 등의 제약조건들이다.

$$\text{최대화} \quad R = 1 - \prod_{i=1}^{m}(1-R_b) \tag{2.5.11}$$

$$\text{제약식} \quad m\sum_{i=1}^{n} g_i^{(j)} \le a^{(j)}$$

2.6.4 일반 구조에서의 최적 여분

교량 구조와 같은 다른 일반적인 구조에 대해서는 최적해를 얻기는 힘들겠지만, 식 (2.5.9)의 모형을 수정하여 사용할 수 있다.

연습문제

2.1 상호독립적이고 동일한 n개의 부품으로 구성된 직렬체계에서 부품의 신뢰도는 p이고, 불신도는 q (=1-p)이다.

(1) 만일 $q<<1$이면, 체계 신뢰도 R은 대략 $R \approx 1-nq$임을 보여라. (*이것은 반드시 외워야 할 매우 중요한 테일러 공식이다.)

(2) 만일 체계가 10개의 부품을 가졌고 R이 0.99이어야만 한다면 부품의 품질은 얼마나 좋아야 하는가?

2.2 상호독립적이고 동일한 n개의 부품으로 구성된 병렬체계의 신뢰도 R이0.99 이어야만 한다면 부품의 품질이 얼마나 나빠도 좋은가?

2.3 상호독립적이고 동일한 10개의 부품 중 5개가 체계의 정상 가동에 필요하다. 체계 신뢰도 R이 0.99이기 위해서는 부품의 품질은 얼마나 좋아야 하는가?

2.4 각각 종류가 다른 5개의 부품으로 구성될 수 있는 체계신뢰도 그래프를 10개 그려라. 종류가 다른 5개의 부품으로 체계를 구성할 수 있는 모든 신뢰도 그래프를 찾는 체계적 방법을 들 수 있는가?

2.5 다음 그림에 있는 3개의 블록그림을 보고 체계신뢰도 그래프를 그려라. 각 부품이 동일하고 상호 독립적일 때의 체계신뢰도가 각 그림 아래에 주어졌다.

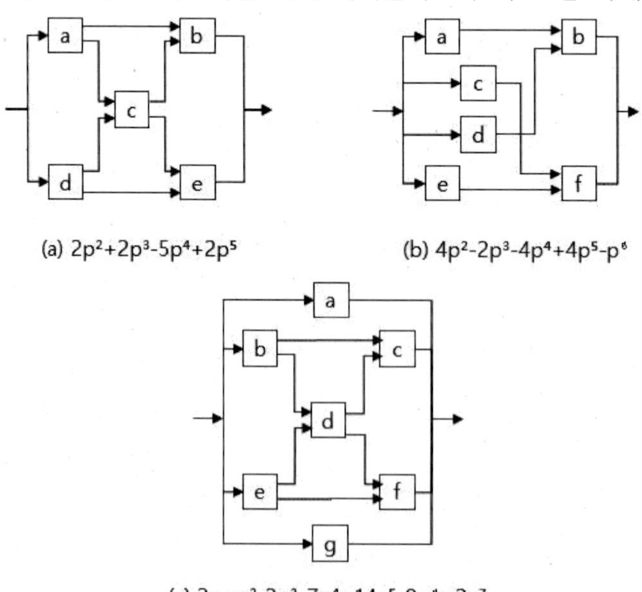

(a) $2p^2+2p^3-5p^4+2p^5$

(b) $4p^2-2p^3-4p^4+4p^5-p^6$

(c) $2p+p^2-2p^3-7p^4+14p^5-9p^6+2p^7$

2.6 문제 2.5에서 체계 (a)의 신뢰도를 사상공간법으로 구하라.

2.7 경로추적법을 사용해서 문제 2-5의 체계 (a), (b), (c)의 신뢰도를 각각 구하라.

2.8 축분해법을 사용하여 문제 2-7을 풀어라.

2.9 자동차의 전면에 부착된 좌회전 표시등은 램프와 열점멸장치로 구성되어 있고 이 두 부품은 전원에 직렬로 연결되어 있다. 램프가 타버릴 확률은 1-pb = 0.01이고 점멸장치에 폐회로고장이 발생할 확률은 1-pc = 0.01, 개회로고장이 발생할 확률은 1-po = 0.01이라고 한다.
   (1) 표시등이 고장나지 않을 확률, 즉 신뢰도를 구하라
   (2) 표시등이 깜박거려야 완전한 신호이지만 깜박거리지 않고 불만 켜져도 안전운행에 큰 지장이 없다고 생각한다면 이때의 안전운행 확률을 구하라.

2.10 네 갈래 교차로에 설치된 적녹색 신호등(황색 신호등은 없음)이 있다. 신호등에 부착된 시계장치는 정교해서 고장이 나지 않는다고 가정하면 신호등은 램프가 타버릴 경우에만 고장이 발생한다. 네 방향으로 신호를 보내기 위해 각 방향마다 독립된 적녹 램프가 각각 하나씩 있으므로 램프는 전부 8개이다. 그리고 램프가 타버릴 확률은 모두 똑같이 0.01이라 할 때 이 체계의 신뢰도를 구하라.

2.11 문제 2.10의 교통신호등 체계를 개선하려고 한다. 다음 두 기법의 효과를 비교하라.
   (1) 하나의 램프를 병렬로 연결된 2개의 램프로 대체할 경우(이 때 램프는 전부 16개이다).
   (2) 서로 정반대의 방향을 위해서 설치된 2개의 램프를 병렬로 연결하고 동시에 두 방향으로 신호를 보낼 수 있도록 체계를 재설계할 경우(이 때 사용되는 램프는 전부 8개이다).

2.12 다음 그림에 있는 신뢰도 그래프는 특정한 체계의 작동원리를 보여준다. 부품 a의 신뢰도를 ⓐ, 불신도를 $\underline{a}$와 같이 표시하고 나머지 부품에도 이와 비슷한 부호를 사용할 때 다음을 계산하라.
   (1) 각 부품이 종류가 다르고 상호종속일 때 체계의 신뢰도를 부품의 신뢰도의 함수로부터 계산하라.

(2) 모든 부품들이 동일하여 부품신뢰도가 p일 때 체계신뢰도를 구하라.

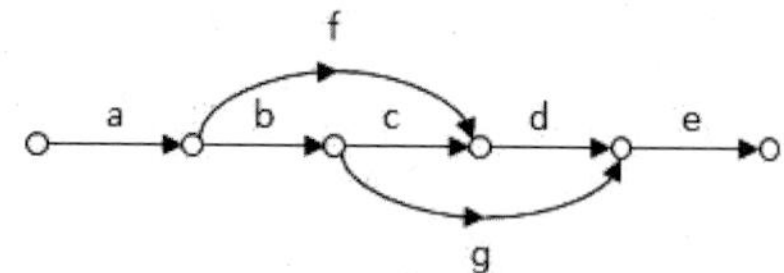

2.13 연구용 원자로의 운영에 있어서 원자로의 가동상태 여부의 파악이 아주 중요하다. 위험경고체계의 신뢰도를 높이기 위해서 센서 3개를 사용하고 있다. 각 센서의 출력은 각 지시등에 각각 연결되어, 원자로가 가동을 시작하면 곧 지시등을 켜주고 원자로가 가동을 멈추면 출력이 0으로 떨어져 곧 지시등을 꺼준다. 지시등은 완전하여 결함이 발생하지 않고 센서가 고장이면 출력이 0으로 떨어진다고 가정한다. 원자로 운전기사는 지시등 세 개 중 하나만이라도 켜져 있으면 원자로가 가동중이고, 모든 지시등이 꺼져 있을 때만 비가동상태라고 판단한다. 센서의 신뢰도를 p, 불신도를 q라고 표시한다.

(1) 원자로가 실제로 가동중일 때에 '가동중'이라는 올바른 정보를 제공받을 확률 p_{on}과 원자로가 실제로 비가동 상태일 때 '비가동'이라는 올바른 정보를 제공받을 확률 p_{off}를 구하라.

(2) 센서의 결함은 두 형태로 분류된다. 즉 원자로의 가동상태 여부에 관계없이 지시등이 켜지는 결함(이 때 불신도를 q_{on})과 원자로의 가동 상태 여부에 관계없이 지시등이 꺼진 결함(이 때 불신도를 $q_{off} = 1 - p - q_{on}$)이다. 그러면 원자로 운전기사가 앞에서 말한 판단기준을 사용할 때에 p_{on}과 p_{off}를 각각 구하라.

(3) 센서가 위의 (2) 항과 같은 두 가지 결함형태를 가질 때 만일 운전기사가 두 개 이상의 지시등이 켜져 있을 때는 가동상태라 판단할 경우(즉 다수결 판단) p_{on}과 p_{off}를 구하라.

(4) 만일 p=0.80, $q_{on} = 0.1$ 그리고 $q_{off} = 0.1$이라 하고 (1) (2) (3) 항에서 원하는 확률들을 계산하라. 또 (2)항과 (3)항의 두 가지 판단방식 중 어느 것이 좋은가 지적하고 설명하라.

2.14 다음과 같은 접근방식을 채택하면 식 (2.3.2), (2.3.4), (2.3.5)를 도식적으로 비교할 수 있다. 즉, 전체 불신도를 상수라 가정하여 $q_s + q_o = K$라 하면 $p = 1 - K$이다.

(1) 위의 각 식으로 주어진 체계의 신뢰도를 q_o/q_s의 비율의 함수로 나타낸 그래프를 각각 그려라.

참고로 q_o/q_s=0이면 모든 고장은 폐회로고장, $q_o/q_s \to \infty$이면 모든 고장은 개회로고장, q_o/q_s=1이면 개, 폐회로고장이 반반씩이다.

(2) 어떤 경우에 두 개의 정류기를 직렬로 연결하는 것이 좋은가?

(3) 어떤 경우에 병렬조합이 신뢰도를 개선시키는가?

2.15 부품의 신뢰도가 0.5일 때 체계 신뢰도는 0.99 이상이 되어야 한다. 최소한 몇 개의 부품을 병렬로 연결해야 되겠는가?

2.16 4개 부품이 병렬로 구성된 체계가 있다. 각 부품의 고장이 상호독립이 아닐 때의 신뢰도 모형들을 평가하려 한다.

(1) 우선 4개의 부품이 모두 동일하고 독립적이며 부품신뢰도는 모두 p일 때의 체계 신뢰도 R을 구하고, R을 p의 함수로 나타내는 그래프를 그려라.

(2) 식 (2.3.7)에서와 같이 각 부품의 조건부 고장확률을 q_i라 할 때, 다음과 같은 종속성을 가정하여 (1)항을 풀어라.

$$q_1 = 1-p,\ q_2 = 1-\frac{p}{2},\ q_3 = 1-\frac{p}{3},\ q_4 = 1-\frac{p}{4}$$

(3) 다음과 같은 종속성을 가정하여 (1)항을 풀어라.

$$q_1 = 1-p,\ q_2 = 2(1-p),\ q_3 = 3(1-p),\ q_4 = 4(1-p)$$

(4) 다음과 같은 종속성을 가정하여 (1)항을 풀어라.

$$q_1 = 1-p,\ q_2 = 1-p^2,\ q_3 = 1-p^3,\ q_4 = 1-p^4$$

(5) 다음과 같은 종속성을 가정하여 (1)항을 풀어라.

$$q_1 = 1-p,\ q_2 = \frac{1-p}{2},\ q_3 = \frac{1-p}{3},\ q_4 = \frac{1-p}{4}$$

2.17 숫자를 포함하는 정보를 2진 정수의 순열로 전송하려고 할 때 미리 정해진 0과 1의 순열을 이진코드라 부른다. 10진법으로 0에서 7까지 8개의 숫자에 대한 다음 표와 같은 3 개의 비트로 구성된 이진코드를 생각하자. 이진코드 전송 착오는 1 대신 0이, 0 대신 1이 나타나는 방식으로 발생한다.

숫자	이진코드
0	000
1	001
2	010
3	011
4	100
5	101
6	110
7	111

(1) 전송과정에서 오자가 발생시 1개 비트, 2개 비트, 또는 3개 비트에서 오자가 생기더라도 다만 다른 숫자로 해석해 버리기 때문에 오자가 발생했다는 것을 발견할 수가 없다. 그러므로 메시지에 착오가 없을 확률은 모든 비트에 오자가 없을 확률과 같다. 만일 한 개의 비트에서 오자가 발생할 확률을 q라 할 때 메시지가 정확히 수신될 확률을 구하라.

(2) 한 개 비트의 오자를 탐지해 내기 위하여 체크비트를 추가하여 코드화 방식을 개선하려 한다. 체크비트는 4 비트로 이루어진 코드에서 '1'의 수가 항상 짝수가 되도록 정해진다.

숫자	코드		코드 내의 1의 수
	이진코드	체크비트	
0	000	0	0
1	001	1	2
2	010	1	2
3	011	0	2
4	100	1	2
5	101	0	2
6	110	0	2
7	111	1	4

체크비트 기법은 하나 또는 세 개 비트의 오자는 탐지할 수 있지만 둘 또는 네 개 비트의 오자 탐지는 불가능하다. 체계의 정상 가동 확률은 오자가 없을 확률과 오자를 발견할 수 있는 확률의 합으로 정의된다.

a) 오자가 없을 확률과 하나의 오자가 발생될 확률과 세 개의 오자가 발생될 확률의 합으로 구성되는 체계의 정상 가동 확률은 얼마인가?

b) 또 메시지는 올바로 전송됐으나 체크비트의 오자로 결국 메시지가 틀렸다고 오판 될 확률은 얼마인가?

(3) 암호화를 개선하는 다른 방안은 3개의 이진정수를 3번 계속 반복 전송하여 수신된 이진정수를 서로 비교하는 방식이다. (이 방안은 인접한 이진정수에서의 오자는 독립적으로 발생한다는 가정에 기초를 두고 있다) 세 개의 반복 정수를 서로 비교하여 과반수 원칙에 의해 판단한다. 예를 들어 111, 101, 110, 또는 011이 수신되었다면 그 비트를 1로 000, 010, 001, 또는 100일 때는 그 비트를 0으로 판단한다. 한 개 비트의 착오확률 q'는 반복정수 하나를 잘못 전송할 확률 q로부터 우선 반복정수 전송착오가 없을 확률과 한 개일 확률의 합을 구한 후에 이것으로부터 계산할 수 있다. q'를 계산하고 q'를 사용하여 (1)항을 다시 계산하라.

숫자	3비트 코드의 3회 반복 전송		
	첫째비트	둘째비트	셋째비트
0	000	000	000
1	000	000	111
2	000	111	000
3	000	111	111
4	111	000	000
5	111	000	111
6	111	111	000
7	111	111	111

(4) 만일 q=0.01일 때 (1)항과 (3) 항에서 계산된 확률을 비교하라.

2.18 자동차, 기차 및 항공기와 같이 운행중 고장이 발생하면 인명에 치명적인 위험을 주는 교통기관에 대한 신뢰도 표준은 어떻게 설정하는 것이 좋겠는가?

2.19 그림 2-20에 있는 제동계통에서 누출고장을 추가하여 신뢰도 모형을 다시 만들려고 한다. 각 부품은 막힌 고장 이외에 뚫린 고장도 일어날 수 있다고 가정한다.

(1) 그림 2-20에서 주어진 네 개 시스템의 신뢰도 그래프를 그려라.

(2) 각 제동계통의 완전제동신뢰도와 안전제동신뢰도를 구하라. 모든 부품은 동일하고 상호독립적이며 막힌 고장 확률은 q_0, 누출고장확률은 q_1이라고 가정한다.

2.20 세 개의 부품 A, B, C가 신뢰도 직렬체계로 연결되어 있다. 각각의 신뢰도는 0.9, 0.7, 0.95이다. 전체 체계의 신뢰도가 0.99이어야 할 때

(1) 체계여분을 하여 체계의 신뢰도를 높인다면 필요한 각 부품의 수는?

(2) 부품여분을 하여 체계의 신뢰도를 높인다면 필요한 각 부품의 수는?

(3) 부품 A, B 및 C의 원가는 각각 ₩10만, ₩30만, ₩50만이라고 할 때 (1)항과 (2) 항 중 어느 쪽을 선택하는 것이 바람직한가?

2.21 정류기의 부품여분은 개회로고장과 폐회로고장간의 비율에 따라서 직렬 또는 병렬로 연결할 수 있다. 정류기가 정상일 확률을 p, 개회로고장 확률을 q_o, 폐회로고장확률을 q_s라 표시할 때 만일 q_o+q_s가 0일 때, 0.25일 때, 0.50일 때, 0.75일 때, 1.00일 때, 각 경우에 어떠한 부품여분방식을 사용하는 것이 좋은가?

2.22 아래 그림에 있는 체계의 신뢰도를 향상시키기 위하여 부품여분방식과 체계여분방식을 사용할 때의 신뢰도를 비교하라.

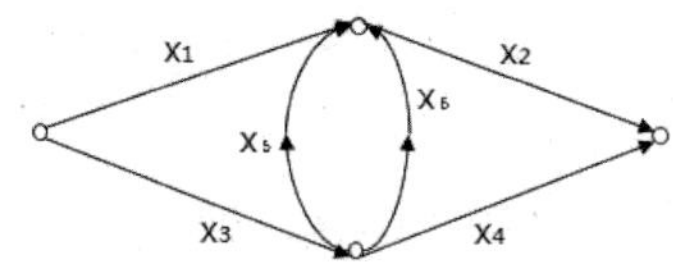

2.23 아래 그림에 표시된 전송경로 AB와 AC에 대하여 문제 2.22를 다시 풀어라.

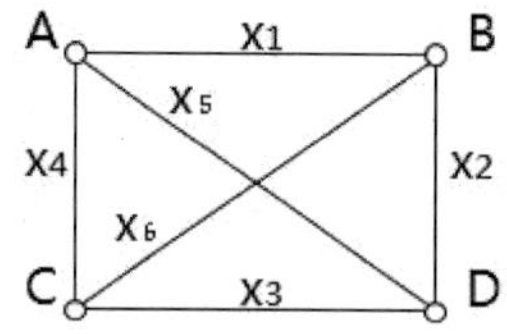

2.24 실제 기계장치 또는 체계 중에서 고도의 신뢰도를 요구하고 부품여분기법에 의해 많은 이점을 얻을 수 있는 예를 들라. 부품여분기법을 어떻게 사용할 것인가를 서술하고 관련된 실제상황에서 발생할 수 있는 문제점들에 대하여 토론하라. 예) 포탄의 신관

2.25 아래 그림에 나와 있는 스테레오 Hi-Fi 체계는 (1) FM 튜너, (2) 덱, (3) 증폭기 (4) 왼쪽스피커, (5) 오른쪽스피커로 이루어진다. 최소 하나의 스피커로 음악을 들 수 있으면 체계는 작동한다고 간주한다. 체계의 구조함수와 신뢰도를 구하라.

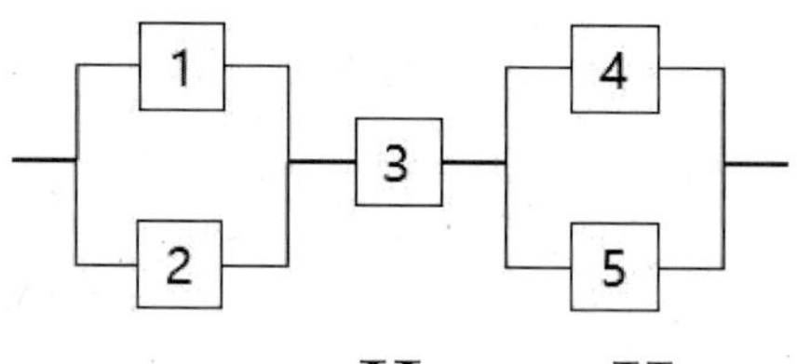

[답: $\phi(\mathbf{x}) = (x_1 \coprod x_2) x_3 (x_4 \coprod x_5)$]

2.26 선형 5 중 연속 3:고장 체계에서

(1) 3개의 연속고장을 야기하는 'k-집합'의 직병렬회로망으로 체계를 나타내라.

(2) 최소경로집합은?

[답: (24), (25), (3), (14)]

(3) ∐기호를 사용하여 체계의 구조함수를 나타내라.

제3장 고장현상과 신뢰도

3.1 강도, 부하, 고장

3.1.1 감쇠와 수명

주어진 부품이나 체계가 실제로 사용될 때에는 항상 특정한 '환경'하에 놓이고, 여기서 환경이란 고려되고 있는 품목 자체를 제외한 모든 요소들을 포함 하는 말이다. 일상적인 경험을 보아도 어떤 체계의 신뢰도, 즉 주어진 체계가 특정한 시간동안에 고장이 나지 않을 확률은 그 체계를 어떻게 사용하는가(deployment)와 어떠한 조건에서 사용되는가(environment)에 달려 있다. 현장에 배치된 장비는 실험실에서 시험할 때와는 달리 높은 고장률을 나타낼 수도 있다. 또 일상생활에서도 "환경을 좀 바꿔보라"는 말을 자주 듣게 된다.

그러므로 원칙적으로는 어떤 주어진 체계에 고유한 절대적인 신뢰도란 있을 수 없다. 이것은 한 체계의 고장을 1) 작용하는 부하(stress)와 2) 부품에 내 재적인 강도(strength)와의 상호관계의 관점에서 분석하여야 한다는 것을 암시한다. 즉 부하가 강도를 능가하면 고장이 난다는 공리적 현상이다. 여기서 부하란 체계 외부로부터의 모든 불리한 영향을 통틀어서 말할 수 있으며, 한편 강도란 부하를 이겨낼 수 있는 체계에 내재적인 이상화된 능력을 말한다. 그러므로 강도란 체계가 특정한 부하에 노출될 때 신뢰도를 예측할 수 있는 근거가 된다. 주어진 환경에서 체계가 사용될 때에 시간이 흐름에 따라 결과적으로 체계의 강도는 저하한다. 일상생활에서도 많이 볼 수 있는 이러한 현상을 감쇠(decay)라 하며, 예를 들면 철이 녹슬고 베어링이 마모되는 따위이다. 그림 3-1에는 동선의 절연물의 절연내력(dielectric strength)이 나와 있으며 부품의 전형적인 감쇠곡선을 보이고 있다.

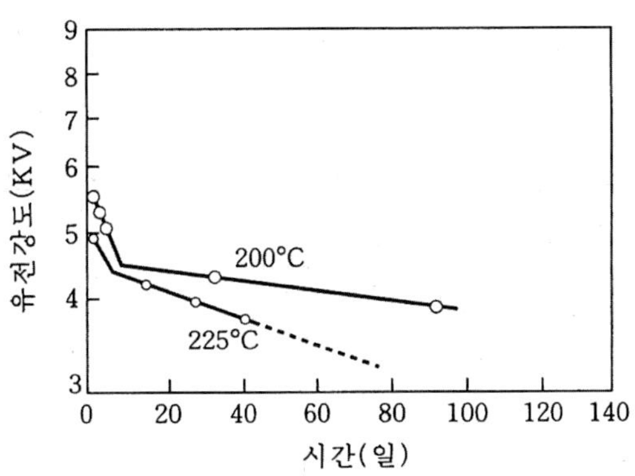

그림 3-1 절연내력과 사용시간[Haviland]

때에 따라서는 그림 3-2에 나와 있는 시멘트의 경화(cure)와 같이 시간이 흐름에 따라서 강도가 증가하는 경우도 있으나, 일반으로는 감쇠현상으로부터 부품의 강도는 감소하게 되고, 따라서 강도는 '유한한 시간' 동안만 부품에 걸리는 부하보다 큰 것이다. 그러므로 대부분의 물체는 유한한 기간 동안에만 고장이 안나게 된다. 이 기간 동안에는 부품의 신뢰도는 1이고, 그 후에는 신뢰도는 0이 된다.

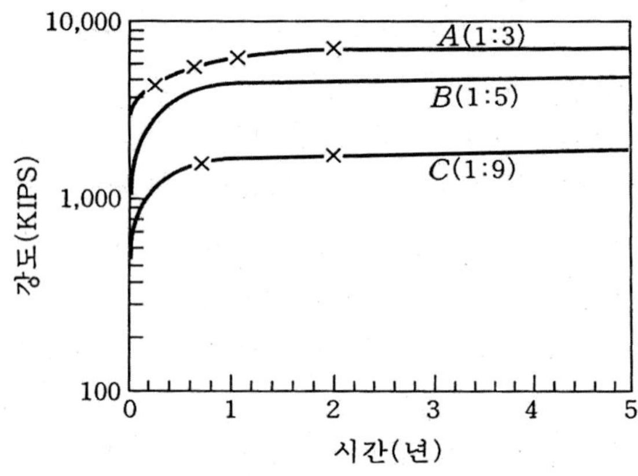

그림 3-2 콘크리트의 경화[O'Rourke]

부하를 L이라 하고 시간의 함수인 부품의 강도를 S(t)라 하면 부품의 강도가 부하 이하로 감소하면 고장이 발생하므로 부품의 수명은 그림 3-3과 같이 다음 등식의 해 t를 풀면 구해진다.

$$S(t) = L \tag{3.1.1}$$

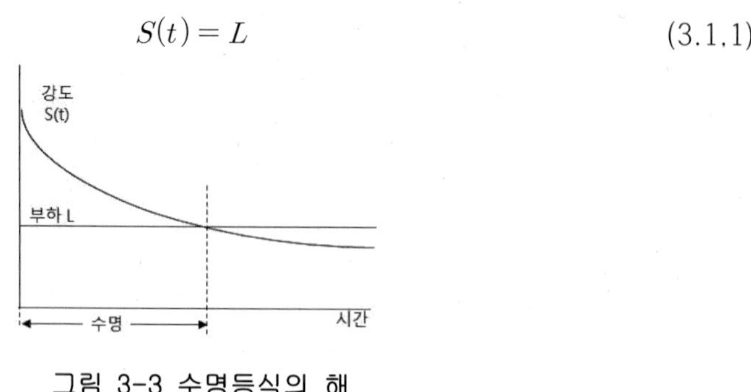

그림 3-3 수명등식의 해

3.1.2 고장예측

앞에서 체계에 가해지는 부하는 일정한 상수치를 갖는다고 가정했다. 그러나 실제적인 상황에서는 물체에 가해지는 부하는 시간에 따라 확률적으로 변화한다. 예를 들면 비행기는 이착륙하고, 총은 발사하고, 건물이나 교량에 부하를 주는 바람의 강도도 시간에 따라 변화한다. 이렇게 변화하는 부하의 전형적인 예가 그림 3-4에 나와 있다. 이렇게 변화하는 부하가 걸리는 부품의 수명도 일정한 부하에 노출된 부품의 수명과 같이 강도가 부하보다 큰 기간을 구하면 된다. 그러나 이 경우에는 부하 자체도 시간의 함수이므로 식 (3.1.1)은 다음과 같이 수정 된다.

$$S(t) = L(t) \tag{3.1.2}$$

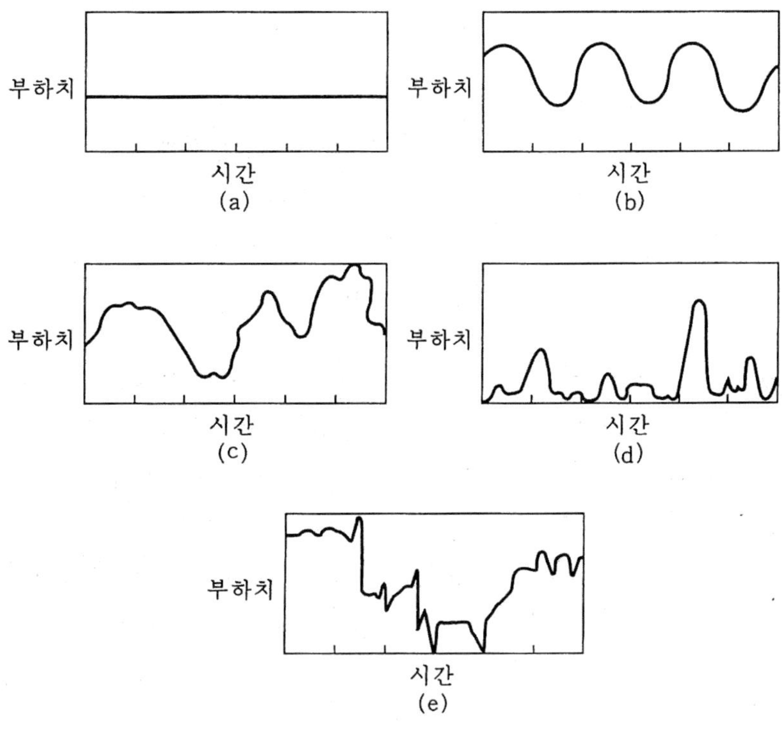

(a) 일정, (b) 주기적, (c) 강하고 지속적, (d) 불규칙적, (e) 계단상

그림 3-4 부하의 변화

예를 들어 부하가 그림 3-5와 같이 주기적으로 변할 때에는 부하의 극대값들이 어떤 시점에서 발생되는가를 확실히 알 수 없으므로 부하치 실제 모습 대신에 부하극대값을 사용하여 수명을 예측할 수 있다[1].

1) 부하평균을 사용해도 안된다. 또한 '무게 100kg의 부하'라고 해도 진동의 효과때문에 이보다 훨씬 큰 부하가 미친다. 공학을 잘 모르고 기법만 익힐 때 실수할 수가 있다.

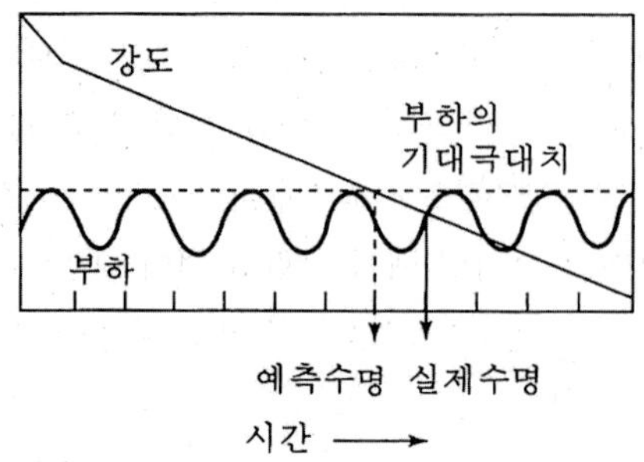

그림 3-5 주기적인 부하 하에서의 수명예측

보다 일반적인 경우에 부하가 불규칙하게 발생할 때에는 부하의 극대값들은 확률적으로 계산되며 이때는 물론 수명의 기대값을 구하는 것이 된다. 기대수명도 결국 그림 3-6과 같이 강도가 부하의 기대극대값 이하로 떨어지게 되는 시간이 된다.

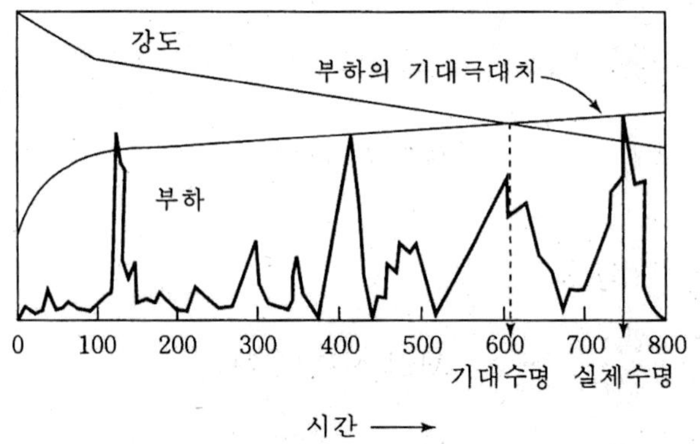

그림 3-6 불규칙적인 부하 하에서의 수명예측

3.1.3 수리와 강도

강도가 부하 수준 이하로 떨어져 고장이 발생하였을 때에는 수리를 하여 강도를 다시 올려 줄 수 있다. 복잡한 구조를 가진 체계에서는 어느 하나의 부품이 약해진 결과로 고장이 발생한 때도 있으므로 그런 부품만을 교환해 줄 수도 있다. 이렇게 되면 체계의 강도는 수리 전보다 높아지게 되지만 수리되지 않은 다른 부품은 그대로 약해진 상태에 있게 되므로 체계의 원래의 강도를 되찾기는 불가능하다. 이러한 관계가 그림 3-7에 나와 있으며 수리 후 강도의 포락선(包絡線, envelope, 감싸는 선)은 점점 감소하여 결국 수리불능의 상태에 이르게 될 것이다. 이때에는 물론 체계 전체를 교환해 줄 수 있다.

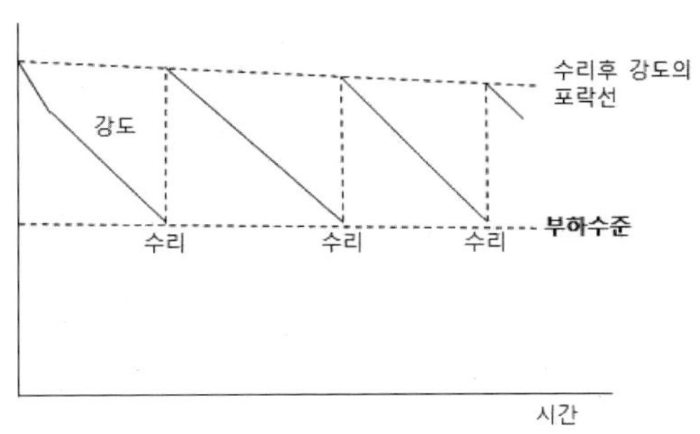

그림 3-7 수리와 강도

3.1.4 고장의 개념과 분류

(1) 고장, 오류, 결함

지금까지 고장이란 용어가 자주 사용되었는데 여기서 고장의 개념을 살펴보기로 한다. 고장의 이해는 신뢰성공학을 통틀어서 중요하고, FMEA와 같은 고장해석에 필요하다.

KS 및 국제표준에서 고장(failure)은 "품목이 요구되는 기능을 수행할 능력이 종료되는 사건"으로 정의하고 있다. 수행 능력의 종료란 특정 기능을 수행할 수 없는 경우만을 의미하는 것이 아니며, 기능을 수행하지만 성능이 요구조건을 만족하지 못하는 것도 포함된다. 따라서 수락한계를 벗어나는 사건도 고장의 범위에 속한다. 수락한계를 벗어나는 사건을 정의하기 위해 오류(error)를 정의해야 한다. 오류는 "목표치와 측정치와의 차이"를 의미한다. 오류가 수락한계 내이면 고장이 아니다. 이런 의미에서 오류를 '고장의 발단'이라고 말할 수 있다. 한편 결함(fault)이란 "요구되는 기능을 수행할 수 없는 상태"에 있음을 의미한다. 요약하면 고장은 '사건'이고, 결함은 고장의 결과로서 나타나는 '상태'이다. 우리말에서는 이를 구분하지 않고 고장으로 하여도 큰 문제는 없고, 사실상 우리말에서는 고장이 더 익숙하다. 한편 임무에서 failure는 임무실패라고 한다. 오용고장과 오용결함처럼 대부분의 고장의 종류가 결함의 종류와 대응되지만, 일차고장은 있으나 일차결함은 없으며, 잠재결함은 있으나 잠재고장은 없다. 이러한 것이 고장과 결함의 차이이다.

일반으로 소비자들이 인식하는 고장시간과 품목의 실제 고장시간과는 다를 수 있다. 특히, 성능이 저하되어 발생하는 고장은 소비자들이 고장이라고 인식하기 훨씬 이전에 설계 성능규격을 벗어나는 것이 일반적이며, 이 경우 설계관점에서는 이미 고장난 상태라고 할 수 있다.

(2) 고장의 분류

고장을 분류하는 방법은 파국고장과 열화고장으로 분류하는 방법 이외에 고장발생시기에 따라 초기고장, 우발고장, 마모고장/노화고장으로 분류하기로 하고, 고장요인에 따라 내재적(intrinsic) 고장과 외재적(extrinsic) 고장으로 분류하거나, 고장결과의 중요도(심각도)에 따라 치명(critical)고장, 중대(major)고장, 경미(minor) 고장, 미소(negligible)고장로 구분하는 방법 등이 있다.

여기서는 파국고장과 열화고장의 속성에 따라 다음과 같이 고장을 분류할 수 있다.

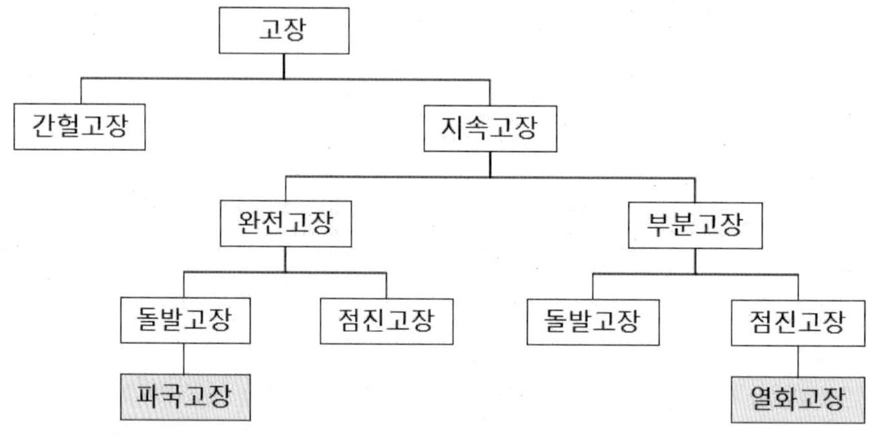

그림 3-8 고장의 분류그림 63

- 간헐(intermittent) 고장 : 매우 짧은 시간 동안 일부 기능이 상실되는 고장으로, 즉시 완전한 작동 상태로 환원된다.
- 지속(extended) 고장 : 일부 부품을 수리하거나 교체할 때까지 지속되는 고장이다. 이에는 완전고장과 부분고장이 있다.
- 완전(complete) 고장 : 요구기능이 완전 상실되는 고장
- 부분(partial) 고장 : 일부 기능은 상실되나 요구기능 전체가 상실되지는 않는 고장
- 돌발(suudden) 고장 : 사전 시험이나 검사로 탐지할 수 없는 고장
- 점진(gradual) 고장, 경향(drift) 고장 : 시험이나 검사로 예견될 수 있는 고장
- 파국(catastrophic) 고장 : 완전고장이며 돌발고장
- 열화(degraded) 고장 : 부분고장이며 점진고장. 예: 타이머의 마모, 베어링 마모에 의한 소음발생, 인장강도의 저하 등

이밖에도 고장의 종류는 다음과 같은 것들이 있다. 부연 설명은 생략한다.

① 오용고장(misuse failure)
② 취급부주의고장(mishandling failure)
③ 취약고장(weakness failure)
④ 설계고장(design failure)
⑤ 제조고장(manufacturing failure)
⑥ 연관고장(relevant failure)
⑦ 비연관고장(non-relevant failure)
⑧ 일차고장(primary failure)
⑨ 이차고장(secondary failure)
⑩ 공통원인고장(common cause failures)[2)]
⑪ 공통유형고장(common mode failures)
⑫ 체계적고장(systematic failure), 재생적고장(reproducible failure)

⑫는 체계에 확정적 원인이 있는 고장으로서 설계 또는 제조공정, 운용절차, 문서화 또는 다른 요인의 수정에 의해서만 제거될 수 있다. 일반으로 개수(改修, modification)를 하지 않는 사후보전은 체계적 고장원인을 제거할 수 없다. 체계적 고장은 고장원인의 시뮬레이션을 통하여 의도적으로 유도할 수 있다. 체계적 고장으로부터 발생하는 결함을 체계적결함이라고 한다.

3.2 신뢰도함수와 고장률

3.2.1 신뢰도함수와 자료에 의한 신뢰도 추정

주어진 장비가 특정한 환경 하에서 고장없이 특정한 시간동안 가동할 확률을 신뢰도라 하면 장비의 고장은 바로 앞에서 살펴본 바와 같이 강도와 외부로 부터의 부하 간의 관계에서 발생하므로 그 신뢰도는 확실히 시간의 함수이다. 또한 부하의 극대값이 어떤 시각에 도래할 것인가는 알 수가 없고 그 발생을 확률적으로밖에 묘사할 수 없으므로 '장비의 수명'도 확률적으로밖에 묘사할 수 없으며 결국 장비 수명은 확률변수이다.

이와 같은 입장에서 신뢰도를 고찰해 보면 주어진 시간 t에 장비가 고장나지 않을 확률은 장비가 t 이후에 고장날 확률이며 확률변수인 수명 T가 t보다 클 확률이다. 즉 신뢰도 R(t)는 다음과 같다.

2) 공통원인고장은 어떤 하나의 사건으로부터 발생한 여러 품목의 고장으로서, 이 고장들은 다른 고장의 결과는 아니다. 공통유형고장은 고장유형이 동일한 품목의 고장으로서, 여러 원인들로부터 발생할 수 있다. 공통원인고장을 공통유형고장과 혼동하지 말아야 한다.

$$R(t) = P\{T > t\} \tag{3.2.1}$$

주어진 장비의 신뢰도를 수명 자료를 이용하여 추정하기로 하자. 여러 개의 장비표본을 동시에 가동하여 일정한 시간 간격을 두고 초기 표본의 몇 %가 고장나지 않고 남아 있는가를 조사하였다. 이 경우 초기 표본수를 N, 실측시간을 t, 이때에 가동하고 있는 장비대수를 n(t)라 하면 이 시각에 실측된 신뢰도는 다음과 같다[3].

$$R(t) = \frac{n(t)}{N} \tag{3.2.2}$$

신뢰도 곡선을 계산하는 가장 쉬운 길은 각 t에서 식 (3.2.2)를 사용하여 R(t)를 구하고 이 점들을 직선으로 연결하여 주는 것이다.

R(t) 함수는 자료로부터 유도할 수 있는 신뢰도함수를 그림으로 나타낼 수 있게 해준다. 예를 들어서 어떤 부품 172개의 고장을 실측한 결과 표 3-1와 같은 자료를 이용하여 신뢰도함수를 구해 보자. 이 자료로부터 식 (3.2.2)에 의하여 계산된 R(t)는 표의 우측 잔존 %이며, 이것을 그림 3-9에 나타내었다. 일반으로 R(t) 곡선은 단조감소함수이다[4]. 이해를 위해 자료로부터 그림으로 신뢰도함수를 나타내었으나, 실제로는 이론적으로 잘 알려진 함수를 R(t)에 맞추어서 적합하다고 보이는 함수를 신뢰도함수로 사용하게 된다.

표 3-1 부품 172개의 고장자료

시각	고장대수	잔존대수	잔존 %
0	0	172	100
1,000	59	113	66
2,000	24	89	52
3,000	29	60	35
4,000	30	30	17
5,000	17	13	8
6,000	13	0	0

3) t에 아랫첨자 d나 i를 붙여서 실측자료임을 표시하기도 하지만, 여기서는 편의상 아랫첨자를 생략한다.

4) 고장자료와 이에 따른 신뢰도함수 그림에서 0 시점의 신뢰도 100%는 이해가 가지만, 6,000 시점의 신뢰도를 0%라고 하는 것은 이상하지 않은가? 7,000 시점의 신뢰도는 매우 적은 확률로 존재하지 않을까? 또는 고장자료가 현실적 이유로 일정 시점까지만 행해지고 그때에 잔존대수가 있다면 그 이후의 신뢰도는 잔존비율로 죽 유지된다고 하면 이상할 것이다. 그래서 뒤에 서술될 중앙순위를 사용하고 이론적인 확률분포함수를 사용하게 된다.

여기서 시간간격을 1,000시간으로 잡는 것은 단순히 편리한 숫자이기 때문이며 일반으로 분류 구간수가 너무 많으면 계산량이 많아지고 너무 적으면 적절한 곡선의 형태가 숨겨지게 된다. 경험에 의하면 분류 구간수는 N을 표본수라 할 때 다음 값이 적당하며[Sturges], 일반으로는 5, 10, 15개 정도의 구간수면 충분하다 [Hoel].

$$K = 1 + 1.43 \ln N \tag{3.2.3}$$

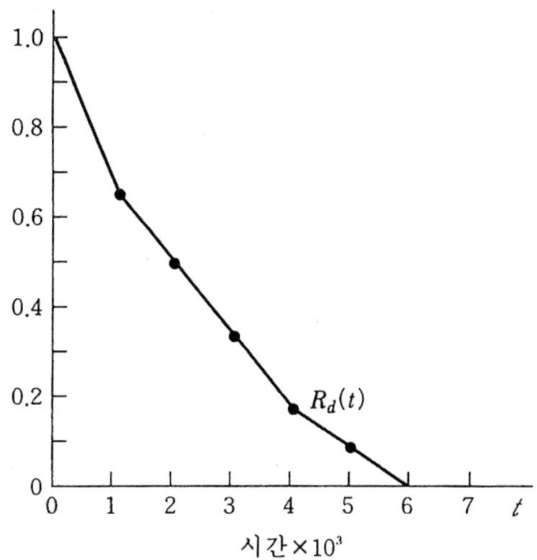

그림 3-9 예제 자료에 의한 신뢰도함수

3.2.2 순간고장률

신뢰도함수 R(t)를 구한 것과 같이 자료로부터 장비수명 T의 확률밀도함수[5] f(t)도 실측할 수 있다.

미분개념에 의해서, 시간간격 (t, t+Δt)에서 정의되는 밀도함수 f(t)는 이 시간간격 사이에서 발생하는 고장수와 원표본수 N과의 비율을 Δt로 나누어 준 것이다.

$$f(t) = \frac{[n(t) - n(t + \Delta t)]/N}{\Delta t} \tag{3.2.4}$$

그러므로 식 (3.2.4)는 단위시간당 원표본의 몇 %가 (t, t+Δt) 사이에서 고장나는가를 나타낸다[6].

5) 밀도함수라고도 한다. 이산형 확률변수일 때 또는 망라하여 확률질량함수란 용어를 사용하기도 한다. 신뢰성공학에선 고장밀도함수라고도 한다. 수명밀도함수라고 해도 같은 의미이다. 고장시간=수명시간이므로.

여기서 식 (3.2.4)에 있는 밀도함수의 개념을 연장하여 '원표본의 몇 %'가 고장나는가 대신에 단위시간당 구간초에 '남아있던 장비의 몇 %'가 그 구간 내에서 고장나는가 하는 개념을 도입할 수 있다. 이러한 개념을 순간고장률(instantaneous failure rate; age specific failure rate) 또는 단순히 고장률(failure rate) 또는 위험률(hazard rate)이라 한다[7]. 이것은 주어진 시간간 격 사이에서 발생하는 고장수와 구간초에 남아있던 장비수의 비율을 시간간격 Δt로 나누어 준 것이다. 고장률을 h(t)라고 하면 다음과 같다.

$$h(t)=\frac{[n(t)-n(t+\Delta t)]/n(t)}{\Delta t} \tag{3.2.5}$$

이 식에 약간의 손을 대면 다음 관계식을 얻을 수 있다.

$$\begin{aligned} h(t) &= \frac{[n(t)-n(t+\Delta t)]/n(t)}{\Delta t} \\ &= \frac{[n(t)-n(t+\Delta t)]/N}{\Delta t \cdot n(t)/N} \\ &= \frac{f(t)}{R(t)} \end{aligned} \tag{3.2.5b}$$

고장밀도함수 f(t)와 고장률함수 h(t)의 의미는 판이하게 다르며, f(t)가 "언제 많이 고장나는가?"를 나타내는 함수이어서 인간을 예로 든다면 200세까지 사는 사람이 없으므로 f(200년)≈0이지만, h(t)는 "곧 고장날 가능성은 언제 많은가?"를 나타내며 인간의 예를 든다면 h(200년)≈∞가 되는데, 그 이유는 200 세까지 살기는 힘들지만 만약 200세 된 인간이 있다면 그가 곧 죽을 확률은 대단히 크기 때문이다. 단적으로 밀도함수의 적분은 1이어야 하지만, 고장률의 적분은 무한대로 발산한다.

여기서 고장률에 단위시간을 곱한 λ(t)Δt를 위험값이라고 한다. 즉 그 시간대의 위험 크기를 말한다.

표 3-1에 있는 실측결과에 대한 밀도함수 f(t)와 고장률 h(t)는 식 (3.2.4)와 식 (3.2.5)를 이용하여 표 3-2와 같이 계산할 수 있고 그림 3-10에 그래프가 나와 있다. 편의상 1천시간을 Δt라고 하자. 여기서 각 t는 구간초의 시각이고, Δt 간격만큼씩의 구간이다. 그림에서 f(t) 곡선은 다소 기복이 있으나 결국은 감소하는 추세이고 h(t) 곡선은 처음에는 감소하다가 시간이 지남에 따라 빠르게 증가한다.

---

6) 단위시간은 이론적으로 0에 수렴하는 값이지만 현실적으로는 적당한 값이다. 1일일 수도, 1년일 수도 있다. 여기서는 1천시간이 쓰였다.

7) 고장률함수의 기호로 흔히 쓰는 h(t)는 hazard에서 나온 것이다. 위험률 용어는 안전공학적 관점에서 유래되었다.

표 3-2 예에 대한 밀도함수와 고장률 자료(단위시간: 천시간)

시간간격(천시간)	고장밀도(천시간당)	고장률(천시간당)
0~1	59/172 = 0.343	59/172 = 0.343
1~2	24/172 = 0.140	24/113 = 0.212
2~3	29/172 = 0.169	29/89 = 0.326
3~4	30/172 = 0.174	30/60 = 0.500
4~5	17/172 = 0.099	17/30 = 0.559
5~6	13/172 = 0.076	13/13 = 1.000

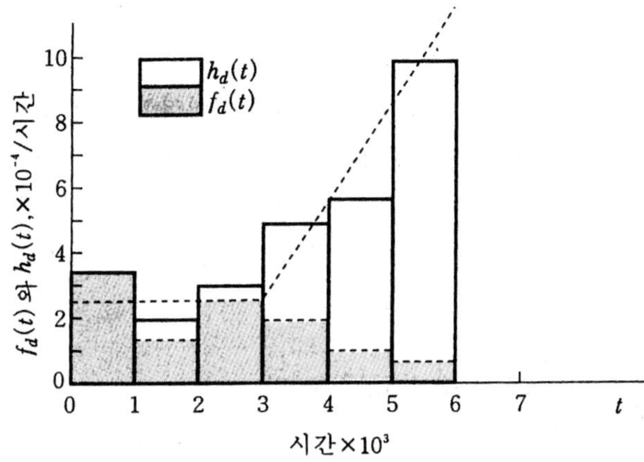

그림 3-10 예에 대한 고장밀도 및 고장률함수

3.2.3 고장률, 고장밀도, 신뢰도 간의 관계

위의 예에서 주어진 자료로부터 고장률 h(t), 고장밀도 f(t), 신뢰도 R(t) 함수를 정의하고 계산하였다. 여기서는 두 종류의 확률변수, 즉 고장시간(수명) T와 시각 t에 고장나지 않고 남아있는 장비수 N(t)를 정의하고서 이것을 이용하여 이론적 고장률, 고장밀도함수, 고장분포함수와 신뢰도함수를 정의하고 이들 간의 상호관계를 자세히 유도하기로 한다.

확률변수 T를 장비의 고장시간이라 하자. 그러면 시간의 함수로 표시한 고장확률은 다음과 같다.

$$P\{T \le t\} = F(t) \tag{3.2.6}$$

이것은 일반적인 확률분포함수[8]의 정의와 꼭 같다. 신뢰도는 고장나지 않을 확률이므로 F(t)는 불신도의 정의와 같다. 따라서 신뢰도함수는 다음과 같다.

8) 확률분포함수, 누적분포함수, 분포함수 모두 같은 것을 말한다. 신뢰성공학에서 고장분포함수=수명분포함수.

$$R(t) = P\{T > t\} = 1 - F(t) \tag{3.2.7}$$

고장밀도함수는 확률의 기초이며 분포함수를 미분한 것과 같다.

$$\frac{dF(t)}{dt} = f(t) \tag{3.2.8}$$

동일한 수명(고장)의 분포를 갖는 N_0개의 장비를 생각해 보자. 장비들은 F(t)=1-R(t)의 확률을 갖고 상호독립적으로 고장나며 여기서 R(t)는 신뢰도, 즉 고장나지 않을 확률이다.

시각 t에 고장나지 않고 남아있는 장비수를 확률변수 N(t)로 표시하면 N(t) 는 이산형 확률변수로서 이항분포를 가지며 그 모수 p=R(t)이다. 그러므로 N(t)의 밀도함수는 다음과 같다.

$$P\{N(t) = n\} = \frac{N_0!}{n!(N_0 - n)!} R(t)^n (1 - R(t))^{N_0 - n}, \ n = 0, 1, \cdots, N_0 \tag{3.2.9}$$

시각 t에 가동상태에 있는 장비수는 확률변수이어서 정해진 수는 아니 지만 기대값은 구할 수 있다. 이항분포를 갖는 확률변수의 기대값은 다음과 같다.

$$n(t) = E[N(t)] = N_0 \cdot R(t) \tag{3.2.10}$$

식 (3.2.10)을 이용하여 R(t)를 구하면 다음과 같다.

$$R(t) = \frac{n(t)}{N_0} \tag{3.2.11}$$

그러므로 시각 t에서의 신뢰도는 그 때에 남아있는 평균장비수의 비율이다. 식 (3.2.11)은 식 (3.2.2)에서 정의된 자료의 신뢰도 정의와 일치한다.

식 (3.2.11)로부터

$$F(t) = 1 - R(t) = 1 - \frac{n(t)}{N_0} = \frac{N_0 - n(t)}{N_0} \tag{3.2.12}$$

식 (3.2.8)로부터

$$\begin{aligned} f(t) &= \frac{dF(t)}{dt} = -\frac{1}{N_0}\frac{dn(t)}{dt} \\ &= \lim_{\Delta t \to 0} \frac{n(t) - n(t + \Delta t)}{N_0 \Delta t} \end{aligned} \tag{3.2.13}$$

식 (3.2.13)은 식 (3.2.4)가 유효하다는 것을 입증하며 N_0가 커지고 Δt가 작아지면 식 (3.2.4)는 결국 식 (3.2.13)이 된다.

식 (3.2.12)로부터 F(t)는 0과 t 사이의 기간에 고장난 평균장비수의 비율인 것을 알 수 있으며 식 (3.2.13)에서 보면 f(t)는 F(t)의 변화율 또는 도함수이다. f(t)는 원표본수 N_0로 표준화된 것을 알 수 있다.

경우에 따라서는 N_0 대신에 잔존장비수 n(t)로 표준화하는 것이 더 유용한 정보를 제공하는 수가 있다. 고장률은 다음과 같이 정의된다.

$$h(t) = \lim_{\Delta t \to 0} \frac{n(t) - n(t+\Delta t)}{n(t)\Delta t} \tag{3.2.14}$$

이것은 식 (3.2.5)에 있는 h(t)의 정의와 일치한다. 식 (3.2.13)과 식 (3.2.14)를 사용하면 h(t)를 f(t)의 함수로 표시할 수 있다.

$$\begin{aligned} h(t) &= \lim_{\Delta t \to 0} \frac{n(t) - n(t+\Delta t)}{\Delta t} \frac{1}{n(t)} \\ &= N_0 f(t) \frac{1}{n(t)} \end{aligned} \tag{3.2.15}$$

이고, 식 (3.2.15)에 식 (3.2.11)을 대입하면 다음과 같다.

$$h(t) = \frac{f(t)}{R(t)} \tag{3.2.16}$$

식 (3.2.16)의 고장률의 개념은 신뢰도공학에서 “너무나 중요”하기 때문에 다른 방법으로도 유도해 보기로 한다. 식 (3.2.6)으로 Δt 구간 사이에 고장날 확률은 다음과 같이 정의된다.

$$P\{t < T \leq t + \Delta t\} = F(t+\Delta t) - F(t)$$

이는 ① t까지 고장나지 않을 확률 R(t)와, ② (시간 t까지 고장나지 않았다는 사실에 비추어) 구간 (t, t+Δt)에서 고장날 조건부 확률로서 표시할 수 있다.

$$P\{t < T \leq t + \Delta t\} = R(t) P\{t < T \leq t + \Delta t | T > t\}$$

위 두 개의 식을 합하면 다음과 같다.

$$P\{t < T \leq t + \Delta t | T > t\} = \frac{F(t+\Delta t) - F(t)}{R(t)}$$

이것의 양변을 Δt로 나누고 극한 Δt→0를 취하면 다음과 같다.

$$\lim_{\Delta t \to 0} \frac{P\{t < T \leq t + \Delta t | T > t\}}{\Delta t} = \frac{dF(t)/dt}{R(t)} = \frac{f(t)}{R(t)}$$

이 식을 식 (3.2.16)과 비교하면 h(t)는 조건부 고장확률의 변화율임을 알 수 있다. 또 식 (3.2.6)과 식 (3.2.8)을 보면 f(t)는 그냥 고장확률의 변화율이다.

이하에서는 R(t), f(t), h(t)가 모두 1:1의 대응관계를 갖기 때문에 그 중 하나만 알면 나머지 함수를 구할 수 있다[9]. 이러한 관계를 ‘역공식(inversion formula)’라고 한다. 이들 정리는 다음과 같다.

1) f → R 구하기

$$R(t) = 1 - \int_0^t f(\tau) d\tau \tag{3.2.17}$$

이것은 R=1-F이고 F는 f의 적분이므로 증명된다.

---

9) F(t)와도 모두 일대일 대응관계인데, F는 불신도로서 1-R과 같고, f는 F의 미분 등으로 대응된다. R, f, h를 수학식으로만 이해하면 안되고 물리적 개념을 이해해야 한다. R과 F는 확률로서 무차원이고, f와 h는 [1/시간] 차원이다.

2) h → R 구하기

$$R(t) = e^{-\int_0^t h(\tau)d\tau} \tag{3.2.18}$$

이 식은 기초적인 미분을 알면 증명된다. F=1-R이므로 f=F'=-R'이다. 기본식 h=f/R의 f에 -R'를 대입하고, 로그함수의 미분은 역수란 사실을 사용하면 다음과 같다.

$$-h(t) = \frac{R(t)'}{R(t)} = [\ln R(t)]'$$

양변을 적분하면(적분구간 하한=0)

$$-\int_0^t h(t)dt + C = \ln R(t)$$

양변에 e를 취하고 초기치 R(0)=1을 사용하면 식 (3.2.18)이 얻어진다.

3) f → h 구하기

$$h(t) = \frac{f(t)}{1 - \int_0^t f(\tau)d\tau} \tag{3.2.19}$$

이것은 h=f/R의 R에 식 (3.2.17)을 대입하면 바로 증명된다.

4) h → f 구하기

$$f(t) = h(t)e^{-\int_0^t h(\tau)d\tau} \tag{3.2.20}$$

이것은 기본식으로부터 f=h·R 및 R의 식 (3.2.18)을 대입하면 바로 증명된다.

이밖에 5) R→f을 구할 때는 f→R 구하기를 거꾸로 접근, 즉 R의 미분을 사용하면 되고, 6) R→h을 구할 때는 h→R 구하기를 거꾸로 접근, 즉 R의 로그 및 미분을 사용하면 된다. 이상의 관계를 그림 3-11로 보였다.

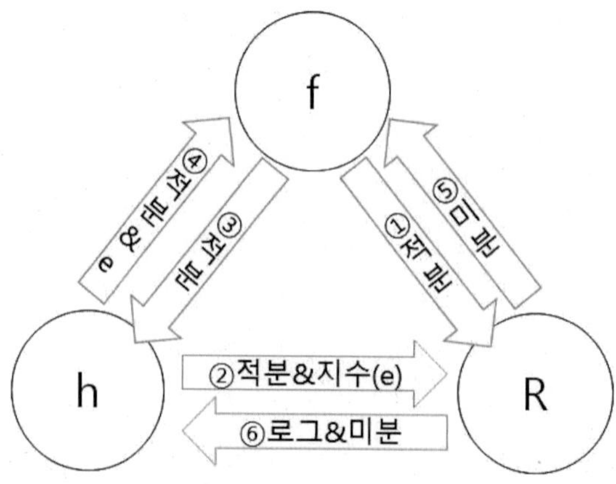

그림 3-11 고장률, 신뢰도, 수명밀도함수 관계

(1) 누적고장률(cumulative failure rate)

고장률함수의 적분을 누적고장률함수라고 한다. 위험함수(hazard function)라고도 하며, 위험값을 말한다. 누적고장률은 무차원의 단위이다.

$$H(t) = \int_0^t h(t)dt \tag{3.2.21}$$

간혹 고장률과 누적고장률을 차이 없이 사용하는 경우도 있다. 예를 들어 고장률은 0.001/h일 때, 10시간의 누적고장률은 0.01, 1000시간의 누적고장률은 1과 같다. 그런데 이는 각각 0.01/10h, 1/1000h의 고장률일 수도 있다.

(2) 평균고장률(mean failure rate)

두 시점 사이 구간의 평균고장률은 다음과 같다.

$$\begin{aligned}\overline{h}(t_1, t_2) &= \frac{H(t_2) - H(t_1)}{t_2 - t_1} \\ &= \frac{\ln R(t_1) - \ln R(t_2)}{t_2 - t_1}\end{aligned} \tag{3.2.22}$$

특히 시점과 t 사이의 평균고장률은 다음과 같은 함수를 얻는다.

$$\overline{h}(t) = \frac{-\ln R(t)}{t} \tag{3.2.23}$$

[예제] 3.1

장비의 일생을 통하여 고장률이 λ로 일정할 때 장비수명을 묘사하는 함수들(고장률함수, 밀도함수, 신뢰도함수, 분포함수)을 구하라.

풀이)

$$\begin{aligned}h(t) &= \lambda \\ f(t) &= \lambda e^{-\int_0^t \lambda d\tau} \\ &= \lambda e^{-\lambda t} \\ R(t) &= e^{-\int_0^t \lambda d\tau} \\ &= e^{-\lambda t} \\ F(t) &= 1 - e^{-\lambda t}\end{aligned}$$

이 장비의 수명은 지수분포를 따른다. 분포의 종류는 뒤에 서술된다.

[예제] 3.2

장비가 마모되거나 쇠약해지기 때문에 그 고장률이 시간에 따라 직선으로 증가한다. 장비수명을 묘사하는 함수들을 구하라.

풀이)

$$h(t) = \lambda t$$

$$f(t) = \lambda t e^{-\int_0^t \lambda \tau d\tau} = \lambda t e^{-\lambda t^2/2}$$

$$R(t) = e^{-\int_0^t \lambda \tau d\tau} = e^{-\lambda t^2/2}$$

$$F(t) = 1 - e^{-\lambda t^2/2}$$

이 수명분포는 레일레이분포(와이블분포에서 형상모수=2)라고 불린다.

위에서 h, f, R 함수간의 상호관계를 살펴보았는데, h와 f 함수의 특성을 살펴보아 불충분한 자료로부터 유도된 함수들을 일차적으로 점검할 수 있도록 하자. 표 3-3에 f의 특성으로부터 유도된 h의 제한사항들이 나와 있다.

표 3-3 밀도함수와 고장률함수의 제한사항

순번	밀도함수 f(t)	고장률 h(t)
1	$0 < t \le \infty$에서 정의됨	$0 < t \le \infty$에서 정의됨
2	0 이상	0 이상
3	정의구간의 적분 = 1	정의구간의 적분 → ∞

표 3-3의 3번은 밀도함수와 고장률함수를 가름하는 중요한 사실이다. 예를 들어 λt는 적분값이 무한대이므로 유효한 밀도함수는 아니지만, 고장률로는 유효한 모형이다. 또 $\lambda e^{-\lambda t}$는 적분값이 1이므로 유효한 밀도함수이지만 고장률로는 사용할 수가 없다.

3.2.4 평균수명, 백분위수, 평균잔여수명

신뢰도함수나 고장률함수는 함수의 형태인데, 고장모형과 고장자료를 하나의 값으로 특징지을 수 있으면 편리할 때가 많다.

(1) 평균수명

이 목적에 사용되는 것으로 평균수명이 있다. 관례적으로 평균고장시간(mean time to failure, MTTF)이라고 부른다. n개의 장비의 수명검사 결과 고장시간에 대한 '자료' $t_1, t_2, \cdots, t_n$이 있을 때 그 평균은 다음과 같다.

$$MTTF = \frac{1}{n}\sum_{i=1}^{n} t_i \qquad (3.2.24)$$

이것은 이론적으로 밀도함수를 사용하여 다음과 같이 구할 수 있다.

$$MTTF = E[T] = \int_0^\infty tf(t)dt \qquad (3.2.25)$$

한편 신뢰도함수를 적분하면 평균수명을 구할 수 있다.

$$MTTF = E[T] = \int_0^\infty R(t)dt \qquad (3.2.26)$$

이 식은 h=f/R과 함께 매우 중요한 공식이다. 이의 증명은 다음과 같다. $f(t) = \frac{dF(t)}{dt} = -\frac{dR(t)}{dt}$ 이고, 이를 식 (3.2.25)에 대입하면, $E[T] = -\int_0^\infty t\, dR(t)$ 이다. 부분적분 공식 ∫uv' = uv - ∫u'v을 이용하면 다음과 같다.

$$E[T] = -t\, R(t)]_0^\infty + \int_0^\infty R(t)dt$$

여기서 좌측항은 h(∞)→∞과 로피탈 정리에 의해서 다음과 같이 0이다.

$$\lim_{t\to\infty} t\, R(t) = \lim_{t\to\infty}\frac{t}{e^{\int_0^t h(.)d.}} = \lim_{t\to\infty}\frac{1}{h(t)e^{\int_0^t h(.)d.}} = 0$$

따라서 식 (3.2.26)이 성립한다.

[예제] 3.3

예제 3.2과 같이 장비의 고장률이 일정하여 상수 λ/시로 나타날 때, 이 장비의 평균수명을 구하라.

풀이)

식 (3.2.26)에서 신뢰도함수를 적분하면 다음과 같이 고장률의 역수이다.

$$MTTF = \int_0^\infty R(t)dt = \int_0^\infty e^{-\lambda t}dt = \frac{e^{-\lambda t}}{-\lambda}]_0^\infty = \frac{1}{\lambda}$$

[예제] 3.4*

예제 3.2와 같이 고장률이 시간에 따라 직선으로 증가할 때, 장비의 평균수명을 구하라.

풀이)

식 (3.2.26)과 감마함수의 정의를 이용하여 풀면 다음과 같다. 감마함수는 4장에서 볼 것이다.

$$MTTF = \int_0^{\infty} R(t)dt = \int_0^{\infty} e^{-\lambda t^2/2}dt = \frac{\Gamma\sqrt{1/2}}{2\sqrt{1/2}} = \sqrt{\frac{\pi}{2\lambda}}$$

평균수명은 f의 라플라스변환(부록 참조)으로부터도 구할 수 있다.

$$MTTF = \left[\int_0^{\infty} e^{-st} f(t)dt\right]_{s=0} = -\left[\frac{df^*(s)}{ds}\right]_{s=0} \tag{3.2.27}$$

또한 R의 라플라스변환과 적분정리, 최종값 정리에 의하여 구할 수 있다. 과정은 생략한다.

$$MTTF = \lim_{s \to 0} R^*(s) \tag{3.2.28}$$

미리 말하자면, 수리품목의 평균수명은 MTBF(mean time between failures)이라고 부른다.

(2) 백분위수와 B10수명

제품을 설계할 때 평균수명보다는, 예를 들어 제품의 설계수명을 '전체제품의 10%가 고장나는 시점'과 같이 정할 필요가 있다. 확률변수 T의 p백분위수(percentile)를 B_p라고 하면, 분포함수의 '역함수'라고 보면 된다.

$$F(B_p) = P\{T \le B_p\} = p \tag{3.2.29}$$
$$B_p = F^{-1}(p)$$

제품의 설계수명으로 B_{10}수명이 자주 사용되며, 고장이 잘 안나야 되는 제품에는 B_1수명이 사용된다[10].

예를 들어 고장률이 λ인 지수분포 수명의 경우 백분위수는 다음과 같다.

$$F(t) = 1 - e^{-\lambda t} = p$$
$$1 - p = e^{-\lambda t}$$
$$\ln(1-p) = -\lambda t$$
$$\therefore B_p = \frac{-\ln(1-p)}{\lambda}, \text{ or } MTTF[\ln(1-p)]$$

만일 λ=0.1/년이면, 평균수명이 10년, B_{10}수명은 약 1년이다.

(3) 평균잔여수명(residual life)

평균잔여수명은 한 시점이 주어졌을 때, 나머지 기간의 평균을 말하며 다음 m(t)

10) B는 독일어 Brucheinzeleitet(영어 initial fracture) 또는 Bearing사에서 유래하였다고 한다. 베어링의 수명을 평가하는데 쓰이며, 정작 베어링 업계는 L_{10} (Life로 추측)으로 쓴다고 한다. $B_{10} = T_{.10}$이라고 해도 되지만, 식별력 때문이라고 보면 된다. B50, B90과 같은 값은 설계수명으로서 별 의미가 없다. 보통 B10 수명이 널리 사용되지만, B5, B1 등을 사용할 수 있다. "현재 B10 수명을 B5 목표로 하자"와 같이 쓸 수 있다.

와 같다.

$$m(t) = E[T-t|T>t] = \int_t^{\infty} R(\tau)d\tau / R(t) \tag{3.2.30}$$

여기서 t=0이면 m(t)는 MTTF와 같다. 평균잔여수명함수는 장비수명을 묘사하는 여러 함수와 마찬가지로 다른 함수들과 1:1 대응관계가 성립한다. R→m은 식 (3.2.30)과 같고, m→R은 다음과 같다.

$$R(t) = \frac{m(0)}{m(t)} e^{-\int_0^t \frac{d\tau}{m(\tau)}} \tag{3.2.31}$$

Guess & Proschan은 평균잔여수명에 대해 자세히 비교 설명하였다.

3.2.5 고장곡선의 일반형태

신뢰도 분야의 오랜 경험과 연구를 통해서 볼 때 장비의 고장을 크게 3 가지로 나눌 수 있다. 어떤 장비나 부품의 사용초기(사람으로 치면 유아기)에는 절연불량, 불량부품, 결합불량, 납땜불량 등의 제작과정 결함 때문에 비교적 많은 고장이 발행하게 된다. 이를 초기고장(initial failure)이라고 부른다.

장비를 얼마간 사용한 후에는(사람으로 치면 중년기) 비교적 고장이 덜 발생하지만 그 고장원인을 발견하기 힘든 경우가 많다. 일반으로 외부로부터 부하가 설계된 장비나 부품의 강도를 초과할 때에 고장이 발생하는 것 같다. 외부로부터의 부하나 장비의 강도를 시간의 함수로 정확히 표현하기 힘들므로 중년기의 고장을 우발고장(random failure)라고 부른다.

장비가 노년기에 들게 되면 부품이 쇠약해져서 고장이 많이 발생하게 된다. 이렇게 노년기에 발생하는 고장을 마모고장(wearout failure)라고 한다. 전형적인 장비에 대한 f와 h의 곡선이 그림 3-12에 나와 있다.

초기고장은 f와 h가 모두 감소하는 것을 알 수 있다. 우발고장은 일정한 h와 거의 지수분포와 같은 f의 특징을 가진다. 마모고장이 발생하는 기간에는 h는 증가하고 f는 봉우리와 같은 형태를 갖게 된다.

그림 3-12에서 알 수 있듯이 고장형태를 구별하는 데는 h가 훨씬 용이하다. 사실 이런 이유로 h 함수가 도입되었는데, 이점에서 본다면 단조증가하는 F나 또는 단조감소하는 R 곡선을 가지고는 고장형태를 식별하기란 거의 불가능하다.

그림 3-12에 있는 고장률 곡선은 독특한 형태 때문에 욕조곡선(bathtub curve)라고도 한다. 실제로도 고장률 곡선의 이런 형태 때문에 대부분의 제조자는 제품에 대한 디버깅(제충[除蟲], debugging, 결함제거)을 위해 시험가동을 하는 역소진(逆消盡, 번인, burn-in) 또는 역마모(wear-in)[11] 기간을 설정하여 초기 고장이, 출

11) 소진, 마모의 반대 개념으로 만든 용어

하되면 고치기 힘든 소비자 사용 현장에서보다, 공장 내에서 발생하도록 한다. 마모고장이 발생하기 시작하는 시간에 다다르면 고장률이 빠른 속도로 증가하므로 어떤 장비를 적당한 시간까지 사용한 후에는 교체하는 것이 경제적일 때가 많다.

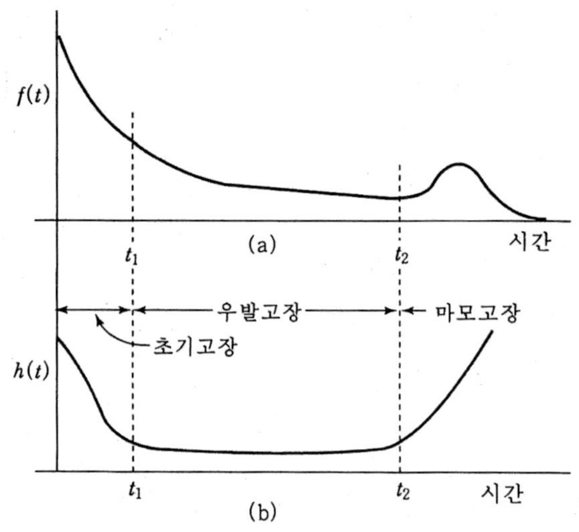

그림 3-12 전형적인 고장곡선 (a) 고장밀도 (b) 고장률

그러므로 이상적인 경우에 장비가 그림 3-12와 같은 고장률의 형태를 갖는다면 초기고장기간까지 시험운용한 후 살아있는 장비들을 우발고장기간 동안 사용한 후, 역시 시험운용된 장비들로 교체하여 주면 될 것이다. 이렇게 하면 실질적으로 사용 입장에서 고장률을 감소시키는 것이 되고 또 신뢰도를 높일 수 있는 길이지만, 불행하게도 장비에 따라서는 단조증가하는 고장률 또는 단조감소하는 고장률을 가질 수도 있다. 대부분의 전자부품들은 일정한 고장률을 갖고, 기계부품들은 마모특성을 갖는 편이다.

약자로서 IFR=증가고장률, DFR=감소고장률, CFR=상수고장률[12)]을 표시한다.

3.2.6 역소진이 평균잔여수명에 끼치는 영향

초기고장을 제거하기 위해서, 때로는 제품이 출하되기 전에 제품이 낮은 수준의 고장률에 이를 때까지 역소진을 한다. 고장 제품은 수리할 수 없으면 폐기처분하고, 수리할 수 있으면 최소수리(뒤에 설명됨)를 한다. 초기고장기간에는 역소진기간이 길어질수록 생존제품의 고장률이 감소하는 경향이 있다고 널리 믿고 있다 [Dhillon(1983)]. 그러나 이러한 믿음은 의문의 여지가 있다.

---

12) 일정고장률이라고 많이 쓰이며, 상수고장률 용어를 추천함

역소진이 그 이후의 신뢰도 특성을 나타내는 평균잔여수명에 끼치는 영향을 조사하면[Park(1985)] 욕조형 고장률이 최소인 시점에 평균잔여수명은 최대가 아니다. 그리고 상수고장률 구간 내의 평균잔여수명은 일정하지 않다.

고장률함수는 욕조형으로서 구간 (a,b)에서 상수고장률이라고 하자. a=0이거나, a=b이거나, b=∞인 퇴화곡선을 포함한다.

제품 수명을 확률변수 T라 하자. 기간 x의 역소진을 한 제품의 평균잔여수명함수와 도함수는 식 (3.2.30)으로부터 다음과 같다.

$$m(x) = E[T-x|T>x] = \int_x^\infty R(t)dt \,/\, R(x) \tag{3.2.32}$$

$$m'(x) = [h(x)\int_x^\infty R(t)dt - R(x)]/R(x) \tag{3.2.33}$$

이 식의 분자를 N(x)라고 할 때, 이는 연속 미분 가능하다.

$$N'(x) = h'(x)\int_x^\infty R(t)dt \tag{3.2.34}$$

로피탈 정리를 이용하면 다음과 같다.

$$N(\infty) = \lim_{x\to\infty}\int_x^\infty R(t)dt/[1/h(x)] = 0 \tag{3.2.35}$$

1) 마모가 없는 경우: 즉 b→∞일 때, m(x)는 [0,a]에서 단조증가하고, (a,∞)에서 일정하다.

2) 마모가 있는 경우: 즉 b<∞일 때, m(x)는 (a,∞)에서 단조감소한다. 즉 잔여수명은 CFR 영역에서조차 상수가 아니다.

이 결과는 욕조형 고장률곡선의 CFR 구간 내의 평균잔여수명이 상수 CFR의 역수라는 일반적 믿음[Bazovsky]을 반박한다. 더욱이 IFR을 가지는 일반 욕조고장률에서는, 최대 m(x)가 CFR 구간 내에 발생하지 않는다. m(x)를 최대화하는 해가 존재한다면 N(x)=0의 해이고, 이는 다음 식을 만족한다.

$$h(x)\int_x^\infty R(t)dt = R(x) \tag{3.2.36}$$

[0,a] 내에 최대 하나의 해가 있다. 이것은 [0,a] 내에서 DFR은 h'(x)<0을 암시하고, 이는 식 (3.2.34)로부터 N'(x)<0을 암시하기 때문이다. 그러므로 N(x)는 [0,a]에서 단조감소한다. N(a)<0이므로, N(x)=0이 되는 해는 최대 하나이다. 내부 최대값이 존재한다면 다음을 만족한다.

$$m(x^*) = 1/h(x^*) \tag{3.2.37}$$

3) 만약 DFR 영역이 없거나(a=0), 식 (3.2.36)을 만족하는 해가 없다면, 해는 0이고, $m(0) = \int_0^\infty R(t)dt$로써 평균수명과 같다.

3.2.7 고장강도(failure intensity)

고장강도는 "수리품목에 있어서, 주어진 극히 작은 구간 내에서의 평균 고장개수를 구간 길이로 나눈 값"이다. 수리품목은 11장(보전도와 가용도)에서 중요한 개념이다. 고장률과 비교를 위해 여기서 미리 설명한다.

고장강도는 구간 $(t, t+\Delta t)$에서 구간 길이 Δt에 대한 평균 고장개수에 대한 의 비율로서 Δt가 0으로 갈 때의 극한값이다. 순간고장강도라고도 하며, 순간고장강도 z(t)는 다음과 같다. 여기서 $N(t)$는 $(0, t)$ 사이의 고장개수이다.

$$z(t) = \lim_{\Delta t \to 0} \frac{E[N(t+\Delta t) - N(t)]}{\Delta t} \tag{3.2.38}$$

고장강도가 고장률과 다른 점은 정의에서 '확률'이 아니라 '고장개수'를 사용한다는 점이고, 따라서 고장률은 비수리품목을 대상으로, 고장강도는 수리품목을 대상으로 한다. 실무적으로 '고장률과 고장강도는 구별 없이' 쓰이고 있다.

평균고장강도는 주어진 구간 동안 순간고장강도의 평균이다. 구간 (a, b)의 평균고장강도는 다음과 같다.

$$\bar{z}(a, b) = \frac{\int_a^b z(t)dt}{b-a} \tag{3.2.39}$$

일정고장강도기간은 수리품목의 수명에서 순간고장강도가 대체로 일정한 기간을 말하며, 수리의 효과로 비수리품목의 우발고장기간에 대비되는 기간이다.

3.3 강도-부하와 고장률

앞 3.1에서 본 것처럼 부품의 고장은 강도와 부하의 상호관계에서 결정된다고 생각할 수 있으며, 여기서 우발적으로 도래하는 부하빈도와 그 크기의 분포가 고장률에 어떤 영향을 미치는가를 생각해 보기로 한다.

주어진 체계의 신뢰도를 완전히 파악하기 위해서는 설계시 의도된 부하 이외에 우발적으로 발생되는 예상하지 못했던 부하들, 즉 "잡음"들도 체계에 가해지는 부하에 포함하여야 한다. 대부분의 고장은 우발적으로 발행하기 때문에 부하의 시간에 따른 발생과정을 알아야 하며 이런 부하를 식 (3.1.2)와 같이 시간의 함수인 확률변수 L(t)로 표시할 수 있다. 체계의 강도도 마찬가지로 시간의 함수로 표시할 수 있다. 흔히 어떤 체계의 성능을 검사하는 것은 이렇게 강도함수와 현 강도를 추정하기 위한 것이다.

따라서 우선 일반적이고 모수화할 수 있는 유용한 부하의 확률과정과 강도의 시간함수를 발견하고 이런 함수들의 조합으로부터 어떤 신뢰도 법칙이 나올 수 있는가를 분석해 보는 것은 대단히 흥미로운 일이다.

3.3.1 중복 포아송 부하과정

부하가 도래하는 시간이 포아송과정[13]으로 묘사되는 부하과정을 다루기로 한다. 부하는 간헐적인 사상으로서 그 평균 도래 빈도를 부하빈도라고 한다. 부하빈도가 λ인 경우에, 기간 t 동안 n회의 부하가 도래할 확률 $a_t(n)$는 다음과 같다.

$$a_t(n) = \frac{(\lambda t)^n e^{-\lambda t}}{n!}, \quad n = 0, 1, \cdots \tag{3.3.1}$$

특정한 부하가 도래할 경우 그 부하치를 확률변수 L로 표시하고 부하치의 분포함수를 G(x)라고 하자.

$$G(x) = P\{L \le x\} \tag{3.3.2}$$

특히 부하치가 다음과 같은 지수분포를 가질 경우 위에서 설명된 부하는 "지수적 포아송"과정이라고 한다.

$$G(x) = 1 - e^{-\rho x} \tag{3.3.3}$$

3.3.2 강도와 고장률

(1) 일정한 강도

만일 체계의 강도가 시간에 따라 변하지 않고 일정하게 S(t)=a라는 수준을 유지한다고 하자. 식 (3.3.3)으로부터 특정한 일회의 부하를 견딜 확률 ψ는 다음과 같다. ρ는 강도 함수의 모수이다.

$$\psi = P\{L \le a\} = 1 - e^{-\rho a} \tag{3.3.4}$$

체계 신뢰도는 $R(t) = P\{i\text{회의 부하도래}\} \cdot P\{i\text{회의 부하극복}\}$이므로 식 (3.3.1)과 식 (3.3.4)로부터 다음과 같다.

$$\begin{aligned} R(t) &= \sum_{i=0}^{\infty} a_t(n) \cdot \psi^i \\ &= \sum_{i=0}^{\infty} \frac{(\lambda t)^i e^{-\lambda t}}{i!} \psi^i \\ &= e^{-\lambda t}\left[1 + \frac{\lambda\psi t}{1!} + \frac{(\lambda\psi t)^2}{2!} + \cdots\right] \\ &= e^{-\lambda t} \cdot e^{-\lambda\psi t} \\ &= e^{-(1-\psi)\lambda t} \end{aligned} \tag{3.3.5}$$

여기서 $(1-\psi)\lambda = e^{\rho a}\lambda = K$라 하면 $R(t) = e^{-Kt}$이므로 수명의 밀도함수와 고장률함수는 다음과 같다.

---

13) Poisson, 사람 이름이다. 포아송과정은 포아송분포 항을 참조할 것.

$$f(t) = -\frac{dR(t)}{dt} = Ke^{-Kt} \tag{3.3.6}$$

$$h(t) = \frac{f(t)}{R(t)} = K = e^{-\rho a}\lambda \tag{3.3.7}$$

따라서 장비수명은 지수분포를 갖게 되는 것을 알 수 있다.

이런 긴 계산 과정을 거칠 필요도 없이 직접 고장률함수를 구하기 위해서는다음 관계로부터 직접 구할 수도 있다.

$$\begin{aligned} \text{순간고장률} &= \text{부하도래빈도} \times P\{\text{부하} > \text{강도}\} \\ &= \lambda e^{-\rho a} \end{aligned} \tag{3.3.8}$$

(2) 감소하는 강도

또 하나의 흥미로운 경우로 체계의 강도가 그림 3-13과 같이 선형으로 감소하는 경우이다.

$$S(t) = S_0(1\text{-}at) \tag{3.3.9}$$

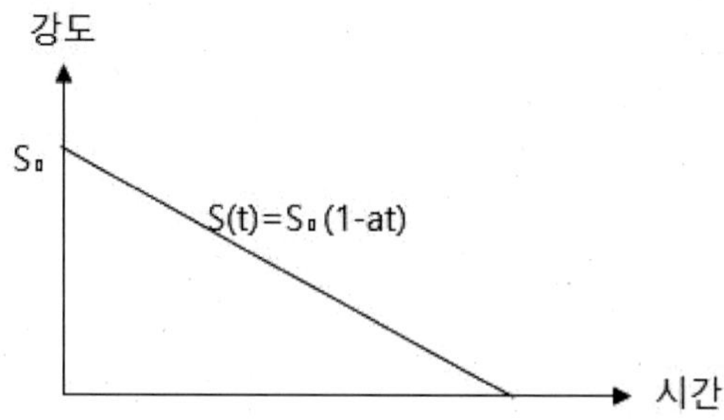

그림 3-13 감소하는 강도

이 경우에는 식 (3.3.3)으로부터 $P\{L > x\} = 1\text{-}G(x) = e^{-\rho x}$인데 여기서 x가 S(t)일 경우를 생각하면 다음과 같다.

$$\begin{aligned} P\{L > S(t)\} &= 1\text{-}G(S(t)) \\ &= e^{-\rho S_0(1-at)} \end{aligned} \tag{3.3.10}$$

그러므로 식 (3.3.8)과 같은 방법으로 고장률을 구해보면 다음과 같다.

$$\begin{aligned} h(t) &= \lambda e^{-\rho S_0(1-at)} \\ &= \lambda e^{-\rho S_0} e^{\rho S_0 at} \end{aligned} \tag{3.3.11}$$

식 (3.3.11)의 양변의 로그를 취하면

$$\ln h(t) = \ln(\lambda e^{-\rho S_0}) + \rho S_0 at \tag{3.3.12}$$

식 (3.3.12)는 절편 $\ln(\lambda e^{-\rho S_0})$와 기울기 $\rho S_0 a$를 갖는 직선의 방정식으로서 이와

같은 순간고장률의 예는 인간의 사망률을 들 수 있으며 이렇게 고장률이 시간에 따라서 지수적으로 증가, 따라서 고장률의 로그는 직선으로 증가하는, 즉 사망의 위험은 나이가 들어감에 따라 기하급수적으로 증가하는 현상을 Gompertz 법칙이라고 한다. 이러한 모형을 Strehler-Mildvan 모형이라고 한다.

3.3.3 곰페르츠(Gompertz) 법칙과 사망률

인간의 연령별 사망률이 곰페르츠 신뢰도법칙을 따르기 때문에 사망률의 로그를 그려보면 직선의 형태를 얻는다는 현상에 대해서 오랫동안 알려져 있었으나 그 원인에 대해서는 여러 가지 가설이 발표되어 있을 뿐이다. 1960년에 행해진 미국의 인구조사[USDHEW]로부터 백인에 대한 여러 가지 원인으로부터의 연령별 사망률의 도표가 그림 3-14에 나와 있는데, 여기서도 곰페르츠 법칙이 명백히 적용되고 있는 것을 알 수 있다.

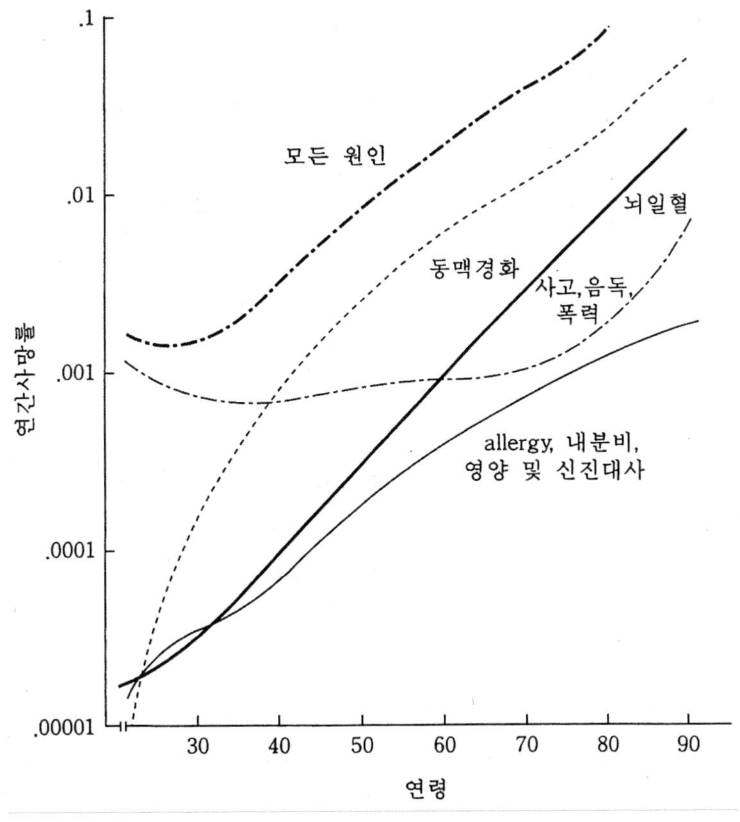

그림 3-14 여러 원인에 의한 사망률(미국 백인, 1960)

신뢰도 이론의 관점에서 어떤 경우에 곰페르츠 법칙이 성립되는가에 대한 가설은 여러 개가 있으며, 그 대표적인 가설로는 앞 절의 모형이 있는데 Strehler가 주장하는 것은 인간에 가해지는 부하란 바로 생존에 필요한 에너지 수준의 기복이며 이 에너지의 기복은 기체분자의 운동에너지에 대한 맥스웰-볼츠만(Maxwell-Boltzman)의 지수분포를 갖는다고 한다. 또한 Strehler-Mildvan이 제시하는 실측자료에 의하면 많은 인체의 기능들이 연령에 비례해서 평균적으로 약 150년간 존속할 수 있는 비율로서 쇠약해진다고 한다.

3.3.4 고장률의 중첩14)

지금까지 장비나 부품의 강도와 거기에 가해지는 부하와의 상호작용에서 결정되는 고장률을 생각했는데, 여기서 부하가 부품의 강도를 능가하면 파국적인 고장이 온다고 모형화해 보자. 간단한 예를 들면 증폭기 회로에서 음성출력의 기복으로부터 트랜지스터 회로에 과다한 부하가 걸리면 고장이 발생하는 것 등이다. 그러나 주위 환경으로부터의 부하에는 이러한 특정한 것 외에도 온도, 습도, 충격 등 여러 가지가 있을 수 있다. 더구나 이러한 외부 영향에 의해서 파국적인 고장이 일어나지 않더라도 부품의 성능을 저하시켜 결국 체계로부터 요구되는 기능을 얻지 못할 때가 있다.

이러한 경우에는 체계 신뢰도는 체계에 파국고장이나 열화고장이 발생하지 않을 확률이다. 만약 두 가지 고장원인이 독립적이라면 체계신뢰도는 파국고장에 대한 신뢰도 $R_c(t)$와 열화고장에 대한 신뢰도 $R_d(t)$의 곱으로 나타낼 수 있다.

$$R(t) = R_c(t)R_d(t) \tag{3.3.13}$$

$f_c(t) = -R_c'(t)$, $f_d(t) = -R_d'(t)$, $\dfrac{f_c(t)}{R_c(t)} = h_c(t)$, $\dfrac{f_d(t)}{R_d(t)} = h_d(t)$라고 하면, 체계의 고장밀도함수와 고장률함수는 다음과 같다.

$$\begin{aligned} f(t) &= -R'(t) = -R_c'(t)R_d(t) - R_c(t)R_d'(t) \\ &= R_d(t)f_c(t) + R_c(t)f_d(t) \end{aligned} \tag{3.3.14}$$

$$\begin{aligned} h(t) = \frac{f(t)}{R(t)} &= \frac{R_d(t)f_c(t) + R_c(t)f_d(t)}{R_c(t)R_d(t)} \\ &= \frac{f_c(t)}{R_c(t)} + \frac{f_d(t)}{R_d(t)} \\ &= h_c(t) + h_d(t) \end{aligned} \tag{3.3.15}$$

그러므로 고장밀도함수는 각 밀도함수의 가중평균이고, 고장률은 각 고장원인별

14) 근래 공통방식(common mode) 또는 공통원인(common cause) 고장에 대한 관심이 높아지고 있다. 공통방식 고장은 공통 전원, 화재, 자연 재해, 운전자 착오 등과 같은 하나의 외부 원인으로 인해 여러 부품이 동시에 고장날 때 발생한다. 이 문제는 고장률의 중첩으로 해석할 수 있다.

고장률의 합으로 나타나는 것을 알 수 있다. 이 사실은 고장시험으로부터 얻은 고장률에 대한 결과를 분석할 때, 여러 가지 원인에 의한 고장률로 나누어 생각할 수 있다는 의미이다. 따라서 그림 3-12에 있는 욕조곡선도 ① 감소고장률, ② 상수고장률, ③ 증가고장률로 나누어 분석할 수 있고, 또 사실상 현실적인 관점에서 보아도 가동 중인 장비가 고장날 확률은 ① 점차 감소한다고 볼 수 있는 초기결함에 의한 고장확률, ② 항상 일정하다고 볼 수 있는 우발적 사고에 의한 고장확률과, ③ 점차 증가한다고 볼 수 있는 마모와 노후의 영향으로부터 오는 고장확률로부터 결정된다고 볼 수 있다.

여러 고장요인이 혼합된 경우 여러 고장이 경쟁적으로 발생하는 경쟁위험모형(competing risk model)이라고도 부르며 각 요인의 직렬계처럼 간주된다.

수명분포가 다른 여러 집단으로 혼합될 경우 혼합모형(mixture model)이라고 부른다. 예컨대 초기고장집단과 정상집단이 혼합된 경우이다. 이때 밀도함수는 각 밀도함수의 가중평균 형태를 취한다. 가중치들은 모수이므로 이들 모수를 추정하는 것을 고장방식분리(failure mode separation)이라고 한다.

3.4 전자 체계 신뢰도 예측

전자부품 고장률에 대해 가장 보편적으로 사용되는 표준 데이터베이스는 미국 공군 USAF Rome Air Development Center에서 개발하여 MIL-HDBK-217로 발간한 것이다. 이 핸드북은 신뢰도에 영향을 미치기 쉬운 요인들을 고려하여 모든 유형의 전자 부품들에 대한 상수고장률 모형을 제공한다.

사실 MIL-HDBK-217은 순간고장률 모형이 아닌 과정률(process rate) 모형을 인용한다. 이 방법은 수리 가능 체계에 주로 적용되기 때문에, 모형은 실제로는 부품고장률의 체계에 대한 기여, 즉 특정 부품 유형이 맞는 소켓의 고장률에 관한 모형이다. MIL-HDBK-217은 모든 부품의 고장시간들이 독립이고, 동일한 지수분포를 한다고 가정한다.

일반적인 MIL-HDBK-217 고장률 모형은 다음 형태이다.

$$\lambda_p = \lambda_b \pi_Q \pi_E \pi_A \cdots \tag{3.5.1}$$

λ_b: 온도와 관계된 기본 고장률

π_Q, π_E, π_A 등은 부품 품질수준, 장비 환경, 응용 스트레스 요인

온도에 대한 고장률의 관계는 온도에 따른 물리 및 화학적 과정(확산, 반응)에 대한 아레니우스(Arrhenius) 모형에 근거한다.

$$\lambda_b = Ae^{-\frac{E}{kT}} \tag{3.5.2}$$

λ_b: 과정률(부품의 '기본' 고장률)

E: 과정에 대한 활성에너지(eV)

k: 볼츠만 상수(기체상수, 1.38×10^{-23}J/°K 또는 8.63×10^{-5} eV/°K)

T: 절대온도(°K)

A: 빈도 상수

아레니우스 모형은 8장 가속수명시험에서 다시 살펴볼 것이다.

고장률의 온도 의존성에 관해 유명한 경험적 법칙이 "10도 법칙"이다. 전자부품에서 사용온도가 10℃ 상승하면 수명이 반감하는 경우가 많은데 이를 말한다. 반대로 온도를 10도 낮추면 수명이 2배가 된다. 가속시험이나 감률(디레이팅)에 응용된다.

마이크로회로, 트랜지스터, 저항, 커넥터 등 각 부품 종류에 대한 상세한 모형이 마련되어 있다. 예를 들어, 미세전자장치 고장률모형은 '백만시간당 고장률'로서 다음과 같다.

$$\lambda_p = \pi_Q \pi_L [C_1 \pi_T \pi_V + C_2 \pi_E] / 10^6\, h \tag{3.5.3}$$

π_Q, π_E: 식 (3.5.1)의 부품 품질수준, 장비 환경 요인

π_V: 전압 저감(derating) 스트레스 요인

π_L: 학습요인(새롭고 비교적 증명되지 않은 장치에 대해서 10, 기타 1)

π_T: 식 (3.5.2)에서 유도한 온도요인

C_1: 복잡도 요인(칩게이트 수, 비트 수, 트랜지스터 등)

C_2: 포장면에 근거한 복잡도요인(핀수, 포장 유형)

품질요인들은 규격 표준과 선별에 근거하여 계산된다. 표 3-4는 마이크로회로에 대한 품질요인들을 보여준다.

표 3-4 미세회로장치 품질요인 및 비용에 대한 선별 효과

선별수준 (MIL-HDBK-217)	규격	π_Q	전형적 상대 비용
A	MIL— M —38510, S급	0.5	8-20
B, B-O	상동, B급	1.0, 2.0	
B-1	MIL-STD-883 방식 5004, B급	3.0	4-6
B-2	B-1의 판매자 동등품	6.5	
C	MIL-M-38510, C급	8.0	
C-I	C1의 판매자 동등품	13.0	2-4
D	상용(비선별), 밀폐 포장	17.5	1
D-1	상용 플라스틱 밀봉(캡슐)	35.0	0.5

체계수준의 신뢰도 예측에 이와 같은 데이터베이스와 모형을 사용하는 데 대한 비판은 MIL-HDBK-217 방법에도 적용된다. 또한 MIL-HDBK-217은 기타 중요한 면에서도 근본적인 착오가 있다.

1) 경험에 의하면, 현대의 전자체계 고장 중에서 극히 적은 부분만이 내부적 이유로 인한 부품고장 때문이다(전형적으로 1 ~ 10%)
2) 경험에 의하면, 국방규격(MIL SPEC)과 고선별 수준에 이르는 '고등급' 부품들의 신뢰도는 제조자 규격으로 구매한 좋은 상용 등급의 부품들보다 높지 않다.
3) 고장률의 온도 의존도는 현대 경험이나 고장 물리에 의해서 지지되지 못하고 있다.
4) 모형들에 사용된 기타 모수들의 타당성에 의심이 간다. 예를 들면, 복잡도가 증가하는 데 따라 고장률이 현저히 증가하지는 않는다. 계속되는 공정 개선이 복잡도의 효과를 상쇄하기 때문이다.
5) 과도현상(transient) 과부하, 온도 순환(cycling), 조립 통제, 시험과 보전 등과 같이 신뢰도에 영향을 주는 많은 요인들을 고려하지 않는다.

전자체계들의 신뢰도를 예측하기 위한 다른 데이터베이스나 방법들도, 예를 들면 원격통신기구들에 의해, 주로 MIL-HDBK-217에 기초를 두어 발간되었다. 이들 역시 같은 비판을 받고 있다. 전자체계의 적절한 신뢰도를 제대로 예측하기 위한 유일한 올바른 방법은 5 장에서 기술될 하향식(top-down) 방법이다.

3.5 미니탭의 신뢰성 분석 기능

3.5.1 미니탭(Minitab) 개요

범용의 소프트웨어 Mathematica, SAS, R, Stata, Python, MATLAB 등으로 신뢰성분석을 할 수 있으나 미니탭이 비교적 용이하다고 보여 이 책에서는 미니탭을 소개한다. 미니탭은 1970년대 미국 펜실베니아 주립대학교에서 개발된 통계용 패키지로서 점차 사용자 편의성을 높여 왔다. 예를 들어 데이터편집기, 대화형 처리, 그래픽 기능 등으로 배우기 쉽고 다양한 기능을 가지고 있어서 교육용 및 실무용으로 유용하게 쓸 수 있다. 미니탭 홈페이지에 가면 30일 무료평가버전을 다운받을 수 있다. 다운받아서 설치하면 미니탭 아이콘이 생성되고 이를 더블클릭하면 미니탭이 열린다.

3.5.2 미니탭의 신뢰성 분석 메뉴

문제에 따라 "그래프 > 확률도" 메뉴와 같은 다른 메뉴로도 신뢰성 문제를 풀 수도 있다. 신뢰성분석에 주로 쓰이는 "통계분석 > 신뢰성/생존 분석" 메뉴는 그림 3-15와 같으며, 그림 3-16은 이를 네 가지의 구분에 대하여 정리한 것이다[15]. 그리고 분포 분석의 하위 메뉴에 대해서 간략히 살펴보기로 한다. 이후 몇 군데의 연습문제에서 미니탭을 이용한 풀이를 통해 이해하기로 한다. 참고로 미니탭의 용어는 책과 약간 다를 때도 있음을 이해해야 한다. 자주 사용되는 "분포분석"의 하위 메뉴를 간단히 설명한다.

미니탭의 신뢰성분석에 주로 쓰이는 분포는 와이블, 지수, 정규, 로그정규, 로지스틱, 로그로지스틱, 최소극단값 분포 등이다.

(1) 분포 ID 그림

자료에 대해 "모든 분포" 또는 "분포 지정(4개까지 선택)"을 택하여 분포적합, 백분위수, 표준오차, 평균, 확률지 타점의 분석결과를 제공한다. 적합도 검정통계량은 "수정 앤더슨-달링값(AD)"이며 이 값이 작을수록 잘 적합됨을 의미한다.

(2) 분포 개관 그림

확률밀도함수, 확률지 타점, 생존함수(survival function, 신뢰도함수), 위험함수(hazard function, 누적고장률함수)를 그래프로 보여준다.

(3) 모수분포 분석

최우추정법, 최소제곱법 등을 이용하여 가정된 분포의 모수 추정 및 여러 가지 통계량들을 구할 수 있다.

(4) 비모수분포 분석

완전자료, 우측 관측중단자료일 경우는 카플란-마이어(Kaplan-Meier) 방법, 생명표법(Actuarial method)을, 임의 관측중단자료일 경우는 생명표법, 턴불(Turnbull) 방법을 택하여 분석할 수 있다.

---

15) 프로빗(Probit) 분석 : 가속시험 수명자료의 분석으로서, 반응 변수의 값이 두 종류일 때의 신뢰성 분석 메뉴. 프로빗의 원 뜻은 '표준 분포의 평균으로부터 벗어난 확률의 단위'를 말함

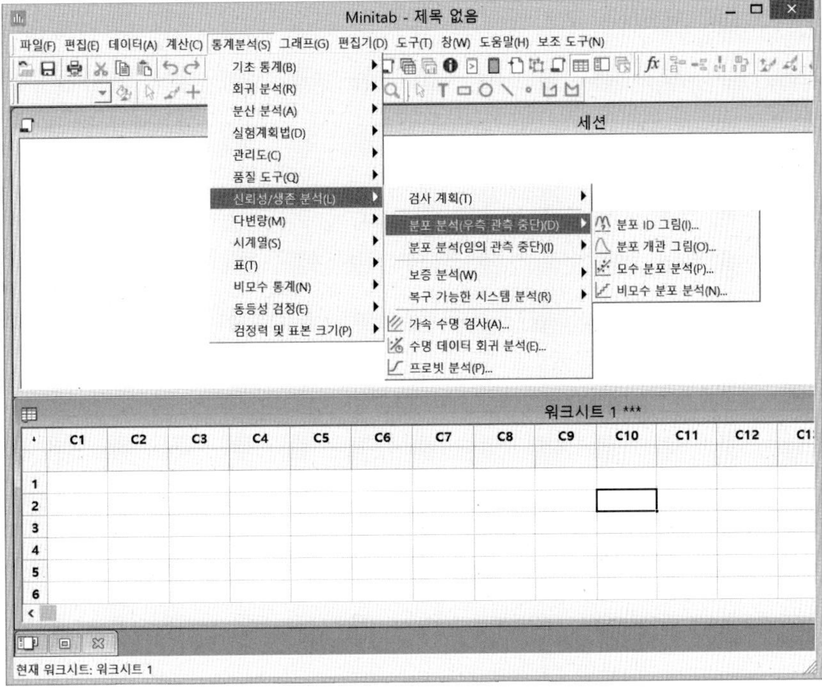

그림 3-15 미니탭의 신뢰성/생존분석 메뉴

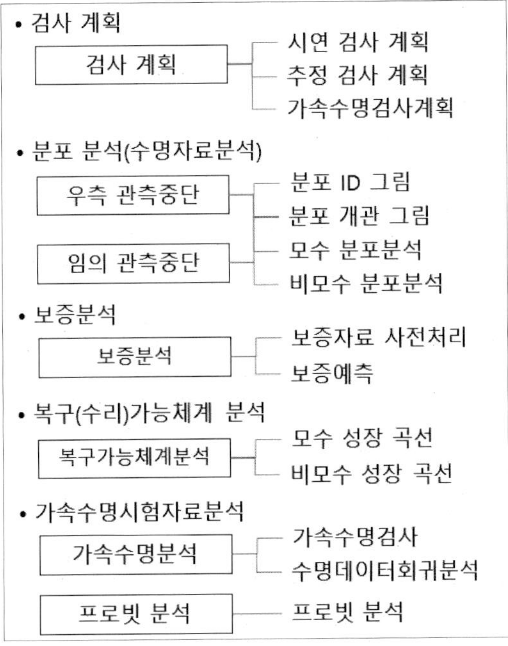

그림 3-16 미니탭의 신뢰성 분석 분류

3.5.3 세션 창과 워크시트 창

"세션" 창은 미니탭 수행 출력이나 메시지를 텍스트로 보여주는 창이다.

"워크시트"는 엑셀과 비슷하며 입력자료를 넣는 곳이다. 엑셀의 A, B, … 열 대신 C1, C2, … 열로 표시된다. 각 열번호 바로 밑에 변수명을 입력하는데, 변수명을 넣지 않으면 열번호가 그것을 대신한다. 한글미니탭은 한글변수명도 가능하다. 엑셀에서는 셀에 연산식이 가능한데, 미니탭 워크시트는 그림과 같이 계산(C)>계산기 메뉴로서 연산 결과로 또는 공식으로 저장할 수 있다. 엑셀 파일을 미니탭에서 불러올 수도 있고, 그 반대로 저장할 수도 있다.

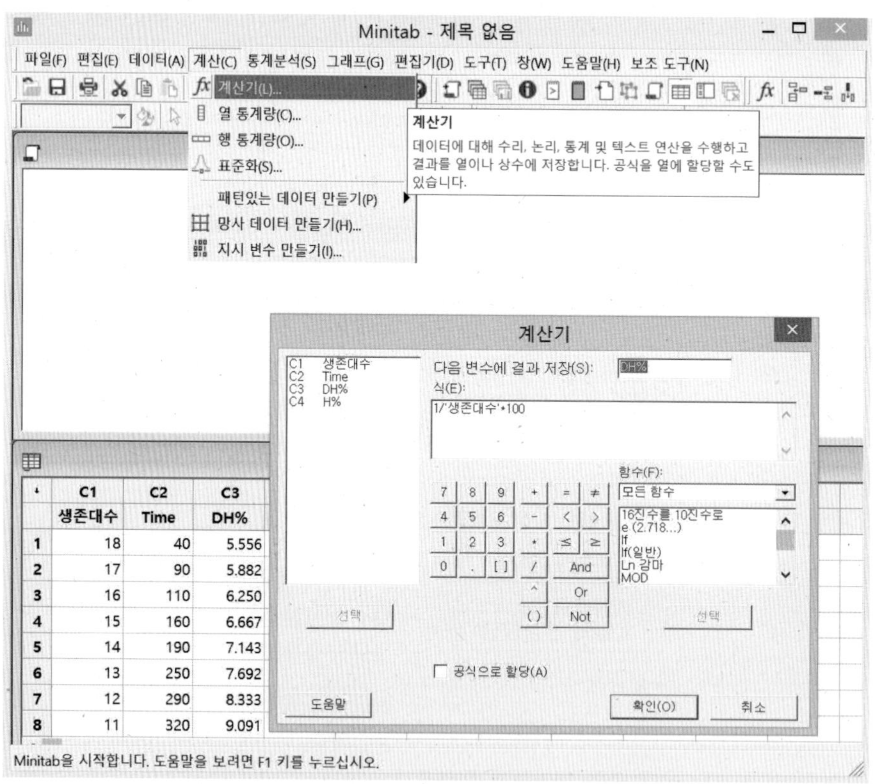

그림 3-17 워크시트에 자료 입력과 계산한 예

연습문제

3.1 15개의 전기 모터 표본에 대한 10,000시간 동안의 수명실험 결과 다음과 같은 자료를 얻었다.

motor 고유번호	가동시간
1~6	10,000
7~10	8,000
11	10,000
12~14	6,000
15	2,000

(1) 위의 자료를 정리하여 f(t)와 h(t) 곡선을 구하라. 우선 10,000시간 가동했을 때에 모터 전부가 고장났다고 가정하라.

(2) F(t)와 R(t) 곡선을 그려라.

(3) 위의 자료에서 가동시간이 10,000시간이라고 표시된 모터들은 시험이 종료될 때까지도 고장나지 않은 상태를 표시한다면 (1)항의 결과가 달라지는가?

3.2 생명보험회사들은 그들의 보험료를 결정할 때에 다음 표와 같은 자료를 사용한다.

수명표 1

연령	생존자수	연령	생존자수	연령	생존자수
10	100,000	40	78, 106	70	38,569
15	96, 285	45	74, 173	75	26, 237
20	92, 637	50	69,804	80	14,474
25	89,032	55	64,563	85	5,485
30	85, 441	60	57,917	90	847
35	81,822	65	49,351	95	3

수명표 2

연령	생존자수	연령	생존자수	연령	생존자수	연령	생존자수
0	1,023,102	15	962,270	50	810,900	85	78,221
1	1,000,000	20	951,483	55	754,191	90	21,577
2	994,230	25	939,197	60	677,771	95	3,011
3	990,114	30	924,609	65	577,882	99	125
4	986,767	35	906,554	70	454,548		
5	983,817	40	883,342	75	315,982		
10	971,804	45	852,554	80	181,765		

(1) 표 1과 2로부터 f(t)의 도수분포도를 그려라. 두 표로부터의 결과는 같은가, 다른가?

(2) h(t)에 대하여 (1)항과 같은 문제를 풀어라.

3. 아래의 자료는 동일한 자이로 61개에 대한 수명시험 결과이다.

자이로 번호	상태	가동시간	자이로 번호	상태	가동시간
101	고장	5, 700	206	전기고장	600
102	고장	22,500	206a	고장	5, 100
103	고장	5,800	207	가동중	15,000
104	고장	6, 300	208	가동중	15,000
107	고장	10,000	209	고장	13,000
108	고장	10,900	210	고장	9,200
110	고장	8,500	211	고장	6,900
111	고장	11,900	212	고장	12, 600
112	가동중	23,800	213	가동중	13,000
113	고장	12, 200	214	가동중	12,800
114	고장	16,500	215	가동중	12,800
115	고장	1,900	301	고장	3, 600
116	고장	8,300	302	가동중	11,000
117	고장	8, 300	303	가동중	11,000
118	고장	8,200	304	가동중	9,600
119*	전기고장	7,200	305	고장	8,300
120	고장	6,000	306	가동중	7,900
121	가동중	21,500	307	가동중	5,900
122	가동중	21,000	308	고장	5,500
123	가동중	21,000	309	가동중	4,800
124	고장	13,500	310	가동중	4, 700
125	중단	3,000	311	가동중	3,900
126	고장	15, 700	312	가동중	3,000
127	중단	2,300	1	가동중	11,500
201	고장	9, 200	2	가동중	11,500
202	가동중	16,900	3	고장	8,200
203	고장	11,000	4	고장	4,900
204	가동중	16,800	Vegal	가동중	15,500
205	가동중	16,500	Vega2	가동중	15,500

제119번과 206*번 모터는 전기 계통의 고장이 발생했고 그 외의 고장은 모두 기계계통의 고장이다. 고장난 자이로는 "고장", 아직도 가동중인 것은 "가동중", 수명시험에서 제거된 것은 "중단"으로 표시되어 있다. 또한 각 자이로들의 수명시험을 시작한 시간이 각기 다르기 때문에 아직도 가동 중인 자이로들의 가동시간이 모두 다르다.

(1) h(t)의 도수분포도를 그려라. 이 문제를 푸는데 만약 가정한 사항들이 있다면 설명하라.

(2) 어떤 모형(함수)이 이 자료에 맞는가? 모형의 모수를 추정하라.

3.4 다음과 같은 5개의 함수가 있다. (유효한 고장률를 연습하기 위해 인위적인 문제도 있다. 미분적분의 기초를 필요로 한다.)

$$e^{-at},\ e^{at},\ At^3,\ Bt^{-2},\ e^{at}/t^2$$

(1) 이 중에 어떤 것이 유효한 고장률의 함수인가?

(2) (1)에서 선택된 모형으로부터 밀도함수를 구하고 두 가지를 스케치하라.

3.5 다음과 같은 5개의 고장률모형이 있다.

$$\lambda,\ kt,\ ,kt^m,\ k_1e^{k_2t},\ k_1e^{k_2t}-k_1$$

(1) 신뢰도함수 R(t)를 구하라.

(2) R(t)의 1차 및 2차 도함수를 구하라.

(3) (2) 항의 결과를 이용하여 0.5< R(t) < 1.0 범위에서 R(t)를 스케치하라.

3.6 100개의 부품을 1,000시간 동안 수명시험을 하였다. 과거의 경험으로 미루어 고장률은 일정하고(상수) 평균수명은 500시간이라는 것을 알고 있다. 1,000시간을 10등분한 각 시간 구간에서 고장나는 부품수는 얼마나 될까?

3.7 만약 다음과 같은 고장률함수를 갖는 장비 100개를 시험할 때 1,000시간 동안 고장나지 않고 가동할 장비수(확률)은?

(1) $h(t) = 10^{-4}$

(2) $h(t) = 10^{-4}t$

(3) $h(t) = 10^{-3}e^{10^{-4}t}$

3.8 어떤 부품의 수명이 형상모수 2.0, 척도모수 60,000시간의 와이블분포를 따른다고 하자. 설계수명 10,000시간 이전에 고장날 확률과 신뢰도를 미니탭을 사용하여 구하라.

풀이) P{T≤10000} 즉 F(t=10000)을 구하는 것이다. 여기선 미니탭의 통계분석(S)>신뢰성/생존분석(L) 메뉴가 아닌, 계산(C)>확률분포(D)>Weibull분포(W) 의 메뉴로도 충분하다. "Weibull 분포"의 창이 열리면 그림과 같이 상단에서 "누적확률(C)"을 클릭한다. 누적확률은 분포함수 F(t)와 같다. 그리고 문제의 값을 적절하게 입력한 뒤, "확인"을 클릭한다. 그러면 세션출력 창에 x가 10000일 때, P(X≤x)가 0.0273955임을 볼 수 있다.

Weibull 분포

확률 밀도(P)
누적 확률(C)
역 누적 확률(I)

형상 모수(A): 2.0
척도 모수(S): 60000
분계점 모수(H): 0.0

입력 열(L):
저장할 열(T):
입력 상수(N): 10000
저장할 상수(R):

선택

도움말 확인(O) 취소

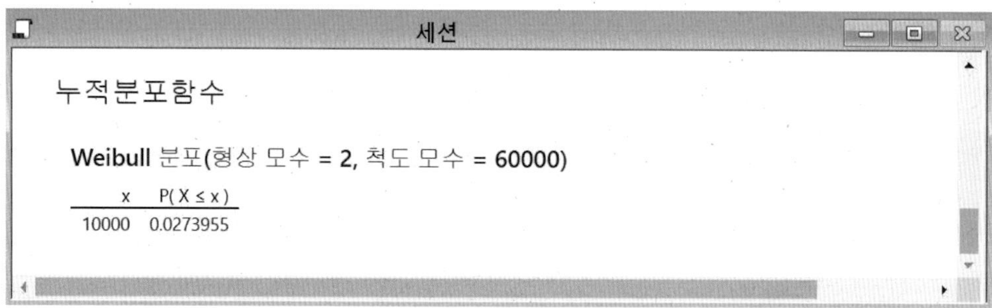

만일 확률밀도함수 f(t=10000)을 구하려면 상단 메뉴의 “확률밀도”를 클릭하고, 10%백분위수(B10수명)을 구하려면 “역누적확률”을 클릭하고 입력 상수는 “0.1”을 입력한다. 어떤 메뉴는 그냥 숫자로, 어떤 메뉴는 %로 넣는 곳이 있으므로 주의를 요한다. 이들 상단의 단추 세 개는 서로 배타적 선택이다. 역누적확률은 F값으로부터 x를 구하는 과정이다.

제4장 수명분포와 모수 추정

수명에 적용될 수 있는 분포함수의 종류와 함께, 그 평균, 분산을 추정하는 방법을 살펴본다. 먼저 손계산이 가능하도록 순위의 개념과 확률지 사용에 대해서 살펴보기로 한다.

일반으로 어떤 통계실험, 여기서는 신뢰도측정을 계획할 때 당면하게 되는 가장 중요한 문제는 검사자료들이 어떤 분포를 따를 것인가를 추정하는 일이다. 계획된 실험이나 검사가 일정한 기간 동안 실시될 것인지, 표본 전부가 고장날 때까지 계속될 것인지, 실험은 미리 선정된 표본만을 가지고 일회 실시할 것인지, 실험결과에 따라서 축차적으로 반복할 것인지, 또한 표본 수와 신뢰수준(confidence level)[1]은 어느 정도이어야 하는가는 모두 측정하고자 하는 변수의 확률분포에 달려 있다.

또한 확률분포 자체도 측정하고자 하는 변수의 특성에 좌우될 때가 많다. 금속재료의 노화로부터 결정되는 수명분포는 트랜지스터의 수명분포와는 다를 것이다. 또한 측정하고자 하는 변수가 주어졌다고 하더라도 주위 상황에 따라서 다른 분포를 가질 수도 있다.

그러므로 의미있는 통계실험을 계획하거나 어떤 실험으로부터의 통계자료를 분석하기 전에 검사자료가 '어떤 분포'를 따를 것인가를 먼저 추정하여야 한다. 그러나 실제로 통계실험을 하여 검사자료가 나오기 전에 실험을 계획하는 단계에서는 어떤 분포를 가정할 수 있는가를 확실하게 정할 수 있는 어떤 지침이 없다. 이런 경우에 어떤 특수한 이유가 없다면 우선 처음 시도로서 검사 자료가 '와이블분포'를 따른다고 가정할 수 있을 것이다.

일단 검사자료가 얻어지면 이 자료로부터 분포곡선을 결정할 수가 있으므로 분석은 용이해진다. 많이 쓰이는 방법으로는 카이제곱[2] 검사가 있다. 그러나 이 방법은 많은 양의 검사자료를 필요로 하므로 공학적인 문제들에 응용하기에는 한계가 있다. 더 편리한 대안으로 중앙순위를 이용하는 방법이 설명될 것이다.

4.1 순위의 개념

많은 양의 표본을 구할 수 있을 때에는 표본으로부터 모집단의 분포를 추정하는

1) 신뢰도(reliability)와 한자는 같지만, 영문으로는 다르다. 이 차이를 구분하기 위해 확신수준이라고 부르기도 한다. 신뢰수준의 구간을 신뢰구간이라고 한다.

2) χ^2 (chi-square). χ는 그리스 문자로 카이(chi)라고 읽는다. 영문자 x와 혼동을 피하기 위해 왼쪽 꼬리를 길게 뺀다. 카이는 표준정규분포에 따르는 확률변수를 일컫는데 사용된다고 보면 편하다.

방법으로 자료의 도수분포표와 히스토그램를 구한다. 그러나 대부분의 공학적인 문제들을 분석해야 하는 상황에서는 많은 양의 표본을 얻을 수 없는 경우가 많다. 그러므로 이런 경우에 도수분포도를 그린다면 분류구간을 얼마로 정하는가에 따라 분포도의 형태 자체가 크게 변하게 된다. 그러므로 이런 상황에서는 누적확률분포도가 쓰이게 된다. 가로축에는 관측시간 t를, 세로축에는 이들 관측시간의 순위로부터 누적확률 $\hat{F}(t)$을 구하여 이 점들을 찍어 곡선으로 연결하는 것이다. (그림 4-2 참조)

4.1.1 직관적 순위 추정법

만약 5개의 표본을 취하여 관측을 하고 이 관측값들을 크기순으로 정렬한다면 직관적으로 첫 번째 관측값의 순위는 1/5(20%), 두 번째 관측값의 순위는 2/5(40%)이 될 것이다. 그럼 이 i/n을 누적확률 $F(t_i)$의 추정치로 사용할 수 있을까. 표본 최대값의 순위는 5/5=100%인데 모집단 전부가 표본 최대값 이하라는 것은 우연히 모집단의 최대값이 표본으로 뽑히지 않는 한, 그럴 가능성은 없다. 한편 표본 최소값의 순위는 1/5=20%인데 모집단에서 그 값 이하는 20%가 안될 것 같다. 표본 수가 충분히 크다면 i/n는 누적확률에 수렴하지만, 표본 수가 많지 않을 경우 확실히 부적절하다.

4.1.2 평균순위 추정법(mean rank method)

순서통계량과 균등분포의 개념을 고려하여 $F(t_i)$의 추정치를 'i/(n+1)'로 사용하는 것이 평균순위법이다. 예제 4.1의 표에서 볼 수 있듯이 직관적 순위 'i/n'을 사용하는 것보다 낫다. 통계학적 방법에 의해서 표본의 순서통계량으로 분포함수값을 추정할 때 평균순위법보다 적절한 것이 중앙순위법이다. 평균순위법은 정규분포와 같은 대칭인 분포에 관해서는 적절하지만, 일반으로 중앙순위법만큼 많이 쓰이지는 않는다[3]. 평균순위법에서 확률 추정치로 '(i-0.5)/n'를 사용하는 방법도 있다.

4.1.3 중앙순위 추정법(median rank method)

중앙순위는 50%순위와 같은 말이다. 예를 들어 직경이 약 10mm인 2,000개의

3) 중앙값(median)가 평균(mean)보다 실용성이 있다는 것은 다음의 예에서 뚜렷하다. 어느 회사의 "보통" 봉급이 월 200만이라 할 때 이 숫자는 의미가 있을 때도 있고 또 아무런 의미도 없을 때도 있다. "보통"이 중앙값이라면 이 숫자는 큰 의미가 있다. 직원들 중에 반은 200만보다 많이 받고 나머지 반은 200만보다 적게 받는다. 그러나 "보통"이 평균이라면 이 회사의 대우가 어느 정도인지 알 수가 없다. 즉, 중역 10명은 1,820만, 기타 직원 90명은 20만씩 받기 때문에 평균 200만일 수도 있다. 그러므로 이와 같이 평균을 사용할 경우에는 "평균 급여는 높지만, 대부분 평균 이하의 급여"라는 농담같은 현실에 부닥치게 된다[Huf].

유리구슬로 이루어진 모집단이 있고 각 유리구슬의 직경에 대한 확률밀도함수가 그림 4-1과 같을 때(총 2,000개의 유리구슬의 직경 전부의 값은 실험 목적상 미리 준비하자), 여기서 5개의 표본을 무작위하게 뽑고, 뽑혀진 표본들의 직경을 관측하여 관측값을 기록하자.

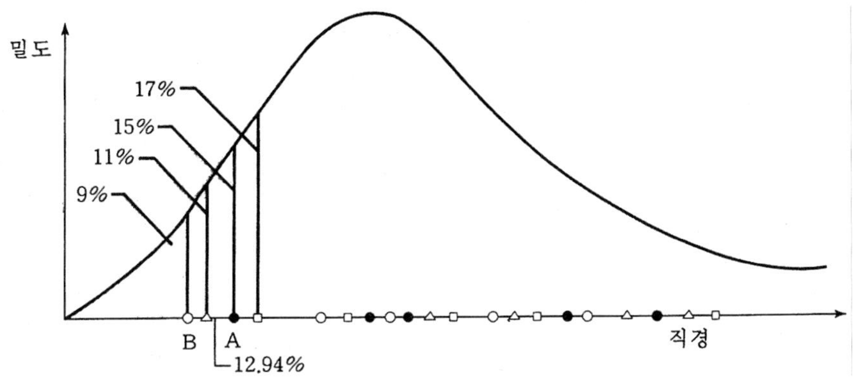

그림 4-1 중앙순위의 개념

표본을 1차 시도했을 때, 5개의 구슬 중 첫 번째 값(최소값)은 그림 4-1의 A의 값(예 10.25mm)을 가질 수 있다. 모집단 2,000개 중 300개가 A(10.25mm)보다 작다고 하면, 이는 모집단의 15%가 A 이하라는 말이다. 일차 표본을 다시 집어넣고 잘 섞어서 2차로 5개의 구슬을 뽑았을 때 최소값이 B(예 10.11mm)의 값을 가질 수 있다. 모집단 2,000개의 중 180개가 B(10.11mm)보다 작다고 하면, 모집단의 9%가 B 이하라는 말이다. 3차로 표본을 뽑았을 때의 최소값은 C(예 10.18mm)이고 전체 구슬 중 C보다 작은 비율이 11%, 4차로 표본을 뽑았을 때의 최소값 D(예 10.27mm)이고 전체 구슬 중 D보다 작은 비율이 17%일 수 있다.

이런 표본추출실험을 1,000번 한다면[4] 모집단 중 표본 최소값 이하의 %가 1,000번 발생될 것이며, 이들 1,000개의 % 수치들(15%, 9%, 11%, 17%, …) 중의 '중앙값'이 12.94%라면 이것이 바로 "표본 최소값의 중앙순위"이다. 그림 4-1에 표본크기 5의 최소값의 중앙순위인 12.94%가 표시되어 있다. 확실한 것은 중앙순위 12.94%는 직관적 순위 20%보다 작은 값이라는 것이다.

비슷한 방법으로 5개의 표본의 두 번째, 세 번째, 네 번째, 다섯 번째(=최대값)에 대한 중앙순위도 구할 수 있다. 표본수 n과 관측값 석차에 대한 중앙순위가 부록

4) 표본 크기란 표본으로 뽑는 갯수이며, 이러한 표본 크기의 추출을 1회 하고도 통계적 처리를 한다. 한 모집단에 대해서 경제적 이유로 표본 추출의 반복을 그렇게 많이 하지 않는다. 여기서 5개 표본 크기의 표본 추출을 천 번 한다는 것은 설명을 위한 것이다.

에 나와 있다. 이 예의 경우, 표본수 n=5이고, 첫 번째의 중앙순위는 12.94%, 두 번째의 중앙순위는 31.47% 등이다. 예제 4.1에 5 개의 중앙순위가 다 나와있다. 이 중앙순위들을 누적확률의 추정치로 하여 도표 상에 찍어 나가면 누적분포함수 곡선이 된다.

확률론으로는, 분포함수 F(x)인 모집단에서 n개의 표본을 뽑았을 때, $X_{(i)}$를 i째 순서통계량이라고 하면, $P(X_{(i)} \le x) = 0.50 = \sum_{k=i}^{n} \binom{n}{k} F^k (1-F)^{n-k}$인 F가 중앙순위에 의한 F이다.

[예제] 4.1

5개의 브레이크라이닝을 시험기에 걸어 마모실험을 한 결과 250, 300, 310, 320, 400시간의 수명 자료를 얻었다. 누적확률분포곡선을 스케치하라.

풀이)

부록 B로부터 n = 5일 때 중앙순위를 구한다.

고장순서	수명(시간)	중앙순위(수표로 부터)
1	250	.1294
2	300	.3147
3	310	.5000
4	320	.6853
5	400	.8706

위의 자료로부터 누적분포함수를 그리면 그림 4-2와 같다.

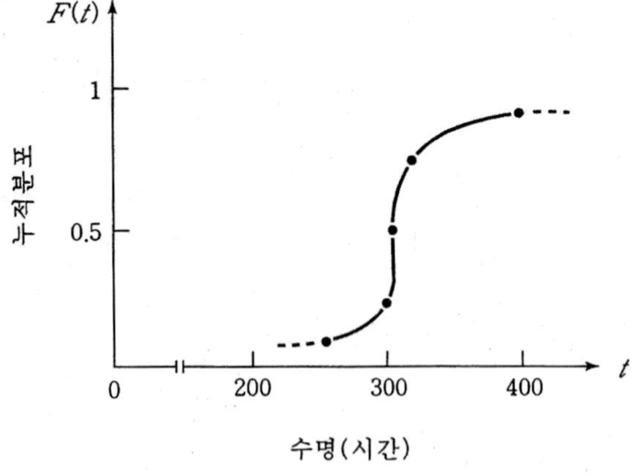

그림 4-2 누적분포함수 그리기

만약 중앙순위표가 없거나 필요한 표본수가 표에서 빠졌을 경우에는 다음 버나드(Benard) 공식을 사용하여 중앙순위의 근사치를 구할 수 있다[Lipson].

$$중앙순위 = \frac{i\text{-}0.3}{n+0.4} \tag{4.1.1}$$

이 근사치 공식은 평균순위 'i/(n+1)'보다 확률 0.5 이하에서는 좀 더 작고, 0.5 이상에서는 좀 더 크다. '(i-0.5)/n'를 사용하면 반대의 효과이다. 참고로 표 4-1에서 예제에 대한 직관적 순위, 평균순위, 버나드 공식을 중앙순위와 비교해 본다.

표 4-1 각 순위 추정법의 비교

고장순서	중앙순위(수표에서)	직관적 순위 i/n	평균순위 i/(n+1)	버나드 공식
1	.1294	.20	.167	.1296
2	.3147	.40	.333	.3148
3	.5000	.60	.500	.5000
4	.6853	.80	.667	.6852
5	.8706	1.00	.833	.8704

4.1.4 기타 순위

순위에 대한 개념은 중앙순위 뿐만 아니라 기타 순위로 연장할 수 있다. 예를 들어 표본크기 5개의 표본최소값의 5%순위는 1.02%이다. 이 말은, 보통은 모집단의 12.94%가 표본최소값보다 작지만, 모집단에서 표본최소값 이하인 것이 1.02%일 확률은 5%, 즉 100번 표본 추출실험을 했다면 5번 정도라는 말이다.

비슷하게 크기 5의 표본최소값의 95% 순위는 45.07%이다. 말하자면 모집단 에서 표본최소값 이하인 것이 45.07%나 될 확률은 5%밖에 없다. 따라서 이들 순위들은 확률분포함수의 모수의 신뢰구간을 구할 때 사용할 수 있다.

확률론으로는, n개의 표본 중 i째 순서통계량에 대해 $0.05 = \sum_{k=i}^{n}\binom{n}{k}F^k(1-F)^{n-k}$의 해 F가 5%순위의 F이다. 0.05대신 0.95일 때 해 F가 95%순위의 F이다. 참고로 5%순위와 95%순위는 역순서 및 1-F의 관계가 있다.

이상에서 설명된 순위는 모집단의 분포형태에 무관하게 모든 경우에 적용된다. 수학적인 유도에 관심있는 독자는 연습문제 4.7을 풀어보기 바란다.

4.1.5 순위와 누적고장률

자료로부터 고장률은 식 (3.2.5)로부터 다음과 같이 추정된다.

$$\hat{\lambda}(t_i) = \frac{n_i - n_{i+1}}{n_i} / \Delta t \tag{4.1.2}$$

고장순위는 1개씩이므로 $n_i - n_{i+1} = 1$이고 누적고장률은 다음과 같다.

$$\hat{\Lambda}(t_i) = \sum_{k=1}^{i} \frac{1}{n_{k-1}} \qquad (4.1.3)$$
$$= \sum_{k=1}^{i} \frac{1}{n+1-k}$$

이것을 그래프에 타점하여 해당 분포의 누적고장률 그래프를 적용할 수 있는지 살펴본다. 예를 들어 지수분포의 경우, 고장률은 상수 λ이므로 Λ(t)=λt로서 직선식이다. 누적고장률 타점을 관통하는 직선을 긋고 그 기울기가 고장률 추정값이 된다.

4.1.6 임의중단자료와 카플란-마이어 방법

임의중단자료(random censored data) 시 고장시간이 이미 발생한 경우에 대해서만 실제 고장시간이 관찰되고, 그렇지 않은 경우 고장시간의 중단이 생긴다. 이러한 자료를 이용한 순위법은 다음과 같다. F의 추정이나 R의 추정이나 서로 1에서 뺀 값이므로 사용상 문제는 없다. n_k는 k시점에서 생존개수이고, r_k는 k시점에서의 고장개수이다.

$$\hat{R}(t_i) = \prod_{k=1}^{i} \left(\frac{n_k + 1 - r_k}{n_k + 1} \right) \qquad (4.1.4)$$

넬슨[Nelson]은 다음과 같이 누적고장률함수의 추정값을 정의하였다. 이것은 고장난 자료들만의 갯수를 합하는 것이다.

$$\hat{\Lambda}(t_i) = \sum_{k=1}^{i} \frac{\delta_k}{n+1-k}, \quad \delta_j = \begin{cases} 0: & j\text{번째 자료가 관측중단된 경우} \\ 1: & j\text{번째 자료가 관측된 경우} \end{cases} \qquad (4.1.5)$$

한편 카플란-마이어[Kaplan & Mier]는 비모수적 방법으로 생존곡선을 추정하였는데, 이는 신뢰성함수의 추정에 잘 사용된다. 이를 카플란-마이어 추정량(또는 product limit estimator)라고 한다.

$$\hat{R}(t_i) = \prod_{k=1}^{i} \left(\frac{n-k}{n+1-k} \right)^{\delta_i} \qquad (4.1.6)$$

다른 표현은 다음과 같다.

$$\hat{R}(t_i) = \prod_{k=1}^{i} \left(1 - \frac{d_k}{n_k} \right), \quad d_k: \text{고장수}, \; n_k: k\text{시점의 총개체수} \qquad (4.1.7)$$

4.2 분포곡선과 확률지

시점 t에서 dt 간격의 확률밀도함수는 확률변수 T와 그것의 발생확률을 연결하는 함수로 $f(t) = \dfrac{P\{t \le T \le t + dt\}}{dt}$ 라 정의된다. 이런 밀도함수를 구하는 한 방법은 실험자료를 도수분포도의 형태로 그려보는 것이다. 그러나 이 방법 에는 2가지 결점이 있다.

1) 실험자료는 표본의 분포에 대해서 정보를 제공하지만, 표본의 정보로 모집단의 분포를 추정하는 데 쓰인다면 그 추정결과에 대한 신뢰도는 한정되어 있다.
2) 실험을 통해서 유도된 분포함수는 그 취급방법이 알려지지 않은 이상한 곡선일 수도 있으므로 일반으로 분석 및 계산이 거북하고 어렵다는 것이다.

이런 난점들 때문에 보통 "잘 정의된" 분포곡선을 쓰게 된다. 이런 곡선의 수학적 특성은 잘 알려져 있고 관련 수치를 표나 SW로 구하기 쉽다. 그러므로 실험자료에 대한 분포함수를 엄밀하게 수학적 함수로 적합시키는 대신, 자료에 잘 맞는 표준적인 분포곡선을 찾아 사용하는 것이 바람직하다.

확률지는 어떤 분포가 직선으로 그려지는 용지이다. 이를 사용하여 실험 자료를 타점하여 직선 형태가 나타나는지를 보며, 그래프로부터 모수를 수작업으로 추정할 수 있다. 이는 어떤 분포에 적합한지 먼저 파악하는 유용한 수단이 된다. 또 신뢰성 시험자료가 충분하면 표본평균, 표본분산의 계산식을 이용하여 모수를 추정할 수 있으나, 충분히 많지 않다면 확률지는 모수 추정의 유용한 수단이다.

확률지를 사용하여 분포를 추정하기 위해서는 우선 자료를 관측값순으로 작은 것에서부터 정렬하여 중앙순위를 찾아 누적분포의 함수값으로 사용한다. "직선"에 가까운 결과를 얻는다면, 해당 확률지에 해당하는 분포가 모집단의 분포이다. 자료 점들을 지나는 직선을 정하기 위해서는 투명한 자를 사용하여 "눈어림"으로 할 수 있다. 이러한 확률지 사용법은 실용적으로 상당히 좋은 결과를 얻을 수 있는 좋은 방법이다.

직선의 방정식을 좀 더 정확하게 구하기 위해서는 회귀분석을 할 수도 있으나, 이러한 회귀분석 방식으로 계산을 위해 확률지를 사용하는 것이 아니다.

4.3 수명분포 함수들

4.3.1 지수분포

(1) 분포함수

신뢰성 분야에서 가장 널리 쓰이고 있는 수명분포의 하나가 지수분포[5]로서 고장현상을 설명하기 쉽고 모수가 하나이므로 용이하다. 확률변수 T가 지수분포에 따를 때, 기호를 $T \sim \varepsilon(\lambda)$로 표시하자. 모수는 λ 한 개이다. 그 확률밀도함수, 수명

5) 가끔 음지수분포란 용어가 쓰이기도 하는데, e 위에 음수가 쓰여서 그렇다. 양지수분포란 말은 없다. 양수라면 발산되니 f가 성립될 수 없다.

분포함수, 신뢰도함수, 고장률함수는 다음과 같다[6]. 모수에 λ 대신 이의 역수 θ =1/λ를 쓰기도 한다. λ의 단위는 [1/시간]이고 θ의 단위는 [시간]임을 반드시 기억하라.

$$f(t) = -\lambda e^{-\lambda t},\ t \ge 0 \tag{4.3.1}$$

$$F(t) = 1 - e^{-\lambda t},\ t \ge 0 \tag{4.3.2}$$

$$R(t) = e^{-\lambda t},\ t \ge 0 \tag{4.3.3}$$

$$h(t) = \lambda,\ t \ge 0 \tag{4.3.4}$$

이들 함수의 곡선들이 그림 4-3에 나와 있다.

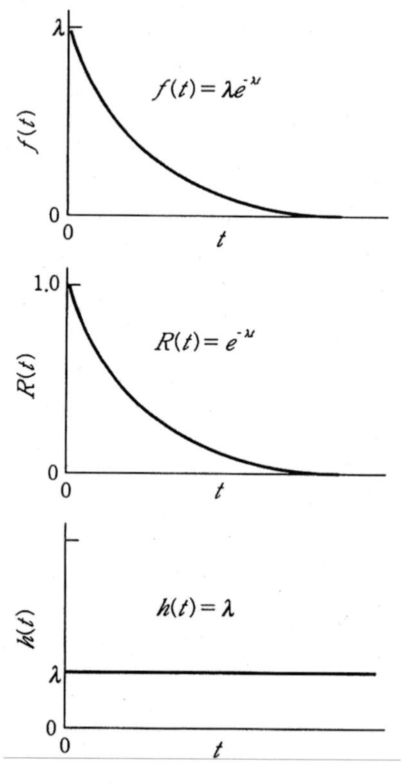

그림 4-3 지수분포의 f(t), R(t), h(t)

(2) 평균과 분산

지수분포의 평균과 분산은 다음과 같다. 평균과 표준편차가 같다!

---

6) 확률밀도함수, 신뢰도, 고장률 등의 수학적 표현에 집중하고 물리적 개념을 소홀하면 안된다. 확률밀도함수의 단위는 1/시간, 신뢰도는 무차원(%는 비율의 표시단위일 뿐), 고장률은 1/시간의 차원이다.

$$MTTF = \int_0^\infty R(t) \qquad (4.3.5)$$
$$= \int_0^\infty e^{-\lambda t}$$
$$= \left.\frac{e^{-\lambda t}}{\lambda}\right]_0^\infty = \frac{1}{\lambda}$$

$$V[T] = 1/\lambda^2 \qquad (4.3.6)$$

$$표준편차 = 1/\lambda \qquad (4.3.6b)$$

지수분포는 뒤에 설명될 와이블분포와 감마분포의 특수한 경우로서 모수가 하나뿐이며, 상수고장률이다. 그러므로 일정 시간동안 사용 중이던 체계가 그 다음 순간에도 가동할 확률은 새 부품을 갖는 체계가 방금 가동을 시작하여 그 다음 순간에도 가동할 확률과 같다[7]. 이것을 '비기억특성'이라고 한다.

[예제] 4.2

한 전자부품의 수명이 지수분포를 갖는다고 하고 이미 y라는 시간동안 사용되었다 하자. 이 부품의 잔여수명은 원래의 기대수명에 비해서 짧은가, 긴가?

풀이)

L
y
t
시간
신품교환
현재
고장

위의 그림을 사용하여 잔여수명의 분포함수를 수명의 분포함수와 비교하여 보자. 밀도함수의 적분을 사용해도 되지만 R함수를 써 보자.

$$P\{L < y+t | L \geq y\} = \frac{P\{y \leq L < y+t\}}{P\{L \geq y\}}$$
$$= \frac{R(y) - R(y+t)}{R(y)}$$
$$= \frac{e^{-\lambda y} - e^{-\lambda(y+t)}}{e^{-\lambda y}}$$
$$= \frac{e^{-\lambda y} - e^{-\lambda y}e^{-\lambda t}}{e^{-\lambda y}} = 1 - e^{-\lambda t}$$

그러므로 y라는 시간동안 고장나지 않았다는 조건하에서 그 잔여수명의 분포는 역시 동일한 모수를 갖는 지수분포이므로 원래의 수명과 같아진다. 결국은 중고품

7) 이 부분을 이해하지 못하는 경우가 많다. 예를 들어 상수고장률이 '0.1/월'의 장비를 1개월간 사용하였는데 아직까지 고장이 나지 않았다. 그럼 앞으로 조만간 고장날 확률이 높아지는 것일까? 그렇지 않다. 역시 마찬가지이다. 만일 높아진다면 증가고장률의 함수인 것이다. 특별한 이유가 없다면, 아들을 5 낳은 여인이 임신하였을 때, 다음 번에 딸일 확률은? 역시 1/2이다.

이 신품과 같은 성능을 갖는다는 말이다. 이런 특성을 갖는 부품의 예로는 우선 전기 퓨즈를 들 수 있고 만일 어떤 장비가 사용함에 따라 노후하는 경향이 있다면 지수분포를 가질 수가 없다.

[예제] 4.3

어떤 레이다 장비의 모니터의 수명은 지수분포를 가지며 평균수명은 100 전투시간이라 한다.

1) 평균수명 100시간동안 고장없이 임무 수행할 신뢰도는 50%인가?
2) 50시간의 전투임무를 고장없이 수행할 신뢰도는?
3) 모니터는 이미 100 전투시간을 사용했지만 아직도 작동하는 중고품이라 한다. 이 장비가 50시간이 걸리는 전투임무에 투입되었을 때 고장없이 임무를 수행할 신뢰도는?
4) 이 모니터의 신뢰도를 높여주기 위해서 예방정비의 일환으로 부품교체를 해 줄 필요가 있는가?

풀이)

1) 아니다. 37%가 못된다! $R(1/\lambda) = e^{-\lambda \times 1/\lambda} = e^{-1} = 0.368\,(36.8\%)$
2) $R(50) = e^{-0.01 \times 50} = e^{-0.5} = 0.394$
3) $R(50|100) = \dfrac{P(\text{수명} \geq 150)}{P(\text{수명} \geq 100)} = \dfrac{e^{-0.01 \times 150}}{e^{-0.01 \times 100}} = e^{-0.5} = 0.394$
4) 없다.

예제에서 보듯이 지수분포 수명의 장비가 평균수명만큼 고장안날 확률은 50%보다 훨씬 못미친다. 50%라는 생각은 정규분포의 경우이다.

지수분포는 일반으로 하나의 장비가 여러 형태의 고장률을 갖고 쇠약해지는, 수없이 많은 부품으로 이루어져 있을 때 나타난다. 또한 부품의 수명분포가 지수분포를 가지면, 이런 부품들로 이루어진(직렬구조) 장비의 수명도 지수분포를 가지며 그 고장률은 모든 부품고장률들의 합이다.

지수분포는 체계나 조립품의 고장률을 분석하는데 대단히 편리하다. 비행기에 쓰이는 유압 펌프를 예로 들자면 샤프트나 베어링과 같은 부품들은 와이블이나 로그정규분포를 갖게 되겠지만 펌프 전체로서는 하나의 체계로서 지수분포를 갖게 되는 일이 많다. 또한 부품들의 경우에도 자동차 전면 유리창이 돌에 맞아 깨지는 것과 같은 우발사고에 의해서만 고장이 일어난다면 지수분포가 적용될 수 있다. 왜냐하면 이런 우발사고는 시간이나 사용년수의 함수가 아니고 자동차가 100km를 달렸건 10,000km를 달렸건 마찬가지로 일어날 수 있기 때문이다.

(3) 확률지와 모수 추정

실측자료를 분석하기 위해서는 중앙순위를 사용하여 지수확률지에 자료를 찍는 방법으로 지수확률분포 여부를 판단하고, 모수 λ를 추정할 수 있다.

지수분포는 와이블분포의 일종이므로 와이블 확률 용지를 사용하면 역시 지수분포함수가 직선으로 나타나지만, 와이블 확률지가 없을 때에는 보통의 로그용지를 사용하면 된다.

확률지를 만들기 위해서 1-F에 로그를 취하면 다음과 같다.

$$\begin{aligned} 1-F(t) &= e^{-\lambda t} \\ \ln[1-F(t)] &= -\lambda t \\ -\ln[1-F(t)] &= \lambda t \\ Y \equiv \ln\frac{1}{[1-F(t)]} &= \lambda t \end{aligned} \tag{4.3.7}$$

그러므로 가로축 t는 등간격 좌표, 세로축 Y는 로그 좌표로 하면 지수분포가 직선으로 나타나는 확률지가 된다. 이는 곧 한쪽 로그용지와 같다. 세로축에는 F(t) 또는 R(t)를 표시하는데, 각각을 왼쪽과 오른쪽에 표시하기도 한다.확률지 사용 예제는 와이블분포의 절에서 보기로 한다.

확률지에 타점을 적합시켰다면 모수 추정은 어렵지 않다. 하나의 수명 시간 t_p와 그 확률 p가 주어지면 $\hat{\lambda}=-\ln(1-p)/t_p$로 구할 수 있다. 특히 예제 4.3에서 보았듯이 R=e^{-1}=36.8%, 즉 F=63.2%인 수명이 평균수명이므로 세로축 63.2%로부터 적합선을 거쳐 가로축을 읽으면 $T_{.632}$($B_{63.2}$)이고 이의 역수가 λ의 추정값이다.

$$\hat{\lambda}= 1/t_{.632} \tag{4.3.8}$$

$T_{.50}$(=B_{50} 수명)을 읽는다면 $0.5 = e^{-\lambda t_{.50}}$, $-\lambda t_{.50} = \ln 0.5$, $\lambda = \frac{-\ln 0.5}{t_{.50}}$ 이므로 다음과 같이 구할 수 있다.

$$\hat{\lambda}= 0.69315/t_{.50} \tag{4.3.9}$$

확률지로든 계산식으로든 평균 $\bar{t}$를 고장률 추정값은 다음과 같다. 평균수명을 구하는 방법은 완전자료인지 중단자료인지에 따라 계산해야 되는데, 뒤의 신뢰성 시험 부분에서 다루겠다.

$$\hat{\lambda}= \frac{1}{\bar{t}} \tag{4.3.10}$$

[예제] 4.4

고장날 때까지의 수명이 지수적으로 분포되어 있는 발전기의 $T_{.50}$와 $T_{.90}$수명을 확률지로 구하라. 과거 경험으로 비추어 이 발전기들(모집단)의 20%가 50시간 이내에 고장난다.

풀이)

지수분포는 와이블분포의 β=1인 경우이므로 와이블 확률지를 사용하자. 가로축 50시간, 세로축 20%의 점을 지나고 기울기가 1인 직선을 그리면 그림 4-4와 같다. 이 그래프를 읽어서 $T_{.50}$ = 155시간, $T_{.90}$ = 513시간이다.

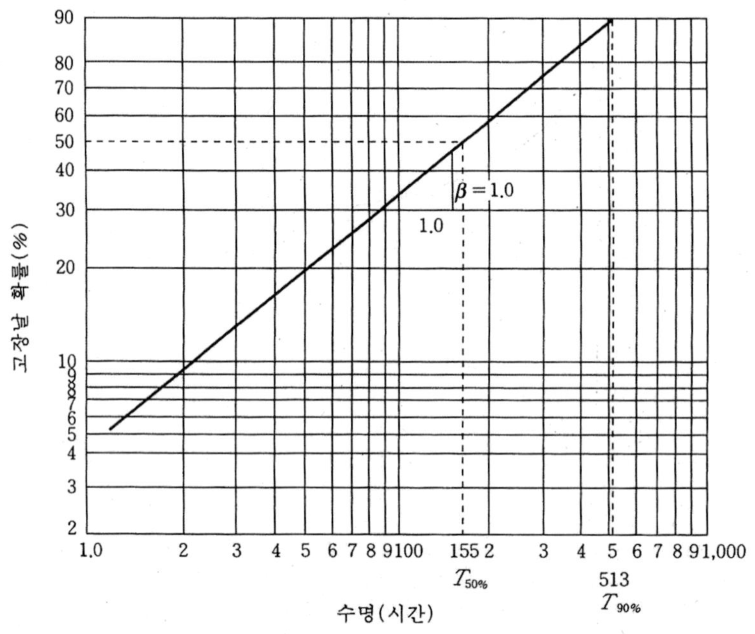

그림 4-4 발전기 수명의 누적확률분포

4.3.2 와이블(Weibull)분포

(1) 분포함수

와이블분포에 따르는 확률변수 T의 기호를 T~W(β,λ)로 표시하자. 와이블분포는 신뢰도에서 가장 널리 쓰이는 분포로서, 모수를 적절히 선택하면 다양한 고장률 형태를 모형화할 수 있다. 마모와 역마모(wear-in) 현상을 모형화하는 고장 외에도, 지수분포도 묘사할 수 있다.

와이블분포의 밀도함수, 분포함수, 신뢰도함수, 고장률함수는 다음과 같다. 여기서 β는 형상모수, λ는 척도모수이다. 형상모수는 무차원, 척도모수는 [1/시간] 차원이다. 형상모수를 와이블 기울기라고 한다. 최근에는 형상모수 기호로 m, 척도모수를 특성수명(characteristic life)으로 한 η 기호를 많이 쓴다[8]. λ와 η 관계는 $\lambda = \eta^{-\beta}$, $\eta = \lambda^{-(1/\beta)}$이다. 두 표현을 같이 보이겠다.

$$f(t) = \lambda\beta t^{\beta-1}e^{-\lambda t^{\beta}}, \qquad f(t) = \frac{m}{\eta}(\frac{t}{\eta})^{m-1}e^{-(t/\eta)^m} \tag{4.3.11}$$

$$F(t) = 1 - e^{-\lambda t^{\beta}}, \qquad F(t) = 1 - e^{-(t/\eta)^m} \tag{4.3.12}$$

$$R(t) = e^{-\lambda t^{\beta}}, \qquad R(t) = e^{-(t/\eta)^m} \tag{4.3.13}$$

$$h(t) = \lambda\beta t^{\beta-1}, \qquad h(t) = \frac{m}{\eta}(\frac{t}{\eta})^{m-1} \tag{4.3.14}$$

지수분포와 비교하면 지수분포의 변수 위에 β 제곱이 붙은 모양이므로 지수분포로부터 쉽게 연상되는 함수임을 알 수 있다. 따라서 주어진 장비의 순간고장률이 수명의 거듭제곱에 비례할 때는 그 분포함수가 와이블분포를 갖게 된다. 와이블분포에서 특별히 β=1인 경우는 지수분포, β=2인 경우 레일레이(Rayleigh)분포가 된다[9]. β=3.44인 경우, 정규분포에 근사하며 이때 평균은 중앙값과 같다. 이들 함수의 곡선들이 그림 4-5에 나와 있다.

기울기 β는 제품의 균일성을 나타내는 척도이다. 즉, β가 크면 밀도함수가 뾰족해지며, 수명이 비슷한 것을 나타낸다.

(2) 평균과 분산

와이블분포의 평균과 분산은 다음과 같다.

$$MTTF = \lambda^{-\frac{1}{\beta}}\Gamma(1+\frac{1}{\beta}) \text{ or } \eta\Gamma(1+\frac{1}{\beta}) \tag{4.3.15}$$

$$V[T] = \lambda^{-\frac{2}{\beta}}\left[\Gamma(1+\frac{2}{\beta}) - \Gamma^2(1+\frac{1}{\beta})\right] = \eta^2\left[\Gamma(1+\frac{2}{\beta}) - \Gamma^2(1+\frac{1}{\beta})\right] \tag{4.3.16}$$

$$\text{표준편차} = \sqrt{V[T]} \tag{4.3.16b}$$

---

8) β는 신뢰성시험에서 소비자위험률로 표시되므로 혼동을 피하기 위하여 형상모수를 m으로 표시하기도 한다. 또 특성수명은 수명과 같은 차원으로서, 신뢰도 50%가 아닌, 1/e인 수명이다.

9) 레일레이분포는 신뢰도 문제나 통신시스템의 잡음문제에 많이 응용된다. β=2이므로 모수는 λ 하나뿐이다. 고장률이 선형 증가, 즉 t에 비례할 때 수명은 레일레이분포를 따르게 된다.

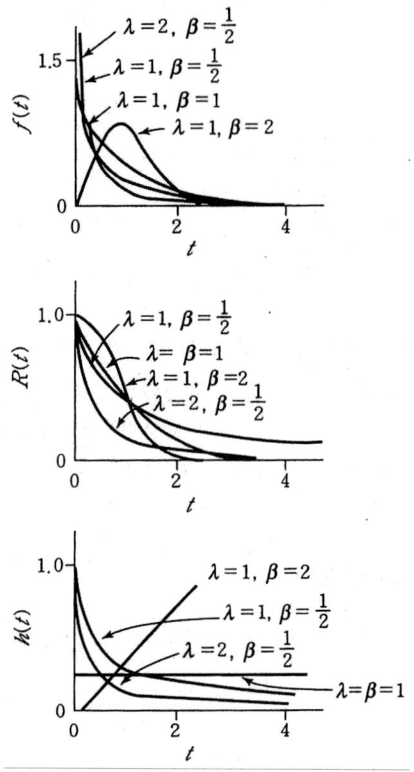

그림 4-5 와이블분포의 f(t), R(t), h(t)

적률을 이용한 평균과 분산의 유도

와이블분포의 k차 적률(moment)[10]은,

$$\mu^{(k)} = E[X^k] = \int_0^{\infty} x^k \frac{\beta}{\eta}(\frac{t}{\eta})^{\beta-1} e^{-(t/\eta)^\beta} dx.$$

$u = (\frac{x}{\eta})^\beta,\ du = \frac{\beta}{\eta}(\frac{x}{\eta})^{\beta-1}dx$로 치환하면 다음과 같은 감마함수를 얻게 된다.

$$\mu^{(k)} = \eta^k \int_0^{\infty} e^{-u} u^{\frac{k}{\beta}} du = \eta^k \Gamma(1+\frac{k}{\beta}).$$

따라서 평균은 $\mu^{(1)}$, 분산은 $\mu^{(2)} - [\mu^{(1)}]^2$임을 사용하면 위 식을 얻게 된다.

(3) 확률지와 모수 추정

와이블분포는 그 다양한 융통성 때문에 공학분야에서 널리 쓰이고 있다. 이는 원래 재료의 약화로부터 결정되는 수명분포를 해석하기 위해서 제안된 분포함수이

10) 적률함수는 라플라스변환(부록 참조)에 해당된다.

지만[Weibull (1949, 1951)] 지금은 재료의 약화현상 이외에도 많은 공학 문제에 응용되고 있다. 일반으로 지수분포가 체계의 수명을 묘사하는 데 적당하다면 와이블분포는 부품의 수명을 묘사하는데 적당하다. 와이블분포가 다른 분포함수보다도 공학 문제에 유용한 이유는 자료를 확률지에 쉽게 적용하여 모수를 추정할 수 있고 여러 확률 문제를 풀 수 있다는 점이다.

식 (4.3.15)의 평균과 식 (4.3.16)의 분산의 추정치를 표본으로부터 구하여 연립방정식으로부터 형상모수와 척도모수를 결정하는 것은 쉽지 않고 수치해석으로 접근해야 한다. 한편 실측 자료로 앞서의 중앙순위를 사용하여 확률지에 타점하는 방법으로 F나 R을 구하여 모수를 추정하는 방법이 편리하다.

와이블분포의 확률지를 만들기 위해서 1-F에 로그를 두 번 취한다.

$$\ln\ln[\frac{1}{1-F(t)}] = \ln\lambda + \beta\ln t \tag{4.3.17}$$

$$Y = A + \beta X$$

$$where\ Y \equiv \ln\ln[\frac{1}{1-F(t)}],\ A \equiv \ln\lambda(=-\beta\ln\eta),\ X \equiv \ln t$$

그러므로 이에 맞게 눈금을 조정한 와이블확률지는 가로축에 로그 척도를, 세로축에 로그-로그 척도를 가지고 있어서 t와 F를 찍으면 β의 기울기를 갖는 직선이 된다. 와이블확률지는 자주 쓰이므로 '부록'으로 제공된다.

와이블확률지 상에 자료를 타점한 것이 직선으로 보이면 와이블분포에 따른다고 본다. 기울기 β를 먼저 추정하는데, 확률지에는 β의 추정을 용이하게 하기 위하여 좌상단에 기울기 안내도가 나와 있다. 이것을 각도기처럼 생각하고 적합선과 평행한 직선을 그려 원둘레에 표시된 눈금을 읽으면 된다.

척도모수는 $R(t)=e^{-\lambda t^{\beta}}=e^{-1}=0.368$인 수명, 즉 $F(t)=1-R(t)=0.632$인 63.2%수명 $T_{.632}$ (=$B_{63.2}$)으로부터 구할 수 있다. 세로축의 63.2%에서 출발하여 적합선을 거쳐 가로축 값을 읽으면 된다. 와이블확률지는 63.2%에 수평선이 그려져 있어서 $T_{.632}$를 찾기 쉽게 도와준다. 척도모수 η의 추정값은 다음과 같다.

$$R(t) = e^{-(t/\eta)^{\beta}} = e^{-1} = 0.368 \tag{4.3.16}$$

$$F(t) = 1 - R(t) = 0.632$$

$$t_{.632}/\eta = 1$$

$$\hat{\eta} = t_{.632}$$

λ와 η의 관계에서 λ의 추정값은 다음과 같다.

$$\hat{\lambda} = 1/(t_{.632})^{\hat{\beta}} \tag{4.3.16b}$$

50%수명 $T_{.50}$으로부터 구한다면 다음과 같다.

$$1-F(t)=e^{-\lambda t^{\beta}}=0.50 \tag{4.3.16c}$$
$$-\lambda t^{\beta}=\ln 0.50=-\ln 2$$
$$\hat{\lambda}=\ln 2/(t_{.50})^{\hat{\beta}}=0.69315/(t_{.50})^{\hat{\beta}}$$
$$\hat{\eta}=t_{.50}/0.69315^{1/\hat{\beta}}$$

[예제] 4.5

베어링 6개를 시험기에 걸어 고장날 때까지의 수명을 관측한 결과 다음과 같은 자료를 얻었다.

4.1, 1.3, 9.8, 27, 66, 52 (×10^5 RPM)

수명이 와이블분포에 따르는지 확률지로 검토하고, 따른다면 와이블 기울기, 척도모수, 기대수명, B10 수명을 구하라.

풀이)

자료의 수명을 증가하는 순서로 정렬하고 n=6일 때의 중앙순위를 버나드 근사식으로 구하면

고장순서	수명(10^5회전)	중앙순위 (%)
1.	1.3	10.94
2.	2.7	26.56
3.	4.1	42.19
4.	5.2	57.81
5.	6.6	73.44
6.	9.8	89.06

이 자료의 수명을 가로축에, 중앙순위를 세로축에 찍은 후 이들 점이 지나는 직선을 그리면 그림 4-6과 같을 것이다. 그림으로부터 와이블 기울기 = 1.5, 척도모수는 세로축의 63.2%로부터 적합선을 거쳐 $t_{.632}$를 읽으면 η의 추정값이다. λ의 추정값은 $1/(\hat{\eta})^{\hat{\beta}}=1/(t_{.632})^{1.5}$=0.23×$10^{-8}$이다.

기대수명은 평균의 식에서, (감마값은 수표를 읽는다)

$$E[T]=\lambda^{-1}\Gamma(\frac{1}{\beta}+1)$$
$$=\frac{1}{(0.23\times 10^{-8})^{2/3}}\Gamma(1.666)$$
$$=5.74\times 10^{5}\times 0.903$$
$$=5.3\times 10^{5}$$

B10 수명은 그림에서 세로축 10%에 해당하는 수명을 읽어서, B10= 1.26×10^5 (RPM).

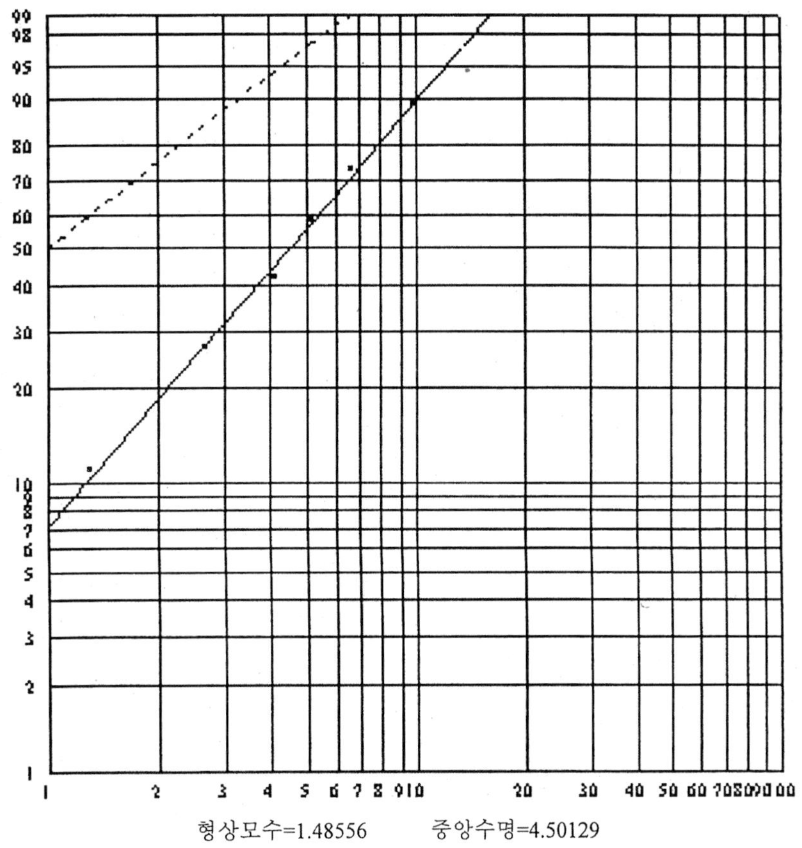

그림 4-6 예제 베어링 수명의 누적분포

미니탭을 이용한 확률지 타점과 분석은 연습문제에서 보기로 한다.

중앙순위법으로 추정된 모수들의 신뢰구간은 기타 순위를 사용하여 구할 수 있다. 90% 신뢰구간을 구하기 위해서는 주어진 자료의 5%순위와 95%순위를 확률지상에 찍는다. 이렇게 하여 얻어지는 두 직선[11]은 평균수명이나 기타 모수들에 대한 90% 신뢰구간이다.

[예제] 4.6

기어 5개를 피로시험한 결과 다음과 같은 수명자료를 얻었다.

22, 0.51, 15, 30, 0.97 (단위: 십만 RPM)

11) 중앙순위의 경우와는 달리 실제로는 95%순위의 경우는 U자형, 5%순위의 경우는 ∩자형 곡선을 얻게 된다.

다음에 대한 90% 신뢰구간은?
(1) $T_{.50}$ 수명
(2) 척도모수
(3) 모집단 평균

풀이)
'부록'으로부터 중앙, 5%, 95% 순위를 구하면 표와 같고, 이를 와이블확률지에 찍으면 그림 4-7과 같다. 기울기 안내도로부터 β=1.5로 읽을 수 있다.

고장순서	수명(십만RPM)	중앙순위	5%순위	95%순위
1	0.51	0.1294	0.0102	0.4507
2	0.97	0.3147	0.0764	0.6574
3	1.5	0.5000	0.1893	0.8107
4	2.2	0.6853	0.3426	0.9236
5	3.0	0.8706	0.5493	0.9898

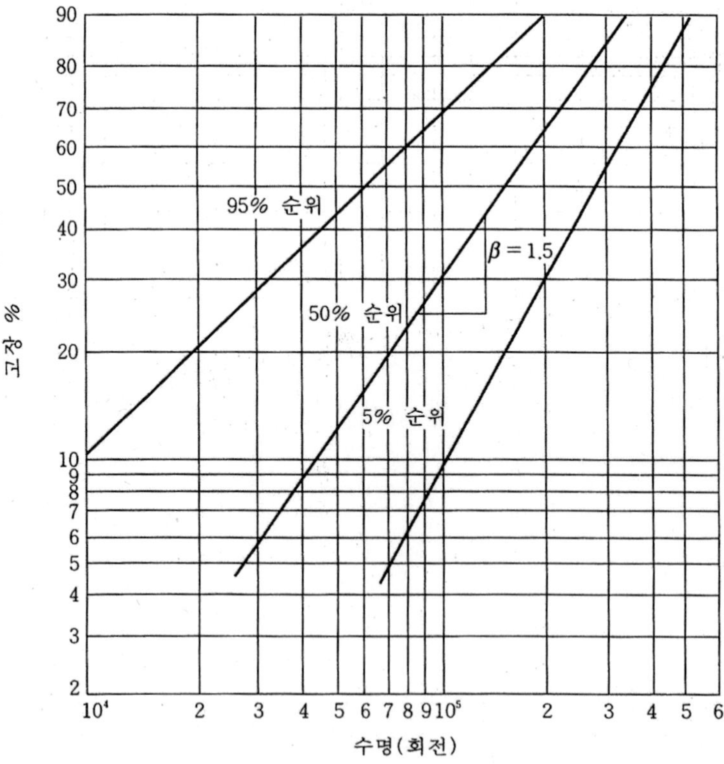

그림 4-7 기어 수명의 누적분포

(1) 그림에서 $T_{.50}$은 세로축 50%에 해당하는 수평 폭을 읽어서,

$$0.6\times 10^5 \le T_{.50} \le 2.8\times 10^5$$

(2) λ=0.69315/$T_{.50}$ 이므로,

$$\lambda_L = 0.69315/(2.8\times 10^5)^{1.5} = 4.68\times 10^{-9}$$
$$\lambda_U = 0.69315/(0.6\times 10^5)^{1.5} = 4.72\times 10^{-8}$$

(3) 평균의 식으로부터,

$$\begin{aligned}\mu_L &= \lambda^{-1/\beta}\Gamma(\frac{1}{\beta}+1)\\ &= \frac{1}{(4.72\times 10^{-8})^{1/1.5}}\Gamma(1.666)\\ &= 7.65\times 10^4\times 0.903\\ &= 6.9\times 10^4\end{aligned}$$

$$\begin{aligned}\mu_U &= \frac{1}{(4.68\times 10^{-9})^{1/1.5}}\Gamma(1.666)\\ &= 3.57\times 10^5\times 0.903\\ &= 3.2\times 10^5\end{aligned}$$

실제 신뢰구간은 미니탭으로 그려보면 중심쪽이 좁은 ∪와 ∩꼴이 됨을 볼 수 있다(연습문제 4.10 참조).

또한 다른 관점에서 그림 4-7을 관찰한다면 기어를 10^5 회전 사용했을 때 고장날 확률 .68 이하(신뢰도는 .32 이상)이라고 95%의 확신을 가지고 주장할 수 있고, 고장날 확률 .09 이하(신뢰도는 .91 이상)이라고 5%의 확신을 가지고 주장할 수 있다. 미니탭으로 실습해보면 실제 신뢰구간의 선은 장구 모양의 곡선이다.

이외에 와이블 기울기에 대한 신뢰구간의 추정에 대해서는 Lipson을 참조하기 바란다.

(4) 3-모수 와이블분포

경우에 따라서는 와이블 수명분포를 갖는 어떤 부품은 t_0 시간 안에는 고장이 전혀 나지 않을 수가 있다. 예를 들면 도장한 것이 일정 경과 후부터 부식하는 경우, 또는 마모의 일정 기간 후부터 고장이 발생하기 시작하는 기계류가 있다. 어떤 경우, 창고 내에서 고장이 발생하기 시작한 후 소비자에게 출하하는 경우가 있다. 이를 3-모수 와이블분포 또는 이동(shiftd) 와이블분포라고 한다. 이때에 표본의 수명자료를 직접 와이블 확률지에 찍으면 곡선으로 나타나게 된다. 앞의 것은 확률지에서 좌측으로 완만하게 내려가는 곡선이 된다. 뒤의 것은 확률지에서 좌측 꼬리가 올라가는 곡선이 된다. 이런 경우에는 적절한 점 t_0를 정하여 $t'=t-t_0$ 라는 시간축의 좌표변환을 하면 와이블확률지를 사용할 수가 있다.

그러므로 어떤 실험자료를 와이블 확률지에 찍어서 직선이 나오지 않으면

1) 모집단의 분포가 3-모수 와이블일 수도 있고

2) 또는 모집단의 분포가 와이블이 아닐 수도 있다.

3-모수 와이블분포의 밀도함수, 분포함수, 신뢰도함수, 고장률함수는 다음과 같다.

$$f(t) = \lambda\beta[\lambda(t-\gamma)]^{\beta-1}e^{-[\lambda(t-\gamma)]^{\beta}} \tag{4.3.18}$$

$$F(t) = 1 - e^{-[\lambda(t-\gamma)]^{\beta}} \tag{4.3.19}$$

$$R(t) = e^{-[\lambda(t-\gamma)]^{\beta}} \tag{4.3.20}$$

$$h(t) = \lambda\beta[\lambda(t-\gamma)]^{\beta-1} \tag{4.3.21}$$

여기서 γ는 위치모수로서 와이블분포를 γ만큼 평행이동한 효과를 준다.

와이블분포는 널리 쓰이므로 확률지를 이용하여 위치모수를 추정하는 방법을 살펴 본다. 타점의 곡선부분을 양분하여 세로축의 길이가 등분, 즉 $Y_2 - Y_1 = Y_3 - Y_2$되도록 세 점 (X_1, Y_1), (X_2, Y_2), (X_3, Y_3)를 잡는다.

$Y = \ln\ln\dfrac{1}{R(t)}$ 이므로

$$Y_2 - Y_1 = Y_3 - Y_2$$

$$\ln\ln\frac{1}{R(t_2)} - \ln\ln\frac{1}{R(t_1)} = \ln\ln\frac{1}{R(t_3)} - \ln\ln\frac{1}{R(t_2)}$$

$$\ln\ln e^{[\lambda(t_2-\gamma)]^{\beta}} - \ln\ln e^{[\lambda(t_1-\gamma)]^{\beta}} = \ln\ln e^{[\lambda(t_3-\gamma)]^{\beta}} - \ln\ln e^{[\lambda(t_{12}-\gamma)]^{\beta}}$$

$$\left(\because R(t) = e^{-[\lambda(t-\gamma)]^{\beta}}\right)$$

$$[\beta\ln(t_2-\gamma) - \beta\ln\frac{1}{\lambda}] - [\beta\ln(t_1-\gamma) - \beta\ln\frac{1}{\lambda}]$$

$$= [\beta\ln(t_3-\gamma) - \beta\ln\frac{1}{\lambda}] - [\beta\ln(t_2-\gamma) - \beta\ln\frac{1}{\lambda}]$$

$$\ln\frac{(t_2-\gamma)}{(t_1-\gamma)} = \ln\frac{(t_3-\gamma)}{(t_2-\gamma)}$$

$$(t_2-\gamma)^2 = (t_1-\gamma)(t_3-\gamma)$$

$$\therefore\ \hat{\gamma} = \frac{t_1t_3 - t_2^2}{t_1 + t_3 - 2t_2} \tag{4.3.22}$$

이 식으로 추정된 위치모수를 이용하여 고장시간 자료를 변환시키고, 이들로 새로 타점하여 직선인가를 검토한다. 직선이 아니라고 판단되면 다시 위치모수 추정값을 보정한다. 물론 미니탭을 이용하면 간단히 구할 수 있다.

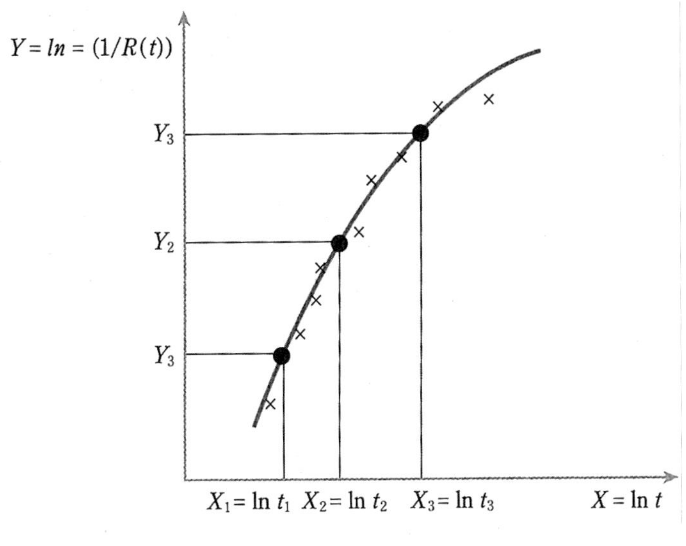

그림 4-8 위치 모수의 추정

4.3.3 정규분포[12)]

(1) 분포함수

정규분포는 가장 잘 알려져 있고 일반으로 가장 많이 쓰이는 분포의 하나이다. 정규분포를 따르는 확률변수는 $T \sim N(\mu, \sigma^2)$처럼 나타낸다. μ는 위치모수, σ는 척도모수라고 할 수 있다. 형상모수는 없으니 '근본적으로 단일한 형태'이다.

장비의 수명이 마모의 영향을 받거나 노후화하는 경향이 있을 때에 잘 사용되는 수명분포가 정규분포이며, 그 밀도함수는 다음과 같다. 모수 μ와 σ^2는[13)], 각각 평균, 분산이다.

$$f(t) = \frac{1}{\sigma\sqrt{2\pi}} e^{-\frac{(t-\mu)^2}{2\sigma^2}} \tag{4.3.23}$$

분포함수는 이의 적분 형태이고, 신뢰도함수는 R=1-F, 고장률함수는 h=f/R에 의한 함수 형태가 될 것이다. 그런데 정규분포의 확률변수 T를 $Z = \frac{T-\mu}{\sigma}$로 변수변환을 하면 평균이 0, 분산이 1인 표준정규분포에 따른다는 것은 확률론에서 잘 알려져 있다. 이 사실과 이를 적용한 후 표를 읽는 방법은 반드시 외워야 한다. 밀

---

12) 이것은 18세기 가우스, 라플라스, 드모아브르 의해 발견된 분포이다. 이들은 서로 독립적으로 정규분포를 발견했지만 보통 정규분포를 가우스분포 또는 가우스 오차법칙이라고도 한다.

13) 모수 σ라고 해도 무방하겠지만, 수학적으로 다루기 편한 σ^2를 쓴다. 실용적으로는 σ가 더 실감이 난다. σ는 표준편차로서 그 단위가 확률변수의 단위와 같고, σ^2는 그 제곱이기 때문이다.

도함수의 지수부를 보면 어떻게 변환할지의 모습이 보인다.

따라서 표준정규분포의 밀도함수를 φ(x), 분포함수를 Φ(x)로 표시하면, 일반 정규분포의 밀도함수, 분포함수, 신뢰도함수, 고장률함수는 다음과 같다.

$$f(t) = \frac{1}{\sigma}\phi(\frac{t-\mu}{\sigma}) \tag{4.3.24}$$

$$\begin{aligned} F(t) &= \int_0^t f(x)dx \\ &= \int_0^{\frac{t-\mu}{\sigma}} \phi(x)dx \\ &= \Phi(\frac{t-\mu}{\sigma}) \end{aligned} \tag{4.3.25}$$

$$R(t) = 1 - \Phi(\frac{t-\mu}{\sigma}) \tag{4.3.26}$$

$$h(t) = \frac{1}{\sigma}\phi(\frac{t-\mu}{\sigma}) / [1 - \Phi(\frac{t-\mu}{\sigma})] \tag{4.3.27}$$

이들 함수의 곡선들이 그림 4-9에 나와 있다.

'부록'의 표준정규분포표는 밀도함수 φ 곡선 아래의 음영 면적으로 표시되는데 책에 따라 표현이 다를 수 있으므로 주의해야 한다.

한 가지 살펴볼 것은, 정규분포의 정의역이 (-∞, ∞)라는 점이다. 수명이 음수는 없으므로 의아하다. 그러나 현실적으로는 큰 문제가 없다. 확률변수가 취하는 값이 양수이어도 정규분포를 사용하는 예는 무수히 많다. 예를 들어 수능성적과 같은 것이다. 일반으로, 신뢰도분석에 적용하기 위해서는 μ가 0보다 훨씬 커야 하며 보통 μ>3σ이어야 분포곡선이 t=0에서 잘리는 오차를 적게 할 수 있다.

정규분포의 고장률함수는 어느 경우나 증가함수이다. 이의 증명을 예제로 보인다.

[예제] 4.11*

정규분포에 따르는 확률변수의 고장률함수는 증가함수임을 보여라.

풀이)

변수변환하면 언제나 표준정규분포를 얻을 수 있으므로 표준정규분포에 대해서만 생각하자. 고장률함수를 미분하면 다음과 같다.

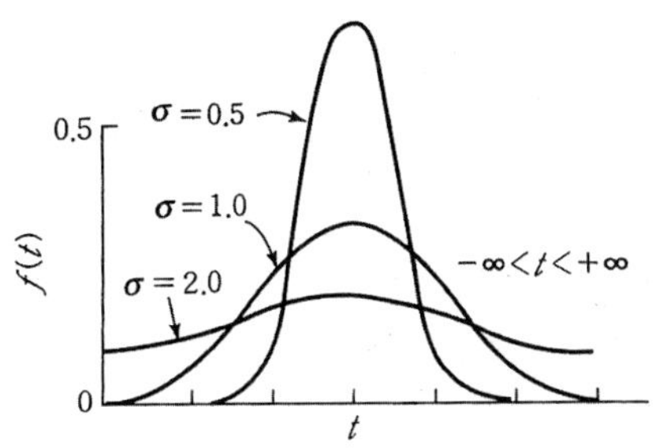

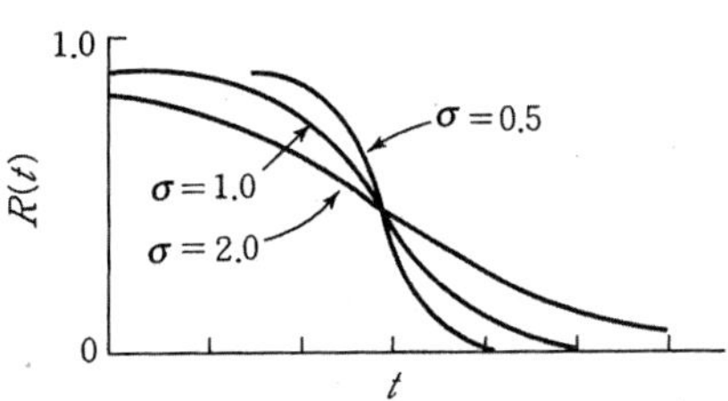

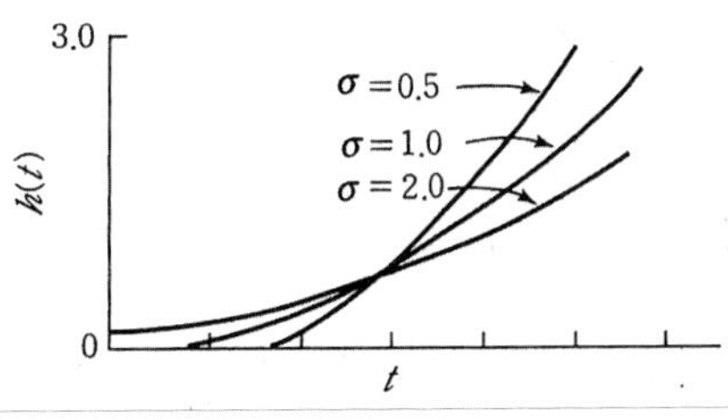

그림 4-9 정규분포의 f(t), R(t), h(t)

$$\begin{aligned} h'(t) &= \frac{\phi'(t)[1-\Phi(t)]-[1-\Phi(t)]'\phi(t)}{[1-\Phi(t)]^2} \\ &= \frac{\phi'(t)}{[1-\Phi(t)]} - \frac{-\phi(t)^2}{[1-\Phi(t)]^2} \\ &= \frac{\phi'(t)\phi(t)}{[1-\Phi(t)]\phi(t)} + h(t)\frac{\phi(t)}{[1-\Phi(t)]} \\ &= h(t)\frac{\phi'(t)}{\phi(t)} + \frac{\phi(t)}{[1-\Phi(t)]} \end{aligned} \tag{4.3.28}$$

여기서 $\phi(t) = \frac{-t}{\sqrt{2\pi}} e^{-\frac{t^2}{2}}$ 로부터 $\frac{\phi'(t)}{\phi(t)} = -t$, $\frac{\phi(t)}{1-\Phi(t)} = e^{-t^2/2} / \int_t^{\infty} e^{-x^2/2} dx$

이다.

$$\begin{aligned} \frac{h'(t)}{h(t)} &= \frac{\phi'(t)}{\phi(t)} + \frac{\phi(t)}{[1-\Phi(t)]} \\ &= \frac{[1-\Phi(t)]\phi'(t)}{[1-\Phi(t)]\phi(t)} + \frac{\phi(t)}{[1-\Phi(t)]} \end{aligned} \tag{4.3.29}$$

$$= \frac{-t\int_t^{\infty} e^{-x^2/2}dx + e^{-t^2/2}}{\int_t^{\infty} e^{-x^2/2}dx}$$

그런데 식 (4.3.29)에서 분모는 0보다 크다. 또 분자에서 $e^{-t^2/2}$를 미분하면 $-te^{-t^2/2}$가 된다는 점에 착안하여 $e^{-t^2/2} = \int_t^{\infty} xe^{-x^2/2}dx$의 관계를 이용하면 분자는 다음과 같다.

$$t\int_t^{\infty} e^{-x^2/2}dx + \int_t^{\infty} xe^{-x^2/2}dx = \int_t^{\infty}(x-t)e^{-x^2/2}dx > 0$$

따라서 $\frac{h'(t)}{h(t)} > 0$인데 $h(t)$는 항상 0보다 크므로 $h'(t) > 0$이고 $h(t)$는 증가함수이다.

일반으로 X_1 과 X_2가 상호독립인 정규분포를 따른다면 $Y=X_1+X_2$도 정규분포를 따르게 된다.

[예제] 4.18

특정 장비의 수명은 정규분포로서 평균은 800시간이고 표준편차가 50시간이다. 신품장비를 가동하기 시작하여 875시간 동안 고장나지 않을 확률은?

풀이)

$$R(875) = 1 - \Phi\frac{(875-800}{50})$$
$$= 1 - \Phi(1.5) = 0.0668$$

(2) 평균과 분산

정규분포의 평균은 모수 μ와 같고, 분산은 모수 σ^2와 같다. 표준편차는 당연히 σ와 같다.

(3) 확률지와 모수 추정

정규분포 판단은 '부록'의 정규확률지에 실험자료의 F(t) 추정값을 타점하여 직선이 되는지를 살펴 본다. 표본 수가 적을 때에는 중앙순위를 사용하여 F(t)의 추정값을 구한다. F(t)의 추정은 앞에서 설명한 것처럼 직관적인 순위, 평균순위법, 중앙순위법, 카플란-마이어 방법, 넬슨 방법 등으로 얻을 수 있다. 정규확률지에서 가로축은 특별히 원점이 0일 필요가 없고 수명값을 적절한 위치에 사용한다.

확률지의 세로축은 왼쪽에는 100~0%로 오른쪽에는 0~100%의 값이 적혀 있다면, 이는 단순히 R과 F 값일 뿐이다. 신뢰도분석용이 아닌 일반용이라면 F값이 왼쪽에 있다.

만약 확률지상에 실험자료의 누적분포를 찍어서 직선일 경우 이 장비의 수명은 정규분포에 따른다고 할 수 있다. 직선이 아닌 경우에는 모집단의 분포는 대략 그림 4-10의 모양을 따를 것이다[中里博明]. 여기 가운데 선은 0.50의 확률이다.

정규확률지에 적합선이 그려지면, 어떤 수명시간의 신뢰도나 분포함수 값에 대해 표준정규분포표를 찾는 대신 확률지를 읽어서 어림셈으로 구할 수 있다.

확률지로부터 평균, 표준편차의 추정은 F(t=μ)=0.50, F(μ+1σ)=.8413, F(μ-1σ)=.1587 등이므로, 확률지 상 적합선으로부터 이들 점의 t값을 읽어서 추정한다.

$$\hat{\mu} = t_{50\%} \tag{4.3.30}$$

$$\hat{\sigma} = t_{84.13\%} - \hat{\mu} \text{ 또는 } \hat{\mu} - t_{15.87\%} \tag{4.3.31}$$

만일 고장시간 자료 n개를 완전자료로 관측하였다면, 다음과 같이 표본평균과 표본분산이 μ와 σ^2의 추정값이다.

$$\hat{\mu} = \bar{x} = \frac{\sum_{i=1}^{n} x_i}{n} \tag{4.3.32}$$

$$\widehat{\sigma^2} = s^2 = \frac{\sum_{i=1}^{n}(x_i - \bar{x})^2}{n-1} = \frac{\sum_{i=1}^{n} x_i^2 - n\bar{x}^2}{n-1} \tag{4.3.33}$$

불완전자료는 6장 신뢰성 시험 부분에서 살펴 볼 것이다.

[예제] 4.9

10개의 브레이크라이닝을 시험기에 걸어 마모실험을 한 결과 다음과 같은 수명자료를 얻었다.

805 500 910 853 620 680 750 960 1,030 1,146

먼저 이 수명이 정규분포에 따르는지 중앙순위를 사용하여 검토하고, 다음을 구하라.

(1) 얼마나 많은 라이닝이 1,000시간 이상을 견디겠는가?

(2) 얼마나 많은 라이닝이 800시간도 채 사용을 못하겠는가?

(3) 얼마나 많은 라이닝이 700시간 이상 900시간 이하 사용할 수 있는가?

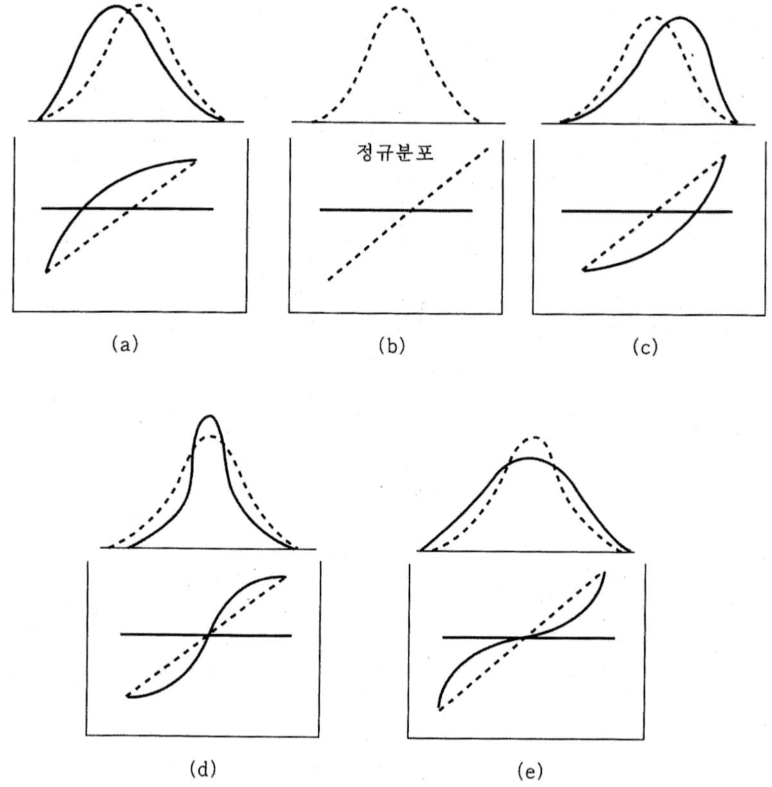

그림 4-10 확률지상의 곡선과 모집단의 분포

풀이)

자료를 관측값 순서로 정렬하여 '부록'으로부터 n=10일 때의 중앙순위를 찾아 분포곡선의 추정치로 사용한다.

고장순서	마모수명(시간)	중앙순위(%)
1.	500	6.70
2.	620	16.32
3.	680	25.94
4.	750	35.57
5.	805	45.19
6.	853	54.81
7.	910	64.43
8.	960	74.06
9.	1,030	83.68
10.	1,146	93.30

자료의 마모수명을 가로축로, 중앙순위를 세로축으로 하여 정규확률지에 타점하면 그림 4-11를 얻는다. 이것은 거의 직선으로 보이고, 정규분포에 따른다고 판단할 수 있다. 그러므로 확률지에서 직접 읽어서,

(1) P{T>1,000} = 20%

(2) P{T≤800} = 45%

(3) P{700≤T≤900} = P{T≤900} - P{T≤700} = 65% - 27% = 38%

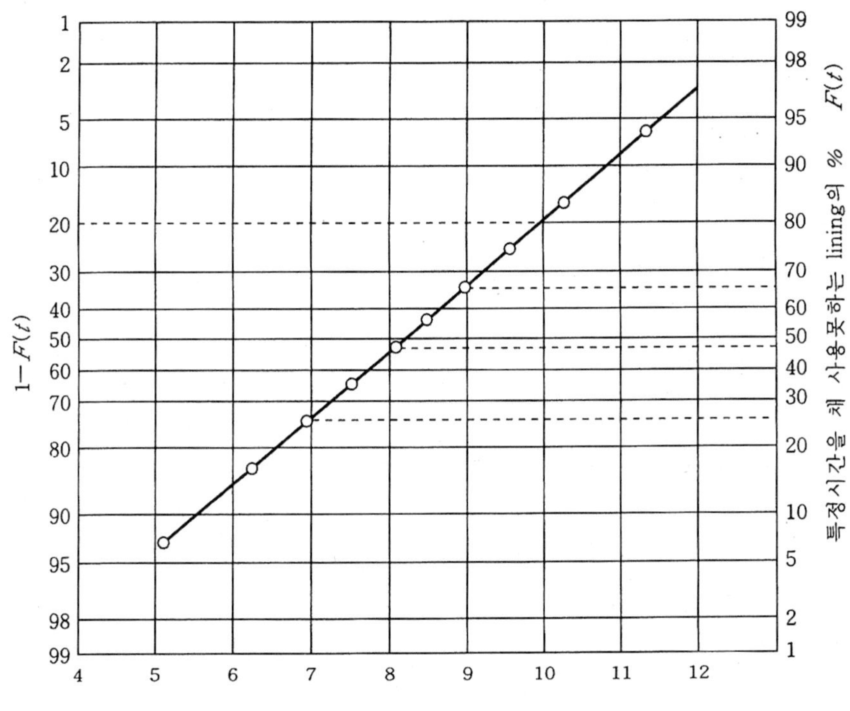

그림 4-11 라이닝 마모수명의 누적분포

[예제] 4.10

100 W 짜리 LED 램프의 수명은 평균 100 시간, 표준편차 50 시간의 정규분포를 갖는다고 한다.

(1) 새로 교환한 램프가 50 시간 이상 견딜 수 있는 확률은?

(2) 이미 100 시간 사용한 램프가 앞으로 50 시간 이상 견딜 확률은?

풀이)

(1) 표준정규분포 곡선 F(z) 의 면적으로부터 (부록 참조)

$$R(50) = P\{T \geq 50\} = P\left\{Z \geq \frac{50-100}{50} = -1\right\} = 0.8413$$

(2) 표준정규분포 곡선의 면적으로부터

$$P\{잔여수명 > 50\} = \frac{P(수명 \geq 150)}{P(수명 \geq 100)}$$
$$= \frac{P\left\{Z \geq \frac{150-100}{50} = 1\right\}}{P\left\{Z \geq \frac{100-100}{50} = 0\right\}} = \frac{0.1587}{0.5} = 0.3174$$

(4) 절단정규분포(truncated normal distribution)

정규분포를 따르는 수명이 어떤 위치보다 크다는 것이 알려질 경우 절단정규분포를 이용할 수 있다. 재료의 강도에 대한 분포를 모형화하는 데 많이 이용된다. 변수는 위치모수 t_0 이상에서 정의된다. 조건부 확률을 상기하여, 밀도함수, 분포함수, 신뢰도함수는 각각 정규분포의 그것들을 $1-\Phi\left(\frac{t_0-\mu}{\sigma}\right)$로 나누면 된다. 그러나 고장률함수는 확률이 아니므로 그대로 같다.

4.3.4 로그정규분포

(1) 분포함수

정규분포는 평균을 중심으로 대칭적으로 퍼져 있다. 그러나 수명이나 내구성에 관한 현상 중에는 대칭적이 아닌 경우가 많고 이런 현상을 묘사하기 위한 비대칭적인 분포곡선 중에 로그정규분포가 있다.

수명 T의 로그[14]값(=Y라 하자)이 정규분포를 갖게 될 때 수명은 로그정규분포를 갖는다고 한다. 로그평균을 μ(≠ln E[T]), 로그표준편차를 $\sigma(\neq \ln\sqrt{V[T]}\,)$라 할 때 로그정규분포를 따르는 확률변수의 기호는 T~LN(μ,σ²)으로 표시한다[15]. 로그정규분포의 밀도함수, 분포함수, 신뢰도함수, 고장률함수는 다음과 같다. 여기서 μ와 σ²는 평균, 분산이 아닌 모수이다.

$$f(t) = \frac{1}{t\sigma\sqrt{2\pi}} e^{-\frac{(\ln t-\mu)^2}{2\sigma^2}} \qquad (4.3.34)$$
$$f(y) = \phi\left(\frac{y-\mu}{\sigma}\right)$$

14) 로그를 아주 오래전에 대수(對數)란 용어를 썼었는데, 그 뜻은 대응되는 수란 뜻이다. 그런데 대수(代數)와 혼동되어서 로그라고 쓴다. 로그는 곱셈을 덧셈으로, 거듭제곱을 곱으로 변환시켜 준다. 원래 수로 환원하려면 e을 취하면 된다.

15) 주의, μ는 E[ln T]이지 ln E[T]가 아님. σ²는 V[ln T]이지 ln V[T]가 아님.

$$F(t) = \frac{1}{\sigma\sqrt{2\pi}} \int_0^t \frac{1}{x} e^{-\frac{(\ln x - \mu)^2}{2\sigma^2}} dx \tag{4.3.35}$$

$$F(y) = \Phi(\frac{y-\mu}{\sigma})$$

$$R(t) = \frac{1}{\sigma\sqrt{2\pi}} \int_t^\infty \frac{1}{x} e^{-\frac{(\ln x - \mu)^2}{2\sigma^2}} dx \tag{4.3.36}$$

$$R(y) = 1 - \Phi(\frac{y-\mu}{\sigma})$$

$$h(t) = \frac{1}{t} e^{-\frac{(\ln t - \mu)^2}{2\sigma^2}} / \int_t^\infty \frac{1}{x} e^{-\frac{(\ln x - \mu)^2}{2\sigma^2}} dx \tag{4.3.37}$$

이들 함수의 곡선들이 그림 4-12에 나와 있다.

로그정규분포의 고장률함수는 그림에 있는 것과 같이 일단 증가했다가 다시 감소하는 역욕조곡선 형태이다. 이런 특성 때문에 로그정규분포는 수리시간의 분포에 적합한 편이다.

(2) 평균, 분산, 중앙값

정규분포와 로그정규분포의 관계로부터 로그정규분포의 중앙값(50%수명)은 다음과 같다.

$$T_{50\%} = e^{\mu} \tag{4.3.38}$$

따라서 이 중앙값은 모수 μ 대신으로 분포곡선을 묘사하는 데에 자주 쓰인다. 로그정규분포의 평균과 분산은 다음과 같다. 평균은 중앙값보다 우측이다.

$$E[T] = e^{\mu + \sigma^2/2} \tag{4.3.39}$$

$$V[T] = E[T^2] - E[T]^2 = e^{2\mu + \sigma^2}(e^{\sigma} - 1) \tag{4.3.40}$$

일반으로 X_1 과 X_2가 상호독립인 로그정규분포를 따른다면 $Y=X_1 \cdot X_2$ (X_1+X_2가 아닌)도 로그정규분포를 따르게 된다. 곱의 로그는 덧셈으로 나타나므로 당연하다.

정규분포에서 변수의 범위는 -∞에서 ∞까지 정의됨에 비해 로그정규분포에서 변수의 범위는 0에서 ∞까지 정의되므로 신뢰도에 좀 더 그럴듯하지만, 수작업의 분석 방법이 좀 더 번거로운 점이 있다.

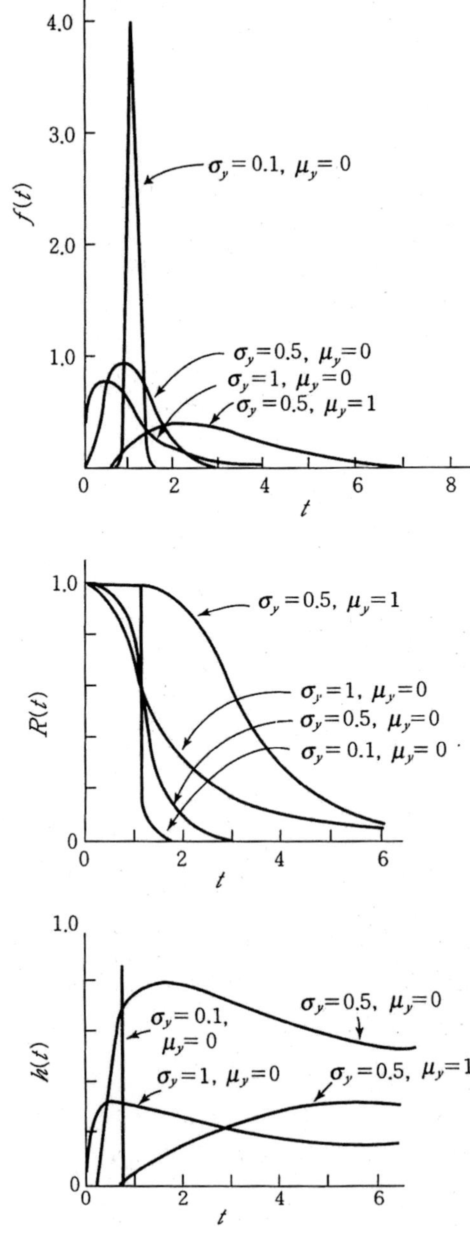

그림 4-12 로그정규분포의 f(t), R(t), h(t)

[예제] 4.11

어떤 부품의 수명은 로그정규분포를 따르며 50%의 수명 $T_{.50}$ = 1,000시간, 로그값 모집단의 표준편차 $\sigma_y = 1$이라 한다. 이 부품이 1,500시간 동안 고장나지 않을 확률은?

풀이)

$T_{50\%} = e_y^{\mu} = 1,000$이므로 $\mu_y = \ln 1,000 = 6.908$(시간)이며 신뢰도함수로부터

$R(1,500) = 1 - \Phi(\frac{\ln 1,500 - 6.908}{1}) = 1 - \Phi(0.4052) \approx 0.34$

[예제] 4.12

특정 장비의 수명 T는 로그정규분포를 따른다고 한다. $T_{.05}$=0.01년, $T_{.95}$=0.04년이라면 중앙값 $T_{.50}$은?

풀이)

ln T를 Y라고 할 때, $Y_{.05}$=ln0.01=-4.605, $Y_{.95}$=ln0.04=-3.219이므로 로그평균 μ(y)=$Y_{.50}$=-3.912. 따라서 $T_{.50} = e_y^{\mu} = 0.02$년.

참고로 표준정규분포표에서 $Z_{.05}$=1.645이므로 $Y_{.95} = \mu_y + 1.645\sigma_y$에서 $\sigma_y = 0.4214$.

(3) 확률지와 모수 추정

확률변수가 로그정규분포를 갖는 경우 이의 분포함수가 직선으로 나타나게 만든 확률지가 로그확률지이다.

어떤 자료들을 로그확률지에 찍어보아 직선으로 판단한다면 그 확률변수는 로그정규분포를 갖는다고 가정할 수 있다.

실측 자료를 분석하기 위해서 앞서의 중앙순위를 사용하여 확률지에 자료를 찍는 방법으로 분포여부를 알 수 있고, 다음과 같이 μ_y, σ_y의 추정값을 구한다.

$$t_{.50} = e^{\hat{\mu}_y}$$
$$\hat{\mu}_y = \ln t_{.50}$$
$$\hat{\sigma}_y = t_{.8413} - \hat{\mu}$$

로그확률지가 없을 경우, 수명자료의 로그값을 취하여 정규확률지에 타점하여 관계식으로 구할 수 있다.

완전자료의 표본평균과 표본분산을 사용하여 모수를 추정하면 다음과 같다.

$$\hat{\mu}_y = \frac{\sum_{i=1}^{n} \ln t_i}{n} \tag{4.3.42}$$

$$\widehat{\sigma_y^2} = \frac{\sum_{i=1}^{n}(\ln t_i - \widehat{\mu_y})^2}{n-1} \tag{4.3.43}$$

위 두 식으로부터 식 (4.3.39)의 평균과 분산을 추정할 수 있다.

[예제] 4.13

원자로의 제어봉을 받치는 스프링을 만드는 재료로 전단강도(shear strength[16])가 3×10^4psi인 직경 0.2 인치의 강철선이 쓰인다. 예방보전의 일환으로 스프링이 부러지지 않았더라도 평상운용 스트레스 수준에서 10^6 회의 부하를 받은 후에는 신품으로 대체를 한다. 과거 경험으로 비추어 볼 때 평상운용 스트레스 수준에서 스프링의 수명 T(횟수)는 로그변환된 Y의 모수가 $\mu_y = 14.14$, $\sigma_y = 0.238$의 값을 갖는 로그정규분포를 한다고 알려져 있다. 이런 정책 하에서 스프링이 부러질 확률은?

풀이)

(1) 예방보전이 10^6회마다 있으므로 스프링이 부러질 확률은 이것이 10^6회의 부하를 받기 전에 부러질 확률이다. Y=lnT가 정규분포를 가지므로 부러질 확률은 $P\{T<10^6\}=P\{Y<\ln 10^6=13.82\}$을 구하는 것이다. 정규분포의 확률수표를 이용하기 위하여 Y를 표준정규 확률변수 Z로 변환하여
$P\{Z<(13.82-14.14)/0.238\}=P\{Z<-1.35\} = 0.0885$ (수표를 읽어서), 곧 8.85%이다.

(2) 확률지를 사용하여 풀 수 있다. 수명이 로그정규분포를 갖는다는 것을 알고 있으므로 분포함수는 로그확률지상에 직선으로 나타날 것이다. 이 직선을 결정하기 위해서는 확률지에 직선을 이루는 2 점을 찍어야 한다. $T=e^Y$ 관계로부터, 한 점은 평균을 이용하여 $F(Y=\mu_y=14.14)=0.5$, 즉 $F(T=e^{\mu_y}=e^{14.14}=1.38\times10^6)=0.5$. 따라서 첫 번째 점의 좌표는 $(1.38\times10^6, 50\%)$이다. 두 번째 점은 1σ를 이용한다. 표준정규분포표 상, $F(\mu+1\sigma)$를 읽으면 0.8413이므로 $F(Y=\mu_y=14.14+1\times0.238)=0.8413$, 즉 $F(T=e_y^{\mu}=e^{14.14}+1\times0.238=1.755\times10^6)=0.8413$. 따라서 두 번째 점의 좌표는 $(1.755\times10^6, 84.13\%)$이다. 위의 두 점을 연결하는 직선을 그으면 그림 4-13과 같고 여기서 좌표 $t=10^6$일 때의 세로축의 F 값을 읽으면 부러질 확률은 9%이다.

16) 길이에 직각으로 작용하는 잘리는 힘이 전단력이고 그것에 대응하는 강도

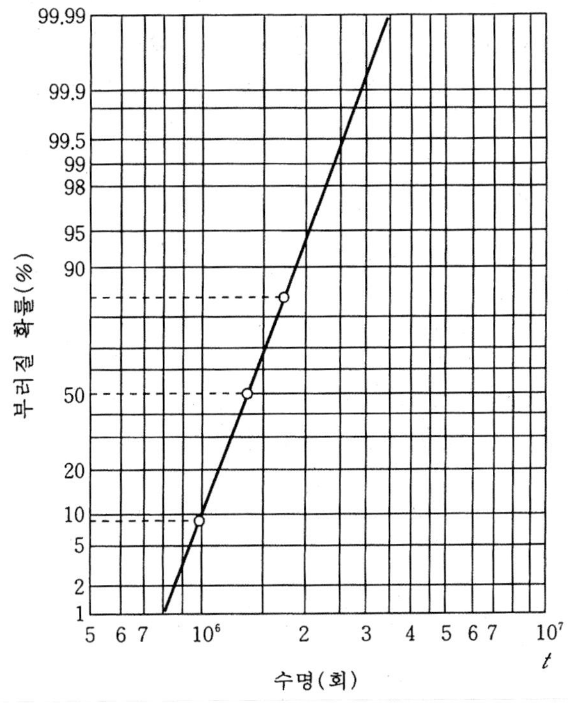

그림 4-13 스프링 수명의 누적확률분포

4.3.5 감마분포와 얼랭(Erlang) 분포

(1) 분포함수

얼랭분포는 감마분포 중의 특별한 경우이다. 실용적인 점에서 얼랭분포가 많이 쓰인다고 볼 수 있다[17]. 확률변수 T가 얼랭분포에 따를 때, 기호를 T~Er(n,λ)로 표시하자. n은 자연수, λ는 양의 실수이다.

얼랭분포의 형상모수 n 대신 실수 α로 하였을 때, 감마분포가 된다. 확률변수 T가 감마분포에 따를 때, 기호를 T~Gam(α,λ)로 표시하자.

얼랭분포와 감마분포의 밀도함수, 분포함수, 신뢰도함수, 고장률함수는 다음 표와 같다. n 및 α는 형상모수, λ는 척도모수이다.

이들 함수의 곡선들을 그림 4-14에 보였다.

17) 얼랭은 대기이론(Waiting theory)을 발전시킨 사람이다. 얼랭분포는 단위시간에 몇 명이 도착할지의 분포로 볼 수 있다. n이 확률변수(단위=1/시간)인가 T가 확률변수(단위=시간)인가의 관점에 따라 접근의 차이가 있다.

	얼랭분포 (n,λ)	감마분포 (α,λ)
f(t)	$\lambda e^{-\lambda t}\frac{(\lambda t)^{n-1}}{(n-1)!}$ (4.3.44)	$\lambda e^{-\lambda t}\frac{(\lambda t)^{\alpha-1}}{\Gamma(\alpha)}$ (4.3.48)
F(t)	$1-\sum_{k=0}^{n-1}\frac{(\lambda t)^k e^{-\lambda t}}{k!}$ (4.3.45)	$\int_0^t \lambda e^{-\lambda x}\frac{(\lambda x)^{\alpha-1}}{\Gamma(\alpha)}dx=\frac{\Gamma(\alpha;\lambda t)}{\Gamma(\alpha)}$ (4.3.49)
R(t)	$\sum_{k=0}^{n-1}\frac{(\lambda t)^k e^{-\lambda t}}{k!}$ (4.3.46) $=e^{-\lambda t}\left[1+\lambda t+\cdots+\frac{(\lambda t)^{n-1}}{(n-1)!}\right]$	$\int_t^\infty \lambda e^{-\lambda x}\frac{(\lambda x)^{\alpha-1}}{\Gamma(\alpha)}dx=1-\frac{\Gamma(\alpha;\lambda t)}{\Gamma(\alpha)}$ (4.3.50)
h(t)	$\frac{\lambda(\lambda t)^{n-1}}{(n-1)!}/\sum_{k=0}^{n-1}\frac{(\lambda t)^k}{k!}$ (4.3.47)	$\frac{t^{\alpha-1}e^{-\lambda t}}{\int_t^\infty x^{\alpha-1}e^{-\lambda x}dx}$ (4.3.51)

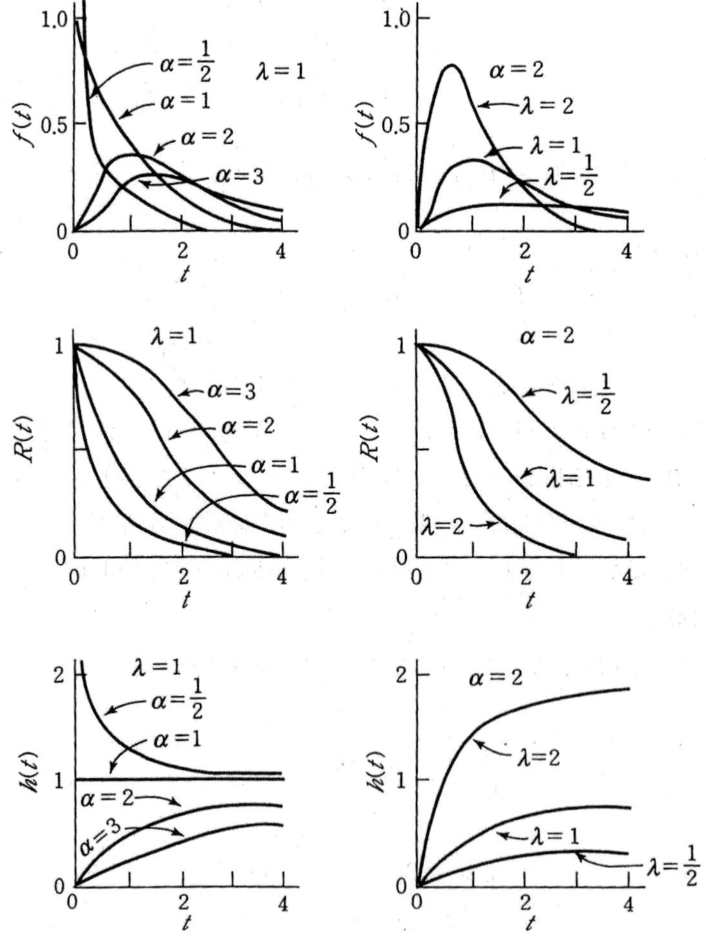

그림 4-14 감마분포의 f(t), R(t), h(t)

얼랭분포함수의 유도*

적분이 쉽지 않으므로 다음과 같이 분포함수를 구할 수 있다.

$$F(t)=\int_0^t \lambda e^{-\lambda x}\frac{(\lambda x)^{n-1}}{(n-1)!}dx=1-\sum_{k=0}^{n-1}\frac{(\lambda t)^k e^{-\lambda t}}{k!}$$

증명)

축차적 풀이를 위해

$$\begin{aligned} G(n-1) &\equiv \int_0^t \lambda e^{-\lambda x}(\lambda x)^{n-1}dx \\ &= \int_0^{\lambda t}(\lambda x)^{n-1}e^{-\lambda x}d(\lambda x) \end{aligned}$$

λx=y라 하면

$$G(n-1)=\int_0^{\lambda t} y^{n-1}e^{-y}dy$$

부분적분을 하면

$$\begin{aligned} G(n-1) &= \left[y^{n-1}(-e^{-y})\right]_0^{\lambda t}+\int_0^{\lambda t}(n-1)y^{n-2}e^{-y}dy \\ &=-(\lambda t)^{n-1}e^{-\lambda t}+(n-1)\int_0^{\lambda t}y^{n-2}e^{-y}dy \\ &=-(\lambda t)^{n-1}e^{-\lambda t}+(n-1)G(n-2) \end{aligned}$$

$$G(1)=-\lambda te^{-\lambda t}+1-e^{-\lambda t}$$

$$\begin{aligned} G(n-1)=\ &1\{-(\lambda t)^{n-1}e^{-\lambda t}\} \\ &+(n-1)\{-(\lambda t)^{n-2}e^{-\lambda t}\} \\ &+(n-1)(n-2)\{-(\lambda t)^{n-3}e^{-\lambda t}\} \\ &\vdots \\ &+(n-1)(n-2)\cdots(2)\{-(\lambda t)e^{-\lambda t}\} \\ &+(n-1)(n-2)\cdots(2)\{1-e^{-\lambda t}\} \end{aligned}$$

$$\begin{aligned} \frac{G(n-1)}{(n-1)} &= \frac{\{-(\lambda t)^{n-1}e^{-\lambda t}\}}{(n-1)!}+\frac{\{-(\lambda t)^{n-2}e^{-\lambda t}\}}{(n-2)!}+\cdots \\ &\quad+\frac{\{-(\lambda t)e^{-\lambda t}\}}{1!}+\left\{1+\frac{-(\lambda x)^0e^{-\lambda t}}{0!}\right\} \\ &=1-\sum_{k=0}^{n-1}\frac{(\lambda t)^k e^{-\lambda t}}{k!} \end{aligned}$$

지수분포와 얼랭분포 관계

독립적인 확률변수 n개가 각각 동일한 모수의 지수분포일 때, 이들 확률변수의 합은 얼랭분포에 따른다. 이것은 다변수 변환과 합성곱(컨볼루션)으로 증명을 보일 수 있다.

[예제] 4.15*

상호독립인 두 확률변수가 모수 λ의 지수분포를 가질 때, 두 변수의 합은 n=2의 얼랭분포임을 보여라.

풀이)

X, Y가 각각 다음의 확률밀도함수를 갖는다고 하자.

$$f_1(x)=\lambda e^{-\lambda x}$$
$$f_2(y)=\lambda e^{-\lambda y}$$

T=X+Y의 밀도함수는

$$\begin{aligned} f(t) &= \int_0^t f_1(v) f_2(t-v) dv \\ &= \int_0^t \lambda e^{-\lambda v} \lambda e^{-\lambda(t-v)} dv \\ &= \lambda^2 e^{-\lambda t} \int_0^t dv \\ &= \lambda^2 t e^{-\lambda t} \end{aligned}$$

감마분포의 고장률함수는 a>1일 때에는 증가고장률함수이며, a=1인 경우에는 지수분포가 되어 상수고장률을 가지며, 0<a<1인 경우에는 감소고장률함수를 갖는다. (증명 생략. 박경수 참조)

감마분포는 두 개의 모수를 적절히 선택함으로서 신뢰성 실험 자료에 맞출 수 있으나, 신뢰도 분야에서는 와이블분포가 더 많이 쓰인다. 한편 감마분포에서 α=r/2, λ=1/2인 경우 자유도 r의 카이제곱분포로 정의된다.

(2) 평균과 분산

$$MTTF=\frac{\alpha}{\lambda}=\theta\beta \tag{4.3.52}$$

$$V[T]=\frac{\alpha}{\lambda^2}=\theta^2\beta \tag{4.3.53}$$

$$\text{표준편차}=\frac{\sqrt{\alpha}}{\lambda}=\theta\sqrt{\beta} \qquad (4.3.53)$$

위의 평균은 다음 식에 얼랭분포함수의 유도를 사용하면 구할 수 있다.

$$\begin{aligned} MTTF &= \int_0^\infty x\,\lambda e^{-\lambda x} \frac{(\lambda x)^{\alpha-1}}{(n-1)!} dx \\ &= \frac{n}{\lambda} \int_0^\infty \lambda e^{-\lambda x} \frac{(\lambda x)^n}{n!} dx \end{aligned}$$

감마함수의 정의는 다음과 같다.

$$\Gamma(\alpha)=\int_0^\infty e^{-y} y^{\alpha-1} dx \tag{4.3.54}$$

감마함수의 축차적 성격에 따라 $\Gamma(\alpha)=(\alpha-1)\Gamma(\alpha-1)$의 관계가 있다. 따라서 α가 자연수 n일 경우 팩토리얼(누승) $(n-1)!$이 된다.

얼랭분포의 고장률함수는 증가함수이다[18].

λ는 척도모수이므로 시간단위에 따라 달라진다. 따라서 $\lambda=1$로 놓아도 일반성을 잃지 않는다. 그러면 고장률은

$$h(t)=\frac{t^{n-1}}{(n-1)!}\Big/\left[1+t+\frac{t^2}{2!}\cdots+\frac{t^{n-1}}{(n-1)!}\right]$$

분모를 $D_n(t)$라 하면

$$\begin{aligned}D_n'(t)&=\left[1+t+\cdots+\frac{t^{n-2}}{(n-1)!}\right]\\&=D_n(t)-\frac{t^{n-1}}{(n-1)!}=D_{n-1}(t)\end{aligned}$$

$$\begin{aligned}h'(t)&=\frac{\dfrac{t^{n-2}}{(n-2)!}D_n(t)-\left[D_n(t)-\dfrac{t^{n-1}}{(n-1)!}\right]\dfrac{t^{n-1}}{(n-1)!}}{[D_n(t)]^2}\\&=\left[\frac{\dfrac{t^{n-2}}{(n-2)!}}{D_n(t)}\right]-\left[\frac{D_n(t)\left\{1-\dfrac{t}{(n-1)}\right\}+\dfrac{t^n}{(n-1)(n-1)!}}{D_n(t)}\right]\end{aligned}$$

첫 째 항 [ ]는 0보다 크고 두 째 항 [ ]의 분모 $D_n(t)$도 0보다 크다. 결국 두 째 항의 분자가 0보다 크다는 것을 보이면 된다.

$$D_n(t)\left\{1-\frac{t}{(n-1)}\right\}+\frac{t^n}{(n-1)(n-1)!}$$

처음 부분을 다음과 같이 각 항끼리 곱한다.

$$\begin{aligned}&\left\{1-\frac{t}{n-1}\right\}\times\left\{1+t+\frac{t^2}{2!}+\cdots+\frac{t^{n-1}}{(n-1)!}\right\}\\&=\left\{1-\frac{t}{(n-1)}\right\}+t\left\{1-\frac{t}{(n-1)}\right\}+t^2\left\{1-\frac{t}{(n-1)}\right\}+\cdots\\&\quad+\frac{t^{n-1}}{(n-1)!}\left\{1-\frac{t}{(n-1)}\right\}\\&=1+t\left\{1-\frac{t}{(n-1)}\right\}+t^2\left\{\frac{1}{2!}-\frac{1}{1!(n-1)}\right\}+t^3\left\{\frac{1}{3!}-\frac{1}{2!(n-1)}\right\}+\cdots\\&\quad+t^{n-1}\left\{\frac{1}{(n-1)!}-\frac{1}{(n-2)!(n-1)}\right\}-t^n\left\{\frac{1}{(n-1)!(n-1)}\right\}\end{aligned}$$

식의 마지막 2 째 항은 자연히 0이 되며 마지막 항은 그 윗 식의 마지막 항과 상쇄되므로 결국

$$1+t\left\{1-\frac{t}{(n-1)}\right\}+\cdots+t^{n-2}\left\{\frac{1}{(n-2)!}-\frac{1}{(n-3)!(n-1)}\right\}$$

이 일반항은

$$t^k\left\{\frac{1}{k!}-\frac{1}{(k-1)!(n-1)}\right\}=\frac{t^k}{(k-1)!}\left\{\frac{1}{k}-\frac{1}{(n-1)}\right\}$$

$k\le n-2$에서 $\{1/k-1/n-1\}\ge 0$이므로 $h'(t)>0$이다.

감마함수의 값은 수학수표를 사용하거나[Pearson], 식 (4.3.49a)를 수치적분하여 구할 수 있다. $\Gamma(\alpha;\lambda t)$라고 쓴 것은 적분구간이 $(0,\lambda t)$인 불완전 감마함수의

18) 감마분포의 경우, 형상모수가 1 이하일 때 감소고장률함수이지만, 얼랭분포는 형상모수가 1 이상이므로.

표기이다.

유효한 밀도함수이기 위해서는 F(∞)=1이 되어야 한다. F(t) 식에서 y=λx라 치환하면 dy=λdx이므로 감마함수의 정의로부터 다음을 보일 수 있다.

$$F(t=\infty)=\int_0^\infty e^{-y}\frac{y^{\alpha-1}}{\Gamma(\alpha)}dy=\Gamma(\alpha)/\Gamma(\alpha)=1$$

[예제] 4.14*

확률변수의 적률 개념을 사용하여 감마분포의 평균과 분산을 구하라.

풀이)

감마분포의 k차 적률은

$$\mu^{(k)}=E[X^k]=\int_0^\infty x^k\,\lambda e^{-\lambda x}\frac{(\lambda x)^{\alpha-1}}{\Gamma(\alpha)}dx$$

y= λx, dy=λdx로 치환하면, 다음 식, 즉 감마함수를 얻게 된다.

$$\mu^{(k)}=\int_0^\infty e^{-y}\frac{y^{k+\alpha-1}}{\lambda^k\Gamma(\alpha)}dy=\frac{\Gamma(k+\alpha)}{\lambda^k\Gamma(\alpha)}$$

감마분포의 평균은 k=1의 적률로 다음과 같다.

$$\mu^{(1)}=\frac{\alpha}{\lambda}$$

분산은[19] 2차적률-(1차적률)²이므로

$$\mu^{(2)}-[\mu^{(1)}]^2=\frac{\alpha}{\lambda^2}$$

평균 μ와 분산 σ_2의 식으로부터 α와 λ를 연립방정식으로 풀면 다음과 같다.

$$\begin{cases}\alpha=\left(\dfrac{\mu}{\sigma}\right)^2\\ \lambda=\dfrac{\mu}{\sigma^2}\end{cases}\qquad(4.3.55)$$

(3) 분포의 판단과 모수 추정

감마분포 확률지를 사용하는 방법은 생략한다.

감마분포의 모수를 최우추정치로 추정하는 것은[Ireson] 힘들고, 식 (4.3.55)에 의해, 표본평균과 표본분산으로부터 두 모수의 추정값은 다음과 같다.

$$\hat{\alpha}=\left(\frac{\bar{t}}{s}\right)^2\qquad(4.3.56)$$

19) 암기를 위해 분산의 단위는 변수 단위의 제곱임을 명심하면 된다.

$$\hat{\lambda}=\frac{\bar{t}}{s^2} \tag{4.3.57}$$

α가 알려진 경우, 평균=α/λ로부터, $\hat{\lambda}=\alpha/\bar{t}$ 이고, λ이 알려진 경우, 마찬가지로 $\hat{\alpha}=\lambda\bar{t}$ 로 구할 수 있다.

강조하지만 모수 α의 단위는 무차원이고, λ의 단위는 [1/시간]이다. 그렇다고 해서 감마분포의 λ는 지수분포의 λ처럼 고장률은 아니다. 감마분포의 평균고장률은 평균수명의 역수이므로 λ/α이다.

[예제] 4.16

수명이 감마분포를 따른다고 보이는 5 대의 장비를 수명시험에 걸어 각각의 고장시간이 50, 75, 125, 250, 300 시간이라는 완전자료를 얻었다. 모수를 추정하라.

풀이)

$$\bar{t}=(50+75+125+250+300)/5=160$$
$$s^2=48,250/4=12,062.5$$

그러므로

$$\hat{a}=160^2/12,062.5=2.12$$
$$\hat{\lambda}=160/12,062.5=0.0133$$

모수를 구하는 방법으로서 평균과 최빈값(모드)을 사용할 수 있다[Park(1975)]. 최빈값을 t^*라고 하자.

$$\hat{\alpha}=\frac{\mu}{\mu-t^*} \tag{4.3.59}$$

$$\hat{\lambda}=\frac{1}{\mu-t^*} \tag{4.3.60}$$

즉 평균수명과 전형적인 수명(최빈값)에 의해, 감마분포의 모수를 추정할 수 있다.

[예제] 4.17*

감마분포의 평균과 최빈값으로 모수를 추정하는 식을 구하라.

풀이)

최빈값은 밀도함수를 최대화시키는 변수의 값이므로

$$\begin{aligned} f'(t) &= \frac{\lambda}{\Gamma(\alpha)}\frac{d}{dt}[e^{-\lambda t}(\lambda t)^{\alpha-1}] \\ &= \frac{\lambda}{\Gamma(\alpha)}[-\lambda e^{-\lambda t}(\lambda t)^{\alpha-1} + \lambda e^{-\lambda t}(\alpha-1)(\lambda t)^{\alpha-2}] \\ &= \frac{\lambda}{\Gamma(\alpha)}\lambda e^{-\lambda t}(\lambda t)^{\alpha-2}[(\alpha-1)-\lambda t] = 0 \end{aligned}$$

$t \neq 0$일 때 [ ] 내의 항 이외의 다른 항들은 0이 아니므로 [ ]을 풀면 최빈값은 $(\alpha-1)/\lambda$과 같다. 평균의 식을 사용하여 다음 연립방정식이 세워진다.

$$\begin{cases} t^* = \dfrac{\alpha-1}{\lambda} \\ \mu = \dfrac{\alpha}{\lambda} \end{cases} \tag{4.3.61}$$

따라서 이 연립방정식을 α와 λ에 대해서 풀면 위의 모수 추정식을 구할 수 있다. 또 다른 추정 방법은 다음 연립방정식의 해와 같다[정해성 외].

$$\begin{cases} \hat{\beta} = \dfrac{\bar{t}}{\hat{\alpha}} \\ \ln\hat{\alpha} - \dfrac{\Gamma'(\hat{\alpha})}{\Gamma(\hat{\alpha})} - \ln\bar{t} + \ln t^* = 0 \end{cases} \tag{4.3.62}$$

이의 해법은 쉽지 않고, Greenwood & Durand은 다음 근사값을 제안하였다.

$$\hat{\alpha} = \begin{cases} (0.50009 + 0.16488(\ln(\bar{t}/\tilde{t})) - 0.054427(\bar{t}/\tilde{t})^2), & 0 < (\bar{t}/\tilde{t}) \le 0.5772 \\ \dfrac{8.8989 + 9.0599(\bar{t}/\tilde{t}) + 0.97754(\bar{t}/\tilde{t})^2}{(\bar{t}/\tilde{t})(17.797 + 11.968(\bar{t}/\tilde{t}) + (\bar{t}/\tilde{t})^2)}, & 0.5772 < (\bar{t}/\tilde{t}) \le 17 \\ 1/(\bar{t}/\tilde{t}), & (\bar{t}/\tilde{t}) > 17 \end{cases} \tag{4.3.63}$$

$$\hat{\beta} = \frac{\bar{t}}{\hat{\alpha}} \tag{4.3.64}$$

자료수가 매우 작으면 추정치의 치우침이 매우 크게 되므로 이러한 치우침을 줄이기 위하여 [Bain & Engelhardtt], [Lee]는 다음과 같은 수정된 추정량을 제시하였다.

$$\begin{cases} \hat{\alpha}' = \hat{\alpha}\dfrac{n-3}{n} + \dfrac{2}{3n} \\ \hat{\beta}' = \dfrac{\bar{t}}{\hat{\alpha}'(1-1/n\hat{\alpha}')} \end{cases} \tag{4.3.65}$$

만일 α의 값이 크면 완전자료를 이용할 때 α에 대한 (1-a)신뢰구간은 다음과 같다[Bain & Engelhardtt(1991)].

$$\left[\frac{\chi^2(n-1, 1-a/2)}{2n\ln(\bar{t}/\tilde{t})}, \frac{\chi^2(n-1, a/2)}{2n\ln(\bar{t}/\tilde{t})}\right] \tag{4.3.66}$$

만일 α값이 매우 작으면 자유도는 n-1 대신 2(n-1)에 가깝게 된다.

4.3.6 기타 분포

앞에 나온 분포함수 이외에도 신뢰성공학에 나올 수 있는 분포함수로는 다음과 같은 것들이 있다. 유한한 정의역을 가지는 균등분포, 삼각분포, 베타분포는 실용적으로 장비의 수명분포로 사용하기에는 제한적이다.

(1) 최소극단값분포, 최대극단값분포

최소극단값분포(smallest extreme value distribution)는 최빈값이 오른쪽으로 치우치지만 최소값 즉 왼쪽 꼬리부분의 확률이 상당할 때 사용된다. 여러 개의 확률변수의 최소값의 분포함수로, 최저온도, 가뭄 중의 강우량과 같은 최소값의 극단적 현상을 설명한다. 가장 약한 부품이 고장날 때 체계 고장시간을 모형화할 때 자주 사용된다. 기계적인 고장문제나 예컨대 미사일의 부식성 화학물질 파이프의 수명에 적용될 수 있다. 또 신뢰도 직렬구조의 경우에도 종종 사용된다. 여기서 비교적 많이 사용되는 굼벨(Gumbel)분포를 설명한다. 굼벨분포는 수학적으로는 와이블분포의 로그변환분포이다. X가 형상모수 β, 척도모수 η의 와이블분포를 따른다면, T=ln X는 위치모수 μ=ln η, 척도모수 σ=1/β의 굼벨분포를 따른다. 확률밀도함수, 분포함수, 신뢰도함수, 고장률함수는 다음과 같다. 굼벨분포의 고장률은 증가 고장률함수이다.

$$f(t) = \frac{1}{\sigma} e^{[(t-\mu)/\sigma] - e^{(t-\mu)/\sigma}} \tag{4.3.67}$$

$$F(t) = 1 - e^{-e^{(t-\mu)/\sigma}} \tag{4.3.68}$$

$$R(t) = e^{-e^{(t-\mu)/\sigma}} \tag{4.3.69}$$

$$h(t) = \frac{1}{\sigma} e^{(t-\mu)/\sigma} \tag{4.3.70}$$

굼벨분포의 평균과 분산은 다음과 같다. ɣ는 오일러상수 0.5772⋯이다[20].

$$E[T] = \mu - \gamma\sigma \tag{4.3.71}$$

$$V[T] = (\pi\sigma)^2/6 \tag{4.3.72}$$

---

20) 오일러는 이름을 붙인 상수 두 개를 가지고 있는 유일한 수학자이다. 오일러-마스케로니 상수 ɣ=0.57721...와 자연대수 e=2.71828...이다.

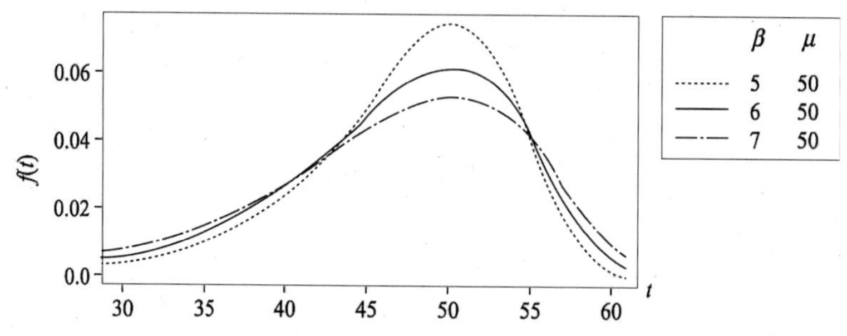

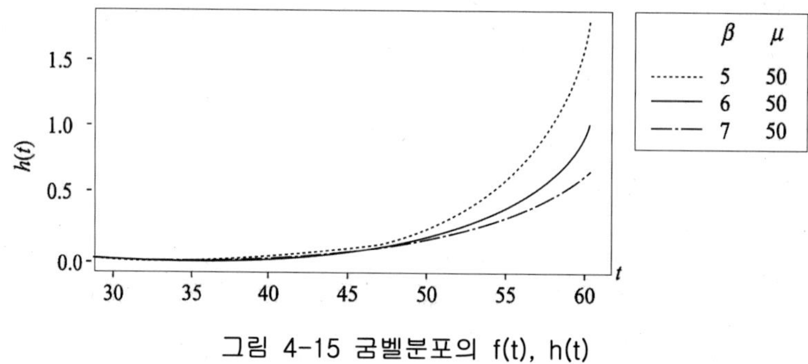

그림 4-15 굼벨분포의 f(t), h(t)

[예제] 4.18

미사일에 사용되는 연료파이프의 수명은 σ=9만 시간, μ=100만 시간의 최소극단값분포를 따른다고 한다. 이 부품의 평균과 표준편차는 얼마이고, 이 부품이 80만 시간 이상 정상 사용할 확률은 얼마인가?

풀이)

(1) 평균은 100-(0.5772×9)=94.8(만 시간), 표준편차는 √[(3.14×9)²/6]=11.9 (만 시간)

(2) R(80)= $R(80) = e^{-e^{(80-100)/9}} = 0.8973$

참고로 최대극단값분포(largest extreme distribution)는 반대로 최빈값이 왼쪽으로 치우치지만 최대값 즉 오른쪽 꼬리부분의 확률이 상당할 때 사용된다. 최대온도, 고액보험손실과 같은 최대값의 극단적 현상을 설명한다. 관련 함수는 최소극단값분포에서 (t-μ)의 좌우대칭으로 접근할 수 있다. $f(t) = \frac{1}{\sigma} e^{-[(t-\mu)/\sigma + e^{-(t-\mu)/\sigma}]}$,

$F(t)=e^{-e^{-(t-\mu)/\sigma}}$, R(t)=1-F(t), $h(t)=\frac{1}{\sigma}e^{-(t-\mu)/\sigma}/e^{[e^{-(t-\mu)/\sigma}-1]}$, 평균=μ+γσ, 분산=(πσ)²/6과 같다.

(2) 로지스틱분포

로지스틱분포는 정규분포와 비슷하지만 양쪽 꼬리가 더 길고 더 뾰족한 확률변수에 사용된다. 위치모수 μ와 척도모수 s로 정의된다. 정규분포와 마찬가지로 형상모수는 없다. 즉 한 가지 형상이란 뜻이다. 이 분포는 예를 들어 성장모형에 사용되는데, 수명분포로 잘 사용된다.

확률밀도함수와 분포함수는 다음과 같다. 여기서 sech는 쌍곡함수의 하나인 하이퍼볼릭세칸트로 $\mathrm{sech}(t)=\frac{2}{e^t+e^{-t}}$ 이다.

$$f(t)=\frac{e^{-\frac{t-\mu}{s}}}{s\left(1+e^{-\frac{t-\mu}{s}}\right)^2}=\frac{1}{4s}\mathrm{sech}^2\left(\frac{t-\mu}{2s}\right),\quad -\infty<t<\infty \tag{4.3.73a}$$

$$F(t)=\frac{1}{1+e^{-\frac{t-\mu}{s}}} \tag{4.3.73b}$$

$$R(t)=\frac{e^{-\frac{t-\mu}{s}}}{1+e^{-\frac{t-\mu}{s}}} \tag{4.3.73c}$$

$$h(t)=\frac{1}{s\left(1+e^{-\frac{t-\mu}{s}}\right)} \tag{4.3.73d}$$

고장률함수는 증가함수인데 정규분포의 고장률함수가 아래로 볼록형의 증가함수임에 비해 로지스틱분포의 고장률함수는 변곡점이 있는 증가함수로서 t가 무한대로 가면 수렴한다.

로지스틱분포의 평균과 분산은 다음과 같다.

$$\begin{cases}E[X]=\mu\\ V[X]=(\pi s)^2/3\end{cases} \tag{4.3.74}$$

표준로지스틱분포는 μ=0, s=1로서 다음과 같이 정의된다.

$$f(z)=\frac{1}{(1+e^{-z})^2},\quad 0<z<\infty \tag{4.3.75}$$

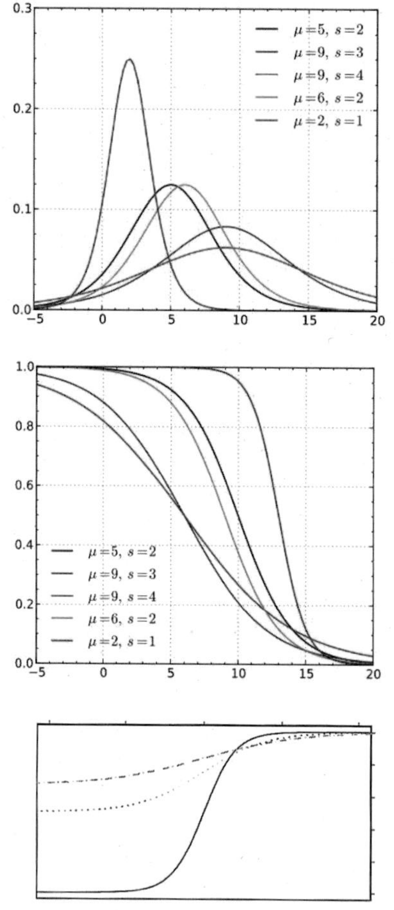

그림 4-16 로지스틱분포의 f(t), R(t), h(t)

(3) 로그로지스틱분포

확률변수의 로그가 로지스틱분포를 따를 경우, 그 변수는 로그로지스틱분포에 따른다. 피스크(Fisk)분포라고도 하며 성장모형에 사용된다. 척도모수 $\alpha(=e^{\mu})$와 위치모수 $\beta(=1/s, >1)$로 정의되며 형상모수는 없다.

확률밀도함수와 분포함수는 다음과 같다.

$$f(t)=\frac{(\beta/\alpha)(t/\alpha)^{\beta-1}}{(1+(t/\alpha)^{\beta})^{2}} \tag{4.3.76a}$$

$$F(t)=\frac{1}{1+(t/\alpha)^{\beta}} \tag{4.3.76b}$$

평균과 분산은 다음과 같다.

$$\begin{cases} E[T] = \dfrac{\alpha\pi/\beta}{\sin(\pi/\beta)}, & \beta > 1 \\ V[T] = \alpha^2\big(2(\pi/\beta)/\sin 2(\pi/\beta) - (\pi/\beta)^2/\sin^2(\pi/\beta)\big), & \beta > 2 \end{cases} \tag{4.3.77}$$

특별히 이 분포는 "메디안=α"이다.

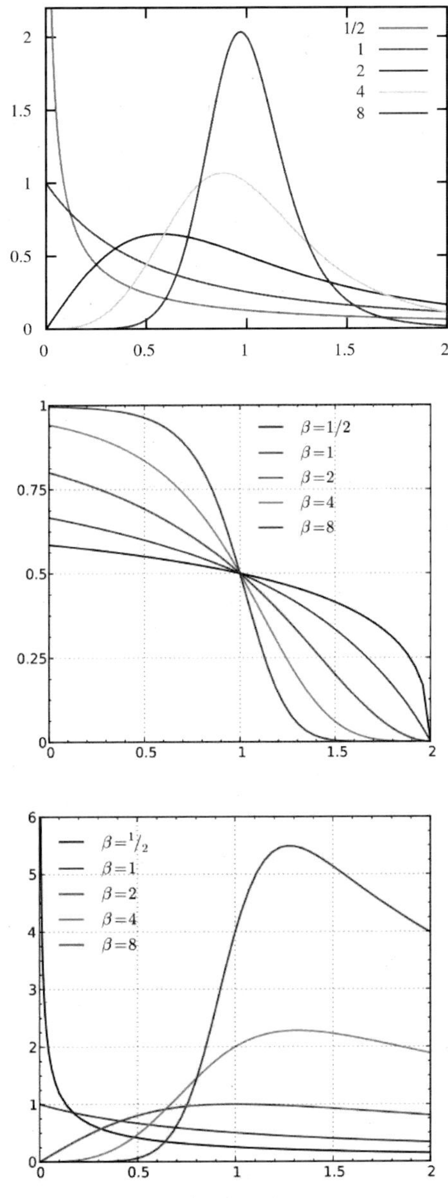

그림 4-20 로그로지스틱분포의 f(t), R(t), h(t)

일반의 통계학에선 다루어지지 않으나 신뢰성공학에서 종종 사용되는 몇 가지 수명분포를 설명한다.

(4) 선형증가고장률(linear failure rate)분포

앞서 와이블분포에서 척도모수=1, 형상모수=2일 때 고장률함수가 선형임을 볼 수 있었고, 이를 특히 레일레이분포라고 하였다. 여기서 고장률이 원점에서 출발하지 않고 절편이 있는 일반 선형인 h(t)=αt+β의 증가형일 경우의 분포함수를 선형증가고장률분포라고 한다.

(5) 메이크햄(Makeham)분포

고장률함수가 $h(t)=1+\theta(1-e^{-t})$의 증가형일 경우의 분포함수가 메이크햄분포이다. 고장률은 1+θ로 수렴한다. 메이크햄분포는 비모수적 검정방법의 검정력 비교에 종종 이용된다.

(6) 효쓰(Hjorth)분포

고장률이 선형과 반비례형의 합인 $h(t)=\delta t+\theta/(1+\beta t)$으로 표현될 때의 분포이다. 3 개의 모수를 가지며, 이들 값에 따라 증가, 감소, 욕조형의 고장률을 갖는다.

θ=0 : 선형고장률의 분포(레일레이 분포, 형상모수 2의 와이블분포)

δ=β=0 : 지수분포

δ=0 : 고장률감소형 분포

δ≥θβ : 고장률증가형 분포

0<δ≤θβ : 욕조형고장률의 분포

(7) 딜론(Dhillon)분포

고장률이 $h(t)=k\lambda ct^{c-1}+(1-k)t^{b-1}b\delta e^{\delta t^{\delta}}$으로 표현될 때의 분포이다. 5개의 모수를 가지며, 이들 값에 따라 증가, 감소, 욕조형의 고장률을 갖는다.

c=1, b=1 : 메이크햄분포(고장률증가형)

k=0, b=1 : 극단값분포

k=0 : 와이블분포

b=0.5 : 욕조형고장률의 분포

(8) 균등(uniform)분포

균등분포의 기호는 T~U(a,b)로 쓴다[21]. 밀도함수, 분포함수, 신뢰도함수, 고장률함수는 다음과 같다.

$$f(t) = \frac{1}{b-a} \tag{4.3.78}$$

$$F(t) = \frac{t-a}{b-a} \tag{4.3.79}$$

$$R(t) = \frac{b-t}{b-a} \tag{4.3.80}$$

$$h(t) = \frac{1}{b-t} \tag{4.3.81}$$

이 고장률함수는 증가고장률함수이며, t=b일 때의 고장률은 ∞이다. 이들 함수의 곡선들이 그림 4-18에 나와 있다. 모수 a, b는 0, 1로 변환할 수 있는데, 이 균등분포는 난수발생 시 기본 개념으로 사용된다.

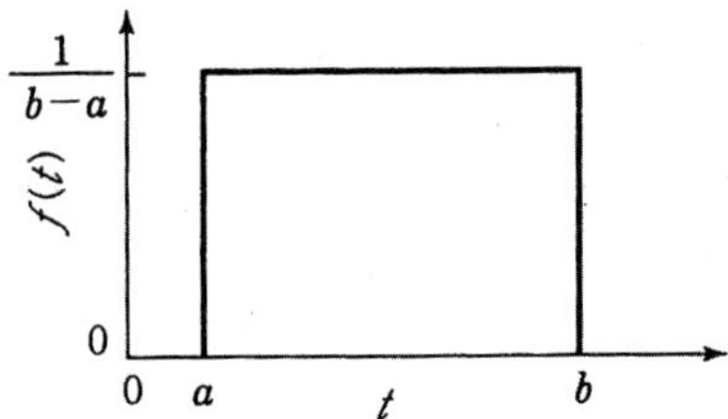

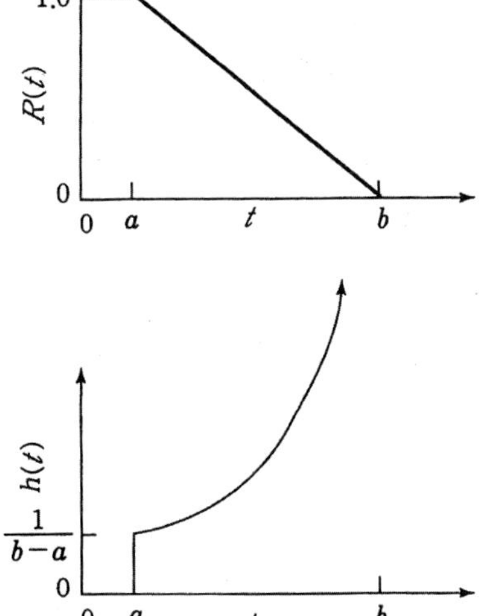

그림 4-18 균등분포의 f(t), R(t), h(t)

21) 균등분포는 일양(一樣)분포, 구형(矩形)분포라고도 하였다.

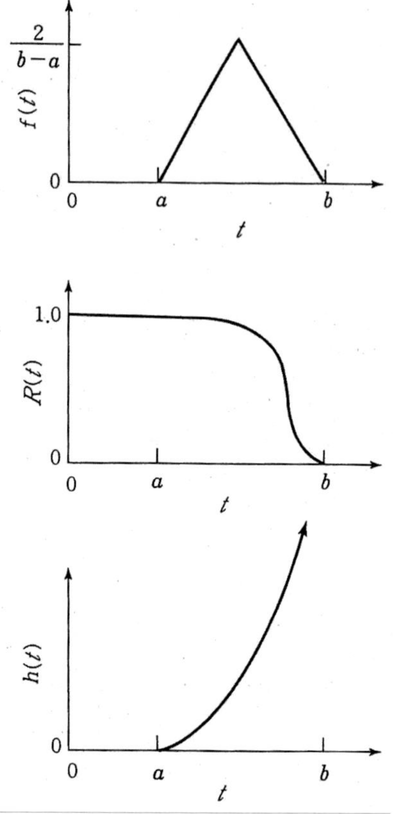

그림 4-19 삼각분포의 f(t), R(t), h(t)

(9) 삼각분포

삼각분포의 밀도함수, 분포함수, 신뢰도함수, 고장률함수는 다음과 같다.

$$f(t)=\begin{cases}\dfrac{4(t-a)}{(b-a)^2}, & a<t\le\dfrac{a+b}{2}\\[2mm]\dfrac{4(b-t)}{(b-a)^2}, & \dfrac{a+b}{2}<t<b\end{cases} \tag{4.3.82}$$

$$F(t)=\begin{cases}\dfrac{2(t-a)^2}{(b-a)^2}, & a<t\le\dfrac{a+b}{2}\\[2mm]1-\dfrac{2(b-t)^2}{(b-a)^2}, & \dfrac{a+b}{2}<t<b\end{cases} \tag{4.3.83}$$

$$R(t)=\begin{cases}1-\dfrac{2(t-a)^2}{(b-a)^2}, & a<t\le\dfrac{a+b}{2}\\[2mm]\dfrac{2(b-t)^2}{(b-a)^2}, & \dfrac{a+b}{2}<t<b\end{cases} \tag{4.3.84}$$

$$h(t)=\begin{cases}\dfrac{4(t-a)}{(b-a)^2-(t-a)^2}, & a<t\le\dfrac{a+b}{2}\\ \dfrac{4(t-a)}{2(b-t)^2}, & \dfrac{a+b}{2}<t<b\end{cases} \tag{4.3.85}$$

이 고장률함수는 증가고장률함수이며 t=b일 때의 고장률은 ∞이다. 이들 함수의 곡선들이 그림 4-19에 나와 있다.

그림의 밀도함수는 좌우가 같은 이등변 삼각형이지만 모수가 하나 더 추가되어 최빈치가 중앙이 아닌 삼각분포가 더 일반적이라고 할 수 있다. 삼각분포는 보통 제한된 자료만 있을 때 주관적인 분석에 사용된다. 참고로 삼각분포는 불연속점이 3곳이 되므로 연속적인 베타분포로 근사화 시키는 일이 많다.

(10) 베타(Beta)분포

장비 수명 T의 분포가 a<t<b에서 정의되고 다음과 같이 두 개의 모수를 갖는 밀도함수일 때 베타분포에 따른다고 한다. 기호로 T~Beta(α,β;a,b)로 쓰자.

$$f(t)=\frac{(\alpha+\beta+1)!}{\alpha!\beta!(b-a)^{\alpha+\beta+1}}(t-a)^{\alpha}(b-t)^{\beta},\quad a<t<b \tag{4.3.86}$$

그런데 $X=\dfrac{T-a}{b-a}$라는 변수변환을 하면, X는, 0<x<1의 정의역으로 일관성을 잃지 않고, 베타분포의 특성을 가진다. 베타분포의 밀도함수, 분포함수, 신뢰도함수, 고장률함수는 다음과 같다.

$$f(x)=\frac{(\alpha+\beta+1)!}{\alpha!\beta!}x^{\alpha}(1-x)^{\beta},\quad 0<x<1 \tag{4.3.87}$$

$$\begin{aligned}F(x)&=\frac{(\alpha+\beta+1)!}{\alpha!\beta!}\int_0^x\tau^{\alpha}(1-\tau)^{\beta}d\tau \\ &=\frac{(\alpha+\beta+1)!}{\alpha!\beta!}B(\alpha+1,\beta+1;x),\quad 0<x<1\end{aligned} \tag{4.3.88}$$

$$R(x)=1-\frac{(\alpha+\beta+1)!}{\alpha!\beta!}B(\alpha+1,\beta+1;x),\quad 0<x<1 \tag{4.3.89}$$

$$h(x)=\frac{x^{\alpha}(1-x)^{\beta}d\tau}{B(\alpha+1,\beta+1)},\quad 0<x<1 \tag{4.3.90}$$

여기서 $\int_0^x\tau^{\alpha}(1-\tau)^{\beta}d\tau=B(\alpha+1,\beta+1;x)$로서 베타함수라 하여 수학수표 [Pearson]를 찾거나 수치적 적분으로 구할 수 있다. 구간이 1까지이면 베타함수, 그렇지 않으면 불완전 베타함수라고 한다.

x=1일 때의 고장률은 ∞이다. 이들 함수의 곡선들이 그림 4-20에 나와 있다. 베타분포에서 α=β=0인 경우에는 균등분포가 되고 α=β=-1/2인 경우에는 유용성은

크게 없어 보이는 아크사인의 형태가 된다.

평균, 분산, 최빈값은 다음과 같다.

$$E[X]=\frac{\alpha+1}{\alpha+\beta+2} \tag{4.3.91}$$

$$V[X]=\frac{(\alpha+1)(\beta+1)}{(\alpha+\beta+3)(\alpha+\beta+2)^2} \tag{4.3.92}$$

$$x^*=\frac{\alpha}{\alpha+\beta} \tag{4.3.93}$$

확률지를 이용한 분포의 적합과 모수 추정은 생략한다.

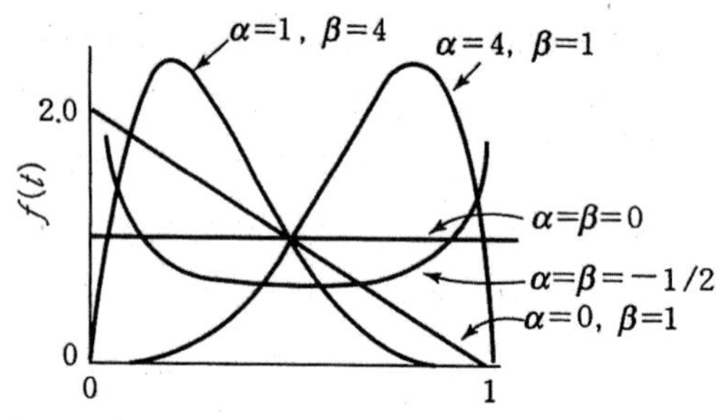

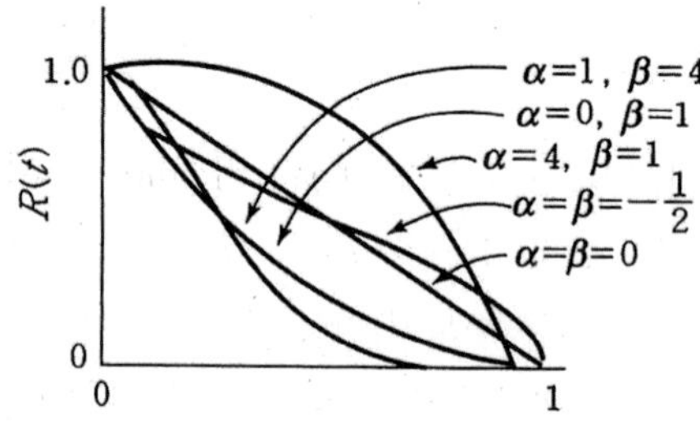

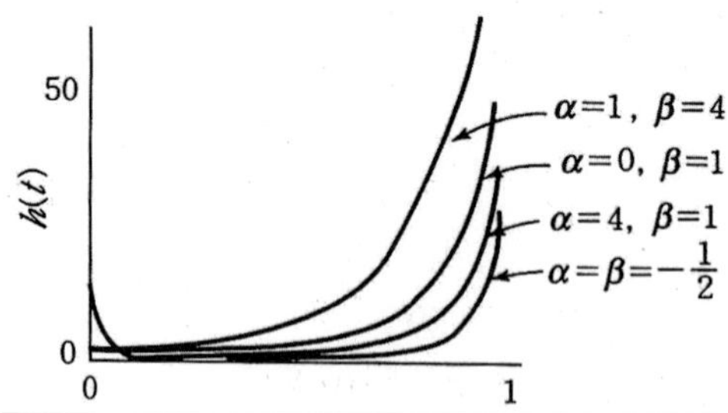

그림 4-20 베타분포의 f(t), R(t), h(t)

4.3.7 포아송분포

포아송분포는 수명에 관한 분포라기보다 거꾸로 단위시간 당 발생 건수를 표현하는 데 적합한 분포이다. 연속의 시간 차원에서 발생하는 고립된 사건들을 묘사하는 데 사용된다. 만약 λ가 단위시간에 발생할 수 있는 사건의 기대값이나 평균이라 하면 t 라는 시간에 사건이 n회 발생할 확률은[22)]

$$p_t(n) = e^{-\lambda t}\frac{(\lambda t)^n}{n!},\ \ n = 0, 1, 2, \dots \tag{4.3.94}$$

평균과 분산은 다음과 같다.

$$E[n] = \lambda t \tag{4.3.95}$$

$$V[n] = \lambda t \tag{4.3.96}$$

그러므로 발생할 수 있는 사건의 단위시간당 평균만 알면 시간 당 1 회의 사건, 1회 이상의 사건이 발생할 확률 등 여러 가지의 확률 계산이 가능하다.

[예제] 4.19

어떤 단기통 엔진 10개에 시험 중인 연료를 써서 30분간 시운전을 하여 매분당 발생하는 조기폭발의 횟수를 기록하였다.

분당폭발횟수	관측횟수	10개 시운전중 총폭발횟수
0	150	0×150= 0
1	100	1×100=100
2	36	2×36 = 72
3	10	3×10 = 30
4	3	4× 3 = 12
5	1	5× 1 = 5

엔진 한 개에서 5분 동안에 조기폭발이 10번 발생할 확률은?

풀이)

엔진 한 개의 매분당 평균 조기폭발횟수는 총 10개×30분 동안 횟수로서,

λ=219회/10개×30분=0.73회/분

분당 0.73회라면 5분당은

λt=0.73×5=3.65

따라서 5분 단위에서 10회 폭발할 확률은

$$p_{5분}(n=10) = e^{-3.65}\frac{(3.65)^{10}}{10!} = 0.003\,(0.3\%)$$

위에서 5분에 10번 폭발할 확률과, 1분에 2번 폭발할 확률은 다르다는 것에 주

22) 여기서 t를 주어진 모수, n을 확률변수로 생각하라. n은 연속형이 아닌 이산형이다. 기호의 이해에 주의하라. 확률변수는 시간의 차원이 아니라 시간의 역수 차원이라는 것을 명심해야 한다. 발생 간의 시간과 시간당 발생 횟수는 동일한 과정의 다른 관점이다. 앞 쪽이 지수분포를 따를 때, 뒷 쪽의 분포는 포아송분포를 따르는데 양자의 관계를 증명하는 것은 흥미롭지만 생략한다.

의하라. 앞 쪽의 확률이 훨씬, 즉 1/40 수준으로 낮다.

$$p_{1분}(n=2)=e^{-0.73}\frac{(0.73)^2}{2!}=0.128(12.8\%)$$

포아송분포는 음미할 것이 꽤 된다. (1) λt를 묶어서 한 모수 μ로 생각하면 확률의 기초에서 보는 익숙한 포아송분포 형태이다.

$$p(n)=e^{-\mu}\frac{\mu^n}{n!},\ n=0,1,2,\ldots \tag{4.3.97}$$

(2) n=0일 때, 이것은 수명 T가 지수분포를 따를 때 신뢰도함수 R(t)와 같다.

$$p_t(0)=e^{-\lambda t} \tag{4.3.98}$$

t 시간 내에 사건이 발생하지 않는 확률은, t 시간 이상 생존할 확률과 같을 수밖에 없다.

포아송확률지를 사용하여 관측된 자료가 포아송분포를 분포를 따르는가를 결정할 수 있고, λt 기대값을 추정할 수 있다. 또 t 시간에 사건이 r 번까지 발생할 누적확률을 구할 수도 있다. 이 확률지의 가로축은 로그척도로 되어 있어 λt의 값이 주어지고 세로축에는 누적확률값 $P\{n_t \le r\}=\sum_{n=1}^{r}p_t(n)$이 나와 있다. 그리고 r=0, 1, 2, …의 표시가 되어 있는 곡선들이 그려져 있다. 사용법은 예제로 살펴 보기로 한다.

[예제] 4.20

위의 예제 4.19에서 매분당 조기폭발횟수에 대한 자료가 포아송분포를 따르는가를 판단하여 만약 그렇다면 분당 평균 조기폭발횟수 λ를 구하라.

풀이)

특정한 횟수의 조기폭발이 일어날 확률은 각 폭발횟수에 대한 관측횟수를 총관측횟수 300으로 나누어 구할 수 있다.

분당폭발횟수(n)	발생확률	누적확률
0	150/300 = 0.500	0.500
1	100/300 = 0.333	0.833
2	36/300 = 0.120	0.953
3	16/300 = 0.033	0.986
4	3/300 = 0.010	0.996
5	1/300 = 0.0033	0.9993

이 발생횟수 별로 그 확률을 포아송확률지의 세로축에서 찾은 뒤, 수평으로 따라가서 r=0, 1, 2, …의 표시가 되어 있는 곡선 상에 찍는다. 그림 4-21에서 보는 것처럼 대략 0.73에서 그은 수직점선 상 부근에 놓여지게 된다. 확률지 상의 타점이 수직선을 이룬다면 포아송분포에 따른다고 할 수 있다. 그 수직선의 가로축 0.73이 λt를 나타낸다. 시간이 1분이므로 λ=0.73이다.

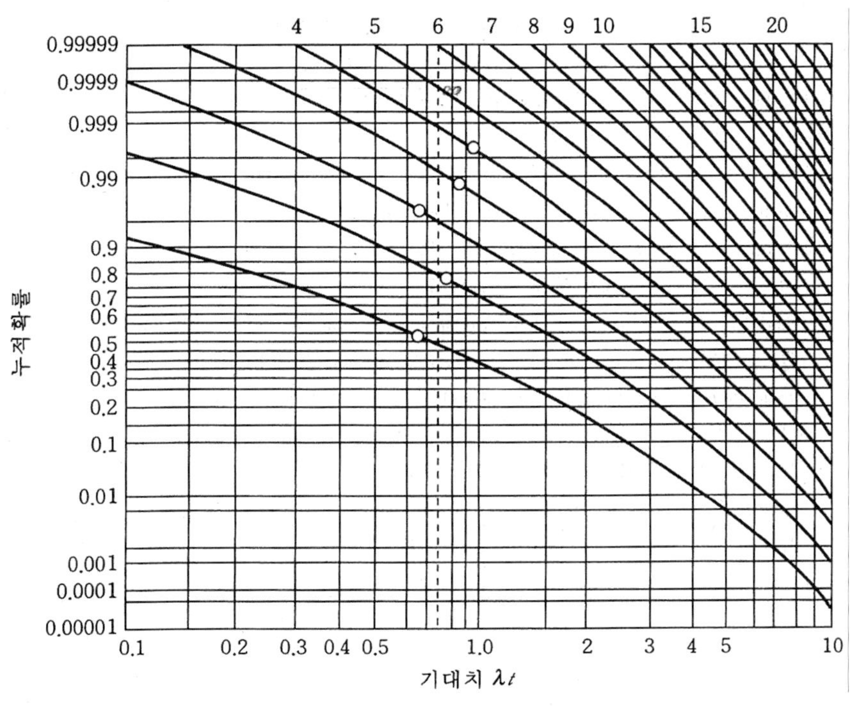

그림 4-21 포아송확률지

4.4 분포의 적합도검정

앞에서 고장자료를 몇 가지 확률지에 타점하여 어떤 확률분포에 따르는지 직관적인 판단을 하였다. 타점들이 직선으로 보이는 어떤 확률분포라고 가정할 때, 이것이 적합한지 통계적 검정법으로서 객관적인 판단을 할 수 있다.

4.4.1 카이제곱 적합도검정

분포함수 F를 따르는 확률변수 X가 계급 k(≤c)에 포함될 확률을 P_k라 하면, 그 계급에서 기대도수는 $E_i = nP_i$이고, 각 계급에 관측도수를 O_i라 하여 다음 통계량을 자유도 c-1의 카이제곱분포의 값과 비교하여 기각역에 떨어지면 적합하지 않다고 판단한다.

$$T=\sum_{j=1}^{c}\frac{(O_j-E_j)^2}{E_j} \tag{4.4.1}$$

$$T>\chi^2_\alpha(c-1):\text{부적합}$$

통계학 기초에서 알 수 있듯이, 만일 분포의 추정에 미지수가 포함된다면 그만큼 자유도에서 뺀다. 주의할 점은, 계급을 어떻게 잡아주는가에 따라 검정통계량이 변할 수 있다는 것이다. 일반으로 표본수가 크다면 $E_j \le 5$일 때 이를 옆의 계급과 묶어서 처리한다.

4.4.2 콜모고로프(Kolmogorov) 적합도검정

관측값의 순서통계량 x_i로서 가정하는 분포함수값 $\hat{F}(x_i)$와 기준 분포함수값 $F_0(x_i)$의 차이 중 최대값을 '콜모고로프 통계량' 값과 비교하여 기각역에 떨어지면 부적합으로 판단한다. 콜모고로프-스미르노프 검정이라고도 한다. 관심있는 독자는 [정해성 외]를 참조하기 바란다.

4.4.3 앤더슨-달링(Anderson-Darling) 적합도검정

앤더슨-달링 통계량은 데이터가 '정규성'에 얼마나 잘 따르는지 관측한다. 데이터가 잘 적합할수록 이 통계량 값은 작아진다. 일반으로 다른 방법에 비해 검정력이 우수하다. '수정 앤더슨-달링 통계량'은 이 통계량의 수정을 통해 기타(와이블, 지수, 감마 등) 분포에 적용 가능하다.

$$A^2=-n-\sum_{i=1}^{n}\frac{2i-1}{n}[\ln(CDF(T_i))+\ln(1-CDF(Y_{n+1-i}))] \tag{4.4.2}$$

$$A^{*2}=\begin{cases}A^2(1+\frac{4}{n}-\frac{25}{n^2}), \text{if } var \text{ and } mean: unknown \\ A^2, \quad OW\end{cases} \tag{4.4.3}$$

4.5 누적고장률 용지

누적고장률 용지(줄여서 고장률용지)를 사용하여 그래프에 타점하여 분포를 알아낼 수 있다. 이 방법은 누적고장률 함수와 신뢰도함수와의 관계를 이용하여 분포 적합 여부와 분포 모수를 추정하는 기법이다. 누적고장률함수는 다른 말로 위험함수라고 한다.

수명의 확률밀도함수, 분포함수, 누적고장률 함수사이에는 다음과 같은 관계가 성립된다.

$$F(t) = 1 - R(t) = 1 - e^{-\int_0^t h(x)dx} = 1 - e^{-H(t)}$$

즉, t와 H(t)의 관계가 직선이 되도록 만든 용지가 누적고장률용지이며, 이에 비해 확률지는 t와 F(t)의 관계가 직선이 되도록 만든 용지이다.

와이블 분포의 경우 누적고장률 함수와 그 로그는 다음과 같다.

$$H(t) = \left(\frac{t}{\eta}\right)^m \tag{4.5.1}$$

$$\ln H(t) = -m\ln\eta + m\ln t \tag{4.5.2}$$

따라서 로그-로그 용지 위에 $(\ln t, \ln H(t))$를 타점하면 직선이 된다.

누적고장률 용지는 와이블 분포, 지수분포, 정규분포, 로그정규분포 등 여러 종류가 있으며 와이블 누적고장률용지가 널리 사용된다. 다중 관측중단일 경우 수작업으로 분석이 힘든 확률지와는 달리 완전자료는 물론 다양한 관측중단자료 해석에 유용한 도구이다[Nelson].

관건은 자료로부터 H(t)를 어떻게 추정하느냐이다. 완전자료로서 미니탭을 이용한 와이블 분포의 누적고장률 용지의 사용 예를 연습문제에서 풀어보도록 한다.

연습문제

4.1 다음과 같은 고장률함수로부터 수명의 평균 E[T]와 분산 Var[T]를 구하라.

(1) $h(t) = \lambda + kt$

(2) $h(t) = ke^{at}$

(3) $h(t) = ke^{at} - k$

4.2 한 제조업자가 강철표본 5개의 충격강도를 시험한 결과 다음과 같은 시험결과를 얻었다.

20.0, 31.0, 26.5, 36.0, 42.5 (ksi)

(1) 와이블 확률지를 사용하여 와이블 기울기와 척도모수를 구하라.

(2) 평균 충격강도는?

(3) 강철의 모집단은 와이블 이외에 근사적으로 어떤 분포함수를 따른다고 말할 수 있는가?

4.3 변속기어의 피로수명을 평가하기 위해서 재공품 중에서 6개를 무작위로 골라서 50,000 psi에서 피로검사를 하여 다음과 같은 결과를 얻었다.

1.2, 1.0, 1.6, 1.3, 1.4, 2.0 (백만RPM)

(1) 기어 모집단 중에서 얼마나 많은 기어가 위의 6개의 표본 중에서 가장 짧은 수명보다도 더 짧은 수명을 갖겠는가?

(2) $T_{.10}$ 수명은 얼마인가? 중앙순위를 사용하여 해를 구하라.

4.4 지수분포함수는 와이블분포함수와 어떤 관계인가?

4.5 어떤 주어진 시험자료가 로그정규분포를 따르는가를 결정하는 가장 빠른 방법은 무엇인가?

4.6 어떤 부품이 고장날 때까지의 수명에 대한 다음과 같은 자료가 있다.

100, 245, 425, 620, 850, 1180, 1450, 1900, 2600, 3500 (시간)

이 자료들은 어떤 분포를 따르며 모수의 값은 무엇인가?

4.7* 모분포 F(·)에서 추출될 n 개 중의 j번째 석차의 표본값을 확률변수 T라 할 때 그 밀도함수는

$$g_i(t) = \frac{n!}{(j-1)!(n-j)!} F(t)^{j-1} [1 - F(t)]^{n-j} f(t)$$

로서 r% 순위란 $\int_{-\infty}^{p} g_j(t)dt = r$이 되는 F(p) 값으로 모분포 F(·)의 형태와는 무관하게 결정됨을 보여라[Johnson 1951]

4.8 다음 8개의 고장자료에 대하여 카플란-마이어 방법에 의해 신뢰도함수를 추정하라.

200, 200(중단), 300, 400, 450(중단), 500, 600, 700

풀이)

$\hat{R}(200) = (7/8) = .875$
$\hat{R}(200^+) = \hat{R}(200)\cdot(6/7)^0 = .875$
$\hat{R}(300) = \hat{R}(200^+)\cdot(5/6) = .729$
$\hat{R}(400) = \hat{R}(300)\cdot(4/5) = .583$
$\hat{R}(450^+) = \hat{R}(400)\cdot(3/4)^0 = .583$
$\hat{R}(500) = \hat{R}(450^+)\cdot(2/3) = .389$
$\hat{R}(600) = \hat{R}(500)\cdot(1/2) = .194$
$\hat{R}(700) = \hat{R}(600)\cdot(0/1) = 0$

4.9 공군에서 특정 제트엔진 100대의 신뢰도 실험결과 다음과 같은 자료를 얻었다. 확률지를 사용하여 분포함수와 모수를 추정하라.

비행시간	고장대수	모수추정 계산 대표값
0	0	0
200	2	100
400	4	300
600	7	500
800	10	700
1,000	14	900
1,200	23	1200
1,400	31	1300
1,600	40	1500
1,800	51	1700
2,000	55	1900

풀이)

표본수가 100이므로 중앙순위를 적용하기보다 고장비율을 F로 사용한다. 시험적으로 정규확률지에 고장 %를 찍어보니 그림과 같이 직선이 나타났다. 그러므로 분포함수는 정규분포라 볼 수 있고 $\mu = T_{50\%}$ = 1,800시간, 또한 T=μ+1σ는 84.13%에 상당하므로 해당 시간과 μ에 의해 σ= 2,600 - 1,800 = 800시간.

주의: 완전자료처럼 평균을 추정하면 오류이다. 더 생존한 엔진도 있기 때문이다.

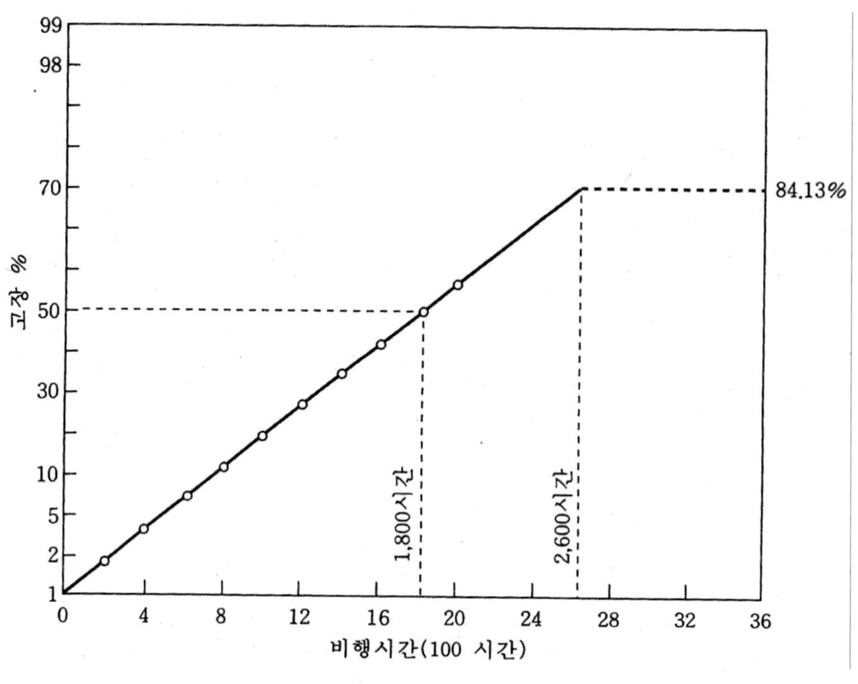

제트엔진 수명의 누적분포

4.10 부품 10개를 수명시험하여 고장이 발생한 시간이 아래와 같다. 미니탭을 이용하여 와이블 확률지에 타점하고 모수를 추정하라. 확률의 추정치로 메뉴 중 '표시점 계산 방법'의 중위수순위(중앙순위) 식을 사용하라.

20	40	50	70	90	130	150	180	250	300

풀이) 미니탭의 "통계분석>신뢰성/생존분석" 메뉴를 이용할 수도 있지만, 완전자료이므로 미니탭을 이해할 겸, "그래프>확률도" 메뉴를 이용하기로 하자.

1) 먼저 메뉴의 도구>옵션>개별그래프>확률도 를 열면 "확률도" 창이 나타난다. Y척도, 그래프방향은 기본으로 따르고, 표시점 계산방법만 유의하여 선택한다. 여기서는 중위수순위(중앙순위)를 클릭한다. 간혹 책의 용어와 미니탭의 용어가 다를 때도 있음을 이해하라.

2) 미니탭 워크시트에 10개의 수명자료를 C1열에 입력한다. 변수명을 '시간'이라고 붙였다. 앞서 말했듯, 워크시트는 엑셀로부터 불러오거나, 엑셀로 저장할 수 있다.

※ 입력된 자료를 세션 창에 출력하려면, 데이터>데이터 표시 를 사용하면 되고, 또는 인쇄명령으로 인쇄할 수 있다.

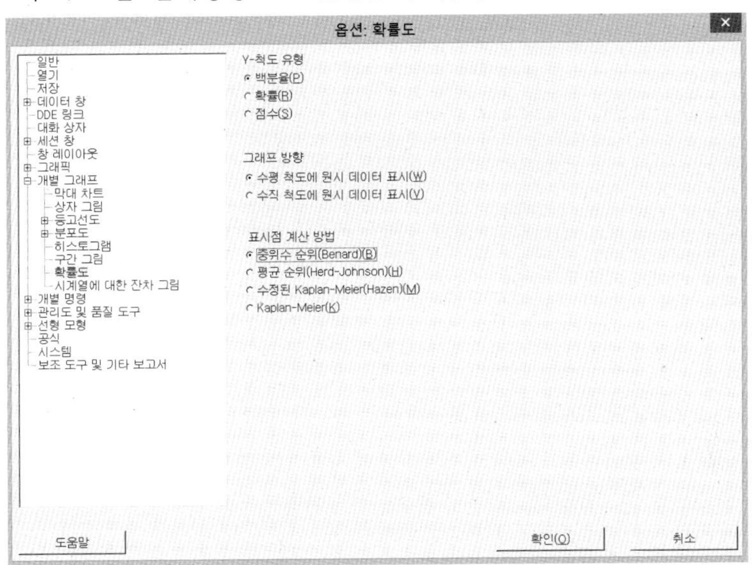

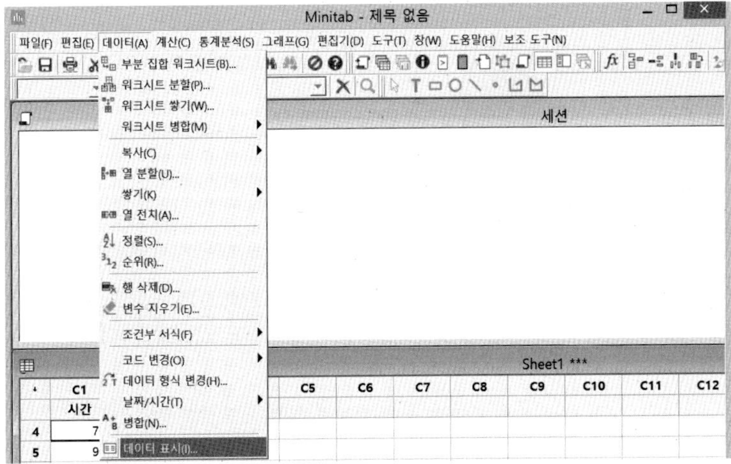

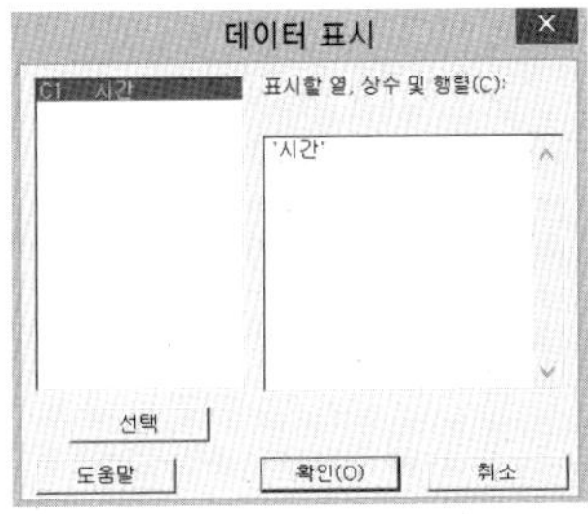

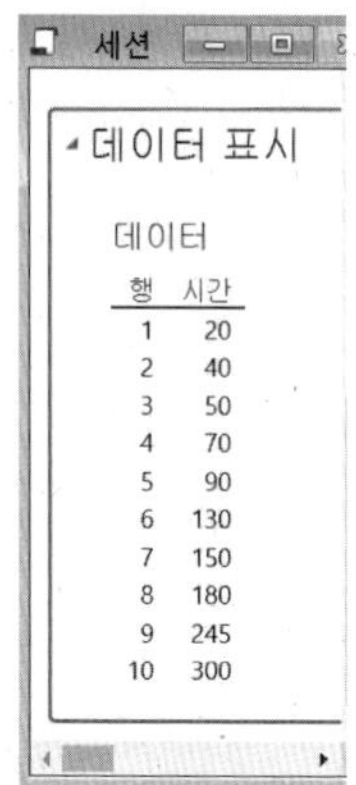

3) 그래프>확률도>단일 로 "단일"을 확인하면 그림과 같이 "확률도:단일" 창이 나타난다. 그래프 변수란에 데이터가 입력된 "C1열 시간"을 지정하고 중앙 하단에 있는 '분포(D)' 버튼을 선택하면 그림과 같이 대화상자가 나타난다.

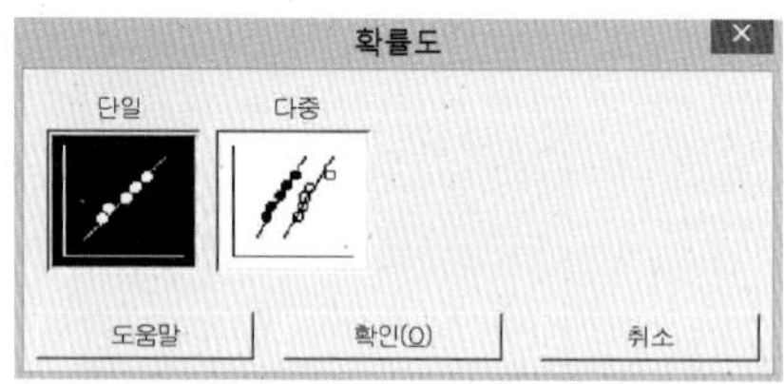

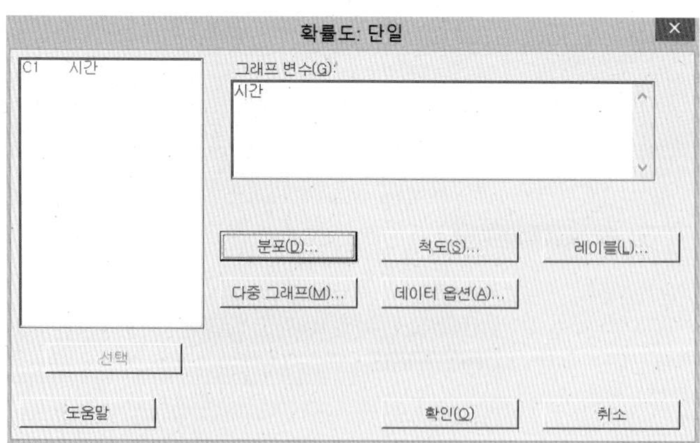

4) 'Weibull 분포'를 선택하고, 확인 버튼을 클릭한다.

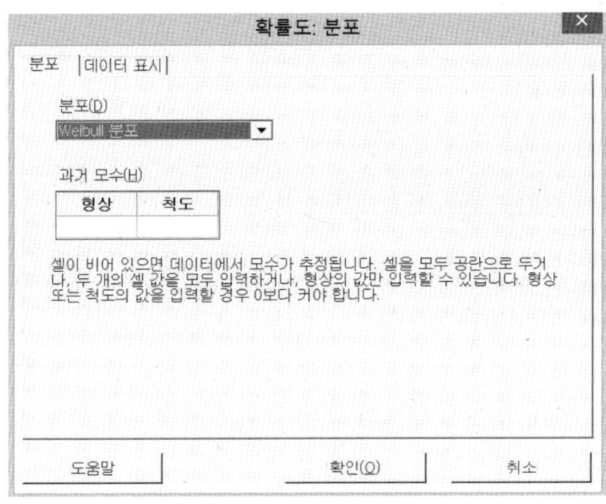

5) 그러면 그림과 같이 확률지 타점, 적합된 직선, 95% 신뢰구간을 확인할 수 있다. 형상모수=1.480, 척도모수=141.3이 나왔다.

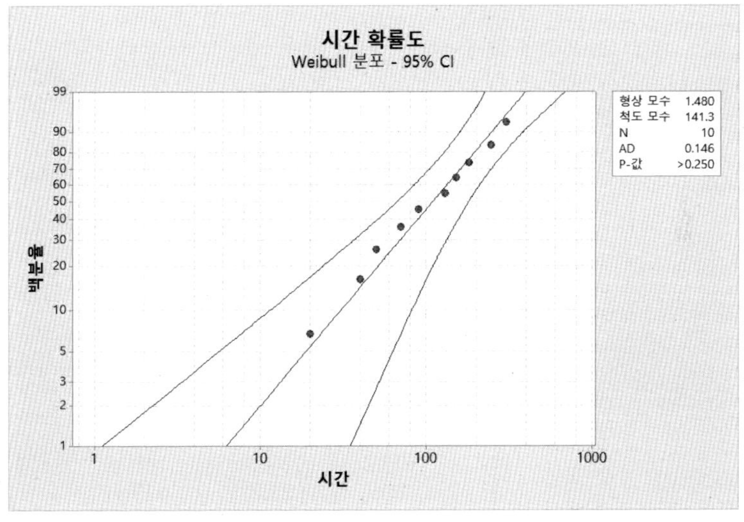

※ "그래프>확률도"에서 선택할 수 있는 분포는 "신뢰성/생존 분석"의 11가지 분포 외에 감마분포, 3-모수감마분포, 최대극단값분포가 추가되어 있다.

※ 이 풀이는 완전자료일 경우만 적용할 수 있으며, 관측 중단 자료인 경우 "신뢰성/생존 분석" 메뉴의 확률지 타점을 사용해야 한다.

4.11 전자회사에서 18개의 전자부품에 대하여 수명시험을 행한 결과로 표와 같이 수명자료가 얻어졌다. 이 자료는 와이블 분포를 따른다고 알려져 있다. 누적고장률 방법으로 미니탭을 이용하여 와이블 분포의 적합도를 판단하고 모수를 추정하라.

805, 360, 730, 390, 110, 90, 160, 940, 320,
40, 190, 590, 420, 250, 490, 1060, 290, 630

풀이) ① 관측 중단되었든지, 완전자료로 관측되었든 관계없이 올림차순으로 정렬한다. ② 고장순서 i의 역순위 k가 고장시점까지 생존갯수란 점을 상기하면, 1개고장/생존갯수=1/역순위=ΔH라고 볼 수 있다. (100을 곱하여 %단위로 한다.) ③ ΔH/Δt=h(t)임을 상기하라. ΔH를 누적하면 누적고장률함수의 추정값이다. 100%보다 클 수 있지만 고장률에선 상관 없다. 이들을 미니탭 워크시트에서 계산할 수도 있고, 엑셀에서 먼저 계산하고 불러오기를 할 수 있다.

※ 와이블 누적고장률용지를 사용할 경우 (t,H)를 타점하고, 점들을 관통하는 직선 여부를 결정한 뒤, 모수를 추정한다.

순서 i	생존대수 k(=i역순)	시간	ΔH % (1/k)	H %
1	18	40	5.56	5.56
2	17	90	5.88	11.44
3	16	110	6.25	17.69
4	15	160	6.67	24.35
5	14	190	7.14	31.50
6	13	250	7.69	39.19
7	12	290	8.33	47.52
8	11	320	9.09	56.61
9	10	360	10.00	66.61
10	9	390	11.11	77.73
11	8	420	12.50	90.23
12	7	490	14.29	104.51
13	6	590	16.67	121.18
14	5	630	20.00	141.18
15	4	730	25.00	166.18
16	3	805	33.33	199.51
17	2	940	50.00	249.51
18	1	1060	100.00	349.51

⑤ 미니탭에 자료를 필요한 만큼 넣은 후, 통계분석>회귀분석>적합선그림 메뉴를 이용해 보자. 그림과 같이 반응변수는 "H%", 예측변수는 "시간"으로 정한다.

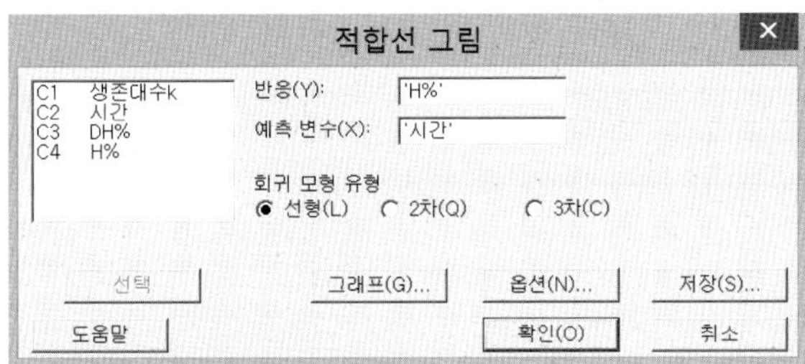

와이블분포에 맞추기 위해, "옵션" 단추를 눌러 로그10 척도를 클릭하고, 신뢰구간여부를 지정할 수 있다. 상용로그가 편리한 점이 있다.

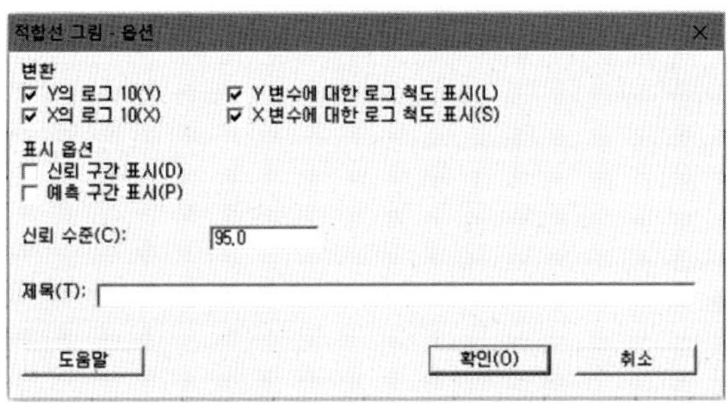

결과는 그림과 같다. 타점들이 직선상에 산점되어 있으므로 이 수명자료는 와이블 분포를 따른다고 볼 수 있다. 적합선 추정식은 $\log_{10}H = -1.344 + 1.250\log_{10}(Time)$과 같고, 기울기로서 형상모수 1.250으로 추정된다. 척도모수는 H가 100%일 때의 Time 값을 구하면 된다. 적합식을 풀거나 또는 그림에서 어림으로 읽으면 척도모수≒490(시간)
확률지를 사용할 경우, 형상모수는 보조선을 이용하고, 척도모수는 H=100%인 수평축을 읽으면 된다.

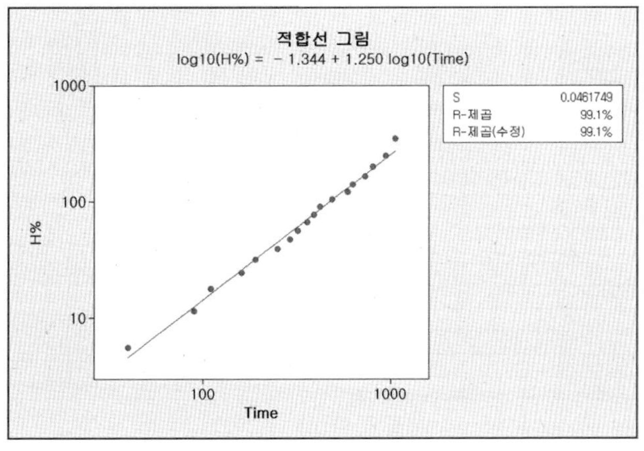

추천어·비추천어·관용어 목록

추천어	비추천어
요구상태·시간	동작필요상태·시간
비요구상태·시간	동작불요상태·시간
운용상태·시간	동작상태·시간(관용)
가동불능상태·시간	동작불능상태·시간, 가동정지상태·시간, 가동중단상태·시간, 다운상태·시간(KS)
가동상태·시간	동작가능상태·시간, 업상태·시간
품목	아이템/개체(관용,KS)
내용수명	내구수명(관용), 열화수명
고장시간	고장수명(관용), 동작시간, 작동시간
고장간격시간	고장간수명(관용)
운용신뢰도	작동신뢰도
불신뢰도	불신도
가용도	유용도
비가용도	불가용도
신뢰성구조도	신뢰성블록도(관용), 신뢰성블록다이어그램
여분설계	중복(KS), 리던던시
정상(定常)	안정상태(관용,KS)
최상위사상	정상사상(頂上事象)
심각도(severity)	중요도
잘린분포	절단분포(관용), 절사분포
지수분포	역지수분포
로그정규분포	대수정규분포
카이제곱분포	카이자승분포
형상모수	형태모수
상수고장률	일정고장률(관용)
우발고장기간	일정고장률기간/상수고장률기간(관용)
설계검토	설계심사(관용)
무작위	랜덤(관용)
무작위추출	랜덤샘플링(관용)
고장안전	페일세이프(관용)
바보막이	풀프루프(관용)
반복하중횟수	하중반복피로횟수
발생빈도	발생률(관용)
복구(recovery)	회복(관용), 복원
부적합(nonconformity)	불일치
선별	스크리닝(관용)
부하경감	감률(관용), 등급저하, 디레이팅
역승법칙	자연로그법칙, 역거듭제곱법칙(관용), 역자승법칙, 역누승법칙, 누승법칙, 멱법칙
FIT	피트(feet와 혼동 때문)
검출도	검지도
결점(defect)	불량(관용)
결함(fault)	고장(관용)
고장(failure)	실패('임무실패'로는 사용)
고장메커니즘	파괴메커니즘, 고장기구, 고장발생과정
고장분석	고장해석(관용)
고장형태	고장모드/고장유형(관용), 고장형식, 고장방식, 고장현상, 파괴모드
개수(改修)	품목변경(관용,KS)
계면	공유영역(관용,KS)
공기방전	기중방전
공동(空洞)	보이드, 캐비티
공수(工數)	인시(단위로는 무방)
균열	크랙
기밀성	밀폐성
길들이기	번인(관용)
내구성	내구성능, 내구신뢰성
내식성	내부식성
내열성	열신뢰성

추천어	비추천어
누유	오일누유, 기름누설
단락(short)	쇼트
단선(open)	오픈
뒤틀림(warpage)	워피지
마모	마멸
메짐	취성
미동마모	프렛팅마모
채터링	달각거림(관용)
크리프	좌굴(관용)
파열	찢어짐
표면거칠기	표면조도(관용)
열팽창계수	열팽창률(관용)
옥외노출	옥외폭로(관용)
이상음	이음(異音)
비포장재	벌크(관용), 부피물, 비정형물
소손	소진(관용)
손상	대미지, 기계적 대미지, 기계적손상
고온고습시험	고온내습성시험(관용)
고온동작시험	고온운전시험, 고온작동시험
고온시험	고온내구시험
균형시험	밸런스시험
기밀시험	누설시험(관용), 기밀성시험, 누설도시험
기후변화시험	일련내후성시험
내식성시험	부식시험(관용), 부식저항성시험
내열시험	내열평가시험(관용)
내유시험	내오일시험(관용), 오일오염도시험
가속기밀시험	가속누설시험(관용), 가속누설도시험, 누설도가속시험
가속기후시험	내후촉진시험
가속수명시험	내구가속시험
가속시험	가속실험, 가속도시험
가속노화	가속열화, 촉진노화
가속인자	가속스트레스, 노화인자, 침해인자, 스트레스인자
가속조건	가속시험조건(관용)
고장률시험	고장률인증시험
구속시험	구속내구시험
굽힘시험	벤딩시험
단속시험	단속내구시험(관용), 온오프 반복시험, 온오프 사이클시험
동작수명시험	작동내구시험
복구시험	회복시험(관용), 리커버리시험
분진시험	먼지시험
비틀림시험	비틀림피로시험
압력시험	내압시험(관용), 내압성시험
연속시험	연속작동시험(관용)
열노화	고온노화, 고온열화
열노화시험	내열노화시험
열충격시험	냉열순환시험, 히터사이클시험, 급격온도변화 시험, 온도충격시험
인장시험기	당김강도시험기
임펄스시험	임펄스내구시험
저온시험	저온성시험(관용)
저온작동시험	저온기동시험
저장시험	보존시험(관용)
전기적 작동시험	전기적부하시험
진동시험	내진동시험(관용), 진동내구시험, 진동성시험,가진시험
초가속수명시험	고가속수명시험
초가속스트레스시험	고가속스트레스시험
충동시험	범프시험(관용,KS)
충전방전시험	충방전시험(관용)
환경시험	내환경시험(관용), 내환경성 평가시험, 환경조건시험

제5장 동신뢰도

5.1 동신뢰도의 개념

앞의 2장과 3장에서는 각각 신뢰도의 구조분석과 기초 확률론에 의한 부품의 순간고장률을 다루었는데, 본장에서는 위 두 방법을 종합하여 시간의 함수로서의 체계신뢰도함수를 어떻게 구할 수 있는지 알아볼 것이다.

신뢰도는 단위부품에 국한된 문제가 아니므로 우리가 실제로 알고자 하는 것은 단순하든 복잡하든 체계신뢰도이며, 체계신뢰도의 평가기법은 높은 신뢰도 체계를 설계할 때, 또는 이미 설계된 장비가 요구 수준에 미치는가를 확인하고 싶을 때 유용하다. 체계신뢰도는 확률이론에 의해 계산되므로 체계신뢰도에 영향을 미치는 부품신뢰도에 대해서도 알고 있어야 한다.

부품신뢰도는 고장률에 대한 정보를 얻을 수 있는 신뢰도 검사에 의하여 구한다. 부품이 새로이 설계되었거나 제작되었다면 아무리 전기적, 기계적, 화학적, 또는 구조적 특성이 알려져 있더라도 그 부품의 고장률에 대해서는 전혀 알 수가 없다. 다만, 새로 설계된 부품이 어느 정도로 전기적, 기계적인 강도 또는 내열강도를 가져야 하는가를 미리 예견할 수 있고 또한 부품의 강도가 클수록 고장률이 낮다는 것을 알 수 있을 뿐이다. 그러나 고장률에 대한 실제값은 부품의 신뢰도를 지배하는 두 가지 주요 요소, 즉 1) 생산공정의 불확실성과, 2) 부품이 실제 운용에서 받는 부하의 불확실성 때문에 신뢰도 검사와 같은 통계적 절차에 의해서만 얻을 수 있다. 고장률은 설계와 제작과정에서 부품에 부여한 강도와, 운용상의 부하 스펙트럼과의 상호작용에 의해서 결정된다. 그리고 신뢰도 검사로부터 관측하는 고장률은 주어진 환경과 운용부하조건에서의 순간고장확률을 의미함은 이미 설명하였다[1)].

체계신뢰도 계산은 다음의 두 가지 중요한 요건, 즉 1) 체계환경에서 사용된 부품의 신뢰도에 대한 가능한 한 정밀한 관측과, 2) 부품들의 복잡한 조합에 대한 신뢰도 계산에 기초를 두고 있다.

부품의 신뢰도를 정확히 구하기 위해서는 많은 양의 수명검사를 해야 한다. 이

---

1) 고장률은 사실상 확률이 아니고 시간당 발생건수이다. 그러므로 1보다 커도 된다. 고장률이 비율, 확률로 인식되는 것은 보통 고장률이 아주 작은 값이고, 이렇게 작을 때는 고장률≈고장확률로 근사하기 때문이다. 즉 테일러 근사식 $1-e^{-x}=x-\frac{1}{2!}x^2+\frac{1}{3!}x^3+\cdots$에서 x가 작으면 x^2항 이상 고차항은 0에 수렴하여 근사값은 x와 같다. 예를 들어 고장률이 0.01/년이면 1년에 고장날 확률은 대략 0.01(1%)이다. 그런데 고장률이 2/년이면 1년에 고장날 확률이 2(200%)란 말은 이상하다. 이 경우는 86%이다. 그런데 고장률 2/년은 0.038/주와 같고, 1주에 고장날 확률은 약 0.038(3.8%)이라고 말할 수 있다.

와 같은 신뢰도 검사를 한 다음에는 비교적 간단한 확률정리들에 의해 체계신뢰도를 정확히 구할 수 있다. 그리고 체계의 실제 운용환경과 고장률을 얻는 검사조건이 서로 다른 경우가 흔히 일어나고 있지만, 체계환경이 이들 고장률에 미치는 영향을 예측하는 방법(가속수명 검사방법)이 있고 때로는 신뢰도검사를 체계 그 자체에서, 또는 시뮬레이션 체계에서 행할 수도 있으므로 별로 문제가 되지 않는다.

일단 체계를 구성하는 부품들의 신뢰도에 대한 올바른 값을 얻었거나 추정치 가 있다면 아무리 복잡하게 조합된 부품들로 이루어진 체계라 할지라도 체계신뢰도를 정확히 계산할 수 있다. 그리고 확률 계산은 아주 정확히 이루어질 수 있으므로 체계신뢰도 계산결과의 정확성은 확률계산에 좌우되지 않고 오히려 부품들의 신뢰도자료의 정확성에 좌우된다.

각 부품들이 상호 독립적이라면 신뢰도 계산은 내용상 아주 단순하지만 규모가 큰 문제에서는 역시 복잡한 계산을 필요로 하므로 고도로 신뢰도영역에서 신뢰도 계산을 간단히 하는 데 편리하게 사용될 수 있는 근사계산법과 극한정 리에 대해서도 서술할 것이다.

그러나 대기(standby)부품의 사용 등에 의해서 일어나는 결과와 같이 각 부 품들이 상호 종속적이라면 위에서 말한 상호 독립의 경우와는 달리 대부분 체계의 구조와 부품의 신뢰도라는 두 측면을 서로 분리하여 생각할 수 없게 된다. 이러한 경우에는 몬테 칼로 기법을 사용한 컴퓨터 시뮬레이션을 활용할 수 있다.

5.2 구조분석

5.2.1 직렬구조

(1) 체계신뢰도

직렬구조는 신뢰도구조 중에서 가장 간단하고 실제로 가장 많이 쓰이는 구조이다. 이 구조에서는 체계를 구성하고 있는 부품 중에서 하나만이라도 고장나면 체계가 고장나게 되며, 체계가 가동하기 위해서는 부품 모두가 작동해야 한다.

그러므로 부품의 수명을 Ti라는 확률변수로 나타내면, 체계의 수명 T는 다음과 같다.

$$T = \min_i [T_i] \tag{5.2.1}$$

신뢰도는 확률변수 T가 t 이상일 확률로서 정신뢰도의 직렬구조를 참조하여 다음과 같다.

$$\begin{aligned} R(t) &= P\{T > t\} = P\{\min_i [T_i] > t\} \\ &= P\{T_1 > t,\, T_2 > t,\, \cdots,\, T_n > t\} \\ &= P\{T_1 > t\}\cdot P\{T_2 > t | T_1 > t\} \cdots P\{T_n > t | T_1 > t,\, \cdots,\, T_{n-1} > t\} \end{aligned} \tag{5.2.2}$$

n개의 부품이 상호독립이라면 다음과 같다.

$$R(t)=R_1(t)R_2(t)\cdots R_n(t)=\prod_{i=1}^{n}R_i(t) \tag{5.2.3}$$

여기서 $0 \le R_i(t) \le 1$이므로 $R(t) \le [\min_i R_i(t)]$가 되어 체계의 신뢰도는 가장 약한 부품의 신뢰도보다 클 수가 없다. 심지어 가장 약한 부품의 신뢰도보다 더 낮아진다.

3장에 나왔듯이 고장률함수 h로부터 신뢰도함수는 다음과 같다.

$$R_i(t)=e^{-\int_0^t h_i(x)dx} \tag{5.2.4}$$

누적고장률함수를 다음과 같이 표시하자.

$$H_i(t) = -\int_0^t h_i(x)dx \tag{5.2.5}$$

그러면 직렬구조의 신뢰도함수는 다음과 같이 표현된다.

$$\begin{aligned} R(t) &= \prod_{i=1}^{n} e^{-\int_0^t h_i(x)dx} \\ &= \prod_{i=1}^{n} e^{-H_i(t)} = e^{-\sum_{i=1}^{n}H_i(t)} \end{aligned} \tag{5.2.6}$$

여기서 각 부품의 고장률 $h_i(t)$가 다항식이면 $H_i(t)$나 $\Sigma H_i(t)$도 다항식이 되므로 시험자료로부터 신뢰도를 구할 때에는 시간 t를 여러 개의 구간으로 나누어 각 t_i에 대한 다항식의 값 $\Sigma H_i(t_i)$를 구하여 지수계산을 하면 된다.

(2) 지수 부품의 직렬구조

만일 모든 부품의 고장률이 상수 λi로서 부품의 고장밀도가 $f_i(t)=\lambda_i e^{-\lambda_i t}$이면 체계신뢰도는 식 (5.2.5)으로부터 다음과 같다.

$$\begin{aligned} R(t) &= e^{-\sum_{i=1}^{n}\lambda_i t} \\ &= e^{-\Lambda t}, \text{if } \sum_{i=1}^{n}\lambda_i \equiv \Lambda \end{aligned} \tag{5.2.7}$$

따라서 체계의 수명은 역시 지수분포로서 밀도함수는 다음과 같다.

$$f(t)=\Lambda e^{-\Lambda t} \tag{5.2.8}$$

체계의 평균수명은 다음과 같다.

$$MTTF=\frac{1}{\Lambda} \tag{5.2.9}$$

고장률 λi인 지수분포의 부품의 직렬구조의 수명, 즉 최소값은 고장률이 Λ인 지수분포를 따른다는 것을 알 수 있다.

[예제] 5.1

어떤 전자회로는 10개의 정류기와 4개의 트랜지스터와 20개의 저항과 10개의 콘덴서가 직렬로 구성되어 있고 배선과 접합부는 고장나지 않는다고 하자. 각 부품들은 정상 운용상태에서 다음과 같은 고장률을 가질 때, 이 전자회로의 신뢰도를 구하라.

각 정류기 고장률 = 0.000002/시
각 트랜지스터 고장률 = 0.00001/시
각 저항 고장률 = 0.000001 /시
각 축전기 고장률 = 0.000002/시

풀이)

총고장률은 $\Lambda = \sum \lambda_i = 10\lambda_d + 4\lambda_t + 20\lambda_r + 10\lambda_c = 0.0001$로서 이것은 전체회로에 대한 시간당 고장률이다. 그림 5-1은 간략화된 신뢰도 블록그림며 회로의 신뢰도함수는 $R(t) = e^{-0.0001t}$이다. 이 그림에서 각 부품의 물리적 위치는 상관없다. 정류기 10 개가 나란히 연결되었다는 뜻이 아니다.

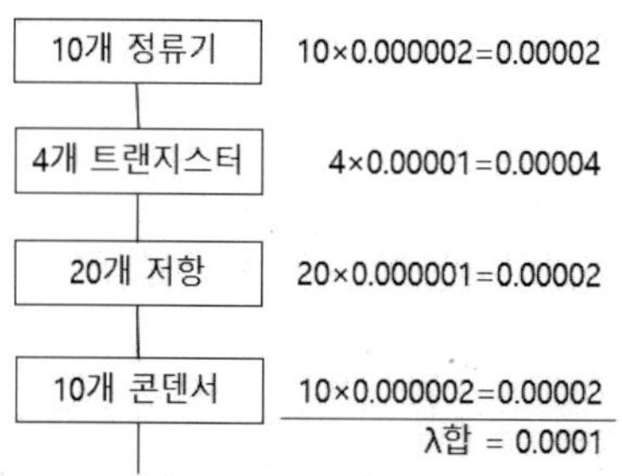

그림 5-1 간략화된 직렬회로의 신뢰도 블록그림

이 예에서 전자회로를 10시간 지속 사용할 때 고장나지 않을 확률은 R(10)=exp(-0.0001×10)=0.009=99.9%이다. 그러므로 10시간 지속되는 임무에 1,000번을 사용하면 그 중 1번 고장을 만나게 된다는 의미이다.

평균수명은 MTTF=1/Λ=1/0.0001=10,000시간이지만 이는 고장없이 10,000시간을 지속할 수 있다는 의미는 아니고 심지어 50% 이상의 신뢰도도 아니다. 신뢰도 함수에 대입해 보면 R(10,000)=37%밖에 안된다[2].

---

2) 보통 평균수명 정도면 50% 확률이 되겠지 라고 생각하지만, 지수분포에서는 그렇지 않다.

지수 부품의 직렬구조의 신뢰도함수 식은 가장 자주 쓰이는 기본 신뢰도 공식이며, 실제로 너무 남용되는 감이 있다. 이 공식이 정당히 응용되기 위해서는 다음과 같은 가정들이 충족되어야 한다.

① 신뢰도구조가 직렬이고,

② 부품고장은 상호독립이며,

③ 각 부품의 고장률은 상수이어야 한다.

(3) 와이블 부품의 직렬구조

위의 가정 중에서 ①과 ②는 성립하나 각 부품의 고장률이 상수가 아니고 시간에 따라 제곱함수적으로 증가하여 $h_i(t)=\lambda_i\alpha t^{\alpha-1}$, 즉 와이블분포의 수명을 가지면 체계신뢰도는 식 (5.2.6)으로부터 다음과 같다.

$$
\begin{aligned}
R(t) &= e^{-\sum_{i=1}^{n}\lambda_i t^{\alpha}} \qquad (5.2.10)\\
&= e^{-\Lambda t^{\alpha}},\ \text{if } \sum_{i=1}^{n}\lambda_i \equiv \Lambda
\end{aligned}
$$

체계의 고장밀도함수, 체계의 고장률함수는 다음과 같다.

$$f(t)=\Lambda\alpha t^{\alpha-1}e^{-\Lambda t^{\alpha}} \qquad (5.2.11)$$

$$
\begin{aligned}
h(t) &= \Lambda\alpha t^{\alpha-1} \qquad (5.2.12)\\
&= \sum_{i=1}^{n}\lambda_i\alpha t^{\alpha-1}=\sum_{i=1}^{n}h_i(t)
\end{aligned}
$$

일반으로 형상모수 α, 척도모수 λi의 와이블분포를 갖는 여러 개의 확률변수의 직렬구조, 즉 최소값은 형상모수 α, 척도모수 Σλi의 와이블분포를 따른다는 것을 알 수 있다.

[예제] 5.2

상호 독립인 n 개의 부품의 직렬구조에서 부품의 고장률이 $\lambda_i t$일 때 체계의 신뢰도는?

풀이)

$H_i(t)=\int_0^t \lambda_i x\,dx = \dfrac{\lambda_i}{2}t^2$이므로 식 (5.2.5)로부터 $R(t)=e^{-(\sum_{i=1}^{n}\lambda_i/2)t^2}$

[예제] 5.3

상호 독립인 n 개 부품의 직렬구조에서 m개의 부품의 고장률은 상수 λ_i이고 나머지 n-m개의 부품의 고장률은 $\lambda_i t$일 때 체계의 신뢰도는?

풀이)

$$R(t) = \left(\prod_{i=1}^{m} e^{-\lambda_i t}\right)\left(\prod_{i=m+1}^{n} e^{-(\lambda_i/2)t^2}\right)$$
$$= e^{-\left\{\left(\sum_{i=1}^{m}\lambda_i\right)t + \left(\sum_{i=m+1}^{n}\lambda_i/2\right)t^2\right\}}$$

(4) 직렬구조의 특성

부품에 따라서, 특히 스위치 같은 것은 부품 작동시간당 고장률을 거론하는 것보다 부품 작동횟수당 고장률을 거론하는 것이 의미가 있을 수 있다. 이러한 부품을 포함하는 체계의 신뢰도를 분석할 때에는 식 (5.2.5)르 사용해야 하므로 횟수당 고장률을 시간당 고장률로 환산해야 한다.

또한 어떤 부품이 계속 사용되는 것이 아니고 가끔씩만 사용된다면 체계운용시간당 환산(감소)해야 할 것이다. 즉 식 (5.2.5)에 있는 시간 t는 체계운용시간이며 체계가 운용되는 동안에 그 내부의 부품도 계속 사용되어야만 부품사용시간과 체계운용시간이 일치하게 되는 것이다. 예를 들어 지수 수명분포를 갖는 부품이 체계 운용시간의 1/10만 사용된다면 체계가 t시간 사용될 때 부품은 t/10 시간만 사용되는 것이고, 비사용에는 부품고장이 없다고 가정하면 이런 부품의 체계운용시간당 신뢰도는 $e^{-\lambda(t/10)} = e^{-(\lambda/10)t}$가 될 것이다.

만약 체계를 이루고 있는 부품 중에 예비부품을 가진 구조가 있다면 이것은 직렬구조로 취급할 수가 없고 다음에 거론하게 될 대기부품 구조모형을 사용하여야 한다. 또한 직렬구조에 대한 수리도 도움이 되지를 못한다. 상식적으로 생각하면 고장부품에 대한 수리를 해줄 수가 있어 체계를 빠른 시간 내에 정상 상태로 회복시켜 줄 수가 있으면 신뢰도가 증가할 것 같으나 신뢰도함수 자체가 첫 번째 고장까지의 시간의 함수로 정의되어 있기 때문에 체계가 일단 고장난 후 회복이 되더라도 신뢰도 자체와는 관계가 없는 것이다. 그러나 이런 상황 하에서 체계 성능을 나타내기 위하여 가용도라는 척도를 사용하여 11장에서 다루어질 것이다.

직렬구조는 모든 신뢰도구조의 하한이다. 그러므로 직렬구조는 같은 수의 부품으로 이루어진 어떤 구조 중에서도 가장 낮은 신뢰도를 가지며, 주어진 장비의 구조를 직렬구조로 가정하여 신뢰도계산을 한다면 이는 장비의 신뢰도의 하한을 추정하는 것이 된다. 체계내의 부품 수가 많아짐에 따라 위에서 설명된 신뢰도함수는 구하기가 어렵고 계산하기도 지루하게 된다. 이런 경우에는 완전한 신뢰도함수보다 평균수명만을 사용할 수도 있다. 장비의 평균수명은 장비의 신뢰도로부터 구할 수가 있으며 식 (3.2.26) '평균수명=신뢰도함수의 적분'과 식 (5.2.5)로부터 n개의 부품의 직렬구조에 대한 평균수명은 다음과 같다.

$$MTTF = \int_0^\infty R(t)dt \qquad (5.2.13)$$
$$= \int_0^\infty e^{-\sum_{i=1}^{n} H_i(t)} dt$$

5.2.2 병렬구조

(1) 체계신뢰도

만일 체계를 구성하고 있는 부품 중에서 하나만이라도 작동하면 체계가 가동할 수 있을 때는 그 체계는 병렬구조임을 알 수 있다. 그러므로 부품의 수명을 Ti라는 확률변수로 나타내고 체계의 수명을 T라 하면

$$T = \max_i [T_i] \qquad (5.2.14)$$

신뢰도는 T가 t 이상일 확률, 즉 정신뢰도의 병렬구조를 연장하여

$$R(t) = P\{\max_i [T_i] > t\} \qquad (5.2.15)$$
$$= 1 - P\{\min_i [T_i] \le t\}$$
$$= 1 - P\{T_1 \le t, T_2 \le t, \cdots, T_n \le t\}$$
$$= 1 - P\{T_1 \le t\} P\{T_2 \le t | T_1 \le t\} \cdots P\{T_n \le t | T_1 \le t, \cdots, T_{n-1} \le t\}$$

n개의 부품이 상호독립이라면

$$R(t) = 1 - \prod_{i=1}^{n} F_i(t) \qquad (5.2.16)$$
$$= 1 - \prod_{i=1}^{n} [1 - R_i(t)]$$

$F(t) = 1 - R(t) \le \min_i [F_i(t)]$에서 $R(t) \ge \max_i [1 - F_i(t)] = \max_i [R_i(t)]$가 되어 체계의 신뢰도는 가장 강한 부품의 신뢰도보다도 크게 된다.

부품의 신뢰도함수를 누적고장률함수의 기호를 써서 표현하면, 병렬구조의 체계 신뢰도함수는 다음과 같다. 불신도함수를 이용하면 좀더 편하고 신뢰도함수의 쌍대곱이 사용될 수 있음은 정신뢰도의 경우와 마찬가지이다.

$$R(t) = 1 - \prod_{i=1}^{n} [1 - e^{-H_i(t)}] \qquad (5.2.17)$$

(2) 지수 부품의 병렬구조

만일 모든 부품의 고장률이 상수 λ_i로서 부품의 수명이 지수분포이면 체계 신뢰도는 식 (5.2.17)로부터 다음과 같다.

$$R(t) = 1 - \prod_{i=1}^{n} [1 - e^{-\lambda_i t}] \qquad (5.2.18)$$

이것은 지수분포가 아니다. 일반으로 지수분포를 갖는 여러 개의 확률변수의 병렬구조, 즉 최대값은 지수분포를 따르지 않는다는 것을 알 수 있다[3].

(가) 순간고장률

우선 2개의 부품의 병렬구조를 생각해 보자. 일반으로 max[x_1,x_2,x_3] = max[max[x_1,x_2],x_3]이므로 축차적으로 연장하면 n개의 부품의 경우에도 확장 적용을 할 수 있다. 즉 두 개 부품을 생각해도 병렬구조의 특성을 알기에 충분하다.

체계고장률은 식 (5.2.18)로부터 다음과 같다.

$$\begin{aligned} R(t) &= 1-(1-e^{-\lambda_1 t})(1-e^{-\lambda_2 t}) \\ &= e^{-\lambda_1 t}+e^{-\lambda_2 t}-e^{-(\lambda_1+\lambda_2)t} \end{aligned} \tag{5.2.19}$$

$$f(t) = \lambda_1 e^{-\lambda_1 t}+\lambda_2 e^{-\lambda_2 t}-(\lambda_1+\lambda_2)e^{-(\lambda_1+\lambda_2)t} \tag{5.2.20}$$

$$h(t)= \frac{f(t)}{R(t)}= \frac{\lambda_1 e^{-\lambda_1 t}+\lambda_2 e^{-\lambda_2 t}-(\lambda_1+\lambda_2)e^{-(\lambda_1+\lambda_2)t}}{e^{-\lambda_1 t}+e^{-\lambda_2 t}-e^{-(\lambda_1+\lambda_2)t}} \tag{5.2.21}$$

고장률함수가 증가인지 감소인지를 살피기 위해 미분을 하면, h(t)=f(t)/R(t)이므로

$$h'(t) = \frac{f'R-fR'}{R^2} = \frac{f'R+f^2}{R^2} \tag{5.2.22}$$

식 (5.2.22)에서 분모 $R^2(t)\geq 0$이므로 분자만 검토해 보자. 식 (5.2.19)과 식 (5.2.20)으로부터

$$f'(t)R(t)+f^2(t) = e^{-(\lambda_1+\lambda_2)t}\left\{\lambda_2^2 e^{-\lambda_1 t}+\lambda_1^2 e^{-\lambda_2 t}-(\lambda_1-\lambda_2)^2\right\} \tag{5.2.23}$$

일반성을 잃지 않고 $\lambda_2>\lambda_1$이라 하자. 식 (5.2.23)의 우변에서 첫째 항 $e^{-(\lambda_1+\lambda_2)t}\geq 0$이므로 { } 항이 관건으로서, $\lambda_2^2 e^{-\lambda_1 t}+\lambda_1^2 e^{-\lambda_2 t} > (\lambda_1-\lambda_2)^2$가 될 때까지의 기간에는 h'(t) > 0이 되어 h(t)는 증가함수가 되고 그 기간 이후, 즉 $\lambda_2^2 e^{-\lambda_1 t}+\lambda_1^2 e^{-\lambda_2 t} < (\lambda_1-\lambda_2)^2$가 되는 구간에서는 h(t)는 감소함수가 된다.

특수한 경우로 만일 $\lambda_2=\lambda_1$이면 식 (5.2.23)에서 $\lambda_2^2 e^{-\lambda_1 t}+\lambda_1^2 e^{-\lambda_2 t}\geq 0$이므로 h(t)는 증가함수(IFR)이다. 이런 특성을 보이기 위하여 0.01, 0.02일 때의 몇 가지 경우의 h(t)가 그림 5-2에 나와 있다.

---

3) 그래도 함수 형태를 얻을 수 있어서 이론적 계산이 가능하다.

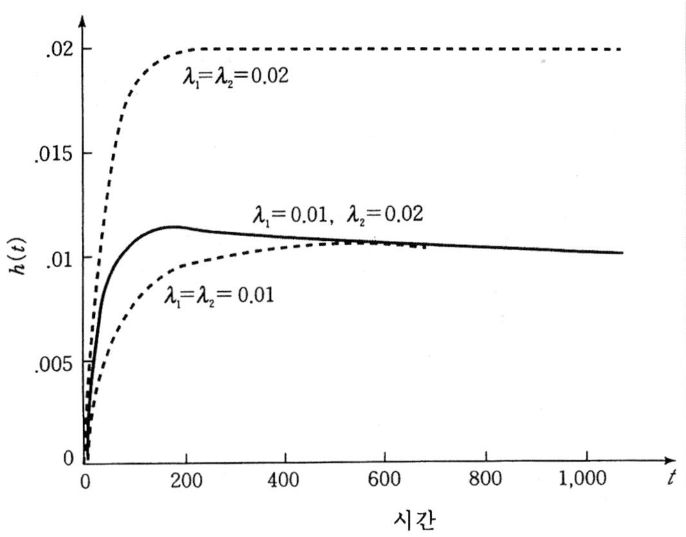

그림 5-2 두 개의 지수부품 병렬구조의 순간고장률

(나) 평균수명

부품의 고장률이 λ_1, λ_2인 2 부품의 병렬구조의 평균수명은 다음과 같다.

$$MTTF = \int_0^{\infty} R(t)dt = \int_0^{\infty} \left\{ e^{-\lambda_1 t} + e^{-\lambda_2 t} - e^{-(\lambda_1+\lambda_2)t} \right\} dt \qquad (5.2.24)$$

$$= \frac{1}{\lambda_1} + \frac{1}{\lambda_2} - \frac{1}{\lambda_1+\lambda_2}$$

여러 개의 지수부품 병렬구조의 고장률은 식 (5.2.21)의 연장으로 다음과 같이 복잡한 형태이다.

$$h(t) = \frac{f(t)}{R(t)} = \frac{-\frac{d}{dt}\left(1-\prod_i\left(1-e^{-\lambda_i t}\right)\right)}{1-\prod_i\left(1-e^{-\lambda_i t}\right)} = \frac{\dfrac{-\frac{d}{dt}\left(1-\prod_i\left(1-e^{-\lambda_i t}\right)\right)}{\prod_i\left(1-e^{-\lambda_i t}\right)}}{\dfrac{1}{\prod_i\left(1-e^{-\lambda_i t}\right)}-1}, \; devide\ by \prod_i\left(1-e^{-\lambda_i t}\right) \qquad (5.2.25)$$

$$= \frac{\sum_i \lambda_i \frac{e^{-\lambda_i t}}{\left(1-e^{-\lambda_i t}\right)}}{\prod_i \frac{1}{\left(1-e^{-\lambda_i t}\right)}-1} = \frac{\sum_i \lambda_i\left(\frac{1}{\left(1-e^{-\lambda_i t}\right)}-1\right)}{\prod_i \frac{1}{\left(1-e^{-\lambda_i t}\right)}-1} = \frac{\sum_i \lambda_i (Z_i-1)}{\prod_i Z_i - 1}, \quad \left(\text{if } \frac{1}{\left(1-e^{-\lambda_i t}\right)} \equiv Z_i\right)$$

[예제] 5.4

지수분포를 갖는 동일한 세 개의 독립적인 부품의 병렬구조의 신뢰도를 구하라.
풀이)
식 (5.2.18)로부터

$$\begin{aligned} R(t) &= 1-(1-e^{-\lambda t})^3 \\ &= 3e^{-\lambda t}-3e^{-2\lambda t}+e^{-3\lambda t} \end{aligned}$$

한 예로서 λ = 0.01에 대한 체계신뢰도가 단일부품의 경우와 세 개의 경우와 비교되어 그림 5-3에 나와 있다.

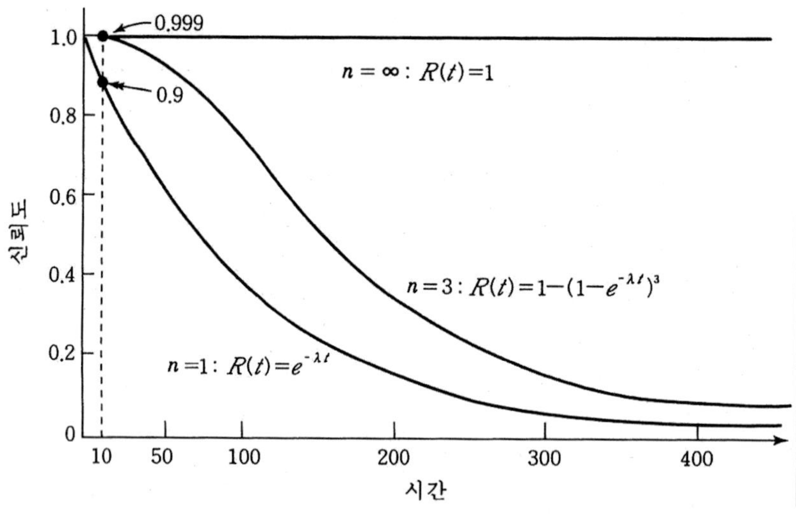

그림 5-3 세 부품 병렬구조의 신뢰도

그림 5-3으로부터 알 수 있는 것은 부품 세 개의 병렬구조에서는 단일부품의 경우에 비하여 불신도가 대단히 줄어드는 것이다. 예를 들어 10시간에서의 불신도는 단일 부품의 경우 0.1에서 병렬구조의 경우 0.0001로 1,000배가 감소하게 된다.

(3) 와이블 부품의 병렬구조

각 부품의 고장률이 상수가 아니고 시간에 따라 멱함수적으로 증가하는 부품, 즉 와이블 부품의 체계신뢰도는 식 (5.2.17)로부터

$$R(t) = 1-\prod_{i=1}^{n}[1-e^{-\lambda_i \alpha t^{\alpha-1}}] \tag{5.2.26}$$

이는 와이블분포의 수명이 아니다. 일반으로 와이블분포를 갖는 확률변수들의 병렬구조, 즉 최대값은 와이블분포를 따르지 않는다는 것을 알 수 있다.

[예제] 5.5

상호독립인 n 개의 부품의 병렬구조에서 부품의 고장률이 $\lambda_i t$일 때 체계의 신뢰도는?

풀이)

$H_i(t) = \int_0^t \lambda_i x\, dx = \frac{\lambda_i}{2} t^2$이므로 식 (5.2.17)로부터

$$R(t) = 1 - \prod_{i=1}^{n} (1 - e^{-\lambda_i t^2/2})$$

5.2.3 n중k 구조

(1) 체계신뢰도

n중k 구조는 정신뢰도에서 본 것처럼 다수결 구조이다. 신뢰도 문제에서 유용하게 쓰이는 모형으로 n개의 부품 중 k개 이상 작동하면 체계가 정상가동하는 경우이다. 현수교의 여러 겹 철선, 전선의 여러 겹 가는 전선 등이 예이다. k=1일 때는 병렬구조와 같아지며 k=n 일 때는 직렬구조와 같다.

n중k 구조에서 체계를 구성하고 있는 부품들이 서로 다른 수명분포를 갖는 경우에는 부품 고장상태의 조합 모두를 열거해 보아야 하나, 모든 부품이 동일한 신뢰도함수를 갖고 상호 독립이라면 정신뢰도의 n중k 구조를 연장하여 신뢰도함수는 다음과 같다.

$$\begin{aligned} R(t) &= \sum_{m=k}^{n} \binom{n}{m} [R_i(t)]^m [1 - R_i(t)]^{n-m} \\ &= \sum_{m=k}^{n} \binom{n}{m} e^{-m H_i(t)} [1 - e^{-H_i(t)}]^{n-m} \end{aligned} \tag{5.2.27}$$

체계의 고장밀도함수를 구하기 위해서 f(t)=-R'(t)의 관계를 이용하여 구할 수도 있고 또 체계가 시간 t에 고장나는 밀도함수란 {n-k 부품은 고장, k 부품만 작동}하는 상태에서 순간적으로 {n-k 부품은 고장, k부품 중에서 1개가 더 고장}인 상태로 추이하는 확률의 밀도함수이므로 다음처럼 구할 수 있다.

$$\begin{aligned} f(t) &= \left\{ \binom{n}{k} F_i(t)^{n-k} \binom{k}{1} R_i(t)^{k-1} f_i(t) \right\} \\ &= \left\{ \binom{n}{k} [1 - e^{-H_i(t)}]^{n-k} \right\} \left\{ \binom{k}{1} [e^{-H_i(t)}]^{k-1} f_i(t) \right\} \end{aligned} \tag{5.2.28}$$

그러므로 체계신뢰도는 식 (5.2.28)로부터 다음과 같이 구할 수 있다.

$$R(t) = k \binom{n}{k} \int_t^{\infty} f_i(x) F_i(x)^{n-k} R_i(x)^{k-1} dx \tag{5.2.29}$$

(2) 지수부품의 n중k 구조

만일 모든 부품의 고장률이 상수라면 (5.2.27)로부터 신뢰도함수와 고장밀도함수는 다음과 같으며, 이는 더 이상 지수분포가 아니다.

$$R(t) = \sum_{m=k}^{n} \binom{n}{m} e^{-m\lambda_i t}[1-e^{-\lambda_i t}]^{n-m} \tag{5.2.30}$$

$$\begin{aligned} f(t) &= \binom{n}{k}[1-e^{-\lambda t}]^{n-k} k(e^{-\lambda t})^{k-1}\lambda e^{-\lambda t} \\ &= \binom{n}{k} k\lambda (e^{-\lambda t})^{k}(1-e^{-\lambda t})^{n-k} \end{aligned} \tag{5.2.31}$$

[예제] 5.6

동일하고 상호 독립인 부품의 고장률이 λ일 때 이들 부품으로 이루어진 4중2 구조의 신뢰도를 구하라.

풀이)

식 (5.2.30)로부터

$$\begin{aligned} R(t) &= \binom{4}{2}e^{-2\lambda t}(1-e^{-\lambda t})^2 + \binom{4}{3}e^{-3\lambda t}(1-e^{-\lambda t}) + \binom{4}{4}e^{-4\lambda t}(1-e^{-\lambda t})^0 \\ &= 6(e^{-2\lambda t} - 2e^{-3\lambda t} + e^{-4\lambda t}) + 4(e^{-3\lambda t} - e^{-4\lambda t}) + e^{-4\lambda t} \\ &= 6e^{-2\lambda t} - 8e^{-3\lambda t} + 3e^{-4\lambda t} \end{aligned}$$

가로축을 표준화한 시간에 대해 4중2 구조의 체계 신뢰도가 단일부품의 신뢰도와 비교되어 그림 5-4에 나와 있다. 시간이 길어지면 4중2 구조의 신뢰도가 낮아지는 역설적 모습을 보이고 있지만, 그렇게 낮은 신뢰도의 시간까지 운용하지는 않을 것이다.

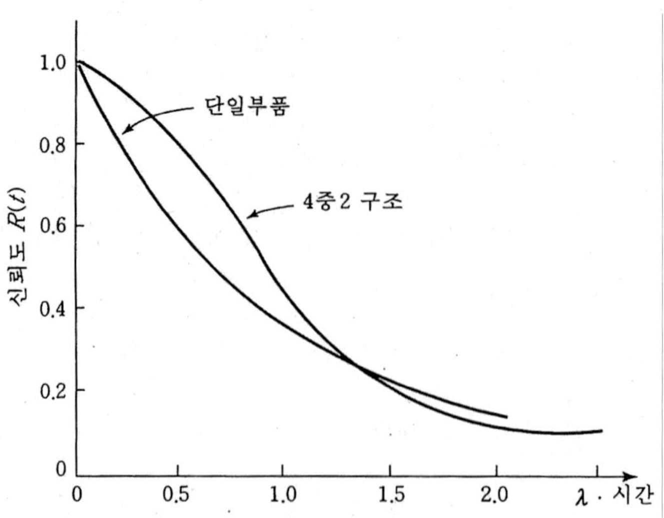

그림 5-4 4중2 구조와 단일부품의 신뢰도

지수부품의 n중k 구조의 체계고장률은 증가함수이다.

지수부품의 n중k 구조의 체계고장률은 증가함수라는 증명*

식 (5.2.30)의 R(t) 대신에 f(t) 식 (5.2.31)을 적분하여 R(t)를 표시하자.

$$R(t) = \int_t^{\infty} f(x)\,dx$$
$$= \int_t^{\infty} \binom{n}{k} k\lambda (e^{-\lambda x})^k (1-e^{-\lambda x})^{n-k} dx$$

편의상 h(t)의 특성을 분석하는 대신에 1/h(t)의 특성을 살펴보자.

$$\frac{1}{h(t)} = \frac{R(t)}{f(t)}$$
$$= \frac{\int_t^{\infty} (e^{-\lambda x})^k (1-e^{-\lambda x})^{n-k} dx}{(e^{-\lambda t})^k (1-e^{-\lambda t})^{n-k}}$$
$$= \int_t^{\infty} (\frac{e^{-\lambda x}}{e^{-\lambda t}})^k (\frac{1-e^{-\lambda x}}{1-e^{-\lambda t}})^{n-k} dx$$

여기서 $\frac{e^{-\lambda x}}{e^{-\lambda t}} = y$라 하면 $\frac{-\lambda e^{-\lambda x}}{e^{-\lambda t}} dx = dy$이므로 이 식은

$$\frac{1}{h(t)} = -\frac{1}{\lambda} \int_1^0 y^{k-1} (\frac{1-ye^{-\lambda t}}{1-e^{-\lambda t}})^{n-k} dy$$

적분 속의 ( ) 항을 미분하면

$$\frac{d}{dt}(\frac{1-ye^{-\lambda t}}{1-e^{-\lambda t}}) = \frac{\lambda y e^{-\lambda t}(1-e^{-\lambda t}) - (1-ye^{-\lambda t})\lambda e^{-\lambda t}}{(1-e^{-\lambda t})^2}$$
$$= \frac{\lambda e^{-\lambda t}(y-1)}{(1-e^{-\lambda t})^2} \le 0$$

이는 $1/h(t)$이 감소함수란 뜻이며, 따라서 $h(t)$는 증가함수이다.

(3) 와이블 부품의 n중k 구조

각 부품의 고장률이 상수가 아니고 시간에 따라 멱함수적으로 증가하는 와이블 분포의 수명일 경우, 식 (5.2.27)로부터 다음과 같다.

$$R(t) = \sum_{m=k}^{n} \binom{n}{m} [e^{-\lambda_i t^{\alpha}}]^m [1-e^{-\lambda_i t^{\alpha}}]^{n-m} \qquad (5.2.32)$$

이 체계의 수명은 더 이상 와이블분포가 아니다.

[예제] 5.7

상호독립인 동일한 부품으로 이루어진 n중k 구조에서 부품의 고장률이 $\lambda_i t$일 때 체계의 신뢰도는?

풀이)

식 (5.2.32)로부터

$$R(t) = \sum_{m=k}^{n} \binom{n}{m} [e^{-m\lambda_i t^2}][1-e^{-\lambda_i t^2}]^{n-m}$$

(4) 증가고장률을 갖는 부품의 n중k 구조

일반으로 증가고장률을 갖는 동일한 부품으로 이루어진 n중k 구조 체계의 고장률은 증가함수이다. 이의 증명은 h(t)에 미분과 치환을 사용하여 항상 양 또는 음을 주는 값을 제외하고 적절한 항의 모습을 살펴보아 h(t)이 증가함수인지를 보는 방식이다. 때에 따라서 1/h(t)를 미분하여 감소함수인지를 살펴본다. 자세한 증명은 [박경수(1999)]를 참조한다.

5.2.4 대기구조(standby structure)

(1) 체계신뢰도

지금까지 거론된 모든 부품구조들에 대해서는 신뢰도 그래프를 그릴 수 있었고 이것을 기초로 체계의 신뢰도를 분석하였다. 예를 들어서 그림 5-5 (a)에는 두 부품으로 이루어진 병렬구조가 있는데 이 구조에서는 체계를 운용 시작할 때부터 모두가 작동하기 시작하여 고장날 때까지 켜진 상태로 운용된다. 하나의 부품이 고장나더라도 고장난 채로 다른 부품과 연결된 상태로 남아 있게 된다. 그러나 그림 5-5 (b)에 있는 대기구조에서는 부품들이 모두 동시에 작동하기 시작하는 것이 아니고 체계가 운용되기 시작하면 하나의 이상적인 릴레이가 입력을 우선 부품 a'에 연결하여 작동을 시작하고 이 때에 부품 b'는 신품인 채로 대기 상태에 있게 된다. 만일 부품 a'가 고장나면 릴레이가 이것을 감지하여 입력을 부품 b'에 연결하여 체계는 중단됨이 없이 부품 b'가 고장날 때까지 운용된다[4]. 그러므로 각 부품의 수명을 T_1과 T_2라 하면 병렬구조에서 체계의 수명 T는 $\max(T_1, T_2)$에 의해서 결정되지만 대기구조에서는 부품이 동시에 작동하는 것이 아니고 첫 번째 부품의 수명이 다한 직후에 두 번째 부품이 작동되기 시작하므로 체계의 수명은 T_1+T_2과 같다.

일반으로 부품의 수명을 Ti라는 확률변수로 나타내면, 체계의 수명 T는 다음과 같다.

$$T = \sum_{i=1}^{n} T_i \tag{5.2.33}$$

---

4) 릴레이는 센서에 의해 자동 연결되든지 인간이 역할을 하든지, 현실적으로 연결에 의한 작동 영향은 없어야 한다.

이는 고장시간까지 n-1 개의 부품까지 고장이 나도 체계는 작동되는 것을 의미한다.

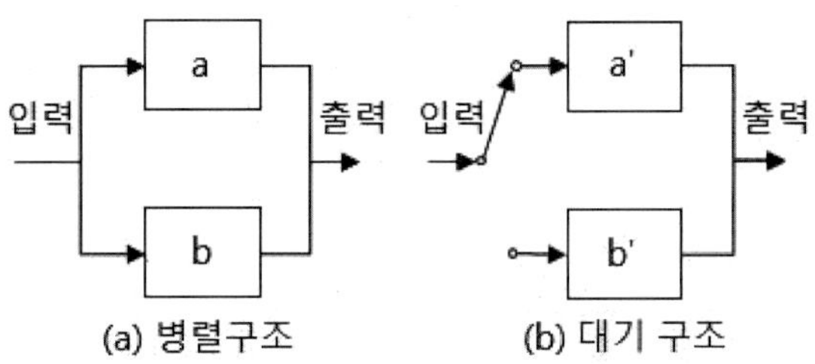

그림 5-5 두 부품 병렬구조와 대기구조

체계 신뢰도는 식 (5.2.33)을 확률로 표현하면 다음과 같다.

$$R(t) = P\{T_1 + T_2 + ... + T_n > t\} \tag{5.2.34}$$

체계 고장밀도함수는 n개의 부품 고장밀도함수의 합성곱(컨볼루션)으로 다음과 같이 나타난다.

$$f(t) = \int_0^t \int_0^{x_{n-1}} \cdots \int_0^{x_2} f_1(x_1) f_2(x_2 - x_1) \cdots f_n(t - x_{n-1}) dx_1 dx_2 \cdots dx_{n-1} \tag{5.2.35}$$

각 부품의 고장률이 증가함수일 때에는 대기구조 체계의 고장률은 각 부품의 고장률 중에서 최소값 이하이다.

부품이 증가고장률일 때, 대기구조의 체계고장률은 부품 고장률의 최소값 이하이다*

두 부품의 고장률을 $h_1(t)$, $h_2(t)$이라고 하자. 정의에 의해서 체계고장률은 다음과 같다.

$$\begin{aligned} h(t) &= \frac{\int_0^t g_1(t-x) g_2(x) dx}{\overline{F}(t)} \\ &= \frac{\int_0^t h_1(t-x) \overline{G}_1(t-x) g_2(x) dx}{\overline{F}(t)} \\ &\le \frac{h_1(t) \int_0^t \overline{G}_1(t-x) g_2(x) dx}{\overline{F}(t)} \\ &= h_1(t) \frac{\overline{F}(t)}{\overline{F}(t)} = h_1(t) \end{aligned}$$

마찬가지로 $h(t) \le h_2(t)$임을 보일 수 있다.

부품의 고장률이 상수 또는 증가함수이면 대기구조 체계의 고장률은 증가함수이다*

고장률 λ인 지수분포와 증가고장률 $h_g(t)$, 밀도함수 g(t)의 분포 G(t)의 두 분포의 대기구조 체계의 밀도함수는 합성곱으로 다음과 같다.

$$\begin{aligned} f(t) &= \int_0^t \lambda e^{-\lambda(t-y)} g(y)\,dy \\ &= \lambda e^{-\lambda t} \int_0^t e^{-\lambda y} g(y)\,dy \end{aligned}$$

부분적분에 의해서 누적분포를 구하면 다음과 같다.

$$\begin{aligned} F(t) &= \left[-e^{-\lambda x} \int_0^x \lambda e^{-\lambda y} g(y)\,dy \right]_{x=0}^t + \int_0^t e^{-\lambda x} e^{\lambda x} g(x)\,dx \\ &= -e^{-\lambda t} \int_0^t e^{-\lambda y} g(y)\,dy + G(t) \end{aligned}$$

이항하면

$$e^{-\lambda t} \int_0^t e^{\lambda y} g(y)\,dy = G(t) - F(t)$$

$$\therefore f(t) = \lambda [G(t) - F(t)] = \lambda [\overline{F}(t) - \overline{G}(t)]$$

체계의 고장률은 잘 알고 있는 공식에 의해 다음과 같다.

$$h(t) = \frac{f(t)}{\overline{F}(t)} = \lambda \left[1 - \frac{\overline{G}(t)}{\overline{F}(t)} \right]$$

$$\begin{aligned} h'(t) &= -\lambda \frac{d}{dt} \frac{\overline{G}(t)}{\overline{F}(t)} \\ &= \lambda \frac{g(t)\overline{F}(t) - f(t)\overline{G}(t)}{\overline{F}(t)^2} \\ &= \lambda \frac{\overline{G}(t)}{\overline{F}(t)} \left[\frac{g(t)}{\overline{F}(t)} - \frac{f(t)}{\overline{F}(t)} \right] \\ &= \lambda \frac{\overline{G}(t)}{\overline{F}(t)} [h_g(t) - h(t)] \end{aligned}$$

앞의 증명에 의해서 $h_g(t) \ge h(t)$이므로 $h'(t) \ge 0$이고 따라서 $h(t)$는 증가함수이다.

(2) 동일 지수부품의 대기구조

만일 n개 부품의 고장률이 동일하게 λ로서 수명이 지수분포이면 체계의 고장밀도는 형상모수 n, 척도모수 λ의 얼랭분포를 따른다.

이러한 얼랭분포의 발생 과정을 살펴보기 위하여 다음과 같은 경우를 생각해 보자.

① 지수분포를 갖는 램프 한 개의 수명을 생각해 보자.

한 개의 램프의 수명을 확률변수 L_1이라 하면

$$P\{L_1 \le t\} = F_1(t) = \int_0^t f_1(x)dx$$

② 여기서 만약 동일한 램프 2개를 순서대로 사용할 때, 두 번째 램프의 수명을

확률변수 L_2라 하면, 체계 수명 확률변수 T_2는 다음과 같다.

$$T_2 = L_1 + L_2$$

두 번째 램프가 t에서 고장나기 위해서는 첫 번째 램프의 수명 $L_1 = x_1$이 되고 두 번째 램프의 수명 $L_2 = t - x_1$이어야 한다. 그런데 첫 번째 램프가 고장나는 시각은 0과 t 사이의 어떤 점이어도 되므로 T_2의 밀도함수는 합성곱으로 다음과 같다.

$$\begin{aligned} f_2(t) &= \int_0^t f_1(x_1) f_1(t-x_1) dx_1 \\ &= \int_0^t \lambda e^{-\lambda x_1} \lambda e^{-\lambda(t-x_1)} dx_1 \\ &= \int_0^t \lambda^2 e^{-\lambda t} dx_1 \\ &= \lambda^2 e^{-\lambda t} \int_0^t dx_1 \\ &= \lambda e^{-\lambda t} (\lambda t) \end{aligned}$$

③ 동일한 램프 세 개를 순서적으로 사용할 때, 세번째 램프의 수명을 L_3라 하고, 두 번째 램프가 고장나는 시간이 T_2라고 하면, 체계 수명 확률변수 T_3는 다음과 같다.

$$T_3 = T_2 - L_3$$

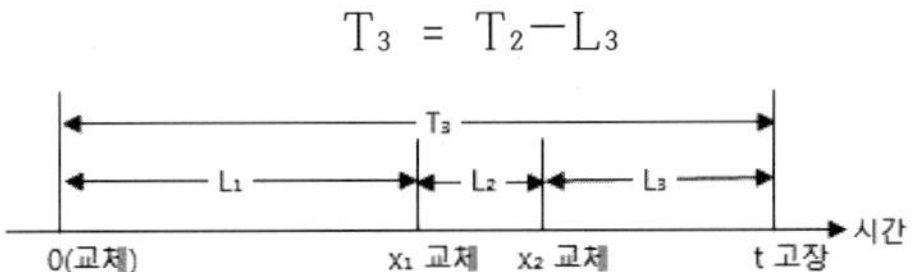

세 번째 램프가 t에서 고장나기 위해서는 두 번째 램프가 고장나는 시간이 x_2가 되고 세 번째 램프의 수명 $L_3 = t - x_2$이어야 한다. 그런데 두 번째 램프가 고장나는 시각 x_2는 0과 t 사이의 어떤 점이어도 되므로 T_3의 밀도함수는 합성곱으로 다음과 같다.

$$\begin{aligned} f_3(t) &= \int_0^t f_2(x_2) f_1(t-x_2) dx_2 \\ &= \int_0^t \left\{ \lambda e^{-\lambda x_2} (\lambda x_2) \right\} \left\{ \lambda e^{-\lambda(t-x_2)} \right\} dx_2 \\ &= \lambda^3 e^{-\lambda t} \int_0^t x_2 dx_2 \\ &= \lambda e^{-\lambda t} (\lambda t)^2 \end{aligned}$$

같은 방법을 축차적으로 사용하면 동일한 램프 n개를 순서적으로 사용할 때의 체계의 수명은 $T_n = T_{n-1} + L_n$ 이므로

$$f(t)=f_n(t)=\int_0^t f_{n-1}(x_{n-1})f_1(t-x_{n-1})dx_{n-1} \tag{5.2.36}$$
$$=\int_0^t\int_0^{x_{n-1}}\cdots\int_0^{x_3}\int_0^{x_2}\lambda e^{-\lambda x_1}\lambda e^{-\lambda(x_2-x_1)}\cdots\lambda e^{\lambda(t-x_{n-1})}dx_1dx_2\cdots dx_{n-2}dx_{n-1}$$
$$=\lambda^n e^{-\lambda t}\int_0^t\int_0^{x_{n-1}}\cdots\int_0^{x_3}\int_0^{x_2}dx_1dx_2\cdots dx_{n-2}dx_{n-1}$$
$$=\lambda^n e^{-\lambda t}\frac{t^{n-1}}{(n-1)!}$$
$$=\lambda e^{-\lambda t}\frac{(\lambda t)^{n-1}}{(n-1)!}$$

이는 4장의 얼랭분포 항에서 본 것과 같다. 신뢰도함수는 다음과 같다.

$$R(t)= e^{-\lambda t}[1+\lambda t+\frac{(\lambda t)^2}{2!}+\cdots+\frac{(\lambda t)^{n-1}}{(n-1)!} \tag{5.2.37}$$

[예제] 5.8

지수분포를 갖는 부품의 고장률이 λ= 0.01일 때 두 개의 동일한 부품으로 이루어진 대기구조가 있다. 1) t=10에서의 신뢰도를 구하라. 2) 평균수명을 구하라.

풀이)

1) 식 (5.2.37)으로부터 $R(t)=e^{-\lambda t}[1+\lambda t]$ 이므로

R(10) =exp(-0.1)·(1+0.1)= 0.90484(1+0.1) = 0.995324

그러므로 단일부품의 경우에는 불신도가 0.09516에서 대기구조의 경우 불신도는 0.004676으로 감소된다.

2) 체계의 평균수명은 다음과 같다.

$$MTTF=\int_0^\infty R(t)dt \tag{5.2.38}$$
$$=\int_0^\infty e^{-\lambda t}dt+\int_0^\infty \lambda t e^{-\lambda t}dt$$
$$=\frac{1}{\lambda}+\frac{1}{\lambda}\ =\frac{2}{\lambda}$$

일반으로 n개의 동일 부품의 대기구조일 때, 체계 평균수명은 n배×부품평균수명임을 알 수 있다.

(3) 서로 다른 지수부품의 대기구조

지수분포를 갖는 두 개의 부품의 고장률이 서로 다른 때에는 식 (5.2.35)으로부터 밀도함수와 신뢰도함수는 다음과 같다.

$$\begin{aligned} f(t) &= \int_0^t f_1(x_1) f_2(t-x_1) dx_1 \\ &= \int_0^t \lambda_1 e^{-\lambda_1 x_1} \lambda_2 e^{-\lambda_2 (t-x_1)} dx_1 \\ &= \frac{\lambda_1 \lambda_2}{\lambda_2 - \lambda_1} (e^{-\lambda_1 t} - e^{-\lambda_2 t}) \\ &= \lambda_1 \lambda_2 \left(\frac{e^{-\lambda_1 t}}{\lambda_2 - \lambda_1} + \frac{e^{-\lambda_2 t}}{\lambda_1 - \lambda_2} \right) \end{aligned} \tag{5.2.39}$$

$$\begin{aligned} R(t) &= \left(\frac{\lambda_2 e^{-\lambda_1 t}}{\lambda_2 - \lambda_1} + \frac{\lambda_1 e^{-\lambda_2 t}}{\lambda_1 - \lambda_2} \right) \\ &= e^{-\lambda_1 t} + \frac{\lambda_1}{\lambda_2 - \lambda_1} (e^{-\lambda_1 t} - e^{-\lambda_2 t}) \end{aligned} \tag{5.2.40}$$

각각 고장률이 서로 다른 세 개의 부품으로 이루어진 대기구조에서는 식 (5.2.35)으로부터

$$\begin{aligned} f(t) &= \int_0^t \int_0^{x_2} f_1(x_1) f_2(x_2 - x_1) f_3(t - x_2) dx_1 dx_2 \\ &= \int_0^t \int_0^{x_2} \lambda_1 e^{-\lambda_1 x_1} \lambda_2 e^{-\lambda_2 (x_2 - x_1)} \lambda_3 e^{-\lambda_3 (1 - x_2)} dx_1 dx_2 \end{aligned} \tag{5.2.41}$$

$$R(t) = \frac{\lambda_2 \lambda_3 e^{-\lambda_1 t}}{(\lambda_2 - \lambda_1)(\lambda_3 - \lambda_1)} + \frac{\lambda_1 \lambda_3 e^{-\lambda_2 t}}{(\lambda_1 - \lambda_2)(\lambda_3 - \lambda_2)} + \frac{\lambda_1 \lambda_2 e^{-\lambda_3 t}}{(\lambda_1 - \lambda_3)(\lambda_2 - \lambda_3)} \tag{5.2.42}$$

(4) 불완전한 릴레이

대기구조는 그 자체가 지니고 있는 유용성 때문에도 많이 쓰이고 있지만 때에 따라서는 부품을 문자 그대로 병렬로 연결하여 줄 수 없을 때에도 사용된다. 대기구조에서 체계 신뢰도는 부품고장을 감지하여 대기부품에 연결하여 주는 릴레이의 신뢰도에 많이 좌우된다. 불량한 릴레이를 사용하면 오히려 단일부품의 경우보다도 신뢰도가 떨어질 수도 있다. 그러므로 대기구조에서는 단순하고 신뢰성 높은 릴레이를 설계하는 것이 무엇보다도 중요하다.

대기구조에서 릴레이는 세 가지 기능을 갖고 있다. 1) 불량한 작동상태를 감지하여 판단하고, 2) 첫 번째 부품으로 연결되었던 입력을 끊어 두 번째 부품으로 연결하여 주고, 3) 동력을 필요로 하는 부품의 경우에는 필요한 동력을 전환하여 주는 것이다. 이러한 세 가지 기능이 그림 5-6에 상징적으로 나와 있다.

릴레이의 신뢰도를 Rr라 하여 부품고장 시 스위치 작용을 성공적으로 수행할 확률로서, 시간의 함수가 아닌 상수라 하자. 만일 회로를 잘 설계하여 릴레이의 불신도가 첫 번째 부품의 작동에 영향을 미치지 않는다면 체계의 신뢰도는 ① 릴레이가 작동할 경우(Rr)만 대기구조 성능을 가지고, ② 릴레이가 작동 안할 경우(1-Rr)

는 단일부품의 성능만을 갖게 되므로 동일한 두 개의 지수부품의 경우에는 식 (5.2.37)은 다음이 된다.

$$R(t) = e^{-\lambda t} + R_r e^{-\lambda t}\lambda t \tag{5.2.43}$$

상이한 두 개의 지수부품의 경우에는 식 (5.2.40)은 다음이 된다.

$$R(t) = e^{-\lambda_1 t} + R_r \frac{\lambda_1}{\lambda_2 - \lambda_1}(e^{-\lambda_1 t} - e^{-\lambda_2 t})\lambda t \tag{5.2.44}$$

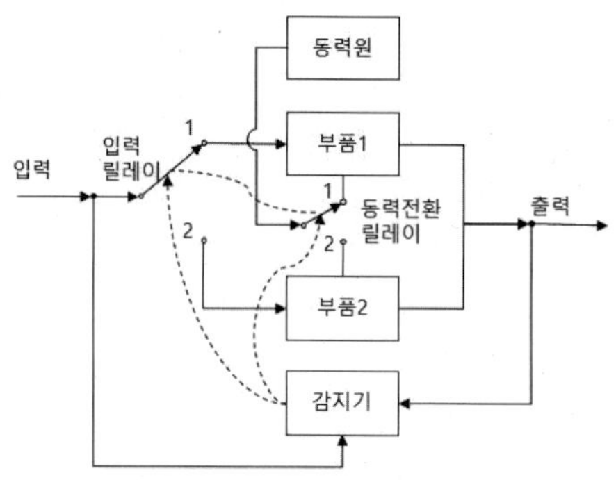

그림 5-6 대기구조의 스위치 기능

[예제] 5.9

고장률 0.0002인 발전기와 대기상태에서는 고장률이 0이고 일단 사용이 시작되면 고장률 0.01인 예비축전지로 이루어진 전원이 있다. 릴레이의 일회전환 신뢰도 Rr = 0.99이며 체계의 신뢰도 블록그림이 그림 5-7에 나와 있다. 체계의 신뢰도함수를 구하고 10시간에서의 신뢰도를 평가하라.

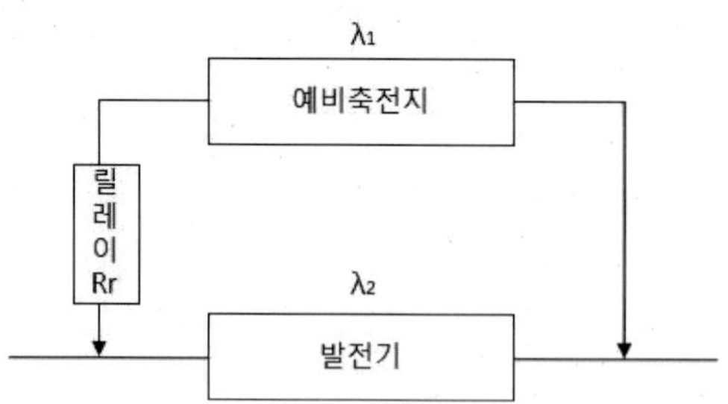

그림 5-7 발전기와 축전지의 대기구조

풀이)

식 (5.2.44)에서

$$R(t) = e^{-0.0002t} + 0.99\frac{0.0002}{(0.001-0.0002)}(e^{-0.0002t} - e^{-0.001t})$$
$$= e^{-0.0002t} + 0.2475(e^{-0.0002t} - e^{-0.001t})$$
$$= R(10) = 0.998 + 0.2475(0.008) = 0.99998$$

(5) 대기중 고장률

지금까지 거론된 모든 대기구조의 문제에서는 작동중인 부품이 고장날 때까지 대기상태에 있는 부품은 고장나지 않는다는 가정을 하였다. 그러나 현실적으로는 예비품이나 대기부품도 주위 환경에서 오는 온도 및 진동 등의 스트레스에 의해서 대기중에도 고장이 나는 수가 있다. 이것이 사실이라면 대기부품도 작 동중의 고장률보다는 낮은 어떤 고장률을 갖게 된다. 이런 경우의 신뢰도모형을 세우기 위해서는 예비품이 대기 상태에서 고장나는 확률도 포함해야 한다[Park(1977)].

만일 첫 번째 부품의 고장률이 λ_1, 두 번째 부품의 작동중 고장률이 λ_2, 두 번째 부품의 대기중 고장률은 λ_3라 하면 식 (5.2.40)은[5] 다음이 된다.

$$R(t) = e^{-\lambda_1 t} + \frac{\lambda_1}{(\lambda_1 + \lambda_3) - \lambda_2}[e^{-\lambda_2 t} - e^{-(\lambda_1 + \lambda_3)t}] \qquad (5.2.45)$$

불완전한 릴레이가 개재할 때에는 식 (5.2.45)는 다음이 된다.

$$R(t) = e^{-\lambda_1 t} + R_r\frac{\lambda_1}{(\lambda_1 + \lambda_3) - \lambda_2}[e^{-\lambda_2 t} - e^{-(\lambda_1 + \lambda_3)t}] \qquad (5.2.46)$$

(6) 다목적 예비품

지금까지는 하나의 부품이 작동되고 있고 이것을 지원하기 위해서 몇 개의 예비품이 대기하고 있는 구조를 생각해 왔다. 그러나 경우에 따라서는 여러 개의 부품이 작동중이고 이들을 지원하기 위해서 몇 개의 예비품이 대기하고 있는 구조가 있을 수 있다.

이런 경우의 전형적인 예로는 동일한 종류의 트랜지스터 여러 개가 직렬로 사용되는 전자기구에 몇 개의 예비품이 있을 때를 들 수 있다. 만일 트랜지스터 하나가 고장나면 즉시 교체할 수 있고 교체에 걸리는 시간은 무시할 수 있다고, 가정하면 예비품이 있는 한 체계는 고장이 나지 않는다고 볼 수 있다.

---

5) 자세한 유도과정은 생략하나, 11.4에서와 같이 마코브그림을 그리고 비율균형식으로부터 유도한 연립미분방정식을 풀면 $R(t) = P_0(t) + P_1(t) + P_2(t)$를 얻는다.

$$\begin{cases} \dot{P}_0(t) = -(\lambda_1 + \lambda_3)P_0(t) \\ \dot{P}_1(t) = \lambda_1 P_0(t) - \lambda_2 P_1(t) \\ \dot{P}_2(t) = \lambda_3 P_0(t) - \lambda_1 P_2(t) \\ \dot{P}_3(t) = \lambda_2 Po(t) + \lambda_1 P_2(t) \end{cases}$$

그러므로 체계가 고장나기 위해서는 장비내의 부품이 고장났을 때 교체해 줄 예비품이 없는 경우이다.

그러므로 n개의 예비품이 있을 경우에는 n개의 부품이 고장나도 체계는 정 상가동할 수 있으며 (n+1)개째의 부품고장이 체계의 고장을 결정한다. 또한 체계가 N개의 부품이 직렬구조를 사용하고 있고 각 부품의 고장률이 λ라면 예비품이 없을 때의 체계의 고장률은 Nλ이므로 여기에 n개의 예비품이 있는 경우에는 식 (5.2.37)으로부터 다음과 같다.

$$R(t) = e^{-N\lambda t}\left[1 + N\lambda t + \frac{(N\lambda t)^2}{2} + \cdots + \frac{(N\lambda t)^n}{n!}\right] \qquad (5.2.47)$$

[예제] 5.10

항공기에 부착된 레이다에는 30개의 트랜지스터이 있고 각 트랜지스터의 고장률이 0.001이며 다른 부품들은 고장나지 않는다고 가정한다. 만일 세 개의 예비 트랜지스터이 있는 경우 체계의 신뢰도함수를 구하고 10 시간에서의 신뢰도를 평가하라.

풀이)

예비 트랜지스터가 없을 경우의 신뢰도는

$R(t) = e^{-.001*30t}$

$R(10) = e^{-0.001*30*10} = 0.74082$

그러나 예비 트랜지스터가 세 개가 있어 위와 같은 고장이 세 번 더 반복할 수 있으므로 식 (5.2.54)로부터

$$R(t) = e^{-.03t}\left[1 + .03t + \frac{(.03t)^2}{2} + \frac{(.03t)^3}{3!}\right]$$

$$R(10) = e^{-.03}\left[1 + 0.3 + 0.045 + 0.0045\right] = 0.99973$$

이 예에서도 알 수 있는 바와 같이 체계 신뢰도는 대폭 증가하며 요구되는 신뢰도 수준을 유지하기 위한 최소의 예비품 수도 결정할 수 있다.

지금까지 많은 신뢰도 개선책에 대해서 살펴보았지만 모든 경우에 부품의 장은 회복될 수 없는 것으로 간주하여 왔다. 그러나 고장난 부품 자체를 수리하든가 신품으로 교환해 줄 수 있는 경우에도 가용도가 상당히 개선되며 여기에 대해서는 11장에서 다루게 될 것이다.

5.3 복잡한 구조의 신뢰도 평가

5.3.1 가략구조

복잡한 체계를 분해하여 몇 개의 하부 체계나 부품들로 나누었을 때 그 신뢰도

구조가 직렬과 병렬구조의 반복구조이기 때문에 좀 더 간단한 구조로 간략화될 수 있는 구조가 있다. 이런 구조를 가략구조라 하며 가략 구조에 대한 정적신뢰도는 이미 2.2.5에서 살펴보았다.

정신뢰도분석에서는 신뢰도를 평가하게 되는 임무시간이 주어졌기 때문에 각 부품 및 체계에 대한 신뢰도가 시간의 함수일 필요가 없었다. 그러나 동적신뢰도의 경우에는 임의의 시간에서의 신뢰도를 구하여야 하므로 2장에서는 상수이던 부품 신뢰도가 여기서는 시간의 함수로 표시되어야 한다. 그러나 신뢰도분석방법은 정적 신뢰도분석의 경우와 같으며 부품 i의 신뢰도를 $P\{ⓘ\}$라 했던 것을 $R_i(t)$, 불신도를 $P\{\underline{i}\}$라 했던 것을 $F_i(t)$라 고쳐 표현하면 된다.

예를 들어 그림 2-4에 있는 가략구조의 신뢰도는 식 (2.2.11)로부터 다음과 같다.

$$R(t) = \{1-F_1(t)F_2(t)F_3(t)\}\{1-F_4(t)F_5(t)\} \quad (5.3.1)$$

[예제] 5.11

그림 2-4에 있는 가략구조의 신뢰도는 일반으로 식 (5.3.1)로 표시된다. 특수한 경우로 각 부품의 수명이 고장률 λ의 지수분포를 가질 때, 체계의 신뢰도함수를 구하고, λ = 1일 때 t = 0, 1, 10에서의 신뢰도를 평가하라.

풀이)

식 (5.3.1)로부터

$$R(t) = \{1-(1-e^{-\lambda t})^3\}\{1-(1-e^{-\lambda t})^2\}$$
$$= 1-(1-e^{-\lambda t})^2-(1-e^{-\lambda t})^3+(1-e^{-\lambda t})^5$$

∴ R (0) = 1

R (1) = 0.4488

R (10) = 0

5 · 3 · 2 비가략구조

체계를 분해하여 몇 개의 하부 체계나 부품들로 나누었을 때 그 신뢰도구조가 직렬과 병렬의 반복구조가 아니기 때문에 더 이상 간단한 구조로 간략화될 수 없는 비가략구조에 대해서도 2.3에서 사용된 것과 같이 사상공간법, 경로추적법, 축 분해법 등을 사용할 수 있으며 정신뢰도에서 P{ⓘ}와 $P\{\underline{i}\}$라 했던 것을 라 했던 것을 $R_i(t)$, $F_i(t)$라 고쳐 표현하면 된다.

예를 들어 예제 2.3에서 풀어본 바 있는 그림2-8에 있는 비가략구조의 신뢰 도 문제에서 부품 b를 축부품으로 간주하여 분해법을 적용하면

$$\begin{aligned} R(t) &= P\{ⓑ\}P\{\text{체계가동}|ⓑ\} + P\{\underline{b}\}P\{\text{체계가동}|\underline{b}\} \\ &= P\{T_b > t\}\cdot P\{T > t|T_b > t\} + P\{T_b \le t\}\cdot P\{T > t|T_b \le t\} \\ &= R_b(t)P\{T > t|T_b > t\} + F_b(t)P\{T > t|T_b \le t\} \end{aligned} \tag{5.3.2}$$

$$\begin{aligned} P\{T > t|T_b > t\} &= 1\text{-}P\{\underline{d}\}P\{\underline{e}\} \\ &= 1 - F_d(t)F_e(t) \end{aligned} \tag{5.3.3}$$

$$\begin{aligned} P\{T > t|T_b < t\} &= 1\text{-}(1 - R_{ad})(1 - R_{ce}) \\ &= 1 - [1 - R_a(t)R_d(t)]\,[1 - R_c(t)R_e(t)] \end{aligned} \tag{5.3.4}$$

식 (5.3.3)과 식 (5.3.4)를 식 (5.3.2)에 대입하면 신뢰도는 다음과 같다.

$$\begin{aligned} R(t) = {} & R_b(t)\,[1 - F_d(t)F_e(t)] \\ & + F_b(t)\{1 - [1 - R_a(t)R_d(t)]\,[1 - R_c(t)R_e(t)]\} \end{aligned} \tag{5.3.5}$$

[예제] 5.12

예제 2.3에서 풀어본 바 있는 그림 2-8의 비가략구조에서 각 부품의 수명이 지수분포를 갖고 부품 a, b, c의 고장률은 λ_1, 부품 d, e의 고장률은 λ_2라 할 때 체계의 신뢰도 함수를 구하고, $\lambda_1=0.01$, $\lambda_2=0.001$일 때 t=10 시간에서의 신뢰도를 평가하라.

풀이)

식 (5.3.5)에

$$R_a(t), R_b(t), R_c(t) = e^{-\lambda_1 t}$$
$$R_d(t), R_e(t) = e^{-\lambda_2 t}$$

를 대입하면

$$\begin{aligned} R(t) &= e^{-\lambda_1 t}\,[1 - (1 - e^{-\lambda_2 t})^2] + (1 - e^{-\lambda_1 t})\{1 - [1 - e^{-(\lambda_1 + \lambda_2)t}]^2\} \\ R(10) &= 0.9\,[1 - (1 - 0.99)^2] + (0.1)\{1 - [1 - 0.89]^2\} \\ &= 0.9987 \end{aligned}$$

[예제] 5.13

그림 5-8 (a)에 있는 교량회로의 신뢰도함수를 구하라.

풀이)

부품 c를 축부품으로 간주하여 식 (5.3.2)를 주어진 문제에 적용하면,

$$R(t) = P\{ⓒ\}P\{\text{체계가동}|ⓒ\} + P\{\underline{c}\}P\{\text{체계가동}|\underline{c}\}$$

이 식의 첫 번째 항의 조건부확률은 부품 “c”가 작동할 때 체계가 정상가동할 확률이며 이 경우에는 그림 5-8 (b)의 구조를 생각하면 다음과 같다.

$$P\{\text{체계가동}|ⓒ\} = \{1 - F_a(t)F_b(t)\}\{1 - F_d(t)F_e(t)\}$$

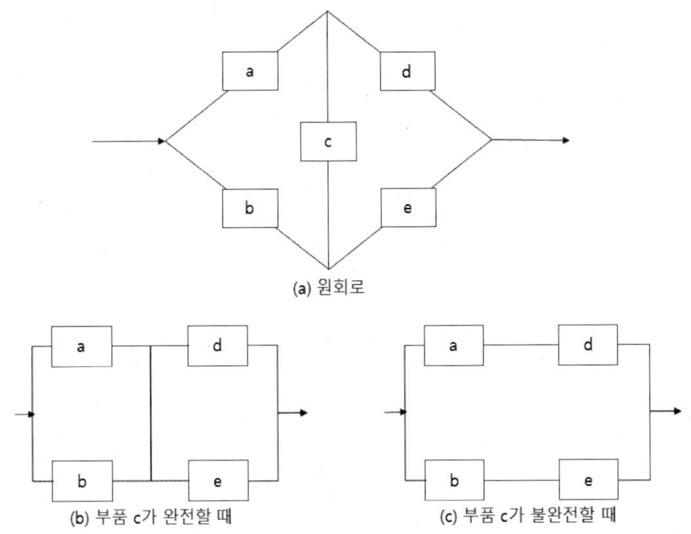

(a) 원회로

(b) 부품 c가 완전할 때 (c) 부품 c가 불완전할 때

그림 5-8 교량회로와 조건부 신뢰도구조

둘째 항의 조건부확률은 부품 "c"가 고장일 때 체계가 정상가동할 확률이며 이 경우에는 그림 5-8 (c)의 구조를 생각하면 다음과 같다.

$$P\{\text{체계가동}|\underline{c}\} = \{1 - R_a(t)R_d(t)\}\{1 - R_b(t)R_e(t)\}$$

이 두 식을 첫 식에 대입하면 다음을 얻게 된다.

$$\begin{aligned} R(t) = R_c(t)\{1 - F_a(t)F_b(t)\}\{1 - F_d(t)F_e(t)\} \\ + F_c(t)\{1 - R_a(t)R_d(t)\}\{1 - R_b(t)R_e(t)\} \end{aligned}$$

5.4 복잡한 구조의 신뢰도 근사해

지금까지 바와 같이 한 구조에 대한 신뢰도함수의 설정과 계산은 대단히 거추장스러울 수가 있다. 부품고장률에 대한 모형을 설정하고 모수를 추정하는 데 필요한 부품의 고장자료 자체도 완전하지 못할 경우가 많다. 이런 사정 때문에 흔히 복잡한 구조에 대한 정확한 신뢰도 계산을 포기하고서 체계 내의 모든 부품이 직렬로 연결되어 있고 각 부품은 일정한 고장률로서 상호 독립적으로 고장난다고 가정하게 된다. 물론 이런 가정 하에서는 식 (5.2.6)에 있는 것과 같은 신뢰도함수를 얻게 된다. 경우에 따라서는 이와 같은 근사계산은 실 제 문제에 부합되는 경우도 있고, 또 그렇지 못한 경우도 많은 것이다. 그러나 식 (5.2.6)이 근사적으로 맞는다 하더라도 더 정확하고 자세한 해를 구하기 위하여 이 근사계산을 개선하는 방법을 알 필요가 있고 또 각 부품의 신뢰도와 체계의 구조가 어떤 경우에 이런 근사계산의 실용이 정당화되는가를 이해하는 것이 바람직하다.

체계신뢰도의 극한 형태를 거론하기 위해서는 세 가지 요소를 고려해야 하는데, 이는 1) 부품고장률, 2) 체계의 신뢰도 구조, 3) 부품고장의 상호 독립성인데 부품 고장의 종속성에 대해서는 이미 2.4.3에서 잠깐 생각해 본 바 있고 또 주어지는 문제에 따라서 달라지므로 여기에서는 상호 독립인 경우만을 다루기로 한다.

다음은 드레닉(Drenick)의 정리이다.

많은 부품의 직렬구조로 이루어진 체계에서 작은 t에 대해서 부품의 고장률이 $h_i(t) = \lambda_i + k_i t^m$ 이고 상당 부분을 차지하는 부품의 $\lambda_i \neq 0$이면 체계의 고장은 지수분포를 따른다[Drenick]. (큰 t에 대해서는 부품고장률은 위와 다를 수 있고, m은 각 부품별 수치 중에서 최대값을 사용하면 된다.)

드레닉의 정리 증명*

n개의 상호 독립인 부품의 직렬구조에서 식 (5.2.5)로부터 $R(t) = \prod_{i=1}^{n} R_i(t) = e^{-\sum_{i=1}^{n} H_i(t)}$ 이다. 이것에 로그를 취하면 다음과 같다.

$$\begin{aligned} \ln R(t) &= -\sum_{i=1}^{n} H_i(t) \\ &= -\sum_{i=1}^{n} \int_0^t (\lambda_i + k_i t^m)\, dx \\ &= -\sum_{i=1}^{n} \left(\lambda_i t + \frac{k_i t^{m+1}}{m+1}\right) \\ &= -\left(\sum_{i=1}^{n} \lambda_i\right) t - \left(\sum_{i=1}^{n} k_i\right) \frac{t^{m+1}}{m+1} \end{aligned} \tag{5.4.1}$$

여기서 $\Lambda = \Sigma\lambda_i, K = \Sigma k_i$ 라 정의하면 식 (5.4.1)은 다음과 같다.

$$\begin{aligned} \ln R(t) &= -\Lambda t - K\frac{t^{m+1}}{m+1} \\ &\equiv -\Lambda t - \frac{K}{(m+1)\Lambda} \frac{(\Lambda t)^{m+1}}{\Lambda^m} \end{aligned} \tag{5.4.2}$$

상당부분을 차지하는 부품의 t=0에서의 고장률은 0이 아니므로 $\lim_{n\to\infty} \Lambda = \sum_{i=1}^{\infty} \lambda_i = \infty$, $\lim_{n\to\infty} \frac{K}{(m+1)\Lambda} = \frac{K}{(m+1)[\infty]} < \infty$라는 가정을 하면 $\lim_{t\to 0}\lim_{n\to\infty} \frac{K}{(m+1)\Lambda} \frac{(\Lambda t)^{m+1}}{\Lambda^m} = 0$이다.

따라서 식 (5.4.2)는 다음과 같다.

$$\begin{aligned} \lim_{t\to 0}\lim_{n\to\infty} \ln R(t) &= -\Lambda t \\ \lim_{t\to 0}\lim_{n\to\infty} R(t) &= e^{-\Lambda t} \end{aligned} \tag{5.4.3}$$

이 정리를 정확히 이해하기 위해서는 기본가정을 좀더 검토해 볼 필요가 있다 [Messinger and Shooman]. 이 정리는 직렬구조로부터 유도되었는데 실제 체계에 병렬경로가 포함되어 있다면 본 정리의 결과는 실제 신뢰도를 과소평가하게 되며 신뢰도함수의 하한으로 사용할 수 있다.

또한 부품고장률 함수 $h_i(t) = \lambda_i + k_i t^m$은 실제로 신뢰도가 평가되어야 할 구간에서만 성립하면 충분하다. n→∞일 때 Λ→∞라는 가정은 t=0에서 상당한 부분을 차지하는 부품의 고장률이 0이 아님을 암시한다. 일반으로 이 가정은 무리한 것이 아니며 $h_i(t)$인 부품 몇 개가 포함된다고 하여도 본 정리의 결과가 무효화되지는 않고 단지 수렴속도를 둔화시킬 뿐이다. 신뢰도가 평가되어야 할 구간의 상한 t_u에서의 신뢰도의 상대오차는 다음과 같이 구할 수 있다.

$$\epsilon = e^{-\left(\sum_{i=1}^{n} k_i\right) t_u^{m+1}/(m+1)} \tag{5.4.4}$$

본 정리 결과의 n에 대한 수렴속도에 대해서는 [Shooman]을 참고하기 바란다.

5.5 단계화 임무 위주 체계의 신뢰도배분

5.5.1 서론

항공기나 무기체계와 같은 다기능체계의 복잡한 임무는 고정 또는 우발변동 기간을 갖는 일련의 시간간격(단계)들로 구성되며, 이 단계들은 임무 지속기간 동안 개별적으로 연속 수행된다.

이와 같은 임무위주(mission oriented) 체계의 전형적인 예는 공수무기체계의 항공전자 부분으로서, 레이다, 항법, 통신과 같은 많은 하부체계를 가지고 있다. 항공전자와 관련된 임무란 '2시간 폭격' 임무일 수 있다. 그런 임무는 이륙, 상승, 순항, 공격, 하강, 착륙과 같은 단계들로 나눌 수 있다. 각 임무단계 중 임무를 수행하기 위해 다양한 하부체계들이 필요하다.

주어진 임무단계 중 특정 장비군이 더 이상 기능을 발휘하지 못하면 그 임무 는 중단되어야 한다. 아니면, 그 체계는 임무의 다음 단계로 진행할 수 있다. 모든 단계들이 성공적이어야 임무가 성공적이다. 따라서 임무신뢰도는 모든 조건부 단계신뢰도들을 곱함으로써 얻을 수 있다.

한편, 하부체계들에 대한 수요와 물리적 특성에 따라, 어떤 하부체계는 나중 에 실제로 필요할 때에 작동될 수도 있다. 여하간, 어느 특정단계에서 하부체계가 기능하기 위해서는, 모든 이전단계에서 고장나면 안된다.

고장날 수 있는 많은 하부 체계들로 구성된 특정 체계를 개발할 때, 신뢰도 및 설계공학자들은 전반적 임무신뢰도를 구성 하부체계의 신뢰도로 번역해야 한다. 원하는 체계신뢰도를 성취하기 위하여 개별 부품들에 신뢰도 요건을 할당하는 과정을 신뢰도배분(reliability apportionment)이라 한다.

이는 단계화 임무위주(phased-mission oriented) 다기능체계에도 똑같이 적용된다. 전반적 임무신뢰도가 하부체계의 신뢰도로 바뀌어야 하지만, 하부체계에 대한 수요와 그 물리적 특성은 모두 다르다.

직관적으로 많은 단계에서 높은 수요가 있는 하부체계들이 높은 우선권을 받아야 한다. 그러나 하부체계의 신뢰도를 증가시키는 것과 관련된 제약이 있다면(예, 비용, 부피, 무게 등의 요구조건), 최적 배분 문제는 그리 명백하지 않다.

최적 여분과 어느 정도 관련은 있지만 다른 신뢰도 배분의 기본 기법은 Rau, Kapur & Lamberson에 의해 검토되었다. 그러나 대부분의 분석은 독립적인 부품들로 구성된 단일목적 체계의 고려에 한정되고 있다.

Winokur & Goldstein은 임무위주 체계에 적용할 수 있는 체계신뢰도의 몇 가지 척도들을 연구하였다. 단계화 임무분석을 설명하기 위하여, Pedar & Sarma는 비행통제 컴퓨터, 관성항법체계 컴퓨터, 무선항법 보조컴퓨터, 연료관리 컴퓨터, 자동착륙체계 컴퓨터들로 구성된 분산형 내결함성 (distributed and fault-tolerant) 항공전자 컴퓨터체계를 예시하였다. 그 임무의 윤곽은 이륙, 상승, 순항, 하강, 접근, 착륙단계로 이루어진다.

이 연구는 다중자원 제약하에서 단계화 임무위주 다기능체계에 대한 하부 체계 신뢰도 배분문제를 다룬다. 수치 예로 이 방법을 설명한다. 이 모형의 가정과 기호는 다음과 같다.

1) 체계는 미리 정해진 여러 개의 하부체계(또는 모듈)로 구성되어 있고, 임무수행 중 확률적으로 고장난다. 하부체계의 고장시간들은 지수분포를 따르고, 통계적으로 독립이다
2) 한 단계가 끝나려면, 요구되는 모든 하부 체계들이 기능을 발휘해야 한다. 즉, 요구되는 하부체계 간에 직렬구성을 가정한다
3) 하부 체계들은 휴식 중에는 고장나지 않는다.
4) 고장난 하부체계는 잔여 임무기간 중 수리할 수 없다.

R_M : 임무신뢰도

R_j : 체계가 직전 단계에 생존하였을 때의 체계의 조건부 단계 j 신뢰도

a_k : 자원 k의 가용량, $1 \le k \le m$

d_{ij} : 단계 j중 하부체계 i에 대한 요구 프로필 (요구되면 1, 아니면 0)

g_{ki} : 하부체계 i의 자원 k에 대한 벌과비용함수

t_j : 임무 단계 j의 지속기간, $1 \le j \le p$

T_i : 하부체계 i가 요구되는 정미시간, $\sum_{j=1}^{p} d_{ij} t_j$

λ_i : 하부체계 i의 고장률, $1 \le i \le n$

ϕ_k : 제약 k에 대한 라그랑주 승수

5.5.2 모형화

요구되지 않는 어떤 하부체계의 신뢰도는 1이기 때문에, 첫 단계 중 하부체계 i의 신뢰도는 $e^{-\lambda_i d_{i1} t_1}$이다. 나아가 일반으로 하부 체계 i가 이전단계에서 고장나지 않았다는 것이 주어졌을 때, 하부 체계가 단계 j를 생존하는 조건부 신뢰도는 다음과 같다.

$$\frac{e^{[-\lambda_i(d_{i1}t_1 + \cdots + d_{ij}t_j)]}}{e^{[-\lambda_i(d_{i1}t_1 + \cdots + d_{ij-1}t_{j-1})]}} = e^{-\lambda_i d_{ij} t_j} \tag{5.5.1}$$

그러므로 요구되는 하부체계들 간에 직렬구조를 가정하면, 체계의 조건부 단계 j 신뢰도는 다음과 같다.

$$R_j = \prod_{i=1}^{n} e^{-\lambda_i d_{ij} t_j} = e^{-\sum_{i=1}^{n} \lambda_i d_{ij} t_j} \tag{5.5.2}$$

이 조건부 단계 신뢰도들을 곱하면, 모든 단계들을 성공적으로 완수하는 체계의 임무신뢰도는 다음과 같고 이를 최대화해야 한다.

$$R_M = \prod_{i=1}^{n} R_j = \exp\left(-\sum_{j=1}^{p}\sum_{i=1}^{n} \lambda_i d_{ij} t_j\right) = \exp\left(-\sum_{i=1}^{n} T_i \lambda_i\right) \tag{5.5.3}$$

한편, 각 하부체계 i에 관하여, 고장률 λ_i의 항으로써 하부체계 신뢰도에 의존하는 자원 k에 대한 벌과비용 $g_{ki}(\lambda_i)$가 있다고 가정한다. 문제는 총가용자원 a_k의 한계들 내에서 임무신뢰도 R_M을 최대화하도록 하부체계의 고장률을 배분하는 것이다.

R_M을 최대화하는 것은 $-\ln R_M$을 최소화하는 것과 같으므로, 배분문제는 식 (5.5.3)으로부터 다음과 같이 된다.

$$\text{최소화} \ \sum_{i=1}^{n} T_i \lambda_i \tag{5.5.5}$$

$$\text{제약식} \ g_k = \sum_{i=1}^{n} g_{ki}(\lambda_i) \le a_k, \ k = 1, \cdots, m$$

다양한 품질수준의 하부체계가 시장에 있다면, 벌과비용-고장률의 절충(trade-off)을 묘사하는 함수를 맞출 수 있을 것이다. 아니면, c/λ^2 또는 $w/\sqrt{\lambda}$와 같은 함수형태를 가정하여 현 설계로부터 모수를 추정할 필요가 있을 수도 있다. 수치 예로 추정절차를 예시할 것이다.

5.5.3 반복 라그랑주 기법

일반으로 벌과비용함수 $g_{ki}(\lambda_i)$는 비선형일 것이므로 비선형 계획법이 사용되어야 한다. 특히 부등제약식에 대해서는 라그랑주 반복기법을 사용할 수 있다 [Everett].

ϕ_i을 라그랑주 승수라고 하자. 수식 (5.5.5)에 있는 제약 최적화 문제와 관련된 라그랑주 함수는 다음과 같다. 굵은 글자는 벡터를 말한다.

$$\text{최소화 } L(\boldsymbol{\lambda},\boldsymbol{\phi}) = \sum_{i=1}^{n} T_i\lambda_i + \sum_{k=1}^{m}\phi_k\left(\sum_{i=1}^{n} g_{ki}(\lambda_i) - a_k\right) \tag{5.5.6}$$

주어진 승수들의 집합에 대해, 식 (5.5.6)에 있는 라그랑주 함수는 $\boldsymbol{\lambda}$에 대해 아래로 볼록(convex)임을 가정하자. 최적해를 찾기 위해 라그랑주 함수를 변수 λ_i에 대해 미분하여 0으로 놓으면 다음과 같다. 여기서 $g'_{ki} = \partial g_{ki}/\partial\lambda_i$이다.

$$\partial L/\partial\lambda_i = T_i + \sum\phi_k g'_{ki}(\lambda_i) = 0,\ i = 1,\cdots,n \tag{5.5.7}$$

식(5.5.5)의 제약을 만족하는 해를 찾을 때까지 새로운 라그랑주 승수들의 집합에 대해 식(5.5.7)을 반복적으로 푼다.

요구되는 반복횟수는 승수들의 적절한 선택과 원하는 해의 정확도에 좌우된다. 그러나 라그랑주 승수들의 필요한 변화는 위배된 제약에 의해 나타나기 때문에 탐색은 랜덤일 필요는 없다.

비제약 최적화($\phi_k = 0$)는 명백하게 실행불능이므로, 반복과정은 예를 들어 $\phi_k = 0.0001$로 시작한다. 각 반복에서, 만일 $g_k > a_k$(실행 불능)이면 $|\phi_k|$를 증가시키고, 만일 $g_k < a_k$(여유)이면 $|\phi_k|$를 감소시킨다. 대부분의 경우, 제약들 중 하나만 속박되기 쉽다($\phi_k \neq 0$에서 등식 성립).

5.5.4 수치 예

3개의 하부체계로 이루어진 다기능체계의 10시간 임무는 다음 지속기간과 요구개요를 가진 4단계로 구성되어 있다.

$$\| t_j \| = [1\,2\,3\,4], \quad \| d_{ij} \| = \begin{bmatrix} 1\,1\,1\,1 \\ 0\,1\,0\,0 \\ 0\,1\,1\,0 \end{bmatrix}$$

총자원의 제약한계 비용(≤$200)과 무게(≤90kg) 내에서, 임무신뢰도를 최대 화해야 한다. 과거 설계 경험에서, 비용은 $g_{1i}(\lambda_i) = c_i/\lambda_i^2$, 무게는 $g_{2i}(\lambda_i) = w_i/\sqrt{\lambda_i}$의 형태로 행동한다고 알려져 있다. 모수들은 현재 입수 가능한 하부체계 표본에서 추정되었다.

$\lambda_1 = 0.001/h$인 모듈1의 비용이 $100이므로, $c_1 = 100\lambda_1^2 = 0.0001$이며, 무게는 70kg이므로, $w_1 = 70\sqrt{\lambda_1} = 0.7\sqrt{10}$이다.

$\lambda_2 = 0.01/h$인 모듈2의 비용이 $50, 무게는 5kg이므로, $c_2 = 0.005$, $w_2 = 0.5$이다.

$\lambda_3 = 0.02/h$인 모듈3의 비용이 \$30, 무게는 3kg이므로 $c_3 = 0.012$, $w_3 = 0.3/\sqrt{2}$이다.

이들 자료와 하부체계들의 정미요구시간 $\| T_i \| = [10 \ \ 2 \ \ 3]$을 식 (5.5.7)에 대 입하면 다음과 같다.

$$T_1 + \phi_1(-2c_1/\lambda_1^3) + \phi_2(-0.5w_1/\lambda_1^{1.5}) = 0, \quad (5.5.8)$$
$$T_2 + \phi_1(-2c_2/\lambda_2^3) + \phi_2(-0.5w_2/\lambda_2^{1.5}) = 0,$$
$$T_3 + \phi_1(-2c_3/\lambda_3^3) + \phi_2(-0.5w_3/\lambda_3^{1.5}) = 0$$

이 등식들의 근을 수치적으로 구하고, 식 (5.5.5)에서 유도된 다음 제약들을 만족하는지 검사한다.

$$c_1/\lambda_1^2 + c_2/\lambda_2^2 + c_3/\lambda_3^2 \leq 200 \quad (5.5.9a)$$

$$w_1/\sqrt{\lambda_1} + w_2/\sqrt{\lambda_2} + w_3/\sqrt{\lambda_3} \leq 90 \quad (5.5.9b)$$

BASIC으로 작성한 간단한 반복프로그램을 사용하면, 최적 하부체계신뢰도 λ_1 =0.00150, λ_2=0.00942, λ_3=0.0110에서 최대 임무신뢰도 0.935를 성취할 수 있었다. 프로그램의 수행시간은 무시할 정도이다. 표 5-1은 반복의 중간 탐색 결과를 보여준다.

표 5-1 반복의 중간 결과

\# 실행 불능해

반복수	승수		R_M	제약		변화	
	ϕ_1	ϕ_2		g_1 (≤200)	g_2 (≤90)	ϕ_1	ϕ_2
1	0.0001	0.0001	0.944	270.4#	69.8	+	-
2	0.0002	0	0.931	177.4	64.5	-	0
3	0.00015	0	0.937	214.9#	67.6	+	0
4	0.000167	0	0.935	200.1#	66.4	+	0
5	0.0001671	0	0.935	200.0	66.4	-	0

5.5.5 확장 및 논평

다중자원 제약하에 하부체계 신뢰도를 배분함으로써 단계화 임무위주 다기능체계에 대한 임무신뢰도를 최대화하는데 반복적 라그랑주 기법을 적용하였다.

제안된 방법은 일반 고장분포에도 확장할 수 있을 것이다. $f_i(t)$를 하부체계의 고장밀도라 하면, 신뢰도는 다음과 같다

$$R_i(t) = \int_t^\infty f_i(x)dx \quad (5.5.10)$$

일반으로, 조건부 단계 신뢰도들은 간결한 형태로 표현할 수 없다. 그러나 분포에 상관없이 요구된 모든 하부체계들은 반드시 임무 단계들 중 작동해야 하므로

식 (5.5.3)의 임무신뢰도는 다음과 같이 일반화될 수 있다.

$$R_M = \prod_{i=1}^{n} R_i(T_i) \tag{5.5.11}$$

이는 하부체계 MTTF 항으로 표현되는 벌과비용함수의 제약하에 최대화된다.

이론적으로, 이 접근 방법을 비직렬 하부체계 구성에 확장하는 것도 가능할 것이다. 그러나 두 병렬 하부체계가 모두 나중 단계에서 필요하다면(직렬구조로 재구성) 이전 단계에서의 병렬화는 최종 임무신뢰도를 향상시키지 않는다.

그러나 임무 동안 수리가 허용되면, 마코브환경 하 병렬화는 임무신뢰도를 향상시킬 수 있고 이러한 확장은 제시한 접근방법을 보충할 수 있다. 한 예로 Kim & Park을 보기 바란다.

연습문제

5.1 독립적이고 동일한 부품들이 일정한 고장률 λ를 가졌다. 이들 부품으로 구성된 다음 체계들의 신뢰도함수를 구하라.
(1) 4개의 직렬부품
(2) 4중3 구조
(3) 4중2 구조
(4) 4개 부품의 병렬구조

5.2 체계 신뢰도가 0.9로 떨어지는 시점을 t_1이라 하자. 즉 $R(t_1) = 0.9$이다. 문제 5·1의 (1)~(4)항에서 t_1 대 체계가 정상작동하는 데 필요한 부품의 신뢰도에 관한 그래프를 그려라.

5.3 동일한 독립부품들이 1차적으로 증가하는 고장률 λt를 가질 경우 문제 5·1과 5·2의 답을 다시 구하라.

5.4 (1) 어떤 통신체계가 고정주파수 송신기 X과 고정주파수 수신기 Y로 구성되었다. 고정주파수는 ψ_1 헤르츠이고 수신기와 송신기는 다같이 일정한 고장률 λ를 갖는다. 신뢰도를 개선하기 위하여 주파수 ψ_2에서 작동하는 제2번 송신기와 수신기가 여분의 통신수단으로 사용된다. 두 경로는 주파수를 제외하고는 모두 동일하다. 이 체계의 신뢰도 그래프을 그리고 또한 신뢰도함수를 구하라.
(2) 신뢰도를 개선하기 위한 다른 한 방안으로서 각 수신기에 동조기(tuning unit)를 부착하여 주파수 ψ_1에서나 ψ_2에서 수신이 가능하도록 한다. 각 동조기의 고장률이 λ'로 주어질 때 새로운 신뢰도 그래프을 그리고 또 신뢰도함수를 구하라.
$\lambda' = 0.1\lambda$일 때와 $\lambda' = 10\lambda$일 때 2개의 독립된 경로를 사용하는 체계와 개선된 체계의 신뢰도를 각각 그려라. 필요하다면 직렬구조로 가정해도 좋다.

5.5 문제 5.4에서 λ'/λ가 어떤 특정한 값을 가질 때는 동조기 부착이 신뢰도 증가에 아무런 도움을 주지 못한다. 이때의 값을 구하고 설명하라. 어떠한 가정이 필요한가?

5.6 문제 5.4에서 주어진 두 체계에 대한 MTTF를 각각 구하라. 어떤 λ'/λ의 값에서 두 MTTF가 같은가? 문제 5·5에서 얻은 값과 비교하라.

5.7 단일 부품의 수명이 와이블분포를 가져 그 고장률 $h(t)=\lambda t^m$인 경우에 MTTF를 계산하라.

5.8 세 개의 엔진이 병렬로 연결된 항공기 추진계통을 생각해 보자. 각 엔진의 고장은 상호 독립적이고 일정한 고장률 0.0005를 갖는다.

(1) 두 개 이상의 엔진이 정상가동 되어야만 비행임무가 가능하다면 t시간의 비행임무를 위한 이 추진계통의 신뢰도를 구하라.

(2) 1시간, 10시간 및 100시간의 비행임무를 위한 추진계통의 신뢰도를 각각 구하라.

5.9 (1) 다음 그림에서 체계(a)의 신뢰도가 0.9일 때 시간 t_1을 구하라.

(2) 체계(b)에서 신뢰도가 0.9 되도록 부품2와 부품3의 고장률을 정하라, 또한 (c)에서 신뢰도가 0.9가 되도록 4와 5를 정하라.

(3) 구간 $0<t<2t_1$에서 Ra(t), Rb(t), Rc(t)를 그려라.

(4) 체계(c)에서 릴레이가 완전하지 않다면 구간 $0<t<t_1$에서 $Rc(t) \geq Rb(t)$이려면 릴레이의 고장률은 얼마나 커야 하는가?

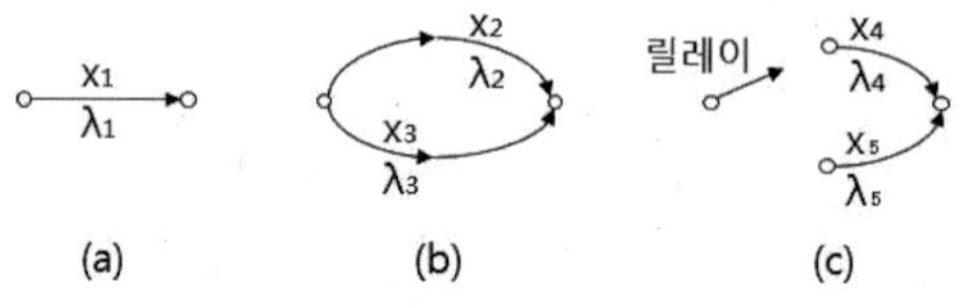

5.10 (생략가능) 고장률이 다른 두 개의 지수부품으로 이루어진 대기구조에서 체계의 고장률이 증가함수임을 보여라.

5.11 자동차의 전압안정기(regulator)는 과부하 및 과충전을 방지하여 축전지의 수명을 연장시킨다. 축전지의 고장률은 h(t)=a+bt로 주어졌다고 가정하자. 안정기가 정상일 때 $a=2\times10^{-5}$ (/시간)이고, $b=30\times10^{-10}$(/시간^2)이다. 안정기가 고장났을 때 a값은 변동이 없으나 b는 150×10^{-10}(/시간^2)으로 증가한다. 위 두 경우에 대한 체계신뢰도를 계산하여 스케치하라.[6)]

---

6) 이 문제에서는 고장률함수의 상수, 계수의 단위를 이해시키는 차원도 있다.

5.12 2개 부품 병렬체계에서 각 부품은 동일하며 일정한 고장률을 갖는다. 두 개의 부품이 모두 고장나지 않았을 때의 고장률은 λ이고 두 개 부품 중 한 개가 고장났을 때의 고장률은 λ'이다. 그러므로 $\lambda'/\lambda=1$일 때는 상호 독립인 경우이다. 상호 독립일 경우 문제 5·2에서 정의된 바 있는 비을 구하라.
종속인 경우의 λ'/λ 값이 얼마일 때 $R(t_1)$ = 0.91이 되는가? 또 언제 $R(t_1)$ = 0.89가 되는가? 이 문제에서 상호 종속성이 얼마나 중요한가?

5.13 두 개의 부품이 대기구조인 경우에 문제 5·12의 답을 다시 구하라.

5.14 다음 그림에서 부품 x_1과 x_2가 일반적인 병렬회로를 형성한다고 생각하자. 세 개의 부품은 각각 많은 열을 방산하고 서로 근접되어 있으므로 고장은 상호종속이다. 각 부품은 동일하며 다음과 같은 일정한 고장률이 체계의 가동률을 좌우한다. 즉 한 개의 부품만이 작동할 때 고장률은 λ, 두 개의 부품이 작동할 때 고장률은 2λ, 그리고 세 개의 부품이 동시에 작동할 때 고장률은 3λ이다. 체계의 신뢰도함수를 계산하라.

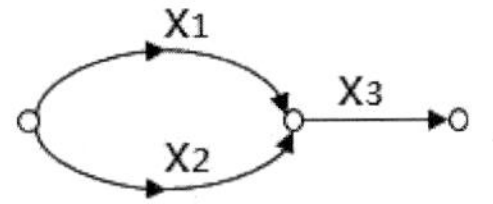

5.15 문제 5.14에서 x_1과 x_2가 대기구조일 때 답을 다시 계산하라.

5.16 n개의 부품으로 이루어진 직렬 체계에서 각 부품이 동일한 고장률 $h(t)=a+bt$를 갖는다고 생각하자. n=5, 10, 100일 때 신뢰도함수를 그려라. 그리고 이 결과를 드레닉 정리에 의해 주어진 추정치와 비교하라.

와이블 데이터베이스

Barringer & Associates, Inc.(신뢰도 컨설팅 회사)에서 여러 품목의 고장시간에 대한 와이블 데이터베이스가 교육용으로 제공된다(www.barringer1.com/wdbase.htm). 품목별로, 형상모수(β)와 특성수명(η)의 3점 추정값들(높음, 보통, 낮음)로 표시되어 있다. 그런데 특정 상황(품목의 특성, 시험조건 등)에 대한 이해 없이 맹목적으로 데이터를 적용하지 말 것을 경고하고 있다.

부품 고장률 예측방법

기업에서 제조하는 제품에 소요되는 부품의 고장률을 항상 시험해서 얻기가 쉽지 않다. 그래서 이미 나와 있는 자료를 참조할 수 있다. 위의 Barringer사의 자료나 아래 자료를 참고하라. 제품의 신뢰도를 입증하는 것은 다른 문제이다.

예측방법	내용
IEEE Standard 1413	• 1998년 IEEE Reliability Society에 의해 제정. 이해하기 쉽고 신뢰할 수 있는 신뢰도 예측을 위한 핵심 요구사항을 식별하고, 사용자가 예측방법을 선택하는데 충분한 정보를 제공하며, 예측 결과를 효과적으로 사용할 수 있도록 하기 위하여 개발됨
MIL-HDBK-217F (Part Stress Analysis)	• 국제적으로 민간과 군수에서 공통적으로 적용되는 미국방성이 제정한 전기전자 디바이스 표준
MIL-HDBK-217F (Part Count Analysis)	• MIL-HDBK-217 예측방법의 하나로 시스템설계 전 예측과 개념설계시 Part Count Analysis를 사용한다. Part Stress 보다 예측방법이 단순하고 간단함.
Bellcore TR-332	• 민간/통신업체에서 많이 사용되는 전기·전자통신 부품 신뢰도예측 표준. MIL-HDBK-217에 기초하여 미국 AT&T Bell연구소(현 Telcordia)에서 제정. MIL-HDBK-217에서 제공하는 계산식의 적용과 함께 현장 경험치와 필드데이터 반영. 현재 Issue6 버전까지 나와 있으며, 통신 및 가전분야에서 활용성이 증가되고 있음. 십억시간 단위로 MTBF 예측
NSWC (Naval Surface Warfare Center) 규격	• 스프링, 베어링, 씰, 모터, 브레이크 등의 기계적인 디바이스 및 시스템에 대한 예측 표준을 제공하며 현재 NSWC-98/LE1버젼을 제공하고 있다
NPRD95 Database	• 1970년부터 1994년까지 25년간의 필드테스트를 거친 부품 및 어셈블리의 데이터베이스. 군수 및 상용부품 및 어셈블리 라이브러리를 23,000여개를 보유하고 있다
RDF 2000/China 299B	• 유럽과 중국에서 사용되는 통신부품, 시스템 신뢰도예측규격을 제공. MIL-HDBK-217에서 유래되었으며, 보다 간단한 예측방식을 적용
MIL-STD-756B Reliability Modeling and Prediction	• 전자, 전기, 전자기계, 기계, 무기시스템이나 기기의 신뢰도를 예측하기 위한 절차와 기본 원칙을 제공하고 있다. 여기서는 수명주기 결정, RBD 생성, 품목 신뢰도를 계산하기 위한 수리적 모형 등에 대해 자세히 설명하고 있다

KT법(케프너-트리고 법, Kepner-Trigoe method)

문제해결도구로서 SA, PA, DA, PPA의 총 4단계로 진행된다.
1) SA(Situation Appraisal)는 문제가 무엇인지 찾는 단계이다.
2) PA(Problem Analysis)는 문제의 발생원인을 찾는 단계이다.
3) DA(Decision Analysis)는 원인을 제거할 수 있는 최적안을 찾는 단계이다.
4) PPA(Potential Problem Analysis)는 향후 어떤 일이 일어날 것이고, 그 때 어떻게 할 것인가를 준비하여 실행상 리스크를 대비하고 적절한 대응책을 찾는 단계이다.

제6장 신뢰성시험

6.1 신뢰성시험 서론

신뢰도 추정치와 이를 확인하기 위한 시험은 수명주기의 각 단계에서 중요한 고려 사항이다. 수명주기와 신뢰성에 대해서는 뒤에서 설명될 것이다. KS A 3004에서 신뢰성시험의 정의는 “제품 개발 및 제조과정에서 신뢰성향상, 평가, 보증을 위하여 실시되는 시험”이다. 신뢰성에 관한 모든 시험을 의미한다.

일반적으로 시험은 기능·성능시험, 환경시험, 신뢰성시험, 안전시험으로 구분할 수 있다. 기능·성능시험과 환경시험은 개발과정에서 만족되어야 하는 최소의 요건이라고 할 수 있으며, 이를 만족하지 못하면 시장에서 품질문제가 발생하므로 품질인증시험이라고도 한다. 환경시험을 신뢰성시험에 포함할 수도 있다.

지수분포는 수명시험 응용에서 가장 일반으로 사용되는 분포이다. 불행히도 많은 경우 지수분포에 대한 기본적인 이해를 근거로 한 선택이라기보다는 쉽게 적용할 수 있기 때문에 사용된다. 이 장의 신뢰성 시험은 지수분포를 중심으로 이론과 응용에 대해서 논의하겠다.

고려되는 제품에 따라 세부사항은 다르겠지만, 수명주기내 어떤 시점에서의 시험도 흔히 자금과 시간의 제약을 심하게 받는다. 시험대상이 값싼 대량 생산 부품이 아니라면, 특히 시험이 대상품을 마손시키거나 파괴할 때에는 충분한 수량을 시험에 할애하는 것에는 많은 비용이 든다. 충분한 고장자료를 얻기 위해서 시험 품목을 가동해야 하는 기간도 설계 확정, 제조 개시, 또는 제품 배치일자에 의해서 심하게 제한될 수 있다.

이 장에서는 수명시험으로부터의 자료를 해석하는 몇 가지 방법을 검토한다. 앞으로 시험자료를 이용한 평균수명의 추정치와 신뢰구간을 살펴보고, 다음 전통적 수명시험에서 벗어나 축차수명시험에 대해서도 알아본다.

신뢰성시험은 목적, 적용단계, 시험장소 및 가속여부에 따라 표 6-1과 같이 분류할 수 있다. 일반으로 정상 수명시험(정시, 정수 중단) 가속수명시험(시간압축, 고스트레스, 단계스트레스), 강제 열화 시험, 숙성시험(aging test) 등으로 분류 할 수 있다. 이외에도 파괴여부에 따른 파괴시험, 비파괴시험의 구분이 있다.

1장에서 보았지만, ‘신뢰성 보증척도’로서 통상 평균수명 MTTF(종종 θ로 표시), B_{10}수명, 고장률, ‘임무시간 00의 신뢰도 00’ 중의 하나로 규정된다.

합격신뢰도수준(ARL, acceptance reliability level)은 합격시키고자하는 좋은 ‘신뢰도수준’을 말한다. 이 수준에서 생산자 입장에서는 다 합격되기를 원한다. 그런데 확률적으로 불합격될 수 있고, 이 확률 α가 생산자 위험이다. 품질관리의 AQL과 유사 개념이다. ARL의 예로 합격고장률, 합격평균수명 등이다. 편의상 고장률을 쓰자.

표 6-1 신뢰성시험의 종류

구분 기준	내용
(1) 시험목적	• 적합시험(compliance test): 품목의 특성(성질)이 규정된 요구사항에 적합한지를 판정하기 위한 시험. 통계적 검정에 해당. 보증시험(RQT, reliability qualification test, 인증시험) 또는 수락시험(acceptance test)을 말한다. • 결정시험(determination test): 특성(성질)을 확인하기 위한 시험. 통계적 추정에 해당 • 비교시험(comparison test): 두 가지 설계나 제품의 신뢰성을 비교
(2) 개발단계	• 신뢰성개발성장시험(RDGT, reliability development and growth test) • 신뢰성보증시험(RQT, reliability qualification test) • 생산신뢰성수락시험(PRAT, production reliability acceptance test) • 번인 또는 신뢰성 스트레스스크리닝[1](RSS, reliability stress screening)
(3) 시험장소	• 실험실 시험(lab test): 제어되는 규정된 조건에서 수행되는 시험. 현장조건을 모의시험 할 수도 있다. • 현장시험(field test): 운용, 환경, 보전 및 관측조건이 기록되는 현장에서 수행되는 시험
(4) 가속여부	• 가속시험(accelerated test): 시험기간을 단축하기 위하여 기준조건보다 가혹한 스트레스를 인가하는 시험 • 정상시험(normal operating test): 실 사용조건에서 인가되는 스트레스에서 수행되는 시험

불합격신뢰도수준(URL, unacceptance reliability level)은 불합격시키고자하는 나쁜 신뢰도수준을 말한다. 합격이 안되어야 하는데 합격되는 확률이 있고 이는 소비자 위험 β이다. 품질관리에서 LTPD와 유사 개념이다. URL의 예로 불합격고장률, 불합격평균수명 등이다. 로트허용고장률(LTFR), 로트허용평균수명이라고도 한다. 1-β는 소비자의 신뢰수준이며 보증확률이라고도 한다.

OC곡선(검사특성곡선, operating characteristic curve)는 신뢰성 수준과 합격률과의 관계를 나타내는 곡선이다. 이상적인 것은 합격신뢰도수준의 합격률 100%, 불합격신뢰도수준의 합격률 0%가 되는 것이다. 그런데 실제 신뢰성시험은 표본 추출로 시험한 결과를 바탕으로 합격 불합격 판정을 내리게 되므로 이러한 샘플링오차로 인해 합격신뢰도수준의 것이 불합격될 확률이 있고, 불합격신뢰도수준의 것이 합격될 확률이 있다. 이는 각각 생산자 위험 α, 소비자 위험 β를 나타낸다. 예를 들어 고장률 OC곡선은 그림 6-1과 같다. 평균수명으로 OC곡선을 그리면 증가함수 꼴이다. 합격신뢰도수준과 불합격신뢰도수준의 비율인 판별비(discrimination rate, >1)는 두 수준을 구별하는 능력을 나타낸다.

$$\begin{aligned} d &= \theta_0/\theta_1 \\ &= \lambda_1/\lambda_0 \end{aligned} \tag{6.1.1}$$

1) 스크리닝시험(선별시험): 초기결함을 제거하기 위한 시험으로, 품목을 열화시키지 않을 정도의 스트레스 하에서 일정시간 작동시켜 품목 내 잠재결함을 발견, 제거하는 시험

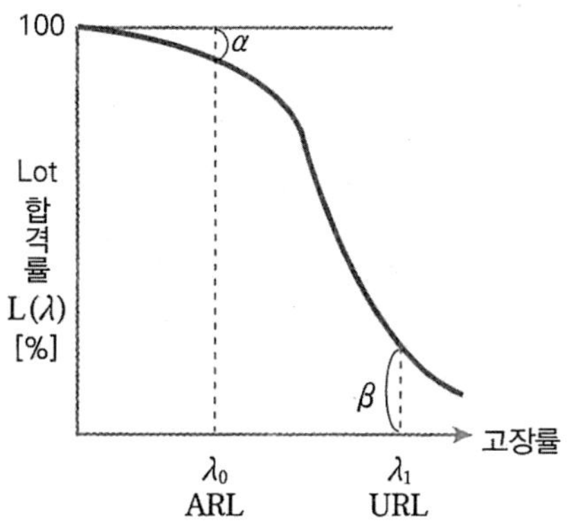

그림 6-1 고장률 OC곡선

6.1.1 시험중단과 고장품 교체

일정 수의 표본에 대한 정상 수명 시험을 하는 경우에도, 예정된 시험 시간 내에 모두 고장 나지 않으면 자료의 수가 적어지고, 시험 기간을 연장하면 검사 비용이 증가하게 된다. 이런 문제점을 극복하기 위하여 수명 시험에서는 중도에 시험을 중단하거나, 사용 조건을 정상보다 강화해서 얻어진 자료로부터 신뢰도를 추정하는 일이 많다.

1) 완전자료: 시험대상이 되는 품목들 전부의 고장시간들이 모두 관찰되어 얻어진 수명자료이다. 앞서 수명분포의 모수 추정에서 살펴보았다.

2) 시험중단: 시험 품목이 모두 고장 나기 전에 시험이 중단되든가 또는 중간 결과가 필요하여, 자료가 불완전할 때, 자료가 중단(censoring)되었다고 한다.

정시중단(I종 중단)은 고정된 시간에 시험이 종결되는 것이며, 정수중단(II종 중단)은 고정된 수의 고장이 발생하면 시험이 종결되는 것이다.

정시와 정수 중단 간의 선택에는 다음과 같은 절충이 개입된다. 정시중단은 시험기간이 명시되므로 보다 편리하다. 정수중단은 시험이 종결되는 시점을 정확하게 예측할 수 없다. 계획된 고장 수가 끝까지 고장나지 않으면 시험을 종료하지 못하는 걸까? 한편 수명 관측의 정밀성은 시험 기간보다는 고장 수에 달려 있다.

3) 임의중단: 시험 도중에 임의로 관측이 중단되는 경우로서 원래 정의된 유관고장이 아닌, 계측장비의 고장 등으로 유발되는 무관고장으로 인해 관측이 중단되는 경우가 그 예이다. 무관고장의 예로, 부적당한 시설에 기인한 고장, 시험통제장비의 고장에 기인한 고장, 시험자 오조작에 기인한 고장, 규정 교체기간 이후의 사용중에 발생한 고장, 시험절차 잘못에 기인한 고장, 셋업 중 발생한 고장, 시험규격을 초과하는 과부하로 인한 고장, 잘모 교체된 부품에 의한 고장 등이다.

4) 고장품 교체: 정시 또는 정수 중단 시험에서 고장품을 교체할 것인가하를 결

정하는 데에는, 시험에 필요한 기구의 비용 대비 시험 품목의 비용이 중요한 요소이다. 예를 들어 제트엔진과 같이 고가의 품목을 시험한다면 비교체 시험을 하게 될 것이다.

반대로, 큰 제트엔진 속의 연료분사기를 시험한다면 연료분사기가 고장날 때마다 즉시 교체하여 시험 기간 내내 모든 엔진을 가동시키는 것이 합당하다. 단, 교체 시험에는 짧은 시간 내에 교체나 수리를 할 인원과 장비가 있어야 하므로, 비용 최소화가 중요한 조건이다.

신뢰성보증시험 형태에 대한 특징을 표 6-2로 요약하였다[KSAIEC 60300-3-5]. 시험자료로서 신뢰성척도를 추정하기 전에 시험을 설계하는 것이 우선되어야 한다.

표 6-2 신뢰성 시험계획의 형태(지수분포 가정)[KSAIEC 60300-3-5]

시험계획 형태	적용 품목	신뢰성 요구사항	설계 모수	도구	장점	단점
고정기간 시험	연속형 비수리/수리, 교체/비교체	합격 고장률/고장밀도 불합격 고장률/고장밀도	판별비, 위험률 α β	KS A IEC 61124 MIL-STD-690C MIL-HDBK-781A 핸드북 H 108	·정시고정. 따라서 시간 비용 인력 소요를 시험 전 예측 ·정수고장. 비수리/비교체 시험 소요 최대샘플수 예측 ·최대시험시간이 축차시험보다 짧다	·기대고장수, 총시험시간이 축차시험보다 크다 ·신뢰도가 매우 좋거나 나쁜 경우 예정된 시험시간, 고장수를 관찰해야 함
	이산형 재사용, 비재사용	실패율/성공률	판별비, 위험률 α β	KS A IEC 61123		
종결형 축차시험	연속형 비수리/수리, 교체/비교체	합격 고장률/고장밀도 불합격 고장률/고장밀도	판별비, 위험률 α β	KS A IEC 61124 MIL-STD-690C MIL-HDBK-781A 핸드북 H 108	·결정의 기대고장수가 고정기간시험보다 적다 ·결정의 기대누적시간이 최소	·고장수, 비용이 고정기간시험보다 변화폭이 크다 ·최대시험시간, 최대고장수가 크다
	이산형 재사용, 비재사용	실패율/성공률	판별비, 위험률 α β	KS A IEC 61123		

미니탭을 활용할 때, 신뢰성 시험계획은 3 가지로 구분된다.

1) 시연 검사 계획(Demonstration Test Plans) = 신뢰성실증/입증/적합/보증/수락시험 계획: 시험 품목의 모수나 특성치가 얼마임을 입증하기 위한 시험 계획

2) 추정 검사 계획(Estimation Test Plans) = 신뢰성결정시험 계획: 시험 품목의 모수나 특성치를 추정하기 위한 시험 계획. 하위 메뉴로 ① 우측관측중단에서 정시 또는 정수(고장개수의 %로서)를 체크하고, ② 구간관측중단에서 등간격, 등확률, 등간격 로그시간을 체크한다.

3) 가속 수명 검사 계획(Accelerated Life Test Plans)

6.1.2 정시중단 - 고정기간 시험방식 설계

고정기간 시험방식은 시험기간 t, 합격판정계수=c, 합격고장수준=λ_0, 불합격고장

수준=λ_1, 표본크기=n, 생산자위험 α, 소비자위험 β 등의 상호관계로, 예를 들어 t를 얼마나 해야 되는지 설계된다. t 기간 동안의 고장 수를 확률변수 N(t)라고 하면, 다음을 꾀하는 것이다. 여기서 L은 신뢰도수준 즉 OC곡선이다.

$$P\{N(t) > c|\lambda_0\} = 1 - L(\lambda_0) \leq \alpha \tag{6.1.1}$$
$$P\{N(t) \leq c|\lambda_1\} = L(\lambda_1) \leq \beta$$

이들을 수학적 계산을 통해 설계하는 것은 번거로우며, 따라서 표준을 활용하면 된다. KSAIEC 61124 (신뢰성 시험 - 일정 고장률 및 일정 고장 강도에 대한 적합성 시험)은 국제표준의 한국화 표준으로 MIL-HDBK-781A의 내용과도 일치한다.

고장률보증시험의 문제점

고장률보증시험은 총시험시간$(= n \times t_0)$이 같으면 동일하게 고장률을 보증할 수 있다. 즉, 시험기간이 92,000이라면, 100시간동안 920개의 샘플로 시험할 수 있고, 9,200시간동안 10개의 샘플로 시험할 수도 있다. 분명히 적정 개수 이상의 샘플로 오래 시험하는 것이 바람직하다는 것은 직관적으로 알 수 있다. 따라서 아래 표에 있는 n과 t_0가 통계적으로는 동일한 고장률을 보증하지만, 공학적 측면에서는 다르다고 할 수 있다.

T	t_0	n
92,000	100	920
92,000	500	184
92,000	1,000	92
92,000	2,000	46
92,000	4,000	23
92,000	9,200	10

• 한 사람이 5일 해야 할 일은 5명이 하루에 끝낼 수 있다. 그러나 자동차로 5일 걸리는 거리를 자동차 5대로 하루에 갈 수는 없다.

MIL-STD 690C는 신뢰수준 (1-β) 의 60%, 90%로 샘플크기와 시험기간을 결정할 수 있는 고장률보증시험 표를 제공하고 있다. c개의 허용고장 수로 고장률 수준에 따른 고장률 r을 보증할 수 있는 총시험시간$(= n \times t_0)$들이 표로 정리되어 있다. 예시로 표시한 0.092(×10^6)는 바로 위의 문제점에서 보여준 값임을 주목하라.

고장률의 단위와 고장률수준의 기호

고장률의 단위는 0.001/월, 0.1/년, 1/백만년, 1/km, 1/백만회, 1/만발(rounds), %/1000h 등이다. 특히 1/10^{-9}/h(10억시간 당 1번)를 FIT라고 한다. FIT는 'failures in time'에서 유래하였다.

미국 군사규격에서 신뢰도가 확보된 전기전자부품을 ER(Established Reliability) 부품이라 부르며, ER 부품들을 고장률수준에 따라 다음과 같이 구분한다[2].

수준	L	M	P	R	S	T
백만시간당	20	10	1	0.1	0.01	0.001
천시간당%	2%	1%	0.1%	0.01%	0.001%	0.0001%

2) L은 large, M은 medium, T는 tiny 등으로 유추한다. 한편, 반도체도 고장률은 같지만, 신뢰성을 보증하기 위한 활동을 얼마나 철저히 하는가에 따라 등급을 JAN, JANTX, JANTXV와 같이 구분하고 있다.

표 6-3 고장률보증시험표

고장률 보증시험 Table (신뢰수준=60% 단위: 10^6 시간)

	r	0	1	2	3	4	5	6	7
M	1	0.092	0.202	0.311	0.418	0.524	0.629	0.734	0.839
P	0.1	0.916	2.022	3.105	4.175	5.237	6.292	7.343	8.390
R	0.01	9.163	20.223	31.054	41.753	52.336	62.919	73.426	83.898
S	0.001	91.629	202.231	310.538	417.526	523.662	629.192	734.265	838.977

$= n \times t_0$

고장률 보증시험 Table (신뢰수준=90% 단위: 10^6 시간)

	r	0	1	2	3	4	5	6	7
M	1	0.230	0.389	0.532	0.668	0.799	0.927	1.053	1.177
P	0.1	2.303	3.890	5.322	6.681	7.994	9.275	10.532	11.771
R	0.01	23.026	38.897	53.223	66.808	79.936	92.747	105.321	117.709
S	0.001	230.259	388.972	532.232	668.078	799.359	927.467	1053.21	1177.09

6.1.3 정수중단 - 고정고장수 시험방식 설계

고정기간 시험방식의 설계로부터 고장률×기간=고장수이므로 이를 사용할 수도 있으나, 여기서는 QC and Reliability Handbook H 108에서 제공하는 고정고장수 시험방식에 대하여 설명한다. 수명이 지수분포에 따른다고 하자.

총시험시간은 r번의 고장시간의 합이므로 감마분포에 따르고, 감마분포와 카이제곱분포의 관계에서 다음과 같다. 고장률 대신 평균수명을 사용함에 유의하라.

$$\frac{2T_0}{\theta} = \frac{2r\hat{\theta}}{\theta} \sim \chi^2(2r) \tag{6.1.2}$$

이제 다음과 같이 생산자위험에 의한 기각역(표본의 평균수명이 작은)이 얻어진다.

$$\begin{aligned} &P\{\hat{\theta} \le c|\theta_0\} = \alpha \\ &P\left\{\frac{2r\hat{\theta}}{\theta} \le \frac{2rc}{\theta} \mid \theta = \theta_0\right\} = \alpha \\ &\frac{2rc}{\theta_0} = \chi^2_{1-\alpha}(2r) \\ &c = \frac{\theta_0}{2r}\chi^2_{1-\alpha}(2r) \end{aligned} \tag{6.1.3}$$

이제 소비자위험 β에 의해 다음이 얻어진다.

$$P\left\{\hat{\theta} > \frac{\theta_0}{2r}\chi^2_{1-\alpha}(2r) \mid \theta_1\right\} \le \beta$$

$$P\left\{\frac{2r\hat{\theta}}{\theta_1} > \frac{\theta_0}{\theta_1}\chi^2_{1-\alpha}(2r)\right\} \le \beta \quad (6.1.4)$$

$$\frac{\theta_0}{\theta_1}\chi^2_{1-\alpha}(2r) > \chi^2_{\beta}(2r)$$

$$\frac{\theta_1}{\theta_0} \le \frac{\chi^2_{1-\alpha}(2r)}{\chi^2_{\beta}(2r)}$$

따라서 $\theta_0, \theta_1, \alpha, \beta$가 주어지면 식 (6.1.4)을 만족하는 최소의 정수값 r을 구하고, 식 (6.1.3)에 의해 c값을 결정할 수 있다. H 108에는 r과 c를 찾는 표를 제공한다. 이는 연습문제에서 살펴보도록 한다.

6.1.4 연속검사와 간헐검사 설계

수명시험의 고장관찰은 연속검사와 간헐검사가 있다. 연속검사는 앞에서 다룬 것과 같이 시험단위의 상태를 연속적으로 관찰하여 정확한 고장시간을 기록하게 되며, 간헐검사의 경우에는 일정한 시각마다 검사를 행하며 구간마다 몇 개의 고장이 발생했는가를 기록하게 된다. 간헐검사는 시험에 소요되는 노력과 비용을 줄일 수 있으며 관리가 편리한 이점이 있다. 고장여부를 검사에 의해서 파악하는 경우는 이 방법밖에 없다.

간헐검사 방법으로는 다음의 세 가지가 주로 사용된다. 미니탭에도 이들의 구분이 적용된다.

1) 등간격 검사(Equally Spaced Inspection Times, ES) : 시각결정과 이용이 편리하기 때문에 많이 활용되고 있으며, 정기검사(periodic inspection)라고도 한다.
2) 등확률 검사(Equal Probability Inspection Times, EP) : 각 구간에서 고장확률이 동일하도록 선택된다.
3) 등간격 로그시간 : 로그시간이 등간격이 되도록 하는 것이다.

6.2 평균수명 추정

먼저 표로 요약을 보인다. 복잡해 보이지만, 점추정치는 앞서 설명하였듯 총시험노출시간을 고장갯수로 나눈 것에 지나지 않는다. 기본적으로 평균수명의 추정값은 총시험노출시간 T_0을 고장수 r로 나눈 것이다.

$$\hat{\theta} = \frac{T_0}{r} \quad (6.2.1)$$

정시중단과 정수중단의 추정값은 중단시점 기호의 차이만 있다고 보면 된다. 구간추정은 카이제곱을 사용하였는데, 분자는 모두 총시험노출시간의 두 배와 같고,

정시중단의 분모만 차이가 있다. 한쪽 구간추정은 양쪽 구간추정에 비해 α를 한쪽 꼬리로 몰면 되므로 생략한다.

수명분포는 지수분포에 따를 경우로 한다. 완전자료는 앞에서 보아 왔고, 정시중단과 정수중단을 설명한다.

표 6-4 수명이 지수분포 따를 때 평균수명 θ의 추정 요약

구분		점추정 ($\hat{\theta}$)	구간추정 [(1-α)신뢰수준][3]
완전자료		$\frac{\sum_{i=1}^{n} t_i}{n}$	$\left[\frac{2n\hat{\theta}}{\chi^2_{\alpha/2}(2n)}, \frac{2n\hat{\theta}}{\chi^2_{1-\alpha/2}(2n)}\right]$
정시중단	교체시험	$\frac{nt_0}{r}$	$\left[\frac{2r\hat{\theta}}{\chi^2_{\alpha/2}(2(r+1))}, \frac{2r\hat{\theta}}{\chi^2_{1-\alpha/2}(2r)}\right]$
	비교체시험	$\frac{\sum_{i=1}^{r} t_i+(n-r)t_0}{r}$	$\left[\frac{2r\hat{\theta}}{\chi^2_{\alpha/2}(2r+1)}, \frac{2r\hat{\theta}}{\chi^2_{1-\alpha/2}(2r+1)}\right]$
정수중단	교체시험	$\frac{nt_r}{r}$	$\left[\frac{2r\hat{\theta}}{\chi^2_{\alpha/2}(2r)}, \frac{2r\hat{\theta}}{\chi^2_{1-\alpha/2}(2r)}\right]$
	비교체시험	$\frac{\sum_{i=1}^{r} t_i+(n-r)t_r}{r}$	$\left[\frac{2r\hat{\theta}}{\chi^2_{\alpha/2}(2r)}, \frac{2r\hat{\theta}}{\chi^2_{1-\alpha/2}(2r)}\right]$

※ 정수중단의 교체시험과 비교체시험의 구간추정은 같은 식으로 표현된다.

6.2.1 정시중단 자료

(1) 고장품 교체시험 자료

수명시험의 표본수를 n, 시험중단시간을 t_0라 할 때, 그 때까지 r개의 고장을 관찰하였다. 고장품은 교체하므로 r개 고장동안 총시험노출시간은 nt_0이다. 따라서 평균수명 θ의 점추정치는 다음과 같다.

$$\hat{\theta}=\frac{T_0}{r}=\frac{nt_0}{r} \tag{6.2.2}$$

증명)*

이 모형에서 관찰된 고장 수는 포아송과정을 따르는 확률변수로서 다음과 같다.

$$P\{K=r\}=e^{-nt_0/\theta}\frac{(nt_0/\theta)^r}{r!} \tag{6.2.3}$$

θ의 최우추정값은 이 식의 극대화를 주는 미분=0를 이용하면 식 (6.2.2)를 얻을 수 있다.

3) 카이제곱분포표가 사용되는데 오른쪽 꼬리 좌표는 왼쪽 한계에, 왼쪽 꼬리 좌표는 오른쪽 한계의 분모에 쓰임에 주목할 것.

평균수명 θ의 (1-α)의 신뢰구간을 정하기 위해서는 다음을 만족하는 θ를 구하면 된다.

$$P\{K \leq r\} = \sum_{k=1}^{r} P\{K=k\} = \alpha/2 \tag{6.2.4a}$$

$$P\{K \geq r\} = \sum_{k=r}^{\infty} P\{K=k\} = \alpha/2 \tag{6.2.4b}$$

식 (6.2.4a)에서 θ가 감소하여 고장이 잦아지면 Pr{K≤r}도 감소하므로, 이 등식은 하한 θ_L을 준다. 식 (6.2.4b)에서는 θ가 증가하여 고장이 줄면 Pr{K≤r}도 감소하므로 이등식은 상한 θ_U를 준다. 컴퓨터 시대에 이 식를 수치적으로 푸는 것은 어렵지 않은 일이다. 그러나 이들 식에 약간의 변수변환을 하면, 기존의 확률수표를 이용할 수 있다. 이를 위해 다음의 감마 함수를 생각하자.

$$\Gamma(w;\alpha,\beta) = \int_0^w \frac{x^\sigma e^{-x/\beta}}{\alpha!\beta^{a+1}}dx = 1 - \sum_{x=0}^{\sigma} \frac{w^x e^{-w/\beta}}{x!\beta^x} \tag{6.2.5}$$

식 (6.2.5)를 식 (6.2.4a)과 연관하기 위하여 $w = \lambda = nt_0/\theta,\ \beta = 1,\ \sigma = r$이라 하면 다음과 같다.

$$\Gamma(\lambda : r,1) = \int_0^\lambda \frac{x^r e^{-x}}{r!}dx = 1 - \sum_{x=1}^{r} \frac{\lambda^x e^{-\lambda}}{x!} = 1 - P\{K \leq r\} \tag{6.2.6}$$

$$\Gamma(\lambda : r,1) = \int_0^{2\lambda} \frac{z^{(\nu/2)-1}}{r(\nu/2)2^{\nu/2}} e^{-z/2}dz, \quad \because x = z/2,\ r = (\nu/2) - 1,\ dx = dz/2$$

이는 자유도 v=2(r+1)을 갖는 카이제곱 분포이다. 따라서 꼬리 확률이 α/2가 되는 백분위수를 찾으면 $2\lambda = \chi^2_{..}$이므로 다음과 같다.

$$\theta_L = \frac{2nt_0}{\chi^2_{\alpha/2}(2(r+1))} \tag{6.2.7}$$

이 경우 시험중단시간 t_0 내에 고장이 없어도 신뢰하한을 구할 수 있다.

이번에는 식 (6/2/4b)를 연관짓기 위하여 $w = \lambda = nt_0/\theta,\ \beta = 1,\ \sigma = r - 1$ 이라 하면

$$\Gamma(\lambda : r-1,1) = \int_0^\lambda \frac{x^{(r-1)} e^{-x}}{(r-1)!}dx = 1 - \sum_{x=0}^{r-1} \frac{\lambda^x e^{-\lambda}}{x!} = P\{K \geq r\} \tag{6.2.8}$$

$$\Gamma(\lambda : r-1,1) = \int_0^{2\lambda} \frac{z^{(\nu/2)-1}}{\Gamma(\nu/2)2^{\nu/2}} e^{-z/2}dz, \quad \because x = z/2, r = \nu/2,\ dx = dz/2$$

이는 자유도 v=2r을 갖는 카이제곱분포이다, 따라서 꼬리 확률이 1-a/2가 되는 백분위수를 찾으면 $2\lambda = \chi^2_{..}$이므로 다음과 같다.

$$\theta_U = \frac{2nt_0}{\chi^2_{1-\alpha/2,2r}} \tag{6.2.9}$$

[예제] 6.1

10대의 TV를 300일 간 수명시험하며 고장품은 즉시 교체되었다. 시험결과 2회의 고장이 관찰되었다. 평균수명에 대한 90% 신뢰구간을 구하라

풀이)

식 (6.2.2)에서 θ=1500일 때, 카이제곱분포표로부터 $\chi^2_{.05,6} = 12.59$, $\chi^2_{.95,4} = 0.711$

$$\frac{2\times 10\times 300}{12.59} = 476.6 \le \theta \le \frac{2\times 10\times 300}{0.711} = 8,438(\text{일})$$

[예제] 6.2 정규분포 근사

6대의 자동차를 100,00km 시험주행에 투입하였다. 고장은 즉시 수리되었다. 시험결과 84회의 고장이 기록되었다. 평균고장간격(MTBF)에 대한 90%신뢰구간을 구하라.

풀이)

신뢰구간을 계산하기 위해서는 $\chi^2_{.05,170}$, $\chi^2_{.95,168}$이 필요하다. 그러나 수표에 이렇게 큰 자유도에 대한 값이 없으므로, 정규분포를 이용하여 $\chi^2_{\alpha,\nu} \approx [z_\alpha + \sqrt{2\nu-1}]^2/2$의 근사식을 사용할 수 있다.

$$\chi^2_{.05,170} \approx [1.6449 + \sqrt{2(170)-1}]^2/2 = 201.1,\ \theta_L = \frac{2(600,000)}{201.1} = 5,967\,(km)$$

$$\chi^2_{.95,168} \approx [-1.6449 + \sqrt{2(168)-1}]^2/2 = 138.69,\ \theta_U = \frac{2(600,000)}{138.69} = 8,652\,(km)$$

(2) 고장품 비교체시험 자료

수명시험의 표본수를 n, 고장품은 교체하지 않고 미리 정해진 t_0 시점에서 시험을 중단하여 각 고장시간을 관찰하였다. 즉 r개는 고장났고 나머지는 정해진 중단시간보다 크다는 사실만 관찰된다. 이때 평균수명의 점추정값인 총시험노출시간/고장갯수는 다음과 같다.

$$\hat{\theta} = \frac{T_0}{r} = \frac{\sum_{i=1}^{r} t_i + (n-r)t_0}{r} \tag{6.2.10}$$

평균수명의 구간추정은, 신뢰구간 (1-α)로서 다음과 같다.

$$\left[\frac{2r\hat{\theta}}{\chi^2_{\alpha/2}(2r+1)},\ \frac{2r\hat{\theta}}{\chi^2_{1-\alpha/2}(2r+1)}\right] \tag{6.2.11}$$

이의 증명은 정수중단의 비교체시험을 참조한다.

시험기간 중, 고장이 하나도 나지 않을 경우

r=0이므로 평균수명을 추정하기는 어렵다. r=1로 가정하여 제안하는 경우도 있다[Bartholomew]. 그런데 검정의 유의수준으로 평균수명을 구해보자.

$$R(T_0) = e^{-\frac{T_0}{\theta}} = \alpha, \quad \hat{\theta} = \frac{T_0}{-\ln\alpha} = \frac{nt_0}{-\ln\alpha}$$

50% 유의수준일 경우 분모가 0.693이다. 10% 유의수준일 때 분모가 2.303이다. 이를 음미해 보면 고장이 하나도 나지 않았는데 1 이상의 고장갯수를 사용하는 것은 이상하다. 따라서 이들은 한쪽꼬리 구간추정으로 구하는 것이나 다름없다.

6.2.2 정수중단 자료

(1) 고장품 교체시험 자료

고장난 것을 새로운 것과 바꾸는 경우, 평균수명의 추정치는 다음과 같다.

$$\hat{\theta} = \frac{T_0}{r} = \frac{nt_r}{r} \tag{6.2.12}$$

평균수명의 구간추정은, 신뢰구간 (1-α)로서 다음과 같다.

$$\left[\frac{2r\hat{\theta}}{\chi^2_{\alpha/2}(2r)}, \ \frac{2r\hat{\theta}}{\chi^2_{1-\alpha/2}(2r)}\right] \tag{6.2.13}$$

이의 증명은 정시중단 교체시험의 경우를 참조한다.

실무적으로 고장났는지 상시 점검하는 것이 어려울 때가 많다. 따라서 일정 간격으로 점검하여 고장난 것을 모두 새 것으로 교체할 경우, s_i를 i번 째 점검시간, r_i를 점검구간에 발견된 고장갯수, r은 총고장갯수라고 할 때, 추정값은 다음과 같다.

$$\hat{\theta} = \frac{T_0}{r} = \frac{\sum_i s_i r_i}{r} \tag{6.2.14}$$

어떤 책에는 '고장날만한 것도 교체한다'는 말이 있지만, 이렇다면 지수분포 수명이라는 가정이 무의미하므로 부적절한 표현이다. 성능이 떨어졌다든지 하여 고장날만한 것이 고장의 기준에 부합한다면 그것은 고장이다.

(2) 고장품 비교체시험 자료

정수중단 비교체시험은 반도체, 컴퓨터칩 등 비싸지 않고 대량생산하는 전자부품의 수명시험에 잘 사용된다.

수명시험의 표본수를 n, 고장품은 교체하지 않고 r번째 고장시점에서 시험을 중단하여 각 고장시간을 관찰하였다. 즉 r개는 고장났고 나머지는 r번째 고장시간보다 크다는 사실만 관찰된다. 이때 평균수명의 추정치는 다음과 같다.

$$\hat{\theta} = \frac{T_0}{r} = \frac{\sum_{i=1}^{r} t_i + (n-r)t_r}{r} \qquad (6.2.15)$$

증명)*

n개 중 r개가 선택되어 배열된 관찰결과의 다중결합분포는 다음과 같다.

$$f(t_{1,\ldots,}t_r) = \frac{n!}{(n-r)!\theta^r}\exp\left[\frac{-\sum_{i=1}^{r} t_{i+(n-r)tr}}{\theta}\right] \qquad (6.2.16)$$

이 식을 극대화시키는 θ가 최우추정치가 된다.

식 (6.2.16)에 각 고장간격을 나타내는 새 변수 $y_i = t_i - t_{i-1}$를 도입하자. $t_i = \sum_{j=1}^{i} y_j$이므로 그림 6-2에서와 같이 수평 실선의 짧은 토막들로 나타낸 고장간격들을 합해도 총 노출시간을 구할 수 있다.

$$\sum_{i=1}^{r} t_i + (n-r)t_r = \sum_{i=1}^{r}(n-i+1)y_i \qquad (6.2.17)$$

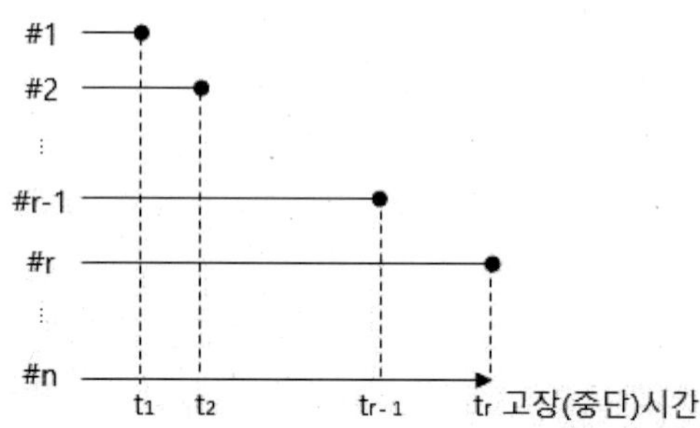

그림 6-2 총노출시간의 두 가지 방식

이를 식 (6.2.16)에 대입하고, $n(n-1)\cdots(n-r+1) = \prod_{i=1}^{r}(n-i+1)$의 표현을 쓰면 다음과 같다.

$$\begin{aligned} f(t_1, \cdots, t_r) &= \frac{n!}{(n-r)!\theta^r}\exp\left[\frac{-\sum_{i=1}^{r}(n-i+1)(t_i - t_{i-1})}{\theta}\right] \qquad (6.2.18) \\ &= \prod_{i=1}^{r}\frac{(n-i+1)}{\theta}\exp\left[\frac{-(n-i+1)(t_i - t_{i-1})}{\theta}\right] \end{aligned}$$

이 식에서 각 $y_i = \dfrac{(n-i+1)(t_i - t_{i-1})}{\theta}$ 는 평균 1인 독립 지수분포라 볼 수 있다. 따라서 식 (6.2.17)을 반영하면 다음과 같다.

$$\frac{r\hat{\theta}}{\theta} = \frac{\sum_{i=1}^{r}(n-i+1)(t_i - t_{i-1})}{\theta} \tag{6.2.19}$$

이것은 평균 1인 독립 지수분포 r개의 합이라 볼 수 있고, 척도모수 1, 형상모수 r인 감마분포를 가지며 $E[r\hat{\theta}/\theta] = r$이다[Bain]. 따라서

$$f(\hat{\theta}) = (\frac{r}{\theta})\frac{1}{(r-1)!}(\frac{r\hat{\theta}}{\theta})^{r-1}e^{-(r\hat{\theta}/\theta)} \tag{6.2.20}$$

식 (6.2.20)에서 $E[\hat{\theta}] = \theta$임을 주시하라. 그러므로 $\hat{\theta} = \theta$의 불편추정치이다.

식 (6.2.20)을 수치적으로 풀어 신뢰구간을 구하는 것은 가능하지만, 이들 식에 약간의 변수변환을 하면, 기준의 확률수표를 이용할 수 있다.

$$\begin{aligned} f(z) &= \frac{1}{(r-1)!2^r} z^{r-1}e^{-z/2} \\ &= \frac{z^{(\nu/2)-1}}{\Gamma(\nu/2)2^{\nu/2}}\, e^{-z/2}, \quad \because r\hat{\theta}/\theta = z/2, r = \nu/2,\, 2r\, d\hat{\theta}/\theta = dz \end{aligned} \tag{6.2.21}$$

확실히 $z = 2r\hat{\theta}/\theta$는 자유도 ν=2r을 갖는 카이제곱분포를 갖는다. 따라서 꼬리확률의 백분위수 $\chi^2_{..}$를 찾으면 다음과 같다.

$$\begin{aligned} \theta_L &= \frac{2r\hat{\theta}}{\chi^2_{\alpha/2}(2r)} \\ \theta_U &= \frac{2r\hat{\theta}}{\chi^2_{1-\alpha/2}(2r)} \end{aligned} \tag{6.2.22}$$

[예제] 6.3

10개의 장비를 수명시험에 걸어 5개가 고장났을 때 시험을 중단하게 되었다. 고장난 장비의 고장시간은 50, 75, 125, 250, 300시간이다. 장비수명이 지수분포를 갖는다면 400 시간에서의 장비의 추정신뢰도는?

풀이)

$$\hat{\theta} = \frac{[5(300)+50+75+125+250+300]}{5} = 460(\text{시간})$$

$$\hat{R}(400) = e^{-400/460} = 0.419$$

[예제] 6.4

15 개의 자동차 에어컨스위치를 가속수명시험하여 고장날 때까지 돌렸다. 고장품은 교체되지 않았다. 5 번째 고장 시점에서 시험이 종결되었고, 고장 시점은 1410, 3138, 6971, 1872, 4,218회와 같다. 평균수명에 대한 95% 신뢰구간을 구하라.

풀이)

식 (6.2.13)에서 $\hat{\theta}=17,464$회, 부록의 수표로부터 $\chi^2_{.025.10}=20.48$, $\chi^2_{.975.10}=3.25$

$$\frac{2\times 5\times 17.464}{20.48}=8,527\le\theta\le\frac{2\times 5\times 17,464}{3.25}=53,735(\text{회})$$

6.3 신뢰도 축차시험

6.3.1 축차시험(sequential test)이란

지금까지 검토해 온 여러 가지 신뢰도분석 방법의 목적은 체계신뢰도의 참값에 대한 예측치를 구하는 데 있지만, 부품 또는 체계의 신뢰도가 정해진 최소값 이상인가 아니면 그 이하인가를 가능한 한 최소의 검사시간과 비용으로 확인하고 싶을 때에, 품목의 신뢰도가 실제 얼마인가보다는, 요구되는 신뢰도 이상이라는 것을 "보증"하는 데 관심이 있다면 축차시험 방식이 보통 사용된다[Wald]. 축차시험의 특징은 표본수, 즉 고장을 관측하게 될 장비의 수 또는 실제 관측 할 고장 횟수를 미리 결정하지 않고 어느 시점에서 그 이전의 관찰 결과에 따라 결정한다는 점이다. 이 시험법은 시험 진행 도중 어떤 시점에서, 1) 부품이나 체계신뢰도가 충분하다고 판정(합격), 2) 신뢰도가 미비하다고 판정(불합격), 3) 판정 보류(시험계속)의 세 가지 중에서 어느 한 가지 판정을 내릴 수 있는 규칙을 제공하며, 세 가지 중 어떤 판정을 내릴 것인가는 결정을 내리기 바로 전까지의 관찰 결과에 좌우된다. 규칙에 따라 만일 합격이나 불합격 판정이 내려 졌다면 시험은 종결되지만 "시험계속"이 결정되면 더 많은 정보를 얻기 위해, 이를테면 더 많은 무고장 시간 또는 추가 고장 발생을 관측하기 위해 시험이 계속되므로 이런 의미에서 "축차"라는 용어를 쓴다. 여기에서는 시간역에서 일어나는 사상, 예를 들어 우발 고장과 마모 고장에이 시험법을 어떻게 적용 할 것인가를 설명하기로 한다.

신뢰성보증시험은 어느 통계분포의 모수가 θ라면(클수록 좋은, 예를 들어 평균수명), 귀무가설 H_0: $\theta=\theta_0$ 대 대립가설 H_1: $\theta=\theta_1$를 검정하는 것이라 할 수 있다. θ는 단일 모수이거나 또는 여러 개의 모수일 수도 있다.

θ_1은 미리 정해진 모수의 최소 허용치이고, θ_0는 $\theta_0>\theta_1$되도록 임의 선택된 큰 값이다. 시험 시간 동안에 r회 고장이 발생할 확률은, 정해진 모수의 최소 허용치 θ_1에 대해서는 $P_1(r|\theta_1)$이고 임의 선택된 모수 θ_0에 대해서는 $P_0(r|\theta_0)$이다. θ_1은 정

해진 값이고 θ_0는 시험 전에 미리 선택되므로, P_1과 P_0는 가정하는 분포(예를 들면 지수분포)에서 미리 계산되어 시험 도중 모든 시점에서 즉, 대상 장비가 r번째 고장난 시점 t에서의 실제 관측 결과와 비교된다. 시험 도중 모든 시점에서 확률비 P_1/P_0를 계산 한 다음, 이 값을 규정된 시험의 감도, 즉 생산자와 소비자 간에 합의한 위험 정도에 따라 결정되는 두 상수 A 및 B (>0)와 비교한다. 이 때 θ_1보다 나쁜 모수값의 장비를 합격으로 판정할 소비자위험 β와, θ_0보다 좋은 모수값의 장비를 불합격으로 판정할 생산자위험 α에 의해 두 상수 A와 B는 다음 공식과 같이 근사적으로 구해진다.

$$A = \frac{1-\beta}{\alpha} \quad (>1) \tag{6.3.1}$$

$$B = \frac{\beta}{1-\alpha} \quad (<1) \tag{6.3.2}$$

상수 A는 불량 장비를 불합격시킬 확률과 우량 장비를 불합격시킬 확률의 비로서 보통 1보다 상당히 큰 수이다. 한편 상수 B는 불량 장비를 합격시킬 확률과 우량 장비를 합격시킬 확률의 비이며 1보다 작다.

시험이 한 단계 씩 진행됨에 따라 확률비 P_1/P_0는 단계마다 검사 결과로부터 연속적으로 계산되어 계속적으로 A 및 B와 비교되는데, 만일 B 이하이면 합격 판정을 내리고, A 이상이면 불합격 판정을 내리지만, B와 A 사이인 경우에는 추가 정보를 얻기 위해 검사는 계속된다. 그러므로 시험규칙을 요약하면 다음과 같다

$$1)\ \frac{P_1}{P_0} \le B\text{일 때, 합격} \tag{6.3.3}$$

$$2)\ \frac{P_1}{P_0} \ge A\text{일 때, 불합격} \tag{6.3.4}$$

$$3)\ B < \frac{P_1}{P_0} < A\text{일 때, 시험계속} \tag{6.3.5}$$

시험을 충분히 오랫동안 계속한다면 합격 또는 불합격 판정으로서 시험은 종결될 것이다. 만일 장비의 신뢰도가 정해진 최소값보다 아주 크거나 또는 아주 작다면 대체적으로 판정은 아주 빨리 내려 질 것이다. 그리고 규칙 1)에 의해 합격 판정을 했다면 최소유의수준 (1-β)로서 θ가 θ_1보다 크다는 확신을 가지는 중요한 결론을 내릴 수 있으며, 반대로 규칙 2)에 의해 불합격 판정을 했다면 모수의 참값 θ가 θ_0보다 작을 확률은 적어도 1-α라고 결론지을 수 있다. 또한 이들은 최소유의수준으로서 실제의 유의수준은 훨씬 더 높을 수 있다.

6.3.2 시험변수의 선정

확률 α와 β의 적절한 선정은 축차 확률비 시험을 실시하기 위한 필요조건이다. 이들 확률은 시험의 강도 즉, 합격-불합격 판정시 그릇된 판단을 내릴 최대허용위험을 미리 결정한다. 우리가 알고 있는 것처럼 모든 통계 시험은 틀린 결정을 내릴 확률을 내포하고 있으므로 틀린 결정을 내릴 확률 α와, β를 선정 또는 합의로 정해 둔다는 것은 이상하지 않다.

α와 β의 선정은 시험기간에 영향을 미친다. α와 β의 값을 작게 잡을수록 똑같은 신뢰도를 가진 장비를 시험하는 데 시간이 오래 걸린다. 그래서 절충적으로 전자장비는 보통 $\alpha=\beta=10\%$로 정하는 것이 권장된다(OASD). 이 경우 $A=0.9/0.1=9$, $B=0.1/0.9=0.111$이다. θ_0도 역시 시험기간에 영향을 미친다. 즉 θ_0 값이 θ_1에 가깝게 선정 될수록 시험기간은 길어지므로 시험기간과 비용을 줄이기 위해서는 θ_1보다 상당히 큰 θ_0를 정해야만 할 것이다.

θ_0보다 더 큰 θ를 가진 우량 장비를 불합격시킬 위험은 θ_0의 선정과는 무관하고 단지 α의 선정에만 좌우된다. 그러나 어떤 장비의 모수 θ가 $\theta_1<\theta<\theta_0$일 때 불합격될 확률은 θ_0가 높게 책정되는 데 따라서 증가한다.

A와 B의 공식 (6.3.1)과 (6.3.2)는 α와 β가 작은 값일 때 근사적으로 구하는 공식이기 때문에 α 또는 β가 큰 값으로 선정된다면 이 식은 적당하지 못하다. 이 때 상수 A 및 B를 정확히 구하기 위해서는 아주 복잡한 절차를 거쳐야하므로 근사식을 사용하기 위해서는 α와 β의 값이 충분히 작아야 한다.

소비자의 입장에서는 최소 허용치 θ_1과 소비자 위험 β의 선정이 아주 중요하다. 물론 소비자는 이 위험을 최소화하는 데 관심을 가지며 β를 0.05까지 심지어 0.01까지 감소시키기를 원하지만 그렇게 되면 필연적으로 시험시간과 비용이 증가한다. θ_1을 선정하는 데 있어서도 특정한 경우에 최소값이 얼마여야 하는가의 의문이 생긴다. θ_1은 장비가 실제 운용시 요구되는 값보다도 더 작게 잡을 필요가 없는 것은 분명하다. 만일 경험에 비추어 볼 때 장비의 제작 후 실제 운용되기 이전에 그 신뢰도가 감소한다고 판단되면 경험적 마모율 $K(<1)$을 고려하여 θ_1을 선정해야하며 모수값이 다음과 같은 장비를 생산하도록 요구해야한다.

$$\theta_1 = \frac{\theta}{K} \tag{6.3.6}$$

또한 생산자는 정해진 소비자 위험 수준 β에서 θ값이 θ_1 이상이라는 것을 시험에 의해서 보증해야만 한다.

α, β, θ_0의 선정이 축차 확률비 시험에 미치는 영향은 지수분포의 경우에 적용될 공식을 유도해 봄으로써 확실히 알 수 있을 것이다.

6.3.3 판정공식 (지수분포의 경우)

포아송 식에서 고장 간의 평균시간이 θ인 장비가 누적운용시간 t 동안에 r회 고장이 발생할 확률은 다음과 같다.

$$P(r) = (\frac{t}{\theta})^r \frac{e^{-t/\theta}}{r!} \tag{6.3.7}$$

축차시험에서 우리가 알고자 하는 것은 어떤 장비의 신뢰도 $R = e^{-t/\theta}$가 정해진 최소허용신뢰도 $R_1 = e^{-t/\theta_1}$ 이상인가이므로 θ가 θ_1보다 이상이라는 것을 시험으로서 증명해야 할 것이다. 만일 장비의 평균수명이 θ_1과 정확히 같다면 장비가 누적운용시간 t동안에 r번 고장날 확률은 다음과 같음은 분명하다.

$$P_1(r) = P_1(r|\theta_1) = (\frac{t}{\theta_1})^r \frac{e^{-t/\theta_1}}{r!} \tag{6.3.8}$$

$$P_0(r) = P_0(r_0|\theta_0) = (\frac{t}{\theta_0})^r \frac{e^{-t/\theta_0}}{r!} \tag{6.3.9}$$

식(6.3.8)과 (6.3.9)로부터 우리가 구하려는 확률비는 다음과 같다.

$$\frac{P_1(r)}{P_0(r)} = (\frac{\theta_0}{\theta_1})^r e^{-[(\frac{1}{\theta_1}) - \frac{1}{\theta_0})]^t} \tag{6.3.10}$$

시험단계의 모든 시점에서 이 확률비를 두 개의 상수 A 및 B와 비교한다. 누적운용 시험시간 t에서 r번 고장을 관측했다면 시험 진행 도중의 임의순간에 t와 r은 물론 θ_1과 θ_0를 알고 있으므로 확률비는 곧 계산할 수 있다. 만일 어느 시간에서 B<확률비<A이면 확률비가 A나 B와 같아질 때까지 시험은 계속된다. θ_1이 정해졌고 α, β, θ_0를 임의 선정하거나 또는 합의 결정했다면 시험에 필요한 모든 수치계산은 윗 식들로부터 가능하다.

예를 들어 α=β=0.1, θ_1=100시간, θ_0=2θ_1=200시간으로 가정하면, A=9, B=0.111이고, 식 (6.3.10)에 의해 확률비는 "$2^r e^{-t/200}$"과 같다.

시험은 계속적으로 면밀한 주의를 요하며 만일 누적 운용 시간이 200 시간이 될 때까지 고장이 발생하지 않았다면 t=200시간에서의 확률비는 $2^0 \times e^{-1} = 0.368$이고 이 값은 B=0.111과 A=9 사이에 있으므로 시험은 계속되어야 한다. 그런데 확률비가 B에 아주 가깝기는 하지만 B와 같아지려면 $e^{-t/200} = 0.0111$에서 t=440시간이어야 하므로 만일 440시간까지 고장이 발생하지 않는다면 그 장비는 합격판정을 받고 시험은 종결된다. 그러므로 $\alpha = \beta = 0.1$이고 θ_0=2θ_1일때 시험을 받는 단일 장비가 합격판정을 받기 위한 필요한 무고장 누적운용시간은 "$T(0)_{min} = 4.4\theta_1$"과 같다.

만일 n대의 장비가 시험을 받는다면 시험에서 이들 장비가 합격판정을 받기 위해 필요한 무고장 누적운용시간 $T_{\min}$은 여전히 같은 값을 갖지만 그러나 실제 시험기간은 다음 식에서 구해진다.

$$T(0)_{\min}\frac{T(0)_{\min}}{n}=\frac{4.4\theta_1}{n}$$

단일 장비 운용의 경우 만일 그 장비가 440시간 이전에 고장이 발생했다면 440시간에서의 확률비는 $2^1\times e^{-440/200}=2\times 0.0111=0.0222$이다. 그러므로 시험은 두 번째 고장이 일어나지 않을 경우 580시간까지 계속 되어야 할 것이다. 만일 440시간 이전에 한 번 고장이 발생한 단일 장비가 합격 판정을 받으려면 고장 이후 무고장 누적 운용을 580 시간 이상이 되어야한다.

n 대의 장비를 운용하는 경우 만일 전체 장비의 누적 운용 시간이 440시간되기 전에 그들 중 어느 하나가 고장난다면, 그 후 두 번째 고장이 일어나지 않고 580시간이 누적 될 때까지 검사는 계속 되어야만 할 것이다.이 때 고장난 장비가 수리되든지 않든지 간에 580시간은 모든 장비로부터의 누적 시간이므로 하등 변동이 없지만 (n-1)대의 장비만으로 검사를 진행한다면 580시간을 운용하기까지는 실제 검사 기간은 다소 길어질 것이다.

지금까지 살펴본 바와 같이 축차시험에서 우리가 관측해야 할 것은 모든 장비가 검사 운용한 시간의 총합, 즉 누적운용시간임을 명확히 알 수 있다. 시험 중 만일 합격 판정을 내리기 전에 2, 3회 또는 그 이상의 고장이 발생 했다면 합격 판정에 필요한 최소누적운용시간 $T(2)_{\min}$, $T(3)_{\min}$, … 등은 점점 길어진다.

다음으로 장비의 신뢰도가 최소요구신뢰도보다 작을 경우 언제 불합격 판정을 내리게 되는가를 생각해보기로하자. 식 $2^r e^{-t/200}$로 주어진 확률비가 A(=9) 이상이어야 불합격 판정을 내리게 된다. 만일 장비의 시험이 시작되자 곧 연달아 세 번 고장이 발생한다면 0에서 확률비는 $2^3 e^{-t/200}=8,\ \because t=0$이된다. 시험 규칙에 의해 아직도 확률비<A이므로 불합격 판정을 내릴 수 없다. 그러나 누적운용시간이 116시간되기 전에 4번 고장이 관측된다면 116시간에서$2^4 e^{-t/200}=9$이므로 곧 불합격 판정을 내린다. 여기서도 합격 판정 때와 마찬가지로 누적시험시간은 운용장비의 대수와는 무관하고 다만 많은 장비를 시험할 경우 116시간은 더 빠른 실험시간 내에 누적될 것이다.

축차시험에서 최소누적운용시간을 구하는 일반 공식은 다음과 같다.

$$\text{합격: } T_{\min}=\frac{\ln B+r\ln(\theta_1/\theta_0)}{(\theta_1-\theta_0)/(\theta_1\theta_0)} \tag{6.3.11}$$

$$\text{불합격: } T_{\min}=\frac{\ln A+r\ln(\theta_1/\theta_0)}{(\theta_1-\theta_0)/(\theta_1\theta_0)} \tag{6.3.12}$$

$T_{\min}$은 모든 피시험 장비의 누적운용시간이기 때문에 장비의 대수와는 무관하

다. 그러므로 A, B, θ_1, θ_0가 정해 졌을 때 축차시험은 T_{min}보다도 빠른 시간 내에 합격 또는 불합격 판정을 내리고 시험을 종결 할 수는 없다. 물론 시험이 진행되는 동안 확률비가 계속 A와 B 사이에서만 움직인다면 시험시간은 더욱 오래 걸릴 것이다.

6.3.4 검사도표

축차 신뢰도시험을 용이하게 실시하기 위하여 전통적인 도표 방법을 사용할 수가 있다. 이 방법은 미리 적절한 준비만 해두면 확률비를 계속 계산할 필요가 없기 때문에 매우 유용하다.

식 (6.3.8)에서 확률비 대신 식 (6.3.10)을 대입해서 로그를 취하면 다음과 같다.

$$\ln B < r\ln\frac{\theta_0}{\theta_1} + \left(\frac{1}{\theta_0} - \frac{1}{\theta_1}\right)t < \ln A \tag{6.3.13}$$

식 (6.3.13)의 각 항에서 $\left(\frac{1}{\theta_0} - \frac{1}{\theta_1}\right)t$를 뺀 후에 $\ln(\theta_0/\theta_1)$으로 나누어서 부등식을 변환하면 다음과 같고, 이 부등식을 두 개의 직선식 표현으로 간단하게 바꾸어 쓸 수 있다. a, c, b 값은 식 (6.3.14)에서 볼 수 있다. 계수 b와 상수 c는 항상 양수이고, a는 B가 항상 1보다 작기 때문에 음수가 된다.

$$\frac{\ln B}{\ln(\theta_0/\theta_1)} + \frac{\left(\frac{1}{\theta_1} - \frac{1}{\theta_0}\right)}{\ln(\theta_0/\theta_1)}t < r < \frac{\ln A}{\ln(\theta_0/\theta_1)} + \frac{\left(\frac{1}{\theta_1} - \frac{1}{\theta_0}\right)}{\ln(\theta_0/\theta_1)}t \tag{6.3.14}$$

$$a + bt < r < c + bt \tag{6.3.15}$$

고장 횟수 r이 식 (6.3.15)의 부등식의 우변과 좌변의 두 값 사이에 있다면 시험은 계속되어야 한다. 만일 r이 좌변값 이하이면 합격 판정을 내리고 종결되며, r이 우변값 이상이면 불합격 판정을 내리고 종결된다.

두 평행선은 그림 6-3에서 볼 수 있는 것처럼 좌표 평면 위에 그릴 수 있고. 시간 대 누적고장횟수를 나타내는 계단함수 r(t)를 두 직선 사이에 그릴 수 있다. 두 평행선은 좌표 평면을 3 개의 구역으로 구분한다. 즉, a+bt 직선 아래는 합격 구역이고, c+bt 직선 위는 불합격 구역이고, 두 직선 사이에는 판정 보류 즉 시험계속구간이다. 그림에서 가로축에 표시된 시간은 실제 시험 시간을 나타내는 것이 아니라 모든 장비의 '누적운용시간'(식 (6.2.1)의 T_0)임을 주의해야한다.

도표에서 합격 판정을 내릴 수있는 최소시간은 아래 직선 a+bt와 가로축 간의 교차점임을 알 수 있으며, 식 (6.3.11)에 r=0을 대입하여 이 값을 정확히 계산할 수 있고, 이것은은 도표의 가로축 절편을 적절하게 잡는 데 도움을 준다. 상수 c는 c+bt 직선과 세로축과의 절편으로서 시험이 시작되자 곧 바로 불합격 판정을 내리는 데 필요한 고장 횟수이며, 세로축의 눈금을 적절히 잡도록 도와준다.

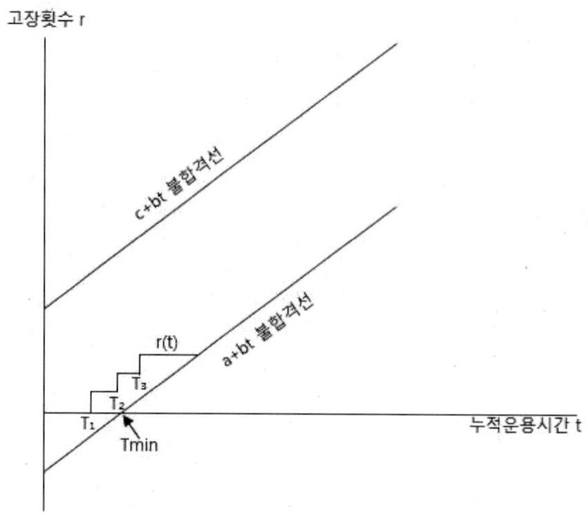

그림 6-3 β>α에 대한 축차신뢰도시험

이상과 같이 시험 준비가 됐다면 종종 총누적운용시간을 계산하여, 그 시점은 고장이 발생하거나, 장비가 시험으로부터 회수되거나, 새 장비가 시험에 투입되는 순간이 좋다. 매 고장이 발생할 때마다의 T_1, T_2, … 등에서 계단 함수 의 도표를 그리기만 하면 된다. 그리고 검사 규칙에 의해 합격 판정 또는 불합격 판정을 내리는 순간에 종결되거나, 시험을 계속하다가 시험이 무한히 계속되는 것을 방지하기 위해 종결총시험시간 T 및 종결누적고장수 r을 정한다[Epstein & Sobel]. 정해진 r을 초과하면 불합격, T를 초과하면 합격으로 한다. r은 다음 식을 만족하는 정수이다.

$$\frac{\chi^2_{1-\alpha}(2r)}{\chi^2_{\beta}(2r)} \geq \frac{\theta_1}{\theta_0} \tag{6.3.16}$$

식 (6.3.16)에서 구한 r로부터 종결총시험시간은 다음과 같다.

$$T = \frac{\theta_0 \chi^2_{1-\alpha}(2r)}{2} \tag{6.3.17}$$

a, c, 및 b를 음미하면, θ_0가 θ_1과 같도록 정할 경우 ln 1=0이므로 실행 불가능하다. θ_0가 θ_1과 아주 가까운 값을 가지면, a와 c는 멀리 떨어져 두 직선 사이의 판정 보류 구역이 넓게 되어 시험 시간이 오래 걸린다. 반대로 θ_0가 θ_1보다 아주 크다면 a와 c 점 간 그리고 두 직선 간이 가까워 져서 계단함수가 두 직선 중의 하나에 곧 만나게 되어 빠른 시간 내에 판정을 내릴 수 있게 된다. 그러나 θ_0가 상대적으로 커질수록 기울기 b가 작아지면서 두 직선은 서로 가까워 져서, 그 값이 아주 크다면 두 직선은 결국 가로축과 일치하게 되어 축차시험은 불가능하게 된다. 또한 α와 β가 클 수록 두 직선은 가까워진다. 극단적으로 α=β=0.5이면 A=B가 되

어 시험은 불가능하다. 또 한편 α와 β가 작을수록 a와 c 두 점은 서로 멀어져서 두 직선이 멀리 떨어진다. β만이 커진다면 B는 증가하고A는 감소해서 a와 c 점은 원점 0에 접근한다. 그렇지만 a가 c보다 상대적으로 더 빨리 원점 0에 접근하게 되므로 같은 장비라도 불합격보다는 합격 판정이 더 쉽게 내려진다. 반대로 α만을 크게 한다면 c는 a보다 상대적으로 더 빨리 원점에 접근하게 되므로 합격보다는 불합격 판정이 더 쉽게 내려진다. 축차 신뢰도시험을 실시하려면 항상 도표는 미리 준비해 두어야한다. 도표의 준비는 시험 변수의 선정에 영향을 미치는 생산자와 소비자의 입장을 명확히 하는 데 도움이 될 뿐 아니라 도표 준비 그 자체가 쉽고, 일단 도표가 준비되면 정확한 계산을 더 할 필요가 없기 때문에 시험 절차를 아주 간단하게 해준다. 단지 시험이 진행됨에 따라서 누적 운용 시간을 계산해서 도표 위에 시험시간 대 고장횟수선을 그려 넣기만 하면 된다.

식 (6.3.15)의 좌표를 반대로 하여, 가로축에 고장횟수, 세로축에 시험시간으로 좌표로 정한다면 축차시험용 두 직선은 아래 식과 같다. 사용방법은 다르게 없다.

$$S_r - h_r < T_0 < Sr + h_a \tag{6.3.18}$$

$$where\ S_r = \frac{\ln\left(\frac{\theta_0}{\theta_1}\right)}{\frac{1}{\theta_1} - \frac{1}{\theta_0}},\ h_r = \frac{\ln\left(\frac{1-\beta}{\alpha}\right)}{\frac{1}{\theta_1} - \frac{1}{\theta_0}},\ h_a = \frac{-\ln\left(\frac{\beta}{1-\alpha}\right)}{\frac{1}{\theta_1} - \frac{1}{\theta_0}}$$

구체적인 시험계획의 수립을 위해 MIL-HDBK-781A에 α, β, 판별비(θ_0/θ_1)에 따라 시험방식을 수표로 제공하고 있다. 시험시간과 비용이 부담이 되어 단축해야 된다면 α, β가 30% 수준(두 직선이 가까움)의 시험방식을 사용한다. 사실 MIL-HDBK-781A에서는 비교상수 A, B를 다음과 같이 설정하였다. 여기서 d는 판별비이고, (1+d)/2d는 수정계수로서 시험종결로 발생하는 α, β의 실제값과의 차이를 줄인다[Epstein & Sobel].

$$A = \left(\frac{1+d}{2d}\right)\left(\frac{1-\beta}{\alpha}\right) \tag{6.3.19}$$

$$B = \frac{\beta}{1-\alpha} \tag{6.3.20}$$

신뢰성 축차시험에 대해 연습문제 6.4에서 실제 사용례를 살펴보도록 하자.

6.3.5 기타 분포의 경우

앞의 축차시험은 합격, 불합격 직선에 관한 식을 지수 함수로부터 유도했으므로 지수 시험이라 한다. 그러나 지수 시험은 고장률이 일정하다고 가정 할 수 있을 때만 적용 가능하며 합격 판정 시에는 지수분포를 갖는 수명의 평균 θ가 θ_1보다 크고 불합격 판정 시에는 θ가 θ_1보다 작다는 것을 의미한다. 즉 이 도표는 일정률로서 일어나는 고장 즉, 우발고장에만 적용 할 수 있기 때문에 마모고장에 대해서는 적용 할 수가 없다. 그러나 식 (6.3.3), (6.3.4) 및 (6.3.5)에 기초를 둔 축차 확률비 시험은 지수분포 이외의 다른 분포에도 역시 사용할 수 있도록 설계되어 있다. 물론 이때의 확률비 식은 (6.3.10)과 같이 구할 수는 없고 관련 분포함수로부터 계산되어야 한다. 이렇게 계산이 끝나면 지수분포의 경우 식 (6.3.13)과 (6.3.14)에서 했던 것처럼 도표에 의한 검사 절차를 다시 적용하면 된다.

요약하면 축차 신뢰도시험은 어떤 장비의 신뢰도가 정해진 최소값 이상인지를 비교적 빨리 판정 할 수 있도록 해주는 이점을 갖는다. 그러나 합격 판정이 내려졌다 해도 장비가 실제로 얼마만큼 더 좋은가는 알지 못한다. 하지만 복잡한 체계에서는 실제 신뢰도가 최소 허용치 이상이라는 확신이 정해진 유의수준 이상이기만하면 신뢰도의 실제 값을 꼭 알아야 할 필요는 없을 수도 있다. 그러므로 복잡한 장비인 경우 시험 단계에서 실제 신뢰도의 관측은 별로 행하지 않는다. 나중에 장비의 사용 보고서로부터 실제 신뢰도는 계산할 수 있다.

그러나 부품의 경우 부품에 대한 실제 고장률을 알아야만 신뢰도설계를 할 수 있으므로 실제 신뢰도의 관측은 중요하다. 특정 작동조건에서 어떤 종류의 부품고장률이 일정 수치보다 작다는 것만을 알고 어느 정도로 작은가를 알지 못할 때는 필연적으로 필요 이상의 신뢰도를 가진 장비를 설계해서 그 원가는 급격히 증가될 수 있다. 그러므로 부품에 대한 신뢰도 관측은 필수적이다. 한 종류의 부품에 대한 실제 신뢰도가 관측된다면 다음 생산 로트에서는 관측된 실제 고장률의 역수인 최소값 θ_1 또는 이와 가까운 근사치를 사용해서 축차시험을 실시 할 수 있다. 만일 생산의 질이 저하된다면 축차시험은 이를 곧 탐지 할 수 있다.

한편 이산형분포의 축차시험도 가능하다. 축차시험에서 보았던 총시험시간-고장수 축 대신 시행횟수-고장수 축을 사용한다. 자세한 것은 [정해성 외]를 참조하기 바란다.

연습문제

6.1 어떤 부품을 신뢰수준 90%, r=0에서 불합격고장률 1%/1000시간임을 보증하고자 한다. 교체시험의 경우, 1000시간의 시험으로 이를 보증하기 위해서 몇 개의 표본을 필요로 하는가? 본문의 표를 이용하라.

풀이) 표에서, r=0, M 수준이므로 nt=0.230×10^6이므로 t=1000일 때 답은 n=230개이다.

6.2 어떤 부품을, 신뢰수준 90%, r=0에서 불합격고장률 1%/1000시간임을 보증하고자 한다. 교체시험의 경우 시험시간 1천시간과 1만시간 각각에 대하여 표본수를 결정하라.

합격판정개수, 신뢰수준(1-β)에서 주어진 고장률 λ_1 를 보증하는데 필요한 λ_1 T_0의 값 (MIL-STD-690C)

합격판정개수 \ 신뢰수준(1-β)%	λT							
	0	1	2	3	4	5	6	7
60	0.91641	2.02266	3.10547	4.17500	5.23672	6.29219	7.34219	8.38965
70	1.20391	2.43906	3.61563	4.76250	5.89063	7.00625	8.11133	9.20898
80	1.60938	2.99375	4.27969	5.51563	6.72188	7.90625	9.07617	10.23242
90	2.30315	3.89063	5.32188	6.68125	7.99375	9.27344	10.53125	11.76953

풀이) 수표에서 $\lambda_1 T_0 = \lambda_1 nt$=2.30315이므로 nt=230,315이고, 따라서 t=1000시간일 때, n=230.315, 이의 초과 정수인 231개이고, t=10,000시간일 때, n=23.0315, 이의 초과 정수 24개이다.

6.3 해상 훈련을 2주간 실시하는데, 함정의 신뢰도 0.999를 신뢰수준 90%에서 보증하고 있다. 함정 10대를 해상에서 시험하여 몇 주간 동작시켜 무사고라면 이를 보증한 것이라고 볼 수 있는가? 지수분포의 수명을 가정한다.

풀이) $R(t) = e^{-2/\theta} = 0.999$

$\theta = 1999\ (= MTTF)$

$\lambda_1 T_0 = 2.30315,\ \because r = 0$

$\frac{1}{1999}(10 \cdot t) = 2.30315$

$t = 460.4\, week\ (= 8.8\, yr)$

참고) 8.8년 동안 운영하여 한 대도 고장나지 않아야 할 장비를 신뢰성시험 한다면 현실적이지 않으므로, 그래서 가속수명시험이 필요하다.

6.4 지수분포의 수명을 따르는 부품이 있다. 평균수명이 900시간 이상인 로트는 합격시키고, 300시간 이하인 로트는 불합격시키고자 한다. α=0.05, β=0.1의 검사방식을 결정하라.

풀이) $\dfrac{\theta_1}{\theta_0} = 300/900 = 0.333 \le \dfrac{\chi^2_{.95}(2r)}{\chi^2_{.1}(2r)}$

$r = 8, \quad \because \dfrac{\chi^2_{.95}(2 \cdot 8)}{\chi^2_{.1}(2 \cdot 8)} = \dfrac{7.96}{23.54} = 0.338$

r이 8일 때, 우변항=0.338로서 최소의 정수값이다.

$c = \dfrac{\theta_0}{2r}\chi^2_{1-\alpha}(2r) = \dfrac{900 \times 7.96}{16} = 447.15$

따라서 n개의 시험 중 8개가 고장날 때까지 시험하여 평균수명을 추정 후, 이것이 447.15 시간 이하이면 불합격시킨다.

6.5 스위치에 사용되는 전자 부품의 B10 수명를 추정하기 위한 수명시험 계획을 실시하고자 한다. 시험시간은 100,000 사이클로서 정시종결방식으로 시험을 실시한다. 50,000과 100,000 사이클까지 고장이 발생할 비율은 각각 5% 15%라고 기대하고 있으며, 이 금속 부품의 수명은 와이블 분포를 따른다고 알려져 있다. B10수명에 대한 95% 신뢰구간의 하한이 추정치로부터 20,000 사이클 이내가 되도록 시험을 실시하고자 할 때 시험계획을 수립하라.

풀이) 미니탭의 통계분석 > 신뢰성/생존 분석 > 검사 계획 > 추정 를 사용하자.

① 해당 대화창에 그림과 같이 문제에 해당하는 항들을 체크한다. 추정 대상모수=백분위수 '10' (%), 시험의 정밀도(신뢰구간 경계에서 거리)= '하한 20000', 가정된 분포='Weibull 분포', 두 개 계획값 지정= '50000, 5 (%)' 및 '100000, 15 (%)'를 체크한다.

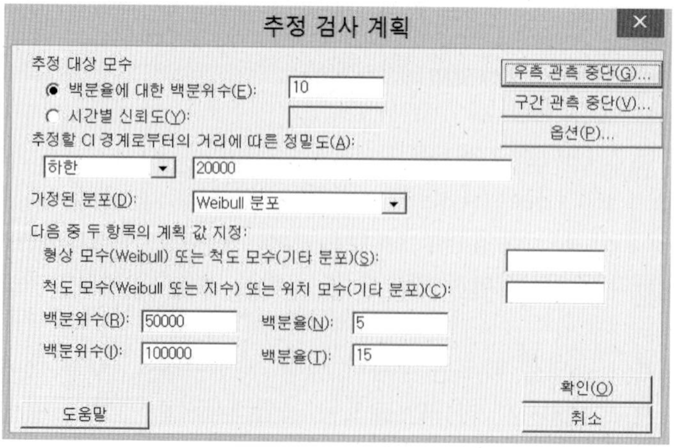

② 정시종결이므로 하위메뉴로 우상단의 '우측 관측 중단' 단추를 선택하여 그림과 같이 입력한다. (문제가 정수종결시험일 경우 고장날 비율을 지정) '확인' 후, 다시 '옵션' 단추로 신뢰수준 "95" (%)를 입력한다.

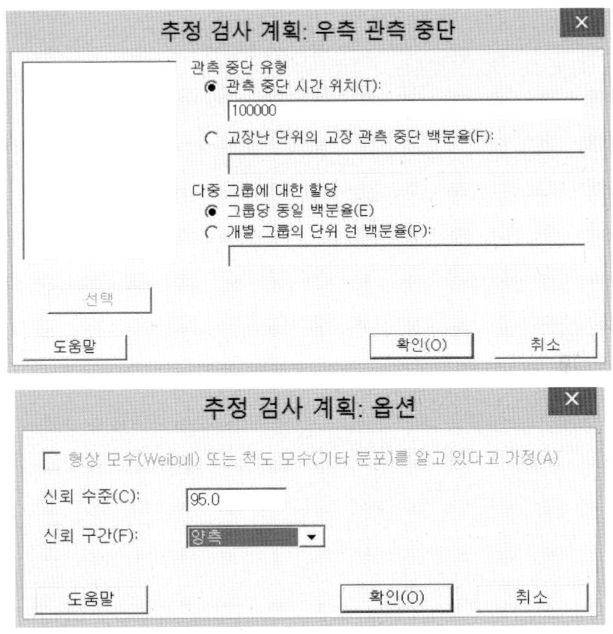

'확인'을 클릭한 결과는 다음과 같다.

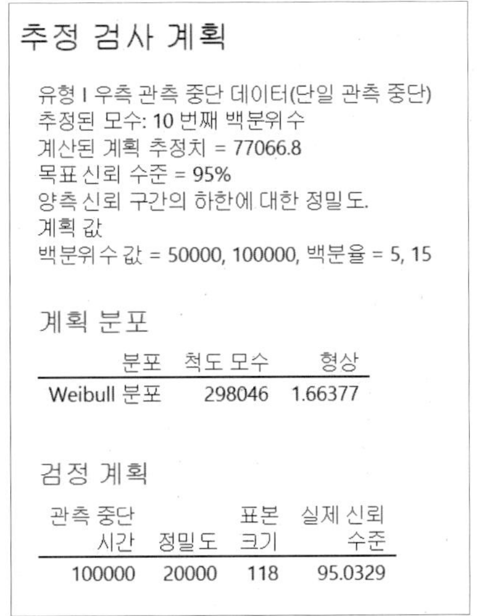

추정 검사 계획

유형 I 우측 관측 중단 데이터(단일 관측 중단)
추정된 모수: 10 번째 백분위수
계산된 계획 추정치 = 77066.8
목표 신뢰 수준 = 95%
양측 신뢰 구간의 하한에 대한 정밀도.
계획 값
백분위수 값 = 50000, 100000, 백분율 = 5, 15

계획 분포

분포	척도 모수	형상
Weibull 분포	298046	1.66377

검정 계획

관측 중단 시간	정밀도	표본 크기	실제 신뢰 수준
100000	20000	118	95.0329

즉 100,000 사이클 시험하여 실증하려면, 118개의 부품을 시험해야 한다.

6.6 어떤 금속 부품의 고장자료는 순서대로 정리하면 다음과 같다(단위: 주). 30개의 시험제품 중 10개까지 고장이 관측된 후 시험이 중단되었다. 미니탭을 이용하여 와이블 분포에 적합시켜 모수를 추정하라.

24	35	40	42	48	50	53	54	58	60

풀이) 이 자료는 정수중단(제2종 관측중단) 자료이다. "통계분석>신뢰성/생존 분석" 메뉴를 이용한다. 관측중단된 불완전 자료는 완전자료와는 달리 중단된 자료임을 표현해 주어야 하므로 4장의 연습문제에서와 같이 "그래프>확률도"를 사용할 수 없다.

먼저 수명자료를 다음과 같이 입력한다. C1="Time"에는 수명자료를, C2="censor"에는 지표(고장=1, 관측중단=0), C3="count"에는 고장난 시험제품의 개수를 표시하였다. 세션 창에 이를 출력하려면, 데이터>데이터표시 를 사용하면 세션 창에 뜬다.

통계분석>신뢰성/생존 분석>분포 분석(우측 관측 중단)>모수 분포 분석 메뉴를 이용하여 분포적합 여부와 모수를 추정할 수 있다. "분포 개관 그림"을 사용할 수 있지만, 정보가 많은 "모수 분포 분석"을 사용하자. 대화 창에 그림과 같이 '변수(V)'란에는 수명 자료인 C1의 "Time"을 지정하고, '빈도(F)'란에 C3의 "count"를 지정한다. 가정된 분포, 즉 적합시키려는 분포로서 'Weibull 분포'를 선택한다.

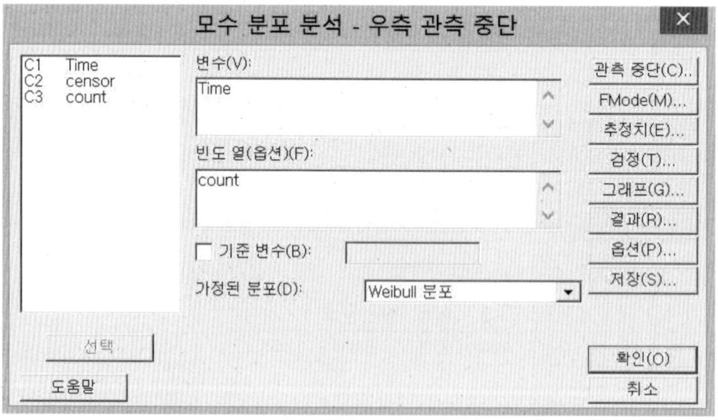

우측상단의 메뉴들의 사용법은 나중에 학습하자. 우선 확률지 타점에 꼭 필요한 '관측 중단(C)' 단추를 누르면 다음 창이 나타난다.

관측중단 정보를 넣기 위해서 '관측중단 열'에 C2 "censor"을 지정하고 '관측 중단 값'란에는 지표 "0"를 입력한다. 관측 중단 값은 사용자가 임의로 정하는 것으로서, 반드시 "0"를 사용해야하는 것은 아니며, 본 문제에서 고장="1"로, 관측중단을 "0"으로 표시한 뿐이다. 디폴트로 고장="F", 관측중단="C"이므로 이 두 개 문자를 지표로 사용할 경우 '관측 중단 값'란은 비워두어도 된다[4].

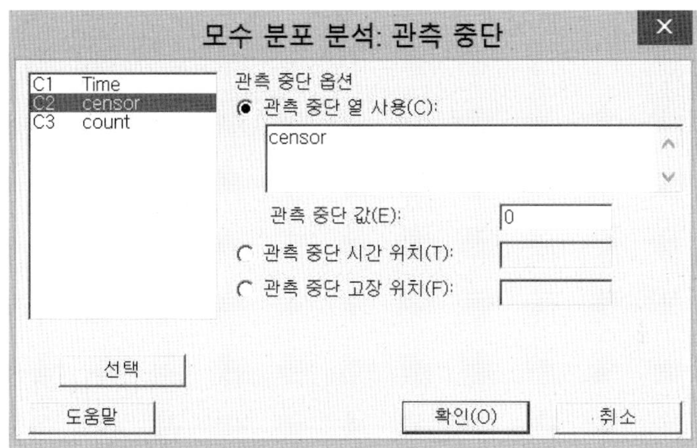

대상자료가 단일 관측중단이므로 '관측 중단 열'을 사용하는 대신 '관측 중단 시간 위치(T)' 또는 '관측 중단 고장 위치(F)'를 선택할 수 있다. 전자는 정시중단, 후자는 정수중단을 말하며, 이들 입력숫자의 미만까지 고장으로 인식된다. 예컨대 정시중단에 60을 입력하였다면 60시간보다 적은 자료는 고장으로 인식하며, 정수중단에 10을 입력하였다면 9 번째 자료까지가 고장으로 인식된다.

다음, 우측상단 '추정치(Estimate)' 단추를 선택하면 다음 창이 뜨는데, 모수 추정방법을 '최대우도법(M)'과 '최소제곱법(L)' 중 선택한다. 디폴트 값인 최대우도법을 택했다.

그래프를 대칭시료 누적분포법(수정 Kaplan-Meier 법)으로 타점하기 위해서는 앞과 마찬가지로 도구>옵션>개별그래프>확률도 에서 이의 체크 여부를 확인한다.

4) 한/영 모드의 전환이 번거로우므로 1과 0을 쓰는 것이 편하다.

모수 분포 분석: 추정치

추정 방법
- 최대우도법(M)
- 최소 제곱법(순위(Y)에 대한 수명(X))(L)

공통 형상 모수(기울기-Weibull) 또는 척도 모수(1/기울기-기타 분포) 가정(C)

Bayes 분석

형상 모수(기울기-Weibull) 또는 척도 모수(1/기울기-기타 분포) 설정 값(S):

분계점 설정 값(H):

추가 백분율에 대한 백분위수 추정(E):

이 시간(값)에 대한 확률 추정(T):

- 생존 확률 추정(U)
- 누적 고장 확률 추정(A)

선택

신뢰 수준(N): 95.0

신뢰 구간(F): 양측

도움말 확인(O) 취소

이상의 정보를 입력한 후 미니탭을 수행한 결과는 다음과 같다.

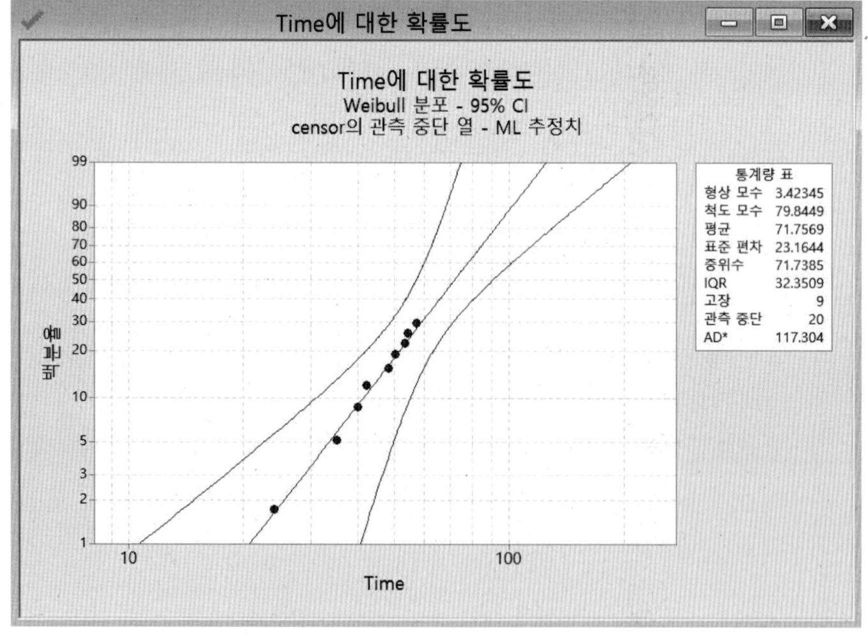

분포 분석: Time

변수: Time

빈도: count

관측 중단

관측 중단 정보	카운트
관측 중단되지않은 값	9
우측 관측 중단 값	20

관측 중단 값: censor = 0

추정 방법: 최대우도법

분포: Weibull 분포

모수 추정치

모수	추정치	표준 오차	95.0% 정규 CI 하한	상한
형상 모수	3.42345	1.08917	1.83508	6.38664
척도 모수	79.8449	11.1796	60.6828	105.058

로그 우도 = -50.614

적합도

Anderson-Darling(수정) 117.304

분포의 특성

	추정치	표준 오차	95.0% 정규 CI 하한	상한
평균(MTTF)	71.7569	9.23028	55.7662	92.3327
표준 편차	23.1644	8.86709	10.9393	49.0515
중위수	71.7385	8.46098	56.9324	90.3950
제1 사분위수(Q1)	55.4874	5.46782	45.7420	67.3090
제3 사분위수(Q3)	87.8383	14.3352	63.7922	120.948
사분위간 범위(IQR)	32.3509	12.7415	14.9499	70.0058

백분위수 표

백분율	백분위수	표준 오차	95.0% 정규 CI 하한	상한
1	20.8295	7.10446	10.6746	40.6447
2	25.5418	7.13909	14.7685	44.1741
3	28.7963	7.02925	17.8466	46.4641
4	31.3679	6.88262	20.4041	48.2228
5	33.5314	6.72711	22.6299	49.6845
6	35.4198	6.57298	24.6199	50.9573
7	37.1084	6.42475	26.4302	52.1008
8	38.6446	6.28460	28.0971	53.1516
9	40.0602	6.15368	29.6456	54.1336
10	41.3779	6.03262	31.0935	55.0640
20	51.5189	5.39941	41.9524	63.2669
30	59.0833	5.75983	48.8072	71.5230
40	65.6195	6.86318	53.4571	80.5491
50	71.7385	8.46098	56.9324	90.3950
60	77.8318	10.4525	59.8196	101.268
70	84.2938	12.8872	62.4684	113.745
80	91.7524	16.0134	65.1717	129.174
90	101.871	20.6800	68.4316	151.652
91	103.211	21.3296	68.8365	154.752
92	104.661	22.0400	69.2685	158.138
93	106.248	22.8265	69.7346	161.880
94	108.011	23.7109	70.2445	166.084
95	110.011	24.7268	70.8131	170.906
96	112.344	25.9292	71.4645	176.607
97	115.188	27.4193	72.2420	183.666
98	118.930	29.4175	73.2390	193.124
99	124.734	32.6000	74.7337	208.186

와이블확률지의 그래프 결과를 고찰하면, 본 문제의 자료는 와이블분포를 따른다고 볼 수 있으며 모수의 추정치는 그래프 우상단에 표시된 것처럼 형상모수는 3.42345, 척도모수가 79.8449이며, 평균, 표준편차, 중앙값, 사분위값 범위 등의 추정치와 고장개수와 관측중단개수, 수정 AD 통계량도 보여주고 있다. 세션 창에선 좀 더 많은 정보들을 보여주고 있다. 즉 모수 추정의 표준오차, 신뢰구간, 로그 우도값, 백분위수 값들도 보여준다.

6.7 아래 자료는 전자부품으로 구성된 어느 단말장치 15개를 자동관측장치를 가지고 수명시험한 결과이다. +기호는 관측중단 자료를 나타내고 있으며, 관측중단시각이 수 개 존재하여 다중 관측중단자료에 속한다. 즉, 7개의 장치가 고장났으며, 8개의 장치는 관측중단되었다. 이 자료는 와이블 분포를 따른다고 알려져 있으며 미니탭으로 이 분포의 적합도를 평가하고 모수를 추정하라.

875+	658	317	942+	1000	1300+	750+	570
440	883+	740	650+	1250	960+	1092+	

풀이) 4장 연습문제의 예를 참조하여, 엑셀을 사용하여 고장순위의 역순위에 해당하는 ΔH=1/ k×100(%)와 이의 누적합 H값을 구한다. 이때 관측중단 자료의 ΔH 값은 계산되지 않는다. 미니탭에서 엑셀을 불러온 뒤, "고장난" 자료의 수명 Time과 이에 대응되는 누적고장률 값(H)을 입력한다. 다른 열은 그냥 둬도 무방하다.

[누적 고장률(H)의 계산]

순서 i	생존대수 k(=i역순)	Time	ΔH % (1/k)	H %
1	15	315	6.667	6.667
2	14	440	7.143	13.810
3	13	575	7.692	21.502
4	12	650+		
5	11	655	9.091	30.593
6	10	750+		
7	9	740	11.111	41.704
8	8	875+		
9	7	880	10.000	40.590
10	6	940+		
11	5	960+		
12	4	1000	25.000	76.704
13	3	1100+		
14	2	1250	50.000	126.704
15	1	1300+		

미니탭 워크시트의 출력은 다음과 같다.

▲ 데이터 표시

데이터

행	생존대수k(=i역순)	Time	DH%(1/k)	H%
1	15	315	6.6667	6.667
2	14	440	7.1429	13.810
3	13	575	7.6923	21.502
4	12	*	*	*
5	11	655	9.0909	30.593
6	10	*	*	*
7	9	740	11.1111	41.704
8	8	*	*	*
9	7	880	10.0000	40.590
10	6	*	*	*
11	5	*	*	*
12	4	1000	25.0000	76.704
13	3	*	*	*
14	2	1250	50.0000	126.704
15	1	*	*	*

이후는 절차는 앞 장을 참조하라. 통계분석>회귀분석>적합선그림 을 사용한다. 옵션에서 로그10을 체크하는 것을 빠트리지 말아야 한다. 타점은 직선이라고 할 수 있고, 회귀식 log10(H%)= -4.343+2.066log10(Time)에서 형상모수는 2.066이다. 척도모수는 회귀식의 H에 100을 대입하여 Time을 풀면 된다.

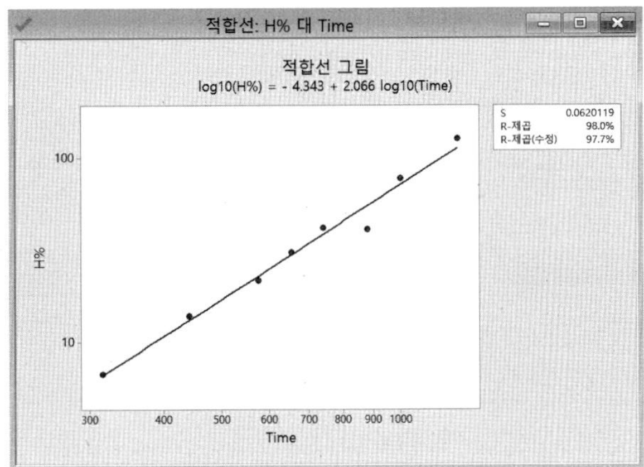

6.8 표는 68개의 디젤 발전기 팬에 대해 수명시험을 실시한 제1종 다중관측중단 자료이며 단위는 시간이다. 다음의 미니탭 신뢰성 분석 메뉴를 이용하여 이 자료에 가장 적합한 분포를 찾아라.

시간	상태	개수	시간	상태	개수
450	1	1	4850	0	4
460	0	1	5000	0	3
1150	1	2	6100	0	3
1560	0	1	6100	1	1
1600	1	1	6300	0	1
1660	0	1	6450	0	2
1850	0	4	6700	0	1
2030	0	3	7450	0	1
2070	1	2	7800	0	2
2080	1	1	8100	0	2
2200	0	1	8200	0	1
3000	0	4	8500	0	2
3100	1	1	8750	0	2
3200	0	1	8750	1	1
3450	1	1	9400	0	1
3750	0	2	9900	0	1
4150	0	4	10100	0	3
4300	0	4	11500	0	1

풀이)

통계분석>신뢰성/생존 분석>분포 분석 (우측 관측 중단)>분포 ID 그림 을 사용하자.

① 워크시트의 C1열에 "시간"(시험개체의 수명시간), C2열에 "상태"(관측중단 시 "0"), C3열에 "개수"(팬의 수)를 입력한다.

② "분포 ID 그림" 창에서 모든 분포 사용 또는 4개 분포를 '지정'한다. 나중에 A-D값을 비교한 후 가장 잘 적합한 분포를 선택할 수 있다. 그러나 A-D값이 비슷하다면 기본값(디폴트)로 체크되어 있는 와이블, 로그정규, 지수, 정규분포를 선택하는 것이 타당할 것이다.

③ 변수로 "시간", 빈도수로 "개수"를 입력한다.

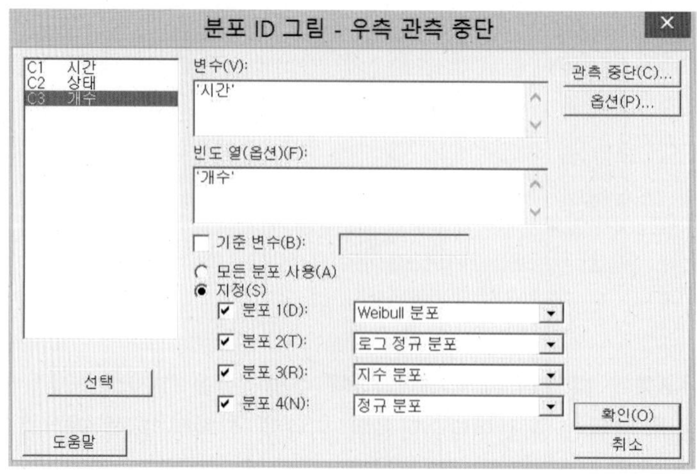

다음, 우상단 '관측중단' 단추를 클릭하여 창을 열고, 관측 중단열에 C2 열 "상태"를 지정한 뒤, 관측중단값은 "0"을 입력한다. 다음 그림은 우상단 '옵션' 단추를 선택했을 때 대화창으로서 추정방법(최우추정법, 최소제곱법), 관심있는 백분위수(기본값은 B1, B5, B10, B50 수명), 같은 값을 가지는 수명자료에 대한 누적고장확률의 표현 방법, X축의 최소·최대 크기 설정, 제목 등을 설정을 입력할 수 있다.

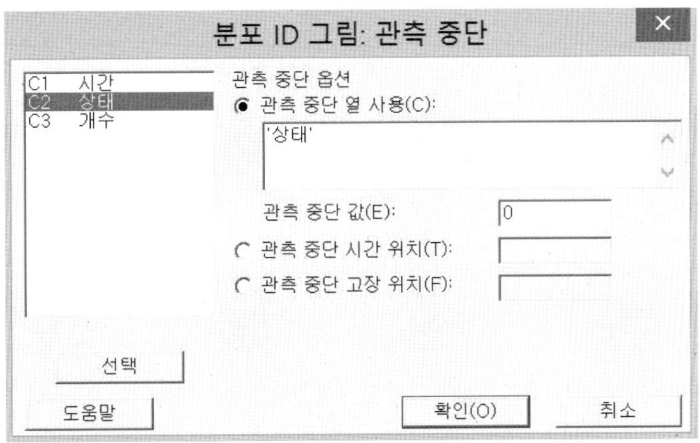

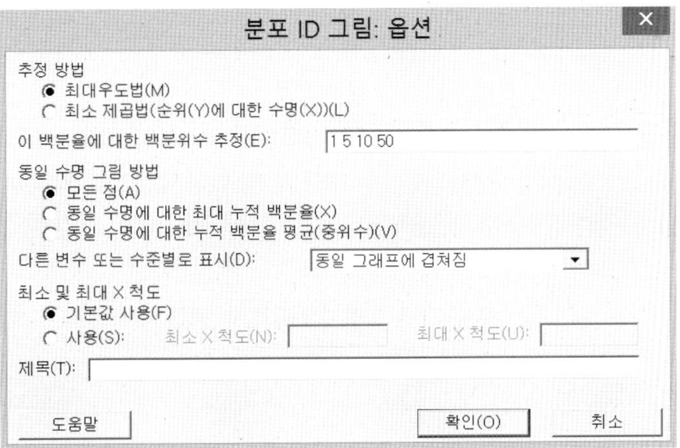

다음 그림은 4가지 분포에 적합시킨 결과와 A-D 값을 나타내고 있는데, 정규분포는 눈으로도 적합하지 않음을 알 수 있다. 로그정규분포가 그 중 적합하다고 보인다.

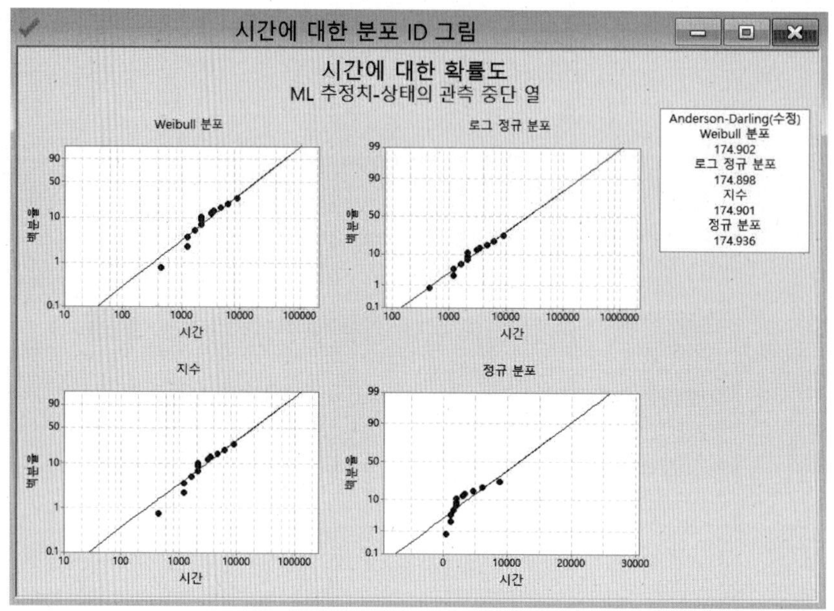

6.9 위 문제에 이어서, 미니탭의 "분포 개관 그림" 메뉴를 이용하여 와이블 분포를 선택하고, 해당 수명분포의 확률밀도함수, 확률지 타점, 생존함수(신뢰도), 위험 함수(고장률) 이상 4 가지의 그림과, 모수의 추정값을 구하라.

풀이)

통계분석>신뢰성/생존 분석>분포 분석(우측관측중단)>분포 개관 그림 을 사용하자. 관측중단 정보는 앞 문제와 마찬가지로 빠트리지 말고 입력하도록 한다. 모수 추정치는 형상 모수 1.06575, 척도 모수 25282와 같다.

분포 개관 그림 - 우측 관측 중단

C1 시간
C2 상태
C3 개수

변수(V):
'시간'

빈도 열(옵션)(F):
'개수'

기준 변수(B):

모수 분포 분석(A)
분포(D): Weibull 분포

비모수 분포 분석(N)

관측 중단(C)...
옵션(P)...
선택
도움말
확인(O)
취소

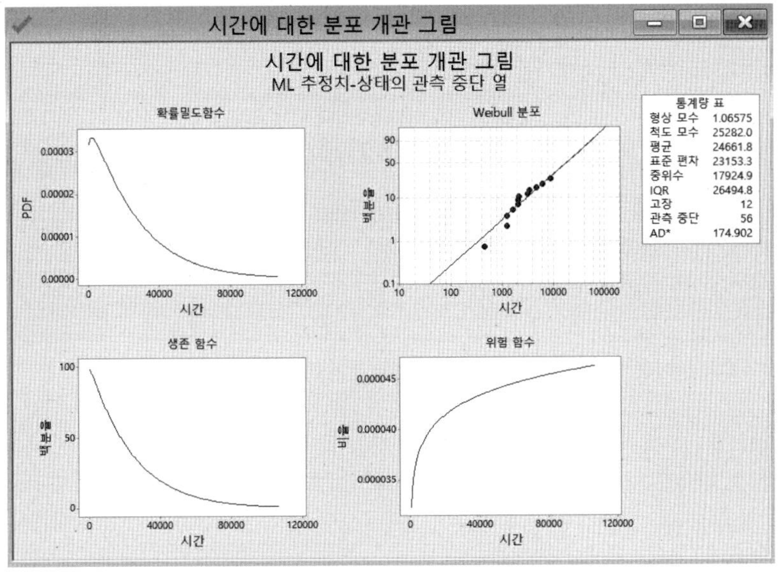

6.10 계속하여 미니탭을 이용하여 점추정과 구간추정을 하라.

풀이)

통계분석>신뢰성/생존 분석>분포 분석(우측관측중단)>모수 분포 분석 을 사용한다. 우상단의 '관측중단' 단추는 앞과 마찬가지이다. 'FMode'는 다중고장모드용으로 여기선 생략한다. '추정치' 단추를 눌러 추정방법, 신뢰수준, 신뢰구간을 지정하면 세션 창에서 주어진 문제의 답을 볼 수 있다. 필요하다면 우상단의 단추 중, '검정', '그래프' 등을 사용할 수 있다. 형상모수, 척도모수 뿐 아니라 평균, 표준편차와 같은 다른 모수의 구간추정을 볼 수 있다.

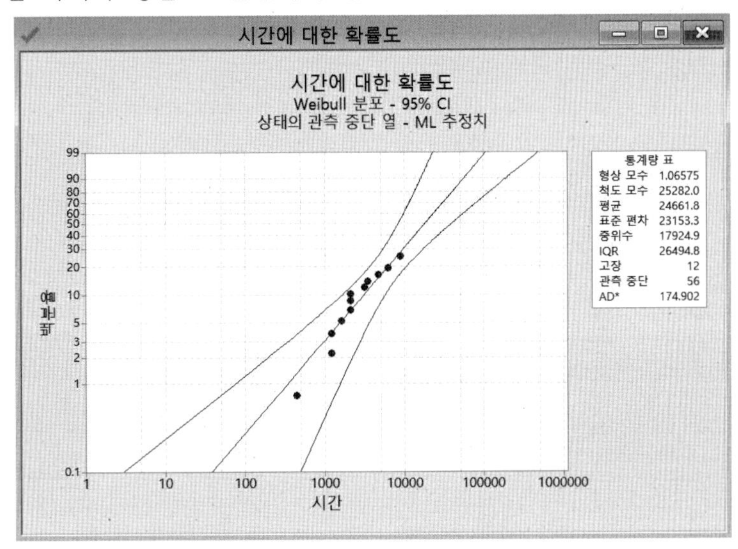

6.11 문제 6.8을 대상으로, 비모수적 분석을 하라. 카플란-마이어 추정법을 사용한다.

풀이)

통계분석>신뢰성/생존 분석>분포 분석(우측관측중단)>비모수 분포 분석 을 사용하자.

① 방법은 "모수 분포 분석"과 거의 같다.

② 우상단 단추의 '추정치', '그래프', '결과' 창은 다음과 같다. 그래프는 생존그림(신뢰도함수0와 위험함수를 체크하였다.

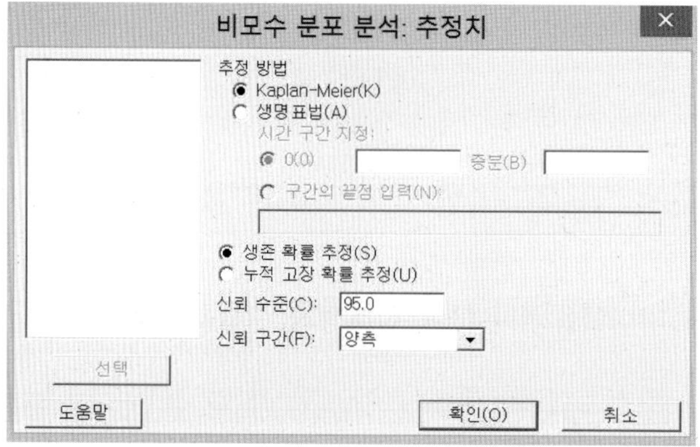

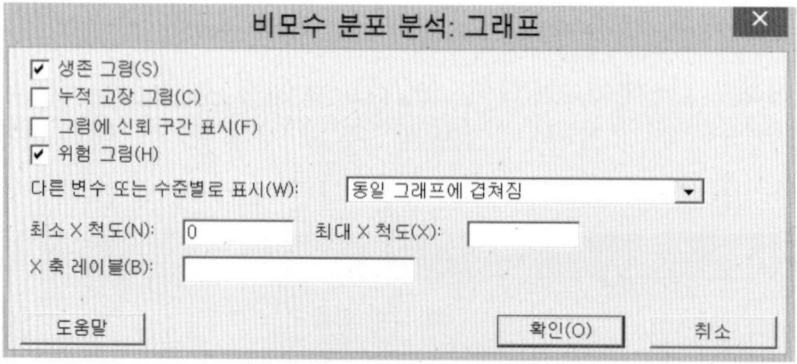

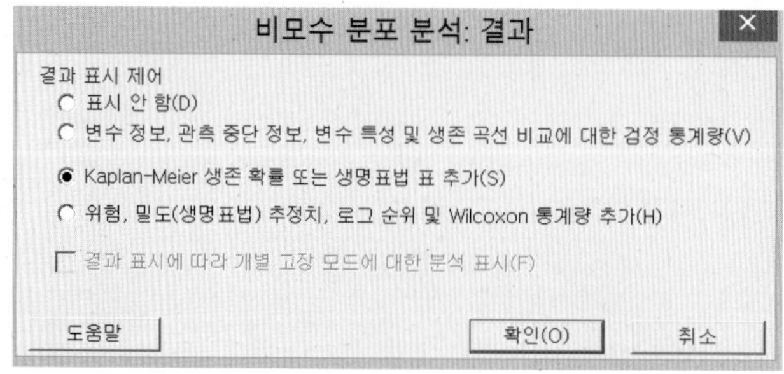

③ 분석 결과는 세션 창에 나타나고, 그림으로도 보여 준다.

세션 창에는 입력사료의 종류, 추정방법, 분포의 특성값(평균, 중앙값, 분위수 등), 신뢰도(생존확률)의 추정값, 표준오차, 신뢰구간 등을 보여 준다.

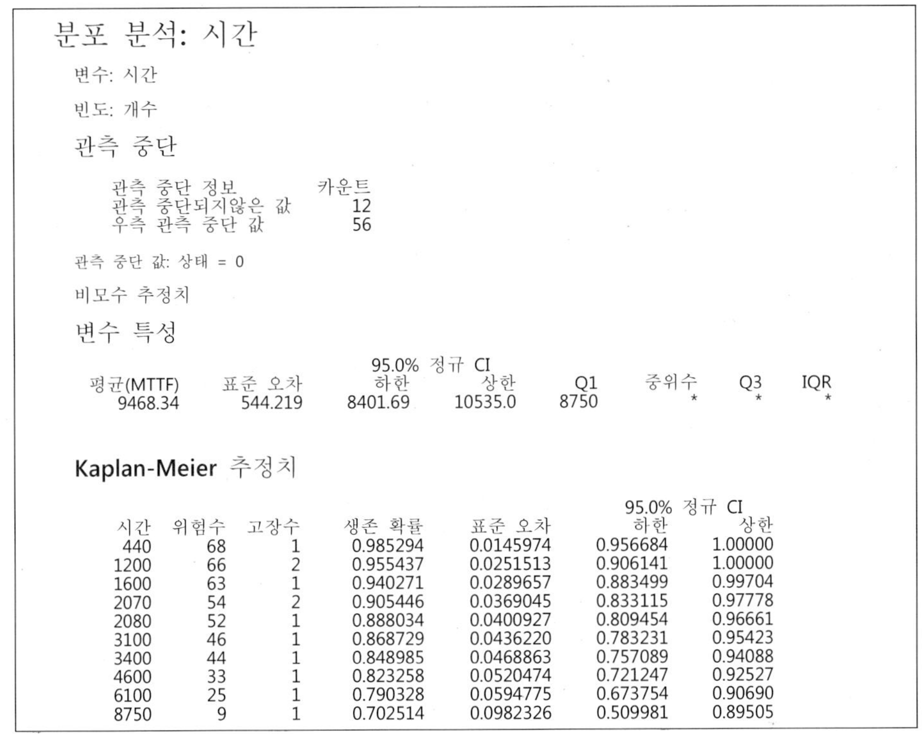

분포 분석: 시간

변수: 시간

빈도: 개수

관측 중단

관측 중단 정보	카운트
관측 중단되지않은 값	12
우측 관측 중단 값	56

관측 중단 값: 상태 = 0

비모수 추정치

변수 특성

평균(MTTF)	표준 오차	95.0% 정규 CI 하한	95.0% 정규 CI 상한	Q1	중위수	Q3	IQR
9468.34	544.219	8401.69	10535.0	8750	*	*	*

Kaplan-Meier 추정치

시간	위험수	고장수	생존 확률	표준 오차	95.0% 정규 CI 하한	95.0% 정규 CI 상한
440	68	1	0.985294	0.0145974	0.956684	1.00000
1200	66	2	0.955437	0.0251513	0.906141	1.00000
1600	63	1	0.940271	0.0289657	0.883499	0.99704
2070	54	2	0.905446	0.0369045	0.833115	0.97778
2080	52	1	0.888034	0.0400927	0.809454	0.96661
3100	46	1	0.868729	0.0436220	0.783231	0.95423
3400	44	1	0.848985	0.0468863	0.757089	0.94088
4600	33	1	0.823258	0.0520474	0.721247	0.92527
6100	25	1	0.790328	0.0594775	0.673754	0.90690
8750	9	1	0.702514	0.0982326	0.509981	0.89505

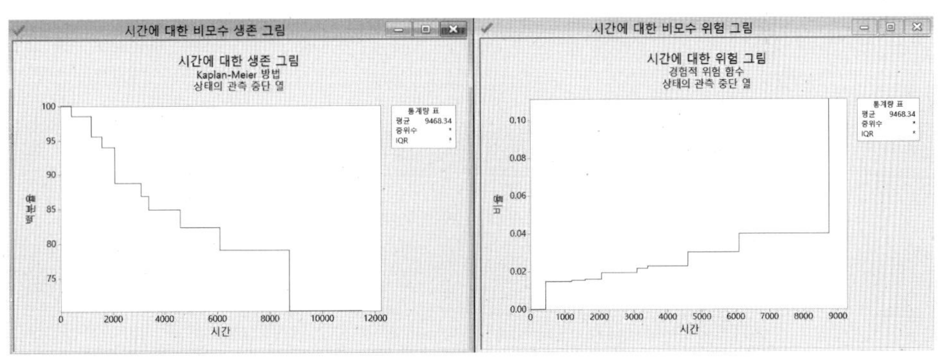

6.12 어떤 기계 구조물을 십 여년 쓰는데 그 속에는 5백만 사이클 동안 10% 이하의 고장이 발생하는 베어링 뭉치가 필요하다. 즉 B10수명= 5백만 (사이클)이 된다. 이 회사는 구매처로부터 이런 조건을 만족하면서 경제적인 새로운 베어링을 구입할 계획이며, 구매부에게 95% 신뢰수준을 실증하도록 요구하고자 한다. 이와 유사한 베어링의 수명시간을 조사한 결과 형상모수 2인 와이블 분포를 따르므로, 5개의 시험표본으로 시험할 경우 무고장 실

증시험시간이 얼마나 수행되어야 하는가. 미니탭으로 분석하라.

풀이)

분석 메뉴는 다음과 같다. `통계분석 > 신뢰성/생존 분석 > 검사 계획 > 시연`

① 실증기준이 되는 척도모수 또는 위치 모수, 백분위수, 신뢰도, MTTF 중 한 가지를 지정한다. 이 문제에서는 백분위수로 5백만 및 10%를 입력한다.

② 최대허용고장 개수=0, 표본크기=5 (※표본크기와 검사시간 간은 배타적 선택), 수명분포=와이블분포, 형상모수=2를 입력한다.

③ 하위 '그래프' 창에서 합격확률그림의 형태를, '옵션' 창에서 신뢰수준 '95' %를 입력한다. 디폴트값을 쓴다. 결과는 다음과 같다.

시연 검사 계획

시연할 최소값
척도 모수(Weibull 또는 지수) 또는 위치 모수(기타 분포)(S):
백분위수(E): 5000000 백분율(C): 10
신뢰도(R): 시간(T):
MTTF(M):
최대 허용 고장 횟수(X): 0
표본 크기(A): 5
단위별 검정 시간(N):
분포 가정
분포(D): Weibull 분포
형상 모수(Weibull) 또는 척도 모수(기타 분포)(H): 2
그래프(G)... 옵션(P)... 확인(O) 취소 도움말

시연 검사 계획: 그래프

시연 검정 통과 확률(P)
동일 그래프에 상이한 표본 크기/검정 시간을 겹쳐서 표시(S)
동일 그래프에 상이한 검정 계획을 겹쳐서 표시(T)
최소 X 척도(M): 최대 X 척도(A):
도움말 확인(O) 취소

시연 검정 계획

신뢰도 검정 계획

분포: Weibull 분포, 형상= 2

백분위수 목표 = 5000000, 실제 신뢰 수준 = 95%

검정 계획

고장검정	표본크기	검사 시간
0	5	11923330

따라서 B10수명이 5백만 사이클 이상임을 실증하려면 5개를 00.00만 사이클 시험하여 무고장이어야 95% 확신할 수 있다.

※ 시험단위수 또는 시험시간 공식

m=와이블형상모수, α=1-신뢰수준, n=시험단위수, t_c=무고장실증시험시간, p=백분율, t_p=백분위수라고 하고, $k = t_c/t_p$라고 하면,

$$n \geq \frac{1}{k^m}\frac{\ln\alpha}{\ln(1-p)},$$

$$k \geq \left\{\frac{1}{n}\frac{\ln\alpha}{\ln(1-p)}\right\}^{1/m}$$

본 문제는 n=5이 주어지고 t_c를 구하는 것으로서, k=2.38이 되어 t_c =2.38×5=11.9(백만 사이클)까지 시험에 무고장이어야 B10수명을 실증할 수 있다.

6.13 문제 6.4를 H 108에서 제공되는 표에서 찾아 보라.

풀이)

표 H 108 중, α=.05, β=.10의 열과, 판별비 1/3인 행을 찾으면 r=8, c/θ_0 =.498이 나온다. 따라서, r=8개, 기각역≤c=.498×900=448.2시간이다. 계산으로 구한 것보다 1시간 정도 기각역이 넓은데 통계적 근거로 푸는 것이므로 실용적으로 별 문제가 없다.

H 108. 고정고장수 시험방식표

θ_1/θ_0	a = .01							
	β=.01		β=.05		β=.10		β=.25	
	r	c/θ_0	r	c/θ_0	r	c/θ_0	r	c/θ_0
2/3	136	.811	101	.783	83	.762	60	.724
1/2	46	.689	35	.649	30	.625	22	.572
1/3	19	.544	15	.498	13	.469	10	.413
1/5	9	.390	8	.363	7	.333	5	.256
1/10	5	.256	4	.206	4	.206	3	.145
θ_1/θ_0	a = .05							
	β=.01		β=.05		β=.10		β=.25	
	r	c/θ_0	r	c/θ_0	r	c/θ_0	r	c/θ_0
2/3	95	.837	67	.808	55	.789	35	.739
1/2	33	.732	23	.683	19	.655	13	.592
1/3	13	.592	10	.543	8	.498	6	.436
1/5	7	.469	5	.394	4	.342	3	.272
1/10	4	.342	3	.272	3	.272	2	.178
θ_1/θ_0	a = .10							
	β=.01		β=.05		β=.10		β=.25	
	r	c/θ_0	r	c/θ_0	r	c/θ_0	r	c/θ_0
2/3	77	.857	52	.827	41	.806	25	.754
1/2	26	.758	18	.712	15	.687	9	.604
1/3	11	.638	8	.582	6	.525	4	.436
1/5	5	.487	4	.436	3	.367	3	.367
1/10	3	.367	2	.266	2	.266	2	.266
θ_1/θ_0	a = .25							
	β=.01		β=.05		β=.10		β=.25	
	r	c/θ_0	r	c/θ_0	r	c/θ_0	r	c/θ_0
2/3	52	.903	32	.876	23	.853	12	.793
1/2	17	.827	11	.784	8	.744	5	.674
1/3	7	.726	5	.674	4	.634	2	.481
1/5	3	.576	2	.481	2	.481	1	.288
1/10	2	481	2	.481	1	.288	1	.288

6.14 부품 10개를 500시간 시험하여 300시간에 1개, 400시간에 1개 고장났다. θ_0=750, θ_1=500, α=0.1, β=0.1을 가급적 적은 시간에 보증하려면 어떤 시험방식으로 합격여부를 결정할 수 있는가? MIL-HDBK-781A를 사용하라.

풀이) 신뢰성 축차시험방식으로 다음 표의 시험방식을 택한다.

r=1일 때, 총시험시간=10×300=3000, 총시험시간/θ_1=6.0. 표의 6.95에 미치지 못하므로 판정보류.

r=2일 때, 총시험시간=300+9×400=3900, 총시험시간/θ_1=7.8. 표의 8.17에 미치지 못하므로 판정보류.

r=2이면서 500시간 시험하였으므로, 총시험시간=300+9×400+8×500=4700, 총시험시간/θ_1=9.4. 표에서 9.38 이상이므로 합격 판정.

종결형 축차시험 $\alpha=0.1$, $\beta=0.1$, $\theta_0/\theta_1=1.5$ [MIL-HDBK-781A]

누적고장수 r	총시험시간(θ_1 의 배수)		누적고장수 r	총시험시간(θ_1 의 배수)	
	불합격(이하)	합격(이상)		불합격(이하)	합격(이상)
0	N/A	6.95	21	18.50	32.49
1	N/A	8.17	22	19.80	33.70
2	N/A	9.38	23	21.02	34.92
3	N/A	10.60	24	22.23	36.13
4	N/A	11.80	25	23.45	37.35
5	N/A	13.03	26	24.66	38.57
6	0.34	14.25	27	25.88	39.78
7	1.56	15.46	28	27.07	41.00
8	2.78	16.69	29	28.31	42.22
9	3.98	17.90	30	29.53	43.43
10	5.20	19.11	31	30.74	44.65
11	6.42	20.33	32	31.96	45.86
12	7.64	21.54	33	33.18	47.08
13	8.86	22.76	34	34.39	48.30
14	10.07	23.98	35	35.61	49.50
15	11.29	25.19	36	36.82	49.50
16	12.50	26.41	37	38.04	49.50
17	13.72	27.62	38	39.26	49.50
18	14.94	28.64	39	40.47	49.50
19	16.13	30.06	40	41.68	49.50
20	17.37	31.27	41	49.50	N/A

환경시험의 종류 및 목적

(1) 기후적 환경시험

• **저온시험(Cold)** : 제품을 저온에서 사용하거나 저장하였을 때 문제가 발생하지 않는지 여부를 확인하기 위하여 실시하는 시험이다.
• **고온시험(Dry Heat)** : 제품을 고온에서 사용하거나 저장하였을 때 문제가 발생하지 않는지 여부를 확인하기 위하여 실시하는 시험이다.
• **온도변화시험(Change of Temperature)** : 온도변화 또는 온도변화의 반복이 제품에 주는 영향을 확인하기 위하여 실시하는 시험이다.
• **고온고습시험(Damp Heat, Steady State)** : 제품이 높은 상대습도 상태에서 사용 또는 저장되었을 때 문제가 발생하지 않는지 확인하기 위하여 실시하는 시험이다.
• **온습도사이클시험 (Damp Heat, Cyclic)** : 높은 습도 조건에서 온도변화가 반복되었을 때 제품의 표면에 이슬이 맺히는 조건에서 제품을 사용하거나 저장하였을 때 문제가 발생하지 않는지 확인하기 위하여 실시하는 시험이다.
• **감압시험(Low Air Pressure)** : 제품을 기압이 낮은 상태에서 저장, 수송, 사용할 때 문제가 없는지 확인하기 위하여 실시하는 시험이다.
• **내수성시험(Water)** : 수송, 보관 또는 사용 중의 적하수, 분사수 또는 침수에 놓이게 될 가능성이 있는 제품에 적용되는 시험으로, 규격화된 물방울 황경에 구성 부품이나 장치가 놓이게 된 후 놓인 상태에서 양호한 동작 상태를 유지하기 위한 피복 및 밀봉의 방수성을 확인을 목적으로 실시하는 시험이다.
• **일사시험(Simulated Solar Radiation at Ground Level)** : 지표면 조건하에서 태양광선에 노출된 결과로 제품에 발생되는 영향을 평가하기 위하여 실시하는 시험이다.

(2) 기계적 환경시험

• **정현파진동시험(Vibration; sinusoidal)** : 운송 또는 사용 중에 주기적인 특성을 갖는 진동에 노출되는 경우의 내성을 평가하기 위한 시험이다.
• **광대역랜덤진동시험(Vibration; broad-band random)** : 형태가 비주기적이고 일정하지 않게 무작위적으로 발생하는 진동에 노출되는 경우의 내성을 평가하기 위한 시험이다.
• **충격시험(Shock)** : 운송 또는 사용 중에 빈도가 적고 반복이 없는 충격에 적정한 내성을 갖는지 평가하기 위한 시험이다.
• **자연낙하시험(Free fall)** : 운반 또는 휴대 중에 제품을 떨어뜨리는 경우 적정한 내성을 갖는지 평가하기 위한 시험이다.
• **내반복 충격시험(Bump)** : 운송 또는 사용 중에 반복하여 받는 충격에 대하여 적정한 내성을 갖는지 평가하기 위한 시험이다.
• **반동시험(Bounce)** : 운송시 제품이 고정되지 않아서 불규칙하게 받는 충격에 노출될 때 적정한 내성을 갖는지 평가하기 위한 시험이다.
• **면, 각낙하 및 전도시험(Drop and topple)** : 제품의 부주의한 취급에 의하여 발생할 수 있는 충격에 대하여 적정한 내성을 갖는지 평가하기 위한 시험이다.
• **가속도시험(Acceleration)** : 이동체에 사용되는 경우 중력 이외의 정상적인 가속도 환경에서 힘을 받는 경우 견딜 수 있는지 평가하기 위한 시험이다.
• **분진 및 모래시험(Dust and sand)** : 미세 먼지가 제품 내 들어가는 정도 평가, 밀폐된 공간에서 쌓이는 먼지에 의한 영향 평가, 날리는 먼지 및 모래에 의한 내성 평가를 위하여 실시하는 시험이다.

제7장 고장해석

7.1 고장형태영향분석(FMEA)

7.1.1 FMEA 개요

앞에서 고장에 대한 개념과 분류를 살펴 보았는데, 좋은 신뢰성과 품질을 확보하기 위해서는 설계 초기단계에서 설계에 대한 적합성을 검토하고 제조공정에서 야기될 수 있는 고장, 결함 또는 불량에 대한 사전 검토와 대책을 세우는 일이 필수적이다. FMEA(failure mode and effect analysis)는 이러한 목적에 맞는 종합적이고 체계적인 접근 방법이라 할 수 있다. FMEA의 정의는 "시스템을 구성하고 있는 부품들의 고장모드가 타 부품과 시스템 및 사용자에게 미치는 영향과 고장의 원인을 상향식으로 조사하는 정성적 신뢰성예측 또는 고장해석기법"이다. 원래 고장(failure)보다는 결함(fault)이 맞지만 관습적으로 쓰인다. 이에 비해 고장 자체를 공학적 체계적으로 분석하는 것을 "고장분석(failure analysis)"이라고 한다.

FMEA는 1950년대 초 프로펠라 추진 항공기가 제트엔진항공기로 전환될 때 유압장치, 전기장치 등으로 구성되는 복잡한 조정시스템을 가진 제트기의 신뢰성설계를 위하여 사용된 것이 효시이다. 이어 1960년대 중반에는 NASA에서 아폴로 인공위성 개발시 각 부품의 오동작을 브레인스토밍 방법으로 예측하려는 활동에 FMEA가 활용되어 신뢰성 보증과 안전성 확보 면에서 큰 성과를 거두었다. 1970년대 미 해군에서 MIL-STD 1629 규격으로 사용하였다. 그후 자동차 업계에서 적자 누적과 제조물책임 비용에 대비하여 사용되기 시작하였다. 이후 많은 일본 기업이 TQC의 한 기법으로 FMEA를 적용하였으며, 1990년대 들어 ISO 9000, QS 9000, TL 9000 등의 품질보증시스템과 6시그마 품질활동 등에 있어서 품질 및 신뢰성 개선활동의 필수적인 기법으로 자리잡게 되었다. 또한 FMEA는 신뢰성중심보전(RCM, reliability centered maintenance)의 핵심적 방법론이기도 하다.

통상 FMEA는 설계 FMEA를 가리킨다. FMEA는 원래 설계내용의 신뢰성 해석과 평가를 위한 도구로 개발되었으며, 설계 FMEA의 기본개념을 공정설계와 공정개선에 응용한 것이 공정 FMEA라고 할 수 있다. 설계 FMEA를 효과적으로 추진하기 위해서는 FMEA 추진방법을 숙지하는 것도 중요하지만, 실시대상의 특성 등을 고려하여 독자적인 실시 방법을 정착시킬 필요가 있다. 효과적인 FMEA의 실시를 위해서는 무엇보다도 분석하고자하는 시스템에 대한 고장모드 고장원인, 고장영향 등에 대한 많은 지식이 필요하다. FMEA 기법을 다루려면 먼저 고장, 고장형태, 기능 등의 개념에 대해 알아야 한다.

FMEA 문서는 일회성이 아닌 제품 수명주기(life cycle)동안 지속적으로 갱신해야 하는 살아있는 문서(living document)다. 기업에서 FMEA는 오랫동안 축적된 자료와 경험이 있을수록 훌륭한 분석과 효과를 얻을 수 있다.

(1) 고장형태(failure mode)

어떻게 결함을 관측하는가에 관한 것으로서, 결함형태(fault mode)가 더 적절하겠지만 관습적으로 고장형태 또는 고장모드라고 쓴다(고장과 결함의 차이에 대해서는 3.1.4를 참조). 고장형태를 파악하기 위해서는 각종 기능의 출력을 알아야 한다. 어떤 기능의 출력에 대하여 요구조건이 충족되었는지 여부로 결함을 묘사할 수 있다. 다시 말하면, 고장형태는 외부에서 볼 수 있는 고장의 증거를 말한다. 예로써 밸브의 '내부누유'는 고장형태이다. 왜냐하면 이때 밸브는 유체의 차단 기능을 상실(기능의 종료)하기 때문이다. 밸브씰의 마모는 고장의 원인이 될 수 있으나 고장형태는 아니다.

고장의 원인으로부터 고장형태에 이르기까지의 과정을 고장 메카니즘(failure mechanism)이라고 말한다. 고장 메카니즘을 면밀히 분석함으로써 고장 방지대책을 세울 수 있을 것이다.

(2) FMEA의 목적

① 시스템의 설계와 제조에 있어서 잠재적 고장모드, 원인 및 영향 도출 및 전개
② 잠재적 고장의 발생을 감소시키거나 제거하기 위한 활동방법 제시
③ ①과 ②의 과정을 문서화
④ 고객을 만족시키기 위한 설계 요구조건 및 사양을 확실하게 정의

(3) FMEA의 효과

① 잠재적인 결함과 고장모드를 미리 제거할 수 있는 체계적인 접근을 할 수 있다.
② 신뢰성 시험항목을 결정할 수 있다.
③ 문제 해결(trouble shooting) 매뉴얼을 개발하는 기초 자료를 제공한다.
④ 고장진단 및 시스템 성능 감시를 위한 기초를 제공한다.
⑤ 유사 시스템을 설계할 때, 고장예방을 위한 노하우(know-how)를 축적할 수 있다.

(4) FMEA의 실시 시기

일반적으로 FMEA는 제품 및 공정설계 단계에서 적용한다. 그러나 FMEA는 분석도구(tool)이므로, 품질개선 활동, 고장원인분석, 신뢰성 시험항목 결정 등 FMEA가

효과적으로 적용될 수 있는 경우에 실시할 수 있다.

(4) FMEA의 종류

적용 대상에 따라 다음과 같이 여러 가지 종류의 FMEA가 있다.

① 시스템 FMEA: 개념설계와 예비설계 단계에서 시스템과 하위시스템을 대상으로 적용
② 설계 FMEA : 상세설계 단계에서 부품선정 이후의 분석
③ 공정 FMEA : 제조공정 설계단계의 분석
④ 설비 FMEA : 설비를 대상으로하며, 주로 설비관리 측면에서 접근
⑤ 기타 소프트웨어를 대상으로 한 S/W FMEA, 서비스산업에서의 서비스 FMEA도 있다.

7.1.2 설계 FMEA의 실시 절차

여기서는 설계 FMEA 실시절차를 설명하였으나, 그 밖의 공정 FMEA, 설비 FMEA 등을 실시하는 절차도 유사하다.

(1) 팀 구성

FMEA는 브레인스토밍에 기초한 팀 활동이므로, 설계담당자 이외에도 QC, 생산기술, 제조, 자재, 서비스, 영업 등 폭넓은 경험을 가진 여러 명의 구성원들로 팀을 구성한다. 이때, 브레인스토밍을 수행함에 있어 구성원들간의 의견을 존중하고, 많은 아이디어를 도출하는 것이 중요하다.

(2) 자료 준비

대상 시스템이나 제품에 관한 설계 요구 품질표, 도면, 부품리스트, 실험보고서, 개발이력 등과 유사부품의 클레임 정보, 품질정보 및 고장이력 리스트 등 관련 자료들을 준비한다.

(3) 분석범위 결정

설계 FMEA를 실시할 범위를 결정한다. 시스템 전체를 대상으로 하여 분석을 하면 시간이 오래 걸리므로, 중요 품목이나 설계변경 부분을 분석범위로 선택한다.

(4) FMEA 실시

① 시스템의 기능정의 대상 시스템의 기능을 확인하고 정의한다.
② 시스템의 분해수준 결정: 시스템의 분해수준과 범위를 결정한다. 즉, 어디까지를 부품으로 할 것인가를 결정한다. 신뢰성관리 대상은 부품이다. 부품의 선정은 일정한 규칙이 있는 것이 아니므로 관리수준을 고려하여 결정한다. 부품을 단품 수준으로 결정하면 신뢰성분석은 용이하지만 내용이 방대해진다. 조립품 수준으로 결정하면 분석대상은 많지 않으나 고장모드 선정에 어려움이 있다.
③ 신뢰성 블록그림 작성. 대상 시스템의 부품을 열거하고, 구성요소의 기능 블록그림을 작성하여 각 기능의 연결관계가 전체 시스템에 미치는 영향을 분석하기 쉽도록 한다. 이를 바탕으로 신뢰성 블록그림을 작성한다.
④ FMEA 양식준비 : FMEA 양식을 준비하고, 그 내용을 기입한다. FMEA 양식에는 시스템명, 부품명, 부품 기능, 고장모드, 고장의 추정원인, 고장의 영향, 및 대책 등을 기입하도록 설계되었다. FMEA 양식은 각 사별 특성에 맞추어 내용을 변경할 수도 있다.
⑤ FMEA 양식에 각 부품별로 고장모드, 원인, 영향 등을 기입한다.
⑥ 치명도 분석을 실시한다.
⑦ 치명도 평점이 높은 고장모드들을 정리하여 치명품목목록을 만들고, 설계변경 등의 필요성을 검토한다.

(5) FMEA 양식의 예(QS 9000의 FMEA 양식)

이 양식은 '적절히 수정'해서 사용해도 된다. 중요 항을 간단히 설명한다.

① '부품 및 기능' 항은 FMEA의 기초가 되므로 철저히 기술되어야 한다. 기능은 명사+동사로 단순하게 표현한다. 예를 들어, 흐름을 차단한다, 신호를 전달한다, 등이다. 복잡한 품목의 경우 매우 많은 요구기능이 있을 수 있다. 각 기능의 중요성이 모두 동일하지 않다. 기능을 분류하는 기준은, 1) 필수기능, 예, "유체를 펌프한다." 2) 보조기능, 예, "유체의 밀봉." 3) 보호기능: 안전기능, 환경기능, 위생기능. 4) 정보전달기능: 모니터링, 게이지, 경고. 5) 인터페이스기능, 6) 과잉기능 등이다. 이런 분류가 꼭 상호배타적인 것은 아니다. 어떤 기능은 둘 이상의 기능으로 분류될 수 있다. 장비의 보전계획이나 기능시험을 수립할 경우에는 명시고장과 잠복고장을 구별하는 것이 중요하다. 온라인기능은 연속적으로 작동하여 사용자가 현 상태를 파악하고 있다. 온라인기능의 종료를 명시고장이라 한다. 오프라인기능은 간헐적으로 사용되어 검사나 시험을 통해서만 그 상태를 파악할 수 있다. 예컨대 비상폐쇄장치 기능

이다. 많은 보호기능들이 오프라인기능에 해당된다. 이러한 오프라인기능의 종료는 잠복고장에 포함된다.

기능들은 기능정의표(function definition table) 양식을 사용할 수도 있다.

② 잠재적 고장형태: 잠재적 고장은 반드시 일어나는 고장뿐 아니라 일어날 가능성이 있는 모든 고장을 과거 자료, 클레임, 스트레스 일람표, 혹은 브레인스토밍을 이용해서 찾아낸다. 스트레스 일람표의 예로서, 습기, 곰팡이, 바람, 진동, 기울어짐 등의 스트레스와 이것이 발생하기 쉬운 부위, 그의 고장형태를 일람표로 만드는 것이다.

③ 잠재적 고장영향: 고장이 다음 또는 상위 단계의 조립, 체계, 고객, 법규 등에 미치는 영향을 말한다. "이 부품이 고장을 일으킬 경우 그 결과가 어떠할 것인가"

④ 심각도(severity): 잠재 고장형태의 영향에 대해 심각도평가표로 평가한다. 최악의 영향에 대한 등급을 사용한다. 자동차부품에 대한 심각도평가표의 예를 표 7-1로 보인다.

표 7-1 심각도 평가표 (자동차부품의 예)

등급	영향	기준
1	영향 없음 (No Effect)	영향이 없음
2	극소 영향 (Very Slight Effect)	차량성능에 극미한 영향을 미침. 고객불만 없음. 가끔 사소한 결함으로 보고됨
3	미세 영향 (Slight Effect)	차량성능에 미세한 영향을 미침. 고객불만 미세함. 거의 줄곧 사소한 결함으로 보고됨
4	사소 영향 (Minor Effect)	차량성능에 사소한 영향을 미침. 수리를 필요로하는 결함은 아님. 고객은 차량 또는 시스템 성능에 약간 영향을 미친다고 말함. 항상 사소한 결함으로 보고됨
5	약간 영향 (Moderate Effect)	차량성능에 약간의 영향을 미침. 고객은 약간의 불만을 경험. 수리를 필요로 하는 중요치 않은 부품상의 결함
6	상당 영향 (Significant Effect)	차량성능이 저하되나 작동가능하고 안전함. 고객이 불편을 경험하고 있음. 중요치 않은 부품이 미작동
7	중요 영향 (Major Effect)	차량성능이 심각하게 영향을 받지만 운전가능하고 안전함. 고객이 불만스러워 함. 하위시스템이 미작동
8	극도 영향 (Extreme Effect)	차량이 작동할 수 없으나 안전함. 고객이 매우 불만스러워 함. 시스템이 미작동
9	심각 영향 (Serious Effect)	위험한 영향을 미칠 소지. 사고 유발없이 즉 점진적 고장으로 차량정지 가능성 있음. 법규준수를 위태롭게 함
10	위험 영향 (Hazardous Effect)	위험한 영향을 미침. 안전과 관련 갑작스러운 고장. 법규 위반.

⑤ 고장의 잠재원인/메커니즘: 고장모드를 일으킨다고 추정되는 원인을 모두 기입한다. 예를 들면, 잘못된 자재규격, 과다한 부하, 재질 선정미스, 부품의 위치선정 잘못, 불충 분한 윤활능력 등이 있을 수 있다. 다음과 같은 질문을 해

봄으로써 각각의 고장모드들에 대한 잠재 원인들에 대해 브레인스토밍한다.

- 무엇이 그 부품으로 하여금 이러한 고장을 유발시킬 수 있는가?
- 어떠한 환경이 그 부품으로 하여금 그 기능을 발휘하지 못하게 할 수 있는가?
- 도면상에 문제되는 사항이 있는가?
- 사용환경에 기인되는 사항이 있는가?
- 무엇이 그 부품으로 하여금 그 의도된 기능을 전달시키지 못하게 할 수 있는가?
- 해당부품이 거꾸로 또는 뒤쳐져서 조립될 수 있는가?
- 해당제조공정에 적합한 사양 공차인가?
- 어떻게 그리고 왜 그 부품이 사양을 충족하지 못할 수 있는가?

먼저 직접원인(1차원인)을 알아내고, 다음 근본원인(2차원인)을 찾아 기술한다.

⑥ 발생도: 설계수명동안 발생할 수 있는 부품고장들에 대한 추정누적치를 등급으로 나타낸다. 고장원인에 열거된 각각의 원인에 대하여, 부품의 설계수명 동안 1000개당 누적고장수(CNF/1000)를 추정한다. 만약 해당부품의 누적고장수를 추정할 수 없다면, 그 부품의 설계수명 동안 고장원인에 열거된 원인 및 그 고장모드가 발생할 가능성을 판단한다. CNF/1000은 일반적으로 서비스이력, 보증 서비스 데이터, 유사 혹은 대용 부품들의 필드 데이터 등 과거의 데이터들에 기초하여 평가한다. 표 7-2와 같은 발생도 평가표로 부터 얻은 등급을 기입한다.

표 7-2 발생도 평가표

등급	발생	CNF/1000	기준
1	거의 없음 (Almost Never)	<0.00058 (1/1,500,000)	고장이 없다고 예상. 어떠한 설계결함도 없으며, 설계가 예기된 제조 변동을 보상할 수 있거나 통상 관리로 제품이 설계의도대로 생산됨을 보증
2	희박 (Remote)	<0.0068 (1/150,000)	고장수가 희박이라고 예상
3	매우 약간 (Very Slight)	<0.063 (1/15,000)	고장수가 극소수라고 예상
4	약간 (Slight)	<0.46 (1/2,000)	고장수가 소수라고 예상
5	낮음 (Low)	<2.7 (1/400)	고장이 간헐적으로 발생한다고 예상
6	보통 (Medium)	<12.4 (1/80)	고장이 통상 발생한다고 예상
7	약간 높음 (Moderately High)	<46 (1/20)	고장이 비교적 높게 발생한다고 예상
8	높음 (High)	<134 (1/8)	고장수가 높다고 예상
9	매우 높음 (Very High)	<316 (1/3)	고장수가 매우 높다고 예상
10	거의 확실 (Almost Certain)	>316 (1/3)	고장이 거의 확실히 발생. 과거 설계 또는 유사 설계에서 많은 고장이력이 있음

⑦ 감지방법, 감지도: 고장이 발생하였을 때 무엇에 의해 그 상태를 발견할 수 있지를 규정하고 감지도를 평가한다.

소리가 변한다든가, 계량기의 눈금 보기, 경고장치나 자동인식장치를 사용할 수도 있다. 고장발견 시 고장난 정확한 위치와 품목을 파악하여 근본원인을 제거할 수 있는 방법을 결정하여 둔다.

잠재고장모드의 1차원인을 탐지 또는 고장모드 탐지의 감지도의 등급을 매긴다. 몇 가지 기법들이 하나의 특정고장모드에 대하여 열거되어 있을 경우, 높은 빈도의 등급으로 판정한다. 감지도평가표가 표 7-3로 주어져 있다.

표 7-3 감지도 평가표

등급	영향	기준
1	거의 확실 (Almost Certain)	각 해당영역에서 가장 높은 효율성을 가짐
2	매우 높음 (Very High)	매우 높은 효율성을 가짐
3	높음 (High)	높은 효율성을 가짐
4	약간 높음 (Moderately High)	비교적 높은 효율성을 가짐
5	보통 (Medium)	보통의 효율성을 가짐
6	낮음 (Low)	낮은 효율성을 가짐
7	약간 (Slight)	매우 낮은 효율성을 가짐
8	매우 약간 (Very Slight)	각 해당영역에서 가장 낮은 효율성을 가짐
9	희박 (Remote)	효율성이 미입증. 신뢰성 없거나 모름
10	거의 불가 (Almost Impossible)	이용가능한 설계평가기법이 없거나 아무런 계획이 없음

⑧ RPN과 권고조치사항: 위험우선순위(RPN, risk priority number)는 고장모드에 대한 상대적 위험수준을 나타낸다. RPN이 높을수록 위험도가 높다.

$$RPN = \text{심각도} \times \text{발생도} \times \text{감지도} \tag{7.1.1}$$

보통 RPN이 100이상이거나 고장발생도, 심각도, 감지도의 평가등급이 8 이상인 경우는 개선대책 수립이 필요하며 해당 항목에 표시(*)를 한다. 만약 개선대책이 필요 없을 경우에는 그 해당 항목란에 NOR(Not Requirement) 또는 NONE(없음)이라 표시하여둔다. 이는 FMEA 실시목적과 대상에 따라 다를 수 있다. 예를 들면, A사의 경우 3 평가를 10등급 평가하고, RPN이 100점이상 또는 7 이상을 기준으로 하고 있다면, B사의 경우 3 평가를 5등급 평가하고 RPN이 40점 이상을 기준으로 할 수 있다. 담당팀이 중요하지 않다고 판단한 것도 설계책임자가 결재시 검토하여 적합 여부를 판단하여야 한다. RPN을 감소시키거나 고장을 예방할 수 있는 조치 또는 고장모드를 탐지할 수 있는 조치를 기입한다. 예를 들면,

- 수정된 TEST계획
- 수정된 설계
- 수정된 자재사용
- 개정된 재료/부품의 허용공차 등 참고로 평가 결과를 토대로 각 부서에서는 다음과 같은 점을 착안하여 검토를 실시하는 것이 좋다.
- 설계부서 : 주요 고장모드에 대한 설계 개선의 검토,
- 제조부서 : 주요 고장모드에 대한 중점 관리 방법의 검토,
- 생산기술부서 : 주요 고장모드, 발생률이 높은 고장모드에 대한 공정 개선의 검토,
- 검사부서 : 주요 고장모드에 대한 중점 관리 방법 및 검지가 어려운 고장모드에 대한 검출 방법의 검토,
- 품질보증부서 : 주요 고장모드에 대한 시장에서의 대처 방법의 검토,
- 판매 서비스부서 : 사용할 때의 사용조건, 보전조건 및 주의사항을 고객에게 철저히 주지시키기 위한 방법의 검토,

⑨ 예정일 및 조치결과: 엄청난 효과가 있는 이러한 대책조치들에 대한 실행 및 확인의 중요성은 아무리 강조해도 지나치지 않는다. 팀리더에게는 모든 권고조치가 실행되고 적절하게 기록된다는 것을 보증하기 위한 실행 및 프로그램의 집행에 대한 책임이 주어진다.

담당/예정일은 대책에 대하여 누가, 언제까지 마무리한다는 내용을 기입한다. 조치결과 항에 개선결과와 완료날짜를 기입한다. RPN을 재평가하여 얼마나 개선되었는지의 정보를 알수 있다. 수정된 RPN을 검토하고 더 이상의 설계 활동들이 필요한지의 여부를 결정한다.

고장형태영향분석(설계 FMEA)

시스템명 승용차량 하위시스템 연료공급체계 구성품 오일펌프 모델년도/차종 2018 GXXXX KX99	실시목적 ____ ____ 완료예정일 ____	FMEA 번호 ____ 페이지 ____ of ____ 작성자 ____ 설계책임자 ____ 최초작성일 ____ 최근개정일 ____

주요 팀원 : RPN=심각도×발생도×감지도

부품 및 기능	잠재적 고장형태	잠재적 고장영향	심각도	고장의 잠재원인/메커니즘	발생도	감지방법	감지도	위험우선순위(RPN)	권고조치사항	담당/완료 예정일	조치결과				
											조치내용	심각도	발생도	감지도	위험우선순위(RPN)

그림 7-1 FMEA 양식의 예(QS 9000의 FMEA 양식)

7.1.3 고장형태영향치명도분석(FMECA)

FMECA(failure mode effect critical analysis)는 FMEA의 확장으로 FMEA를 실시한 다음 CA(치명도분석)를 실시하는 것이다. CA는 다양한 고장으로 인한 영향의 치명도를 고려하여 그 정도를 수준으로 표현한다. FMEA는 CA를 수행하기 전에 완료되어야 하며 FMEA는 시스템과 하부시스템의 고장유형의 정량적 순위를 분석하여 보여주고, CA는 구성품, 시스템과 연관된 신뢰성과 치명도를 분석한다. FMECA는 기능적 속성뿐 아니라 물리적 속성에도 적용할 수 있다. 하지만 오늘날 FMEA와 FMECA 사이의 구분은 모호하다.

접근 방법은 보통 상향식 방법이지만 하향식도 사용될 수 있다.

① 상향식(Bottom-up) 방법 : 일반적인 방법이다. 시스템 개념을 결정할 때 사용한다. 가장 낮은 수준에서 각 구성품 별로 한 개씩 연구한다. 이 방법은 하드웨어 접근방법이라고도 불린다. 분석의 끝은 모든 구성품을 수행하게 되면 된다.

② 하향식(Top-down) 방법 : 초기 설계 단계에서 FMEA/FMECA를 하향식으로 사용할 수 있다. 분석은 주로 기능에 초점을 맞춘다. 분석은 주 시스템의 기능으로부터 시작하는데 이것이 어떻게 고장을 일으키는지를 연구한다. 심각한 영향을 미치는 기능고장이 보통 분석단계에서 먼저 파악된다. 이 방법이 주로 사용되는 것은 존재하고 있는 시스템에서 문제 영역에 초점을 맞출 때이다.

CA는 정량적, 정성적의 두 가지 분석이 가능하다. 정량적 치명도분석은 각 고장형태 m의 치명도를 C_m이라고 하면 다음과 같이 식별한다.

$$C_m = \text{불신뢰도} \times \text{고장형태의 비율} \times \text{손실확률} \tag{7.1.2}$$

이들을 전부 합한 것이 치명도 C이다.

$$C = \sum_m C_m \tag{7.1.3}$$

정성적 치명도분석은 위험을 평가, 평점화하고 순위화한다.

7.1.4 고장등급의 결정

FMEA에서 RPN을 고장등급으로 평가할 수 있으나, 다음과 같이 고장등급을 평가할 수 있다. 설계조건과 고장의 중요성을 대조하면서 설계부문, 시험실이나 품질보증부, 생산기술부 등의 의견을 충분히 반영하여 정해진 기준에 따라 고장등급을 결정해야 한다.

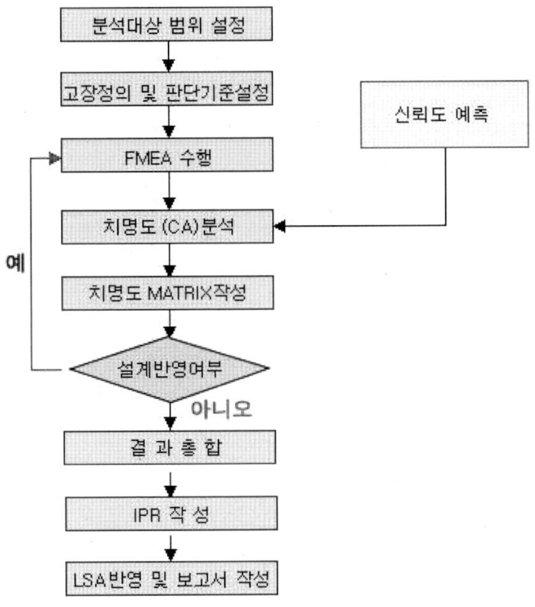

그림 7-2 FMECA 절차

(1) 고장평점법

고장의 등급은 고장이 어떠한 영향을 미치는가를 객관적으로 평가하여 등급을 부여하는 것이다. 이러한 고장의 객관적인 평가에 의해 대책실시 우선순위의 기준이 된다.

고장평점법은 고장에 대한 평점요소 i를 정하여 각 요소에 대한 계수 Ci (1~10점)를 기술적 판단에 의해서 평가하고, 평점 Cs를 계산하는 방법이다. Cs는 다음과 같이 각 요소의 기하평균으로 계산된다.

$$C_s = \sqrt[n]{C_1 \cdot C_2 \cdots C_n}, \; i = 1, 2, ..., n \tag{7.1.4}$$

평점요소와 계수는 표 7-4에 제시한 바와 같이 5가지 요소가 편하다. 평점요소 i는 임의로 선택할 수 있으며, 필요하다면 회사의 특성에 맞게 예컨대 C_6를 '소비자 불만정도' 등을 사용할 수도 있다. 그러나 가급적 중요도 C_1과 발생빈도 C_3는 포함되는 것이 좋다.

표 7-4 평점요소

평점 요소	
C_1	기능 고장의 영향의 중요도
C_2	시스템에 끼치는 영향의 범위
C_3	고장발생의 빈도
C_4	고장방지의 가능성
C_5	신규설계의 정도

C_1, C_2, C_3의 평점 예는 표 7-5와 같다.

표 7-5 C_1 C_2 C_3 의 평점

평점	C_1 기능 고장의 영향의 중요도	C_2 시스템에 영향을 미치는 범위	C_3 고장발생의 빈도
1	임무에 전혀 영향이 없음	전혀 피해없음	10^{-7} 이하
2	외관기능을 저하시키는 경미한 고장	외벽의 진동, 고온, 외관변색	$10^{-6} \sim 10^{-7}$
3	임무의 경미한 부분 달성불능, 보조수단을 쓰면 달성가능	접속된 장치에 일부 피해	$10^{-5} \sim 10^{-6}$
4	임무의 경미한 부분 달성불능	인접한 설비 및 장치에 피해	$3\times10^{-5} \sim 10^{-5}$
5	임무의 일부 달성불능, 보조수단을 쓰면 달성가능	인재없음, 가옥 및 공장 내에 피해	$10^{-4} \sim 3\times10^{-5}$
6	임무의 일부 달성불능	경상, 가옥 및 공장 내에 피해	$3\times10^{-4} \sim 10^{-4}$
7	임무의 중요한 부분달성불능, 보조수단을 쓰면 달성가능	중상, 가옥 및 공장 내에 피해	$10^{-3} \sim 3\times10^{-4}$
8	임무의 중요한 부분달성불능	실내 및 공장 내에서 사망사고, 가옥 및 공장 내에 피해	$3\times10^{-3} \sim 10^{-3}$
9	임무달성불능, 대체방법에 의해 일부달성가능	실내 및 공장 내에서 사망사고, 가옥 및 공장 외에 피해	$10^{-2} \sim 3\times10^{-3}$
10	임무달성불능	실외 및 공장 외에서 사망사고	10^{-2} 이상

식 (7.1.4)의 Cs에 의한 고장등급은 표 7-6를 사용하여 결정한다. 고장등급이 높은 항목(I, II 등급)에 대해 다음과 같은 대책을 수립하거나 개선안을 제시한다.

- 설계변경
- 고 신뢰성부품 사용
- 품질관리 절차 변경
- 시험 및 검사 등의 절차 변경 등

(2) 치명도평점법

고장영향을 평가하는 방법으로 QS 9000에서 사용하는 치명도평점법이 있다. 치명도평점은 다음 식과 같다.

$$C_E = F_1 \cdot F_2 \cdot F_3 \cdot F_4 \cdot F_5 \tag{7.1.5}$$

각 i 요소는 앞과 유사하며 필요한 만큼 사용한다. 각 요소의 평점은 표 7-7과 같다. 그 결과를 가지고 앞과 같은 방법으로 설계를 변경할 것인가의 여부를 결정한다.

자동차 산업의 예에서 F_1, F_3, F_4가 사용되며 각 10점을 만점으로 한다.

표 7-6 Cs와 고장등급과의 관계

고장등급	Cs	평가기준	주
I.치명고장	7이상~10	- 임무실패, 인명손실 - 10억원($100만) 초과	- 설계변경 필요
II.중대고장	4이상~7미만	- 임무중 중대한 부분을 달성 못함, 중상 - 2억~10억원($20만~100만)	- 설계 재검토 필요, 설계변경도 있을 수 있음
III.경미고장	2이상~4미만	- 임무중 일부를 달성치 못함 - 1천만원~2억원($1만~20만)	-설계변경 거의 불필요
IV.미소고장	2이하	- 영향은 전혀 없음 - 2백만~1천만원($2천~1만)	-설계변경 불필요

표 7-7 치명도 평점의 기준

평가요소	내용	계수
F_1 고장이 끼치는 영향의 크기	- 치명적인 손실을 주는 고장 크기 - 상당한 손실을 주는 고장 - 기능이 상실되는 고장 - 기능이 상실되지 않는 고장	5.0 3.0 1.0 0.5
F_2 시스템에 끼치는 영향의 정도	- 시스템에 2가지 이상의 중대한 영향을 끼친다. - 시스템에 1가지 이상의 중대한 영향을 끼친다. - 시스템에 끼치는 영향은 별로 없다.	2.0 1.0 0.5
F_3 발생빈도	- 발생빈도가 높다. - 발생할 가능성이 있다. - 발생할 가능성이 적다.	1.5 1.0 0.7
F_4 방지의 가능성	- 불능 - 방지 가능 - 간단히 방지할 수 있음	1.3 1.0 0.7
F_5 신규설계의 여부	- 상당히 달라진 설계 - 유사한 설계 - 동일한 설계	1.2 1.0 0.8

7.2 결함나무분석

7.2.1 FTA(fault tree analysis) 개요

FTA는 "시스템의 바람직하지 못한 상태를 나타내는 정상사상을 정의하고, 이 정상사상을 초래할 수 있는 원인(결함) 또는 원인들의 조합을 연역적(하향식)으로 분석하는 방법"이다.

FTA는 1960년대 초 미국의 ICBM(대륙간 탄도미사일)의 개발단계에서 관제시스템의 안전성을 평가하기 위하여 벨 연구소 왓슨(Watson)이 고안한 방법으로 주로 안전성 해석을 위해 사용되었으나 그후 신뢰성 분석에도 널리 쓰이고 있는 기법이며 1965년 보잉사의 하슬(Haasl)에 의해 보완되고 실용화되었다. FTA는 시스템의 고장을 발생시키는 사상과 그 원인과의 인과 관계를 사상 기호와 논리 게이트(AND, OR gate)를 사용하여 나무 모양으로 나타내고, 이에 의거 시스템의 고장

확률을 구함으로써 문제가 되는 부분을 찾아내고, 이 부분을 개선함으로써 시스템의 신뢰성을 개선하는 계량적 고장해석 및 신뢰성 평가 방법을 말하며 하향식(top-down) 전개 방식을 취한다.

참고로 시스템 분석 방법을 귀납적 방법과 연역적 방법으로 나눈다면, 귀납적 방법으로는 PHA(예비위험성분석, Primary Hazard Analysis), FMEA, ETA(사건나무분석, Event Tree Analysis)이 있고, 연역적 방법으로 FTA가 있다.

일반적인 결함나무분석 절차는 그림 7-3과 같다.

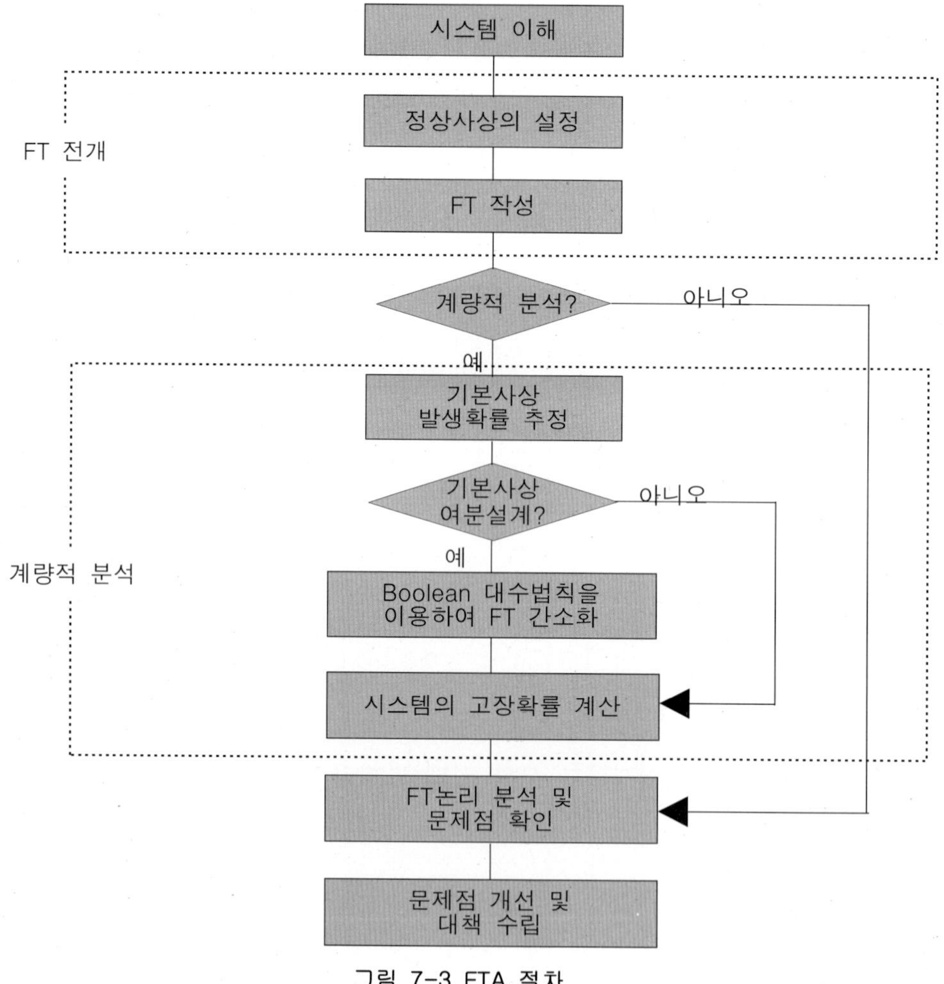

그림 7-3 FTA 절차

FTA에서 사용되는 사상 기호와 논리 게이트는 표 7-8과 같다. 논리 게이트로 다수결(majority vote), 배타적OR(XOR), 우선AND(priority AND)도 있으나 생략한다. 게이트는 하나의 출력 사상을 가지며, 입력사상은 하나 이상일 수 있다. 입력사상들은 출력 사상의 원인 또는 조건을 의미한다[1].

표 7-8 FTA의 기호 및 설명

구분	기호	이름	설명
사상		기본사상	고장원인의 최하위 수준의 사상. 부품의 고장모드 또는 원인을 나타낸다.
		최상위사상 또는 중간사상	시스템의 바람직하지 못한 사상 또는 최상위사상의 원인이 되는 중간사상
		비전개사상	더 이상 전개되거나 정의되지 않은 사상. 정보부족으로 불가능하거나 관심이 없는 고장 또는 결과를 나타냄
		원인규명사상	완전히 원인이 규명된 고장을 나타내는 사상. 잠재적인 고장 모드나 잠재적 고장 원인을 나타냄
논리 게이트		AND	모든 입력사상이 동시에 발생하였을 때, 출력 사상이 발생
	( )	OR	입력 사상 중에 어느 하나라도 발생하면 출력 사상이 발생
		조건기호	AND 또는 OR 게이트와 연결하여 AND나 OR의 성립 조건을 표시
		조건부사건	어떤 사상이 주어졌을 경우 출력 사상이 발생
		우선 AND	모든 입력사상이 일정한 순서로 발생하면 출력사상이 발생
		연결	시스템의 이 부분이 다른 부분이나 다른 페이지에 전개되는 것을 나타내는 기호

7.2.2 FTA의 정량적 분석

기본 사상에 고장 확률이 할당되면 정상 사상에 대한 신뢰성이 계산될 수 있다. 각 사상은 독립이라고 가정한다. 사상의 전개는 하향식이지만 기본 사상으로부터 최상위 사상의 확률 계산은 상향식이 될 것이다.

1) OR게이트는 '바구니에 두 개의 선이 모두 담기는 것'으로 외운다. 처음의 초승달 모양을, 후에 반달에 선을 집어넣은 모양이 된 것으로 보인다. 한편 최상위사상은 정상(頂上)사상이라고도 한다.

(1) 게이트의 계산

① AND Gate

$$\begin{aligned} T &= A\cdot B \\ P(T) &= P(A\cap B) = P(A)\cdot P(B) \end{aligned} \tag{7.2.1}$$

② OR Gate

$$\begin{aligned} T &= A+B \\ P(T) &= P(A\cup B) = P(A)+P(B)-P(A\cap B) \\ &= P(A)+P(B)-P(A)\cdot P(B) \\ &= 1-(1-P(A))(1-P(B)) \end{aligned} \tag{7.2.2}$$

(2) 흡수법칙과 분배법칙

결함나무의 기본 사상에 중복이 있으면 먼저 간략화를 해야 한다. 그렇지 않으면 틀린 결과를 얻게 된다.

① 흡수법칙

$$\begin{cases} A+A = A \\ A\cdot A = A \\ A+(A\cdot B) = A \\ A\cdot(A\cdot B) = A\cdot B \\ A\cdot(A+B) = A \end{cases} \tag{7.2.3}$$

② 분배 법칙

$$\begin{cases} A+(B\cdot C) = (A+B)\cdot(A+C) \\ A\cdot(B+C) = (A\cdot B)+(A\cdot C) \end{cases} \tag{7.2.5}$$

(3) FTA와 신뢰도 블록그림 관계

사실 FTA와 신뢰도 블록그림은 서로 호환적으로 만들 수 있다. 최소경로집합, 최소절단집합도 구해보면 같은 결과를 얻는다. FTA의 OR게이트는 신뢰도 직렬구조, AND게이트는 신뢰도 병렬구조와 상응된다.

기본 사상의 부품이 비수리부품이고, 수명이 지수분포를 따를 때, 이들이 서로 독립일 때, 상위 사상의 고장률은 앞 장에서 접근한 방식, 직렬구조와 병렬구조의 예와 같이 구할 수 있다.

그러나 FTA 기법으로 분석하면서 굳이 신뢰도 블록그림으로 바꿔서 분석을 접근할 필요는 없다.

연습문제

7.1 고장형태, 고장원인, 고장영향에 대해서 간단히 설명하라.

7.2 다음과 같은 결함나무를 보고 어떠한 구조로 체계고장이 발생하는지 설명하라.

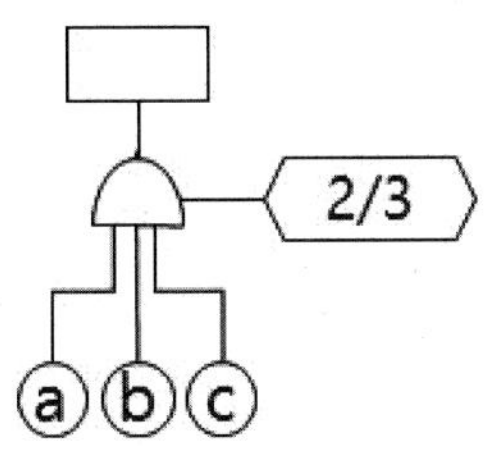

답) 3중2 구조로, 셋 중 둘 이상의 고장이 날 때 상위 사상이 발생한다.

7.3 아래와 같은 시스템에 대한 결함나무를 그려라. 모터는 코일과 브러시로 구성되며 하나라도 고장나면 모터가 고장이 된다.

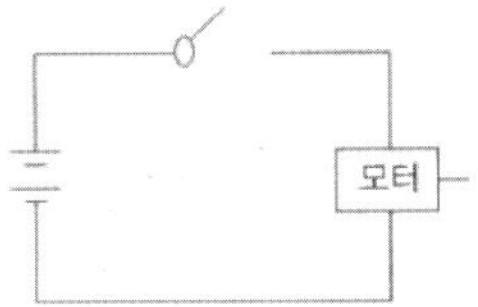

풀이)

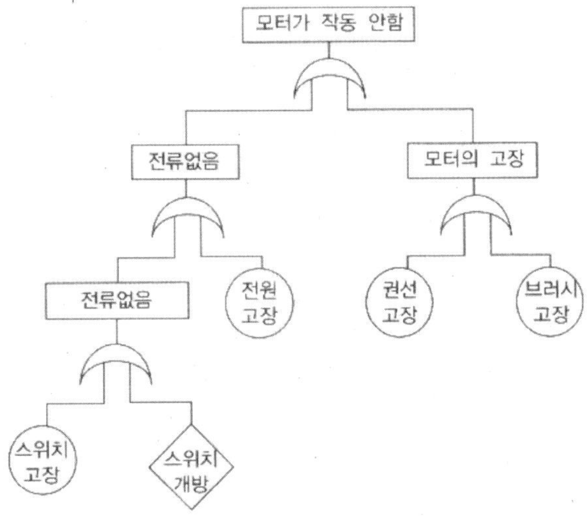

7.5 다음 결함나무에 상응하는 신뢰도 블록그림을 그려라.

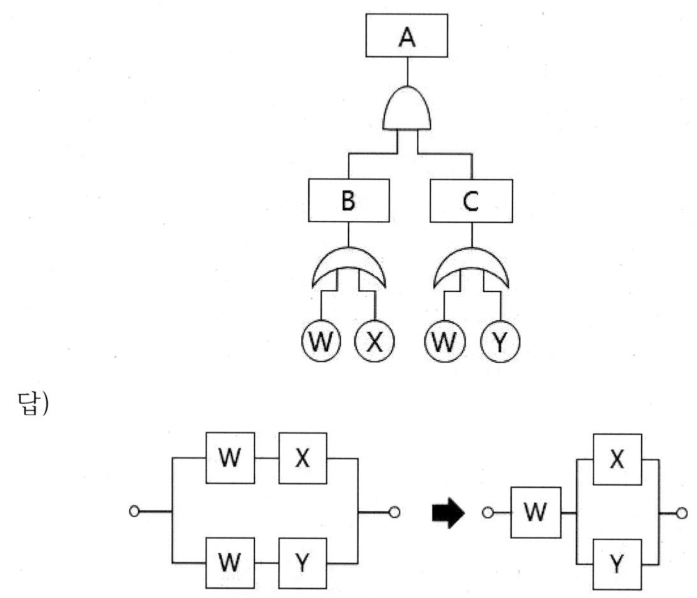

7.6 FMEA는 엑셀로 쉽게 만들 수 있다. 필요하다면 저자(출판사)에 연락하면 구할 수 있다. 이를 이용하여 현장의 예에 적용해 보라.

제8장 가속수명시험

8.1 가속수명시험의 종류와 방법

일반으로 품목의 신뢰도가 높거나 사용기간이 길수록 신뢰도 평가를 위한 시험시간과 시료수도 증가하게 된다. 가속시험(accelerated test)이란 신뢰도 시험시간과 시험비용의 증가를 극복하기 위해 인위적으로 품목의 수명을 단축시키는 시험방식을 말한다.

가속시험을 가속수명시험(ALT, accelerated life test)과 가속열화시험(ADT, accelerated degradation test)으로 나눌 수 있는데, 보통은 가속수명시험을 말할 때가 많다.

가속시험에서는 시험시간이나 시료수의 감소를 위해 정상사용조건보다 가혹한 조건을 부과함으로써 고장메커니즘을 촉진시키는 방법을 주로 사용한다. 가속시험은 시험목적에 따라 정성적 가속시험과 정량적 가속시험으로 나뉜다.

정성적 가속시험은 고장 자체에 대한 정보나 고장모드만을 얻기 위한 시험으로서 코끼리시험, 가압쿠커시험, 흔들어굽기 시험, HALT(Highly Accelerated Life Test)으로 부르기도 한다. 정성적 가속시험은 하나의 가혹한 스트레스 수준이나 몇 개의 스트레스 조합 또는 시간에 따라 변하는 스트레스 주기(예, 저온-고온 등) 하에서 소수의 샘플들로 시험한다. 정성적 시험을 통과하면 그 품목은 합격되며, 그렇지 못한 경우는 고장원인을 제거하기 위한 설계 개선작업에 들어간다. 원래 이 시험에서는 사용조건에서의 신뢰도를 정량적으로 구하지는 않는다. 그러나 정량적 시험의 설계에 필요한 스트레스의 유형이나 수준 등에 관한 중요한 정보를 제공한다.

정량적 가속시험은 제품의 수명특성이나 고장률 등 신뢰도에 관한 정량적 정보를 얻기 위한 시험을 말한다. 정량적 가속수명시험 방법으로 사용률 가속방법과 고스트레스 가속방법 등이 널리 사용된다.

8.1.1 사용률(usage rate) 가속

시간압축시험이라고도 한다. 실제 사용조건에서는 연속적으로 사용하지 않는 제품을 연속적으로 가동시킴으로써 고장시간을 단축시키는 방법이다. 예를 들어 하루 1시간 가동하는 세탁기를 24시간 연속 가동하면 시험시간을 24배 단축시킬 수 있다. 이 시험방식에서 얻어진 수명자료에 대해서는 사용조건 시험자료 분석 기법과 동일한 방식으로 분석하여 제품의 수명특성들을 해석한다.

8.1.2 고스트레스(overstress) 가속

연속적으로 사용하는 품목에 대해서는 사용률 가속방법에 의한 시험시간 단축은 기대하기 어렵다. 이때는 사용 조건보다 높은 스트레스를 가하여 품목의 수명을 단축시키는 방법을 사용한다. 가속조건에서 얻어진 수명시험데이터를 이용하여 정상 사용조건에서의 수명특성을 예측한다. 이때 가속인자로는 온도, 습도, 전압, 진동, 하중 등이 많이 사용된다. 일반적으로 부품이나 소재의 강도는 설계여유를 고려하여 주어진 사용조건 부하보다 높은 수준으로 설계된다. 시간이 경과함에 따라 강도가 서서히 저하되어 사용조건의 부하보다 강도가 작아지면 고장이 발생한다. 인위적으로 부하, 즉 스트레스를 높임으로서 고장을 사용 조건에서보다 빨리 유발시키는 방법이 고스트레스 가속시험이다. 최근에는 가속조건에서 고장시간을 관측하기보다 고장 이전에도 관측이 가능한 성능의 열화 추이를 관측하여 품목의 신뢰성을 평가하는 가속열화시험에 대한 관심이 높아지고 있다.

열화 자료 분석의 장점은 시료가 고장이 나기 이전의 열화 관측치 만으로도 조기에 신뢰성 분석이 가능하고, 관측된 고장 수가 적거나 고장이 없는 경우에도 유용하게 사용될 수 있다는 점이다. 또한 열화과정을 이해하고 예측함으로써 품목의 성능향상이나 고장방지를 위해 그 정보를 활용할 수 있다.

8.2 가속수명시험의 설계와 적용절차

8.2.1 스트레스의 적용방법

사용조건보다 고수준의 스트레스로 설정하고 시험하는 경우를 생각해 보자. 이 가속수준에서의 데이터들을 사용하면 가속수준에서의 수명분포나 신뢰도 등을 구할 수 있다. 그러나 가속시험의 주목적은 사용조건에서의 수명을 구하는 것이다. 그러기 위해서는 스트레스 수준과 수명과의 관계식이 필요하다(그림 8-1 참조). 사실 스트레스가 다르면 수명의 평균뿐 아니라 표준편차도 달라질 수 있다.

스트레스-수명간의 관계가 밝혀져 있더라도 그 관계식의 모수 값들에 따라 사용조건의 수명 예측치도 달라진다. 따라서 사용조건에서의 수명분포를 제대로 구하기 위해서는 최소한 2개 이상의 스트레스 수준에서 시험을 해야 한다. 그림 8-1은 사용스트레스와 고스트레스 2 수준에서의 스트레스-수명의 관계를 보여주고 있다.

스트레스를 적용하는 방법으로는 일정 스트레스 방법, 계단형 스트레스 방법, 점진적 스트레스 방법, 주기적 스트레스 방법 등이 있다. 이들 시험방법들 중, 스트레스 적용방식이나 모델의 용이성으로 인해 일정 스트레스에 의한 가속시험방법이 가장 널리 사용되고 있으며 본 장에서도 이 방법을 다룬다.

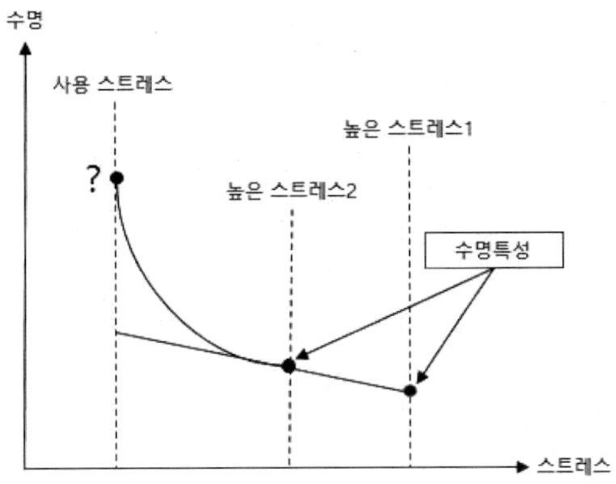

그림 8-1 스트레스와 수명의 관계

(1) 일정 스트레스(constant stress)

일정 스트레스는 스트레스 부과의 가장 기본적인 방법으로 표본에 일정 수준의 스트레스를 부과하는 것이다. 일정 스트레스 부과방법은 실제 환경에서 가장 많이 이용되고 있는데, 적용이 간편하고 스트레스의 유지가 편리하다는 장점을 갖고 있다.

(2) 계단형 스트레스(step stress)

계단형 스트레스 부과는 시험대상물에 일정한 간격마다 더 높은 스트레스가 부과되는 경우이다. 즉 일정 시간 내에서는 일정 스트레스를 부과하고 이 시간 동안 고장나지 않은 표본에는 좀 더 높은 수준의 스트레스를 부과하는 방법이다. 이 방법은 스트레스를 증가시킴으로써 표본의 고장을 쉽게 유발시킬 수 있다는 장점이 있으나 신뢰도 추정이 다소 복잡하다는 문제점이 있다.

(3) 점진적 스트레스(progressive stress)

점진적 스트레스 부과방법은 각각의 시험대상에 따라 서로 다른 비율로 스트레스를 연속적으로 증가시키면서 시험하는 방법이다. 이 방법은 스트레스를 점진적으로 증가시키기와 신뢰성 추정이 어렵다.

(4) 주기적 스트레스(cyclic stress)

주기적 스트레스에 노출되는 제품이나 스트레스의 변화에 따른 시험 시간의 단축을 위해 쓰이는 방법이다. 주로 반도체 소자의 가속 시험에서 주로 쓰인다.

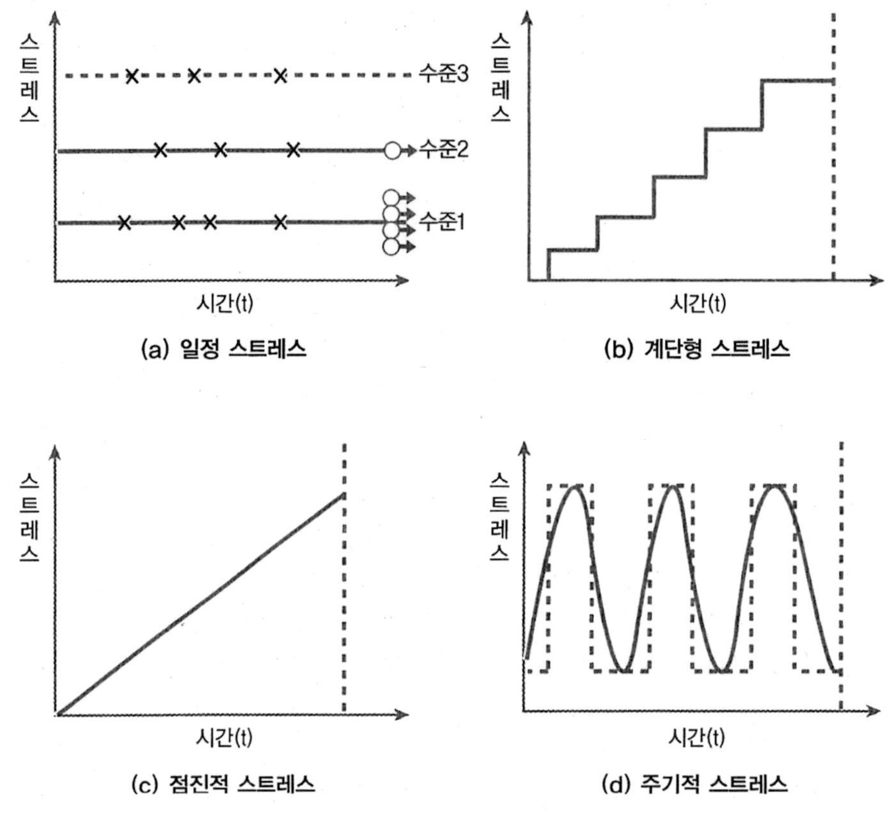

그림 8-2 스트레스 부과방법

8.2.2 스트레스 종류와 스트레스 수준

가속시험에서 스트레스 종류와 스트레스 수준은 사용조건에서 관측하고자 하는 고장(고장모드)을 유발시킬 수 있도록 선택되어야 한다. 동시에 사용조건에서는 발생하지 않는 고장이 유발되지 않아야 한다. 이를 위해서 기본적으로 스트레스의 수준은 규격한계는 초과하되 설계한계는 초과하지 않도록 선정해야 한다. 사용조건에서의 주요 고장모드를 파악하고 그 고장모드를 유발시키는 스트레스를 찾아내기 위해서는 품질기능전개, FMEA, 현장고장자료 분석을 비롯하여 정성적 가속시험 결과 등을 활용할 수 있다. 적합한 스트레스의 선택과 함께 스트레스를 논리적으로 정량화하여 적용할 수 있는 방법 역시 중요하다. 스트레스 수준을 높일수록 시험기간은 단축되나 사용조건으로 외삽의 불확실성은 증가한다. 사용조건에서의 수명특성 예측에 대한 불확실성은 신뢰구간의 추정으로 평가할 수 있다.

파괴한계 Destruct Limit	설계한계 Design Limits	규격한계 Specification Limits	설계한계 Design Limits	파괴한계 Destruct Limit
←		스트레스		→

그림 8-3 전형적인 스트레스의 범위

8.2.3 가속수명시험절차

일반적인 가속수명시험에 있어서 다음과 같은 시험의 설계, 적용, 분석절차를 따른다.

1) 주요 고장모드 결정
 - 사용환경의 스트레스 분석
 - 고장해석, 주요 고장모드, 주요 스트레스 분석

2) 적용 스트레스 결정
 - 주요 스트레스 및 스트레스 적용범위
 - 사용 스트레스 수준
 - 스트레스 적용방법

3) 수명분포 및 가속 모델 결정
 - 수명분포
 - 아레니우스, 역승, 아이링, 온도-습도
 - 데이터 해석법

4) 가속수명시험계획 수립
 - 스트레스 수준 결정
 - 가속수명시험 시료수 결정
 - 샘플링 방법
 - 수명 인증시험 시 적용할 샘플링 검사방식
 - 복원/비복원 시험, 관측중단 방식
 - 시험장비 결정, 사용법, 데이터 기록방법

5) 가속수명시험 실시 및 데이터 수집
 - 시험장비 관리상태, 정밀도 점검
 - 시험환경 검토
 - 관측방식, 데이터 기록 방식 확인
 - 예비 시험
 - 시험실시, 데이터 기록

6) 분포 및 가속수명시험모델 적합성 검토
 - 데이터 해석을 위한 S/W, 데이터 기록양식, 확률지 등 준비
 - 시험 데이터의 예비 분석

- 이상치 및 유관/무관고장 파악
- 필드 고장모드의 재현성 확인
- 분포 적합도, 가속수명시험 모델 적합도 검토

7) 가속수명모델 모수추정
- 스트레스-수명 관계식 모수 추정
- 수명분포 모수 추정

8) 사용조건 수명예측
- 가속계수 산출
- 사용조건 수명 추정
- 샘플링 검사 시 합격여부 판정
- 결과 보고서 작성 및 종합 검토

8.3 스트레스-수명 관계

일반으로 스트레스와 수명의 관계는 하나의 고장모드에 대해 성립한다고 하자. 다수의 원인에 의해 고장이 발생하는 품목에 대해서 스트레스-수명 관계식을 적용하는 것은 적합지 않다.

가속수명시험을 실시하기 위해서는 적합한 수명분포의 선택과 함께 스트레스 수준과 수명특성의 관계를 파악해야 한다. 수명특성이란 품목의 수명을 대표하는 평균수명, 중앙수명, 백분위 수명 등이다. 지수, 와이블, 로그정규분포에서 주로 사용되는 수명특성들은 다음 표 8-1과 같다[1].

표 8-1 수명분포와 수명특성 모수

분포	모수	수명특성
지수	θ	평균수명(MTTF) θ
와이블	η, β	척도모수 η
로그정규	μ, σ	중앙수명 e^{μ}

8.3.1 가속계수(AF, acceleration factor)

여기서는 먼저 스트레스-수명간의 관계가 명확히 밝혀져 있지 않은 경우 적용 가능한 일반적 방법론인 가속계수모델에 대해 살펴보기로 한다.

사용조건에서의 수명을 Tu, 가속조건에서의 수명을 Ta라 할 때, 가속계수모델에서는 다음의 관계가 성립한다고 가정한다. 이 A를 가속계수라고 한다.

1) 신뢰성 보증시험에서 β를 소비자위험률로 표시하므로 혼동을 피하기 위하여 와이블분포의 형상모수를 m으로 표시하기도 한다. 여기서 형상모수를 β로 표시한다.

$$A = \frac{T_u}{T_a} \tag{8.3.1}$$

즉 가속조건에서의 수명은 정상수명의 1/A로 줄어든다는 의미이다. 예를 들어 특정 가속수준에서 가속계수 '2'라 함은 그 스트레스 수준에서 품목의 수명이 정상조건의 수명의 절반으로 단축된다는 뜻이다. 가속계수는 두 개의 스트레스 수준의 수명시험 자료로부터 추정이 가능하다.

정상조건과 가속조건에서의 수명분포의 확률밀도함수, 누적분포함수, 고장률 함수의 기호로 나타낼 때, 이들 간에는 다음의 관계가 성립한다.

$$\begin{aligned} F_u(t) &= P(T_u \le t) \\ &= P(A \cdot T_a \le t) \\ &= P(T_a \le \frac{t}{A}) \\ &= F_a(\frac{t}{A}) \end{aligned} \tag{8.3.2}$$

$$f_u(t) = \frac{1}{A} f_a(\frac{t}{A}) \tag{8.3.3}$$

$$h_u(t) = \frac{f_u(t)}{R_u(t)} = \frac{\frac{1}{A} f_a\left(\frac{t}{A}\right)}{R_a\left(\frac{t}{A}\right)} = \frac{1}{A} h_a(\frac{t}{A}) \tag{8.3.4}$$

평균수명도 다음과 같은 관계를 갖는다.

$$\mu_u = A\mu_a \tag{8.3.5}$$

(1) 지수 분포

가속조건에서의 고장시간이 모수 λ_a인 지수분포를 따르는 경우, 정상조건에서의 고장시간은 식 (8.3.2)에 의해 모수 λ_a/A의 지수분포를 따른다. 따라서, 정상조건의 고장률은 λ_a/A, 고장시간은 $A \cdot \theta_a$와 같다.

[예제] 8.1

20개의 IC에 대하여 150°C의 열을 가한 상태에서 고장 시간을 조사하였다. 이 고장시간이 지수분포이며 평균수명이 6,000시간임이 밝혀졌다. 이 IC의 정상 온도를 30°C, 가속계수=40이라 할 때 정상조건에서의 고장률, 평균수명, 1만시간의 신뢰도를 구하라.

풀이) 고장률=4.166×10^{-6}/시간, 평균수명=240,000시간, 신뢰도(10,000) = 0.9591.

(2) 와이블분포

가속조건에서의 고장시간이 $W(\beta_a, \eta_a)$의 와이블분포를 가질 때, 정상조건의 고장시간은 $W(\beta_a, A\eta_a)$의 와이블분포를 갖는다.

고장률함수는 다음과 같다.

$$h_u(t)= \frac{1}{A}h_a\left(\frac{t}{A}\right)= \frac{1}{A^{\beta}}h_a(t) \tag{8.3.6}$$

(3) 로그정규분포

정상조건의 고장시간의 분포함수는 다음과 같다.

$$F_u(t) = F_a\left(\frac{t}{A}\right)= \Phi\left(\frac{\ln(t/A\cdot B_{50a})}{\sigma_a}\right) \tag{8.3.7}$$

여기서 B_{50a}는 가속조건에서의 고장시간의 중앙값을 나타낸다. 두 식을 비교함으로써 다음과 같은 관계를 얻는다.

$$\sigma_u = \sigma_a,\ B_{50u} = A\cdot B_{50a} \tag{8.3.8}$$

8.3.2 아레니우스(Arrhenius) 관계식

아레니우스 관계식은 스웨덴의 물리화학자 아레니우스의 온도와 반응속도의 관계에서 도출되었다. 온도가 높아지면 활성화에너지가 높아지며, 수명이 반응률의 역수에 비례한다는 원리에 근거하고 있다.

$$L(V) = Ce^{\frac{B}{V}} \tag{8.3.9}$$

L: 수명특성

V: 스트레스 수준(절대온도 °K)

C, B: 모수

온도가 높아지면 불안정한 상태(활성화 상태)에 있는 분자수가 많아지고 분자활동이 활발하여 분자 간 충돌횟수가 많아지므로 반응속도가 증가한다. 따라서 종종 품목의 온도상승은 그 품목에 잠재되어 있는 고장을 유발한다. 예를 들어, 전기모터의 대부분의 고장은 베어링에서 야기되는 과다한 열에 기인한다.

위 아레니우스 관계식은 다음의 온도-반응속도의 관계식에서 유도된 것이다.

$$R(T) = Ce^{-\frac{E_A}{kT}} \tag{8.3.10}$$

R: 반응속도

C: 비열(non-thermal) 상수

E_A: 활성화 에너지(activation energy: eV)

k: 볼츠만 상수(8.63×10^{-5}eV/°K)

T: 절대온도(°K)

활성화 에너지란 분자가 반응에 참여하기 위해 필요한 에너지를 말한다. 즉 온도가 반응에 미치는 영향의 척도이다. 활성화에너지가 작을수록 반응속도가 빠르다.

아레니우스 관계식은 수명이 반응률의 역수에 비례한다는 원리로부터 온도-반응속도 관계식에 $V=T,\ B=E_A/k$로 하면 도출된다.

L(V)식의 양변에 로그를 취하면 수명과 스트레스의 관계를 직선관계로 나타낼 수 있다.

$$\ln L(V) = \ln C + \frac{B}{V} \tag{8.3.11}$$

아레니우스 관계식은 온도에 기초한 고장물리 이론을 바탕으로 전개된 것이므로 온도를 가속인자로 시험하는 경우에 사용하는 것이 좋다. 수명이 온도의 영향을 받는 부품, 예를 들어 램프, 트랜지스터 기기, 반도체 기기 등 전기전자 부품과 플라스틱, 고무 등 화학소재나 부품의 가속 수명 시 자주 이용된다.

모수 B를 구하기 위해서는 활성화 에너지를 알아야 한다. 그러나 대부분의 실제 상황에서는 활성화 에너지 값을 알기는 어려우므로 C, B 모두 미지의 모수로 취급한다.

위 식에서도 알 수 있듯이 B는 활성화 에너지와 같은 성격의 모수이며, 아레니우스 모델에서 B가 클수록 스트레스가 수명에 미치는 영향이 커짐을 알 수 있다. 많은 엔지니어들이 사용조건과 가속조건 두 조건에서의 수명의 비율인 가속계수를 사용한다. 아레니우스 관계식에서의 가속계수는 다음과 같다.

$$A = \frac{L_u}{L_a} = \frac{Ce^{\frac{B}{V_u}}}{Ce^{\frac{B}{V_a}}} = e^{\frac{B}{V_u} - \frac{B}{V_a}} = e^{B(\frac{1}{V_u} - \frac{1}{V_a})} \tag{8.3.12}$$

관심 있는 고장모드에 대한 활성화 에너지의 값은 $E_A = kB$로부터 구할 수 있다. 이 선형식의 모수 B는 여러 가속수준에서의 시험자료로부터 구할 수 있다. 대부분의 다이오드와 트랜지스터 같은 전자소자의 경우 활성화 에너지값의 범위는 $0.3eV < E_A < 1.5eV$으로 알려져 있다. 그러나 같은 소자라 할지라도 고장 메커니즘과 그에 따른 고장모드에 따라 값은 달라진다. 모수 C는 스트레스 수준과 관계가 없음을 알 수 있다.

8.3.3 아이링(Eyring) 관계식

아이링 관계식은 양자역학원리에서부터 도출되었으며 가속인자로 열 스트레스(온도)를 적용하는 경우 주로 사용되나, 습도 등, 열 이외의 스트레스에 대해서도 사용할 수 있다.

$$L(V) = \frac{1}{V} e^{-\left(C - \frac{B}{V}\right)} = \frac{e^{-C}}{V} e^{\frac{B}{V}} \tag{8.3.13}$$

L : 수명특성

V : 스트레스 수준(예, 온도)

C, B: 모수

아이링 관계식은 아레니우스 관계식에 1/V이 첨가된 형태이다.

일반으로 아이링, 아레니우스 두 관계식은 매우 유사한 분석결과를 가진다. 아이링 관계식도 반로그 용지인 아레니우스 용지를 사용한다.

아이링 관계식에 의한 가속계수 식은 다음과 같다.

$$A = \frac{L_u}{L_a} = \frac{\frac{e^{-A}}{V_u} e^{\frac{B}{V_u}}}{\frac{e^{-A}}{V_a} e^{\frac{B}{V_a}}} = \frac{V_a}{V_u} e^{B\left(\frac{1}{V_u} - \frac{1}{V_a}\right)} \tag{8.3.14}$$

8.3.4 역승(inverse power law: IPL) 관계식

역누승, 누승, 자연로그, 멱 관계식이라고도 부른다. 역승관계식은 전압 등과 같이 열 이외의 가속인자를 적용하는 경우 주로 사용된다.

$$L(V) = \frac{1}{KV^n} \tag{8.3.15}$$

L: 수명특성

V: 스트레스 수준

K, n: 모수

역승 관계식을 로그-로그 용지에 그리면 다음과 같이 직선관계로 나타난다.

$$\ln L = -\ln K - n \ln V \tag{8.3.16}$$

모수 K와 n을 추정하기 위해 그래프 상, 위 직선의 절편과 기울기로부터 각각 구할 수 있다.

역승모델에서 스트레스가 수명에 미치는 영향은 모수 n에 의해 결정된다. n의 절대값이 클수록 스트레스의 영향력도 크다. n=0이면 스트레스가 수명에 미치는 영향이 없음을 의미한다.

역승 관계식에 의한 가속계수는 다음과 같다.

$$A = \frac{L_u}{L_a} = \frac{\frac{1}{KV_u^n}}{\frac{1}{KV_a^n}} = \left(\frac{V_a}{V_u}\right)^n \qquad (8.3.17)$$

모수 K는 스트레스 수준과 관계가 없음을 알 수 있다.

[예제] 8.2

여러 가지 환경에서의 어떤 변압기의 수명(단위 분)을 조사하기 위하여 몇 가지의 전압 가속조건(단위 kV)에서의 실험결과 평균수명에 대한 역승관계식의 모수값이 $1/K=1.2284\times10^{26}$과 n=16.3909임을 알아냈다. 정상조건 15kV에서의 변압기의 평균수명을 구하라.

풀이) $1.2284\times10^{26}/15$^16.3909 = 6.45×10^{6}(분)

8.3.5 온도-습도 관계식

아이링 관계식의 변형으로 온도와 습도 두 가지를 가속인자로 적용하는 경우 사용된다.

$$L(U, V) = Ce^{\frac{b}{U} + \frac{\phi}{V}} \qquad (8.3.18)$$

L: 수명특성
U: 상대습도(소수 또는 %)
V: 절대온도(°K)
C, b, φ: 모수

8.3.6 온도-비열스트레스 관계식

온도와 비열스트레스(예: 전압)를 가속인자로 적용하는 경우 아레니우스 관계과 역승 관계를 조합한 온도-비열스트레스 관계식을 사용 할 수 있다.

$$L(U, V) = \frac{C}{U^n e^{-\frac{B}{V}}} \qquad (8.3.19)$$

L: 수명특성
U: 비열스트레스(전압, 진동 등)
V: 절대온도
B, C, n: 모수

8.4 가속수명시험 모델 및 데이터 분석

8.4.1 가속수명시험데이터 분석방법

가속시험으로부터 수명데이터가 얻어지면, 적합한 수명분포와 스트레스수명의 관계식을 활용하여 품목에 대한 각종 수명특성을 추정할 수 있다. 이들 모수의 추정 방법으로 그래프방법, 최소제곱법, 최우추정법 등이 사용된다. 앞에서 나온 수명분포의 모수 추정과 원리는 같다.

대부분의 경우 그래프방법을 먼저 사용해보고, 필요한 경우 최우추정법을 사용하여 결과를 확인해 보는 방식이 권장되고 있다.

8.4.2 수명분포함수와 아레니우스 관계식 결합

(1) 아레니우스-지수 모델

수명이 지수분포를 따르고 스트레스와 수명의 관계가 아레니우스 관계를 갖는 경우, 아레니우스 관계식 및 임의의 스트레스 수준 V에서의 신뢰도 척도들, 확률밀도함수, 평균수명, 신뢰도, 불신뢰도함수는 '아레니우스 관계식의 수명 = 지수분포의 평균수명', 즉 $L(V) = Ce^{\frac{B}{V}} \equiv \theta_V (= \frac{1}{\lambda_V})$으로 놓고 접근한다.

$$f(t, V) = \frac{1}{Ce^{\frac{B}{V}}} e^{-\frac{t}{Ce^{\frac{B}{V}}}} \tag{8.4.1}$$

$$MTTF_V = L(V) = Ce^{\frac{B}{V}} \tag{8.4.2}$$

$$R(t, V) = e^{-\frac{t}{Ce^{\frac{B}{V}}}} \tag{8.4.3}$$

$$F(t, V) = 1 - e^{-\frac{t}{Ce^{\frac{B}{V}}}} \tag{8.4.3}$$

(2) 아레니우스-와이블 모델

수명이 와이블분포를 따르고 스트레스와 수명의 관계가 아레니우스 관계를 갖는 경우, 아레니우스 관계식 및 임의의 스트레스 수준에서의 신뢰도 척도들확률밀도함수, 평균수명, 신뢰도, 불신뢰도함수는 다음과 같이 구해진다. '아레니우스 관계식의 수명 = 와이블분포의 특성수명', 즉 $L(V) = Ce^{\frac{B}{V}} \equiv \eta_V$로 놓고 접근한다.

$$f(t, V) = \frac{\beta}{Ce^{B/V}}\left(\frac{t}{Ce^{B/V}}\right)^{\beta-1} e^{-\left(\frac{t}{Ce^{B/V}}\right)^{\beta}} \quad (8.4.5)$$

$$MTTF_V = Ce^{\frac{B}{V}}\Gamma(1+\frac{1}{\beta}) \quad (8.4.6)$$

$$R(t, V) = e^{-\left(\frac{t}{Ce^{B/V}}\right)^{\beta}} \quad (8.4.7)$$

$$F(t, V) = 1 - e^{-\left(\frac{t}{Ce^{B/V}}\right)^{\beta}} \quad (8.4.8)$$

아레니우스-와이블 모델에서 형상모수는 스트레스 수준과는 무관하다.

(3) 아레니우스-로그정규 모델

수명이 로그정규분포를 따르고 스트레스와 수명의 관계가 아레니우스 관계를 갖는 경우, 아레니우스 관계식 및 임의의 스트레스 수준에서의 신뢰도 척도들, 확률밀도함수, 중앙수명, 평균수명, 신뢰도, 불신뢰도함수는 '아레니우스 관계식의 수명 = 로그정규분포의 중앙수명', 즉 $L(V) = Ce^{\frac{B}{V}} \equiv B_{50\,V} = e^{\mu_V}$로 놓고 접근한다.

$$f(t, V) = \frac{1}{\sqrt{2\pi}\,\sigma t} e^{-\frac{\left(\ln t - \ln C - \frac{B}{V}\right)^2}{2\sigma^2}} \quad (8.4.9)$$

$$B_{50\,V} = e^{\mu_V} = Ce^{\frac{B}{V}} \quad (8.4.10)$$

$$MTTF = Ce^{\frac{B}{V}} e^{\frac{\sigma^2}{2}} \quad (8.4.11)$$

$$R(t, V) = \int_t^{\infty} f(x, V)dx \quad (8.4.12)$$

$$F(t, V) = \int_0^{t} f(x, V)dx = 1 - R(t, V) \quad (8.4.13)$$

아레니우스-대수정규 모델에서 모수 σ는 스트레스 수준과는 무관함을 알 수 있다.

8.4.3 수명분포와 역승관계식 결합

(1) 역승-지수 모델

수명이 지수분포를 따르고 스트레스와 수명의 관계가 역승 관계를 갖는 경우, 역승 관계식 및 임의의 스트레스 수준에서의 신뢰도 척도들은 다음과 같이 구해진다. '역승 관계식의 수명=지수분포의 평균수명', 즉 $L(V)=\frac{1}{KV^n}\equiv\theta_V$로 놓고 접근한다.

$$f(t,V)=KVe^{-KV^nt} \tag{8.4.14}$$

$$MTTF_V=\frac{1}{KV^n} \tag{8.4.15}$$

$$R(t,V)=e^{-KV^nt} \tag{8.4.16}$$

$$F(t,V)=1-e^{-KV^nt} \tag{8.4.17}$$

여기서 고장률 KV^n은 시간과는 무관한 스트레스만의 함수임을 알 수 있다.

(2) 역승-와이블 모델

수명이 와이블분포를 따르고 스트레스와 수명의 관계가 역승 관계를 갖는 경우, 역승 관계식 및 임의의 스트레스 수준에서의 신뢰도 척도들은 '역승 관계식의 수명 = 척도모수', 즉 $L(V)=\frac{1}{KV^n}\equiv\eta_V$로 놓고 접근한다.

$$f(t,V)=\beta KV^n(KV^nt)^{\beta-1}e^{-(KV^nt)^\beta} \tag{8.4.18}$$

$$MTTF_V=\frac{1}{KV^n}\Gamma\left(1+\frac{1}{\beta}\right) \tag{8.4.19}$$

$$R(t,V)=e^{-(KV^nt)^\beta} \tag{8.4.20}$$

$$F(t,V)=1-e^{-(KV^nt)^\beta} \tag{8.4.21}$$

역승-와이블 모델에서 형상모수는 스트레스 수준과는 무관한 상수이다.

(3) 역승-로그정규 모델

수명이 로그정규분포를 따르고 스트레스와 수명의 관계가 역승 관계를 갖는 경우, 역승 관계식 및 임의의 스트레스 수준에서의 신뢰도 척도들은 '역승 관계식의 수명 = 중앙수명', 즉 $L(V)=\frac{1}{KV^n}\equiv B_{50}=e^{\mu_V}$로 놓고 접근한다.

$$f(t,V)=\frac{1}{\sqrt{2\pi}\,\sigma t}e^{-\frac{(\ln t+\ln K+n\ln V)^2}{2\sigma^2}} \tag{8.4.22}$$

$$B_{50\,V}=e^{\mu_V}=\frac{1}{KV^n} \tag{8.4.23}$$

$$MTTF=\frac{1}{KV^n}e^{\frac{\sigma^2}{2}} \tag{8.4.24}$$

$$R(t, V) = \int_t^\infty f(x, V)dx \tag{8.4.25}$$

$$F(t, V) = \int_0^t f(x, V)dx = 1 - R(t, V) \tag{8.4.26}$$

역승-로그정규 모델서도 모수 σ는 스트레스 수준과는 무관한 상수이다.

(4) 코핀 맨슨(Coffin-Manson) 관계식

가속시험에서 흔히 사용되는 열 사이클링도 역승모델을 사용하여 분석된다. 코핀-맨슨은 열 사이클링에서 금속의 수명 모델을 다음과 같이 제안하였다.

$$N = \frac{C}{(\Delta T)^{\tau}} \tag{8.4.27}$$

N: 수명(사이클 수)
ΔT: 열 사이클 범위
C, τ: 금속의 특성에 따른 상수
이 관계식은 ΔT=V로 두면 근본적으로 역승 관계식과 동일하다.

8.4.4 수명분포와 아이링 관계식 결합

(1) 아이링-지수 모델

수명이 지수분포를 따르고 스트레스와 수명의 관계가 아이링 관계를 갖는 경우, 아이링 관계식 및 임의의 스트레스 수준에서의 신뢰도 척도들은 다음과 같이 구해진다. 아이링 식의 수명=지수분포의 평균으로 놓고 접근한다.

$$f(t, V) = Ve^{C - \frac{B}{V}} e^{-Vte^{C - \frac{B}{V}}} \tag{8.4.28}$$

$$MTTF = L(V) = \frac{1}{V} e^{-(C - \frac{B}{V})} \tag{8.4.29}$$

$$R(t, V) = e^{-Vte^{C - \frac{B}{V}}} \tag{8.4.30}$$

$$F(t, V) = 1 - e^{-Vte^{C - \frac{B}{V}}} \tag{8.4.31}$$

(2) 아이링-와이블 모델

수명이 와이블분포를 따르고 스트레스와 수명의 관계가 아이링 관계 갖는 경우, 아이링 관계식 및 임의의 스트레스 수준에서의 신뢰도 척도들은 다음과 같이 구해진다. 아이링 식의 수명=와이블분포의 특성수명으로 놓고 접근한다.

$$f(t, V) = \beta V e^{C - \frac{B}{V}} (t V e^{C - \frac{B}{V}})^{\beta - 1} e^{-\left(t V e^{C - \frac{B}{V}}\right)^{\beta}} \quad (8.4.32)$$

$$MTTF_V = \frac{1}{V e^{C - \frac{B}{V}}} \Gamma\left(1 + \frac{1}{\beta}\right) \quad (8.4.33)$$

$$R(t, V) = e^{-(t V e^{C - B/V})^{\beta}} \quad (8.4.34)$$

$$F(t, V) = 1 - e^{-(t V e^{C - B/V})^{\beta}} \quad (8.4.35)$$

아이링-와이블 모델에서 형상모수는 스트레스 수준과는 무관한 상수이다.

(3) 아이링-로그정규 모델

수명이 로그정규분포를 따르고 스트레스와 수명의 관계가 아이링 관계를 갖는 경우, 아이링 관계식 및 임의의 스트레스 수준에서의 신뢰도 척도들은 다음과 같이 구해진다. 아이링 식의 수명=중앙수명으로 놓고 접근한다.

$$f(t, V) = \frac{1}{\sqrt{2\pi}\,\sigma t} e^{-\frac{(\ln t + \ln V + C - B/V)^2}{2\sigma^2}} \quad (8.4.36)$$

$$B_{50\,V} = e^{\mu_V} = L(V) = \frac{1}{V} e^{-(C - B/V)} \quad (8.4.37)$$

$$MTTF = \frac{1}{V e^{(C - B/V)}} e^{\frac{\sigma^2}{2}} \quad (8.4.38)$$

$$R(t, V) = \int_t^{\infty} f(x, V) dx \quad (8.4.39)$$

$$F(t, V) = \int_0^t f(x, V) dx = 1 - R(t, V) \quad (8.4.40)$$

아이링-로그정규 모델에서 모수 σ는 스트레스 수준과는 무관한 상수이다.

8.5 가속열화시험 데이터 분석

8.5.1 가속열화시험

열화시험이란 품목의 고장시간 대신 주기적 또는 지속적으로 품목의 성능을 관측하여 그 관측 값들로부터 고장시간을 추정하는 시험방법이다. 품목이 열화에 의해 고장이 발생하며, 고장발생 이전에도 열화상태를 관측할 수 있는 경우 적용가능하다. 품목의 성능이 사용기간이 경과함에 따라 저하되는 경우, 시료의 성능이 고장판정기준이 되는 정해진 값 이하로 떨어지는 최초 시간을 고장시간으로 추정한다. 먼저 시료의 열화량과 고장과의 관계를 이용하여 열화데이터로부터 고장시간을 예측하고, 예측된 고장데이터를 사용하여 품목의 신뢰도 를 평가한다.

가속열화시험이란 성능감소를 촉진시키기 위해 사용조건보다 높은 스트레스수준에서 수행하는 열화시험을 말한다. 가속열화시험을 수행하는 근거는 다음과 같다.

- 시험시간의 제약, 높은 비용, 고장 시 안전성 확보의 어려움 등으로 품목의 수명분석에 충분한 만큼의 실제 고장시간을 얻기 어렵다.
- 제품의 개발의 단축으로 빠른 시간 내에 품목의 요구 신뢰성을 평가해야 한다.
- 고장이 거의 없거나 무고장 상황에서 품목의 신뢰도를 평가해야 하는 경우가 자주 발생한다.
- 짧은 시간 내에 가속시험에서보다 더 많은 정보를 얻을 수 있다.

8.5.2 열화모델

그림 8-4는 사용시간의 경과에 따른 열화과정을 나타내고 있다. 시간의 경과에 따라 성능이 점차 저하되어 미리 정해진 고장판정기준에 도달 하면 고장으로 판정한다. 열화과정을 나타내는 사용시간과 열화량의 관계식으로서 다음과 같은 것들이 있다. 여기서 x는 시간, y는 x에서의 성능치이며, a와 b는 추정되어야 할 모수이다.

$$선형관계식\ y = ax + b \tag{8.5.1}$$

$$지수관계식\ y = be^{ax} \tag{8.5.2}$$

$$멱수관계식\ y = bx^{a} \tag{8.5.3}$$

$$로그관계식\ y = a\ln x + b \tag{8.5.4}$$

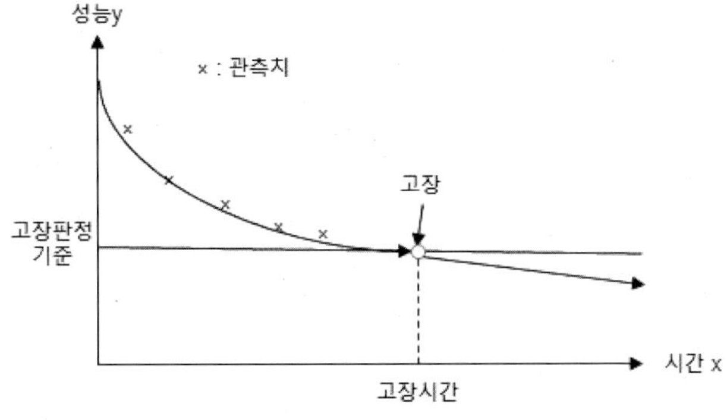

그림 8-4 열화모델

8.6 신뢰도관리의 문제

우리는 지금까지 신뢰도 설계 및 시험에 관한 확률 계산 및 통계적 기법에 대해서 자세히 논의하여 왔지만 신뢰도를 어떻게 실천하며 관리 할 것인가 하는 문제는 아직도 숙제로 남아있다. 지금부터 이 숙제를 풀기 위해 어디서 시작해서 어떻게 진행할 것인가를 생각해 보기로 하자.

'신뢰도의 문제'는 다음 두 가지 이유에서 제기된다. 첫째로는 최신 전자 및 기타 장비 또는 체계의 '복잡성'이다. 이들 장비 또는 체계가 상당 기간 만족스럽게 운용되기 위해서는 수백, 수천, 수만 심지어는 수십만 개의 부품들이 고장 나지 않고 작동해야 한다. 둘째 한편으로는 부품에 내재된 안전 계수와 다른 한편으로는 부품의 무게 및 크기 간의 '타협' 관계이다.

그러므로 높은 신뢰도를 얻기 위한 이론적인 접근 방법은 보다 더 적은 수의 부품으로 구성된 간단한 장비를 설계하고 안전 계수가 보다 더 높은 부품을 사용하는 것이다. 그러나 말보다도 실천에 옮기는 것은 상당히 어렵다. 설계의 단순화는 장비의 성능에 제한을 주고 안전 계수가 높은 부품을 사용하면 무게와 부피가 증가된다. 그러나 아직도 이 방법은 높은 신뢰도를 얻는 유일한 방법으로 고려되며 신뢰도 설계에서 무게와 부피를 희생(즉 증가)하더라도 설계된 부하용량(rating)보다도 낮은 수준에서 운용하든가 부하용량이 훨씬 더 높은 부품을 사용하여 안전계수를 높여주는 것이 상례로 되어있다.

이런 경우에도 물론 다음과 같은 여러 가지 의문이 일어나게 될 것이다. ① 부품의 부하용량이 얼마나 의미가 있는가? ② 여러 가지 부하에 견디어내는 부품강도의 참값이 같은 종류의 수많은 부품들에 어떻게 분포되어 있는가? ③ 분포가 시간과 또 실제로 가해지는 여러 가지 부하에 따라 어떻게 변할 것인가? ④ 부품이 어느 특정한 용도에 사용될 때 가해지는 최대작동부하 특히 과도부하(transient stress)의 크기는 얼마인가?

신뢰도관리에서 가장 중요한 두 분야는 설계와 생산이다. 설계 과정에서 가장 먼저 고려되는 것은 성능이지만 그 다음으로는 특정한 수준의 신뢰도를 갖도록 설계된다. 그러나 생산 과정에서 아주 사소한 부주의라도 신뢰도를 망칠 수가 있으므로 시험과 품질관리에 의해서 이러한 부주의를 방지해야 한다.

특정한 신뢰도를 갖도록 장비를 설계 할 때 고려해야 할 기본 규칙은 제 2 장에서 기술하였다. 요구되는 신뢰도가 수치로 표시되지 않을 때, 즉 정량적이기보다는 정성적인 신뢰도가 요구될 때에도 똑같은 기본 규칙이 역시 적용된 다. 신뢰도 목표를 임의로 설정하여 설계 절차가 정량적으로 되도록 할 수도 있고, 이런 수치 목표가 없는 경우에는 부품의 부하용량을 높여주는 등 보통의 신뢰도분석 기법을 사용하여 생산에 들어가기 전에라도 새로운 설계에서 예상되는 신뢰도 수준을 예측할 수도 있다.

신뢰도 설계에서 설계자의 책임은 실질적인 설계뿐만 아니라 생산과 품질관리 영역까지 연장된다. 설계자는 이용 가능한 신뢰도 자료를 근거로 부품의 종류 및 생산자를 정확히 명시해야하고 또한 허용오차, 재료의 강도와 순도 및 생산공정을 명시해야 한다. 이 외에도 ① 설계된 장비를 생산할 때 사용될 부품과 자재에 어떤 신뢰도 시험을 해야 하는가, ② 장비 조립 이전에 부품을 시험가동하여 생산 결함을 제거하는 역소진 절차, ③ 장비가 생산 공정을 마친 후의 디버깅 절차 등을 명시하지 않으면 안된다. 만일 설계 근거로 삼는 장비 명세에 신뢰도를 실제 시험에 의하여 증명하여야 한다는 규정이 포함되어 있다면 완제품의 신뢰도 시험 절차도 명시하여야 한다. 이 모든 책임을 고려한다면 신뢰도가 중요시되는 장비의 설계 작업에 종사하는 설계사는 신뢰도 관측의 이론과 원리에 대하여 상당한 지식이 있어야하고 그의 임무를 적절히 수행하기 위해서는 사내의 신뢰도 집단의 지원이 필요하다는 것은 명백하다.

상술한 모든 절차들은 설계의 신뢰도를 수치로 분석 할 때를 제외하고 부품의 설계에도 역시 적용된다. 신뢰도의 수치적 분석은 체계가 요구 된 기능을 발휘하기 위하여 사용되는 부품의 고장률에 근거를 둔다. 그러나 부품 고장률은 통계적 신뢰도 시험에 의해서 산출되므로 부품 설계자는 그의 설계 과정에서 수치적 신뢰도분석을 할 수가 없는 것이다. 신뢰도에 대한 그의 접근 방법은 사용 자재의 강도와 특성, 안전 계수 및 부품 고장 원인에 대한 제반 정보를 제공하는 신뢰도시험, 그리고 필요시 취하는 교정조처 등에 근거를 둔다. 그는 또한 평균 마모수명과 그 표준편차를 관측하는 수명시험과 부품특성의 시간에 따른 유동(drift)을 결정하는 시험방법을 역시 명시해야 한다. 이 시험들은 서로 종합될 수도 있다.

신뢰도시험의 책임은 과거 품질관리부서에 있지만 다만 제품의 개발 단계에서 모형 또는 원형에 수행되는 시험은 설계부서의 책임이다. 신뢰도는 이와 같이 전통적인 품질관리작업과 방법에 한 차원을 더 부가하고 있다. 이것은 품질관리를 시간 영역으로 확대하고 품질관리기구의 활동과 책임영역을 크게 증가시켜 주며 [Bazovsky] 또한 품질관리기구를 품질신뢰도관리센터로 개편시키고 있다.

흔히들 품질과 신뢰도가 어떻게 다른가를 질문한다. 공학에서는 전통적으로 품질은 "좋은 성능과 긴 수명"을 의미한다. 물론 신뢰도에 대해서도 같은 설명을 할 수 있다. 그러나 품질관리는 완제품이 설계요건을 만족시키는가를 결정하기 위해서 통계적인 방법으로 여러 샘플에 대한 순간적인 성능과 그 변화를 관측한다. 따라서 완제품이 일관 생산 작업장을 떠날 때 이 제품의 순간적 성능이 규격서 한계 내에 있으면 그 제품은 사용할 수 있도록 출하한다. 이와 같이 품질관리는 재료, 부속품, 또는 제품이 실제로 운용되기 이전의 신품 상태에서의 성능에 또는 제품이 생산되는 제조공정에 깊은 관심을 갖는다.

신뢰도가 파라미터로 도입 되더라도 품질관리는 그 본래의 기능, 방법, 절차를 유지하고 시간역에 관계없이 단지 신품 상태에서 수행되던 성능 관측을 수명과 사용시간역으로 확대시켜 준다. 신뢰도에서는 ① 초기의 결함개수 및 성능특성의 분산이 중요할 뿐만 아니라, ② 그 제품이 운용될 때의 초기특성의 지속시간과 그 분산, ③ 사용초기 즉 디버깅 기간의 부품결함률과, ④ 디버깅기간 이후의 부품 결함률, 즉 가용수명기간 중의 대체로 일정한 고장률과 마지막으로, ⑤ 마모수명 및 그 통계적인 분포도 대단히 중요하다. 신뢰도시험에서 사용되는 통계적 기법은 시간을 새로운 차원으로 부가하는 것 외에는 전통적인 품질관리방법과 아주 비슷하다. 그러므로 품질관리기사는 신뢰도시험 절차에 곧 익숙해 질 수 있어서 그들의 일상적인 업무에 신뢰도시험법의 추가 적용이 비교적 쉽다는 것을 알게 될 것이다.

신뢰도시험기법이 재래식 품질관리 방법에 추가 적용될 때에 만 "좋은 성능과 긴 수명"이란 품질의 전통적인 의미가 완전해진다. 좋은 품질이란 그 제품의 두 가지 속성, 즉 ① 제품이 출품되었을 때의 상태와 성능에 의해서, 그리고 ② 사용 중 그 성능의 지속 능력에 의해서 특징지어지기 때문이다. 두 번째의 특성인 성능을 관리하기 위해서 품질관리업무가 신뢰도시험 영역으로 확대되어야 하고 그 결과 품질신뢰도관리기구로 편성되어야 한다.

그렇지만 품질관리가 성능설계에 직접 관여하지 않는 것과 마찬가지 신뢰도설계에도 직접적으로 관여하지 않는다. 앞에서 언급한 바와 같이 신뢰도설계는 설계자의 책임이다. 품질 및 신뢰도 관리 업무가 통계적인 평가 방법에 근거를 두는 것과는 달리 신뢰도설계는 몇 개의 확률 정리와 그들의 복잡한 응용을 근거로 한다. 품질 및 신뢰도 관리의 업무는 생산 공정을 통제하여 완제품이 설계된 본래의 성능 및 신뢰도를 갖도록 하는 것이다.

일반으로 생산에 관한 품질 및 신뢰도 관리 계획에서의 신뢰도 관리 부분은 최소한 다음 사항들을 포함한다. 1) 납품업자가 실시한 신뢰도시험 및 결함제거절차가 계약 조건에 적합한가 확인, 2) 만일 납품업자의 시험을 신뢰할 보증이 없을 때 납품된 부속, 자재 및 부품에 대한 결함제거 및 신뢰도시험의 실시, 3) 신뢰도가 미비 할 때는 시험의 강화(허용오차, 오염, 납땜, 접속, 배선, 리벳팅, 용접 등), 4) 완제품의 디버깅 실시, 5) 필요하다면 완제품에 대한 신뢰도 및 수명시험의 실시 등이다.

이들 모든 작업 중의 어느 하나라도 통계적 신뢰도관리한계를 벗어난다면, 즉 신뢰도 변동의 규명가능원인(assignable cause)이 있을 때, 필요하다면 어떤 조치가 취해진다. 신뢰도관리 시험 중에서 특히 유용한 방법은 6장에서 서술 한 축차시험이다.

전반적인 신뢰도 체제는 회사의 규모, 생산품의 종류 및 생산량에 의하여 결정된다. 신뢰도관리기구의 편성은 일반으로 회사의 신뢰도 개념에 대한 인식도와 신뢰도 전반에 대한 자각도를 관측하는 좋은 척도가 된다.

어떤 중요한 신뢰도업무가 시작되기 전에 신뢰도에 대한 개념, 이론 및 방법을 모든 기술자에게 '교육'해야 한다. 교육은 참가하는 기술자들에 맞도록 필요 한 사항만을 간추려 시행할 수 도 있다. 예를 들어, 설계기사에 대한 교육이라면 설계의 신뢰도분석, 신뢰도계산 방법 및 보전도와 그 계산을 포함한 신뢰도 설계기법에 중점을 두어야한다. 품질관리기사를 위한 교육은 신뢰도관측 및 시험에 관한 통계적 기법 등을 강조해야 한다. 물론 어떤 종류의 기술자에 대한 교육이라도 신뢰도의 기본 개념 및 원리에 대한 교육은 공통으로 실시되어야한다. 대학 출신 기사에게는 약 30 시간 정도의 이론 교육을 통해서 신뢰도 문제를 수치 계산에 의해 직접 풀어 보도록 하여 신뢰도 이론과 방법에 대한 튼튼한 기초를 갖도록 해야 실제 신뢰도 업무에서 큰 과오없이 그들 자신의 경험을 쌓아 갈 수 있을 것이다. 교육에 대한 장려책으로서, 신뢰도 교육 과정을 성공적으로 수료한 사람에게는 회사가 특별한 인정을 해주어야 한다. 예를 들어, 과정 수료증을 주는 것도 좋은 방법일 것이다. 사실상 교육을 통해서 그들은 회사에 좀 더 유용한 직원이 되었으므로 이러한 사항은 인사 기록부에 기록해두어야 한다.

신뢰도 교육 문제 다음으로 신뢰도 설계 업무를 도울 수 있는 '신뢰도지원부서'의 편성이 필요하다. 이 부서의 중요한 임무는 복잡한 설계 신뢰도분석 문제가 생길 때 협조하는 것뿐만 아니라 회사가 사용하는 모든 부속 및 부품의 신뢰도에 대한 믿을만한 정보를 수집하는 것이다. 부하 용량을 증가했을 때의 고장률 감소 곡선, 시간과 수명에 대한 특성의 유동(drift) 등 이러한 기본적인 정보가 없다면 수치 신뢰도분석에서 수십, 수백 배나 틀리는 값을 얻게 될 것이고 수치로 표현된 신뢰도를 얻기 위해서 설계를 할 때 시행착오를 거듭하여 검사 및 재설계에 많은 비용이 소모될 것이다. 이 지원부서가 부품에 대한 정보를 수집할 수 있는 출처가 몇 가지 있는데, 예를 들면 납품 업체의 신뢰도 시험보고서, 장비 사용 현장에서 수집한 자료, 신뢰도 관측에 의해서 또한 산업체 간 정보 교환 등이다. 또한 이 부서는 부속 및 부품에 대한 신뢰도 자료 서류를 설계 부서에 보내어 자료가 적절히 이용되도록 함은 물론 새로운 정보가 입수되는 대로 자료를 수정하기도 한다. 이외에도 설계자의 신뢰도 계산을 검토하기도 한다.

가끔 신뢰도는 '비용'이 너무 많이 드는 계획이라는 반대가 일어나기도 한다. 신뢰도 절차의 수행에 드는 비용은 모든 기기, 장비 및 체계의 초기 투자를 증가시킴은 의심할 여지가 없다. 그렇지만 제품의 신뢰도가 낮으면 많은 고객을 잃을 수도 있다는 점을 고려하면 이런 비용은 마땅히 감수해야 한다. 특정한 경우에 신뢰도가 얼마나 중요한가 하는 점은 체계의 가격 및 무고장 운용의 중요성에 달려있다. 만일 부품 및 장비의 고장이 수십억 원의 체계 또는 귀중한 인명에 피해를 준다면 신뢰도는 다른 어떤 요소보다 중요시해야 될 것이다.

체계의 운용 설계 수명 동안의 신뢰도의 경제적 효과는 체계에서 똑같은 기능을 수행하는 다음의 두 장비를 비교함으로써 알 수 있다. 즉, 한 장비는 낮은 고장률을 가지고 있어서 신뢰도가 높지만 초기 비용이 크고, 반면에 다른 장비는 높은 고장률을 가지고 있어서 신뢰도가 떨어지지만 초기 비용이 적다. 체계의 설계 수명 동안에 고장횟수는 설계수명×고장률이 될 것이다.

고신뢰도 장비의 일회 고장으로부터 야기되는 고장비용은 저신뢰도 장비의 고장비용보다 적을 것이다. 여기서 고장 비용은 장비가 고장났을 때 체계가 당하는 손실과 고장난 장비의 수리 및 교체 비용을 포함한다. 초기 비용을 감안하면 '초기비용+운용시간×고장률×고장비용'을 비교해서 고신뢰도를 위해 고장률을 얼마나 감소시켜야 하는가, 또는 초기비용을 얼마만큼 증가해도 되는가하는 질문에 대한 결론을 이끌어 낼 수 있다.

장비의 '고장비용'은 다음과 같이 부문별로 분할함으로써 보다 정교한 비용 공식을 자유롭게 만들 수있다. 즉, 고장 비용은 ① 예비 장비의 확보 및 고장시의 수리비용(수리된 장비가 다시 예비 장비로 이용된다면), ② 예비 장비의 재고 여부에 따라 장비 고장시 체계의 가동중단에 의해 초래되는 재무 손실, ③ 신뢰도를 높일 때 무게와 부피의 증가가 (모든 경우에 항상 증가하지는 않지만) 연료 또는 동력 소모, 유효 하중 등 체계운용비에 미치는 효과, ④ 수명시간 동안의 장비 투자의 연간등가(할부상환, amortization) 및 인플레로 인한 화폐가치의 절하 등으로 분류할 수 있다.

그러나 일반으로 관리가 잘 된 신뢰도 계획에 투입된 돈은 제품의 신뢰도를 아주 크게 향상시키는 효과를 주며 마찬가지로 고장 발생의 빈도를 감소시켜서 운용수명 동안에 발생하는 총고장 비용을 줄여 준다. 신뢰도가 중요시되는 제품의 신뢰도 향상을 위해서는 초기에 투자하는 것이 가치가 있다. 결국 이로부터 소비자는 상당한 금액을 절약할 수 있게 되는 것이다. 생산자에게는 사업을 계속할 수 있도록 해줄 뿐 아니라 제품의 신뢰도가 높다는 것이 널리 인정되기만 하면 그 기업이 규모와 이익은 상당히 증가할 것이다.

그러므로 문제는 신뢰도계획에 어느 정도의 비용이 드는가가 아니라 신뢰도가 낮음으로써 얼마큼의 손실이 일어나는가 이다. 국가적 차원에서 볼 때 국가와 국민이 어느 정도로 제품의 불신도를 용납하느냐 하는 수준이 문제이다.

신뢰도관리는 조직, 체제와 연동이 된다. 보전지원체계는 주로 예방보전체계인데 이는 12장에서 살펴 본다. 신뢰성관리를 자세히 학습하고자 하는 독자는 Jones의 "Integrated Logistics Support Handbook"과 "Logistics Support Analysis Handbook"을 참고하기 바란다.

연습문제

8.1 전기장치에 대해 세 가지 온도 스트레스 40, 60, 80˚C 수준에서 가속수명시험을 실시 한 결과를 미니탭 워크시트에 입력한 것이 표와 같다. 정상사용온도는 30˚C이다. 이 장치의 수명분포는 와이블 분포를 따른다고 알려져 있을 경우, (1) 미니탭의 '모수분포분석'으로 각 수준의 확률지 그래프와 모수를 추정하라. (2) 가속성이 성립한다고 하고, '가속수명검사'로 각 수준과 정상사용조건(30˚C)에 대한 확률지 그래프와 모수를 추정하라. 정상조건에 대해서 신뢰구간도 표시하라. (3) 가속 스트레스 60˚C에서 정상조건에 대한 가속계수를 구하라. 데이터는 미니탭에 입력한 것을 다음과 같이 보여준다.

데이터 표시

데이터

행	시간	상태	개수	온도
1	520	1	1	40
2	1390	1	1	40
3	2560	1	1	40
4	3240	1	1	40
5	3260	1	1	40
6	3315	1	1	40
7	4500	1	1	40
8	4570	1	1	40
9	4840	1	1	40
10	4980	1	1	40
11	5000	0	90	40
12	580	1	1	60
13	925	1	1	60
14	1430	1	1	60
15	1590	1	1	60
16	2450	1	1	60
17	2765	1	1	60
18	2770	1	1	60
19	4100	1	1	60
20	4675	1	1	60
21	5000	0	11	60
22	285	1	1	80
23	360	1	1	80
24	515	1	1	80
25	640	1	1	80
26	855	1	1	80
27	1025	1	1	80
28	1030	1	1	80
29	1045	1	1	80
30	1770	1	1	80
31	1775	1	1	80
32	1855	1	1	80
33	1950	1	1	80
34	1965	1	1	80
35	2885	1	1	80
36	5000	0	1	80

풀이)

(1) 통계분석 > 신뢰성/생존 분석 > 분포 분석(우측 관측 중단) > 모수 분포 분석

를 사용한다.

모수 분포 분석 - 우측 관측 중단

C1 시간
C2 상태
C3 개수
C4 온도

변수(V): '시간'

빈도 열(옵션)(F): '개수'

기준 변수(B): '온도'

가정된 분포(D): Weibull 분포

관측 중단(C)... FMode(M)... 추정치(E)... 검정(T)... 그래프(G)... 결과(R)... 옵션(P)... 저장(S)...

선택 도움말 확인(O) 취소

확률지 그래프 메뉴와 동일하나, 각 스트레스 수준을 구별하기 위해서 '기준 변수' 항목에 C4열 '온도'를 지정한다. 우상단의 '관측중단' 단추로 관측중단 정보를 넣고, '추정치' 단추는 앞서와 마찬가지 요령이다. '그래프' 단추에선 그림이 복잡해지지 않도록 '위의 그림에 신뢰구간 표시'를 해제하여 실행하면 와이블 확률지의 그래프 결과를 확인할 수 있다.

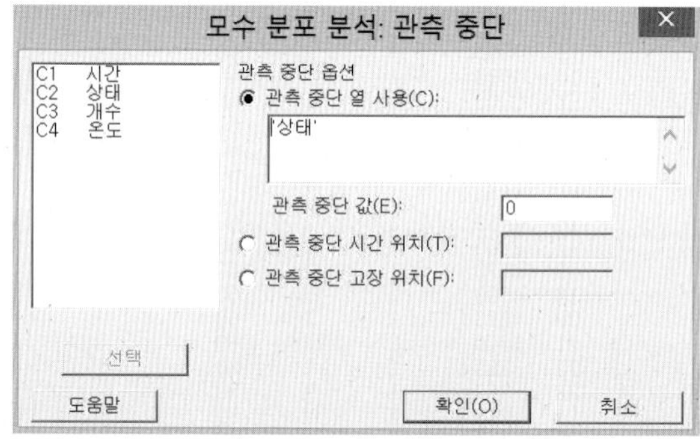

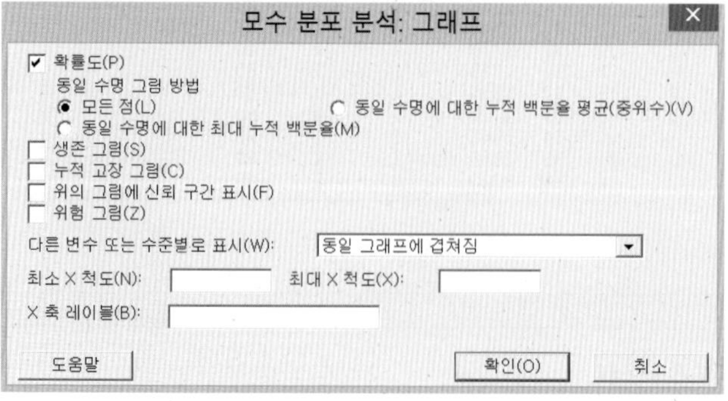

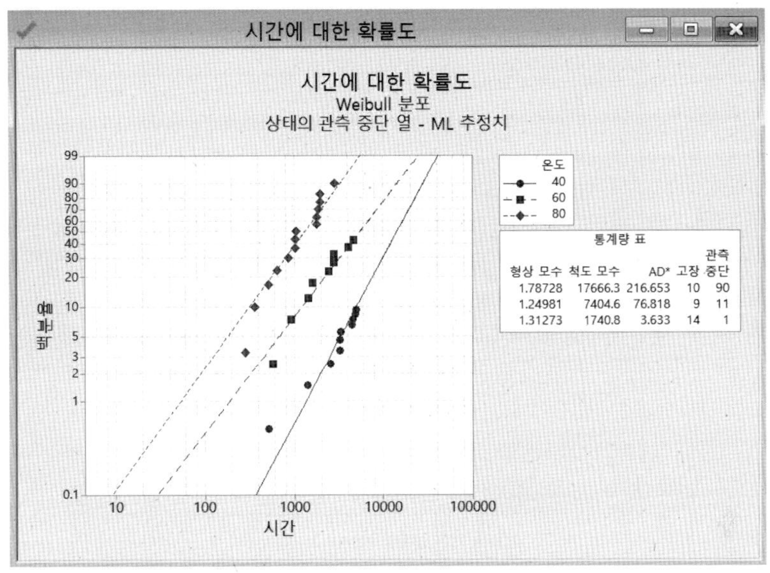

모수 추정치는 그래프 우측 상자 "통계량표" 내에 있다. 3개의 기울기 중 다른 직선과 차이가 있다고 보여질 경우(예, 40℃ 수준은 기울기가 가파름), 각 수준에서의 형상모수가 동일한지 가설검정을 실시하여 가속성이 성립하는지 확인해야 하지만, 여기선 가속성이 성립한다고 가정하자.

(2) 다음은 통계분석 > 신뢰성/생존 분석 > 가속 수명 검사 메뉴를 이용한다. 가속성이 성립한다고 가정하고, 대화 창에서 가속변수 란에 '온도', 관계 란에 가속 모델(여기선 '아레니우스')을 선택한다. 관측중단 단추로 중단 정보를 넣고 그래프에 그림에 포함할 값으로 30(정상온도)를 넣고, 백분위수는 뺀다. 이를 확인 실행하면 적합된 확률지 그래프의 결과를 볼 수 있고, 각 수준 및 정상조건의 모수를 추정할 수 있다.

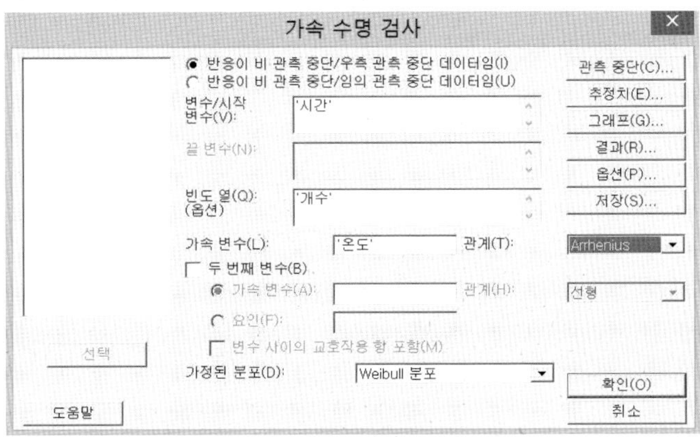

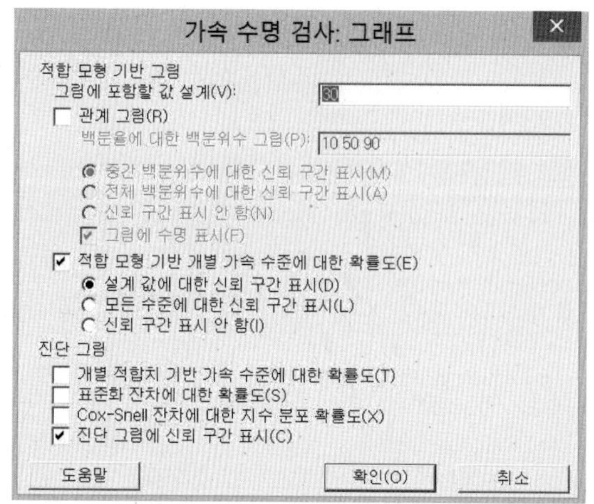

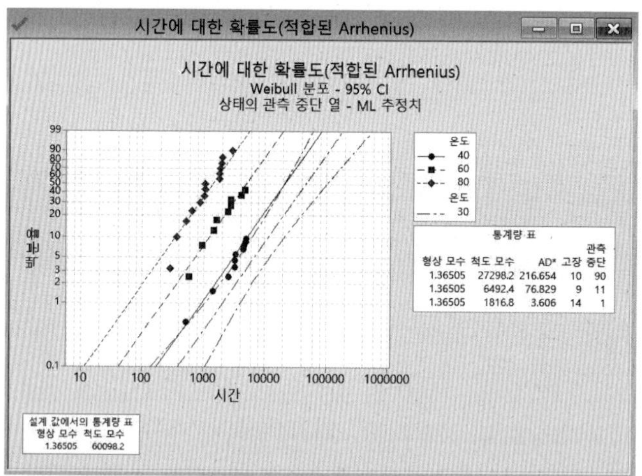

그 결과 형상모수는 1.36505로 동일하게 적합되었고, 각 가속 수준별로 척도모수는 η_{40}=27298.2, η_{60}=6492.4, η_{80}=1816.8로 추정되었다. 정상조건의 척도모수는 η_{30}= 60098.2로 추정된다.

※ 아레니우스 용지가 있다면 정상사용조건(30˚C)에서의 수명 추정과 활성화 에너지도 그래프 방법으로 구할 수 있다. (η값,온도) 점들을 타점한 후에 이 점들을 지나는 직선을 그려, 세로축 30˚C에서의 수명 값을 읽으면, 약 60,000이다. 적합된 직선을 평행 이동하여 상단의 기준점을 지나도록 한 후 이를 연장하여 우측 활성화에너지축에서 축의 값을 읽으면 활성화 에너지값을 추정할 수 있다.

(3) 정상조건(30C)에 대한 60˚C 조건의 가속계수는 해당 식으로부터

$$A = \frac{\eta_{30℃}}{\eta_{60℃}} = \frac{60098.2}{6492.4} = 9.257$$

8.2 아래 표는 온도의 세 수준(100, 150, 200°C)에서 시험한 가속수명시험 자료를 미니탭 워크시트에 입력한 것이다. C5열 "관심온도"는 독립적인 열로서, 특정 분위수를 추정할 때 대상 스트레스 수준을 입력한 것이다. 와이블 수명분포에 직합시켜 모수를 추정하라. 정상조건을 25°C라고 할 때 척도모수를 추정하고, 가속조건 200°C의 가속계수와, 정상조건에서 1년 이내 고장날 확률 을 구하라.

데이터 표시

데이터

행	시간	상태	개수	온도	관심온도
1	175	1	1	100	25
2	280	1	1	100	100
3	345	1	1	100	150
4	350	1	1	100	200
5	375	1	1	100	
6	490	1	1	100	
7	520	1	1	100	
8	540	0	3	100	
9	40	1	1	150	
10	95	1	1	150	
11	120	1	1	150	
12	135	1	1	150	
13	145	1	1	150	
14	170	1	1	150	
15	180	0	4	150	
16	30	1	1	200	
17	40	1	1	200	
18	50	1	1	200	
19	60	1	1	200	
20	65	1	1	200	
21	70	0	5	200	

풀이)

통계분석 > 신뢰성/생존 분석 > 가속 수명 검사 를 사용한다.

① 대화창에 변수=C1열 "시간", 빈도=C3열 "개수", 가속변수=C4열 "온도", 스트레스와 변수의 관계="Airhenius", 가정 분포="와이블 분포"를 입력한다.

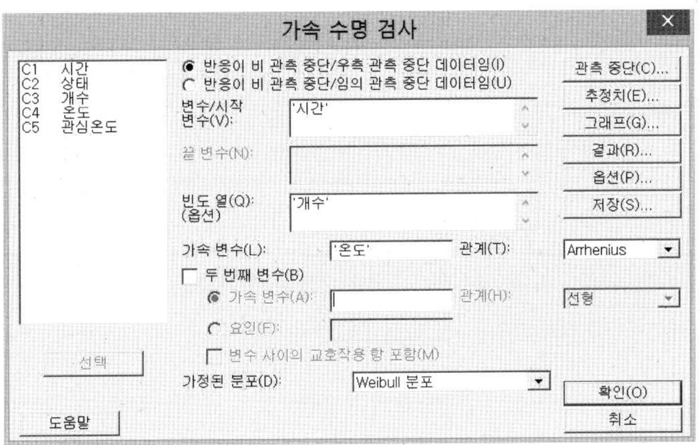

② '관측 중단' 단추를 선택하여 관측중단 열= C2 "상태", 관측중단값= "0"을 입력한다.

가속 수명 검사: 관측 중단

C1 시간
C2 상태
C3 개수
C4 온도
C5 관심온도

관측 중단 열 사용(C): '상태'

관측 중단 값(E): 0

선택 도움말 확인(O) 취소

③ '추정치' 단추를 선택하여 사용자가 필요한 정보를 구할 수 있도록 추정하고자 하는 정보를 입력한다. 예측하고자 하는 관심 값이 몇 가지 온도이므로 '새 예측 변수 값 입력'에 C5열 "관심온도"를 정하고, '시간에 대한 확률 추정'엔 1년에 해당하는 8,760시간(=24시간×365일)을 입력한다.

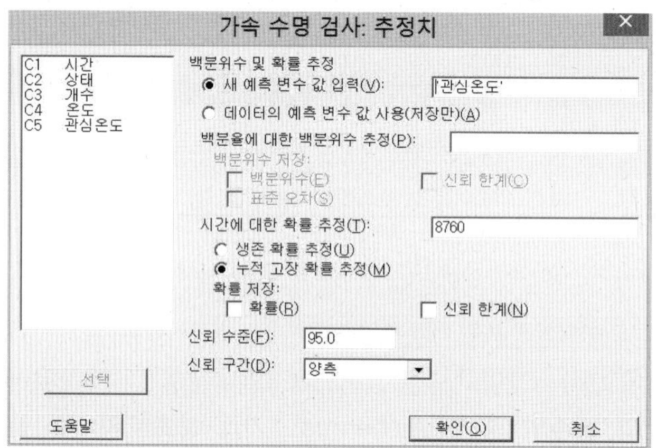

④ '그래프' 단추는 스트레스 변수와 특정 수명과의 관계를 표시하는 관계 그림 등에 관한 메뉴 창으로 다양한 그래프를 선택하여 여러 가지 결과들을 확인할 수 있으며, '그림에 포함시킬 값'란에 정상조건인 25°C를 입력하면 확률지에 그의 추정직선이 추가로 제공된다. 하단의 '진단 그림'은 개별스트레스 수준별로 적합한 확률지 그림과 더불어 동일 기울기로 추정된 직선과 타점된 점들 간의 잔차를 이용하여 가정 분포 및 가속모형의 적정성 여부를 판단하는데 도움을 준다.

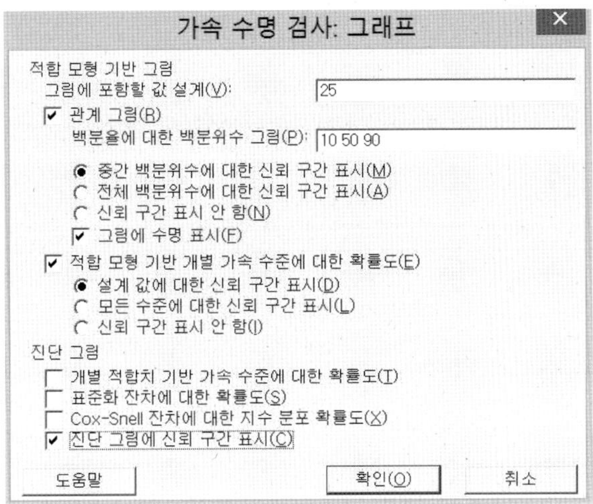

확률지 그래프결과로 가속변수 온도에 따른 적합된 직선과 모수값, 수정 A-D값이 도출되었다. 형상모수가 동일하게 적합되었음을 볼 수 있다. 타점이 아닌 우측의 세 개의 선은 정상조건 25°C에서의 추정직선 및 95% 신뢰구간을 나타내고 있다.

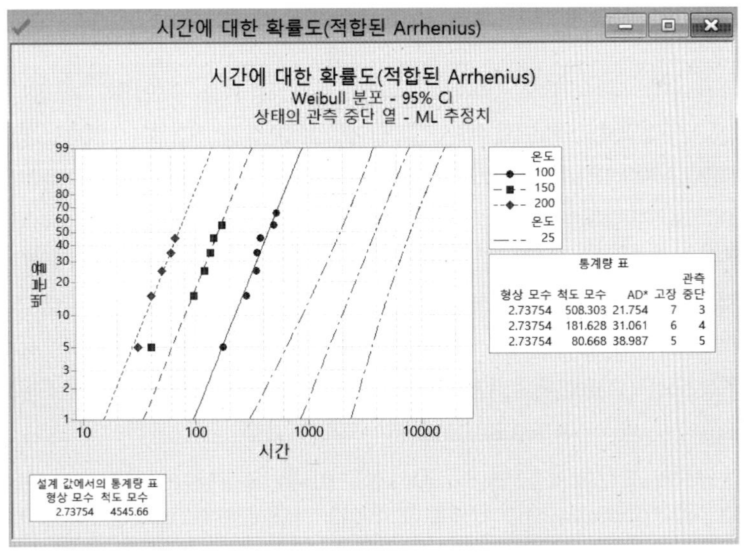

온도와 백분위수(10, 50, 90 백분위수)의 관계를 아레니우스 용지에 표시한 것이 다음 그림과 같다. 중앙값의 경우 95% 신뢰구간도 보여주고 있다. 각 수명이 타점된 것은 그래프 단추에서 '그림에 수명 표시'를 선택한 결과이다. 이 그래프로 가속모형의 타당성을 검토할 수 있으나 관측중단

비율이 클 경우는 그래프에 대한 해석의 결과는 신빙성이 높지 않다.

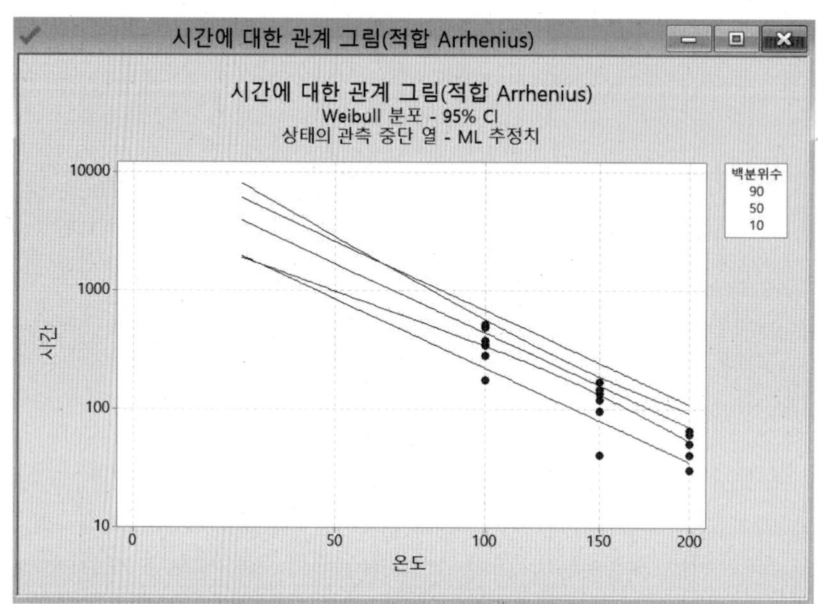

세션 창엔 다음 표와 같은 정보가 뜬다.

그림이나 세션 창으로부터 신뢰성 분석 결과를 확인할 수 있다. 형상모수는 2.73754, 척도모수는 그림에 보여주는 대로 100˚C 때 508.303, 150˚C 때 181.628, 200˚C 때 80.668, 정상조건인 25˚C에서 4,545.66시간으로 추정된다.

척도모수는 와이블분포에서 63.2% 누적고장확률의 시간이므로 만일 '추정치' 창의 백분위수 란에 63.2를 입력한다면 세션 창에 63.2 백분위수, 즉 척도모수가 표시된다.

정상조건 25˚C에 대한 200˚C 조건의 가속계수는 공식으로부터 $\eta_{25°C}/\eta_{200°C} = 4{,}545.66/80.668 = 56.35$이다.

정상사용조건에서 1년(8,760시간) 이내 고장날 확률은 세션창 아래에서 볼 때, 99.758%이다. 가속조건으로 1년 이내 고장날 확률은 100%임을 볼 수 있다.

세션 창의 내용으로부터 아레니우스 모형의 활성화 에너지, 즉 온도계수 =0.280064를 볼 수 있다.

가속 수명 검사: 시간 대 온도

반응 변수: 시간

빈도: 개수

관측 중단

관측 중단 정보	카운트
관측 중단되지않은 값	18
우측 관측 중단 값	12

관측 중단 값: 상태 = 0

추정 방법: 최대우도법

분포: Weibull 분포

가속 변수와의 관계: Arrhenius

회귀 분석 표

					95.0% 정규 CI	
예측 변수	계수	표준 오차	Z	P	하한	상한
절편	-2.47857	0.926638	-2.67	0.007	-4.29475	-0.662394
온도	0.280064	0.0327597	8.55	0.000	0.215856	0.344272
형상 모수	2.73754	0.580716			1.80632	4.14884

로그 우도 = -111.572

시간에 대한 확률도(적합된 **Arrhenius)**

Anderson-Darling(수정) 적합도

각 가속 수준에서

수준	적합모형
100	21.754
150	31.061
200	38.987

누적 고장 확률 표

			95.0% 정규 CI	
시간	온도	확률	하한	상한
8760	25	0.99758	0.54511	1
8760	100	1.00000	1.00000	1
8760	150	1.00000	1.00000	1
8760	200	1.00000	1.00000	1

시간에 대한 관계 그림(적합 **Arrhenius)**

8.3 설계 전압 220V에서 전자부품의 1,000시간에서의 신뢰도를 추성하기 위하여 완전자료 가속수명 시험계획을 수립하고자 한다. 고장이 발생할 때까지 시험가능한 부품의 수는 20개이다. 고장을 가속화시키기 위하여 240V와 260V에서 시험을 실시하고자 하며 고장 시간과 스트레스(전압)의 관계는 역승 관계(미니탭 용어=자연로그[누승]/멱)를 따른다고 한다. 과거의 자료를 기초로 수명의 적절한 모형은 척도모수 50시간을 갖는 로그정규분포를 따른다고 볼 수 있다. 220V에서 중앙값 수명은 1,200시간, 260V에서 중앙값은 400시간으로 추정되는 계획값을 가진다. 미니탭을 사용하여 이런 가속수명

시험계획을 도출하라.

풀이)

통계분석 > 신뢰성/생존 분석 > 검사 계획 > 가속수명검사계획 을 사용한다.

① 대화창에서 시험정보, 즉 추정 모수=시간별 신뢰도=1000, 표본크기=20, 분포=로그정규분포, 관계모형=자연로그(누승), 두 개에 대한 계획값= 두 수준의 중앙값을 입력한다. 다음 모수란에는 와이블이 아니므로 척도모수 50을 입력한다.

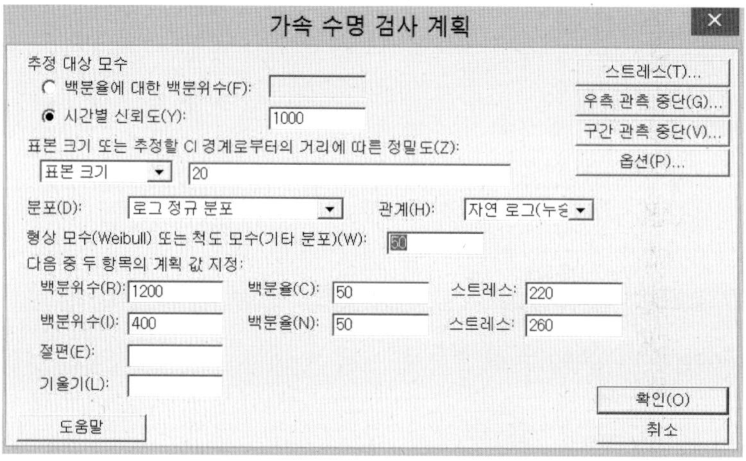

가속 수명 검사 계획

추정 대상 모수
백분율에 대한 백분위수(F):
시간별 신뢰도(Y): 1000
표본 크기 또는 추정할 CI 경계로부터의 거리에 따른 정밀도(Z):
표본 크기 20
분포(D): 로그 정규 분포 관계(H): 자연 로그(누승)
형상 모수(Weibull) 또는 척도 모수(기타 분포)(W): 50
다음 중 두 항목의 계획 값 지정:
백분위수(R): 1200 백분율(C): 50 스트레스: 220
백분위수(I): 400 백분율(N): 50 스트레스: 260
절편(E):
기울기(L):
스트레스(T)... 우측 관측 중단(G)... 구간 관측 중단(V)... 옵션(P)...
도움말 확인(O) 취소

② 사용조건과 스트레스 수준을 '스트레스' 단추를 선택하여 정보를 입력한다.

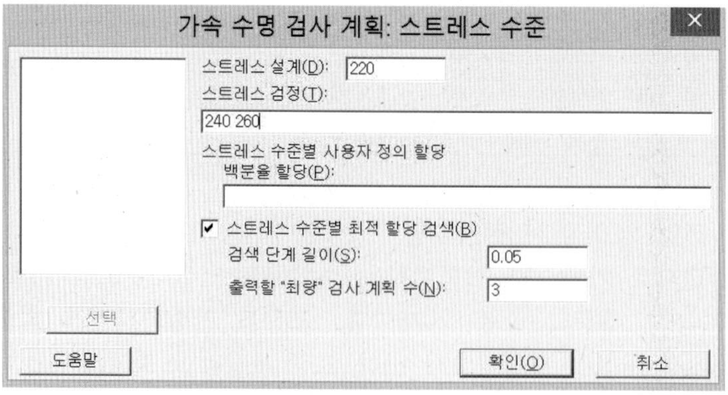

가속 수명 검사 계획: 스트레스 수준

스트레스 설계(D): 220
스트레스 검정(T):
240 260
스트레스 수준별 사용자 정의 할당
백분율 할당(P):
스트레스 수준별 최적 할당 검색(B)
검색 단계 길이(S): 0.05
출력할 "최량" 검사 계획 수(N): 3
선택 도움말 확인(O) 취소

다른 단추들의 창에 어떤 정보도 입력하지 않으면 완전자료의 가속수명시험계획이 도출 된다. 만일 관측 중단될 경우 '우측 관측 중단' 단추를 선택하여, 정시 또는 정수(비율로써)의 정보를 입력한다. 만일 간헐 검사를 적용한 구간자료가 될 경우에는 '구간 관측 중단' 단추를 선택하여 고장 관찰방법(검사횟수, 등간격, 동일확률, 등간격검사시간)의 정보를 입력하면 된다. '옵션' 단추로 넣는 신뢰수준은 해당사항이 없다.

가속 수명 검정 검사 계획

계획 분포

	분포	절편	기울기	척도
밑이 e인 로그정규분포		42.5607	-6.57639	50

관측 중단되지않은 데이터

멱 모형

추정된 모수: 시간 = 1000에서의 신뢰도

계산된 계획 추정치 = 0.501455

설계 스트레스 값 = 220

계획 값

백분위수 값 = 1200, 400 백분율 = 50, 50, 스트레스 = 220, 260

선택한 검사 계획: "최적" 할당검사 계획

총 가용 표본 단위 = 20

1번째 최량 "최적" 할당 검사계획

검정스트레스	고장백분율	백분율 할당	표본단위	기대고장
240	100	65.7524	13	13
260	100	34.2476	7	7

관심이 있는 모수의 표준 오차= 0.283150

2번째 최량 "최적" 할당 검사계획

검정스트레스	고장백분율	백분율할당	표본단위	기대고장
240	100	65	13	13
260	100	35	7	7

관심이 있는 모수의 표준 오차= 0.283185

3번째 최량 "최적" 할당 검사계획

검정스트레스	고장백분율	백분율할당	표본단위	기대고장
240	100	70	14	14
260	100	30	6	6

관심이 있는 모수의 표준 오차= 0.284363

출력 결과, 계획정보와 세 가지 최량 최적 할당 검사계획이 관심 모수의 표준오차가 가장 적은 순으로 제공되고 있음을 알 수 있다. 이 때 외삽도 등의 다른 기준을 추가적으로 고려하여 시험계획을 선택하면 된다. 계획의 정밀도만 고려한다면 표준오차가 가장 작은 첫 번째 시험계획이 선택된다. 즉, "220V의 설계 전압에서 1,000시간에서의 신뢰도를 추정"하기 위하여 "240V에서, 고장이 발생할 때까지 13 개를, 또는 260V에서 7개를 시험"하면 된다.

10도 법칙

경험적 법칙으로서, 전자부품에서 사용온도가 10℃ 상승하면 수명이 반감하는 경우가 많은데 이를 말한다. 반대로 온도를 10도 낮추면 수명이 2배가 된다. 가속시험이나 감률(derating)에 응용된다. 가속수명시험을 체계적으로 수행하거나 믿을만한 자료가 아니면 쉽게 적용해서는 안된다.

비수리품목, 수리품목 구분에 따른 관례적 신뢰성 척도 용어

비수리품목	수리품목
고장시간(TTF)	고장간격시간(TBF)
고장률	고장강도

※ 한편, 어떤 책에는 증가고장률기간에서 비수리품목은 마모고장을, 수리품목은 열화고장을 일으킨다고 하는데 이는 정확한 표현은 아니다.

계획보전

표준용어 중에 계획보전이란 '정해된 일정에 따라 수행되는 예방보전'으로 정의되어 있는데, 이는 scheduled maintenance를 말하며 time scheduled maintenance(시간계획보전)의 준말이다. 보통 정기보전(periodic maintenance)이라 한다. 제품이 고장나지 않더라도 주기적으로 혹은 부품의 수명이 정해진 한도에 이르면 부품을 교환해주는 보전정책 등이 모두 계획보전에 포함된다.

실제로는 계획보전이란 planned maintenance의 의미로 쓰인다. 보전의 정의된 범위, 설정된 작업 순서, 확인이 이루어진 고도의 기술적 요구조건과 노동시간, 추정 기간, 예상되는 재료 요구조건, 그리고 지원용 문서(예, 배관도) 등이 준비된 보전작업을 말한다.

보통 시간기준보전(TBM)은 정기보전, 상태기준보전(CBM)은 예지보전과 같다고 본다. 시간기준보전, 상태기준보전은 영국식 표현이고, 정기보전, 예지보전은 미국식 표현이다.

고장분석의 절차

고장분석의 일반적인 절차는 다음과 같다. 매우 많은 내용들이 있으나, 여기서는 절차 제목만 소개한다.

① 사전조사 → ② 외관 점검 → ③ 전기적 특성측정 → ④ 비파괴해석 → ⑤ 케이스 제거 → ⑥ 표면분석 → ⑦ 소자해체 → ⑧ 내부분석 → ⑨ 고장위치 파악 → ⑩ 고장메커니즘 추정 → ⑪ 재발방지

고장분석 시 주의점

고장분석을 할 때 주의해야 할 점이 많이 있지만, 고장품의 취급에 있어 중요하다고 생각되는 것을 열거하면 다음과 같다.

① 고장상태를 변화시키지 말아야 한다. 고장품은 하나이며, 고장에 관한 정보는 이것 밖에 없다. 부주의한 취급으로 증거를 훼손시키지 말아야 한다.

② 상황을 명확히 하지 않고 다음 단계로 진행하지 말아야 한다. 고장분석은 대개 파괴분석이기 때문에 되돌릴 수 없다.

③ 각 단계에서의 이상상태에 관한 상황을 상세히 기록해야 한다. 무엇이 고장과 결부되었는지 최후까지 알 수 없다. 주의 깊게 관찰하고 기록해 놓는 것이 중요하다.

④ 양품과 다른 점을 주의 깊게 관찰 할 것. 막연하게 조사를 하는 것만으로 이상을 발견할 수 없다. 정상상태를 잘 알고 정상품과 비교하면서 관찰할 필요가 있다.

제9장 보전 서론 및 예방보전

공장의 모든 설비들은 노후화 등 자연적인 원인 또는 사용 효과 등으로 상태가 나빠지거나 고장을 일으키게 된다. 고장의 원인은 장비의 내부 결함 때문일 수도 있고 또는 외적 요소로부터 발생할 수도 있다. 고장이 일어나면 설비 그 자체를 교체 또는 수리하는 데 비용이 들 뿐만 아니라 생산 또는 용역의 기회 손실에서도 비용이 발생할 수 있다. 또한 관련 장비와 관련 인원의 유휴에 의해서도 비용은 생긴다. 그래서 고장의 가능성을 최소로 감소시켜 설비를 일정 수준으로 보전하려는 조치를 취하게된다. 아무리 보전을 강화하더라도 고장을 막을 수는 없다는 사실에 유의해야한다. 예를 들어 초기 고장을 ZD(무결점) 운동에 의해 감소시킬 수는 있으나 완전히 제거할 수는 없다. 그렇지만 고장을 미리 막기 위한 보전, 보통 예방보전이라 부르는데, 이는 그 자체로서 많은 비용이 든다. 만일 고장을 막는다는 단 하나의 목적만으로 예방 보전을 수행하다 보면 너무 많은 돈을 쓰게 되어 예방 보전을 안할 경우에 발생하는 고장으로부터 야기되는 비용을 초과하게 될 것이다.

그러나 비용이 개재되는 모든 생산 활동이 그렇듯이 고장 비용과 보전 비용 간에도 비김점이 존재하며 이 점이 바로 예방 보전 수준과 고장의 파급 효과 간의 균형을 이루는 점이다. 이러한 비김점들을 어떻게 결정 하는가를 알아보기 전에 우선 주어진 문제를 분석해서 바람직한 보전 체제를 계획, 설계하는 데 고려하지 않으면 안 될 보전 문제의 특성 및 요소들을 간단히 검토해보기로 한다. 보전에 관계되는 주요 결정 사항들을 들어 보면 대략 다음과 같다.

1) 예방 보전 대 사후 보전
2) 내부 인원에 의한 보전 대 외부 지원에 의한 보전
3) 장비 수리 또는 대체
4) 외부 용역 위탁시 수시 계약 또는 기간 계약
5) 교체 부품의 재고 관리
6) 보전 작업 관리

이 외에도 여러 가지 고려 사항들이 있겠으나 우선 위에서 든 6 분야는 어떠한 보전 계획에서도 고려해야 할 중요한 사항들이다. 보전의 효율에 대한 정의를 한 후 각 분야별로 검토하기로 한다. 보전성과 보전도의 개념은 11장에서 살펴보기로 한다.

9.1 보전 효율과 총비용

보전 효율[1]을 논하기 위해서 우선 효율에 대한 관측 기준을 정의해 보자. 장비

---

1) 보전효과 관측에 대해서는 '공장자동화 시대의 설비관리[박경수(1994)]' 12장을 참조하기 바란다.

운용의 관점에서 볼 때 만일 보전을 통해서 장비 고장을 예방하거나 또는 고장이 일어나더라도 최소의 시간으로 그 장비를 정상으로 복귀시킨다면 보전은 효율적이다. 노무관리 면에서 보면, 만일 보전 인원이 피로 회복과 개인용무로 필요한 적정 휴식 시간을 제외하고는 항상 표준 수준의 노력으로서 작업을 한다면 보전은 효율적이다. 또한 비용 관리의 관점에서 볼 때, 보전의 효율은 이미 편성된 자재 및 인건비 예산 내에서 수행되는 보전 부서의 업무 능력으로 관측 될 것이다. 안전 관리 책임자는 기계 또는 장비의 고장에 의한 안전사고가 일어나지 않으면 보전은 효율적이라 생각한다.

이들 기준들은 개별적으로 생각해 보면 모두가 다 현실적이고 그럴듯하다. 그러나 문제는 어떤 기준이고 간에 다른 기준과는 별도로 개별적으로 고려할 수는 없다는 것이다. 그러므로 전제적인 효율을 최대화하기 위해서는 각 분야의 관리자들은 조금씩 양보를 하여야 하며 따라서 개별적인 기준에 따라서 관측 한다면 비효율적으로 보이게 마련이다. 이처럼 전통적인 관념에 따라 각기 독립적으로 그들 기준에 의해 효율을 관측한 결과 보전은 본질적으로 비효율적이라고 생각되게 되는 것이다.

그러므로 효율에 대한 전통적인 기준 또는 척도들은 서로 상충되는 그들 개개의 성격 때문에 독립적으로 사용할 수 없다는 것을 알 수 있다. 예를 들어서 고장을 거의 100 % 예방하거나 또는 고장 발생 시 가능한 한 빨리 수리하여 생산기준을 만족시킨다 해도 다른 기준에서 보면 비효율적일 것이다. 장비가 고장났을 때 가능한 한 빨리 수리하기 위해서는 보전 인원을 많이 배치해야 한다. 고장은 우발적으로 발생하므로 보전 인원은 최대 수요에 맞추어 배치해야 할 필요가 있으나 최대 수요 기간이 아닐 때에는 자동적으로 과도한 노동력의 유휴에 의해 노무 관리의 효율은 떨어질 것이다. 또한 완전 수리가 가능한 차기 장비 유휴 계획 일정까지 그 장비가 만족스런 성능을 발휘하기 위해 어떤 잠정 조치를 해주어야 할 것이다. 이러한 잠정 조치는 일반으로 안전 위험도를 증가시켜서 그로 인해 안전 기준을 저하시킬 것이다. 또한 잠정적인 임시 수리를 실시한 후 얼마 안 되어 곧 완전 수리를 다시 한다면 그리고 재빨리 수리를 시작할 수 있도록 교체 부품의 재고를 초과 운영한다면 비용을 크게 증가시켜서 비용 관리 면에서 볼 때 효율은 떨어진다. 이와 마찬가지로 만일 어느 한 기준을 최대로 만족시킨다 해도 나머지 기준에 대해서는 비효율적인 영향을 미칠 수 있다는 것을 생각해 볼 수 있다.

최근까지는 효율을 높이기 위해 여러 기준들을 잘 절충, 조화시켜서 어떤 결정을 내리기보다는 의사 결정은 책임 경영자의 경험이나 직관에 크게 좌우되었고 기껏해야 정성적인 균형기법 정도가 사용되어 왔을 뿐이다. 그러나 요즘 들어 "총비용"을 기준으로 사용하는 체계적인 접근 방법은 경영자로 하여금 전통적인 여러 기준들을 잘 조화시킬 수 있도록 도와준다. 그러나 아직도 전통적인 관념에 따라 각 분야의 관리자 간에는 서로 상충되는 이해관계가 남아있어서 다른 기준을 희생해서라도 자신의 기준을 충분히 고려해 주도록 경영자에게 압력을 가하고 있는 것 같다. 그러므로 경영자는 정확한 자료를 이용하여 계속적으로 문제를 검토 평가해야만 여러 기준에 따른 효율들을 잘 조화시킬 수 있을 것이다.

9.2 예방보전 대 사후보전

일정기간동안 계속 운영되거나 간헐적으로 운영되는 모든 수리가능한 체계는 때때로 보전을 받아야 한다. 보전의 종류는 매우 다양하고 그 분류도 명확히 정의되기 어려운 점이 있다. 대개의 경우 보전의 범주는 계획보전 대 비계획보전 또는 예방보전 대 사후보전으로 분류할 수 있다.

비계획보전 또는 사전보전으로서 체계가 운영 중 고장 또는 기능 결함이 발생할 때 행한다. 비계획보전의 목적은 체계의 운영을 방해하는 원인을 찾아서 그 부품을 교환, 수리 또는 조정해서 가능한 한 빨리 체계를 가동 상태로 회복시켜주는 데 있다.

계획보전 또는 예방보전은 규칙적인 시간 간격으로 수행하는 보전이다. 계획보전은 체계의 상태를 의도하는 수준의 성능, 신뢰도 및 안전성을 유지하도록 해주는 데 그 목적이 있다. 가장 자연스러운 것은 고장이 나면 그 부분만을 "잽싸게 값싸게" 수리하는 자연보전이겠지만 오늘날 이러한 자연보전을 하는 산업체는 거의 없다.

체계에 고장이 나면 직접 및 간접 경비가 발생된다. 설비의 한 부품이 고장면나 곧바로 관련 부품의 고장 원인이 되는 경우가 많아서 관련 부품의 고장 발생을 촉진시킨다. 이러한 고장 파급 효과를 관측하기란 어렵고 때로는 불가능하지만 이런 효과가 존재한다는 것은 사실이다. 이러한 고장의 파급 효과는 수학적인 고장분석에서는 가끔 무시되기 때문에 그 결과 부품에 대한 이론적인 체계 고장률과 체계 이력 또는 표본 자료로부터 결정된 실제 고장률 사이에는 상당한 오차가 있다.

체계의 다른 부품에 고장 파급 효과를 미치는 이외에도 생산 체계의 고장은가끔 가공 중에 있는 재료를 파손 시키거나 고장의 특성에 따라서는 사람에게 위험을 초래한다. 또는 생산 일정에 혼란이 일어나 다른 설비와 관련 인원의 효율을 떨어뜨려서 그 결과 운용비가 증가될 것이다. 이 이외에도, 고장이 나면 필수적으로 부품의 교체 또는 수리를 해야 하고 만일 교체 부품의 재고가 없다면 설비의 비가동기간이 길어져서 관련 설비에 미치는 영향까지 고려할 때 비용에 대한 역효과는 아주 클 것이다.

비계획보전의 빈도는 체계의 평균고장간격의 역으로 이것은 순전히 체계 운영 중 고장의 원인이 된 부품들의 고장률의 함수이다. 비계획보전의 횟수를 줄이고,

고장의 효과와 관련 비용의 증가를 억제하거나 감소시키기 위해서 경영자는 체계에 대한 계획 보전을 실시해야 한다.

계획 보전은 이러한 목적을 달성하기 위하여 다음과 같이 일상적인 손질 검사 및 대소의 분해수리(overhaul)를 한다. 즉 1) 정상적으로 작동하는 하부체계와 부품에 규칙적인 손질, 즉 주유, 세척, 조정, 정렬 등을 해준다. 2) 여분 대기부품의 결함 유무를 점검하고 결함이 발견되면 교체 또는 수리한다. 3) 마모상태에 가까운 부품을 교체하거나 분해수리를 한다.

이러한 활동들은 체계 설계 시 고려한 수준 이상으로 부품과 체계의 고장률이 증가하지 않도록 미리 예방하려고 실시된다. 그러므로 계획 보전을 예방 보전이라 부르기도 한다. 가장 간단한 형태의 예방 보전은 베어링에 윤활유 나 그리스를 쳐 베어링이 타거나 그로 인해 설비에 파손을 일으키는 파급 효과를 미리 막는 것이다. 그러나 다른 극단의 경우로서 예방 보전은 설비를 주기적으로 해체해서 완전 분해 수리 후 다시 맞추는 일을 하기도 한다. 이러한 양극단의 중간 정도 되는 정책으로서 대수리의 실시 간격을 길게 하고 그 중간에 일어날 고장 가능성을 줄이기 위한 검사, 평가, 기타 보전 절차가 대수리 간의 중간 중간에 여러 번 수행 될 수도 있다. 계획 보전에서 체계 신뢰도의 저하를 막기 위해 수행되는 위의 1) 번과 같은 일상적인 손질의 횟수는 관련 부품들의 물리적 특성에 좌우된다. 그리고 3) 번과 같은 부품의 교체 또는 분해 수리는 마모 부품의 통계치와 체계에 들어있는 부품의 수에 관련되어 있으므로 그 빈도는 각 부품에 따라 다르지만 모든 체계에 대해서 적정 예방 보전 일정 계획표를 미리 설정해 둘 수있다. 또한 이러한 계획 보전 활동에 필요한 보전공수(man-hour)와 기간도 역시 미리 정해 둘 수있다 계획 보전의 또 다른 형태, 즉 위의 2) 번과 같은 결함, 즉 부품의 검사, 교체 및 수리는 확률에 의해 지배되므로 1) 번이나 2) 번과는 다른 성격을 가지고 있어서 여분 체계를 구성하는 부품의 고장률과 이러한 체계가 운영되기 위해 요구되는 신뢰도에 크게 좌우된다. 이 점에 대해서는 다음에 자세히 설명하기로 하고 당분간 이러한 형태의 계획 보전을 시행하기 위한 고정 일정표도 만들 수 있다고 이해하면 된다. 만일 고장을 나타내는 특별한 경고 장치가 없다면 용 장 부품의 고장은 쉽게 발견될 수 없기 때문에 일정 계획표는 여분 체계 내에 결함 부품이 있는지를 가려 낼 목적으로 미리 결정해 둔 정기 검사를 포함하게 된다. 만일 결함 부품이 발견되면 그 체계를 요구되는 신뢰도 수준으로 복귀시키기 위해서는 결함 부품을 교체하거나 수리해야한다. 이러한 검사 및 보전 절차를 위 해 필요한 기간은 공수 또는 실제 시간 수로 추정할 수 있고 예방 보전에 필요한 기간의 일부로서 1) 번과 3) 번에 필요한 시간에 가산되어 미리 배정할 수 있다. 고장을 감소시킬 의도로 예방 보전의 운영을 지나치게 넓은 범위로 확대한다면 그 비용은 보전을 안할 때 발생하는 고장으로부터 야기되는 비용을 훨씬 상회할 수 있다. 경영자의 목표는 고장 비용과 예방 보전 비용을 어떻게 균형 잡아 주는가를 결정하는 것이다.

보전의 종류는 관점에 따라 여러 가지가 있으며 한 예는 그림 9-1과 같다. 이를 기계적으로 암기할 필요는 없다[2].

보전을 좌우하는 2가지 큰 요소로서, ①보전성 설계와 ②보전원의 교육·훈련을 생각할 수가 있다. 보전의 3 기능은 보통 ① 일상보전, ② 검사·진단, ③수리이다.

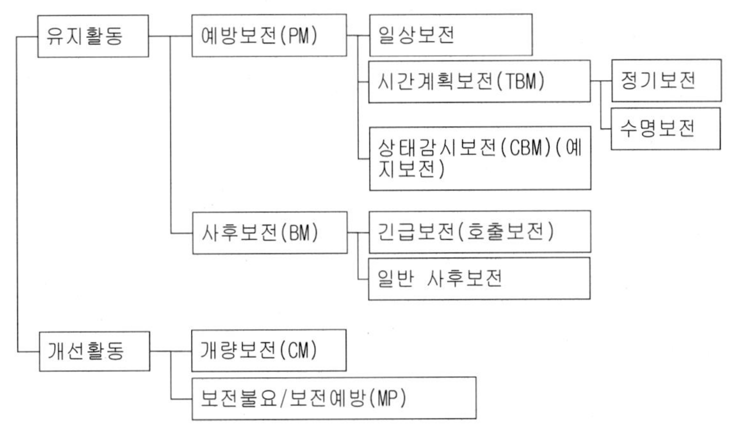

그림 9-1 보전의 종류

사후보전의 영문을 KS에서 CM(corrective maintenance)이라고 하는데 개량보전을 CM, 사후보전을 BM(breakdown maintenance)이라고 한다. 개량보전은 보전시 장비를 개선하여 생산성을 높인다. 한편 사후보전 중 긴급보전이란 예방보전을 하던 장비가 돌발적으로 고장시 호출에 의해 긴급히 수리하는 것이다.

예방보전의 비용 곡선은 그림 9-2와 같이 대략 직선에 가깝지만 고장보전의 비용곡선은 예방보전 비용의 증가에 따라 급격히 감소하다가 차차 점근선이된다. 우리의 목적은 이 그림에서와 같이 총비용이 최소가되는 적정 예방 보전의 수준을 결정하는 것이다. 고장 보전 비용은 고장 발생시의 비용 Cf에 고장 확률 Pf를 곱하여 얻는다. 그러나 Cf나 Pf는 사실상 수행되는 예방보전의 수준에 의해 좌우된다. 만일이 관계를 회귀식으로 바꾸어 보면 총 비용을 최소로 해주는 예방 보전의 수준을 어떻게 관측 할 것인가 하는 문제가 남아 있으나, 예를 들어 만일 단위 기간 당 예방 보전의 공수가 사용된다면 적정 수준에 대한 근사값은 구할 수 있을 것이다[Lewis].

2) 보전을 정비라고도 하는데 요즘 보전이 더 포괄적으로 사용하고 있다. 한편 수리란 용어는 좀 더 협의, 구체적의 의미로 사용되고 있다. 한편 CBM(condition based maintenance), TBM(time based maintenance)과 같은 것이 유럽식 용어라면 PM/PdM/ PrM은 미국식이라고 보면 된다.

PM의 여러가지

원래 예방보전(PM, preventive maintenance)을 말한다. 그 외에 공공 인프라와 보전공학의 발전에 따라 다음과 같은 보전들이 등장하였다. 원래의 PM과 구분하기 위해 PdM, PrM 처럼 쓰기도 한다. 구체적 설명은 생략한다. 대략 예방보전→생산보전→예지보전→사전보전→자원절약보전으로 발전(등장)하였다.

① 정기보전(periodic M): 시간계획보전의 대표적인 것으로 정기적인 보전 방식이다. 이에 비해 수명보전은 예정된 수명이 되었을 때 예방보전을 하는 것으로 기령보전, 경시보전이라고도 한다. 하지만 둘 다 광의의 정기보전/시간계획보전으로 볼 수 있다.
② 예지보전(predictive M, PdM)=상태감시보전 : 예방보전에 진단기술이 더해진 것. 검사·진단으로 고장을 미리 제거하는 보전이다.
③ 사전보전(proactive M, PrM): 예방보전과 예지보전이 더욱 발전된 개념. 예지보전이 고장의 징후를 감시하여 제거하는 것이라면 사전보전은 고장의 원인을 감시하여 제거하는 것. 반대 개념은 고장이나 열화를 발견하여 대응하는 Reactive Maintenance로서 반응보전이라고 할 수 있다.
④ 자원절약보전(protective M): 금속표면개량, 마모방지, 재생, 수명확장 등으로 자원절약을 추구한다.
⑤ 생산보전(productive M): 보통 종합생산보전(TPM)으로 불리며 전사적으로 보전활동에 참여하여 생산성을 높이는 것

한편 MP(maintenance prevention)는 보전불요(보전예방)로서, 새로운 기술과 장비의 정보를 분석해서, 보전하기 쉽고 고장이 없는 제품을 설계하는 것을 말한다.

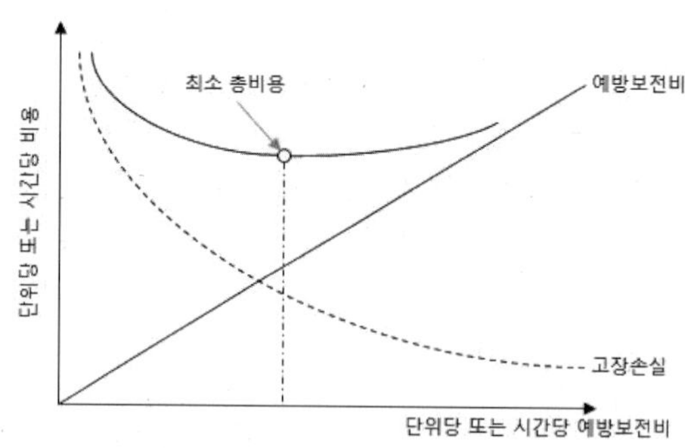

그림 9-2 예방보전 대 고장보전

9.3 보전수준

보전 업무는 그 내용과 담당 부서의 계층에 따라 크게 다음 3 단계의 보전으로 분류 할 수 있다[Blanchard]. 이를 보전수준 또는 보전계단이라고 한다.

9.3.1 자주보전

자주보전이란 소유하고 있는 장비를 운용 현장에서(예 : 항공기, 차량, 또는 통신설비) 자주보전요원에 의해 보전하는 것을 말한다. 자체보전, 사용자보전이라고도 한다. 보통 자주보전요원은 운영요원이 직접하게 된다. 운영요원은 장비를 작동 및 사용하는 것이 주 임무이므로 체계에 대한 간단한 보전을 하는 데 그친다. 이 단계에서는 보통 장비 성능의 주기적인 점검, 육안 검사, 장비의 세척, 급유, 조정, 부속품의 교체 등 제한된 보전을 담당한다. 그러므로 분리한 부품은 수리하지 못하

고 일반으로 수준이 높은 다음 보전 단계로 보낸다. 따라서 보전기술면에서는 상대적으로 미숙한 인원[3]을 여기에 배치하게 된다. 장비의 설계 시에는 이러한 점을 고려해서 간단하게 설계해야 할 것이다.

여기의 수준을 두 단계로 세분하여 사용자 개인과, 사용자 팀 수준으로 설정할 수 있다. 군대의 '사용자정비'와 '부대정비'가 그 예이다.

EQM 5 (five steps of easy quality maintenance, 쉬운품질보전5단계)

자주보전 소모임 활동과 개별개선을 쉽게 추진할 수 있도록 정리하여 이름을 붙인 것. 이의 특징은 ① 품질의 결과관리에서 요인관리로 바꾼 것 ② 개선보다 유지가 더 중요함을 인식하는 것 ③ 돌발불량과 만성불량을 구분하여 돌발불량의 원인을 체계적으로 하나씩 재발방지대책까지 실시하여 불량을 감소시키는 것이다. EQM 5의 정의는 1) 현상 명확화: 불량의 현상, 현물과 제조프로세서의 준수 기준을 명확히 함, 2) 복원 중요성 인식: 준수되지 않는 요인계를 정상으로 복구하여 돌발불량을 억제, 3) 참원인 추구: 만성불량의 참원인을 찾아내어 불량 0를 달성, 4) 품질 예방보전: 양품조건을 시계열로 점검하고 사전 대책을 수립하여 불량을 예방, 5) 유지조건 개선: 품질에 강한 인원을 육성하고 지키기 쉬운 유지조건을 만든다와 같다.

9.3.2 전문보전

이 단계에서의 보전 업무는 보전 대상의 규모에 따라 근접보전(직접정비)과 일반보전(일반정비)의 둘로 구분할 수도 있다. 계획보전과 대부분 일치한다. 전문화된 보전조직에 의해 주로 전자는 이동식, 반이동식 장비, 후자는 고정설비로 수행된다. 보통 모듈, 조립품 또는 부속품을 해체해서 세밀히 수리하거나 이들을 교환한다. 또한 장비의 분해를 필요로 하는 계획 보전을 담당한다. 이 보전조직은 보전에 사용되는 장비 및 도구를 비교적 많이 가지고 있고 숙련 보전 인원이 배치되어 있다. 그래서 아주 세밀한 보전까지 해야 할 책임을 갖는다. 운용장비를 근접 지원할 수 있도록 이동 또는 반이동보전반을 때때로 장비 운용 현장에 배치한다. 이 부서는 검사 및 지원 장비와 예비부속품을 갖추고 있는 트럭, 이동식 차량 또는 휴대용 천막에서 보전 업무를 지원한다. 이 부서의 임무는 체계가 완전한 정상 운용 상태로 가능한 한 빨리 복귀되도록 신속히(자주보전에서 할 수 없는 수준의) 현장 보전을 수행하는 것이다. 이동 보전반은 수 개소의 체계 운용 현장을 지원할 수도 있다. 좋은 예로서 공항의 보전 차량은 격납고와 계류장을 왕복하면서 광범위 한 보전업무를 담당한다.

고정시설(영구 작업장)은 일반으로 자주보전과 이동 또는 반이동 보전을 지원하기 위해 설치된다. 제한된 기술과 검사장비 때문에 하위 부서에서 수행할 수 없는 보전 업무를 보통 담당한다. 고도로 숙련된 기술, 성능이 좋은 검사 및 지원 장비

3) 미숙한 인원이라기보다 운전원(보전원이 아닌)을 말하는 것이다. 자주보전은 품질보전(조건설정, 일상 및 정기점검, 품질 예방보전, 경향관리, 사전대책) 개념으로서 매우 중요한 단계이다.

와 다량의 예비 부속품 및 훌륭한 설비는 모듈에서 부속품에 이르는 광범위한 수리를 가능하게 해준다. 고정 보전 시설은 지리적으로 담당 구역을 구분하여 그 위치를 정한다. 여기서는 하위 단계의 보전과는 달라서 보전의 수행 속도는 별로 중요시 하지 않는다.

9.3.3 공장보전

공장보전(depot maintenance)은 군에서 창(廠)정비라고 하는 것으로서, 최고 수준의 보전 형태로서 중간 단계의 전문 보전에서 수행 할 수 없는 보전 업무를 담당한다. 창은 보유하고 있는 수많은 체계 및 장비를 지원하는 전문화된 수리 시설, 또는 원 장비 제작회사의 부속공장일 것이다. 창시설은 고정되어 있고 이동은 문제시 되지 않는다. 복잡하고 거대한 장비, 다량의 예비 부속품, 외부 환경의 통제 설비 등이 필요하다면 언제든지 이용할 수 있도록 준비가 되어 있다. 창 설비들은 고장 진단 및 품질관리와 같은 아주 중요한 분야에는 고도로 숙련 된 전문 요원을 집중 배치하지만 보전 업무량이 많은 관계로 대부분의 업무량이 많은 다른 분야에는 공정균형 기법을 적용 할 수 있고 이것은 또 비교적 미숙련 노동자를 쓸 수 있도록 하여 준다. 창보전은 고도로 복잡한 보전 활동을 수행하는 한편 장비의 완전한 분해 수리 재생, 각종 장비의 검교정 등을 한다. 뿐만 아니라 창은 재고품 보급 능력도 갖는다.

수리수준분석(LORA, level of repair analysis)

LORA는 "품목계의 목표 운용가용도 수준을 충족시키면서 수명주기비용이 최소화 될 수 있도록 품목의 전 수명주기에 걸쳐서 경제적, 경제외적 요인을 고려하여 최적의 정비개념 및 정책을 도출하는 업무"를 말한다. 수리수준분석 시 고려사항은 다음과 같다.

- 분석 대상품목별로 검토된 수리 방침
- 정비업무 관련사항으로 정비업무 분석 결과 및 수리 시 소요자재 목록
- 운용업무 관련사항
  - 체계 특성: MTBF, 연간 운용시간, 예상수명, 단가, QPEI
  - 지원 특성: 운용체계의 수, 지원부서의 수
- 비용 관련사항
  - 지원장비 및 지원장비 정비와 관련된 비용
  - 기술교범, 기술자료 확보에 관련된 비용
  - 훈련, 인건비
  - 확보 및 PHS&T(포장취급저장운송)에 관련된 비용
  - 수리소요, 보급 안전수준 등
- 분석형태

  - 수리 경제성 분석 : 품목의 고장시 수리 또는 폐기 대안에 관련된 예비부품소요 수송소요 인력 및 인원소요, 훈련소요, 수리시간, 운용가용도, 신뢰도 등의 제반 비용요소를 고려하여 각 대안별로 경제적인 수리 대안을 분석 선정한다.

  - 수리 경제성의 분석 : 수리 또는 폐기에 관련된 제반 비용 요소는 고려하지 않고 안전, 취약성, 기술적 가능성, 인력 및 숙련도, 정책적 요인, 보안 등의 경제외적 요소를 평가하여 최적의 수리대안을 분석한다.

9.3.4 보전인원 및 시설

지금까지 보전 내용과 담당 계층에 따른 세 단계의 보전을 살펴보았는데 이제부터는 '보전 인원과 시설'에 대해서 생각해 보자. 공장 조직에 필요한 보전 인원과 설비를 확보하여 자주보전을 할 것인가 또는 외부위탁 보전지원을 받을 것인가 하는 문제는 주로 경제적 의사 결정 문제이다. 그러므로 이 문제는 각 대안에 대한 평가를 필요로 한다. 예를 들면 어떠한 정책도 전체 공장의 여러 가지 보전 기능에 공통적으로 최선책이 될 수는 없을 것이다. 그렇지만 보전 그 자체를 회사가 수행 할 때 드는 비용은 주로 인건비이다. 사용 시간당 인건비는 노동 이용률에 따라 변할 것이다. 이와 같이 비용이 변하는 것을 의사 결정 모형에 포함하기란 대단히 힘든 일이다. 만일 개개인 또는 소집단의 인원을 특정한 보전 업무에 배치한다면, 몬테칼로 또는 다른 시뮬레이션 기법을 사용하여 총비용 곡선 상의 최소점이 구해질 때까지 변수를 증감시킴으로써, ① 고정 된 업무에 필요한 경제 인원의 수를 결정할 수도 있고, 또는 ② 고정 인원에 할당 될 경제 보전 업무량을 결정할 수도 있다. 그렇지만 여기에서 구한 적정 비용을 외부에서 보전 지원을 받을 때 발생되는 비용과 비교해보아야 할 문제가 남는다. 배치 인원을 변수로 생각한다면 외부 지원을 받을 때의 비용은 보전 인원을 전혀 배치하지 않을 때의 비용으로 생각할 수 있을 것이다. 외부 지원 비용과 비교시 보전 인원 배치와 관련되는 비용은 다음과 같다.

1) 전일제 보전 인원의 직접 노임
2) 전일제 노동력의 간접 노임
3) 외부지원을 받을 때 필요한 양에 비해서 더 많은 보전 부속품의 유지비용
4) 가동 중단 기간의 단축에 따르는 가치. 대부분의 경우 공장 내 보전 인원의 사용은 고장 발생과 수리 시작 간의 시간을 단축한다. 그렇지만 이것은 철칙은 아니며 내부 보전 요원이 외부의 전문 보전 요원보다 보전 업무를 더 적절히 수행 할 수 없으므로 항상 그렇지는 않다. 여기에도 몬테칼로 또는 다른 시뮬레이션 기법을 사용하여 지연의 횟수와 지연 기간을 결정할 수 있다.
5) 진부화로 인한 비용 컴퓨터와 같은 특수한 장비들은 계약에 의해 임차하여 사용하게 되므로 여기서는 고장 수리비용도 포함된다. 만일 장비를 구입한다면 이제 장비의 소유 및 보전 비용을 임대비용과 비교해 보아야 할 뿐만 아니라 보다 개선된 장비를 이용하게 될 확률도 고려해야만 한다. (만일 개선된 장비가 필요하게 된다면 현재 사용 중인 장비의 가치 손실을 무시할 수 없다.) 이러한 비용을 구하기 위해서는 만일 현장비가 진부화된다면 일어날 손실을 추정해서 그 추정치를 그 해에 진부화 될 추정확률로 곱하는 방법이 있다.

9.4 장비 수리와 대체의 경제성

경제적인 관점에서 장비 교체 또는 대체 문제를 평가하고 대안을 선정하는 다음의 기본 원리에 대해서 생각해보기로하자.

1) 장비, 보전, 또는 운용을 위한 과거의 투자비는 매몰원가로서 현재의 의사결정에 영향을 미치지 않는다.
2) 특정한 공정에 필요한 대안을 비교할 때에는 각 대안은 공정의 요구 사항을 만족시킬 능력이 있어야 한다. 만일 대안의 존속 기간 동안에 수요가 증가하여 그 대안이 수요를 충족시키지 못한다면, 과도한 수요가 발생할 시점에서 그 수요에 응할 수 있도록 대체 또는 보충에 기초를 둔 결정을 내려야 한다.
3) 장비에 대한 초기 비용은 운용이 가능하도록 준비하기 위한 설치비용을 포함하는 비용이다.
4) 기존 장비에 대한 초기 비용은 철거 비용을 뺀 정당한 시장 가격에 수리를 하는 데 필요한 비용 또는 공정의 수요를 만족시키기 위해 전환하는 데 필요한 비용을 더해 준 것이다.
5) 장비 투자의 연간등가(≈감가상각비), 운용비(인건비 및 보전 비용), 관련 간접경비(세금과 보험료 포함)의 합인 연평균 비용에 기초를 두고 의사결정을 하여야 한다.
6) (만일 즉시 복구 불가능하다면) 대체기간 동안의 생산중단으로 인한 손실은 손실을 가져오게 한 장비의 초기 비용의 일부이다.

만일 수리 또는 대체 문제가 제기된다면 다음 세 개의 대안을 생각할 수있다. 즉 1) 현재 조건에서 현장비의 유지, 2) 현장비의 수리, 3) 현장비의 대체이다. 2) 항과 3) 항은 사실상 대체에 대한 대안이고 각 대안의 경제성은 위에 서 열거 한 규칙에 의해 결정할 수 있다. 수리는 사실상 또 다른 대체 대안이라고 볼 수 있으므로 초기 비용과 수리 후 사용 가능한 수명년수를 주의깊게 추정하기 만하면 다른 고려 대안과 똑같이 취급 될 수 있다. 이상에서 설명한 경제성 비교평가기법에 대해서는 경제성공학[박경수(1987)]을 참조하기 바란다. 또 한이 문제를 마코브 보전 과정으로 다루는 방법은 14장에서 설명 될 것이다.

9.5 위탁보전에 대한 수시계약 대 기간계약

자주보전 또는 외부 위탁보전 문제와 똑같이 이 문제의 기본은 경제성 검토에 있다. 여기에서 비용에 크게 영향을 주는 주요 요소로는 (1) 결정에 관련되는 기간 동안에 실시되는 총 보전 횟수, (2) 시행 된 보전 건수당 비용, (3) 위탁보전의 효과이다. 위탁보전 지원에 대한 기간 계약 조항에는 수시 계약에서 고려하지 않은 예방 보전을 포함시킬 수 있으므로 총 보전 횟수는 꼭 고려되어야한다. 보전 효과는 수시 계약 시 상호간 협상과 개별적인 보전 일정 때문에 일어날 수 있는 지연의 가치로부터 결정된다. 의사 결정은 비용의 비교에 기초를 두어 이루어지는데 두 대안에 관계된 비용은 다음과 같다.

1) 기간 계약보전의 비용 = 추가 예방보전의 비용 + 기간당 계약비용 + (계약 기간 동안의 고장확률)×(고장발생시 생산중단으로 인한 기회비용)
2) 개별적인 수시 계약비용 = 예방보전비용 + (고장 확률)×(수리지원을 위한 협정가 + 고장 발생시 기회비용)

여기서 고장 확률과 고장 발생시의 생산 중단 시간은 어느 대안을 선택할 것 인가에 따라 다를 것이므로 각 대안에 대한 비용을 비교하기 전에 먼저 계산해 두어야 할 것이다.

9.6 예비품

품목의 보전, 수리 및 튜닝 등을 위하여 가지고 있는 부품을 예비품(spare part)[4]라고 한다. 예비품으로 보관하고 있는 것을 예비품재고라 한다.

예비품은 수리품목과 비수리품목으로 구분한다. 수리품목은 보전이나 우발고장의 경우 수리가 가능하다. 어떤 경우에는 수리가 경제적이지 못하거나 기술적으로 불가능하거나 또는 수리가 반복됨에 따라 품목의 신뢰도가 저하되는 경우 폐기처분하고 새 품목으로 교체되기도 한다. 비수리품목은 기술적으로 또는 경제적 관점에서 수리가능하지 않다. 비수리품목은 항상 폐기처분되고 새 품목으로 교체된다. 비수리품목은 하위 어셈블리나 구성품으로 구성될 수 없다. 만일, 하위 어셈블리나 구성품으로 구성되었다면 수리품목이 된다.

예비품의 형태는 보전개념의 개발과정에서 어떤 품목을 각 보전단계에서 제거하고 교체할 것인지를 결정할 때 정의된다.

예비품의 재고는 원료 또는 완제품 재고와 같은 비용 요소를 포함한다. 즉 부품원가, 공간 비용, 발주 비용, 보관비용 등이다. 뿐만 아니라 필요할 때 재고가 없다면 비용이 발생한다. 고장 발생 시 부품 재고가 없을 때의 비용은 생산기회손실에 관련된 모든 비용의 총합이므로 상당한 비용이 초래 될 것이다. 예비품 재고관리에 대한 기법은 12장에서 다루어 질 것이다.

---

4) 특히 체계를 납품시 동시에 납품하는 예비품을 CSP(Concurrent Spare Parts, 동시조달예비부품, 초도수리부품)이라고 한다.

9.7 보전작업관리

이 문제에 들어가기 전에 먼저 고려해야하는 비용이 무엇인가를 생각해 보아 야 한다. 우리의 목적은 직접 보전 비용을 최소화하는 것이 아니라 보전과 장비 고장에 의해 발생되는 총비용을 최소화하는 데 있다. 이 경우에 장비 고장에 의한 비용은 장비 상태 때문에 장비의 성능을 최대로 발휘할 수 없는 결과로서 또는 이와 관련하여 발생한 비용들을 포함한다. 이런 비용을 상쇄하는 수입은 장비가 운영될 때에 제품에 부가된 가치이다. 만일 실제 비용을 최소화하려고 한다면 최대의 보전 작업이 필요한 기간을 위해서 충분한 인원을 확보 해두어야 한다. 그러나 보통 때에는 보전 무량이 적어서 노동 인력의 이용률이 낮아지는 것을 감수해야 할 것이다. [수요가 급격히 증가 할 때에는 외부에서 지원을 받음으로써 노동 인력의 이용률을 올릴 수 있다.] 실제에 있어서는 장비의 지속적인 운용이 보전 인력의 이용률에 비해 훨씬 중요한 요소라고 결론지을 수 있다. 보통 중요한 요소를 위해 다른 사소한 요소의 희생이 어느 정도 바람직하므로 생산 장비의 가동률을 올리기 위해서는 보전 인력의 이용률은 상대적으로 감소될 수도 있을 것이다.

그러나 총비용을 최소화하기 위해 보전 인력 이용률을 희생할 필요가 있다고 할지라도 일단 업무 할당을 받은 보전 인력에 대한 성과와 효율은 최대로 유지해야 한다. 그들에게 업무를 배정했을 때 효과를 최대로 하는 문제는 보전 인력 이용률의 희생과는 상충되지 않는다. 이용률은 실제 작업 시간을 작업 가능 시간으로 나눈 비율이다. '1-이용률=유휴율'이므로 이것은 실제로 유휴율의 척도도 된다. 여기에는 작업 수행 기간 중의 성과와 효율은 포함되지 않는다.

작업 효과를 관측하기 위해서는 수행된 작업의 질을 계량하는 척도가 선정되어야 한다. 또한 성과와 효율 간에는 상호 밀접한 관계가 있다. 효율은 보전작업자의 작업 결과를 관측하기 위해 미리 설정된 표준에 비해 얼마만큼의 작업을 수행했는가하는 관측값으로서 정의 될 수 있다. 작업 결과에 대한 가장 만족할만한 척도는 표준 소요 시간이다. 만일 우리가 모든 작업에 표준 소요 시간을 설정해 둔다면 우리는 효율의 척도인 표준에 대해서 작업 성능을 관측할 수 있다.

$$\text{효율} = \frac{\text{산출물}}{\text{투입자원}} = \frac{\text{표준소요시간}}{\text{작업시간}} = \text{성능}$$

만일 우리가 보전 작업에 대해서 표준 소요 시간을 설정하고 개인, 집단, 또는 직무에 대한 실제 작업 시간을 기록, 유지한다면 우리는 허용 된 표준 소요 시간에 대해서 실제 소비한 시간을 비교함으로써 효율의 관측값을 얻을 수 있다. 물론 여기서 고려되는 것은 일단 업무 할당을 받은 경우의 시간이고 일이 없는 경우의 유휴 시간은 고려하지 않는다. 보전 작업 시간은 생산 또는 일상적인 업무보다 변화의 폭이 아주 크다고 할지라도 많은 진보적인 회사들은 표준 시간을 설정하여 이것을 성공적으로 사용해 오고 있다[Lewis].

9.8 예방보전

일상적인 보전은 생산 과정에서 가장 인기없는 업무이면서도 사실은 가장 중요한 역할을 한다. 공정이 점차적으로 더욱 기계화되어 감에 따라 보전 업무는 더욱 복잡해지고 또 한편으로 고장의 파급 효과의 가능성은 대폭 증가되어 가고 있다. 예방 보전을 잘 수행하기위한 가장 중요한 사항은 훌륭한 계획, 유능한 보전 요원과 경영진에 의한 과감한 지원이다.

특수한 보전 문제의 해결을 위해서 아주 정교한 모형들이 많이 개발되었다. 예를 들면 노후화하는 장비에 대한 검사 정책(유도미사일 또는 소방호스), 운영 상태로 다시 복구 가능한 장비의 재생 정책(낡은 타이어의 재생, 및 일정 시간 사용 후의 부품 교체 또는 장비 대체 정책(예상 수명의 반을 사용하면 바꾸어 끼는 전자부품) 등이 있다. 뒤에서 검토될 이러한 복잡한 보전 모형은 소요 비용이 대단히 많거나 신뢰도가 아주 중요 할 때에 적절히 이용될 수 있다. 전형적인 예방 보전 계획은 수학적인 모형만으로 이루어지는 것은 아니다. 예 방 보전의 기본 지침이란 예방 보전에 소요되는 시간이 수리에 필요한 시간보다는 적어야하고 예방 보전에 의해서 높아지는 장비의 가치는 예방 보전 비용보다 커야한다는 것이다. 이 원칙에는 논리상 약점이 없으나 실제로 적용하기 위해서 비용 자료를 수집하는 데서 파라독스가 발생한다. "비용이 적을 때에만 행하라. 그러나 해보아야 비용을 알 수 있다." 다음의 목록은 보전 계획에서 중요시해야 할 실제적인 고려 사항을 제시해 준다[Riggs].

1) 장비는 신뢰도를 개선하기 위해서 "초과설계"된 경우가 많다. 여분회로는 초기 비용을 증가시키지만 보전 비용을 상당히 많이 감소시켜 준다
2) 생산 공정에서 재공품의 재고 증가는 장비 고장 효과에 대해서 완충 역할을 한다. 예비저장품은 보관비용을 증가시키지만 고장 수리가 완료 될 때까지 생산라인의 중단을 방지해준다.
3) 검사를 할 때에는 항상 세척, 조정, 기타 사소한 보전 작업을 하여 비용과 불편을 줄인다.
4) 연수 훈련과 회사의 규율은 보전 업무량에 분명히 영향을 미친다. 그러므로 장비 운전기사는 가능하다면 그 장비의 예방 보전 작업에 책임을 지도록 해야 한다. 또한 얼마나 장비를 소중히 보전 하는가를 확인하기 위해서 보전 요원에 의한 주기적인 점검이 행해질 수 있다.
5) 마찰, 진동, 부식, 침식은 미리 탐지되어야 하며 중대한 결과를 초래하기 전에 억제되어야 한다.

어느 회사에서든지 보전요원보다도 더 인정을 못 받는 직원도 없는 것 같다. 그들

의 훌륭한 업무를 칭찬해 주어야 하지만 오히려 당연한 것으로 여기고 가끔 고장이 발생하면 그들의 잘못도 아닌데 경솔하게 힐책하는 경우가 많다. 보전업무에 관련된 책임은 분명히 너무도 광범위하다. 반면에 보전 작업 수행에 겪는 어려움을 아무도 알아주지 않는다. 수리 작업 및 장비 손질에 대해서는 항상 자세히 기록해 두어야 할 필요가 있으며 이런 자료는 운용 부서와 협조해서 얻을 수밖에 없다. 보전 계획에 대한 광범위한 협조는 고위 경영층의 관심과 지원에 의해서만 가능하다. 고장 진단에 필요한 전문지식뿐만 아니라 참을성 있는 세심한 주의력도 검사 임무를 위해서는 필수적이다. 다음과 같은 경구를 항상 명심해야 할 것이다. 머피의 법칙 "탈이 날 수 있는 일은 탈이 나게 마련! (If something can go wrong, it will!)"

9.9 신뢰성중심보전(RCM, reliability centered maintenance)

RCM은 "품목의 가동 환경 하에서 의도하는 기능을 유지시키기 위하여 '예방보전'의 최적소요를 결정하는데 사용되는 체계적인 과정"이다.

RCM은 품목의 FMEA의 결과와 과거의 운용자료를 기초로 하여, 최소의 수명주기비용으로 장비에 설계된 고유신뢰도와 안전도를 유지하는데 필수적인 보전업무 소요와 업무량 그리고 업무의 최적 분포를 결정하기 위한 해석적인 방법이다. 장비의 효율성이 저하되기 전에 잠재고장 또는 고장을 확인함으로써 장비의 가용성을 증가시키는 예방보전 업무를 개발하는 것이다. 1968년 미국의 항공회사에서 B-747 개발 때, 예방보전 진행법의 연구에 의해 탄생되었고, 이후 미국해군과 원자력발전소에서 개발이 진행, 실용화되었다.

① 예방 보전에 대한 설계 우선 순위와 지침 설정
② 장비의 고유 안전도 및 신뢰도 보장
③ 성능저하가 발생 하였을 때 장비 안전도 및 신뢰도를 고유 수준으로 복구
④ 고유신뢰도가 부적절한 품목에 대한 설계 향상 자료 획득
⑤ 이상을 최소 비용으로 실현

RCM 분석의 수행과정은 그림 9-3과 같다. RCM은 설계정보와 과거 운용자료가 대단히 유용하다.

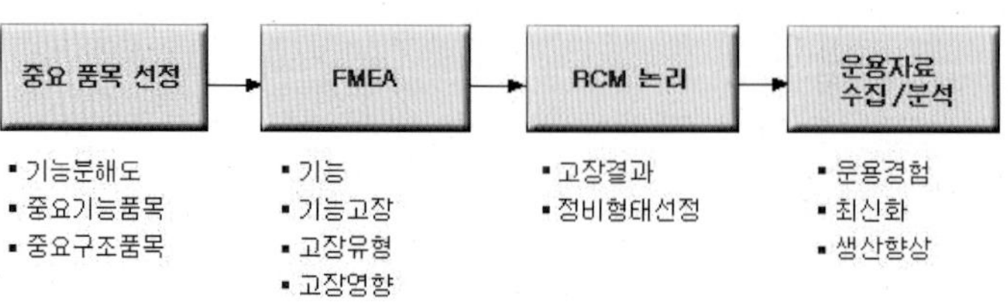

그림 9-3 RCM 분석을 수행하기 위한 요소

제10장 부품교체

10.1 부품교체 서론

많은 경우에 가동 중에 발생하는 장비의 고장은 큰 손실을 초래하거나 위험 하다. 만일 장비의 고장률이 사용 시간에 따라 증가하는 것이라면 노후 되기 전에 교체하는 것이 유리한 경우가 있다. 본장에서는 총비용을 최소화하거나 가용도를 최대화하거나, 일반으로 주어진 목적 함수를 최적화하는 최적 부품 교체 정책을 구하여 보기로 한다. 학부에선 정성적인 개념만 이해하고 수학적 모형은 생략할 수 있다.

흔히 사용되는 부품 교체 정책에는 사용 시간에 따르는 수명교체(age replacement) 정책이 있다. 이런 정책에서는 부품이 고장 나거나, 또 고장 나지 않았더라도 설치 후 일정시간이 경과했을 때에는 부품을 교체해 준다. 이외에 자주 쓰이는 정책으로는 부품이 고장나거나, 또 고장나지 않았더라도 정기적으로 교체해주는 정기교체(periodic replacement) 또는 일제교체(block replacement) 정책이 있다. 여기서 일제교체라는 이름이 붙은 이유는 이 정책을 이용하여 교체시점에서 여러 개의 비슷한 장비들을(예, 가로등) 정기적으로 일제히 교체하여주는 데서 유래한다.

물론 경제적인 관점에서 볼 때 고장 나지 않은 부품을 미리 신품과 교체해 주어서 얻는 것이 무엇인가 의문을 가질 수 있다. 부품이 완전히 마모되어 고장 날 때까지 사용하는 것이 경제적이지 않을까? 이렇게 하면 결국 필요한 예비 부품의 수가 줄어들 것이다.

그러나 이런 생각은 문제를 완전히 파악하지 못한 것을 나타낸다. 예방교체는 품목을 비사용 중일 때(예를 들어 가로등을 낮에 교체, 분해수리 할 때, 정상시간 외 등) 교체하는 것이다. 그러므로 장비가 정상 운용될 때에 내장된 부품이 고장났다면 운용을 중단해야하므로 여기에 따르는 손실이 있지만 예방교체를 할 때에는 이런 손실이 따르지 않는다. 예를 들어 비행기의 운용에서는 정상 운용 중에 부품 고장이 발생한다면 부품의 비용과는 비교가 되지 않을 만큼 비싼 장비 전체를 잃게 되고, 경우에 따라서는 인명 피해를 보게 된다. 그러므로 부품 고장이 전체 체계의 고장을 초래하거나, 체계 자체를 잃게 되거나, 인명의 피해를 가져올 때는 부품이 고장날 때까지 기다리지 말고 미리 예방교체를 해주는 것이 더 경제적이다.

10.2 사용 중 고장의 상대비용 추산

부품이 고장 나기 전에 예방교체를 해주기 위한 두 가지 필요조건은, 1) 고장수명분포가 마모 즉 증가고장률의 분포이고, 2) 고장 전에 미리 교체하는 비용이 고장 시 교체하는 비용보다 경제적이어야 한다.

만일 고장 후 교체 비용이 상대적으로 너무 높다면 교체 기간이 너무 짧아지고 부품의 잔여수명을 낭비하게 된다. 만일 고장 후 교체 비용이 상대적으로 너무 낮다면 교체 기간이 너무 길어지고 보전 비용이 너무 높아질 우려가 있다.

경우에 따라서는 비행기의 예처럼 사용 중 고장시 교체 비용을 산출하는 것 자체가 부자연스러울 때도 있다. 확률적으로 발생하는 장비 고장은 예측할 수가 없으므로 이러한 경우에는 도덕적으로 바람직하지 않을 수도 있으나 인명 피해를 가져오는 장비 고장에 관련되는 비용을 산출하는 방법을 모색해야 한다.

다행히 요즈음에는 군용, 상용을 불문하고 모든 중요 장비의 신뢰도를 높이기 위해서 여분설계에 치중하는 경향이 있고 이로 인해서 인명의 피해를 가져오는 장비고장이란 별로 흔하지 않다. 일반으로 비행기의 부품이 고장난다면 비행 예정시간이 지연되거나, 임무를 포기하게 되거나 부품수리 비용이 증가하는 등으로 그친다.

이렇게 인명의 안전에 대한 고려를 제외한다면 계획이든 사고 후든 교체 비용은 1) 보전을 대기하거나 또는 보전 중의 얼마나 오랫동안 비가용 상태에 머물게 되는가, 2) 보전을 위하여 소요되는 자원은 얼마인가에 좌우된다. 이런 항목에 드는 비용이 얼마이며, 고장 전과 고장 후의 보전 비용의 관계는 어떠한가를 살펴보기로 하자.

부품 교체를 해야 할 필요성이 대두된 시각으로부터 완료된 순간까지는 비생산적인 기간이다. 이런 장비고장시간으로 인한 기회비용이란 고장이 아니었다면 생산할 수 있었던 생산품의 가치이다. 비계획 보전 비용이 계획 보전 비용보다 높은 3가지 원인이 있다. 1) 비계획 보전은 예상치 않게 발생하기 때문에 즉각 대비하기가 어려워 대기시간이 크게 되며 계획 보전은 대기시간이 적어지게 된다. 2) 일반으로 고장 부품의 교체가 정상 부품의 교체보다도 힘들고 또 다른 부품까지도 고장나게 할 때가 있으므로 시간과 비용이 많이 들게 된다. 3) 비계획 보전에 소요되는 시간의 기회비용은 일반으로 계획 보전에 소요되는 시간의 기회비용보다 크게 된다.

교체 비용을 결정하는 두 번째 요인은 보전에 필요한 자원이다. 일반으로 비계획 부품 교체에 소요되는 자원이 더 큰 이유는 1) 일반으로 더 복잡한 보전 업무가 필요하며 고장난 부품은 처분 가치가 낮다. 2) 사용 중에 고장 난 부품을 수선하기 위해서는 추가적인 자원을 필요로 한다. 3) 경우에 따라서는 보전 시설을 고장난 장비의 위치로 운반해야 한다(고장난 자동차가 도로에 서있는 것을 생각해 보라) 등이다.

사용 중 고장은 계획된 교체보다도 비용이 크지만, 계획 교체를 위해서는 증가 고장률 함수를 가져야 한다. 부품의 고장이 마모로부터 유래할 경우 대개 증가 고장률을 가진다. 증가 고장률이 아니라면 계획 교체는 비경제적이다.

교체의 총비용을 산출하기 위해서는 자원과 고장기간 비용이 화폐 단위로 환산되어야 한다.

우선 계획교체 및 비계획교체에 따르는 단위 비가용기간당 기회비용을 알수 있다고 할 때, 이를 O_P, O_F라고 하자. 계획교체 및 비계획교체에 따르는 비가용기간을 t_p, t_f, 직접 소요되는 비용을 W_P, W_f라 하자. 그러면 계획교체 및 비계획교체에 소요되는 총비용은 다음과 같다.

$$C_p = O_P \cdot t_p + W_P \tag{10.2.1}$$

$$C_f = O_f \cdot t_f + W_f \tag{10.2.2}$$

지금까지 거론된 모든 부품교체문제는 재생이론(renewal theory)에 의해서 해결할 수 있다. 교체문제를 다루기 전에 재생이론을 살펴보기로 한다.

10.3 재생이론

10.3.1 재생시간의 분포

재생이론은 근본적으로 '확률변수의 합의 분포'를 구하는 이론의 연장이다. 재생과정이란 일련의 독립적이고 동일한 분포를 갖는 양의 확률변수의 수열을 말한다.

어떤 부품이 오랜 시간 동안 사용된다고 가정하자. 첫 번째 고장이 시점 t_1에서 발생하고 고장난 부품은 즉시 동일한 신품으로 교체된다. 부품 교체에 소요되는 시간은 무시할 정도로 작다고 가정한다. 새로 설치된 두 번째 부품이 t_1에서 작동을 시작하여 시점 t_2에서 다시 고장난다. 그러므로 두 번째 부품은 $\tau_2=t_2-t_1$ 시간 동안 작동한 것이다. 고장난 두 번째 부품은 세 번째 부품으로 교체되고 이것이 또 $\tau3$ 시간만큼 사용되고 하여 재생 과정이 계속된다. 이때에 n개의 부품을 가지고 체계가 가동하는 시간, 즉 n회의 교체(재생)가 발생할 때까지의 시간은 다음과 같다.

$$t_n = \tau_1 + \tau_2 + \cdots + \tau_n \tag{10.3.1}$$

이것은 n번째 부품고장이 발생하는 시점이다. 또한 체계가동시간 t_n의 밀도함수 $f_n(t)$는 각 밀도함수 $f_1(t)$로부터 합성곱(컨볼루션) 적분에 의해서 구할 수 있다.

$$f_1(t) = f_1(t) \tag{10.3.2}$$
$$f_2(t) = \int_0^t f_1(x) f_1(t-x) dx$$
$$f_3(t) = \int_0^t f_2(x) f_1(t-x) dx$$
$$\vdots$$
$$f_n(t) = \int_0^t f_{n-1}(x) f_1(t-x) dx$$

라플라스변환을 사용하면 위의 합성곱은 단순한 곱으로 표시된다. 각 고장밀도함수가 동일하므로 $f_1^*(s) = \mathcal{L}\{f_1(t)\}$이라고 하면 다음과 같이 n번째 재생기간의 밀도함수를 구할 수 있다. (밀도함수의 라플라스변환은 적률모함수란 것도 말했었다.)

$$f_n^*(s) = [f_1^*(s)]^n \tag{10.3.3}$$
$$f_n(t) = \mathcal{L}^{-1}\left\{[f_1^*(s)]^n\right\}$$

[예제] 10.1

순간고장률이 h(t)=λ인 부품의 n번째 재생시간의 밀도함수를 구하라.
풀이)

$f_1(t) = \lambda e^{-\lambda t}$이므로 $f_1^*(s) = \dfrac{\lambda}{\lambda + s}$ 이고, $f_n^*(s) = (\dfrac{\lambda}{\lambda + s})^n$ 이다. 따라서 n번째 재생시간의 밀도함수는 다음과 같다.

$$f_n(t) = \mathcal{L}^{-1}\left\{f_n^*(s)\right\} = \mathcal{L}^{-1}\left\{(\frac{\lambda}{\lambda + s})^n\right\} = \frac{\lambda(\lambda t)^{n-1} e^{-\lambda t}}{(n-1)!} \tag{10.3.4}$$

식 (10.3.4)에 나타난 밀도함수를 4장에서 보았던 n차 얼랭분포라 하며 이런 재생과정, 즉 부품 고장밀도함수가 지수분포를 갖고, 체계가동시간(n째 재생)의 밀도함수가 얼랭분포인 경우를 포아송과정이라 한다.

10.3.2 재생횟수

식 (10.3.4)로부터 몇 번째 재생이 특정 시점 이전에 발생할 확률을 구할 수 있다. 이러한 정보는 교체 부품을 얼마나 예비로 비축하여야 하는가를 정할 수 있다. 이보다도 더 중요한 확률 함수로는 특정 기간 사이에서 발생되는 재생횟수가 특정한 수치를 가질 확률이며, 이 확률의 유도가 다음에 주어진다.

식 (10.3.2)의 t_n의 분포함수를 $F_n(t)$ 라하고 t 시간 동안에 발생하는 재생 횟수(고장 횟수)를 N(t)라하자. t<t_n이면 N(t)<n이므로 N(t)와 $F_n(t)$관계는 다음과 같다.

$$P\{N(t) < n\} = P\{t_n > t\}$$
$$P\{t_n > t\} = 1 - P\{t_n < t\} = 1 - F_n(t)$$
$$P\{N(t) < n\} = 1 - F_n(t)$$

따라서 다음 식이 성립한다.

$$\begin{aligned} P\{N(t) = n\} &= P\{N(t) < n+1\} - P\{N(t) < n\} \\ &= \{1 - F_{n+1}(t)\} - \{1 - F_n(t)\} \\ &= F_n(t) - F_{n+1}(t) \end{aligned} \qquad (10.3.5)$$

식 (10.3.5)를 재생계수식이라고도 한다.

[예제] 10.2

재생계수식을 이용하여 식 (10.3.4)에 있는 얼랭분포로 표현되는 포아송과정에서 재생횟수의 분포를 구하라.

풀이)

식 (10.3.4)를 식 (10.3.5)에 대입하면

$$P\{N(t) = n\} = \int_0^t \frac{\lambda(\lambda x)^{n-1} e^{-\lambda x}}{(n-1)!} dx - \int_0^t \frac{\lambda(\lambda x)^n e^{-\lambda x}}{n!} dx \qquad (10.3.6)$$

식 (3.4.7)로부터

$$F_n(t) = \int_0^t \frac{\lambda(\lambda x)^{n-1} e^{-\lambda x}}{(n-1)!} = 1 - \sum_{K=0}^{N-1} \frac{e^{-\lambda t}(\lambda t)^k}{K!} \qquad (10.3.7)$$

식 (10.3.7)을 식 (10.3.6)에 대입하면

$$\begin{aligned} P\{N(t) = n\} &= \sum_{r=0}^{n} \frac{e^{-\lambda t}(\lambda t)^r}{r!} - \sum_{r=0}^{n-1} \frac{e^{-\lambda t}(\lambda t)^r}{r!} \\ &= \frac{(\lambda t)^n e^{-\lambda t}}{n!} \end{aligned} \qquad (10.3.8)$$

그러므로 재생횟수는 포아송분포를 갖는다.

10.3.3 재생함수와 재생률

평균재생횟수는 식 (10.3.5)로부터 구할 수 있다. 평균재생횟수는 재생함수(renewal function)라 불린다. 재생함수 M(t)는 다음과 같다[1].

1) 보전도 기호와 직접 관련이 없다.

$$\begin{aligned} M(t) = E[N(t)] &= \sum_{n=0}^{\infty} nP\{N(t)=n\} \qquad (10.3.9) \\ &= \sum_{n=0}^{\infty} nF_n(t) - F_{N+1}(t) \\ &= F_1(t) - F_2(t) + 2F_2(t) - 2F_3(t) + \cdots \\ &= F_1(t) + F_2(t) + F_3(t) + \cdots \\ &= \sum_{n=1}^{\infty} F_n(t) \end{aligned}$$

여기서 $M^*(s) = \mathcal{L}\{M(t)\}$라 하면

$$\begin{aligned} M^*(s) &= \sum_{n=1}^{\infty} F_n^*(s) \qquad (10.3.10) \\ &= \frac{1}{s}\sum_{n=1}^{\infty} f_n^*(s) \\ &= \frac{1}{s}[f_1^*(s) + f_2^*(s)^2 + \cdots] \\ &= \frac{1}{s}[f_1^*(s) + f_1^*(s)^2 + f_1^*(s)^3 + \cdots] \\ &= \frac{1}{s}[\frac{f_1^*(s)}{1-f_1^*(s)}] \end{aligned}$$

M(t)의 도함수 $m(t)$를 재생률 또는 재생밀도라 하며, $m(t)dt$는 $[t, t+dt]$ 사이에 재생이 최소한 일회 발생할 확률을 나타낸다.

식 (10.3.9)로부터

$$m(t) = \sum_{n=1}^{\infty} f_n(t) \qquad (10.3.11)$$

식 (10.3.2)로부터

$$\begin{aligned} m(t) &= f_1(t) + \sum_{n=1}^{\infty}\int_0^t f_n(x) f_n(t-x)dx \qquad (10.3.12) \\ &= f_1(t) + \int_0^t [\sum_{n=1}^{\infty} f_n(x)] f_1(t-x)dx \\ &= f_1(t) + \int_0^t m(x) f_1(t-x)dx \end{aligned}$$

식 (10.3.12)를 재생률등식이라 한다[Ross]. 이를 적분한 형태의 $M(t) = F(t) + \int_0^t M(t-x)dF(x)$를 재생등식이라고 한다.

재생함수나 재생률을 구하기 위하여 직접 식 (10.3.9)나 식 (10.3.12)를 사용하여도 좋으나 라플라스변환을 이용하면 더 간단히 구할 수 있다. 즉 식 (10.3.12)의 양변의 라플라스변환을 취하면 다음과 같다.

$$m^*(s) = f_1^*(s) + m^*(s) \cdot f_1^*(s)$$

$$m^*(s)\{1 - f_1^*(s)\} = f_1^*(s)$$

$$m^*(s) = \frac{f_1^*(s)}{1 - f_1^*(s)} \tag{10.3.13}$$

그러므로 역변환을 구하면

$$m(t) = \mathcal{L}^{-1}\{m^*(s)\} = \mathcal{L}^{-1}\left\{\frac{f_1^*(s)}{1 - f_1^*(s)}\right\}$$

$$M(t) = E[N(t)] = \int_0^t m(x)dx \tag{10.3.14}$$

$$= \mathcal{L}^{-1}\left\{\frac{m^*(s)}{s}\right\}$$

$$= \mathcal{L}^{-1}\left\{\frac{\phi_1^*(s)}{s[1 - \phi_1^*(s)]}\right\}$$

이것은 식 (10.3.10)의 결과와 일치한다.

[예제] 10.3

포아송과정의 평균재생횟수와 재생률을 구하라.

풀이)

포아송과정에서 $f_1(t) = \lambda e^{-\lambda}$이고, $f_1^*(s) = \dfrac{\lambda}{\lambda + s}$이므로 식 (10.3.13)으로부터

$$m(t) = \mathcal{L}^{-1}\left\{\frac{\lambda/(\lambda+s)}{1 - \lambda/(\lambda+s)}\right\} = \mathcal{L}^{-1}\left\{\frac{\lambda}{s}\right\} = \lambda \tag{10.3.15}$$

$$E[N(t)] = M(t) = \mathcal{L}^{-1}\left\{\frac{\lambda/(\lambda+s)}{s - \lambda s/(\lambda+s)}\right\} = \mathcal{L}^{-1}\left\{\frac{\lambda}{s^2}\right\} = \lambda t$$

지금까지의 결과를 요약하면 n번째 재생시간의 확률밀도함수는 식 (10.3.3)을 역변환 하든지, 포아송과정의 경우에는 식 (10.3.4)로부터 주어진다. 시간의 함수로 표시되는 n회 재생확률은 식 (10.3.5)로부터 구할 수 있고, 포아송과정의 경우에는 식 (10.3.8)로부터 주어진다. 재생횟수의 기대값은 식 (10.3.9) 또는 식 (10.3.14)를 역변환하여 구할 수 있고 포아송과정의 경우에는 식 (10.3.15)에 의해서 주어진다.

일반으로 M(t)의 라플라스변환을 역변환하여 분포함수 $F_i(t)$로 직접 표현하기는 대단히 힘들며 수치해가 필요할 경우에는 "Mathematica"와 같은 수학 프로그램을 사용할 수 있다.

특수한 경우에 한해서 M(t)가 알려져 있으며, 그 중 하나의 예로 $f_1(t)$가 k차 얼

랭분포 $f_1(t) = \frac{\lambda(\lambda t)^{k-1}}{(k-1)!} e^{-\lambda t}$ 라 하자.

이 $f_1(t)$는 모수 λ를 갖는 지수분포 k개의 합성곱이므로 $f_1(t)$로부터 정의되는 재생과정에서 [0,t] 사이에 n회의 재생이 발생할 확률은, 모수 λ를 갖는 포아송과정에서 [0,t] 사이에 nk, nk+1, ⋯, nk+k-1 회의 사건이 발생할 확률과 같다. 그러므로 n회 재생확률은 다음과 같다.

$$P\{N(t) = n\} = \frac{(\lambda t)^{nk}}{(nk)!} e^{-\lambda t} + \frac{(\lambda t)^{nk+1}}{(nk+1)!} e^{-\lambda t} + \cdots + \frac{(\lambda t)^{nk+k-1}}{(nk+k-1)!} e^{-\lambda t} \qquad (10.3.16)$$

m(t)를 $f_1(t)$로부터 정의되는 재생밀도라 하면 m(t)dt는 [t,t+dt]사이에서 최소한 한 번의 재생이 있을 확률로서 식 (10.3.11)의 관계를 이용하여 다음과 같다.

$$m(t)dt = \sum_{j=1}^{\infty} \left[\frac{(\lambda t)^{kj-1}}{(kj-1)!} e^{-\lambda t} \right] \lambda dt \qquad (10.3.17)$$

식 (10.3.17)의 우변은 단순히 모수 λ를 갖는 포아송과정에서 [0,t] 사이에 kj-1 회의 사건이 발생할 확률에 [t,t+dt] 사이에 사건 하나가 더 발생할 확률을 곱한 것이며, 이것은 j가 취할 수 있는 모든 값에 대하여 총합을 구한 것이다. 만약 k=2라면 m(t)는 다음과 같다.

$$m(t) = \frac{\lambda}{2} + (\frac{\lambda}{2}) e^{-2\lambda t} \qquad (10.3.18)$$

이를 적분하면 다음 M(t)와 같다.

$$M(t) = \frac{\lambda t}{2} - \frac{1}{4} + \frac{1}{4} e^{-2\lambda t} \qquad (10.3.19)$$

일반으로 k차의 식 (10.3.17)을 적분하면 $\theta = e^{2\pi i/k}$라 할 때 다음과 같다. 자세한 것은 [Parzen]을 참조하기 바란다.

$$M(t) = \frac{\lambda t}{k} + \frac{1}{k} \sum_{j=1}^{k-1} \frac{\theta^j}{1-\theta^j} [1 - e^{-\lambda t(1-\theta^j)}] \qquad (10.3.20)$$

10.3.4 극한값*

(1) 기초재생정리

확률밀도함수 $f_1(t)$의 기대값이 θ_1일 때 재생함수의 시간 평균은 $1/\Theta_1$라는 기초재생정리를 다음과 같이 구할 수 있다.

$f_1^*(s) = \mathcal{L}\{f_1(t)\}$이라 하면 라플라스변환의 최종값 정리에 의하여 $\lim_{t \to \infty} f_1(t) = \lim_{s \to \infty} s f_1^*(s)$와 같다. 식 (10.3.10)을 바로 접근하면 다음과 같이 풀리지 않는다.

$$\lim_{t\to\infty} M(t) = \lim_{s\to\infty} sM(s) = \lim_{s\to\infty} \frac{f_1^*(s)}{1-f_1^*(s)} = \frac{1}{1-1} = \infty$$

로피탈 정리에 의하여 식 (10.3.13)으로부터

$$\begin{aligned}\lim_{t\to\infty}\frac{M(t)}{t} &= \lim_{t\to\infty}\frac{M'(t)}{1} = \lim_{t\to\infty} m(t) \\ &= \lim_{s\to 0} sm^*(s) = \lim_{s\to 0}\frac{sf_1^*(s)}{1-f_1^*(s)} \\ &= \lim_{s\to 0}\frac{f_1^*(s)+sf_1^{*\prime}(s)}{-f_1^{*\prime}(s)}\end{aligned} \tag{10.3.21}$$

따라서 $f_1^*(s) = \int_0^\infty e^{-st} f_1(t)dt$, $-f_1^{*\prime}(s) = \int_0^\infty te^{-st} f_1(t)dt$, $-f_1^{*\prime}(0) = \theta_1$이므로 식 (10.3.21)는 다음과 같이 구해진다.

$$\lim_{t\to\infty}\frac{M(t)}{t} = \frac{1}{\theta_1} \tag{10.3.22}$$

이는 정상상태의 재생횟수의 시간평균은 평균발생률과 같다는 뜻이다.

(2) 왈드(Wald)의 누적합 정리

만일 $\tau_1, \tau_2, \cdots$가 기대값 $\theta_1 < \infty$인 독립 확률변수이고, n(=1, 2, …)도 확률변수일 때 $t_n = \sum_{i=1}^{n} \tau_i$라 놓으면 t_n의 기대치는 다음과 같다[Johnson].

$$E[t_n] = \theta_1 E[n] \tag{10.3.23}$$

증명: $P\{n=i\} = P_i$라 하고, τ_i가 관찰(사상 {n≥i}가 발생)되면, $y_i = 1$ 또는 $y_i = 0$이라 하자. $P\{y_i = 1\} = P\{n \ge i\} = \sum_{j=i}^{\infty} P_j$이므로 $t_n = \sum_{i=1}^{\infty} y_i \tau_i$이고

$$\begin{aligned}E[t_n] &= E\left[\sum_{i=1}^{\infty} y_i\tau_i\right] = \sum_{i=1}^{\infty} E[y_i\tau_i] = \sum_{i=1}^{\infty} E[y_i]E[\tau_i] = \theta_1\sum_{i=1}^{\infty} E[y_i] \\ &= \theta_1(P_i + P_{i+1} + \cdots) = \theta_1\sum_{i=1}^{\infty} iP_i = \theta_1 E[n]\end{aligned}$$

(3) 평형 재생과정의 재생함수

오래 전에 시작된 재생과정을 임의의 시점 t=0에서 관찰을 시작한 경우와 같은 정상 또는 평형 재생과정 $\{\hat{N}(t), t \ge 0\}$에서 다음과 같다.

(a) 첫 번째 재생기간의 분포는 다음과 같다.

$$\hat{f}(t) = \frac{\overline{F}(t)}{\theta_1} \tag{10.3.24}$$

(b) $\hat{N}(t)$의 기대값은 다음과 같다.

$$E[\hat{N}(t)] = t/\theta_1 \tag{10.3.25}$$

증명:

(a) 과정이 x 이전에 시작되었고, x→∞일 때 $f_1(x)$→0이라 가정하면, 식 (10.3.21)에서 m(∞)=1/θ_1이므로 극한은 다음과 같다.

$$\begin{aligned}\lim_{x\to\infty}\hat{f}(t) &= \lim_{x\to\infty} f_1(x+t) + \int_0^x m(x-y)f_1(t+y)dy \\ &= \frac{1}{\theta_1}\int_t^\infty f_1(z)dz\end{aligned}$$

(b) $\hat{f}(t)$의 라플라스변환 $\hat{f}^*(s) = \left[1 - f_1^*(s)\right]/\theta_1 s$를 식 (10.3.10)에 대입하면

$$\begin{aligned}\widehat{M}^*(s) &= \frac{1}{s}\left[\hat{f}^*(s)\left(1 + f_1^*(s) + f_1^*(s)^2 + \cdots\right)\right] \\ &= \frac{\hat{f}^*(s)}{s[1-f^*(s)]} = \frac{1}{\theta_1 s^2}\end{aligned}$$

즉 $\widehat{M}(t) = t/\theta_1$이다[Cox]. 식 (10.3.22)와 같은 개념을 준다.

(4) 재생함수 하한과 상한

모든 재생과정에 대해서 $t \geq 0$에서 재생함수의 하한은 다음과 같다.

$$M(t) \geq \frac{t}{\theta_1} - 1 \tag{10.3.26}$$

증명:

왈드의 누적합 정리 식 (10.3.23)으로부터 N(t)회의 재생시점을 $S_{N(t)}$라 할 때 $E[S_{N(t)+1}] = \theta_1[M(t)+1]$이고, t에서부터 다음 재생시간까지의 전방 재발기간 (forward recurrence time) $\nu(t) = S_{N(t)+1} - t$를 생각하면 $E[\nu(t)] = \theta_1[M(t)+1] - t \geq 0$이다[Barlow & Proschan].

만일 $t \geq 0$에서 잔여수명 $\int_t^\infty \frac{\overline{F}(x)dx}{\overline{F}(t)} \leq \theta_1$ 이라면 상한은 다음과 같다.

$$M(t) \leq \frac{t}{\theta_1} \tag{10.3.27}$$

증명:

가정으로부터 $\int_t^\infty \frac{\overline{F}(x)dx}{\theta_1} \leq \overline{F}(t)$이므로

$$\int_t^{\infty} \frac{\overline{F}(x)dx}{\theta_1} = \frac{\int_0^{\infty} \overline{F}(x)dx - \int_0^t \overline{F}(x)dx}{\theta_1}$$
$$= \frac{\theta_1 - \int_0^t \overline{F}(x)dx}{\theta_1}$$
$$= 1 - \hat{F}(t) \le \overline{F}(t)$$

즉 $\hat{F}(t) \ge F(t)$이다. 그러므로

$$P\{\hat{N}(t) \ge n\} = \hat{F}_n(t) = \int_0^t \hat{F}_{n-1}(t-x)d\hat{F}(x)$$
$$\ge \int_0^t F_{n-1}(t-x)dF(x)$$
$$= F_n(t) = P\{N(t) \ge n\}$$

재생함수 식 (10.3.9)와 평형 재생함수 식 (10.3.25)으로부터

$$\sum_{n=1}^{\infty} \hat{F}_n(t) = E[\hat{N}(t)] = t/\theta_1 \ge \sum_{n=1}^{\infty} F_n(t) = E[N(t)] = M(t)$$

(4) 특정한 극한값

경우에 따라서는 재생횟수 식 (10.3.5)와 평균재생횟수 식 (10.3.9)는 밀도함수 $f_1(t)$의 형태에 무관하게 특정한 극한치를 갖는다[Cox]. 여기서 평균과 분산을 μ, σ^2라고 하자.

1) $n\to\infty$일 때 식 (10.3.2)의 밀도함수 $f_n(t)$는 중심극한정리에 의하여 평균 $n\mu$, 분산 $n\sigma^2$의 정규분포에 수렴한다.

2) 식 (10.3.5)에 있는 P{N(t)=n}도 같은 이유로 $n\to\infty$, $t\to\infty$ 일 때 평균 $\frac{t}{\mu}$, 분산 $\frac{\sigma^2 t}{\mu^3}$를 갖는 정규분포에 수렴한다.

3) 식 (10.3.10)에 최종값 정리를 적용하면 [연습문제 10.2. 참조] 재생함수의 극한은 다음과 같다.

$$\lim_{t\to\infty} E[N(t)] = \frac{t}{\mu} + \frac{(\sigma^2 - \mu^2)}{2\mu^2} \tag{10.3.28}$$

이것은 또한 재생률의 극한이 다음이 된다는 뜻이다.

$$\lim_{t\to\infty} m(t) = \lim_{t\to\infty} \dot{M}(t) = \lim_{t\to\infty} \frac{d}{dt} E[N(t)] = \frac{1}{\mu}$$

재생률의 극한치가 갖는 의미를 확실히 하기 위해서 평균수명 μ=7,200시간, 표준편차 σ=600 시간인 100개의 램프가 마모로부터 고장을 일으킬 때 (증가 고장률

함수) 부품이 고장나는 즉시 교체를 해준다면 외견상 고장률이 처음에는 감쇄진동을 하다가 상수로 수렴하는 것을 도식적으로 검토해 보기로 한다. 그림 10-1에는 100개의 램프가 마모현상에 의해서 고장을 일으키는 정규분포의 수명밀도함수가 나와 있다.

정규분포표의 ±3σ를 찾아보면 99.7%의 램프가 5,400~9,000 시간 사이에 고장날 확률임을 알 수 있고, 고장이 가장 자주 발생하는 시기는 평균인 7,200 시간 부근이라는 것도 알 수 있다. 개개의 램프가 고장 날 때마다 교체를 해주므로 항상 100개의 램프가 가동하게 된다.

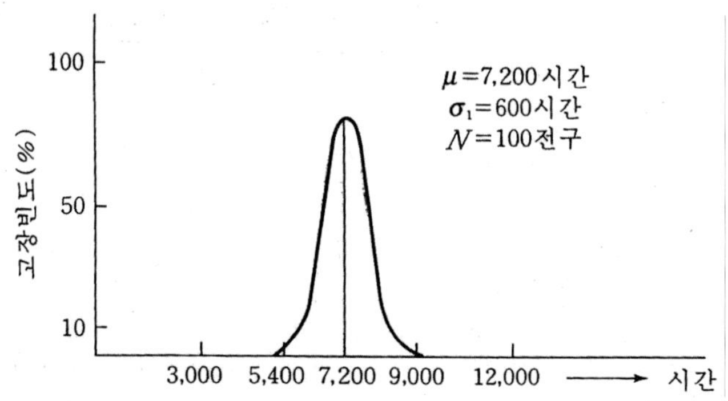

그림 10-1 램프의 수명분포

첫 번째 세대의 램프들이 약 5,000시간대부터 고장 나기 시작하면 제2세대의 램프들이 등장하게 된다. 이들 제2세대의 램프들은 동시에 도입되는 것이 아니고 첫 번째 세대의 램프가 고장나는 데 따라 점차적으로 등장하게 되므로 2세대들의 고장 빈도 곡선은 그림 10-2에서와 같이 훨씬 평탄하게 된다. 이들 제2세대의 램프들의 고장이 가장 자주 발생 하는 시기는 2μ=14,400시간 부근이지만 그 최대빈도는 제1세대의 최대빈도의 약 반 정도이고 표준편차는 $\sigma_2 = \sqrt{2}\,\sigma$=850시간으로 증가하게 된다.

약 10,000시간 때부터는 제3세대의 램프들이 도입되기 시작한다. 이들의 고장이 가장 잦은 시기는 3μ=21,600시간 부근이며 고장의 분포는 표준편차 $\sigma_3 = \sqrt{3}\,\sigma_1 = 1{,}040$시간을 갖는다. 분포가 더 평평하므로 최대빈도는 더 낮아져서 첫 번째 최대빈도값의 약 1/3로 감소한다.

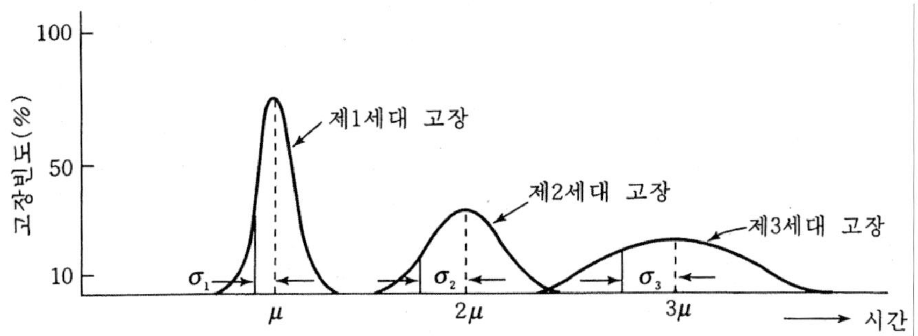

그림 10-2 3개 세대 램프들의 고장분포

그림 10-2에서 보면 단위 시간당 고장 램프 수 m(t)를 구하기 위해서는 제2세대 및 제3세대의 고장빈도를 합해야한다. 이 예에서는 이것은 약 14,400시간 부근에서부터 일어나기 시작한다. 그 후 약 19,000시간대부터는 제3세대의 램프를 대체하기 시작하는 제4대 램프의 고장을 합해야 한다.

그 후에는 단위 시간당 고장 나는 램프 수는 거의 일정하게 되어 혼합 연령을 갖는 램프 집단은 일정한 외견상 고장률 λ=1/μ=0.000139(건/시간)을 갖게 되며 100개의 램프로 구성된 전체계의 고장률은 $\lambda_s = N\lambda$=100×0.000139 =0.0139 (건/시간)이 된다. 이렇게 마모의 영향으로부터 증가하는 부품 고장률을 갖는 개개의 램프가 연령이 서로 다르게 혼합되었을 때에는 일정한 외견상 고장률을 나타내고 이것은 또 램프가 교체되는 빈도를 의미하므로 외견상 고장률은 또 마모교체율이라고 한다. 고장 빈도의 합산 과정과 안정화 과정이 그림 10-3에 나와 있다.

이 예에서 알 수 있듯이 평균 수명이 μ이고 표준 편차가 σ인 정규분포를 따르는 부품들이 어떤 체계에 사용되어 고장 날 때마다 교체하여 준다면 부품 연령의 혼합에 의해서 일정한 외견상 고장률 λ=1/μ (건/시간)을 갖게 된다. 고장률이 일정하므로 부품 고장은 전혀 우발적으로 발생하여 우발고장과 같이 보이지만 사실은 마모고장인 것이다.

이런 부품 100개가 직렬구조를 이루고 있는 체계의 평균수명은 $\mu_s = \dfrac{\mu}{100}$이며 체계의 신뢰도는 $R_s(t) = e^{-t/\mu_s} = e^{-100t/\mu}$가 된다. 부품의 마모고장률이 램프의 경우와 같이 0.0139 라면 체계수명은 $\mu_s = \dfrac{7,200}{100} = 72$시간이다.

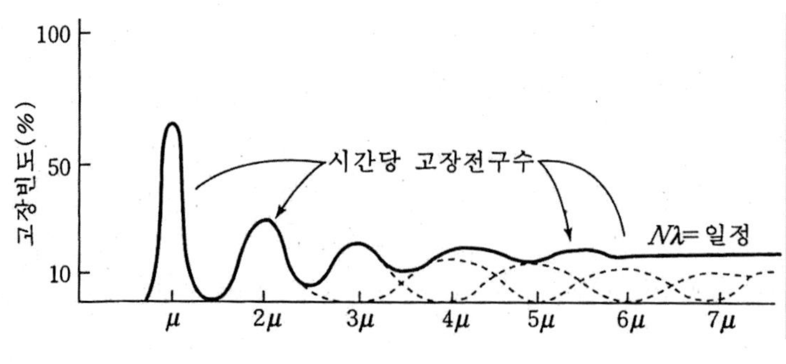

그림 10-3 고장빈도의 안정화

지금까지의 결과를 요약하면, 마모고장을 일으키는 부품이 고장날 때마다 교체될 때 이들 부품의 직렬구조로 이루어진 체계의 고장률은 처음에는 감쇄진동을 하다가 결국 안정화되어 μ_i를 부품 i의 평균마모수명이라 할 때, 다음과 같이 수렴한다.

$$\lambda_s = \sum_{i=1}^{n} \frac{1}{\mu_i} \tag{10.3.29}$$

즉 각 부품의 고장률을 합한 것에 수렴한다. 이 경우 체계신뢰도는 다음과 같다.

$$R_s = e^{-\lambda_s t} = e^{-\sum_{i=1}^{n} \frac{1}{\mu_i} t} \tag{10.3.30}$$

개개 부품의 고장 밀도는 지수분포가 아니고 정규분포이므로 부품의 연령으로 계산하면 마모 고장은 평균 마모 시간을 중심으로 하는 정규분포를 따르지만, 체계의 시간으로 계산하면 부품의 고장은 우발적으로 발생하므로 지수분포를 하게 된다. 왜냐하면 일단 고장률이 안정화 된 후에는 부품은 체계의 시간으로 볼 때 임의시간에 도입되었다가, 또 체계의 시간으로 볼 때 임의시간에 고장 나기 때문이다. 그러므로 어떤 체계를 관찰해서 얻은 부품의 고장률이 일정하다고해서 우연 고장으로 판정하여 그 수명이 지수분포를 갖는다고 속단하지 말아야하며, 부품의 수명분포를 구하기 위해서는 개개 부품의 고장시간을 파악해야 한다. 외견상 부품고장률이 일정하다고해서 부품의 고장이 순전히 우발고장이라고 판정 할 수 없다는 것이다.

10.3.5 재생과정의 중첩

지금까지의 유도는 단일 부품의 재생과정만을 다루어 왔지만 일반으로 우리는 동일하거나 또는 동일하지 않은 여러 개의 부품으로 이루어진 장비에서의 부품 교체(재생)에 대해서 관심을 갖고 있다. 그러므로 현실적으로는 재생과정의 '중첩'에 관심이 있다.

예를 들어 세 개의 부품으로 이루어진 장비가 있다면 총 교체 부품 수(재생횟수)는 그림 10-4와 같은 중첩 과정을 따르게 되며 다음과 같이 주어진다.

$$N_T(t) = N_1(t) + N_2(t) + N_3(t) \tag{10.3.31}$$

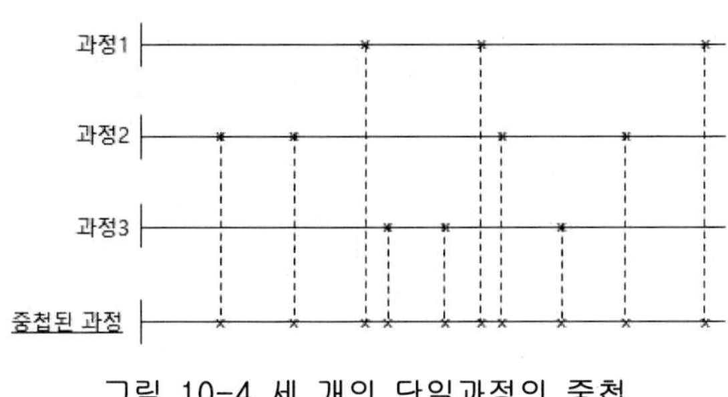

그림 10-4 세 개의 단일과정의 중첩

여기서 $N_T(t)$도 다른 확률 변수 $N_i(t)$의 합이므로 $N_i(t)$의 Z변환[2)]의 합성곱을 이용하여 구할 수가 있으나 자세한 것은 [Cox & Miller]를 참조하기 바란다.

재생과정의 중첩에서 이런 함수들을 직접 구하는 것은 힘드나 중심극한정리로 즉 k개의 단일 재생과정의 중첩 과정에서 다음과 같은 결론을 유도할 수 있다 [Cox].

1) 각 과정이 모수 λ를 갖는 포아송과정 일 때는 중첩 과정은 모수 kλ를 갖는 포아송과정이다.
2) 임의의 과정의 중첩에서 k가 커지면 그 결과는 포아송과정이 된다.
3) k가 큰 경우 재생 시점 간의 시간 간격은 모수 kλ를 갖는 지수분포를 따르게 된다.
4) 중첩 과정에서 n 번째 고장 시간의 분포는 평균 $n\mu/k$와 분산 $n\sigma^2/k^2$을 갖는 정규분포에 수렴한다.
5) 재생 횟수 $N_T(t)$의 분포는 평균 kt/μ와 분산 $k\sigma^2/\mu^3$을 갖는 정규분포에 수렴한다.

10.4 교체정책

본 절에서는 운용 중에 발생하는 고장의 비용과 예방 교체의 비용을 절충하는 교체 정책을 생각해 보자. 모든 교체모형에서 고장부품을 교체할 때 마다 c_f의 비용이 지출되며 이는 작업중단에서 야기되는 모든 비용과 부품교체에 직접 소요되

2) 이산형 변수에서 라플라스변환과 유사한 접근 방법으로서 부록 참조. 표준정규분포의 기호와 혼동하지 말 것.

는 비용을 포함한다. 부품고장은 즉각적으로 발견되고 부품교체에 소요되는 시간은 무시할 수 있다고 가정한다. 또한 예방보전에 의해서 고장나지 않은 부품을 교체할 때에는 c_p(일반으로 $<c_f$)의 비용이 지출된다.

$N_f(t)$를 $[0,t]$사이에 발생하는 부품고장횟수라 하고, $N_p(t)$를 $[0,t]$ 사이에서 행해지는 예방교체횟수라 하면 $[0,t]$ 사이에서 발생하는 기대비용은

$$C(t) = C_f \cdot E[N_f(t)] + c_p \cdot E[N_p(t)] \tag{10.4.1}$$

체계가 오랫동안 필요하다고 가정할 때 단위시간당 발생하는 평균비용은

$$\overline{C} = \lim_{t\to\infty}\frac{C(t)}{t} = \lim_{t\to\infty}\left\{\frac{c_f E[N_f(t) + c_p E[N_P(t)]}{t}\right\} \tag{10.4.2}$$

아래에서는 1) 수명교체, 2) 일제교체, 3) 최소수리 등의 상황에서 식 (10.4.2)의 평균비용을 최소화하는 정책을 구해보기로 한다. 참고로 위의 어떤 상황에서도 부품의 고장 분포가 감소 고장률을 갖는다면 중고 부품이 교체 부품보다도 잔여수명이 길기 때문에 예방 보전이 필요 없게 되는 것은 명백하다.

10.4.1 수명교체

(1) 최적 교체 수명

수명교체(age replacement) 정책 하에서는 부품이 고장 나거나 아니면 교체 수명 T에 이르면 부품을 교체하여 준다. 여기서 우리가 구하고자하는 것은 평균비용 식 (10.4.2)를 최소화하는 것이다.

사용된 부품의 고장 밀도 함수를 f(t)라 하면 평균 수명은

$$\begin{aligned}\overline{\mu}(T) &= \int_0^T xf(x)dx + T\int_T^\infty f(x)dx \qquad (10.4.3)\\ &= \left[-x\overline{F}(x)\right]_0^T + \int_0^T \overline{F}(x)dx + T\overline{F}(T)\\ &= \int_0^T \overline{F}(x)dx\end{aligned}$$

기간 t사이에 발생하는 총 교체횟수(부품 수)의 기대값은 $t/\overline{\mu}(T)$이 된다. 이 중에서 F(T) 비율은 T 이전에 고장 난 부품이고 $\overline{F}(T)$는 고장나기 전에 제거된 부품이므로 식 (10.4.2)에서 평균비용은 다음과 같다.

$$\begin{aligned}\overline{C}(T) &= \lim_{t\to\infty}\left\{\frac{c_f\left[F(T)t/\overline{\mu}(T)\right] + c_p\left[\overline{F}(T)t/\overline{\mu}(T)\right]}{t}\right\} \qquad (10.4.4)\\ &= \frac{c_f F(T) + c_p\overline{F}(T)}{\int_0^T \overline{F}(x)dx}\end{aligned}$$

식 (10.4.4)를 T로 미분하여 0으로 놓으면, h(t)= f(t)/$\overline{F}$(t)일 때 다음과 같다.

$$D(t)= h(T)\int_0^T \overline{F}(t)dt - F(T) = \frac{c_p}{c_f - c_p} \quad 10.4.5)$$

h(t)가 연속 증가함수라고 가정하면 식 (10.4.5)의 좌변도 연속 증가함수이므로 식 (10.4.5)의 해는 최대한 한 개이며 최적 교체 수명 T^*는 유일하게 존재한다. 만일 F(t)가 연속 분포함수이고 식 (10.4.5)의 해가 존재하지 않는다면 식 (10.4.4)에서 T→0 일 때 C(0)→∞이므로 $\overline{C}(T)$는 감소함수이며 따라서 $T^*=\infty$가 된다. 이것은 예방교체수명이 ∞이므로 고장난 부품만을 교체하는 것이 최적이라는 의미이다.

여기서 $\int_0^\infty tf(t)dt = \mu_1$이라하면 식 (10.4.4)에서 $\overline{C}(0)=\infty$이고, $\overline{C}(\infty)=c_f/\mu_1$이다. 또 식 (10.4.5)의 해가 최대한 한 개이므로 $\overline{C}(T)$는 최대한 한 개의 최소값을 가지며 일반적인 형태는 그림 10-5와 같다.

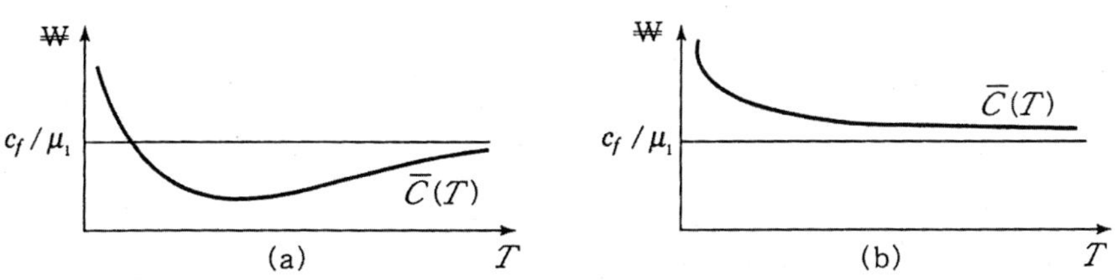

그림 10-5 수명교체정책 하에서 $\overline{C}(T)$의 형태

유한한 T^*가 존재할 때 얻어지는 비용률 $\overline{C}(T^*)$는 다음과 같다.

$$\overline{C}(T^*) = (c_f - c_p)h(T^*) \quad (10.4.6)$$

(2) 교체수명의 하한

$c_f \ge c_p$의 경우에는 $c_p + (c_f - c_p)F(T) \ge c_p$, $\int_0^T \overline{F}(x)dx \le T$이므로

$$\overline{C}(T) = \frac{c_p + (c_f - c_p)F(T)}{\int_0^T \overline{F}(x)dx} \ge \frac{c_p}{T}$$

따라서 $\overline{C}(T)$가 수평선 $\frac{c_f}{\mu_1}$을 지나는 점이 곡선 $\frac{c_P}{T}$가 $\frac{c_f}{\mu_1}$을 지나는 점보다 오

른쪽에 있게 된다. 그리고 $\frac{c_P}{T}=\frac{c_f}{\mu_1}$라 놓으면 곡선 $\frac{c_P}{T}$는 $T=\frac{c_p \cdot \mu_1}{c_f}$ 에서 $\frac{c_f}{\mu_1}$ 를 지나므로 고장률이 증가함수인 부품의 예방교체는 $\frac{c_p \cdot \mu_1}{c_f}$ 시간보다 더 자주하면 안된다.

(3) 절단정규분포의 교체수명

보전분야에서 실제로 많이 쓰여지고 있는 분포 중에 절단정규분포가 있으며 그 밀도함수는 다음과 같다. 여기서 f_0, F_0는 절단되지 않은 정규분포, φ, Φ는 표준정규분포의 기호, b는 f_0에서 t_0이상 생존할 확률 $\int_{t_0}^{\infty} f_0(x)dx$이다.

$$
\begin{aligned}
f(t) &= \frac{f_0(t)}{(1-F_0(t_0))} \qquad (10.4.7)\\
&= \frac{1}{(1-F_0(t_0))\sqrt{2\pi}\,\sigma} e^{-(t-\mu)^2/2\sigma^2}\\
&= \frac{1}{b\sigma}\phi(\frac{t-\mu}{\sigma}),\ t \ge t_0
\end{aligned}
$$

만일 $\mu \ge 3\sigma$이면 f(t)는 평균 μ와 표준편차 σ를 갖는 정규분포와 거의 같게 된다. 여기서 $\tau=(T-\mu)/\sigma$의 변수변환을 하고 $h_N(\tau)=\frac{\phi(\tau)}{\int_{\tau}^{\infty}\phi(t)dt}$라 하면 식 (10.4.5)로부터 도함수는 다음과 같다.

$$
\begin{aligned}
D(\tau) &= h_N(\tau)\int_{-\mu/\sigma}^{\tau}\int_{\tau}^{\infty}\frac{1}{\sqrt{2\pi}}e^{-x^{2/2}}dx\,dt - \int_{-\mu/\sigma}^{\tau}\frac{1}{\sqrt{2\pi}}e^{-x^2/2}dx \qquad (10.4.8)\\
&= \frac{b\,c_p}{c_f-c_p}
\end{aligned}
$$

$\mu \ge 3\sigma$인 경우에는 $b \approx 1$이므로 $D(\tau)=\frac{c_p}{c_f-c_p}$의 해를 구하여 $T^*=\sigma\tau^*+\mu$를 정할 수 있다. 그림 10-6에는 $\mu/\sigma=3$인 경우의 $D(\tau^*)$의 도표가 나와 있다.

$\overline{C}(T^*)$를 구하기 위하여 그림 10-7에 있는 표준정규분포의 고장률함수 $h_N(\tau)$를 사용하면 $h(T^*)=\frac{1}{\sigma}h_N(\tau^*)$이므로 식 (10.4.6)으로부터 다음과 같다.

$$
\overline{C}(T^*)=\frac{c_f-c_p}{\sigma}h_N(\tau^*) \qquad (10.4.9)
$$

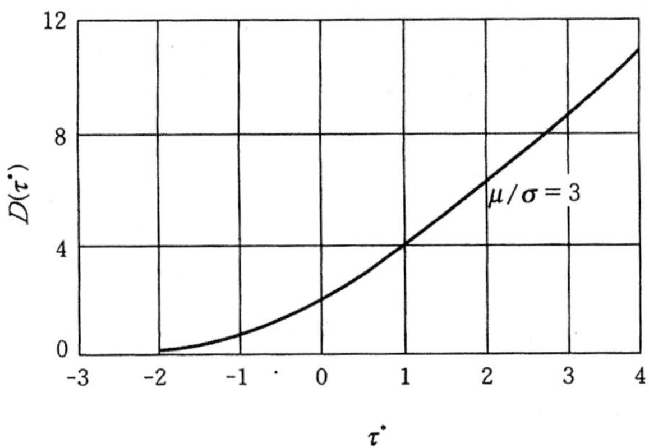

그림 10-6 절단정규분포의 $D(\tau^*)$

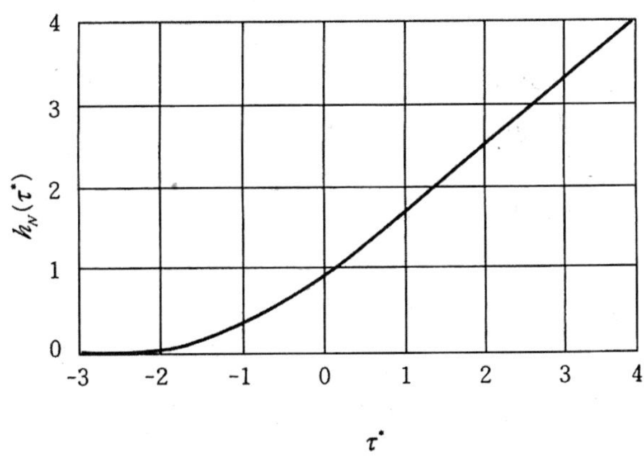

그림 10-7 표준정규분포의 고장률함수

[예제] 10.4

민간용 항공기의 통신장비 등에 사용되는 트랜지스터의 고장은 절단정규분포를 따른다고 한다. 민간용 통신장비에 사용되는 어떤 트랜지스터의 고장분포가 평균 9,080시간과 표준편차 3,027 시간을 갖는 절단정규분포라 하고 c_f=11만원, c_p=1만원이라고 한다. 트랜지스터의 최적 교체수명과 이 때의 평균비용은?

풀이)

$\dfrac{c_p}{c_p - c_f} = 0.1$이므로 그림 10-6으로부터 세로축이 0.1인 곳의 $\tau^* = -1.5$이고 따

라서 $T^* = \sigma\tau^* + \mu = 4{,}540$시간, 그림 10-7로부터 $h_N(\tau^*) = 0.14$이므로 식 (10.4.9) 로부터 $\overline{C}(T^*) = \frac{11\text{만} - 1\text{만}}{3{,}207}(0.14) \fallingdotseq 5(/hr)$원이다. 그러므로 최적수명교체 정책 하에서 평균적으로 시간당 5원의 비용이 지출되며 만일 예방교체를 안해주고 고장난 트랜지스터만 교체해 줄 때에는 시간당 $\frac{c_f}{\mu} = 12$원의 비용이 지출된다. 그러므로 최적정책은 비최적보다 58%의 비용이 절감된다.

10.4.2 일제교체(block replacement)

일제교체 또는 정기교체정책 하에서는 특정한 종류의 부품 전부를 시점 $t = kT(k = 1, 2, \cdots\cdots)$에서 동시에 교체하여 준다. 그렇지만 만일 사용중 고장나는 부품은 그때마다 또 교체해 준다. 일제교체정책이 수명교체정책과 다른 점은 각각의 부품을 얼마나 사용하였나를 기록할 필요가 없다는 것이다. 그러므로 일제교체 정책 하에서는 하루 전에 사용중 고장으로 교체해 준 부품이라도 정기교체 시점에 또 교체해 주게 된다. 이 정책은 컴퓨터나 아주 복잡한 전자장비 등에 흔히 적용된다. 사용중 고장은 회사내 공무부에서 교체하지만 일제교체는 외부 용역회사가 수행하는 것을 생각하면 타당한 정책이다.

교체기간 T마다 정기교체를 하면 수명교체애 비해서 고장나지 않은 부품이 더 많이 제거되므로 물자의 낭비가 많아지게 된다. 그러나 증가 고장률의 부품의 경우 사용중 고장 발생은 적어지게 된다.

교체기간을 T라 하고 부품의 고장분포함수가 $F(t)$일 때의 $[0,\ T]$에서의 평균 고장횟수를 재생함수 $M(T)$라고 표시하면 단위시간당 발생하는 비용률 $\overline{C}(T)$는

$$\overline{C}(T) = \frac{c_f M(T) + c_p}{T} \tag{10.4.10}$$

여기서 $F(t)$가 연속이면 $\overline{C}(T)$도 연속인 것은 명백하며 일반으로 그림 10-8과 같은 감쇄진동을 하며 $T \to 0$일 때 $\overline{C}(0) \to \infty$이다. 교체기간 $T = \infty$란 고장난 부품만 교체하여 주는 경우로 해석한다면, $\overline{C}(\infty) = \frac{c_f}{\mu_1}$이고 $\overline{C}(T)$는 $0 < T \le \infty$에서 최소값을 갖게 된다.

$\overline{C}(T)$의 최소값을 구하기 위해서 식 (10.4.10)을 T로 미분하여 0으로 놓으면 식 (10.4.11)과 같은 필요조건을 얻게 된다.

$$Tm(T) - M(T) = \frac{c_p}{c_f} \tag{10.4.11}$$

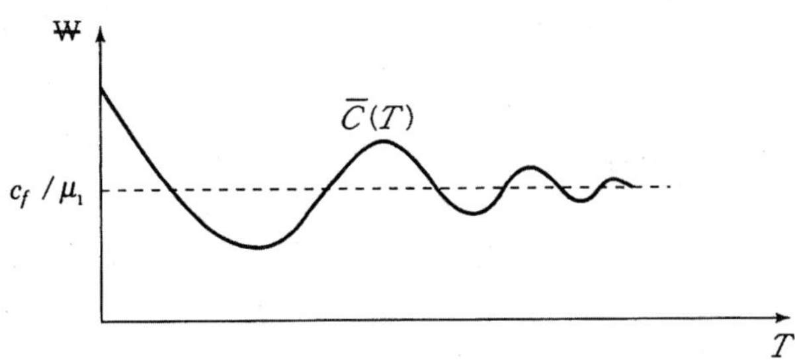

그림 10-8 일제교체정책 하에서의 $\overline{C}(T)$ 형태

여기서 $m(T) = M'(T)$이며 이들은 식 (10.3.13)과 식 (10.3.14)로부터 구할 수 있다. 식 (10.4.11)을 만족하는 유한한 T^*가 존재할 때 얻어지는 비용률은

$$\overline{C}(T^*) = c_f m(T^*) \tag{10.4.12}$$

[예제] 10.5

부품의 고장밀도함수가 $\alpha = 2$인 감마분포를 가져 $f_1(t) = \lambda t \lambda e^{-\lambda t}$이며, $\lambda = 0.002$일 때 일제교체 기간의 최적치 T^*를 구하라. $c_f / c_p = 10$이라 한다.

풀이)
고장밀도의 라플라스변환을 취하면

$$\phi_1^*(s) = \left(\frac{\lambda}{\lambda + s}\right)^2$$

식 (10.3.13)에 의하여

$$\begin{aligned} m^*(s) &= \frac{\phi_1^*(s)}{1 - \phi_1^*(s)} \\ &= \frac{\lambda^2}{s(2\lambda + s)} \\ &= \frac{1}{2}\frac{\lambda}{s} - \frac{1}{2}\frac{\lambda}{2\lambda + s} \end{aligned}$$

역변환을 취하면

$$m(t) = \frac{1}{2}\lambda - \frac{1}{2}\lambda e^{-2\lambda t}$$

$$M(t) = \frac{\lambda t}{2} - \frac{1}{4}(1 - e^{-2\lambda t})$$

그러므로 식 (10.4.11)에 의해서

$$\frac{1}{2}\lambda T-\frac{1}{2}\lambda Te^{-2\lambda T}-\frac{1}{2}\lambda T+\frac{1}{4}(1-e^{-2\lambda T})=\frac{1}{4}-e^{-2\lambda T}\left(\frac{1}{2}\lambda T+\frac{1}{4}\right)=10$$

$$e^{-2\lambda T}(2\lambda T+1)=-39$$

이 식의 해를 구하든지 또는 식 (10.4.10)의 $\overline{C}(T)$를 여러 개의 T값에 대해서 구해보면 $T^{*}=344$시간임을 알 수 있다.

10.4.3 중고부품 교체정책

일제교체정책 하에서는 고장 발생 또는 일정기간마다 부품을 신품으로 교체해 준다. 이 정책은 계획된 교체시점에 어제 고장으로 교체한, 신품에 가까운 부품을 교체할 수도 있으므로 비경제적이다. 이런 단점을 극복하기 위해서 만약 고장시점이 차기 교체시점과 가깝다면 그대로 두는 정책도 제안되었다.

다른 대안으로, 교체간격만큼 사용한 후 제거된 중고부품으로 고장부품을 교체하는 정책이 있다. 중고부품은 최소 수리비용을 고려한다 하더라도 신품보다 비용이 훨씬 적게들 것이다. 이러한 정책을 중고부품 교체정책이라 한다. 중고부품의 공급은 충분하고 모든 부품들은 두 번을 초과하여 사용하지 않는다고 가정한다.

신품의 수명 확률밀도함수가 $f(t)$이고, 부품들의 시점 $kT(k=1,2,\cdots\cdots)$에서 교체한다고 하자. 그러면 중고부품의 수명 확률밀도함수는

$$f_u(t)=f(t+T)/\overline{F}(T) \qquad (10.4.13)$$

밀도함수가 주어지면 식 (10.4.13)을 이용하여 재생함수를 구할 수 있으므로 중고부품의 재생함수 $M_u(t)$도 구할 수 있다. 따라서 변형 재생과정에서 $[0,T]$에서의 평균고장횟수를 재생함수 $\widehat{M}(t)$라고 표시하면

$$\widehat{M}(t)=F(T)+\int_0^t M_u(T-x)f(x)dx \qquad (10.4.14)$$

단위시간당 비용률 $\overline{C}(T)$는 다음과 같다.

$$\overline{C}(T)=\frac{c_f\widehat{M}(T)+c_p}{T}$$

그러나 일반적인 고장분포에 대해 변형재생함수 $\widehat{M}(T)$를 실제로 구하기는 어렵다.

비용률의 상한: 신품의 평균수명을 μ, 중고부품의 T에서의 평균잔여수명을 μ_T라고 하면, 중고부품의 재생함수 $M_u(t)$는 재생함수 상한 정리 (5)로부터 다음 관계가 성립한다.

$$\frac{M_u(t)}{t}\le\frac{1}{\mu_T}\le\frac{1}{\mu}<\infty \qquad (10.4.16)$$

따라서 식 (10.3.12)의 적분형인 재생이론의 기본등식으로부터 모든 t에 대해서 다음을 알 수 있다.

$$\begin{aligned}\widehat{M}(t) &= F(t) + \int_0^t M_u(t-x)f(x)dx \\ &\le F(t) + \int_0^t \frac{t-x}{\mu} f(x)dx = M_e(t)\end{aligned} \tag{10.4.17}$$

여기서 $M_e(t)$는 초기분포가 $F(t)$이고 잔여분포는 평균을 μ로 갖는 지수분포인 변형 재생과정의 재생함수라고 해석할 수 있다. 식 (10.4.15)에서 비용률 $\overline{C}(T)$는 다음과 같다.

$$\overline{C}_U(T) = \frac{c_f M_e(T) + c_p}{T} \tag{10.4.18}$$

10.4.4 최소수리(minimal repair), 수리사용후 교체

이 정책에서는 장비의 교체기간 이전에 발생되는 고장은 수리하여 사용하게 된다. 이 경우 장비고장을 확률적으로 보는 대신 연간 보전비용의 개념을 도입하여 확정적 모형으로 접근하는 경우가 경제성 공학에서 말하는 장비대체의 문제이며 자세한 방법은 경제성공학[박경수(1987)]을 참조하기 바란다. 여기에서는 장비의 고장을 확률적인 사상으로 취급하여 접근하는 방법을 다루기로 한다.

장비를 교체하기 전에 시점 t에서 고장이 발생하면 최소수리를 하게 되며, 이 때에 장비고장률은 원상태로 회복되어 $h(t)$로 유지된다 하자. 부품교체의 경우에는 고장 직후의 고장률은 신품일 때의 고장률 $h(0)$로 감소하게 되는 것과 비교하라.

장비교체는 시점 T, 2T, 3T, ⋯ 등에서 하게 되며 여기서

c_f = 수리비용

c_p = 교체비용

$N_f(t) = [0, t]$ 사이에서의 고장횟수

$N_p(t) = [0, t]$ 사이에서의 교체횟수

라 할 때 다음 비용률을 최소화하는 T^*를 구하는 것이 목적이다.

$$\overline{C}(T) = \lim_{t\to\infty} \frac{c_f E[N_f(t)] + c_p E[N_p(t)]}{t} \tag{10.4.19}$$

대체기간이 T이므로 교체횟수는 다음과 같다.

$$\lim_{t\to\infty} E[N_p(t)] = \frac{t}{T} \tag{10.4.20}$$

$E[N_p(t)] = M(t) = \int_0^t m(x)dx$ 이나[3] 이 경우에는 시점 t에서의 고장이 발생하더라도 고장률이 $h(0)$로 회복되는 대신 $h(t)$로 유지되므로 발생률 $m(t) = h(t)$이다[Barlow & Proschan]. 또한 단위시간당 발생하는 고장횟수의 기대값은 분모로 사용되는 총시간의 길이와는 무관하므로 다음과 같다. (이것은 1/μ와 같지 않다. 왜냐면 매 T마다 다시 시작하므로)

$$\lim_{t \to \infty} \frac{E[N_f(t)]}{t} = \frac{E[N_f(T)]}{T} = \frac{\int_0^T h(t)dt}{T} \tag{10.4.21}$$

그러므로 식 (10.4.20)과 식 (10.4.21)을 식 (10.4.19)에 대입하면

$$\overline{C}(t) = \frac{c_f \int_0^T h(t)dt + c_p}{T} \tag{10.4.22}$$

$\overline{C}(T)$를 최소화하기 위해서 T로 미분하여 0으로 놓는 필요조건은

$$D(T) = Th(T) - \int_0^T h(t)dt = \frac{c_p}{c_f} \tag{10.4.23}$$

T^*가 식 (10.4.23)을 만족하는 해라면 $\overline{C}(T)$를 최소화하며 그 값은 다음과 같다.

$$\overline{C}(T^*) = c_f h(T^*) \tag{10.4.24}$$

m(t) 대신 h(t)를 사용한 식 (10.4.11), (10.4.12)와 비교하면 이것은 일제교체 정책과 비슷한 꼴이다.

[예제] 10.6

장비의 고장분포함수가 와이블분포 $F(t) = 1 - e^{-\lambda t^\beta}$를 따를 때 최소수리정책의 최적교체기간을 구하라.

풀이)

$h(t) = \lambda\beta t^{\beta-1}$이며 식 (10.4.23)으로부터

$$T\lambda\beta T^{\beta-1} - \int_0^T \lambda\beta T^{\beta-1}dt = \frac{c_p}{c_f}$$

$$\lambda T^\beta(\beta - 1) = \frac{c_p}{c_f}$$

$$T^* = \left[\frac{c_p}{\lambda(\beta-1)c_f}\right]^{1/\beta}$$

---

3) 정확히는 재생함수는 아님. 그러나 비균일 포아송과정의 평균값 함수이다.

10.4.5 수리 · 교체 최적 결정규칙

무쓰(Muth)는 체계가 고장나면 최소수리하거나 교체하는 정책을 제안하였다. 체계가 특정 기령 τ 이전에 고장나면 최소수리를, 기령 이후에 고장나면 교체가 이루어진다. 기령과 실제 교체간의 기대시간은 기령에서의 평균잔여수명이다.

고장시간 T는 밀도함수 $f(t)$, 분포함수 $F(t)$, 고장률 $h(t)$, 또는 다음과 같은 평균잔여수명함수 v(t)로 고유하게 묘사된다.

$$v(t)=E[T-t\mid T>t]=\frac{\int_t^{\infty}(x-t)f(x)dx}{\overline{F}(t)}=\frac{\int_t^{\infty}\overline{F}(x)dx}{\overline{F}(t)} \tag{10.4.25}$$

체계가 고장날 때마다, 체계나이 t<τ라면 수리되고, t≥τ라면 교체된다. 체계나이는 교체 후 경과된 가동시간이다. 기본 가정은

1) 교체는 체계나이를 0으로 복귀시킨다.
2) 수리는 체계나이를 변화시키지 않는다.

첫 번째 가정은 명백하고 두 번째 가정은 많은 부품이 있는 복잡한 체계에 대해서 확실히 정당화된다. 일회의 수리비용은 c_f이고, 교체비용은 c_r이다. 정책결정변수 τ와 함께, 체계보전을 위한 다음 정책이 채택된다.

교체 후 τ까지 고장은 재생률 $h(t)$를 갖는 비균일 포아송과정을 따르므로 고장횟수의 기대값은 다음과 같다.

$$E[N_f(\tau)]=H(\tau)=\int_0^{\tau}h(t)dt \tag{10.4.26}$$

교체주기의 기대값은 $\tau+r(\tau)$이므로 단위시간당 비용률은 다음과 같다.

$$\overline{C}(\tau)=\frac{c_r+c_fH(\tau)}{\tau+v(\tau)} \tag{10.4.27}$$

최적정책변수 τ^*는 식 (10.4.27)을 최소화하여 구할 수 있으나, 기존의 분포함수에 대한 평균잔여수명함수를 구하기란 현실적으로 어렵다.

10.4.6 교체 전 최적 최소수리횟수

Park(1979)은 계획교체의 비용과 운용 중 품목의 고장비용을 균형잡는 교체정책을 제안한다. 명확히 말하면, 이 정책은 교체 이전에 허용될 중간고장(수리)횟수를 정한다. 이 정책은 Barlow & Hunter에 의해 처음 제안된 중간고장에 대해 최소수리를 하는 정기교체(또는 대수리)의 개념과 유사하다. 현 모형에서 다른 점은 이전에 품목에 행한 최소수리횟수에 의해 교체가 신호된다는 것이다. 이 모형에서 사용하는 기호는 다음과 같다.

c_f 평균고장비용: 이는 모든 고장비용(예, 유휴비용과 판매기회 손실, 유휴

직간접노동, 종속공정의 지연, 파실품의 증가)과 최소수리비용도 포함한다.

c_r 체계교체의 평균비용, $c_r \geq c_f$,

$N_f(t)$ $[0,t]$에서의 고장횟수

$N_r(t)$ $[0,t]$에서의 교체횟수

$f_n(t)$ 고장횟수 n의 확률밀도함수

이 모형의 가정은 다음과 같다.

1) 품목은 와이블 고장분포를 따르며 신뢰도는 $\overline{F}= e^{-(\lambda t)^{\beta}}$과 같다.
2) 각 고장 후에는 최소수리만 하므로 고장률은 교란되지 않는다.

앞서의 교체정책은 주기적이며, 시간을 결정변수로 사용했다. 시간을 독립변수로 사용하는 모형은 수학적으로 덜 어색하고, 고장의 확률적 형태가 애초에 시간의 함수로 표현되기 때문에 자연스럽게 보인다. 그러나 시간이 결정변수로 적당하지 않다면, 요구되는 교체를 나타내는 다른 유형의 결정변수를 사용할 수 있다. 즉, 품목의 누적가동시간을 얻을 수 없거나, 현재 운영 중인, 또는 완전하게 가동가능한 품목을 단지 교체시간이 되었다는 이유만으로 교체하도록 운영진을 확신시키기 어려울 때에는 '시간' 결정변수에 기반을 두지 않는 좀 더 설득력 있는 교체정책을 사용해야 한다. 예를 들어, 미리 정해져 허용된 중간 최소수리횟수에 기반을 두고 고장시에만 실제 교체가 이루어진다면, 교체시간 직전의 강제수리 필요성이 배제되므로 보전비용이 감소한다.

이 정책 하에서 체계고장은 즉시 최소수리되고, 체계는 n회째 고장시점에서 교체된다. 한 교체주기 내에서 단위시간당 총비용률은 다음과 같다.

$$\overline{C}_n = [(n-1)c_f + c_r]/E[\text{주기}] \tag{10.4.28}$$

(1) 와이블분포에 대한 교체주기의 기대값

만약 고장시 최소수리가 이루어지고 고장률이 $h(0)$으로 돌아가는 대신 $h(t)$로 계속 된다면, 품목의 개별 고장시간은 재생점이 아니다. 고장 n의 확률밀도함수는 통상의 합성곱 적분으로부터 얻을 수 없다. 대신 다음의 비균일 포아송과정을 풀어야 한다.

$[t, t+dt]$간에 발생하는 고장확률을 $h(t)dt$라 하자. $P_n(t) \equiv P\{N_f(t)=n\}$이라 하면 다음의 미분방정식이 얻어진다.

$$P_{n+1}(t+dt) = P_n(t) + P_{n+1}(t)[1-h(t)dt]$$

이 미분방정식의 해는 다음과 같다.

$$P_n(t) = e^{-H(t)} \frac{H(t)^n}{n!} \quad (10.4.29)$$
$$F_n(t) = P\{N_f(t) \geq n\}$$
$$f_n(t) = h(t)H(t)^{n-1} \frac{e^{-H(t)}}{(n-1)!}$$

와이블분포의 경우 위 밀도함수는 다음과 같다.

$$f_n(t) = \lambda\beta(\lambda t)^{\beta-1} \frac{e^{-(\lambda t)^\beta}(\lambda t)^{(n-1)\beta}}{\Gamma(n)}$$

교체주기의 기대값은 다음과 같다.

$$E[\text{주기}] = \int_0^\infty t f_n(t)dt = \Gamma\left(n+\frac{1}{\beta}\right) / [\lambda\Gamma(n)] \quad (10.4.30)$$

(2) 최적 교체고장수

와이블분포에 따르는 고장이 발생한다면 비용률은 다음과 같다.

$$\overline{C}_n = [(n-1)c_f + c_r] \frac{\lambda\Gamma(n)}{\Gamma\left(n+\frac{1}{\beta}\right)} \quad (10.4.31)$$

$\overline{C}_n$의 최소화하는 n^*은 다음을 만족하는 n이다.

$$\frac{\overline{C}_{n+1}}{\overline{C}_n} = \frac{n[c_r + nc_f]}{\left(n+\frac{1}{\beta}\right)[c_r + (n-1)c_f]} > 1$$

$$n^* = \left[\frac{\frac{c_r}{c_f} - 1}{\beta - 1}\right]^- + 1 \quad (10.4.32)$$

여기서 [ ]⁻는 정수를 구하기 위한 버림 연산이다.

(3) 최적해의 거동

식 (10.4.31)에서 볼 수 있는 것과 같이 교체가 행해질 n^*는 c_r/c_f의 증가함수이고, β의 감소함수이며, λ와는 독립이다. 그러므로 n^*는 c_r/c_f가 상수라면 일정하다. 물론 단위시간당 총비용률은 그 비율이 일정하더라도 비용의 절대값의 크기에 비례한다.

10.4.7 최소수리 하에서의 비용한도 교체정책

운용체계는 확률법칙에 따라 고장이 난다. 체계가 고장나면 운용을 계속하기 위해서 수리되거나 교체되어야 한다. 고장난 체계가 수리 불가능하면, 교체 정책이 적용된다. 반면에 고장난 체계가 수리 가능하면 불필요한 수리를 피하기 위해 수리한도 정책이 적용된다.

수리한도 교체정책에서는 체계가 수리를 요할 때 먼저 체계를 검사하여 수리비용을 추정한다. 만약 추정된 비용이 "수리한도" 액수를 초과하게 되면 체계를 수리하지 않고 교체한다. 수리한도는 오랫동안 이용되어 왔는데, 그 가치는 품목의 자체 가치보다 더 많은 돈을 품목의 수리에 낭비해서는 안된다는 원리에 근거한다.

이 맥락에서 Hastings, Kaio & Osaki, Nakagawa & Osakio, Nguyen & Murthy 등은 수리한도 비용이나 시간 내에 수리가 완료되지 않으면 교체되는 문제를 다루었다. 그러나 이 모형들은 체계가 수리나 교체에 의해 새로운 체계와 같아진다는 다소 비현실적인 가정을 하고 있다.

Park(1983)은 최적 최소수리비용한도 정책을 다룬다. 이 정책에서는 고장난 체계수리비용이 비용한도보다 적게 추정되면 최소수리 되고, 수리비용이 비용한도보다 많게 추정되면 고장난 체계는 새로운 체계로 교체된다. 최소수리에는 고장난 체계를 작동상태로 복구하기 위해 필요한 작업만이 관여된다. 예로는, 한 부품의 수리가 전체 체계의 상태에 현저하게 영향을 미치지 않는 복잡한 체계를 들 수 있다. 교체는 새 체계의 취득이나 체계의 철저한 대수리를 의미한다. 필수적인 가정은 1) 교체는 체계의 나이를 0으로 바꾸고, 2) 최소수리는 체계의 나이를 변화시키지 않는다. 첫 번째 가정은 명백하고, 두 번째 가정도 많은 부품이 있는 복잡한 체계에 대해서는 확실히 타당하다.

수리와 교체에 드는 단위시간당 비용률을 기준으로 적용하여, 이를 최소화하는 최적정책을 구한다. 이 모형의 기호와 가정은 다음과 같다.

c_f 수리비용(확률변수, 평균 ξ)

x 수리비용한도(결정변수)

c_r 체계 교체비용

1) 체계 수명은 와이블분포를 따른다. 와이블분포는 다음과 같은 특성을 갖는다.

① 모수들을 적절히 선택함으로써 (절단정규분포를 포함해서) 많은 경험적인 분포들을 최소한 개략적으로나마 나타낼 수 있다.

② β>1 이면 고장률은 증가한다. 따라서 정상적인 사용에 의해 노후화하는 체계의 수명분포를 적절히 묘사할 수 있다.

③ β=1로서 전자제품의 고장특성을 묘사하기 위하여 널리 사용되는 지수분포를 포함한다.

2) 수리비용은 평균이 ξ인 지수분포 g(.)를 따른다. 이는 사소한 수리가 큰 수리보다 더 자주 일어난다는 것을 암시한다. 수리비용이 비용한도 x를 초과할 확률은 $\overline{G}(x) = e^{-(x/\xi)} = 1 - G(x)$이다.
3) 교체주기는 t=0에서 시작하여 교체시 끝난다.

먼저 수리비용한도 내 수리비용의 기대값은 다음과 같다[Hastings].

$$\begin{aligned} E_x &= \int_0^x (u/\xi)e^{(-u/\xi)}du/G(x) \\ &= [\xi - (\xi + x)\overline{G}(x)]/G(x) \end{aligned} \tag{10.4.33}$$

따라서 한 교체주기 동안의 수리와 교체 비용의 기대값은 다음과 같다.

$$\begin{aligned} C(x) &= c_r + \sum_{n=1}^{\infty}(n\text{-}1)E_x \cdot P(n\text{번 째가 첫 큰고장}) \\ &= c_r + \sum_{n=1}^{\infty}(n-1)E_x G(x)^{n-1}\overline{G}(x) \\ &= c_r + E_x G(x)/\overline{G}(x) \\ &= c_r - \xi - x + \xi e^{(x/\xi)} \end{aligned} \tag{10.4.34}$$

교체주기의 기대값은 다음과 같다. 고장 발생시 만일 최소 수리하여, 고장률이 h(0)로 복귀되지 않고 h(t)로 계속된다면, 체계의 각 고장시간은 재생점이 아니다. n번째 고장시간의 확률밀도함수 $f_n(t)$는 비균질 포아송과정을 묘사하는 연립 미분방정식을 풀어야만 구할 수 있고, 와이블 분포에 대한 n번 째 고장의 기대시간은 다음과 같다[Park(1979)].

$$T_n = \int_0^{\infty} t f_n(t)dt = \Gamma(n + \frac{1}{\beta})/[\lambda\Gamma(n)] \tag{10.4.35}$$

따라서 교체주기의 기대값은 다음과 같다.

$$\begin{aligned} T_{\text{주기}} &= \sum_{n=1}^{\infty} T_n P\{n\text{번 째가 첫 큰고장}\} \\ &= \frac{1}{\lambda}\sum_{n=1}^{\infty}\frac{\Gamma(n+1/\beta)}{\Gamma(n)}G(x)^{n-1}\overline{G}(x) \\ &= \frac{1}{\lambda}\Gamma(n+1/\beta)\overline{G}(x)^{-1/\beta} \\ &= \frac{1}{\lambda}\Gamma(n+1/\beta)e^{(x/\beta\xi)} \end{aligned} \tag{10.4.36}$$

식 (10.4.36)은 다음과 같은 테일러-매클로린 전개를 사용해도 성립함을 알 수 있다.

$$(1-x)^{-(1+B)} = \sum_{n=1}^{\infty} \frac{\Gamma(n+B)}{\Gamma(n)\Gamma(1+B)} x^{n-1} \tag{10.4.37}$$

따라서 수리와 교체를 위한 단위시간당 비용률은 다음과 같다.

$$\begin{aligned} \overline{C}(x) &= C(x)/T_{주기} \\ &= \frac{\lambda e^{(-x/\beta\xi)}}{\Gamma(1+1/\beta)}[c_r - \xi - x + \xi e^{(x/\xi)}] \end{aligned} \tag{10.4.38}$$

최적해는 식 (10.4.38)의 미분=0로 얻는 최적수리비용한도 x^*는 다음 식의 근이다.

$$x + \xi(\beta - 1)[e^{(x/\xi)} - 1] = c_r \tag{10.4.39}$$

이 식의 좌변이 절대 증가하기 때문에, 해는 고유하고 유한($\le c_r$)하다. 더구나, 간단한 대수학적 조작을 하면 다음을 보일 수 있다. $\overline{C}'(x) < 0$, $\overline{C}'(r) \ge 0$ (β=1일 때 등식 성립), $\overline{C}''(x) > 0$ ($x \le c_r$ 때). 관심 범위 $0 \le x \le c_r$에서 $\overline{C}(x)$는 아래로 볼록이다.

일반으로, 최적 수리비용한도 x^*는 체계의 평균교체비용보다 작다. 예외적으로 β=1일 때(지수고장분포)만 $x^* = c_r$이다. $c_r \ne 0$일 때 x=0이 결코 최적일 수 없다. 식 (10.4.38)에서 알 수 있듯이 x^*는 c_r의 증가함수, β와 ξ의 감소함수이고, λ와는 무관하다.

수리효율의 일반화(체계를 거의 신품 상태로 복구)는 문제를 풀거나 자료를 얻기 힘들게 할 것이다. 다른 고장분포에 대한 최소수리 하의 n번 째 고장의 기대시간은 구하기 쉽지 않다. 균등분포를 하는 수리비용은 분석가능하다. 그러나 일반적인 비용분포들, 고장분포 및 수리효율을 포함하기 위해서 가정들을 완화할 때에는 시뮬레이션이 적절한 접근법이 될 것이다.

10.4.8 마모종속 고장시 최적 마모한도 교체

사용에 따른 열화로 인해 우발고장이 발생하는 품목을 고려해 보 자. 운용중 고장은 통상 손실이 크고 위험하기 때문에, 고장 전에 예방적으로 품목을 교체할 유인이 존재한다. 더구나 품목의 신뢰도가 관측 가능한 누적마모, 소모, 피로, 부식, 침식, 또는 팽창으로 인한 열화수준에 직접적으로 좌우된다면, 품목의 수명보다는 이런 관측 가능한 상태들에 근거하여 예방교체를 하는 것이 보다 직접적이고 적절하다. 철도 선로, 컨베이어 벨트, 제트엔진, 자동차 타이어는 그러한 마모품목들의 실례이다.

마모를 모형화하는 대부분의 기존 연구들은 충격 모형을 포함한다. 품목은 재생과정에 따라서 발생하는 타격을 받는다. 각 타격은 시간에 따라 누적되는 우발적인 양의 손상을 유발한다. 누적된 마모는 도약과정이다. Park(88a)는 비도약, 연속 마모과정에 관한 마모를 모형화하는 접근방식에 대한 포괄적인 참고문헌을 제공하였고, 고정된 파손 역치를 가지고 연속 마모되는 품목에 대한 정기검사 하에서의 최적 마모한도 교체정책을 유도하였다.

그 후, Park(88b)는 마모종속 고장률을 갖는 품목에 대해서, 장기적 총비용률을 최소화함으로써 예방교체를 위한 최적 마모한도를 유도한다. '마모'는 사용에 따라 누적되고 연속적으로 관찰되는 모든 형태의 열화를 의미한다. 모형의 기호와 가정은 다음과 같다.

c_R: 품목의 교체비용
c_B: 운용중 휴지로 인한 손실(비용)
W(t): [0,t] 구간에 누적된 마모량 확률변수, W(0)=0
W(t)의 밀도함수, 분포함수는 $g_t(w), G_t(w)$
μ_1=E[W(1)]: 평균마모율
T(w): 마모가 수준 0에 이르는 데 걸리는 시간 확률변수
T(w)의 밀도함수, 분포함수는 $f_w(t), F_w(t)$
H(w): P{마모가 0에 이르기 전에 품목이 고장}
H(w)의 밀도함수, 대응하는 마모종속고장률은 h(w), z(w)
δ: 예방 교체를 위한 마모 한도 (≥0)

1) 품목의 고장률은 마모수준에 따른다.
2) 마모는 0에서 시작해서 시간에 따라 연속적으로 누적된다. 마모의 증분은 비음수, 정상, 가산적이고 통계적으로 독립이다.
3) 마모는 연속적으로 감시된다.
4) 품목은 마모가 미리 정한 마모한도를 초과하거나, 고장 즉시 교체된다. 가정된 마모종속 고장률과 마모-고장 과정의 전형적인 실현 예가 그림 10-9에 나와 있다.

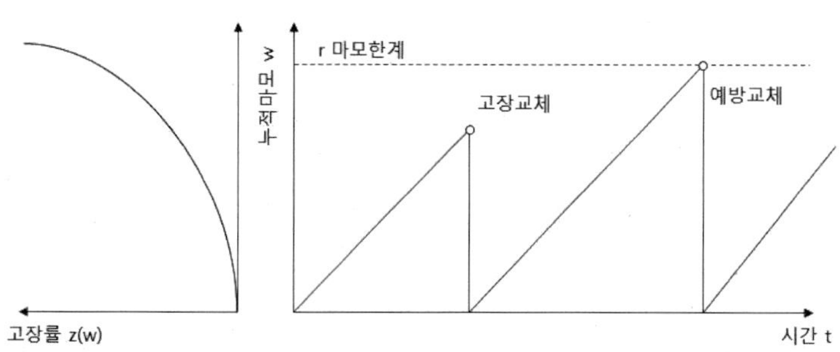

그림 10-9 마모종속 고장률과 마모-고장 과정의 전형적 예

마모과정 {W(t), t≥0}는 정상, 통계적으로 독립인 증분을 가지므로, W(t+s)-W(t)는 무한분할 분포를 가지며, 구간길이 s에만 의존하게 된다[Feller]. 따라서 $E[W(t)]=t\mu_1, E[T(w))=wE[T(1)]=w/\mu_1$이다.

품목은 어떤 마모수준에서도(물론 다른 율로) 고장날 수 있다. 모든 t≥0에서, W(t)<w ↔ T(w)>t이므로 필요충분조건은 다음과 같다[Esary, et al.].

$$pdf\{t\text{이 전에 } w\text{에서 고장}\}=[1-G_t(w)]h(w)=F_w(t)h(w) \tag{10.4.40}$$

식 (10.4.40)에서 유도되는 신뢰도 표현은 Abdel-Hameed도 사용하였다. 그러나 마모 과정은 배경에 깔린 1차 과정으로 모형화되었다. 품목의 고장률은 마모에 의존하지만, 그 역은 성립하지 않는다[4]. 이것은 h(w)의 복합함수가 아닌 $g_t(w)$의 구성에서 명백해진다. 가능한 함축은 고장이 반드시 품목의 마모 메커니즘의 완전 붕괴를 초래하지는 않거나, 그 품목이 중요한 역할을 하는 상위체계에서 고장이 발생하는 것이다.

품목운용의 시점에서 고장 또는 예방교체까지의 한 주기를 생각해 보자. 품 목은 고장없이 δ 이상 마모되어야 예방교체되므로, 교체주기당 총평균비용은

$$\begin{aligned} C(\delta)(c_R+c_B)P\{&\text{마모가 } \delta\text{에 이르기 전에 품목이 고장}\} \\ &+c_R P\{\text{마모 } \delta\text{에 품목생존}\} \\ =(c_R&+c_B)H(r)+c_R\overline{H}(r) \\ =c_R&+c_B H(r) \end{aligned} \tag{10.4.41}$$

비슷하게, 교체주기의 평균길이는

$$\begin{aligned} L(\delta) &= \int_0^\infty t\left\{\int_0^\delta f_w(t)h(w)dw+f_r(t)\overline{H}(\delta)\right\}dt \\ &= \int_0^\delta h(w)E[T(w)]\,dw+\overline{H}(\delta)E[T(\delta)] \\ &= \left\{\int_0^\delta wh(w)dw+\delta\overline{H}(\delta)\right\}/\mu_1 \\ &= \int_0^\delta \overline{H}(w)dw/\mu_1 \end{aligned} \tag{10.4.42}$$

장기적 총평균비용률은 다음과 같다.

$$\overline{C}(\delta)=\frac{C(\delta)}{L(\delta)}=\frac{\mu_1[c_R+c_B H(\delta)]}{\int_0^\delta \overline{H}(w)dw} \tag{10.4.43}$$

이는 잘 알려진 수명교체 모형인 식 (10.4.4)와 유사하다. 특히, $\overline{C}(0)\to\infty$ 이고, $\overline{C}(\infty)=\mu_1(c_R+c_B)/\mu_f$이다. z(w)가 증가함수일 때, $\overline{C}(\delta)$은 그림 10-5 a나 b에 있는 것과 같이 최다 하나의 최소값을 가진다. $\overline{C}(\delta^*)=0$은 다음 식을 암시한다.

---

4) 즉, 고장 후에도 마모는 계속될 수 있다.

$$z(\delta^*)\int_0^{\delta^*}\overline{H}(w)dw - H(\delta^*) = c_R + c_B \tag{10.4.44}$$

식 (10.4.44)를 만족하는 고유한 δ^*가 존재할 때, 최적 비용률은 다음과 같다.

$$\overline{C}(\delta^*) = \mu_1 c_B z(\delta^*) \tag{10.4.45}$$

감마분포는 극소 재생과정의 좋은 성질들을 가지고 연속 누적 마모 과정을 묘사할 수 있다[Abdel-Hameed]. 즉 비음수, 정상, 0 수준에서 시작하는 통계적 독립인 증분 등이다[Esary]. 척도모수 λ, 형상모수 αt인 연속기간 t에서의 감마 마모 과정의 밀도함수와 평균마모율은 다음과 같다.

$$g_t(w) = \lambda e^{\lambda w}\frac{(\lambda w)^{\alpha t-1}}{\Gamma(\alpha t)} \tag{10.4.46}$$

$$\mu_1 \equiv \alpha/\lambda \tag{10.4.47}$$

마모종속 고장분포 H(w)는, ① 퇴화 역치모형을 주는 계단함수, ② $\delta^* = \infty$를 갖는 지수분포, ③ z(w) 가 $Kw^{\beta-1}(\beta \geq 1)$의 형태인 와이블분포가 될 수 있다.

이 모형의 단점은 마모가 연속적으로 감시되어야 한다는 요인이다. 주기적 감시하에서의 마모종속 고장률을 갖는 품목에 대한 최적마모한도(Park & Kong)는 이 모형의 유용한 확장이며, 마모관리에 실제적 도구가 될 것이다.

10.5 다부품장비

지금까지 거론된 교체정책은 특정한 부품 한 개 또는 특정한 장비 자체에 대한 것이었다. 그러나 이와 같은 예방교체모형을 조금 확장하여 여러 개의 부품 이 있는 경우를 생각해 보자. 이 경우 모든 부품의 고장이 확률적으로 독립이고 경제적으로도 관련이 없다면 단일 부품 교체정책과 일치하게 된다. 각 부품에 대한 보전결정도 모두 독립이며 따라서 모든 부품에 대해서 수명교체를 하든지 일제 교체를 할 수 있다.

만일 부품들의 고장이 확률적으로 독립이 아니거나 부품을 따로 교체하는 것 보다 여러 개를 같이 교체하는 것이 비용이 싸다면, 최적 보전정책은 각 부품을 따로 고려하는 정책과는 다르다. 어떤 시점에서의 특정한 부품에 대한 최적 보전결정은 체계 내에 있는 모든 부품의 현재 상태에 달려 있다.

확률적으로 고장을 일으키는 두 개의 부품으로 이루어진 장비를 고려해 보자. 이 체계에서는 부품의 고장은 확률적으로 독립이나 부품 두 개를 동시에 교체하면 각 부품을 개별적으로 교체하는 것보다 싸다고 하자.

이 장비의 두 부품을 부품 #1, 부품 #2라 하자. 부품의 고장은 확률적으로 독립이고, 두 부품 중 어떤 것이 고장나도 장비고장을 일으킨다. 부품 #1은 중 가 고장률을 갖는다. 이 부품을 고장 전에 교체하면 c_{1p}원이 들고, 고장 후에 교체하면 $c_{1f}(> c_{1p})$원이 든다. 또한 고장 전 교체에 필요한 시간은 t_{1p}이고, 고장 후 교체에 필요한 시간은 $t_{1f}(> t_{1p})$이다.

부품 #2는 일정한 고장률 λ를 갖는다고 가정하고 부품 2를 개별적으로 교체하는 비용을 c_2, 시간을 t_2, 부품 두 개를 동시에 교체하는 비용을 c_{12}, 시간을 t_{12} 라 한다면, $c_{12} < c_1 + c_2$, $t_{12} < t_1 + t_2$가 될 것이고 이것은 보전활동에서의 '규모의 경제성'이라고도 해석될 수 있다.

이와 같은 2부품 예방보전모형은 x를 부품 #1의 연령이라 할 때 두 개의 모수 (t, T)로 표 10-1과 같이 규정되며 모수 (t, T)의 최적값은 단위시간당 총비용률을 이들 모수의 함수로 하여 최소화하면 구할 수 있다.

표 10-1 2부품 예방보전 모형

부품 #1 연령	부품#1	부품#2
(1) x <t	고장시 교체	고장시 교체
(2) t≤x≤T	고장시 또는 #2고장시 동시교체	고장시 교체
(3) x = T	무조건 교체	(고장시 교체)

방금 묘사된 (t, T) 구조를 갖는 보전정책에서는 부품 #1이 교체되는 시점이 투자과정의 재생점이다. 일회의 예방보전 주기간에 발생되는 총비용은 다음과 같다 [Jorgenson, et al.].

$$
\begin{aligned}
C(t,T) =& \begin{pmatrix} \text{장비투자액의} \\ \text{시간당 등가} \end{pmatrix} \\
&+ \begin{pmatrix} 0 \le x < t\text{에서} \\ \text{부품\#2의 평균고장횟수} \end{pmatrix} \times \begin{pmatrix} \text{부품\#2의} \\ \text{단독교체비용} \end{pmatrix} \\
&+ P\begin{Bmatrix} t \le x < T\text{에서} \\ \text{부품\#2가 고장} \end{Bmatrix} \times \begin{pmatrix} \text{두 개 부품의} \\ \text{동시교체비용} \end{pmatrix} \\
&+ P\begin{Bmatrix} 0 \le x < T\text{에서} \\ \text{부품\#1이 고장} \end{Bmatrix} \times \begin{pmatrix} \text{부품\#1의} \\ \text{단독교체비용} \end{pmatrix} \\
&+ P\begin{Bmatrix} 0 \le x < T\text{에서} \\ \text{부품\#1이 무고장} \end{Bmatrix} \times P\begin{Bmatrix} t \le x < T\text{에서} \\ \text{부품\#2가 무고장} \end{Bmatrix} \times \begin{pmatrix} \text{부품\#1의} \\ \text{단독교체비용} \end{pmatrix}
\end{aligned}
$$

총비용 C를 예방보전주기의 기대값 $\overline{\mu}(t,T)$로 나누면 비용률 $\overline{C}(t,T)$를 구할 수 있다.

또한 이러한 정책을 연상하여 부품 #1은 위의 경우와 같고 다른 M개의 부품은 일정한 고장률을 갖는 장비에 적용할 수 있으며 이 경우의 최적정책은 모수 $t_i\,(i=1,\,\cdots,M)$ 및 T로 규정된다.

10.6 불확정 고장분포

지금까지 검토해 본 부품교체정책들을 적용하기 위해서는 부품의 고장분포 를 알아야 하나 경우에 따라서는 이러한 정보가 없을 경우가 있다. 그러므로 정확한 부품고장분포를 모를 때에는 지금까지 검토해 온 보전정책들을 수정할 필요가 있다.

우선 의사결정자가 부품의 고장분포에 대해서는 전혀 아는 바가 없을 때에는 최대비용의 최소화[5]하는 정책을 선택할 수가 있다. 만일 의사결정자가 예를 들어 고장분포의 평균이라든가, 부품의 고장률이 증가함수라든가 하는 등의 약간의 정보를 가지고 있을 때에는 여러 정책에 대한 단위시간당 기대비용의 상하한을 구할 수가 있다.

마지막으로 의사결정자가 부품고장분포의 형태를 알고 미지의 모수에 대한 사전분포를 생성할 수 있을 때에는 다음에 나오는 적응적 보전정책을 사용할 수도 있다.

10.6.1 최대비용의 최소화

장비고장 특성에 대한 정보가 전혀 없을 때에는 여러 형태의 분포를 가정했을 때의 가능한 최대비용의 최소화할 수 있는 정책을 사용해야 할 때가 있다. 정기적 예방보전에 동일한 평균을 갖는 여러 분포에 대한 최대비용의 최소화 정책을 적용하면 예방보전을 하지 않는 것이 최적 정책이다. 그러므로 고장분포의 평균을 알고 있다 하더라도, 그 분포의 종류를 모른다면 고장났을 때에만 교환(사후보전)하는 것이 최대비용을 최소화하는 최적정책이다[Barlow & Proschan].

10.6.2 적응적(adaptive) 정책

만일 고장분포의 형태는 알고 있으나 모수의 수치를 모를 때에는 베이즈(Bayes) 정리를 사용하여 보전정책을 유도할 수 있다. 처음에는 미지의 모수에 대한 의사결정자의 주관적 분포를 사용한다. 이를 사전분포 또는 선험분포라고 한다. 따라서 최초에는 모수의 주관적 분포에 대하여 기대값을 취한 비용률을 최소화하는 보전정책을 선택한다. 그 후에는 미지의 모수값에 대한 정보를 얻게 되는대로 사전분포를 수정해가는 것이다.

아래에서는 단일부품에 대한 적응적 정책을 유도하기로 한다. 고장시간의 분포의 형태와 모든 비용모수들은 확실히 안다고 가정하고 단지 고장분포의 모수값 만을 모른다고 하자. 여기서는 단일 모수의 경우만을 다루겠지만 동일한 방법을 다수 모수의 경우에 쉽게 확장하여 사용할 수 있다

우선 새로운 고장에 대한 정보가 누적되는 대로 예방보전정책을 수정해 나가는 경우를 생각해 보자. 부품의 수명분포는 임의이지만 편의상 알려져 있는 분산 σ^2과

5) minimax = minimize maximum

미지의 평균 μ를 갖는 정규분포라 가정하자. 또 미지의 평균 μ를 구하는 확률변수 $\tilde{\mu}$는 평균 μ_0와 분산 σ_0^2을 갖는 정규사전분포 밀도함수 $g_0(\tilde{\mu})$를 갖는다고 하자. 그리고 $t_1, t_2, \cdots, t_n$을 n개의 고장시간의 표본이라 하자. 이런 고장 정보가 주어졌을 때 사후분포 $g_1(\tilde{\mu}|t_1, t_2, \cdots, t_n)$는 다음의 평균과 분산을 갖는 정규분포이다[Raiffa & Schlaiffer].

$$E_1[\tilde{\mu}] = \frac{\mu_0\sigma^2 + \sum_{i=1}^{n} t_i\sigma_0^2}{\sigma^2 + n\sigma_0^2} \tag{10.6.1}$$

$$\sigma_1^2[\tilde{\mu}] = \frac{\sigma^2\sigma_0^2}{\sigma^2 + n\sigma_0^2} \tag{10.6.2}$$

적응적 교체기간 T^*는 확률변수 $\tilde{\mu}$의 분포에 대한 비용의 기대값 $\overline{C}(T, \tilde{\mu})$을 T로 최소화하여 구할 수 있다. 다시 말하면 n개의 관측치가 주어졌을 때의 최적 적응교체기간 T^*는 다음 식의 해를 구하여 결정할 수 있다.

$$\int_0^{\infty} \frac{\partial \overline{C}(T, \tilde{\mu})}{\partial T} g_1(\tilde{\mu}|t_1, t_2, \cdots, t_n)d\tilde{\mu} = 0 \tag{10.6.3}$$

10.7 사후보증

10.7.1 소비자 제품 보증을 위한 서비스비용의 현가

가전제품, 오락휴양장비, 컴퓨터와 같은 소비자 제품에서는 신뢰도가 제품수명에 걸친 연속적인 사후서비스(A/S) 제공비용에 영향을 준다. 이러한 비용들은 보전에 기인한다.

보증서비스 계약 하에서 소비자 제품의 제조업자는 소비자로부터 요금을 받고, 어떤 특정 기간에 걸쳐 제품을 수리보전하기로 동의한다. 소비자는 계약을 구매하든가 수리비를 자신이 지출할 모험을 선택할 수도 있다. 그러나 공장환경하에서 수리 작업의 집중화, 전문화로 인하여 규모의 경제성이 실현될 수 있기 때문에, 소비자는 일반으로 보증계약으로부터 이득을 본다[Karmarkar]. 제조업자는 다른 영리조직이 제공할 수도 있는 서비스를 제공함으로써 이득을 본다.

제조업자가 직면하는 문제는, 보증 청구에 얼마나 비용이 들 것인가? 위험을 부담하고 보증을 위한 모든 추가비용을 흡수하기 위해 얼마나 제품가격을 올려야 하나? 보증예치금이 너무 적으면 예기치 못한 이익의 감소를 초래하고, 너무 많으면 판매가격을 비경쟁적으로 만들어, 판매량과 이익을 희석시킨다. 보증비용의 현실적인 추정은 제조업자가 제품가격을 적절하게 책정하는 데 도움을 줄 것이다.

Park & Yee는 제조업자의 관점에서, 유한 시간축과 무한 시간축에 걸친 일련의 교정수리의 현가를 구하기 위해 제품고장과 관련 비용에 관한 비교적 간단한 확률적 모형을 개발한다. 다른 비용과 효과도 통상 고려해야 하지만, 하나의 하위문제를 다룬다. 기호와 가정은 다음과 같다.

T: 보증기간

c_r: 일회 수리의 평균비용

i: 미래 비용을 연속적으로 할인하기 위한 공칭이율

1a) 제품수명은 와이블 형상모수 β≥1의 고장분포를 따른다.

1b) 연속적인 고장은 상호 독립적이고, 분포의 모수들은 알려져 있다.

2) 최소수리만 수행한다.

3) 수리시간은 제품수명에 비해 무시할 정도이다. 수리는 제품을 "신품" 상태로 바꿀 수 없고, 대신 제품을 그 나이에 해당하는 가동품목의 평균 상태로 복구한다. 따라서 최소수리에는 고장난 체계를 작동 상태로 복구하기 위해 필요한 작업만이 관여된다.

4) 연속적인 수리비용은 일정한 평균을 갖는 독립적 확률변수이다.

5) 미래 비용은 일정한 공칭이율로 연속 할인된다.

와이블분포의 특징은 앞에서 살펴보았다.

수리와 관련된 일련의 비용에 대해서, 우리는 발생될 미래비용을 현재로 할인한 기대값에 관심이 있다. 예를 들어 무한 수리수열의 비용을 알고 싶을 수 있다. 또는, 특히 서비스계약의 맥락에서, 수리의 횟수에 상관없이 유한시간(보증기간)에서 절단된 일련의 수리에 관한 할인비용을 알고 싶을 수 있다.

고장에 대해 최소 수리를 행하므로 고장률은 h(0)으로 복귀되는 대신 h(t)로 계속되고, 체계의 개별 고장시간은 재생점이 아니다.

와이블분포의 경우, 비균일 포아송과정을 묘사하는 연립미분방정식을 풀면 고장 n의 확률밀도함수는 식 (10.4.29)에서 다음과 같다.

$$f_n(t) = \lambda\beta(\lambda t)^{\beta-1} e^{-(\lambda t)^\beta} \frac{(\lambda t)^{(n-1)\beta}}{\Gamma(n)} \tag{10.7.1}$$

$\sum_{n=1}^{\infty} f_n(t) = h(t)$임을 상기하면, 시간 T에서 절단된 일련의 수리비용의 현가는 다음과 같다.

$$C_T = \sum_{n=1}^{\infty} \int_0^T c_r e^{-} f_n(t) dt \qquad (10.7.2)$$
$$= c_r \int_0^T h(t) e^{-} dt$$
$$= c_r \beta \int_0^{\lambda T} e^{-iu/\lambda} u^{\beta-1} du$$

e^{-it}항은 미래비용을 비율 i로 연속적으로 할인하는 것이다[Karmarkar, Thuesern, et al.].

영구보증의 경우, 수리의 무한수열에 대해서는 다음 비용과 같다.

$$C_\infty = c_r \int_0^\infty h(t) e^{-} dt \qquad (10.7.3)$$
$$= c_r (\lambda/i)^\beta \Gamma(\beta+1)$$

총기대비용 현가는 제품가격구조가 허용하는 범위까지 보증된 제품의 최종 가격에 포함되어야 한다. 제조업자는 보증기간 T를 조정하거나, 보증수준별 옵션처럼 몇 가지 대안을 소비자에게 제안할 수 있다. 어떤 경우라도, 제품의 가격은, 보증 있을 때의 가격이 보증이 없을 때의 가격보다 높을 것이다.

[예제] 10.7

이러한 결과의 응용을 살펴보기 위해, 익숙한 지수고장시간 고장모형으로 묘사되는 제품을 고려해 보자. 제품의 평균고장시간이 (1/λ)=2년, 평균수리비용 은 10만원, 공칭이율이 10%/년이라고 하자.

$$R(t) = e^{-\lambda t} \qquad (10.7.4)$$

식 (10.7.2~3)에서 β=1로 직접 치환하면 다음과 같다.

$$C_T = c_r \lambda \frac{1-e^{iT}}{i} \qquad (10.7.5)$$

$$C_\infty = c_r \lambda / i \qquad (10.7.6)$$

식 (10.7.5)에서 1년간의 미래 수리의 기대비용의 현가는 C_1= 10만원 ×0.5×0.952=4.76만원이다.

식 (10.7.5)의 $[1-e^{-iT}]/i$는 경제성공학에서 "자금유동 현가계수(funds-flow present-worth factor)"라고 부른다[박경수(1987)].

10.7.2 제품보증의 최적 활용

제품들은 우발적으로 고장나면, 운용을 계속하기 위해서 흔히 교체되거나 수리된다. 보증서비스 계약 하에서, 소비자 제품의 제조업자는 소비자로부터(아마도 제품 가격에 포함된) 요금을 받고, 어떤 특정기간에 걸쳐 제품을 수리보전하기로 동의한다. 보증기간이 끝나면, 사용자가 미래 수리에 대한 책임이 있다.

제조업자가 직면하는 문제는 보증 청구의 비용이다. 제조업자의 관점에서, Park & Yee는 보증기간에 걸친 일련의 보증수리의 할인현가를 구하기 위해 제품고장과 관련 비용에 관한 확률적 모형을 개발하였다.

소비자가 직면하는 문제들은, 특정기간에 걸친 보증계약이 있는 제품에 대 해, 평균 총비용률을 최소화하는 제품의 경제수명은 무엇인가? 초과 연장사용은 소비자 수리비용을 과도하게 증가시키는 결과를 낳을 수 있다. 몇 개의 선택적 보증대안들이 있을 때, 무엇이 최적 정책인가?

보증없이 고장을 최소수리하는 정기적 교체정책은 "Policy II"라는 이름으로 Barlow & Hunter에 의해 처음 제안되었다.

소비자의 관점에서, Park(1985)은 보증제품의 경제수명을 구하기 위해 제품고장과 관련 비용에 관한 간단한 확률적 모형을 개발한다. 보증서비스에 대한 제조업자의 할증계획에 대한 지식은 가정하지 않는다. 몇 가지 보증대안들을 평가하는 데 이 모형을 어떻게 활용할 수 있는가를 설명하기 위해 수치 예를 든다. 기호와 가정은 다음과 같다.

h(t): 제품의 고장률

p: 보증이 있는 제품의 가격

w: 보증기간

c_r: 사용자수리 한 건당 평균비용

i: 미래 비용을 연속적으로 할인하기 위한 공칭이자율

1) 고장률 h(t)는 비감소이다.
2) 단지 최소수리만 한다. 즉 고장률은 수리에 의해 간섭받지 않는다.
3) 수리 시간은 제품의 수명에 비해 무시할 수 있다.
4) 연속적인 사용자 수리의 평균비용은 일정한 평균을 갖는 독립 확률변량이다.
5) 연속적인 고장들은 분포의 모수들을 안다는 조건하에 상호 독립적인 우발사건 들로 간주한다.
6) 미래비용은 일정한 공칭이자율로 연속 할인된다.

보증이 있는 제품의 취득가와 사용자수리와 관련된 일련의 비용에 대해서, 교체구간에 걸쳐 평균된 비용률에 관심이 있다. 시간 T까지의 일련의 사용자 수리비용을 연속 할인한 현재가치는 식 (10.7.2)와 비슷하게 $c_r\int_w^T h(t)e^{-it}dt$과 같고, 취득과 수리의 총평균비용의 현가는 $C_p(T)=p+c_r\int_w^T h(t)e^- dt$과 같다.

이 현재가치는 "자금유동 회수계수(funds flow capital recovery factor)"를 사용해서 다음과 같이 평균비용률로 변환된다[박경수(1987)].

$$\overline{C}(T)=C_p(T)i/[1-e^{-iT}] \tag{10.7.7}$$
$$=\begin{cases}\dfrac{i[p+c_r\int_w^T h(t)e^{-it}dt]}{1-e^{-it}}, & T\geq w\\ ip/[1-e^{-iT}], & \text{그외}\end{cases}$$

w까지의 수리비용은 이미 지불되었기 때문에, 식 (10.7.7)의 두 번째 식은 단조감소한다. 따라서 경제수명 T^*는 w보다 작을 수 없다.

만약 i=0라면 식 (10.7.7)에 있는 계수 $i/[1-e^{-iT}]$는 1/T가 되고, $\overline{C}(T)$는 단순한 평균비용이 된다. 따라서 보증이 없을 때, 식 (10.7.7)은 Barlow & Hunter 모형이 된다.

$$\lim_{i\to 0}\lim_{w\to 0}\overline{C}(T)=\frac{p+c_r\int_0^T h(t)dt}{T}$$

영구보증에 대해서는

$$\lim_{w\to 0}\overline{C}(T^*\to\infty)=ip$$

약간의 대수조작으로, 식 (10.7.7)은 단봉형임을 보일 수 있다. 따라서 통상의 미분으로 T(≥w)가 최적이 될 충분조건은 다음과 같다.

$$D(T)\equiv\frac{1-e^{-iT}}{i}h(T)-\int_w^T h(t)e^{-it}dt-\frac{p}{c_r}=0 \tag{10.7.8}$$

$D'(t)=\lambda'(T)[1-e^{-iT}]/i\geq 0$이므로, D(T)와 $\overline{C}'(T)$는 T(≥w)의 비감소함수이다.

그러므로

$$D(w)\equiv[1\text{-}e^{-iw}]h(w)/i\text{-}p/c_r \tag{10.7.9}$$

에서 유한한 w에 대해 D(w)≥0이라면 $\overline{C}'(T)$>0이 되고, $\overline{C}'(T)$는 T의 비감소함수이다. 따라서

$$\overline{C}(\mathrm{T}^*=w)=i\mathrm{p}/[1-e^{-\mathrm{i}w}] \tag{10.7.10}$$

이 경우에는 보증기간이 경제수명이 된다.

유한한 w에 대해, 증가함수 h(t)에 대해 D(w)<0이라면, D(t)와 $\overline{C}'(t)$는 결국 양수가 되고, 식 (10.7.8)의 해는 고유하고 $T^*>w$이다. 이 경우에 식 (10.7.7)에 식 (10.7.8)을 대입하면

$$\overline{C}(T^*>w)=c_r h(T^*) \tag{10.7.11}$$

만일 고장률이 λ로 일정하면 식 (10.7.8)의 첫 항은 T의 감소함수이므로 T에 관계없이 D(T)<D(w)<0으로, 유한한 해는 없이 $T^* \to \infty$, $\overline{C}(T^*) = \lambda t$이 된다.

주어진 제품에 대해서, 가격이나 보증기간이 변하면 T^*나 $\overline{C}(T^*)$에 어떤 영향을 주는가? 식 (10.7.8)에서 D(T)는 p/r에 대한 감소함수이기 때문에, 보증기간이 고정되어 있으면 T^*, $\overline{C}(T^* = w)$, $\overline{C}(T^* > w)$는 p/r가 증가함에 따라 증가한다. 반면에 D(T)는 w의 증가함수이기 때문에, p/r가 고정되어 있을 때, T^*, $\overline{C}(T^* = w)$, $\overline{C}(T^* > w)$는 w가 증가함에 따라 감소하게 된다.

[예제] 10.8

이 모형에서 고장률 $h(t)=0.375t^2$, 형상모수가 3 이고 특성수명이 0.5년인 와이블분포에 대응하는 제품을 생각해 보자. 사용자 수리 한 건당 평균비용 10만원이고, 공칭이자율 10%/년이다. 다음과 같은 4가지 보증선택이 있다.

선택 1: w=0, p=100만원
선택 2: w=1년, p=110만원
선택 3: w=5년, p=120만원
선택 4: w=10년, p=200만원

다음 결과를 얻을 수 있다.

선택 #1: D(0)=-10<0, T*=3.575년, $\overline{C}(T^*)$=47.9만원/년
선택 #2: D(1)=-10.6<0, T*=3.675년, $\overline{C}(T^*)$=50.6만원/년
선택 #3: D(5)=24.9>0, T*=5년, $\overline{C}(T^*)$=30.5만원/년
선택 #4: D(10)=217>0, T*=10년, $\overline{C}(T^*)$=31.6만원/년

그러므로 30.5만원/년의 평균비용률을 가지고 5년을 수리하는 선택 #3이 최소비용을 갖는 보증이 된다. 이 예에서 이자율이 0이라면 상대적인 경제적 가치는 변한다. 즉,

선택 #1: D(0)=-10<0, T*=3.415년, $\overline{C}(T^*)$=43.8만원/년
선택 #2: D(1)=-10.6<0, T*=3.515년, $\overline{C}(T^*)$=46.3만원/년
선택 #3: D(5)=4.9>0, T*=5년, $\overline{C}(T^*)$=\$24만원/년
선택 #4: D(10)=355>0, T*=10년, $\overline{C}(T^*)$=\$20만원/년

그러므로 평균 20만원/년으로 10년을 수리하는, 선택 #4가 최소 비용보증이 된다.

연습문제

10.1 어떤 기계의 부품의 수명밀도함수는 $f(t) = \frac{t}{400}e^{-t/20}$, $t > 0$이다. 과정은 신품으로 시작할 때 재생함수(시간 t 까지에 필요한 교체부품의 기대값)이 다음과 같음을 보여라. (힌트 : 재생함수의 라플라스변환을 구하여 역변환을 취하라.)

$$M(t) = \frac{t}{40} - \frac{1}{4} + \frac{1}{4}e^{-t/10}$$

10.2 식 (10.3.23)을 증명하라.

[힌트 : 식 (10.3.10)의 $\varphi_1(s)$를 테일러 전개하고 $sM^*(s) = \frac{A}{s^2} + \frac{B}{s} + 0\left(\frac{1}{s}\right)$ 으로 놓고 미정계수법을 적용하라.]

10.3 식 (10.4.5)의 좌변이 증가함수임을 보여라.

10.4 큰 설비의 어떤 품목이 다음 시점에서 고장나고 최소 수리되었다. 와이블 확률지를 사용하여 품목의 최적 교체주기를 추정하라. 단, 수리비용 $c_f = \$1$, 교체비용 $c_r = \$5$

순서	고장시간(월)	중앙순위(%) (i-0.3)/(n+04)
1	1.3	10.94
2	2.7	26.56
3	4.1	42.19
4	5.2	57.81
5	6.6	73.44
6	9.8	89.06

(답: T* = 26.7월)

10.5 어떤 제품의 신뢰도 $R(t)=\exp(-t^2)$, 고장시 생산자가 약속한 최소 수리에는 r=\$10이 소요된다. 생산자의 연속 할인이자율(자본비용)이 i=20%라면 1년간 보증에 예상되는 수리비용의 현가는?

(답: $\$_1$ = \$8,762)

10.6 어떤 제품의 신뢰도 $R(t)=\exp(-t^2)$, 고장시 생산자가 약속한 최소 수리에는 r=$100이 소요되고, 연속 할인이자율(자본비용)은 i=10%이다. 다음과 같은 두 가지 보증 선택이 가능하다면 바람직한 보증방식과 최적 교체 기간은?
선택 1: w = 1년, p = $1,000
선택 2: w = 2년, p = $1,500
(답: 보증방식 1, S(T* = 3) = $634.7이 최적)

10.7 수리보증이 있는 경우의 최적 설비교체기간 T를 구할 때
p = 제품가격
w = 보증기간 (년)
r = 사용자 수리비 / 고장
i = 연속 할인이자율
이고 연간 고장률 λ가 일정한 경우 식 (10.7.7)의 윗쪽 비용률함수는 단조함수가 된다. 이 때 T* = ∞일 조건식을 구하고, 이 조건식을 알기 쉬운 경제성 용어로 해석하라.

(답: 연간 수리비 = $\lambda r < p\dfrac{i}{1-e^{-iw}}$ = 제품가의 w에 걸친 “자금유동회수등가”)

PF간격(P-F interval)

잠재고장, 잠재결함으로부터 기능고장으로 된 시기와의 시간간격. 경고기간 혹은 고장에 도달되는 시간이다. potential-failure interval의 뜻을 나타낸다.

PM분석

보전분석의 한 도구. PM은 원래 예방보전이나 생산보전의 의미의 PM이 아니다. P는 현상(phenomenon), 물리(physical)의 의미이고, M은 메카니즘(mechanism)과 4M(설비[machine], 사람[man], 재료[material], 방법[method])의 의미가 있다. PM분석은 원래 일본의 히로세 구니오(白勢國夫)가 만든 것으로, 만성불량, 만성고장과 같은 만성적인 불일치를 원리·원칙에 따라서 물리적으로 해석하고, 불일치 현상의 메카니즘을 분명히 하고, 그것에 영향을 미친다고 생각되는 요인을, 4M 면에서 모두 목록화하기 위한 사고방식이다. 종래의 요인분석(특성요인도)는, 쉽다는 장점이 있지만, 현상의 해석이 불충분하고, 만성손실의 규명이 어렵다. 만성손실을 제로화하기 위해서는 PM분석표를 이용한 분석이 유효하다. PM분석의 이해 및 실효를 위해서는 연수(training)가 필요하다. PM분석표를 아래에 보인다.

PM 분석표	작성연월일	작성자	반장	과장	○○

라인명	제품명	현상(발생부위,상태,빈도,상세)	물리적 견해(현상이해,그림)
설비명	설비번호		

성립조건			1차조사항목 및 측정방법(그림)	조사결과		설비·치공구·재료·방법·관련성				2차조사결과·판정	대책내용	부서월일	결과
항목(그림)	허용치	영향도		측정치	판정	1차항목(조립체)	판정	2차항목(부품)	판정				

제11장 보전도와 가용도

11.1 수리가능체계와 가용도

앞 장에서 교체정책을 살펴보았다. 이는 보전의 일종이지만, 주로 부품의 교체정책이며 교체시간은 없는 모형 중심이었다. 여기서는 보전행위와 보전시간이 의미있는 보전성, 그리고 가용성의 개념을 살펴보기로 한다.

일반으로 수리비용과 시간비용이 장비구입비용보다 훨씬 싸다면 수리를 고려해 볼 필요가 있다. 고장난 장비가 빨리 수리되어 정상 가동 상태로 복귀된다면 고장으로부터 발생하는 악영향을 최소화할 수 있다. 예를 들어 TV나 자동차, 레이다장치 같은 장비들이 여기에 속한다. 이런 장비나 체계를 다룰 때에는 신뢰도 이외에도 가동시간, 수리시간, 주어진 시간내의 고장횟수, 주어진 시간내의 가동시간의 비율 등을 고려해야 한다. 물론 생명유지, 감시 또는 안전 등에 관계되는 체계에서는 일단 고장이 발생하면 파국적일 수도 있으니 이와 같은 경우에는 수리가 소용이 없을 수도 있다.

고장이 발생하더라도 수리하여 사용할 수 있는 체계를 수리가능체계 또는 수리계라고 부르는데, 수리의 이점을 묘사하기 위하여 가용성(availability)의 개념을 사용한다.

가용성은 “필요한 외부 자원이 제공된다고 가정하였을 때, 어떤 시점 또는 기간에 걸쳐, 주어진 조건에서 요구 기능을 수행하는 상태에 있을 품목의 능력”으로 정의된다[KS A 3004].

가용성은 신뢰성, 보전성, 보전지원성에 영향을 받는다. 또한 보전 자원 이외의 외적 자원들은 품목의 가용성에 영향을 미치지 않는다. 품목 상태 중 가동상태(up state)와 가동불능상태(down state)가 가용성과 가장 밀접한 관련성이 있다.

가용성의 계량화 개념으로 가용도를 사용한다. 가용도의 정의는 “품목이 주어진 순간에 주어진 조건에서 요구기능을 수행할 수 있는 상태에 있을 확률”이다[KS A 3004]. 가용도는 가동시간을 요구시간[1])으로 나눈 값이다. 뒤에서 자세히 살펴보기로 한다.

이에 비해 신뢰도는 체계가 정해진 시간동안 계속 가동할 확률이다. 그러므로 만일 가용도=0.9라면 동일한 장비 100대를 사용할 때 100시간째에서 평균적으로 90대가 가동 중이고 나머지 10대는 수리 중이라는 의미이다. 그러므로 가용도 함수만 가지고는 100시간 이전에 몇 번의 수리가 수행되었는가는 알 수가 없다. 이에 비해 신뢰도=0.9라면 동일한 장비 100대가 운용될 때 100시간째에서 평균적으

1) 1장의 품목의 상태와 요구시간을 보라. 요구시간은 품목의 기능이 요구되는 시간으로서 가동상태(up state)와 가동불능상태(down state)로 구분된다.

로 90대가 고장없이 계속적으로 가동을 하고 나머지 10대는 100시간이 되기 이전에 고장이 났다는 것을 의미한다. 명백히 100시간의 신뢰도 0.9가 가용도 0.9 보다 힘든 조건이다. 그러므로 일반으로 R(t)≤A(t)이다.

한편 수리품목은 고장률 대신 고장강도란 용어가 맞지만(3.2.7 참조), 실무적으로 구별없이 쓴다.

11.2 보전도

11.2.1 보전도의 개요

수리능력을 표현하기 위한 용어로 보전성(maintainability)[2)]이 있는데, KS A 3004의 정의에 따르면, "주어진 조건에서 규정된 절차와 자원을 사용하여 보전이 수행될 때, 요구 기능을 수행할 수 있는 상태로 유지 또는 복원되는 품목의 능력"이다.

그런데 공학자는 보전성을 계량적으로 측정하고 설계를 평가할 수 있는 정의를 원한다. 그러므로 계량화 관점에서 보전도가 정의된다.

보전도란 "규정된 조건에서 규정된 절차와 자원을 사용하여 보전이 수행될 때, 주어진 사용조건하의 품목에 대한 실보전활동이 정해진 기간 내에 수행될 수 있을 확률"[KS A 3004]이다. 실보전활동은 보통 개량보전(CM), 예방보전을 말한다. T를 보전시점으로부터 보전 완료까지의 보전시간일 때, 이는 확률변수이고 이 밀도함수를 m(t)라고 하면 보전도는 다음과 같다.

$$M(t) = P\{T \le t\} = \int_0^t m(u)du \tag{11.2.1}$$

이 정의에서 "수리 행위"라는 용어보다도 "보전 행위"라는 용어가 사용된 것을 주의하라. 이것은 중요한 차이점으로서 장비는 수리를 요하는 고장이 나야만 임무에 실패하는 것은 아니다. 예를 들어 수신기의 주파수가 변화하여 수신상태가 나쁠 경우에는 다이얼 조정으로 충분하고, 모터의 축이 빡빡해져서 잘 돌지 않을 때에는 주유만 해주면 되는 것이다. 그러므로 보전행위란 예방보전의 일환으로 주유나 조정으로부터 고장시 수행하는 수리 행위 일체를 포함한다.

과거 TTR을 수리시간(time to repair)의 약자로 사용하여 왔으나, 표준용어로 복구시간(time to restoration, time to recovery)을 사용한다. 이것은 품목이 고장으로 인하여 가동불능상태에 있는 기간으로 이 기간 후에 가동상태가 된다. 한편 수리시간은 RT(repair time)라고 한다. 하지만 관례적으로 보전, 복구란 단어가 사용될 자리에 '수리'란 단어가 사용되는 일이 많으니 독자들은 상황에 맞게 이해하

---

2) 보전성, 보전도는 영어로 maintainabity로 동일하다. 군에서는 정비성, 정비도라고 한다.

길 바란다.

신뢰도와 같이 보전도도 확률이다. 확률론적인 차이는, 신뢰도란 '확률변수가 주어진 값을 초과하는 확률'이고 보전도란 '확률변수가 주어진 값 이하일 확률'이다. 그래서 보전도는 확률분포함수의 정의에 부합한다[3].

평균복구시간(mean time to recovery, MTTR)[4]은 다음과 같다.

$$MTTR=\int_0^\infty t\cdot m(t)dt \tag{11.2.2}$$

수리율(repair rate)[5]은 고장률의 정의와 같은 요령으로 다음과 같다.

$$\mu(t)=\frac{m(t)}{1-M(t)} \tag{11.2.3}$$

신뢰도는 장비의 평균수명이 클수록, 즉 고장률이 작을수록 높아지는데 비해, 보전도는 평균복구시간이 작을수록, 즉 수리율이 클수록 높아진다.

수리가 허용되는 체계의 보전도나 가용도의 분석은 대기행렬의 문제와 관계가 있다. 서비스를 수리 행위로, 서비스인원를 보전인원이나 수리공으로, 고객을 수리해야 할 품목으로 본다면 이것은 대기행렬에서 점유율, 도착율, 서비스율을 정하는 문제에 비유할 수 있다[Locks].

본 장에 나오는 대부분의 문제는 단일 수리공과 단일 장비의 대기행렬 문제이다. 장비가 고장나면 수리공에 의해서 수리되고, 수리가 완료되면 체계는 정상상태로 복귀된다. 체계의 정상 가동시간은 수리완료 시점부터 다시 고장날 때까지의 기간이다. 이보다 더 복잡한 일반적인 문제는 11.5에서 소개될 폐쇄 대기행렬기법을 사용하여 분석할 수 있다.

11.2.2 지수분포의 수리시간일 때

수리시간이 지수분포에 따를 때, 확률밀도함수, 보전도함수, 수리율, MTTR은 다음과 같다. 고장시간의 그것들과 비교해 보라.

$$m(t)=\mu e^{-\mu t} \tag{11.2.4}$$

$$M(t)=1-e^{-\mu t} \tag{11.2.5}$$

$$\mu(t)=\frac{m(t)}{1-M(t)}=\mu \tag{11.2.6}$$

$$MTTR=\frac{1}{\mu} \tag{11.2.7}$$

---

3) 신뢰도는 수명의 분포함수를 1에서 뺀 것이라면, 보전도는 보전시간의 분포함수와 같다는 것을 바로 알 수 있다.

4) RT를 대상으로 하면 MRT(평균수리시간)을 구하는 것이다.

5) 관례적으로 수리율이란 용어를 사용하자. 보전율, 복구율이 아닌.

MTTR의 추정값은, r을 고장횟수, t_i는 i번 째 고장의 수리시간이라고 하면 다음과 같다.

$$\widehat{MTTR} = \frac{\sum_{i=1}^{r} t_i}{r} \tag{11.2.8}$$

n개의 구성요소로 이루어진 체계의 MTTR 추정값은 각 요소의 MTTR을 고장률에 의한 가중평균으로 구한다.

$$\widehat{MTTR} = \frac{\sum_{i=1}^{n} \lambda_i MTTR_i}{\sum_{i=1}^{n} \lambda_i} \tag{11.2.9}$$

예방보전과 사후보전을 모두 실시할 때의 보전성 측도는 MDT(mean down time)로서, 다음과 같다.

$$MDT = \frac{f_p M_{pt} + f_c M_{ct}}{f_p + f_c} \tag{11.2.10}$$

f_p : 예방보전빈도, M_{pt} : 평균예방보전시간

f_c : 사후보전빈도, M_{ct} : 평균사후보전시간

사후보전만 실시할 경우 MTTR=MDT가 된다.

11.3 가용도와 교번재생

본 절에서는 고장이 나면 즉시 수리되어 정상 운용상태로 복귀되는 단일품목에 대해서 생각해 보자. 여기서 수리는 시간이 걸리는 모든 보전 행위를 상징적으로 나타내는 것으로 앞에서 다룬 교체와 다른 점은 바로 이것이다. 그러므로 현실적으로 부품 교체가 이루어지더라도 그것에 걸리는 시간이 상당한 정도이면 보전이론을 적용해야 할 것이다. 하여간 여기서는 부품이나 장비가 수리된 후에는 신품과 동일한 상태로 복귀된다고 가정한다.

품목의 수명이 확률변수로서 그 밀도함수를 f(t)라 하자. 또 수리시간도 확률변수로 취급하여 그 밀도함수를 m(t)라 하자. 고장나는 즉시 수리가 시작되며 수리가 완료되는 즉시 장비는 운용상태로 복귀된다고 가정한다. 수송시간, 행정시간 등은 수리에 포함되거나 또는 무시할 수 있다. 그러면 가동→수리→가동…이 반복될 것이고, 각 가동시간이나 각 수리시간들은 상호 독립의 분포를 갖는다고 가정한다. 이러한 체계 가동 고장 과정은 앞서 나온 재생과정이 두 개 중첩된 것이며 이것은 교번재생(alternating renewal) 이론으로 접근할 수가 있다. 이제 교번 재생이론을 이용하여 고장 횟수의 분포와 주어진 기간 중에 체계가 특정한 상태에 머무르는 시간의 분포를 구해 보기로 하자.

11.3.1 교번재생(alternating renewal)*

고장과 수리가 반복되는 과정은 τ_i를 동일 분포를 갖는 가동시간이라고 하고, ϕ_i를 동일 분포를 갖는 수리시간이라고 할 때, 재생이론으로 다음과 같이 쓸 수 있다.

$$t_n = \tau_1 + \phi_1 + \tau_2 + \phi_2 + ... + \tau_n + \phi_n \tag{11.3.1}$$

고장밀도함수 $f_1(t)$와 보전밀도함수 $g_1(t)$, 그리고 라플라스 변환을 쓰면 다음과 같다.

$$\mathcal{L}\left\{f_{t_n}(t)\right\} = f^*_{t_n}(s) = \left[f^*_1(s) \cdot g^*_1(s)\right]^n \tag{11.3.2}$$

식 (11.3.2)를 역변환하면 n회째의 수리 완료까지 시간의 분포를 구할 수 있다. 또 n회째의 고장발생시점까지의 시간으로 접근하면 마지막 수리를 식 (11.3.2)에서 제외해야 하므로 $f^*_{t_n}(s)/g^*_1(s)$를 사용하여야 한다. 이 결과를 식 (10.3.5)에 있는 재생계수식에 적용하면 고장횟수의 분포나 수리횟수의 분포를 구할 수가 있다. 또 식 (10.3.10)에 적용하면 재생함수 즉 평균횟수를 구할 수 있다.

[예제] 11.1

장비의 고장과 보전 시간이 평균 1/λ, 1/μ인 지수분포를 가질 때, t 까지의 수리 횟수와 고상 횟수의 기대값을 구하라.

풀이)

$$f_1^*(s) = \frac{\lambda}{s+\lambda},\ g_1^*(s) = \frac{\mu}{s+\mu}$$

$$\xi_1^*(s) = f_{t_1}^*(s) = f_1^*(s) g_1^*(s) = \frac{\lambda\mu}{(s+\lambda)(s+\mu)}$$

식 (10.3.10)의 $f_1^*(s)$ 자리에 대입하면

$$M(t) = E[N(t)] = \mathcal{L}^{-1}\left\{\frac{\frac{\lambda\mu}{(s+\lambda)(s+\mu)}}{s\left[1 - \frac{\lambda\mu}{(s+\lambda)(s+\mu)}\right]}\right\} \tag{11.3.3.}$$

$$= \mathcal{L}^{-1}\left\{\frac{\lambda\mu}{s^2(s+\lambda+\mu)}\right\}$$

$$= \mathcal{L}^{-1}\left\{\frac{\lambda\mu}{s^2(\lambda+\mu)} - \frac{\lambda\mu}{s(\lambda+\mu)^2} + \frac{\lambda\mu}{(\lambda+\mu)^2(s+\lambda+\mu)}\right\}$$

$$= \frac{\lambda\mu}{\lambda+\mu}t - \frac{\lambda\mu}{(\lambda+\mu)^2}\left[1 - e^{-(\lambda+\mu)t}\right]$$

평균고장횟수 $M^-(t)$를 구하기 위하여 식 (10.3.10)의 $f_n^*(s)$ 대신 $\xi_n^*(s)/g_1^*(s)$

를 사용하면

$$\mathcal{L}\{M^{-}(t)\} = \frac{1}{s}\sum_{n=1}^{\infty}\left[\frac{\xi_n{}^*(s)}{g_1{}^*(s)}\right]$$
$$= \frac{1}{g_1{}^*(s)}\frac{1}{s}\sum_{n=1}^{\infty}\xi_n{}^*(s)$$
$$= M^*(s)/g_1{}^*(s)$$

식 (11.3.3)을 $g_1{}^*(s)$로 나누면

$$M^{-}(t) = \mathcal{L}^{-1}\left\{\frac{\lambda(s+\mu)}{s^2(s+\lambda+\mu)}\right\} \tag{11.3.4}$$
$$= \frac{\lambda\mu}{\lambda+\mu}t + \frac{\lambda\mu}{(\lambda+\mu)^2}\left[1-e^{-(\lambda+\mu)t}\right]$$

11.3.2 가용도

고장상태를 0, 가동상태를 1이라 하고, $P_j(t)$를 시점 t에서 체계가 상태 j (=0,1)에 머무를 확률이라 하자. 확률변수 N(t)를 시간 t 까지의 수리완료된 횟수, $N^{-}(t)$를 고장횟수라고 하면

$$N^{-}(t) - N(t) = \begin{cases} 1, & t\text{시점에 장비수리 중} \\ 0, & t\text{시점에 장비가동 중} \end{cases} \tag{11.3.5}$$

수리 중일 확률 $P_0(t)$, 가동 중일 확률 $P_1(t)$은 다음과 같다.

$$P_0(t) = E[N^{-}(t) - N(t)] = M^{-}(t) - M(t) \tag{11.3.6}$$

$$P_1(t) = 1 - P_0(t) = 1 + M(t) - M^{-}(t) \tag{11.3.7}$$

가용도의 정의에 의해서

$$A(t) = P\{\text{시점 } t\text{에서 체계가 가동할 확률}\} = P_1(t) \tag{11.3.8}$$

이 가용도를 순간가용도라고도 한다.

수리불가능품목은 정의에 의해서 R(t)=A(t)이다. 수리가능품목은 R(t)는 변하지 않지만 A(t)는 R(t)보다 커지게 된다. 동일한 결론이 직렬구조에도 적용된다. 그러나 체계가 원래 또는 의도적으로 여분구조를 갖게 될 때에는 상황이 달라진다.

이 경우에는 수리가 R(t) 및 A(t) 함수 모두를 증가시킨다. 이것은 두 부품 A, B의 병렬구조로 이루어진 체계를 예로 들어 설명할 수 있는데 만일 수리가 허용되지 않는다면 체계는 부품 두 개가 전부 고장날 때에 고장나게 된다. 그러나 만일 수리가 허용된다면 부품 A가 고장나더라도 부품 B는 계속 가동하게 되고 체계는 정상운용된다. 그 동안 부품 A에 대한 수리가 이루어지고 부품 B 가 고장나기 전에 수리가 완료된다면 체계는 계속 정상적으로 운용되는 것이다. 물론 그 후에는 부품 A나 B 어느 것이 고장나더라도 나머지 부품이 고장나기 전에 수리가 완료되기만 하면 체계는 고장나지 않는다. 때에 따라서는 부품 하나가 고장나서 수리되는

도중 나머지 부품마저 고장날 수가 있으며 이때에 체계도 고장나게 되는 것이다. 확실히 수리는 그런 체계의 신뢰도를 높여 준다.

요약하면 직렬구조의 체계에서는 수리는 신뢰도에 영향을 주지 않는다. 그러 나 체계의 운용 상태를 완전히 묘사하기 위해서는 수리에 걸리는 시간이나 가동기간 등을 알아야 한다. 만일 체계가 병렬구조를 갖는다면 수리를 함으로써 신뢰도를 높여 줄 수 있고 수리에 걸리는 시간과 가동기간은 대단히 중요하게 된다. 경우에 따라서는 예를 들어 해저전화 증폭중계기나 무인 인공위성처럼 수리가 불가능하거나 비현실적일 수도 있다.

평균가용도 $\overline{A}(t_1, t_2)$는 주어진 기간 (t_1, t_2)동안 순간가용도의 평균이다.

$$\overline{A}(t_1, t_2) = \frac{\int_{t_1}^{t_2} A(x)dx}{t_2 - t_1} \qquad (11.3.9)$$

평균가용도의 하한으로 주로 0을 많이 쓰며, 이때 (0,t) 구간의 평균가용도를 $\overline{A}(t)$로 쓰는데 윗줄이 생략될 때가 많다. 윗줄이 생략되면 순간가용도와 혼동이 되기도 한다. '시간가용도'라고 하는 것은 보통 평균가용도를 말한다.

$$\overline{A}(t) = \frac{\int_0^t A(x)dx}{t} \qquad (11.3.10)$$

점근가용도 A는 순간가용도의 극한이다.

$$A = \lim_{t \to \infty} A(t) \qquad (11.3.11)$$

점근평균가용도 $\overline{A}$는 평균가용도의 극한이며, 안정상태 조건의 평균가용도이다.

$$\overline{A} = \lim_{t \to \infty} \overline{A}(t) \qquad (11.3.12)$$

고장률과 수리율이 일정하면, $\frac{MUT}{(MUT+MDT)}$로 표현될 수 있다. 이 조건에서 점근가용도 A와 점근평균가용도 $\overline{A}$는 동일하며, 이를 '정상가용도'라고 한다. 장시간 사용의 '가용도'라면 이것을 말한다.

이상의 여러 가지 가용도 들에 대해 이들의 관계는 다음과 같다.

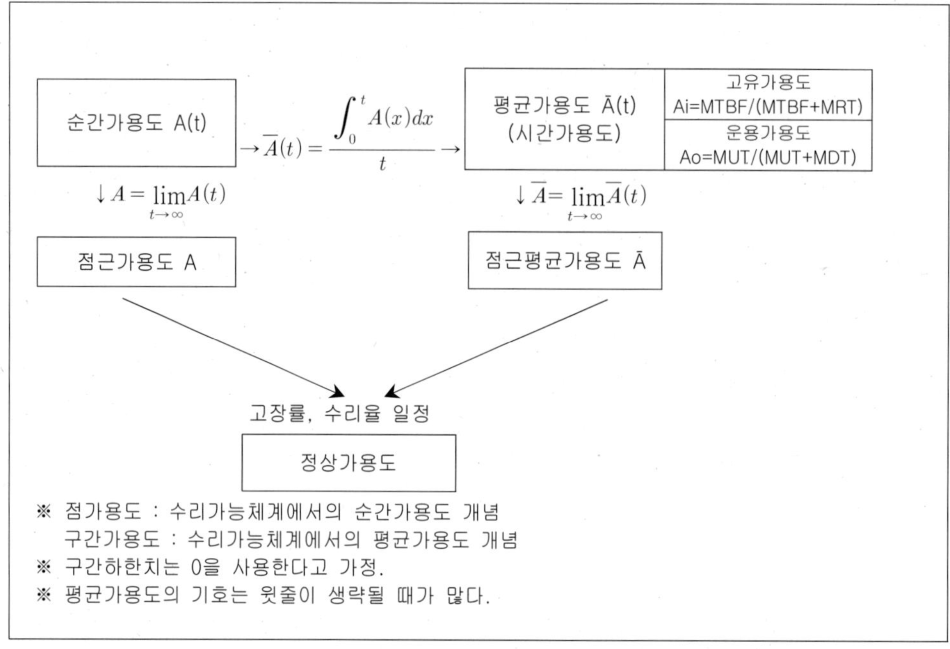

[예제] 11.2

예제 11.1에서 주어진 장비와 보전특성에 대한 가용도함수를 구하라.

풀이)

식 (11.3.3)과 식 (11.3.4)로부터

$$A(t) = P_1(t) = 1 + M(t) - M^{-}(t) \qquad (11.3.13)$$
$$= \frac{\mu}{\lambda+\mu} + \frac{\lambda}{\lambda+\mu} e^{-(\lambda+\mu)t}$$

가용도의 정상치 또는 극한치를 구하기 위해서 다음을 구해야 한다.

$$A = \lim_{t\to\infty} A(t) \qquad (11.3.14)$$

U(t)를 누적가동시간, D(t)를 누적수리시간이라 하고 가용도의 빈도해석을 상기하면 다음과 같다.

$$A = A(\infty) = \lim_{t\to\infty} \frac{U(t)}{U(t)+D(t)} \qquad (11.3.15)$$
$$= \frac{\lim_{t\to\infty} E[U(t)]}{\lim_{t\to\infty} E[U(t)] + E[D(t)]}$$
$$= \frac{MTTF}{MTTF + MTTR}$$

한편 예제 11.2에에서 가용도함수 식 (11.3.13)을 극한으로 적용하면

$$A = \lim_{t \to \infty} A(t) = \frac{\mu}{\lambda + \mu} + 0 \tag{11.3.16}$$

식 (11.3.15)에 고장률, 수리율을 적용하면 같은 결과이다.

$$A = \frac{1/\lambda}{1/\lambda + 1/\mu} = \frac{\mu}{\lambda + \mu} \tag{11.3.17}$$

가용도함수 식 (11.3.13)을 t로 나눈 평균가용도함수를 구하여 극한으로 접근해도 같은 결과를 얻게 된다.

11.4 마코브 수리모형

일반으로 고장시간의 분포와 수리시간의 분포로 가용도함수를 구하기는 어렵다. 그러나 고장과 수리 시간의 밀도함수가 지수분포를 따른다면, 즉 상수고장률이나 수리율을 갖는다면 마코브과정[6]의 수리모형을 설정할 수가 있다.

이 경우에 신뢰도와 가용도의 모형은 서로 다르므로 수리가능한 체계의 신뢰도를 구하기 위해서 흡수상태를 정할 때에는 주의를 요한다. 흡수상태는 그 상태가 되면 다른 상태로 가지 못하는 것이다. 마코브그림은 상태와 상태 간의 변화를 표시하는 그림으로서 신뢰도 그래프와 다른 개념이다. 화살표 위의 값은 추이확률(transition probability, 전이확률)이다. 한편 추이율(transition rate)은 빈도수 [1/시간]로서 고장률, 수리율이 그 예이다. 추이확률은 추이율×Δt이다.

11.4.1 단일부품의 신뢰도와 가용도

(1) 신뢰도 마코브모형

일정한 고장률 λ를 갖는 단일부품 x의 신뢰도는 그림 11-1과 같은 마코브모형을 써서 간단히 구할 수 있다. 그림에서 고장상태 s_1이 되면 다른 상태로 돌아가지 못하는 흡수상태가 된다. x에 밑줄이 있는 것은 고장상태이다. 그림의 (b)는 추이도(transition diagram)[7]이다.

---

6) 이산적 상태 i→j로 변화가 확률적이며 i 이전의 상태와 무관할 때(비기억특성) 마코브 모형이 된다. 관측시간이 연속적일 때 마코브과정, 이산적일 때 마코브사슬이라고 한다.

7) 마코브그림과 추이도 차이: 마코브그림은 추이확률을, 추이도는 추이율만 표시한 것이다. 추이도는 제자리로 남아있는 화살표의 표시를 하지 않고 Δt도 필요 없다.

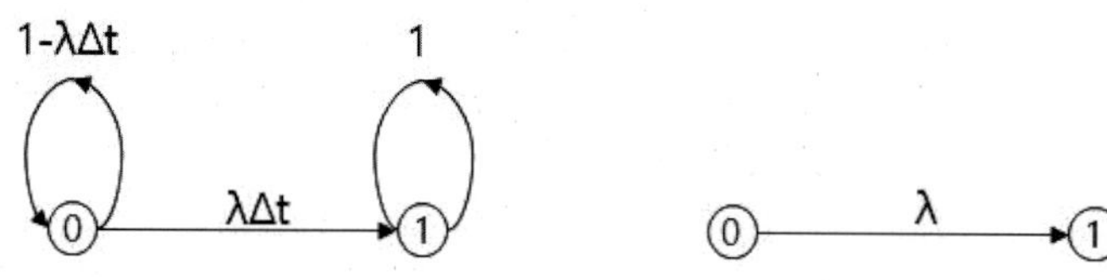

(a) 마코브그림 (b) 추이도

그림 11-1 수리가능한 단일부품의 신뢰도 마코브그림

그림 11-1의 마코브그림에 대해 t로부터 t+dt의 상태확률 변화부터 미분방정식을 유도할 수 있다. 편의상 (t)는 생략하였다.

$$\begin{cases} P_0(t+dt) = P_0(t)(1-\lambda dt) \\ P_1(t+dt) = P_1(t) + P_1(t)\lambda dt \end{cases}$$

$$\begin{cases} \dot{P_0} = -\lambda P_0 \\ \dot{P_1} = +\lambda P_0 \end{cases} \tag{11.4.1}$$

$$P_0(0) = 1,\ \ P_1(0) = 0$$

마코브모형을 이해하면 추이도로부터 타상태와의 유출률, 유입률로만 미분방정식을 쉽게 세울 수 있다. 이를 풀면(부록 참조) 다음과 같다.

$$\begin{cases} P_0(t) = e^{-\lambda t} \\ P_1(t) = 1 - e^{-\lambda t} \end{cases} \tag{11.4.2}$$

신뢰도는 $R(t) = P_0(t) = e^{-\lambda t}$이다. 그러므로 수리의 가능성은 신뢰도에는 하등의 영향을 미치지 않는다. 부품 고장상태는 흡수상태이고 일단 체계가 이 상태에 돌입하면 가동상태로 복구할 수 없다.

(2) 가용도 마코브모형

수리가능품목의 가용도를 분석하자면 약간 다른 마코브그림을 그려야 하며 고장상태에서 다시 가동상태로 복귀할 수가 있으므로 고장상태는 이제 흡수상태가 아니다. 그러므로 가용도를 분석하기 위해서는 그림 11-2와 같은 마코브그림을 참조해야 한다.

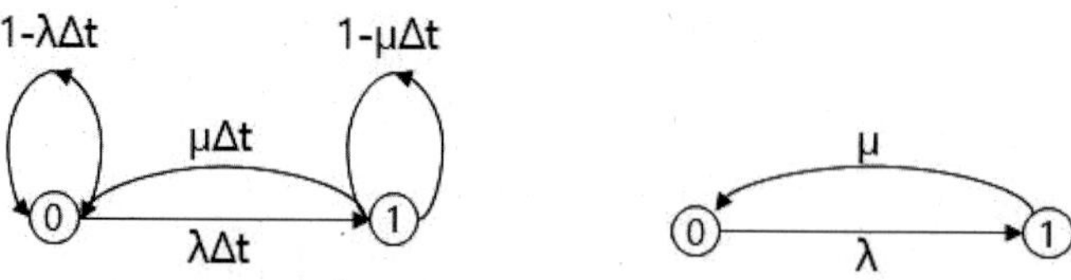

(a) 마코브그림 (b) 추이도

그림 11-2 수리가능한 단일부품의 신뢰도 마코브그림

이에 상응하는 미분방정식은 다음과 같다.

$$\begin{cases} \dot{P}_0 = -\lambda P_0 + \mu P_1 \\ \dot{P}_1 = +\lambda P_0 - \mu P_1 \end{cases} \qquad (11.4.3)$$
$$P_0(0) = 1,\ P_1(0) = 0$$

이를 풀면 다음 상태확률을 얻을 수 있다.

$$\begin{cases} P_0(t) = \dfrac{\mu}{\lambda+\mu} + \dfrac{\lambda}{\lambda+\mu} e^{-(\lambda+\mu)t} \\ P_1(t) = \dfrac{\lambda}{\lambda+\mu} - \dfrac{\lambda}{\lambda+\mu} e^{-(\lambda+\mu)t} \end{cases} \qquad (11.4.4)$$

정의에 의해서 $A(t) = P_0(t)$이므로 식 (11.3.13)과 일치한다. 이 가용도함수의 그림이 그림 11-3에 나와 있다.

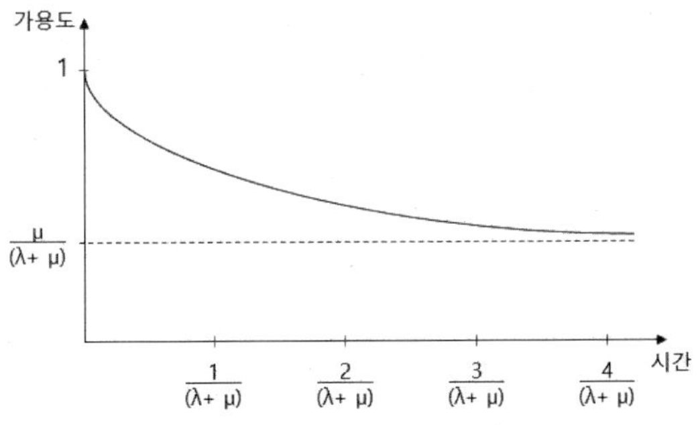

그림 11-3 단일부품의 가용도함수

A(t), R(t)의 중요한 차이점은 정상상태의 차이에 있다. 시간 t가 커짐에 따라 R(t)→0이 되나 A(t)는 어떤 일정한 정상치에 수렴하게 된다. 그러므로 단일 부품의 경우 다음과 같다.

$$A(\infty) = \lim_{t\to\infty} A(t) = \frac{\mu}{\lambda+\mu} = \frac{MTBF}{MTBF+MTTR} \qquad (11.4.5)$$

이는 점근가용도이다. 외우는 방법은 분모는 전체 시간, 분자는 그중 가동시간이 된다. 고장률, 수리율을 사용한다면 역수임을 상기하면 된다.

이와 같이 평균수명과 평균수리시간만을 고려한 가용도를 고유가용도(inherent availability)라 한다. 한편 품목의 가동불능(다운)시간이 수리시간만이 아니고 예방보전시간까지 포함되는 경우 평균가동시간과 평균가동불능시간을 사용한다면 운용가용도(operational availability)라고 한다.

[예제] 11.3

지수고장분포를 따르는 어떤 체계의 1,000시간 때의 신뢰도는 0.9 이상이고 가용도는 0.99 이상이어야 한다. 체계의 평균수명(MTTF)과 보전능력(MTTR로서)은 얼마이어야 하는가?

풀이)

$$R(t) = e^{-\lambda t} \geq 0.9, 0 \leq t \leq 1,000$$
$$e^{-1,000\lambda} \approx 1-1,000\lambda \geq 0.9$$
$$\lambda \leq 10^{-4}$$

가용도의 하한은 A(∞)이고, 일반으로 MTTR=1/μ<<1/λ=MTTF이므로 μ>>λ이고 따라서

$$A(\infty) = \frac{\mu}{\lambda+\mu} = \frac{1}{1+\frac{\lambda}{\mu}} = 1-\frac{\lambda}{\mu} + \frac{\lambda^2}{2\mu^2} + \cdots$$
$$\approx 1-\frac{\lambda}{\mu}$$

$$A(\infty) = 1 - \frac{\lambda}{\mu} \geq 0.99$$
$$0.01 \geq \frac{10^{-4}}{\mu}$$
$$\mu \geq \frac{10^{-4}}{10^{-2}} = 10^{-2}$$

그러므로 평균수명(MTTF, λ의 역수)이 10,000시간 이상인 부품을 사용해야 하고, 평균수리시간(MTTR, μ의 역수)은 100시간 이내이어야 한다.

11.4.2 다부품의 신뢰도와 가용도

직렬구조 이외의 다부품 체계의 신뢰도 및 가용도는 수리에 의해서 영향을 받는다. 예를 들어 두 개의 부품으로 이루어진 체계의 신뢰도의 마코브그림이 그림 11-4에 나와 있다.

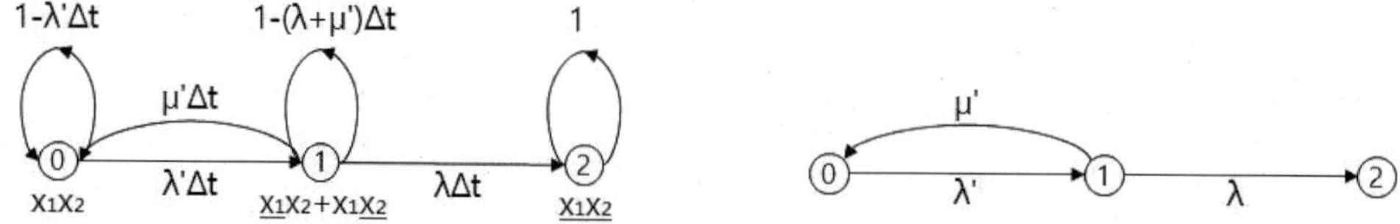

λ'={2λ(병렬), λ(대기)}, μ'=k₁μ(1≤k₁≤k)

(a) 마코브그림 (b) 추이도

그림 11-4 두 개의 동일 부품과 수리공에 대한 신뢰도 마코브그림

이 그림에서는 병렬구조와 대기구조에 대한 경우를 하나의 그림에 포함시키기 위하여 고장률을 λ'으로 표시했으므로 병렬구조의 경우에는 λ'=2λ로, 대기구조의 경우에는 λ'=λ로 치환해야 한다. 여기에서 $s_1 \to s_2$로의 추이율은 대기구조나 병렬구조의 경우 모두 더 고장날 부품은 한 개 밖에 없으므로 λΔt가 되는 것을 주의하라. 또한 수리공이 둘 이상인 경우에 같이 협력하지 않고 순번제로 한다면 부품 두 개를 동시에 수리하는 경우는 없으므로 μ'=μ가 될 것이나 모두가 협력하여 수리 한다는 가정 하에서는 μ'=kμ로 볼 수 있다[8].

이에 대한 미분방정식은 다음과 같다.

$$\begin{cases} \dot{P}_0 = -\lambda' P_0 + \mu' P_1 \\ \dot{P}_1 = +\lambda' P_0 - (\lambda + \mu') P_1 \\ \dot{P}_2 = \qquad\quad +\lambda P_1 \end{cases} \tag{11.4.6}$$
$$P_0(0) = 1,\ P_1(0) = P_2(0) = 0$$

체계 신뢰도는 $R(t) = P_0(t) + P_1(t)$로부터 구할 수 있다. 식 (11.4.6)의 풀이는 연습문제로 돌린다. 라플라스변환이 유용하며, 부록과 [Shooman]을 참조하기 바란다.

체계 가용도에 대한 분석도 비슷하게 할 수 있으며 이레 대한 마코브그림이 그림 11-5에 나와 있고 이 경우에는 체계가 어느 상태에 있거나 수리 가능하다. 여기에 상응하는 미분방정식은 다음과 같다.

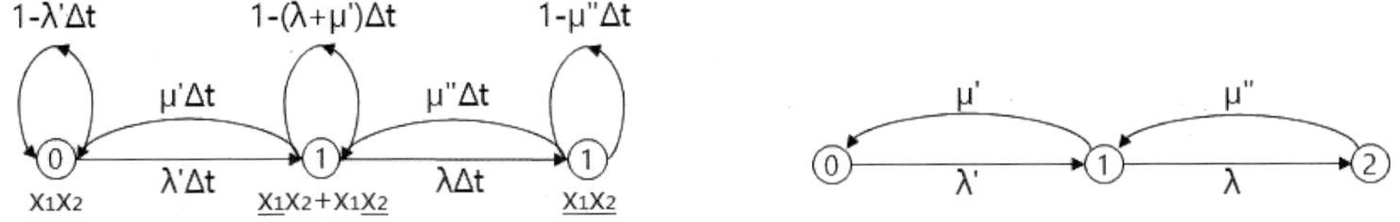

λ'={2λ(병렬), λ(대기)}, μ'=k_1μ(1≤k_1≤k), μ"={kμ(1≤k≤2), k_2μ(1≤k_1≤k)}

(a) 마코브그림 (b) 추이도

그림 11-5 두 개의 동일 부품과 수리공에 대한 가용도 마코브그림

$$\begin{cases} \dot{P}_0 = -\lambda' P_0 + \mu' P_1 \\ \dot{P}_1 = +\lambda' P_0 - (\lambda + \mu') P_1 + \mu'' P_2 \\ \dot{P}_2 = \qquad\quad +\lambda P_1 \qquad\quad - \mu'' P_2 \end{cases} \tag{11.4.7}$$
$$P_0(0) = 1,\ P_1(0) = P_2(0) = 0$$

체계 가용도는 $A(t) = P_0(t) + P_1(t)$로 구할 수 있다.

점근가용도 A(∞)는 식 (11.4.7)으로부터 직접 구할 수도 있다. 정상상태에서는

8) 현실적으로는 $\mu' = \sqrt{k}\,\mu$로 보는 것이 더 합당할 것 같다.

$\dot{P}_0(t) = \dot{P}_1(t) = \dot{P}_2(t) = 0$으로서 식 (11.4.7)의 좌변을 0으로 놓으면 다음과 같은 선형식이 된다. 초기치 대신 확률의 합=1임에 유의하라. 이 연립방정식은 3개의 식이지만 계급(랭크)는 2이다. 따라서 세 상태확률의 합=1이란 식이 '반드시' 필요하다.

$$\begin{cases} 0 = -\lambda' P_0(\infty) + \mu' P_1(\infty) \\ 0 = \lambda' P_0(\infty) - (\lambda + \mu') P_1(\infty) + \mu'' P_2(\infty) \\ 0 = \lambda P_1(\infty) - \mu'' P_2(\infty) \end{cases} \tag{11.4.8}$$
$$P_0(\infty) + P_1(\infty) + P_2(\infty) = 1$$

이를 연립방정식으로 풀 수 있고, 이중 점근가용도는 다음과 같다.

$$\begin{aligned} A(\infty) &= P_0(\infty) + P_1(\infty) \\ &= 1 - \frac{\lambda\lambda'}{\lambda\lambda' + \lambda\mu'' + \mu'\mu''} \end{aligned} \tag{11.4.9}$$

지금까지는 단일부품과 두 개 부품의 경우만을 다루어 보았으나 그 이상의 다부품의 경우에도 같은 기법을 적용할 수 있다. 단지 한 가지 문제점은 부품 수가 많아질수록 문제가 너무 복잡해지므로 관련되는 연립 미분방정식을 풀기가 대단히 힘들게 된다. 물론 선형 연립방정식이므로 소거법이나 크래머 법칙으로 구할 수 있다. 그러나 실제 문제를 분석할 때는 시뮬레이션 또는 다음의 폐쇄 대기행렬기법을 사용할 수가 있다.

11.5 폐쇄 대기행렬*

11.5.1 지수서비스로 이루어진 폐쇄 대기체계

외관상 뚜렷한 두 가지 유형의 대기체계로서 폐쇄체계와 개방체계가 있다. 폐쇄체계에서는 고객이 체계로 들어오거나 나갈 수 없고 각 단계를 반복적으로 통과하기 때문에 체계내의 고객수는 일정하다. 반면에 개방형 체계에서는 고객이 체계로 들어오고 각 단계에서 서비스를 받고 나가기 때문에 어느 시점의 체계 내 고객수는 확률변수이다.

지수분포의 서비스시간을 갖는 폐쇄체계 내의 고객의 평형분포를 살펴보자. 1, 2, …, M으로 번호를 붙인 M개의 단계가 있고, i번째 단계는 각각 평균이 $1/\mu_i$인 지수분포 서비스 시간을 갖는 r_i명의 병렬 서비스맨으로 이루어져 있다고 하자. (μ_i는 단위시간당 서비스되는 고객수로 관측된다.) i 번째 단계에서 서비스를 끝낸 고객은 체계나 관련된 특정고객의 상태와 무관한 확률 p_{ij}로 j 번째 단계로 직접 속행한다. 이 추이 가능성은 고객이 체계를 통과하는 경로가 우발적이라는 것을 의미한다. 단계 간 추이 시간은 0이다.

체계내의 총고객수를 N(<∞)이라 하고, n_i를 i번째 단계에서 서비스 중이거나 대기 중인 고객수의 합이라 하자. 그러면 체계의 상태는, $\sum_{i=1}^{M} n_i = N$일 때, M 개의 요소$(n_1, n_2, \ldots, n_M)$로 고유하게 결정된다. 체계의 구별 가능한 상태수는 N명의 고객을 M개의 단계에 분할하는 경우의 수 $\binom{N+M-1}{M-1}$와 같다[9].

이렇게 정의된 마코브과정이 비가략이라고 가정한다. 즉, 체계는 일련의 추이를 거쳐 어느 한 상태에서 다른 어떤 상태로도 0이 아닌 확률로 갈 수 있다. 따라서 평형 확률분포가 존재한다는 것을 알 수 있다.

폐쇄체계내의 고객의 평형분포를 고려하기 위해 $P(n_1, n_2, \cdots, n_M)$을 체계가 상태 $(n_1, n_2, \ldots, n_M)$에 있을 평형 확률이라 하자. i번째 단계가 비었다면 고객이 그 단계를 떠날 수 없음을 설명하는 이진함수를 다음과 같이 정의하자.

$$\epsilon(n_i) = \begin{cases} 0, & n = 0\text{일 때} \\ 1, & n \neq 0\text{일 때} \end{cases} \tag{11.5.1}$$

k번째 단계에 총 n_k 고객이 있을 때 서비스중 고객수는 다음과 같다.

$$\alpha_k(n_k) = \begin{cases} n_k, & n_k \le r_k\text{일 때} \\ r_k, & n_k \ge r_k\text{일 때} \end{cases} \tag{11.5.2}$$

평형등식은 다음과 같은 형태로 쓸 수 있다[10].

$$\left\{\sum_{k=1}^{M} \epsilon(n_k)\alpha_k(n_k)\right\} P(n_1, n_2, \cdots, n_M) = \tag{11.5.3}$$
$$\sum_{i=1}^{M}\sum_{k=1}^{M} \epsilon(n_k)\alpha_i(n_i+1)\mu_i p_{ik} P(n_1, \cdot\cdot, n_k - 1, \cdot\cdot, n_i + 1, \cdot\cdot, n_M)$$

식 (11.5.3)의 해석은 매우 간단하다. 좌변은 상태 $(n_1, n_2, \ldots, n_M)$로부터의 유출 추이율을 나타내고, 우변은 이 상태로의 유입 추이율을 나타낸다. 식 (11.5.3)을 변수분리법으로 풀어보자.

부하 의존적 서비스율을 다루기 위하여 함수 $\beta_k(n)$을 다음과 같이 순환적으로 정의하자.

$$\begin{aligned} &\beta_k(0) = 1 \\ &\beta_k(n) = \alpha_k(n)\beta_k(n-1) = \alpha_k(1) \ldots \alpha_k(n) \end{aligned} \tag{11.5.4}$$

식 (11.5.3)에서 다음과 같이 변수를 변환하자.

---

9) N개의 공을 M개의 무리로 나누려면 N개의 공과 M-1개의 칸막이를 임의 순서로 배열하면 된다. 즉 N+M-1개의 위치 중 공을 배열할 자리 N곳을 선택하면 된다. M=5, N=10일 경우, 이 수는 1,001이나 된다.

10) 우변에 $\epsilon(n_k)$를 곱한 이유는 제k 단계에 고객이 1 이상이어야 떠날 수 있기 때문

$$P(n_1, n_2, \cdots, n_M) = \left\{\prod_{i=1}^{M}\beta_i^{-1}(n_i)\right\}Q(n_1, n_2, \cdots, n_M) \tag{11.5.5}$$

등가관계 $\epsilon(n_k)\alpha_k(n_k) \equiv \alpha_k(n_k)$를 사용하면 $Q(n_1, n_2, ..., n_M)$에 대한 새로운 등식은 다음과 같이 쓸 수 있다.

$$\begin{aligned}&\left\{\prod_{i=1}^{M}\beta_i^{-1}(n_i)\right\}\left\{\sum_{k=1}^{M}\alpha_k(n_k)\mu_k\right\}Q(n_1, n_2, \cdots, n_M) \\ &= \{\beta_1(n_1)\cdot\cdot\beta_k(n_k-1)\cdot\cdot\beta_i(n_i+1)\cdot\cdot\beta_M(n_M)\}^{-1} \\ &\quad\cdot\sum_{i=1}^{M}\sum_{k=1}^{M}\alpha_i(n_i+1)\mu_i p_{ik}Q(n_1,\cdot\cdot,n_{k-1},\cdot\cdot,n_{i+1},\cdot\cdot,n_M) \\ &= \left\{\prod_{i=1}^{M}\beta_i^{-1}(n_i)\right\}\sum_{i=1}^{M}\sum_{k=1}^{M}\alpha_k(n_k)\mu_i p_{ik}Q(n_1,\cdot\cdot,n_{k-1},\cdot\cdot,n_{i+1},\cdot\cdot,n_M)\end{aligned} \tag{11.5.6}$$

만일 Q가 M개의 미지 모수 x_i로 다음과 같이 표현된다고 하자.

$$Q(n_1, n_2, \cdots, n_M) = \left\{\prod_{i=1}^{M}x_i^{n_i}\right\}\cdot\text{상수} \tag{11.5.7}$$

식 (11.5.6)에 대입하면 다음을 얻는다.

$$\sum_{k=1}^{M}\alpha_k(n_k)\left\{\mu_k - \sum_{i=1}^{M}\mu_i p_{ik}(x_i/x_k)\right\} = 0 \tag{11.5.8}$$

고객 모두가 어떤 주어진 대기행렬에 동시에 있을 수 있기 때문에 위 식은 각 $\alpha_k(n_k)$의 모든 계수가 동시에 0이 되어야 한다. 따라서 x_i에 대한 선형대수방정식을 고려하게 된다[11].

$$\sum_{i=1}^{M}p_{ik}(\mu_i x_i) = \mu_k x_k,\ (k = 1, 2, \cdots, M) \tag{11.5.9}$$

다음과 같은 정규화 상수를 G(N)이라 하자.

$$G(N) = \sum_{\sum_{i=1}^{M}n_i = N}\left\{\prod_{i=1}^{M}\left[(x_i)^{n_i}/\beta_i(n_i)\right]\right\} \tag{11.5.10}$$

그러면 평형등식의 해, 곧 고유한 평형분포는 다음과 같이 주어진다.

$$P(n_1, n_2, \cdots, n_M) = \left\{\prod_{i=1}^{M}\left[(x_i)^{n_i}/\beta_i(n_i)\right]\right\}/G(N) \tag{11.5.11}$$

11.5.2 지수 서비스맨으로 이루어진 폐쇄대기망의 연산

Buzen은 폐쇄대기망의 기본적 균형분포와 주변분포의 계산적인 측면에 대해 고려한다. N명의 고객을 M개의 단계에 분할할 수 있는 모든 상태의 집합을 다음과

---

11) 식 (11.5.9)는 선형종속이므로 x_1 =1에 대한 상대적인 해를 구할 수 있다.

같이 표기하자.

$$S(N,M) = \left\{ (n_i, n_2, \cdots, n_M) \mid \sum_{i=1}^{M} n_i = N \right\} \tag{11.5.12}$$

식 (11.5.10)에 있는 정규화 상수는 집합기호로 다음과 같이 간략하게 표기할 수 있다.

$$G(N) = \sum_{\mathrm{n} \in S(N,M)} \prod_{i=1}^{M} \left[(x_i)^{n_i} / \beta_i(n_i) \right] \tag{11.5.13}$$

G(N)의 계산은 다소 복잡하기 때문에 다음 보조함수를 정의하면 편리하다.

$$g(n,m) = \sum_{\mathrm{n} \in S(n,m)} \prod_{i=1}^{M} \left[(x_i)^{n_i} / \beta_i(n_i) \right] \tag{11.5.14}$$

n=0, 1, …, N에 대해 g(n,M)=G(n)이고, g(N,M)=G(N)이다. 또한 g(n,m)의 초기값도 식 (11.5.14)에서 즉시 구해진다.

$$g(0,m) = 1 \quad (m = 0, 1, \ldots, M) \tag{11.5.15}$$

$$g(n,1) = \frac{(x_1)^n}{\beta_1(n)} = \frac{(x_1)^n}{\alpha_1(1) \cdots \alpha_1(n)} \quad (n = 0, 1, \cdots, N) \tag{11.5.16}$$

다음에는 m>1에 대해서, 마지막 m번째 단계에 고객을 우선 배분한다고 보면 다음 순환식을 얻을 수 있다.

$$\begin{aligned} g(n,m) &= \sum_{k=0}^{n} \left[\sum_{\mathrm{n} \in S(n,m) \,\&\, n_m = k} \prod_{i=1}^{m} \left[(x_i)^{n_i} / \beta_i(n_i) \right] \right] \\ &= \sum_{k=0}^{n} \frac{(x_m)^k}{\beta_m(k)} \left[\sum_{\mathrm{n} \in S(n-k, m-1)} \prod_{i=1}^{m-1} \left[(x_i)^{n_i} / \beta_i(n_i) \right] \right] \\ &= \sum_{k=0}^{n} \frac{(x_m)^k}{\beta_m(k)} g(n-k, m-1) \end{aligned} \tag{11.5.17}$$

표 11-1에 연산절차의 개요가 나와 있다.

표 11-1 연산절차의 개요

	x_1	x_2	…	x_{m-1}	x_m	…	x_M
0	1			1	1	…	1
1	$x_1/\beta_1(1)$			g(1,m-1)			
2	$(x_1)^{2}/\beta_1(2)$			g(2,m-1)			
⋮							
n	$(x_1)^{n}/\beta_1(n)$			g(1,m-1)	→g(n,m)		
⋮							
N							g(N,M)

각 서비스설비에서의 기대고객수를 구하기 위한 고객의 한계분포는 부하 종속적인 경우 구하기 까다롭다. 우선 마지막 설비에서 고객의 한계분포를 구하는 것이

유용하다. M번째 단계에 k 고객을 우선 배분한다고 보면 다음 순환식으로부터 구할 수 있다.

$$P(n_M = k) = \sum_{n \in S(N,M) \& n_M = k} P(n_1, n_2, \cdots, n_M) \tag{11.5.18}$$

$$= \sum_{n \in S(N,M) \& n_M = k} \frac{1}{G(N)} \prod_{j=1}^{M} \left[(x_j)^{n_j} / \beta_j(n_j) \right]$$

$$= \frac{(x_M)^k}{\beta_M(k)} \frac{g(N-k, M-1)}{G(N)}$$

다른 서비스설비에서의 고객의 한계분포는 관심있는 설비가 M번째 설비가 되게 하여 서비스설비의 순서를 치환함으로써 얻을 수 있다.

11.6 전력체계 신뢰도계산을 위한 빈도 및 기간방식

11.6.1 서론

전력체계의 신뢰도분석은 수년에 거쳐 많은 관심을 받아온 문제 분야이다. 체계의 배전단계에서, 신뢰도 평가와 통계적 성능기록들은 정전횟수, 빈도, 지 속기간, 영향을 받는 고객수에 근거하여 유지되는 경향이 있다. 좀더 신뢰성 있는 송배전설계를 위해서 이런 척도들을 예측하는 기법들이 개발되었다.

Hall et al.은 발전 예비 연구에 이용할 수 있고, 또 특정 및 누적용량 정전 상태에 대한 가용도, 빈도, 기간을 계산하는 데 이용할 수도 있는 발전체계의 모형을 설정한다.

11.6.2 순환기법에 의한 빈도 및 기간

가동 상태에 있거나 아니면 수리 중인 하나의 수리가능체계는 기대 또는 평균 형태로 특징지어진다. 고장률과 수리율은 상수라고 가정하고, 평균고장시간 θ와 평균수리시간 ρ는 유한하다고 가정한다. 고장률, 수리율이 상수라는 가정은 기계 상태를 더욱 제한적인 마코브과정에 속하게 한다. θ와 ρ가 유한하므로 가동상태, 고장상태는 모두 도달가능하다.

그림 11-6에 있는 평균주기는 다음 용어들을 정의한다.

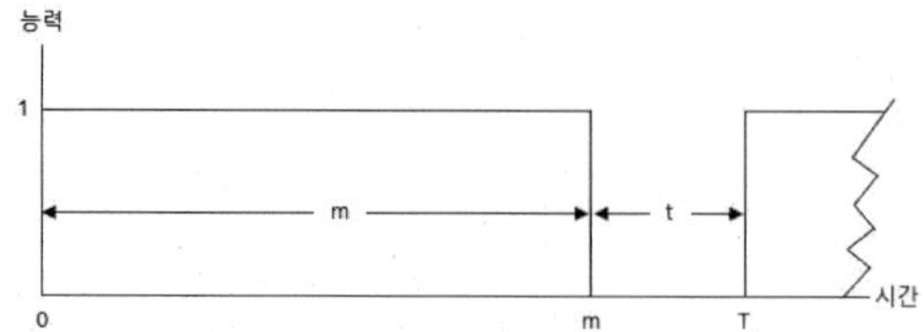

그림 11-6 단위의 능력의 평균 역사

T=1/f	주기시간(일)
f	빈도(주기/단위시간)
θ=1/λ	평균작동시간(일)
ρ=1/μ	평균수리시간
λ	고장률(고장수/단위 시간),
μ	수리율(수리 수/단위시간),
A=θ/(θ+ρ)=θ/T	가용도(정상상태)
U=1-A=ρ/T	비가용도(정상상태).

여기서 가용도란 정상상태 또는 점근가용도를 의미한다는 것을 주의하라. 가용도, 추이율, 평균주기는 다음 관계를 갖는다.

$$\lambda = 1/AT \qquad (11.6.1)$$

$$\mu = 1/(1-A)T = 1/UT \qquad (11.6.2)$$

$$f = A\lambda = (1-A)\mu = U\mu \qquad (11.6.3)$$

식 (11.6.3)을 보면, 장기적으로 한 상태를 조우하는 빈도는 다음과 같다. 둘 중 한 식으로도 빈도를 구할 수 있다.

$$f_{(작동)} = (상태에\ 있을\ 정상확률) \times (유출률) \qquad (11.6.4)$$

$$f_{(작동)} = (상태에\ 없을\ 정상확률) \times (유입률) \qquad (11.6.5)$$

[예제] 11.4

하나의 수리 가능 용량 20MW짜리 발전기의 가용도가 0.98, 평균수리시간이 2.040816일이라면, 고장간 평균주기는 얼마나 되는가?

풀이)

$$\mu = 1/\rho = 0.4900$$

$$\lambda = f_{(작동)}/A = (1-A)/\rho A = \mu(1-A)/A = 0.0100$$

$$T = 1/(1-A)\mu = 102.0408\ 일$$

11.6.3 2-병렬기계

식 (11.6.4~5)는 한 상태로 출입하는 방식이 둘 이상이라도 완벽하게 일반적이다. 이를 설명하기 위해 수리 가능한 2 병렬 기계의 경우를 사용하자. 가능한 상태의 수는 2^2 = 4이다. 가능한 4 상태들의 정의는 다음 표와 같다. 그림 11-7은 이들 상태들의 추이도(transition diagram)이다.

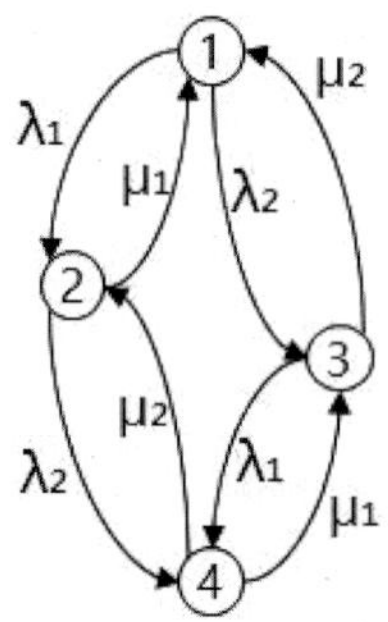

그림 11-7
병렬수리계 추이도

이 모형에서 각 기계의 가동-수리 과정은 다른 기계의 과정들과 독립이다. 마지막 열은 각 상태에서의 유출률을 나타낸다. 한 상태에 평균체류시간은 유출률의 역수임을 주시하라. 예를 들어 상태 2의 조우간 주기 시간은 평균적으로 $T_2 = 1/\left[A_{상태}(\mu_1 + \lambda_2)\right]$ 이다.

표 11-2 2-병렬기계의 유출률

상태번호	기계1	기계2	유출률
1	작동	작동	$\lambda_1 + \lambda_2$
2	고장	작동	$\mu_1 + \lambda_2$
3	작동	고장	$\lambda_1 + \mu_2$
4	고장	고장	$\mu_1 + \mu_2$

[예제] 11.5

2대의 병렬발전기의 정보는 다음 표와 같다. 그림 11-7을 참조하여, 가용도와 상태들의 조우간 평균시간을 구하라.

단위	용량(MW)	가용도	MTTR(일)	μ	λ
1	20	0.98	2.040816	0.49	0.01
2	30	0.98	2.040816	0.49	0.01

풀이)

상태	용량(MW)	A	유출률(일)	주기(일)
1	50	0.98^2	$\lambda_1 + \lambda_2 = 0.02$	52.016
2	30	0.98×0.02	$\mu_1 + \lambda_2 = 0.5$	102.0408
3	20	0.98×0.02	$\lambda_1 + \mu_2 = 0.5$	102.0408
4	0	0.02^2	$\mu_1 + \mu_2 = 0.98$	2,551.02

11.6.4 누적-사건 주기시간

부하 감손(loss) 확률법에서는 정전 “사건”은 주어진 크기 이상의 정전이 발생하는 것이라고 재정의하는 것이 편리하다. 똑같은 추론이 빈도-기간방법에서도 적용된다. 정확히 30MW 정전 조우간의 평균시간이 102.0408일이라는 것을 아는 것도 흥미있지만, 30MW 이상의 정전을 조우하는 빈도를 아는 것이 더 가치 있을 수 있다. 즉, 30MW 미만에서 30MW 이상으로 정전이 얼마나 자주 변하는가?

이를 달성하기 위해서는 각 상태가 주어진 용량 이상의 정전 발생이라고 상태를 재정의할 필요가 있을 뿐이다. 새로 정의한 상태들을 조우하는 빈도를 얻기 위해서 필요한 변환 절차와 단계들을 예시하기 위하여 위에 나온 2 병렬 기계의 상태 추이도를 이용할 수 있다. 그림 11-8은 구상태 위에 포개진 신상태를 보여준다. 신상태, 즉 누적 상태는 기호(')로 표시된다. 신상태들은 구상태와 다르게 번호 매겨지는 것을 유의하라. 상태 1' = 상태 4, 상태 2' = 상태 3 및 4 등이다.

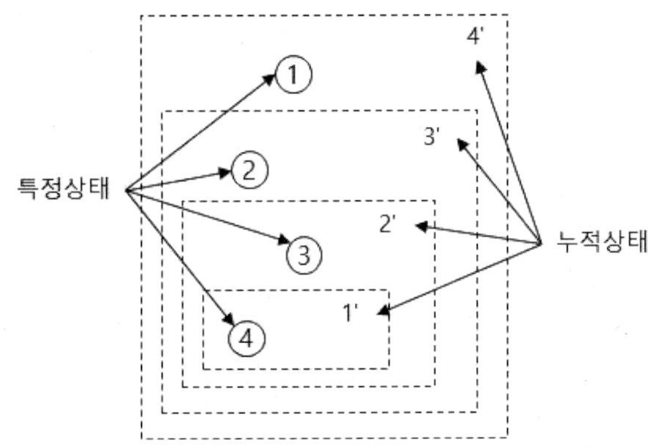

그림 11-8 예제의 특정 및 누적상태 묘사의 관계

상태 1'의 조우빈도는 상태 4의 조우빈도와 같다.

$$f_{1'} = A_4(\mu_1 + \mu_2) = f_4$$

신상태 2'를 조우하는 빈도는 구상태 3에서 구상태 1로의 전이빈도 $A_3\mu_2$와 구상태 4에서 구상태 2로의 추이빈도 $A_4\mu_2$의 합이다. 명백히, 이 결과는 상태 3 또는 4를 조우하는 빈도의 합보다 상태 3에서 4를 조우하는 빈도 $A_3\lambda_1$과 상태 4 에서 3을 조우하는 빈도 $A_4\mu_1$의 합만큼 작다.

$$f_{2'} = A_3\mu_2 + A_4\mu_2 = f_3 + f_4 - (A_3\lambda_1 + A_4\mu_1)$$

상태 3과 4간의 추이는 기계 1의 고장과 수리를 나타내는 것을 유의하라. 각 방향의 추이빈도는 기계 2의 비가용도와 기계 1의 "작동" 상태 조우빈도의 곱으로 주어진다. 여기서 누적상태를 조우하는 빈도를 재귀적으로 결정하는 방법이 생긴다. 예를 들어 신상태 2'의 조우빈도 $f_{2'}$는 신상태 1'의 조우빈도 $f_{1'}$와 구상태 1에서 구상태 3을 조우하는 빈도 $A_3\mu_2$의 합에서, 구상태 3에서 구상태 4를 조우하는 반도 $A_3\lambda_1$을 빼서 주어진다.

$$f_{2'}=f_{1'}-A_3\lambda_1+A_4\mu_2$$

예제를 일반화하기 위해서 다음 추이율을 정의한다.

$\lambda_{+k}=\lambda_{상}$ = 주어진 용량상태 k에서 더 큰 용량 상태로의 추이율,

$\lambda_{-k}=\lambda_{하}$ = 주어진 용량상태 k에서 더 작은 용량상태로의 추이율.

주어진 용량 이하의 상태를 조우하는 빈도는 다음 재귀관계에 의해서 주어진다. 이 관계에서 누적 상태 (n-1)'에 특정 상태 k를 더하여 새 누적 용량상태 n'을 구한다.

$$f_{n'}=f_{(n-1)'}+A_k(\lambda_{+k}-\lambda_{-k}) \tag{11.6.6}$$

여기서 A_k는 특정 용량상태 k의 가용도이다.

[예제] 11.6

예제 11.5, 2-병렬 발전기 예제의 계속으로, 누적 용량상태의 가용도와 주기 시간을 계산하라.

풀이)

완전을 기하기 위해서, 누적 용량상태 n'의 가용도는 잘 알려진 다음 관계로부터 구할 수 있다.

$$A_{n'}=A_{(n-1)'}+A_{k'} \tag{11.6.7}$$

여기서도, 누적 상태 (n-1)'에 특정 상태 k를 더하여 n'을 구한다.

필요한 자료는 앞의 두 예제에서 계산하였다. 그림 11-7에 있는 2-병렬 기계 추이도와 이 자료로 4 누적 용량상태에 대한 $\lambda_{상}, \lambda_{하}, A_{n'}, f_{n'}$을 계산할 수 있다.

$f_{1'}$ = 00004(0.98-0)=0.000392,

$f_{2'}$ = 0.000392+0.0196(0.49-0.01)=0.098,

$f_{3'}$ = 0.098+0.0196(0.49-0.0l)=0.019208,

$f_{4'}$ = 0.019208+0.9604(0-0.02)=0.

표 11-3는 이 결과를 보여 주는데, 빈도 대신 주기가 주어져 있다.

표 11-3 2-기계 예

특정 용량 상태					누적 용량 상태			
상태 번호	용량(MW)	가용도	유출률 $\lambda_{상}$	유출률 $\lambda_{하}$	상태 번호	용량(MW)	가용도	주기(일)
1	50	0.9604	0	0.02	4'	50 이하	1	
2	30	0.0196	0.49	0.01	3'	30 이하	0.396	52.0616
3	20	0.0196	0.49	0.01	2'	20 이하	0.02	102.0408
4	0	0.0004	0.98	0	1'	0	0.0004	2551.02

연습문제

11.1 다음과 같은 보전소요시간에 관한 자료가 있다. 보전도함수를 구하고 1시간, 5시간에서의 보전도를 계산하라.

보전소요시간	빈도
1	1
2	2
3	3
4	5
5	7
6	10
7	8
8	4
9	3
10	1

11.2 총 11회에 걸친 컴퓨터시설의 고장 및 수리에 대한 다음과 같은 자료를 얻었다(크기 순으로 정돈한 것임).

가동기간(시간)	수리시간
31	0.08
56	0.16
89	0.24
110	0.25
130	0.29
160	0.39
205	0.52
260	0.66
320	0.93
405	1.37
600	2.02

확률지를 사용하여 분포함수를 결정하고 평균을 구하여 가용도의 정상치를 계산하라. (와이블 및 로그정규분포를 시도하라.)

11.3 식 (11.4.6)의 해를 구하여 R(t)를 계산하라.

11.4 식 (11.4.7)의 해를 구하여 A(t)를 계산하라.

11.5 생산부서와 보전부서의 2단계로 이루어진 폐쇄 대기체계 내에 10대의 기계가 있다. 생산부서에서는 5대의 기계를 사용하여 작업을 하며, 보전부서에는 한 사람의 수리공이 있다. 각 기계는 시간당 1 꼴로 고장나며, 시간당 5 꼴로 수리된다. 기계의 부서간 추이확률은 $[p_{ij}]=\begin{bmatrix} 0 & 1 \\ 1 & 0 \end{bmatrix}$이다.

(1) 식 (11.5.9)와 같은 선형대수방정식을 풀어라.

(2) 함수 $\beta_m(n)$을 10×2 행렬 β(n,m)에 저장하라.

(3) 보조함수 g(n,m)을 10×2 행렬로 저장하라.

(4) $P_2(n)$을 계산하여 평형상태에서 수리부서에 있는 기대 기계수를 계산하라.

(답: $E[n_2]$=3.825)

11.6 고장률이 0.02/일, 보전률이 0.48/일인 2대의 기계가 있다. 한 대만 고장나는 사건은 평균 며칠 만에 한 번씩 발생하는가?

(답 : f=0.96×0.04(0.5)×2=0.0384, T=26.04 일)

제12장 보전지원 및 보급

12.1 지원체제

12.1.1 개요

체계는 특정한 요구를 만족시키기 위해서 고안된 기능을 발휘하도록 설계 구성된 모든 요소의 집합체라 할 수 있다. 그 예로써 전차부대, 전투기부대, 철도체계 등이다. 체계의 요소로는 주임무 장비와, 그와 관련된 지원체계, 즉 검사·지원장비, 예비·수리부품, 인원 및 기술훈련, 수송 및 하역운반, 시설, 기술자료 등으로 나누어진다[1]. 체계의 규모에 따라 주임무 장비나 지원체계의 종류와 규모는 달라진다. 체계의 소요로부터 기획, 획득, 배치, 운영, 보전하는 일련의 과정을 체계프로그램이라고 한다.

보전지원성(maintenance support performance)은 "규정된 보전정책과 주어진 조건에서 품목을 보전하는데 필요한 자원을 적시에 지원할 수 있는 보전조직의 능력"으로 정의된다[KS A 3004].

보전지원성은 주어진 조건에서 품목 자체와 품목이 사용 및 유지되는 조건과 관련된다. 보전지원성을 향상시키기 위해서는 다음 사항이 고려되어야 한다.

• 고객의 요구에 의한 규정된 보전목표	• 적용될 보전의 개념
• 보전최적화를 위한 방법론	• 보전개념을 수행하는데 필요한 자원 지원
• 보전활동의 관리 및 조직상의 책임	• 보전자원에 대한 영향 또는 자원 가용성

과거에는 주 장비를 미리 설계하여 그 설계가 확정된 후에 필요한 지원 요소를 점차적으로 부가해 가는 예가 허다하였다. 이렇게 설계된 주장비들은 대부분의 경우 지원체제 자체의 각 요소 상호간 또는 주 장비와의 부조화로 인해서 지원가능성이 결여되어 있었고 검사지원 장비, 예비수리부품, 인원, 기술자료 등 지원요소의 형태나 수량들이 부적절하게 책정되었었다. 여기에 더하여 필요한 품목도 적시에 보급이 가능하지 못해서 너무 일찍 또는 너무 늦게 공급되는 일이 허다하였다. 한 마디로 발하면 지원체제에 적절한 주의를 기울이지 안했기 때문에 개발과정에서 체계의 요소들이 통합되지 못하고 각각 분리되어 그 결과 비용만 많이 들게 되었던 것이다.

최근에 와서 지원체제는 체계가 계획된 수명주기 동안 효과적이 고 경제적인 지

---

1) ILS(integrated logistics support) 즉 통합물자지원체계라고 한다. 설비보전 전산화에 대해서는 '공장자동화 시대의 설비관리[박경수(1994)]'를 참조하기 바란다. ILS는 군에서 유래되었으며, 종합군수지원이라고 한다.

원을 충분히 받을 수 있도록 하는 데 필요한 모든 고려사항의 복합체로서 인식되고 있다. 사실상 지원체제는 체계의 정의, 설계, 개발, 검사와 평가, 생산 또는 건조 및 운용 등 모든 단계에서 빠트릴 수 없는 부분이다. 그러므로 비용 대 효과가 높은 제품을 생산하기 위해서는 주장비와 지원 체제의 각 요소들이 통합된 기반위에서 개발되어야 한다.

지원체제는 처음부터 주장비와 최적균형이 이루어지도록 전체 체계개발과정의 한 부분으로서 계획되고 개발되어야 한다. 이러한 균형을 이루려면 체계성능상의 특성, 필요한 투입자원을 고려해야 하고, 결과를 비용 대 효과 면에서 평가해 보아야 한다. 체계의 설계 시에 여러 대안이 고려된다면 주장비 뿐만 아니라 각 주장비와 그에 부수된 지원체제에 대한 비용 효과를 평가한 후 가장 좋은 대안을 선택해야 한다. 주장비의 설계는 소요지원체제를 좌우하고, 소요지원체제는 전체 체계의 전반적인 효능과 효율에 영향을 미친다. 그 결과 최적 균형이 이루어질 때까지 설계를 개선해 가는 반복 과정이 계속된다. 여기서의 목표는 주 장비에 대한 최적수준의 지원을 적시 적소에 제공하는 데 있고, 필요한 지원 품목이 너무 일찍 또는 너무 늦게 공급되어도 많은 비용이 초래 되는 것이다.

일단 계획이 완성되어 지원 체제의 개발이 착수되었다면 (분석을 통해서 확인된) 필요한 지원체제의 요소들이 생산 또는 직접 구매 되어 조달되고, 주 상비와의 적합성 검사가 시행된다. 이 검사결과로서 문제점이 쉽게 식별되고 그에 따른 수정조치가 취해진다. 그 후에 실제 필요한 지원체제의 각 품목들은 체계수명주기 동안 주 장비의 현장 운용을 지원하기 위해 계속 공급된다. 체계프로그램의 수명주기 단계에서 관계되는 지원체제의 주요 기능이 표 12-1에 요약되어 있다. 군용장비의 지원체계에 통상품의 경우를 포함식켰다. 아울러 신뢰성, 안전성 활동을 병기하였다.

12.1.2 OMS/MP(운용형태요약/임무개요)

OMS/MP(operational mode summary/mission profile)는 주장비의 어느 특정한 기능이 임무를 수행하는 방법을 나타내는 문서이다. 군 장비에서 주로 사용되는 개념이다. OMS/MP 기준은 요구자, 예컨대 군이 신장비의 임무 수행 척도를 표현하는 수단이며 요구임무에 대한 수락 가능 기준이 되기도 한다.

연구개발 비용이나 획득 비용과의 절충효과 상, 요구자의 요구성능이나 개발 가능한 최대 성능의 체계를 설계요구조건으로 할 수 없다. 체계가 반드시 수행해야할 임무 분석을 토대로 한 성능 요구조건이 제시되어야 하는데 RAM(reliability and maintainability)가 장차 획득되어야 할 체계의 요구조건을 나타내는 성능 척도가 된다.

표 12-1 체계프로그램 수명주기 단계별 보전지원체계의 주요 기능

단계	주요기능	신뢰성·안전성 활동
개념설계단계	-OMS/MP 흐름, 가능성검토, 운용 및 보전개념, 운용 및 지원효과요소, 환경 기준, 지원 계획	시장조사, 벤치마킹 사용환경, 사용수명 결정 고장정의, 신뢰성 안전성 요구 파악 품질기능전개, 강건설계
공학적개발단계	-타당성 검토 -체계분석, 최적화, 종합, 정의 -작업분류체계 수립 -지원요소 배분, 보전지원도 결정 기준 개발 -지원 체계 예비 분석 -공학적 시험평가	목표신뢰성 설정 운용환경분석 신뢰성예측 부하경감 여분설계 공학적설계검토 FMEA FTA 신뢰도실증시험
세부설계 및 실용개발단계(전면개발)	-장비의 세부설계 -장비 및 지원체제 설계협조, 예측, 설계보조물의 이용, 지원체제 분석, 지원 보급 자료, 설계 검토, 검사 및 평가 -규격서, 품질관리규정 수립 -생산체계 설계 -정보피드백과 수정조치 -실용시험평가	부품선정 신뢰성배분 부하경감 여분설계 실용설계검토 FMEA FTA 열분석 최악회로분석, 신뢰도성장시험, 몰래회로시험 신뢰도보증시험
생산 또는 건조단계	-제조, 조립, 시험, 검사, 운영 장비의 확보 -지원체계요소의 보급·구입, 지원능력감사 -정보피드백과 수정조치	공정현황분석 공정FMEA 및 활용 신뢰성 안전성 중요항목관리 관리항목 기록 및 추적성 안전교육 불량품처분규정 신뢰성수락시험 스크리닝, 환경부하시험 역소진 공급자관리 동시조달수리부속 확보
배치·운용·보전·폐기 단계	-현장에서 장비의 운용 및 보전 -특수 검사실시 -지원능력의 평가 -정보피드백과 수정조치	위험대응책 제공 PL관련 법적기술적 검토 유통업자에게 안전정보 제공 영업사원 안전교육 소비자·사용자 안전교육, 계몽 수리보전정책 결정 수리보전 후 안전성 보장방안 확립 현장데이터 수집, 분석 소비자불만조사, 불만예방 서비스제공 제품 실사용정보 피드백 PL 조정체계 구축 PL사고 조사 대책수립 환경영향검토 보증, 예비품 관리 제품개선정보 피드백 리콜관리 폐기관련 안전규정 수명연장분석

요구자의 소요제기 단계에서 작성되는 ROC(요구성능, requirement of capability) 상의 RAM요구서에는 체계 운용·지원 요구조건, 교리, 조직 구조, 비용효과분석 등

이 수록된다. 여기에는 다음 세 가지 서로 다른 필수 요소가 작성되며, 이중에서 OMS/MP가 한 요소가 된다.

- 임무개요(MP)에 기초한 운용형태요약(OMS)
- OMS/MP를 기준으로 하는 고장정의 및 판단기준
- RAM 척도의 정량적인 값 제시

(1) OMS

OMS는 장비의 예상 역할 수행방법을 기록한 것으로서 각 역할의 예상 운용 백분율과 시스템 수명 주기 동안 각 환경 조건에 따라 노출되는 시간의 백분율을 나타낸 것이다. OMS에는 비계획 정비로 인한 비가동시간은 포함하지 않는다. 예를 들어 RV차량의 경우, B10수명 2만 km, 포장도로 50%, 비포장도로 30%, 야지 20% 등과 같다.

OMS는 장비가 임무지역에서 수행하리라고 예상되는 임무를 광범위하게 기록한 문서이다. 이에 비해 MP는 OMS에서 언급된 각 임무를 성취하는데 수행해야할 규정된 운용 업무를 '보다 상세히' 나타낸다. OMS는 군장비의 예를 들면, 전시와 평시 운용의 차이를 나타내야 하며 임무 수행 조건을 나타낸다. OMS는 각 임무의 예상 발생 건수를 제시하고 각 임무의 예상 소요시간을 임무 시작부터 종료시까지 나타내야 한다.

OMS는 MP의 각 임무에 대하여 총 운용시간과 총 경계시간을 나타내야 한다. 경계시간(Alert time)이란 시스템이 운용 가능하나 대기상태에 있는 것을 말한다. 경계시간은 대기시간(Standby time) 중 특별한 경우라고 볼 수 있다.

임무분석 등을 통하여 요구자는 OMS를 결정한다. 시스템 주 임무, 각 임무에 대한 예상 소요시간, 각 임무당 시간 백분율, 수행 업무조건 등을 결정한다. 업무수행 조건은 개발자로 하여금 시스템이 노출되는 환경조건을 충분히 고려하여 거기에 맞는 장비를 개발하는데 도움이 된다.

어느 장비라도 그 장비에 맞도록 설정되어 있는 표준업무는 없으므로 각 장비마다 특정한 운용 소요와 시나리오, 그리고 예상되는 환경 조건을 도출해야 한다. 예를 들어 어느 한 분석자가 한 체계의 OMS를 작성한다면 시나리오와 가상 운용 결과 분석을 토대로 임무가 나열되어야 할 것이다.

(2) MP

MP는 장비가 주어진 임무의 처음부터 끝까지 수행하는 동안 발생되는 운용 내용(또는 업무)과 노출되는 환경에 대하여 시간에 따라 서술한 문서이다. 여기에는 임무 성공에 필요한 활용 및 운용 시간이 포함된다. 이 문서는 임무 신뢰도를 판단하는데 기초자료로 활용되기도 한다. 운용내용이나 임무는 다음과 같다.

- 다기능 임무 : 예를 들어 전차의 사격, 기동, 통신과 같은 여러 업무를 수행하는 품목.
- 단일 연속 임무 : 예를 들어 정찰 레이더와 같이 한 가지 임무를 계속하여 수행하는 품목.
- 단일 주기적 임무 : 예를 들어 미사일 발사대, 또는 포 완충기와 같이 같은 임무를 반복적으로 수행하는 품목.
- 단일 일회 임무 : 예를 들어 미사일이나 탄과 같이 1회 임무만 수행하는 품목.

OMS 완성후 분석자는 시스템이 고유의 임무를 성공적으로 완수하기 위한 임무내용이나 운용 내용을 각 임무별로 나눈다. 요구자는 주장비가 수행하는 임무의 내용과 빈도에 대해서 개념을 파악하고 연구하는 일이 중요하다. 개발품에 대한 요구자측 시험평가는 OMS 상의 운용 임무에 대해서도 실시하게 되며 운용시 각 임무에 대하여 MP상에 상세히 기술되어야 하고 명확하고 관측 가능하여야 한다.

다기능 시스템인 경우 특히 수행 임무가 지휘통제장비와 같은 연속적인 시스템에서는 무엇보다 정확히 언급되어야 하는데 그것은 임무유형(MP)를 통해서 개발자가 시스템의 요구 임무를 만족시킬 수 있는 중복구조를 결정하기 때문이다.

12.2 보전지원요소

12.2.1 검사 및 지원장비

모든 공구, 검사 및 감시 장비, 관측 및 검교정 장비, 주장비의 보전(계획 및 비계획)에 필요한 작업대 및 운반 하역(handling) 장비. 외부 검사장비와 주장비의 일부라 할 수 있는 내장검사(BIT)계기도 여기에 포함된다. 검사 및 지원 장비는 특수장비(개발중인 체계에 맞도록 새로이 설계한 장비)와 표준 장비(사용중인 기존 장비)로 나누어진다.

12.2.2 보급지원(예비품 및 수리부속품)

모든 수리가능예비품(장비, 조립체, 모듈 등), 수리부속품, 소모품, 주장비 및 검사지원 장비, 훈련장비, 설비의 보전(계획 및 비계획) 작업을 지원하기 위한 특수보급품 및 재고, 예비품 및 수리부속품의 재고와 수배송에 관계있는 보전 조직계층, 지리적 위치, 보급소간의 거리 및 수송 방법 등이 여기에서 고려된다.

12.2.3 인원 및 훈련

주장비와 검사 및 지원부대장비를 수명주기 동안 계속 운용하는 데 필요한 인원. 인원배치는 보 전 조직 계층과 위치별로 장비의 조작 및 보전에 필요한 인원수와 기술수준에 따라 이루어진다. 훈련은 체계와 장비에 익숙해지기 위한 초기훈련과 인원의 감소와 교체에 따른 보충훈련으로 나누어진다.

훈련은 배치인원의 기술수준을 필요한 수준만큼 향상시키기 위해서 수행된다. 훈련 자료와 훈련 장비(시뮬레이터, 목합, 기타 장치)도 역시 인원 훈련에 적합하도록 개발되어야 한다.

12.2.4 기술자료

도면, 마이크로필름, 장비조작 및 보전지침, 수정 지침, 보급 및 지원설비에 관한 정보, 제원 명세서, 검사와 검교정 절차, 주장비와 검사 및 지원 부대장비의 설치, 점검, 조작 및 보전에 필요한 컴퓨터 프로그램.

12.2.5 설비

공장, 공장대지, 이동식 물, 주택, 중간 삭업장, 창 등. 이런 설비들은 체계 및 장비의 제작과 검사(생산) : 주장비와 검사 및 지원 부대 장비, 기타 훈련 장비가 수명주기 동안 유지되는 작동 및 보전기능 : 예비품 및 수리 부속품과 자료의 저장: 조작 및 보전 인원의 숙소: 인원훈련 등을 지원한다. 자산장비와 냉난방, 동력, 통신 시설도 설비에 포함된다.

12.2.6 포장 하역 보관 수송

주장비, 검사 및 지원 장비, 예비품 또는 수리부속품, 인원, 기술자료, 설비의 포장, 보관, 저장, 운반 취급, 수송을 지원하기 위하여 필요한 특수보급품, 재사용 가능한 컨테이너, 소모품. 약자로 PHST(packaging, handling, storage and transportation)라고 한다.

12.2.7 보전계획

주장비의 수명주기 동안 가동을 위한 각 지원단계에서 적용될 모든 필요조건들을 설정하는 활동을 포함한다. 보전계획은 지원 체제의 모든 요소들 즉 검사 및 지원장비, 예비 수리 부품 등을 통합하여 주장비의 요소들 상호간에, 주 상비와 주장비 간에, 또는 체계설계, 개발, 검사와 평가, 생산 및 운용의 모든 단계에서 각 요소들 상호간에 조화가 잘 이루어지도록 하는 역할을 한다. 보전계획은 보전개념 정의, 지원체제의 분석, 조달 및 지원체제의 전반적인 지원능력 (수정조치를 위해 필요한 정보피드백경로를 포함) 사정 및 평가를 거쳐서 수립된다. 보전계획을 빨리 수립할수록 체계설계과정에서 고려해야 할 지원체제의 설계를 용이하게 해준다.

12.3 예비품의 재고관리

부품목록(PL, part list)을 파악하고 고장보전이 수행되는 각 보전조직 계층에서 조달되어 재고되어야 할 예비품의 부품번호별 종류와 수량을 결정해야 한다. 마찬가지로 발주빈도를 파악하는 것도 필요하다. 예비부품의 종류는 체계보전 개념과 각 보전단계 및 보전 장소에서 제기 및 교체될 품목을 명시한 세부 보전계획을 기초로 하여 결정된다. 예비품의 수량은 다음과 같은 점을 근거로 해서 결정한다.

1) 체계 또는 장비의 고장시에 필요한 예비품,
2) 수리 시간과 발주기간을 보상하기 위하여 보급선을 채우는 데 필요한 예비품(pipeline),
3) 폐기해야 할 수리 가능품목과 대체하는 데 필요한 예비품(폐기품은 재고에서 제거된다).

체계 또는 장비 고장으로 인해 필요한 예비품의 수량은 그 부품의 신뢰도의 함수이고 포아송분포를 따른다. 예비품 수량을 결정하기 위해 자주 사용되는 공식은 기간 T 동안에 예비품의 품절률이 α 이하가 되도록 한다면, 다음과 같다[2]. 여기서 K는 특정부품의 구성 수량이다.

$$\sum_{n=s+1}^{\infty} \frac{(\lambda KT)^n e^{-\lambda KT}}{n!} \le \alpha \tag{12.3.1}$$

$$\sum_{n=0}^{s} \frac{(\lambda KT)^n e^{-\lambda KT}}{n!} \ge 1-\alpha$$

고장률 λ은 실제로 부품을 교체해야 할 고장을 나타낸다. 경우에 따라서는 체계 또는 장비의 고장은 단지 재조정, 정렬만으로도 수리 가능해서 예비 부품이 필요없을 때도 있다. 또한 한 부품이 고장났더라도 실제로는 여러 부품을 동시에 제거 및 교체해 주는 경우도 가끔 있어 이런 경우에는 과다한 양의 예비부품이 소모된다. 고장수리를 하는 데 개입되는 이러한 사정 때문에 필요한 예비품의 수량을 정확히 예측하기란 불가능하지는 않을지 몰라도 대단히 어렵다. 그렇지만 앞에서 제시한 식 (12.3.1)로부터 필요한 수량을 근사적으로 구할 수 있다.

예비품의 수량을 추정할 때에는 보호수준(안전계수)을 고려하지 않으면 안된다.

---

2) 수리 기간 중의 무고장을 무시

식 (12.3.1)에서 1-α는 필요한 예비품을 재고로 가지고 있을 확률로서 이것이 바로 보호수준이다. 보호수준이 높을수록 소요 예비품의 수량이 많아져서 예비품구입과 재고유지에 많은 비용이 드는 결과를 가져온다. 이 보호수준 또는 서비스수준은 재고품절의 위험에 대한 하나의 예방책이다. 예비품의 수량을 결정하기 위해서는 체계 운용요건(예: 체계의 효능 및 가용도)을 고려해야 되고 고장보전이 수행되는 장소에 따라 적당한 보호수준을 결정해야 한다. 각각의 예비품은 그 종류에 따라서 보호 수준도 달라질 것이다. 예를 들면 임무수행에 결정적인 주장비의 부품을 지원하는 예비품의 안전 계수는 중요하지 않은 부품의 안전 계수와는 달라야 하고 또 사용빈도나 가격이 높은 부품은 가격이 저렴한 부품과는 다르게 취급된다. 어떤 경우에든지 재고수준과 비용 사이에 최적균형이 이루어져야 한다. 이 경우, 예비품은 수리불가능품, 즉 고장나면 폐기해야 할 품목이다.

위의 식을 만족하는 s 값은 포아송분포표에서 구할 수 있다. 그런데 λKt≥5정도라면 평균 λKt, 분산 λKt의 정규근사를 이용할 수 있다.

$$\Phi\left(\frac{s-\lambda KT}{\sqrt{\lambda KT}}\right) \geq 1-\alpha \tag{12.3.2}$$

$$\frac{s-\lambda KT}{\sqrt{\lambda KT}} \geq z_\alpha$$

$$s \geq \lambda KT + z_\alpha \sqrt{\lambda KT}$$

이산형인 포아송분포를 연속형인 정규분포에 근사시키므로 다음과 같이 수정하면 이론적으로 정밀도가 높아진다. 그러나 실무에선 위의 식으로 충분하다.

$$s \geq \lambda KT - 0.5 + z_\alpha \sqrt{\lambda KT} \tag{12.3.3}$$

다음의 발주체계에 관한 설명은 생산관리에서 잘 나오는 내용으로서 생략 가능하다.

12.3.1 정량발주체계(fixed order size system)

정량 발주체계에서는 재고위치가 연속적으로 파악되어 재고위치가 재발주점에 이를 때마다 고정된 수량의 단위들에 대한 발주가 이루어진다. 따라서 중요한 부품에 적용할 수 있고, 수요율은 일정하다고 가정한다. 전형적인 정량 발주체계가 그림 12-1에 나와 있다. 매번 보충하는 발주량(Q)이 고정되어 있으므로, 정량 발주체계는 Q-체계라고 한다. 재발주점 S를 포함하면 (Q,S) 체계라고 한다.

특정 부품의 일회 구매시의 경제발주량(EOQ)은 다음과 같다.

$$EOQ = \sqrt{\frac{2A \cdot D}{h}} \tag{12.3.4}$$

A: 매회 발주비용(사무비, 인건비, 통신비 등),

D: 연간 부품 수요량(= Kλ/연),

h: 단위부품에 대한 연간 재고유지비(이자, 세금, 창고비, 운반비 등)

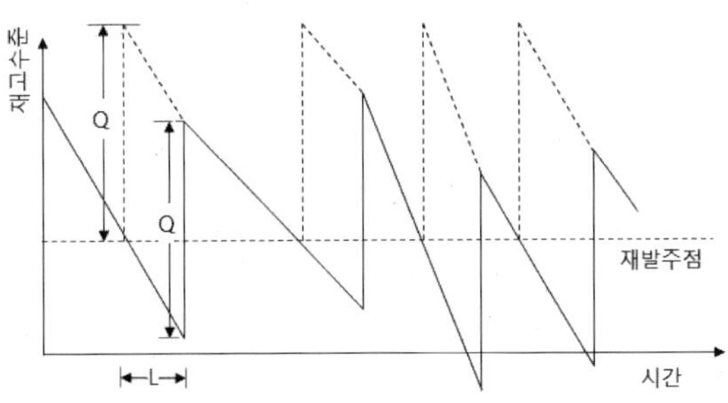

그림 12-1 정량 발주체계

그림 12-1에서 명시된 재발주점에서 발주하여 예비 부품재고량이 안전 재고 이하로 떨어지기 전에 발주된 예비부품이 도착되도록 해야 한다. 재발주점의 재고 S로 발주수송기간의 수요를 충당해야 하므로 서비스수준을 예를 들어 95%로 하고 싶다면 식 (12.3.1)에서 T=L 이므로 다음 식으로 재발주점 S를 구한다.

$$\text{서비스수준} = P\{L\,\text{동안}\, S\,\text{이하 소요}\} = P_S(L) = 0.95 \qquad (12.3.5)$$

[예제] 12.1

10대의 기계에 사용되는 특정 부품의 시간당 고장률은 0.001이다. 이 기계들은 하루 24시간 계속 가동되고 예비품은 정량발주된다. 발주비 10만원, 단위 부품에 대한 연간 재고유지비 1만원이라면 경제발주량은 얼마인가? 또 발주수송기간이 1개월일 때, 서비스 수준을 95%로 유지하려면 재발주점은?

풀이)

$$K\lambda=(10)(0.001)(24)(365)=87.6 \text{ 개/년}$$

$$EOQ=\sqrt{\frac{2\times 10\times 87.6}{1}}=41.9 \text{ 개}$$

$$K\lambda T=(10)(0.001)(24)(30)=7.2 \text{ 개}$$

식 (12.3.1)에서 근사적으로 12개의 재고수준에서 재발주해야 한다.

12.3.2 개별발주체계

어떤 현실 상황에서, 수요가 있을 때마다 출고 후 즉시 하나씩 발주하는 것이 최적일 수 있다. 재고 부족의 경우에는, 수요를 충족할 때까지 기다리고(즉, 완전 부재고), 재고수준(현재고+기발주-부재고)은 S로 일정하게 유지된다.

이 정책은 정량발주체계에서 Q=1, 재발주점=S-1인 특수 경우로서 연속검토(S-1,

S) 재고(즉 일대일 발주) 정책이라 부르며 비행기의 예비부품 재고와 같이 저수요, 고비용의 품목에 최적이라고 본다.

품절이 발생하지 않으려면 발주 수송 시간 L 동안에 S-1 이하의 수요가 있어야 하므로 서비스수준을 예를 들어 95%로 하고 싶다면, T=L이므로 식 (12.3.1)로부터 재고수준 S(=재발주점+1)를 구한다.

$$P\{L\text{동안 } S-1 \text{ 이하 소요}\} = P_{S-1}(L) = 0.95 \tag{12.3.6}$$

흥미로운 점은, 발주수송기간이 상수 L이거나 또는 평균이 L인 어떤 분포를 따르더라도 독립이면(주문 배달 순서 역전 가능) 식 (12.3.6)이 성립한다는 것이다 [Hadley & Whitin].

[예제] 12.2

10대의 기계에 사용되는 특정부품의 시간당 고장률 0.001이다. 이 기계들은 하루 24시간 계속 가동되고 예비품은 (S-1,S) 재고정책 하에서 수요가 있을 때마다 출고 후 즉시 개별 발주한다. 발주 수송시간이 평균 1개월인 독립 정규분포를 따를 때, 서비스수준을 95%로 유지하려면 재고수준은?

풀이)

KλT=(10)(0.001)(24)(30)=7.2개이므로 식 (12.3.1)에서 근사적으로 13개의 재고수준을 유지해야 한다.

12.3.3 정기발주체계(fixed order interval system)

정기발주체계는 시간 기반 체계이고 정기재고체계라고도 한다. 정기발주체계에서 값을 정해야 하는 변수는 두 가지로서, 고정검토기간과 모든 보충발주량이 계산되는 청구목표이다. 청구목표가 설정되면, 고정된 기간이 지난 후, 각 품목의 재고가 파악되고, 재고를 보충하기 위해서 발주된다. 각 품목에 대한 발주량은 각 품목의 청구목표와 현 재고수준의 차이다. 정기발주체계는 T-체계라 하는데, 이는 발주시간 간격이 고정된 때문이다. 덜 중요한 부품에 적용되고, 수요율은 일정하다고 가정한다.

이 체계에서는 등간격으로 미리 정해진 시점에서 발주가 이루어진다. 발주량은 발주기간 사이의 사용량 변동에 따라 변한다. 발주는 매주, 매월, 기타 현실성을 고려한 주기로 행해진다. 전형적인 정기 발주체계가 그림 12-2에 나와 있다.

발주량이 도착한 때의 피크 재고를 통제할 수만 있다면 피크 재고로 검토 기간의 수요를 충당하도록 해야겠지만, 실제로 통제할 수 있는 것은 청구목표이므로 청구목표로 발주 수송기간과 검토기간의 수요를 충당해야만 한다. 서비스수준을 예를 들어 95%로 하고 싶다면 식 (12.3.1)에서 T=L+P이므로 다음에서 청구목표 S를 구한다.

$$\text{서비스수준} = P\{L+P\text{동안 } S\text{이하 소요}\} = P_s(L+P) = 0.95 \qquad (12.3.7)$$

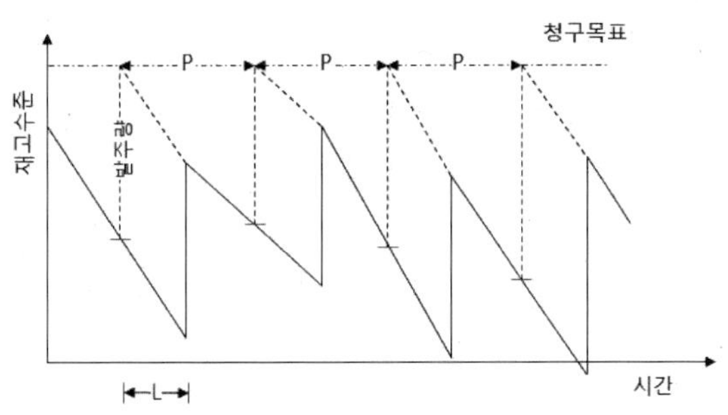

그림 12-2 정기 발주체계

[예제] 12.3

어떤 장비가 특정형태의 부품 20개를 포함하고 있는데 각 부품의 시간당 고장률은 0.0001이다. 이 장비는 하루 24시간 계속 가동되고 예비품은 3개월 간격으로 발주되며 발주 수송기간은 1개월이다. 예비품이 필요할 때 재고로 보유하고 있을 확률 이 95%가 되도록 하려면 예비품의 청구목표는?

풀이)

KλT=(20)(0.0001)(24)(30)(4)=5.76개이므로 식 (12.3.1)에서 근사적으로 10개의 청구목표와의 차이를 보충 발주해야 한다.

지금까지 교체 부품에 대한 재고관리에 관해서 설명하였다. 수리가능품(고장 발생 시 수리가 경제적일 때)에 대한 재고량은 안전재고수준, 부품고장률, 수리시간 및 발주수송기간 등을 고려하여 결정하며 필요한 고려사항들은 11장에서 자세히 다룬 바 있다. 앞에서도 언급했지만, 부품 신뢰도와 포아송분포가 고장빈도를 결정해준다. 고장이 났을 때 수리하는 데는 시간이 걸린다. 고장시간에는 MTTR, 행정지연시간, 예비품 획득의 보급지연시간 등이 포함된다. 예비품은 현지 재고에서 직접 얻기나 멀리 위치한 보급소에서 구할 수 있다. 고장시간은 물론 상황에 따라 달라진다.

수리가능 예비품의 재고량 결정에 있어서 고려해야 할 또 하나의 요소로는 폐기율이 있다. 어느 부품이 고장났을 때 파손정도를 검사하여 만일 부품의 수리가 경제적으로 타당성이 없다면, 그 부품은 폐기되고 재고 중인 부품으로 대체된다. 일반으로 폐기율이 정해져 있다면(예, 5%) 예비품 재고수랑을 계산할 때 반드시 고려해 주어야 한다. 폐기율은 장비의 종류와 그 용도에 따라 달라질 것이다.

12.4 기타 지원요소

전체 체계의 요건을 결정할 때에 밝혀두어야 할 다른 지원요소들이 있다. 인원을 배치하고 훈련을 시킬 때 다음 사항들이 고려되어야 한다.

1) 보전인원의 효율 즉, 체계의 가동 및 보전기능 수행을 위해 실제 소비한 인력(공수, man-hour)에 대한 배치인원의 비율
2) 요원의 감소율 즉 이직률
3) 인원훈련 비율 즉, 연간 체계가동 지원시간에 대한 공식 훈련 공수의 비율 (이 비율은 연간 훈련비용으로 표시할 수도 있다.)

설비 문제에 있어서, 설비의 이용률은 설비가 차지하는 공간 또는 용적에 대한, 또는 비용의 증가분에 대한 설비의 임무(예, 저장능력, 취급품목 등)를 관측함으로써 결정할 수 있다. 물자의 수송 및 운반 취급 문제를 다룰 때, 주어진 시간 내에 수송해야 할 품목의 수량 또는 단위 중량-거리당 선적비용 등의 요소를 고려해야 한다. 지금까지 살펴본 여러 가지 지원체제 요소들을 정확하 평가하여 전체 체계가 효과적으로 그리고 효율적으로 운용되도록 해 주어야 한다.

12.5 예방보전체제의 도입과 운영

예방보전체제를 도입하기로 결정이 되면 여러 가지 잡다한 일을 모두 통합해야 하는 어려운 일에 당면하게 된다[3]. 근본적으로 성공적인 예방보전체제는 기술적인 능력과 함께 효율적인 서류 사무기능을 필요로 한다. 보전인원을 선택할 때에도 보전분야에 경험이 있는 사람을 선발해야 하고 유용한 자료를 얻을 수 있도록 설계된 작업지시서를 사용하여 예방보전계획을 수립해야 한다. 또한 보전비용의 큰 부분을 차지한다든가 생산중단을 유발할 수 있는 중요 장비에 대해서는 기록을 유지해야 한다. 이런 점들을 모두 감안하여 예방보전체제를 도입 운영한다면 첫해가 가기 전에 벌써 생산비용이 절감하는 것을 직접 느끼게 될 것이다. 전문가들의 견해에 의하면 예방보전체제를 도입한 후 일년 이내에 보전비용의 25% 정도는 절감할 수 있고, 체제가 정돈이 되면 그 이상의 비용절감을 할 수 있다고 한다[Lewis and Tow].

보전 활동을 통해서 다음과 같은 행위를 할 수가 있다.

1) 보전 호출 후 담당자의 사후보전 미실시에 대한 경고 통지

---

3) 종합생산보전(TPM)에 대해서는 '공장자동화 시대의 설비관리[박경수(1994)]' 13장을 참조하기 바란다.

2) 설비의 집중관리가 필요한 관측위치를 관리하고 정기적 점검을 실행 하기 위한 점검 통지
3) 설비 교환품에 대한 일정 잔여 수명 도달시 교체 알림

보전 활동을 통보하는 것은 대략 그림 12-3과 같은 순서가 필요하다.

그림 12-3 보전 활동의 통보

12.5.1 예방보전체제의 확립

(1) 현 수리시설의 활용

예방보전체제를 도입한다고 해서 현존하는 보전조직을 대폭 개편해야 할 필요는 없다. 많은 회사들이 처음에는 보전부서에서 근무하던 수리공들로 하여금 예방 보전 검사를 실시하도록 하고 있다.

예방보전조직의 최고책임자로는 대부분의 경우 경험있는 보전기사가 임용된다. 그러나 이 자리를 차지할 수 있는 가장 적합한 사람은 보전분야 이외의 경험이 있는 기술자로서 공장과 시설을 두루 잘 알고 있는 사람이 적합하다. 보전과에 오래 근무했다고 해서 일반 사무직원을 책임자로 앉히는 것은 바람직하지 않으며, 예방보전업무를 이끌어 나가기 위해서는 기술적인 지식과 함께 상식이 풍부하고 사업 판단 능력과 함께 부하를 통솔할 수 있는 사람이어야 한다.

작은 규모의 공장에서는 꼭 거물급을 예방보전 책임자로 앉힐 필요는 없다. 이런 경우에는 예방보전 검사원이 보전주임 장악 하에 예방보전업무를 관리할 수 있을 것이다.

어떤 예방보전조직에서도 중심인물은 검사원이다. 그는 예방 보전을 위한 검사, 수리, 분해수리나 기타 모든 서비스(손질) 업무의 계획과 일정을 짠다. 또한 작업명

령서를 실제로 기안하여 상사의 결재를 받는다. 실제로 손수 작업을 할 필요는 없으나 어떤 작업을 해야 하는가를 파악하고 기록한다. 또한 경우에 따라서는 기계를 검사할 때 간단한 조정이나 수리를 할 수도 있다. 간단한 누출이나 펌프 패킹을 조이는 일들도 마찬가지이다. 만일 검사원이 고장탐색(trouble-shooting)의 경험이 있다면 기계 고장 진단을 효율적으로 할 수 있으므로 더욱 바람직하다.

검사원의 역할은 많은 기술자(수리공)들이 돌려가면서 할 수 있도록 가끔 인사순환을 하는 것이 좋다. 이렇게 함으로써 검사원의 관점이 참신하게 되고 또 각자의 원래의 기술을 잊지 않게 된다. 또한 이렇게 많은 검사원을 훈련시키게 되면 검사원에 결원이 생기더라도 예방보전업무를 순탄하게 유지해 나갈 수 있다. 그러므로 종국적으로는 보전담당 기술자 전원을 검사원으로 훈련시키는 것이 유리하다.

보전원의 중요성?

개천 때문에 사람들이 다니기가 불편한 한 마을에 마을 사람들이 돈을 모아 다리를 놓게 되었다. 다리를 놓고 보니 이를 보전할 사람이 필요해서 보전원을 쓰게 되었는데 보전원의 급여는 마을 이장이 다달이 집집마다 다니면서 약간씩의 돈을 모아서 주었다.

이장이 일일이 수금하고 급여주는 것이 간단치 않아서 경리를 두게 되었다. 보전원과 경리가 있으니 이들을 관리할 필요가 있어서 감독을 고용했다. 보전원, 경리, 감독이 있으니 어엿한 조직이 되어 사장을 두게 되었다. 즉 "동네다리관리회사"가 꾸려졌다.

그런데 심한 불경기가 찾아와서 인건비의 압박을 받게 되었다. 그러자 사장은 회사에서 가장 말단인 보전원을 해고하였다.

실제로 ㅇㅇ지하철회사같은 데에서 공구를 들고 현장 수리하는 보전원의 숫자, 인건비에 비해 감독자, 관리직, 간부의 숫자, 인건비 비율이 많은 경우가 있다.

(2) 중요 장비의 선택

공장에 있는 기계 전부에 대해서 예방보전을 한다는 것은 경제적으로 무모한 일이다. 물론 기게 전부에 대한 이력은 수집하여야 한다. 그러므로 보전비용이 크든가, 보전빈도가 높든가, 두 경우에 다 해당이 되는 중요 장비에 대해서만 예방보전을 해야 한다.

어떤 장비가 예방보전을 해야 할만큼 중요한 장비인가를 구별하기 위해서는 각 장비에 대해서 다음과 같은 질문을 해 볼 수 있다.

1) 이 장비가 고장나면 무슨 일이 일어날 것인가? 생산작업은 다른 대체 장비를 사용하여 계속 할 수 있는가? 만일 그럴 수 있다면 아마도 이 장비는 중요 장비는 아닐 것이다.
2) 고장에 따르는 비용은 얼마 인가? 부품, 인건비 및 고장시간 동안의 기회비용은 총비용의 일부분에 지나지 않는다. 여기에 납품지연과 주문취소로부터 야기되는 손실, 일거리 없는 직공의 급료, 교체 부품이나 대체 장비의 긴급 배달에 드는 비용들도 모두 포함되어야 한다.
3) 수리에 요하는 시간은 얼마인가? 여기에서 중요한 것은 고장에 따르는 비용

을 정확히 파악하여 예비부품이나 예비 장비를 확보해둘 필요가 있는가를 결정해야 한다.

4) 고상발생시 건강이나 안전에 대한 위험은 없는가?

이상에 열거된 질문들에 대한 답은 어떤 장비가 예방보전계획에 포함이 되어야 할 것인가를 나타내는 지표가 될 것이다.

12.5.2 예방보전에 필요한 서식

예방보전을 수행하려면 적절한 서식과 기록들을 설계하여 항상 갱신하 주어야 한다. 대부분의 보전부서에는 이미 장비설계, 성능, 예비품목 등과 같은 기록을 확보하고 있을 터이니 예방 보전을 하기 위해서는 다음과 같은 몇 개의 기록을 더 첨가하면 된다.

1) 이 장비는 최근에 언제 손질되었으며 무슨 작업이 수행되었는가? 이 정보는 적절히 정돈되어 항상 참고할 수 있어야 한다.
2) 모든 장비는 고유한 일련번호를 부여해야 한다.
3) 중요한 장비에 대해서는 개별적인 이력카드나 봉투를 만들어야 하고 비슷한 장비에 대한 자료는 같이 보관한다.

물론 공장의 크기나 장비의 형태, 또 장비 간의 상호관계가 얼마나 자세한 서식이나 기록을 유지해야 하는가를 좌우한다.

펌프 검사보고서

작업장 ____________　　"○", "×" 또는 "고장"으로 표시
검사원 ____________
일자

	베어링	펌프	모터		씰	패킹		기계적			
	온도	온도	온도	잡음	누출	재팩킹요	누출	진동	지반	지하선	압력계
저장탱크#1											
저장탱크#2											
저장탱크#3											
저장탱크#4											
온수											
냉수#1											
냉수#2											
염수											
진공기#1											
진공기#2											
리시버#1											
리시버#2											
리시버#2											

그림 12-4 보전원 검사보고서의 예

검사보고서는 장비 현상에 대한 자료를 전달하고 필요한 조정이나 수리를 하게 하는 자극을 제공해주므로 예방보전에서는 대단히 중요한 서식이다. 검사보고서는 그 본연의 기능을 수행할 수 있도록 간단하게 설계해야 원하는 정보를 올바르게 얻을 수 있다. 이를 위해서는 비슷한 장비들을 한데 모아서 하나의 보고서를 사용하여 검사원으로 하여금 진동, 열, 누출, 잡음 등과 같은 고장의 표징들을 찾아내도록 해야 한다. 또한 무엇보다도 중요한 것은 검사원이 보고서의 항목 하나하나에 어떤 표지를 할 수 있게 하는 것이다. 가장 좋은 방법 은 상태에 따라서 정상 "○", 비정상 "×" 또는 "고장" 등으로 표기하는 방법이다. 이렇게 설계된 검사보고서의 일례가 그림 12-4에 나와 있으며 이렇게 함으로써 검사원은 장비의 성능에 대해서 판단을 하여 기록하게끔 된다.

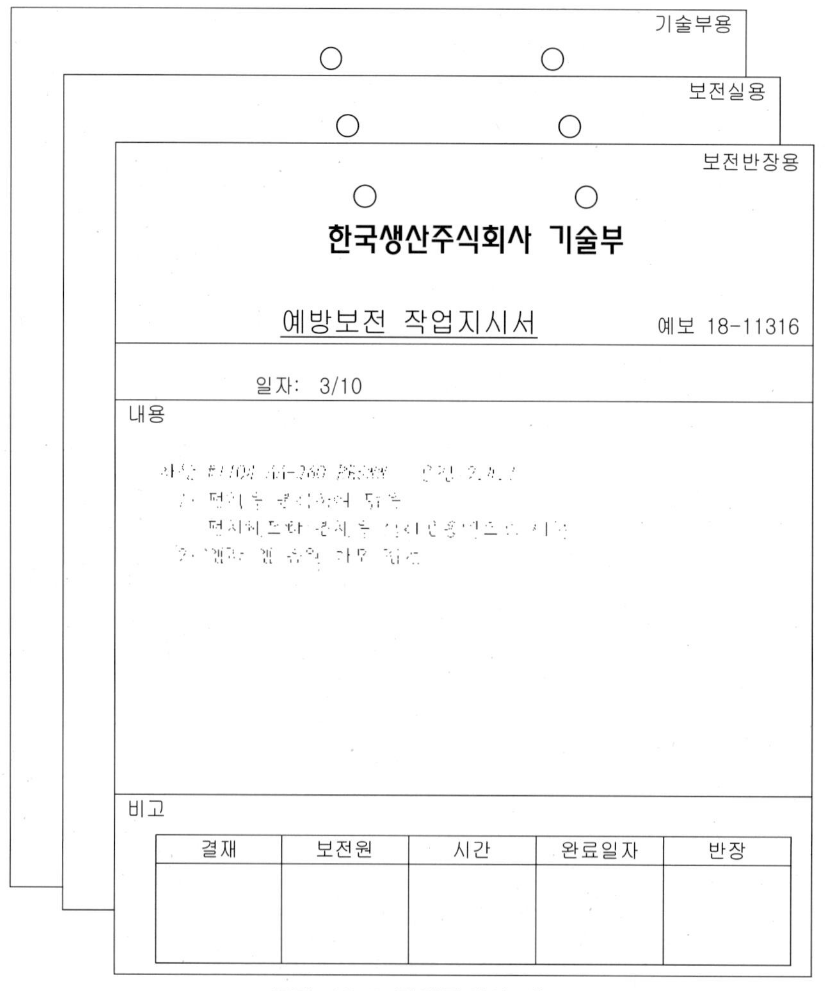
기술부용

보전실용

보전반장용

한국생산주식회사 기술부

예방보전 작업지시서 예보 18-11316

일자: 3/10

내용

비고

결재	보전원	시간	완료일자	반장

그림 12-5 작업지시서 예

예방보전을 성공적으로 수행해 나가고 있는 대부분의 회사에서는 필요한 정보를 피드백 받기 위해서 소정 양식의 작업지시서를 사용한다. 통상적으로 작업지시서는 ① 정보 전달, ② 보전업무요청, 또 재가를 받은 후에는 ③ 요청된 대로의 보전 업무를 수행해도 좋다는 공식 인가를 모두 하나의 서식에 포함하는 것이다. 이외에도 작업지시서로부터 ④ 인가된 업무를 수행완료했다는 보고, ⑤ 보전에 소요된 시간, ⑥ 소모품, 또 후에 계산되는 것이지만 ⑦ 총수리비용 등의 정보피드백을 받을 수가 있는 것이다. 이렇게 설계된 작업지시서의 일례가 그림 12-5에 나와 있으며 가능하다면 후일 예방보전체제를 전산화한 후에도 사용할 수 있도록 서식을 설게 하는 것이 편리하다.

12.5.3 보전일정계획 작성

예방 보전 체제를 설계할 때에 필수적으로 포함되어야 하는 것은 보전 업무를 수행할 때에 따라야 하는 절차를 설정하는 일이다. 이것이 일정계획 작성 절차의 핵심이다. 우선 일정계획은 기술자(수리공)에게 어떤 작업을 하야 하는가를 지시하고 이런 자료는 보전업무 관장부서로 돌아와서 예방보전체제를 개선하는데 필요한 피드백 정보로 사용된다. 또한 조직적으로 일정계획을 작성하기 위해서는 충분한 사무인원이 확보되어야 한다.

예방보전 일정계획 작성은 ① 정규 예방보전 검사(경우에 따라서는 특정한 장비의 정기적인 서비스(손질)을 포함하여) 자체의 일정 계획과 ② 장비의 손질, 수리, 조정, 분해수리 일정 계획 작성 두 가지로 대별할 수 있다.

예방보전 일정표는 전산(EDP) 조직을 사용하거나, "Keysort"와 같은 도표 카드 조직, 회전비망록(tickler file), 간트차트와 같은 여러 가지 도표, 또는 "Addressograph"와 같은 장치를 사용하거나 또는 직접 만든 이와 비슷한 보조재료들을 사용해서 간단히 작성할 수 있다.

예방보전 일정 계획 작성조직을 가동시키기 위해서는

1) 우선 처음에는 정교하지 못하다 하더라도 아무 종류의 일정 계획 작성조직을 사용하여 계획을 세워 나간다.
2) 필요한 검사작업을 실시한다.
3) 매일 사후검토를 한다. 이것은 대단히 중요한 것으로 사후검토를 해야 일정계획이 제대로 수행되는가 또 효과가 있는가를 알게 된다.
4) 작업표준을 되도록 빨리 설정한다.
5) 모든 자재나 교체 부품을 기록한다.
6) 장비에 대한 정보나 성능의 기록이 누적되는대로 일정계획 작성 조직을 계속적으로 세련하여 나간다.

어떤 예방보전체제에서도 가장 중요한 필요한 검사를 수행하기 위해서는 검사소요시간을 알아야 하며 우선 추정치를 사용하다가 후에 작업반장이나 실력있는 검사원에게 확인을 받을 수도 있고 또는 기사를 시켜 표준검사시간을 관측하게 할 수도 있다. 검사보고서에 명기된 업무를 수행하는 데 소요되는 업무량을 감안하여 일정계획을 작성하여 연중을 통해서 검사활동이 고르게 수행되도록 하여 준다. 또한 매일 수행하야 하는 검사 업무량을 기준으로 하여 검사빈도가 높은 항목에서부터 시작하여 점차로 검사빈도가 낮은 항목을 일정계획에 포함시킨다.

전산(EDP) 조직을 사용하지 않는 작은 규모의 공상에서는 예방보전체제에 포함시키고자 하는 모든 장비에 대해서 필요한 검사 업무별로 검사계획 카드를 준비하면 일정계획을 작성하는 데 대단히 편리하다. 7cm × 12cm의 카드라도 좋고 여기에는 장비명, 번호, 검사대상(즉 기계 전체 또는 전기 계통), 검사주기, 장비 위치, 기타 참고사항들이 기재된다. 이런 카드들을 검사주기에 따라 배열하면 회전비망록(tickler file)을 만들 수 있다. 즉, 3개월에 한번씩 검사를 해야 하는 장비에 대한 카드는 지금부터 3개월째의 위치에 넣고, 4개월에 한번씩 검사를 해야 하는 장비에 대한 카드는 지금부터 4개월째의 위치에 넣는다.

작업량을 평준화하기 위해서는 특정한 달에 대한 카드들을 4주에 걸쳐 고르게 나누어준다. 이렇게 정돈된 카드들로부터는 해당하는 주에 대한 카드만을 뽑아서 거기에 따라 검사업무를 수행하는 것이다.

규모가 작은 공장일수록 적은 종류의 서식을 가지고 예방보전을 해나가는 것이 중요하다. 그림 12-6에 있는 예가 바로 이런 점을 감안한 다목적 서식이다.

싼 비용으로 제작할 수 있는 이 장비 및 검사 카드에는 장비명, 형번호, 일련번호, 생산자명 등이 기입되고, 그 밑에 있는 공간에는 검사의 목적 즉, 주유, 기계검사, 전기 계통 검사 등이 명시된다. 이 카드로는 주단위의 일정을 세울 수 있다. 카드의 하부에는 보전용 점검목록(체크리스트)이 마련되어 있고 뒷면에는 보전원이 완성하여 되돌려 보내는 작업지시서에서 얻을 수 있는 정보가 기록된다.

예방보전에서 가장 중요한 부분은 장비의 검사와 주유이며 대부분의 작업은 정상 근무시간중에 기계가 가동하는 도중에 하게 된다. 이렇게 다 못한 검사와 주유작업은 휴식시간이나 시간 외에 하게 된다. 검사 주유의 기록은 이 카드상에 유지되고 카드에는 색색의 색표를 달아 어떤 장비가 몇 월, 몇 째 주일, 몇 일에 주유되고 윤활되어야 하는가를 나타낸다.

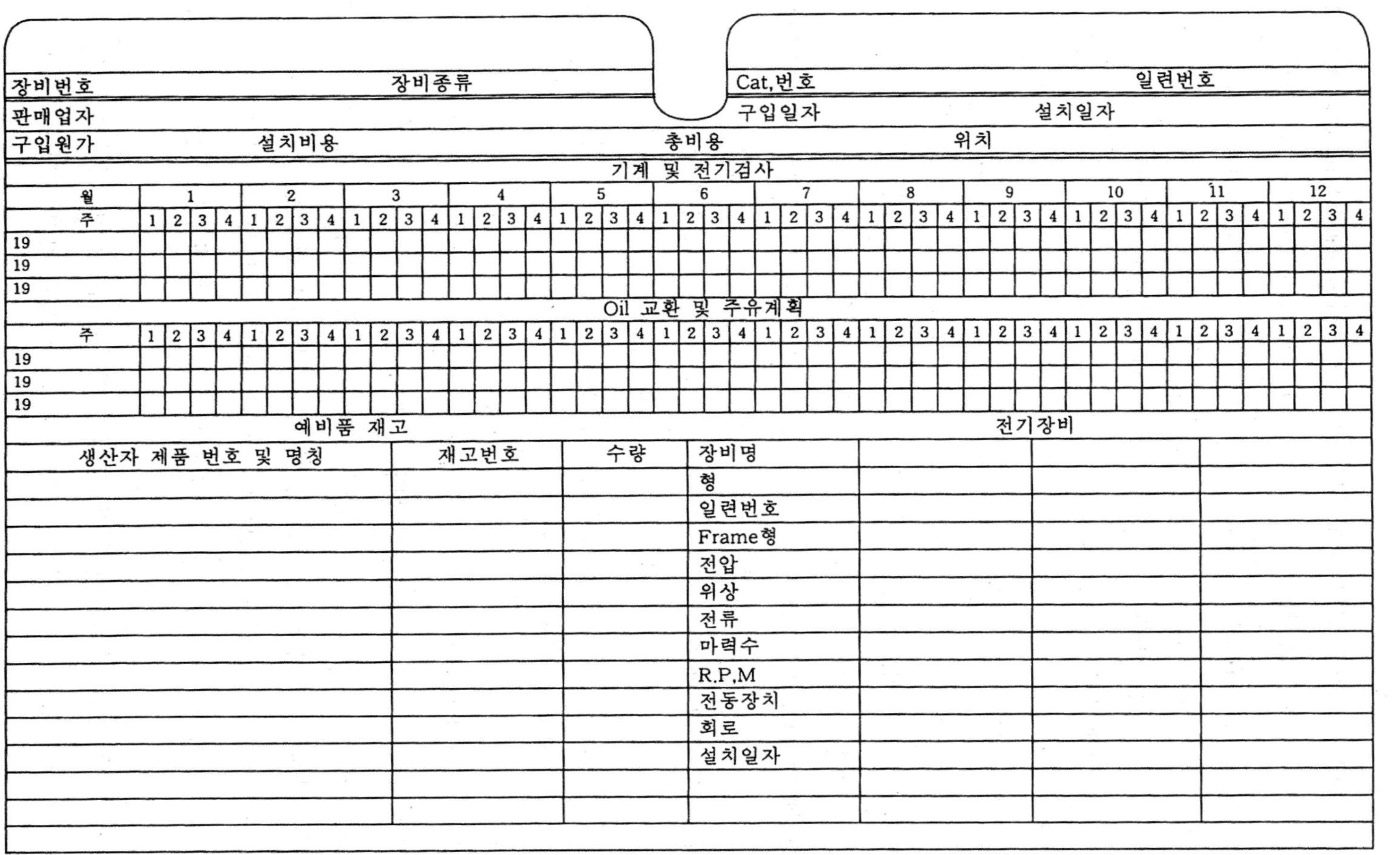

장비번호	장비종류	Cat,번호	일련번호
판매업자		구입일자	설치일자
구입원가	설치비용	총비용	위치

기계 및 전기검사

월	1				2				3				4				5				6				7				8				9				10				11				12			
주	1	2	3	4	1	2	3	4	1	2	3	4	1	2	3	4	1	2	3	4	1	2	3	4	1	2	3	4	1	2	3	4	1	2	3	4	1	2	3	4	1	2	3	4	1	2	3	4
19																																																
19																																																
19																																																

Oil 교환 및 주유계획

주	1	2	3	4	1	2	3	4	1	2	3	4	1	2	3	4	1	2	3	4	1	2	3	4	1	2	3	4	1	2	3	4	1	2	3	4	1	2	3	4	1	2	3	4	1	2	3	4
19																																																
19																																																
19																																																

예비품 재고			전기장비			
생산자 제품 번호 및 명칭	재고번호	수량	장비명			
			형			
			일련번호			
			Frame형			
			전압			
			위상			
			전류			
			마력수			
			R.P.M			
			전동장치			
			회로			
			설치일자			

그림 12-6 예방보전 검사계획 카드

이런 카드로부터 추출한 정보를 매월 정리해 나가면 몇 달 이내에 어떤 장비 의 보전비가 과다한가가 나타나게 되고 만일 분해수리를 하여 이런 점이 시정될 것 같지 않다면 장비를 퇴역시킬 수 있게 된다. 이것이 바로 보전기록의 가치이다.이런 카드 조직이 나타내는 또 한 가지의 정보는 사용된 부품의 정확한 기록 이며 어떤 부품이 가장 많이 필요한가가 나타나게 된다. 이런 카드체제를 실제 로 사용하고 있는 어떤 회사의 보전책임자의 말을 빌리면 체제가 도입된지 일년 만에 부품의 재고의 1/3이 절감되었고 3년 만에 반으로 감소하였다고 한다[Lewis and Tow].

이런 체제가 오랫동안 계속 사용되면 보전원들은 어떤 장비의 문제되는 부품이 언제쯤 고장날 것이라는 날짜까지 짚어낼 수 있을 정도로 숙달이 된다. 이렇게 "선수를 쳐서" 부품이 실제로 고장나기 이전에 교체를 해주게 되면 다른 부품까지도 따라서 손상되는 것을 방지할 수가 있어 다시 한 번 부품, 인건비, 장비고장시간을 절감할 수 있게 되는 것이다.

예비부품재고는 한 사람에 의해서 관리될 수 있고 예비부품재고가 특정수준 이하로 떨어지게 되면 재발주하고 또 작업지시서에 총수리비용을 계산하여 기입하는 일을 맡길 수도 있다.

설비관리 전산시스템
많은 IT 시스템 업체에 의해 보전을 위한 설비관리시스템 솔루션이 판매되고 시스템 구축의 서비스를 하고 있다. 이런 시스템의 기능은 다음과 같다. ㅇ 설비관리 마스터 정보 전산화 ㅇ 설비와 정비용 자재 마스터 연계 정보 전산화 ㅇ 유지보수 계획 수립지표 산정 및 유지보수 계획 ㅇ 설비보전활동 알림기능

12.5.4 운영

일단 예방보전체제가 도입되어 앞에서 설명한 것과 같은 요령으로 일단 가동 이 시작되면 어려운 문제는 일단 해결이 된 것이고 이제 남은 문제는 계속적인 관심을 가지고 체제를 좀더 효율적인 방향으로 개선해 나가는 것이다. 예방보전을 성공으로 이끌기 위해서는 또 경영진의 계속적인 관심과 지원을 필요로 한다.

예방보전체제 자체의 구조는 모순이 없더라도 이 단계에서 문제점이 발생할 수도 있다. 많은 경우에 문제점들은 인간요소에 의한 것들이다.

예방보전업무의 효율은 대부분 보전인원의 능력에 좌우되게 된다. 양심적이 고방심않고 주위 사정에 밝은 사람들에 의해서 운영되어야 한다. 장비의 서비스(손질), 조정, 검사에 대한 점검목록(check list)이 아무리 잘 준비되어 있더라도 이런 보조재료를 사용하는 사람의 생산성이나 효율이 예방보전업무의 성공을 좌우한다.

피해야 할 또 하나의 함정은 예방보전체제가 도입된 직후의 실망과 주위 사람들의 지원이 감소하는 것이다. 예방보전이 처음 시도될 때에는 인력과 비용이 증가하기 마련이다. 자본과 노력이 들지만 구체적인 결과는 즉시 나타나는 것이 아니다. 그러므로 얼마 동안은 가동중 고장난 기계에 대한 긴급보전이 계속될 것이라는 것을 각오해야 한다. 그러나 얼마 동안 견디면 예방보전으로 인해서 이런 긴급보전의 빈도는 감소될 것이다.

검사빈도를 적절히 결정하는 것이 문제로 될 수가 있다. 물론 검사빈도를 적 절히 정하기 위해서는 경험이 필요하지만 예방보전체제 도입 직후에는 비교적 자주 검사를 하고 장비고장에 의한 생산중단시간을 검토하여 적정한 수준에 있다고 판단되면 장비에 따라서 최적 빈도가 발견될 때까지 서서히 그 검사빈도를 줄여가는 것이다.

예방보전계획을 몇 %나 수행하여 완료하는가도 중요한 문제이다. 적어도 계획의 90% 이상을 예정대로 완료하지 못하면 장비 고장이 계속되고 결국 예방 보전체제에 대한 불신을 초래하게 된다. 따라서 예방보전 검사나 서비스(손질)의 계획량과 완료량과 미완료분을 매월 집계해야 한다. 또한 이렇게 계획된 예방보전업무에 소요되는 시간을 정확히 책정하여 완수할 수 있을 만큼만 계획을 세우는 것도 타부서의 신뢰를 얻을 수 있는 길이며 수리능력 이상으로 검사 계획을 세워 검사할 때마다 분해수리를 해야 한다는 점만을 반복해서 지적해 보아야 예방보전제체의 불신만을 초래할 뿐이다.

또한 보전부서와 생산부서의 협조가 무엇보다도 중요하다고 할 수 있다. 예방보전 수행시 가장 큰 골칫거리의 하나가 바로 생산부서에서 생산일정이 바쁘다는 이유로 예방보전을 연기하는 일이다. 이런 상황을 적절한 협조에 의해서 바로 잡지 못하면 결국 또 예방보전계획 완수율이 떨어지고 이로부터 예방보전의 효율이 떨어져서 예방보전 자체의 불신을 초래하는 악순환이 계속되는 것이다.

연습문제

12.1 고장률이 .001/일인 부품이 10개소에서 사용되고 있는 공장에서 영속 재고 정책으로 정량발주를 하고 있다. 발주 수송기간이 100일일 때, 서비스 수준을 90%로 유지하려면 재발주점은 몇 개인가? (참고: e = 2.718)
(답: 2개)

12.2 고장률이 .001/일인 부품이 10개소에서 사용되고 있는 공장에서 (S-1, S) 재고 정책으로 개별 발주를 하고 있다. 발주 수송기간이 100일일 때, 서비스 수준을 90%로 유지하려면 재고수준은 몇 개인가?
(답: 3개)

12.3 고장률이 .001/일인 부품이 10개에서 사용되고 있는 공장에서 90일에 한 번씩 수리 부품 발주를 하고 있다. 발주 수송기간이 10일일 때, 서비스수준을 90%로 유지하려면 청구부목표는 몇 개인가?
(답: 2개)

12.4 현장조사 자료에서 어느 특정부품의 수요가 매년 15개라는 것을 알았다. 현행 보급제도는 매년 2회 발주하고 1회에 10개씩 주문한다. 현재 실시하고 있는 재고관리는 과잉재고인가? 재고부족인가? 재고수준이 적정한가? 추친할만한 재고관리 정책은 무엇인가?

제13장 고등보전학

13.1 검사(감시)정책

앞의 예방보전을 다룰 때에는 고장발생과 동시에 이것이 탐지되어 즉시 부품교체를 해주거나 수리가 시작된다고 가정하였다. 본 장에서는 장비고장이 실제 검사에 의해서만 탐지될 수 있으므로 일반으로 고장 발생 후 얼마간의 시간이 흐른 후에 고장난 것을 알 수 있는 경우를 생각해 보자. 여기서 우리의 목표는 검사와 장비고장으로부터 야기되는 총기대비용을 최소화하는 검사정책(inspection policy), 즉 검사일정계획을 구하는 것이다.

단순 검사정책에서 고려되는 장비의 고장은 우발적이고 장비의 상태는 검사에 의해서 만 알 수 있다. 여기서 최적화란 검사와 탐지하지 못한 고장으로부터의 비용을 최소화하는 것을 말한다.

그 다음으로 최대의 준비태세를 획득하기 위한 검사정책이 검토될 것이며 여기에서도 장비의 고장은 검사를 거쳐야만 탐지할 수 있다고 가정한다.

좀더 일반으로 검사한 후 수리/교체를 결정할 수 있는 경우에 대해서는 마코브 보전모형으로 다루어질 것이다.

13.1.1 단순 검사(감시)정책

본 장에서 다루어질 모형은 고장탐지와 함께 문제가 끝나는 경우이다. 즉, 수리나 부품고체를 고려하지 않는 경우이다. 예를 들어 적의 미사일의 내습이나, 암과 같이 그 증세가 밖으로 나타나지 않는 중병의 발생과 같은 사건의 발생을 탐지하는 문제이다. 여기에서 매회의 검사(감시, 건강진단 등)는 비용을 수반하므로 너무 자주 검사하는 것도 불리하다. 그러나 반면에 사건 발생 후 탐지할 때까지의 지연시간은 많은 손실을 초래할 수가 있으므로 지연시간이 너무 길어 지지 않을 만큼 검사를 자주해야 한다. 좀 더 자세한 상황은 다음과 같다.

1) 체계의 고장은 검사에 의해서만 알 수 있고,
2) 검사 자체에 걸리는 시간은 무시할 수 있으며 검사 때문에 또는 검사 도중에 발생하는 고장은 없다.
3) 매회의 검사에는 ci 원의 비용이 든다.
4) 고장발생시점으로부터 고장탐지까지의 지연시간은 매시간당 cf원의 손실을 초래한다.
5) 검사 자체의 신뢰도는 100%이다. 즉, 일단 고장이 발생하면 그 후 검사에서 반드시 탐지된다.

6) 검사는 고장을 탐지한 순간 중단된다.

(1) 비정기 검사정책

일반적인 경우로서 [0,t] 사이에 실시되는 검사횟수를 확률변수 N(t)라 하고 고장이 시점 t에서 발생했을 때 탐지되기까지의 지연시간을 τ_f라 할 때 이로부터 초래되는 비용은, c_i=검사비용/회, c_f=고장비용/시간이라고 할 때, $c_i[N(t)+1]+c_f\tau_f$이다. 여기서 검사를 해야만 고장을 탐지할 수 있으므로 고장발생 후 한 번 더 검사를 해야 한다고 가정했다. 그러므로 장비의 고장밀도함수를 f(t)라 하면 기대비용은 다음과 같다[Barlow, et al.(1965)].

$$C=\int_0^{\infty}[c_i\{E[N(t)]+1\}+c_fE[\tau_f]]f(t)dt \tag{13.1.1}$$

최적 검사절차는 C를 최소화하는 일련의 검사시점 $t_1<t_2<t_3<\cdots$을 말한다.

여기서 $\{t_k\}$가 확률변수가 아니고 상수인 경우를 생각하기로 한다. t_0=0이라 한다. 이 경우 만일 k회의 검사 이후 시점 t에서 고장이 발생한다고 가정했을 때 즉, $t_k<t<t_{k+1}$일 때의 비용은 $(k+1)c_i+(t_{k+1}-t)c_f$이므로 기대 비용은 다음과 같다.

$$C=\sum_{k=0}^{\infty}\int_{t_k}^{t_{k+1}}[(k+1)c_i+(t_{k+1}-t)c_f]f(t)\,dt \tag{13.1.2}$$

검사시점의 수열 $\{t_k\}$가 비용을 최소화시키는 검사절차가 되기 위한 필요조건은 모든 k에 대해 미분이 0이 되는 것이다.

식 (13.1.2)에서 적분 한계로 $\{t_k\}$를 포함하는 피적분함수만 다시 쓰면 다음과 같다.

$$C=\cdots+\int_{t_{k-1}}^{t_k}[kc_i+(t_k-t)c_f]f(t)dt+\int_{t_k}^{t_k}[(k+1)c_i+(t_{k+1}-t)c_f]f(t)dt+\cdots \tag{13.1.3}$$

식 (13.1.3)에 미분법칙을 적용하면

$$(1)\ \frac{\partial}{\partial t_k}kc_i\int_0^{t_k}f(t)dt=kc_if(t_k)$$

$$\begin{aligned}(2)\ \frac{\partial}{\partial t_k}c_f\int_{t_{k-1}}^{t_k}(t_k-t)f(t)dt &= c_f\left\{\frac{\partial}{\partial t_k}t_k\int_{t_{k-1}}^{t_k}f(t)dt-\frac{\partial}{\partial t_k}c_f\int_{t_{k-1}}^{t_k}tf(t)dt\right\}\\ &= c_f\left\{\int_{t_{k-1}}^{t_k}f(t)dt+t_kf(t_k)-t_kf(t_k)\right\}\\ &= c_f\int_{t_{k-1}}^{t_k}f(t)dt\end{aligned}$$

$$(3)\ \frac{\partial}{\partial t_k}(k+1)c_i\int_{t_k}^{\cdot} f(t)dt = -(k+1)c_i f(t_k)$$

$$(4)\ \frac{\partial}{\partial t_k}c_f\int_{t_k}^{\cdot}(t_{k+1}-t)f(t)dt = -(t_{k+1}-t_k)c_f f(t_k) \tag{13.1.4}$$

식 (13.1.3)을 편미분하여 0과 같다고 놓으면 다음과 같다.

$$\frac{\partial}{\partial t_k}C = kc_i f(t_k) + c_f\int_{t_{k-1}}^{t_k} f(t)dt - (k+1)c_i f(t_k) - (t_{k+1}-t_k)c_f f(t_k) \equiv 0 \tag{13.1.5}$$

따라서 다음 순환식이 나온다.

$$(t_{k+1}-t_k)c_f f(t_k) = c_f\int_{t_k}^{t_k} f(t)dt - c_i f(t_k) \tag{13.1.6}$$

$$t_{k+1}-t_k = \frac{F(t_k)-F(t_{k-1})}{f(t_k)} - \frac{c_i}{c_f}$$

만일 $f(t_k)=0$이면 t_{k+1}-$t_k=\infty$이므로 그 이상의 검사는 할 필요가 없다. 여기서 t_1*만 알 수 있다면 나머지 t_k*들은 식 (13.1.6)으로부터 순환적으로 구할 수가 있다. 그러나 t_1*를 구할 수가 없으므로 다음 정리를 이용하여 간접적으로 구할 수 밖에 없다.

최적 검사 간격의 정리
만일 고장밀도함수가 비감소(≈증가) 고장률 함수를 갖는다면 최적 검사시점간의 간격은 비증가(≈감소) 수열을 이룬다. 증명은 생략. 관심이 있다면 [Barlow, et al.(1963)]를 참조한다.

사실 고장률이 점차 증가한다면 검사 간격은 점차 줄어드는 것은 직관적으로도 이해된다.

이 결과를 이용하여 f(t)가 증가 고장률 함수를 갖는 경우의 검사일정을 계산할 수 있는 강력한 기법을 유도할 수 있다. 그 절차는 다음과 같다.

[검사 일정계획 절차 I]

1) 일회의 검사비용과 첫 번째 검사 전에 발생하는 고장으로부터의 손실이 균형을 주는 t_1을 구한다.

$$c_i = c_f\int_0^{t_1}(t_1-t)f(t)dt = c_f\int_0^{t_1}F(t)dt \tag{13.1.7}$$

2) 식 (13.1.6)으로부터 재귀적으로 t_2, t_3, … 등을 구한다.

3) 만일 $\Delta_k = t_{k+1}$-$t_k > \Delta_{k-1} = t_k$-t_{k-1}이면 t_1을 감소시켜서 항 2)로부터 반복한다. 만일 $\Delta_k < 0$이면 t_1을 증가시켜서 항 2)로부터 반복한다.

4) $t_1 < t_2 < \cdots$ 가 원하는 정밀도를 가질 때까지 계속한다.

[예제] 13.1

어떤 장비의 고장밀도함수는 평균 500시간, 표준편차 100시간인 정규분포를 갖는다. 또한 c_i = 1,000원, c_f = 100원이라 한다. 최적 검사일정을 작성하라.

풀이)

식 (13.1.7)로부터 $1{,}000 = 100\int_0^{t_1}\Phi(t)dt$를 수치적으로 풀면 $t_1 \approx 422$ 시간이며 몇 번의 시행착오 후에 t_1=422.4시간과 t_1=422.5시간에 대한 검사시점간 간격을 계산한 결과는 다음과 같다.

k	t_k	Δ_k	k	t_k	Δ_k
1	422.50	64.29	1	422.40	64.20
2	486.79	.	2	486.60	.
⋮	⋮	⋮	⋮	⋮	⋮
8	.	27.48	13	.	10.50
9	727.81	27.40	14	815.98	1.00
10	755.21	30.00**	15	816.98	-9.00**
11	785.21		16	807.98	

왼쪽 칸의 $\Delta_{10} > \Delta_9$이므로 t_1=422.5는 너무 크고, 오른쪽 칸의 $\Delta_{15} < 0$이므로 t_1=422.4는 너무 작으니 최적 검사일정은 422.4와 422.5시간 사이에 있는 t_1*로부터 시작할 수 있다.

(2) 정기 검사정책

많은 종류의 전자부품들은 그 고장밀도가 지수분포를 가져 일정한 고장률을 나타내는 경우가 많다. 그러므로 여기서 지수분포를 갖는 부품에 대한 검사일 정을 유도해 보기로 하자. 모든 분포함수 중에서 지수분포의 경우에 한해서만 최적검사 일정은 등간격을 갖는 일정이 된다. 그 이유는 지수분포의 경우에 한해서 조건부 잔여수명이 변하지 않기 때문이다.

그러므로 주어진 부품을 매 t_1 시간당 일 회 검사한다고 하자. 만일 부품이 k회의 검사 이후 시점 t에서 고장이 발생했다고 가정했을 때 즉, $kt_1 < t \le (k+1)t_1$일 때의 비용은 $(k+1)c_i + [(k+1)t_1 - t]c_f$이므로 기대비용 C는 다음과 같다.

$$C = \sum_{k=0}^{\infty}\left[\int_{kt_1}^{(k+1)t_1}[kc_i + c_f\{(k+1)t_1 - t\}]f(t)dt\right] + c_i \tag{13.1.8}$$

$f(t) = \lambda e^{-\lambda t}$을 대입하고, 이의 편미분을 0이라 놓으면 다음 식이 된다.

$$C = \frac{c_i + c_f t_1}{1 - e_1^{-\lambda t}} - \frac{c_f}{\lambda} \tag{13.1.9}$$

$$e^{\lambda t_1} - \lambda t_1 = 1 + \frac{\lambda c_t}{c_f} \tag{13.1.10}$$

만일 $\lambda \approx 0$(MTBF$\approx\infty$)이라면

$$e^{\lambda t_1} \approx 1 + \lambda t_1 + \frac{(\lambda t_1)^2}{2}$$

$$\frac{(\lambda t_1)^2}{2} \approx \frac{\lambda c_i}{c_f}$$

$$t_1{}^* \approx \sqrt{\frac{2c_i}{\lambda c_f}} \tag{13.1.11}$$

[예제] 13.2

어떤 수신기의 고장은 지수분포를 따르며 평균고장간격은 500시간이라 한다. 여기서 수신기를 검사하는 데 1시간이 소요되므로 검사비용=1/회라 정의하고 목적이 단순히 고장발생시점으로부터 검사하여 고장을 탐지할 때까지의 시간을 최소화하는 것이라면(즉 시간의 비중이 같다면) 고장비용=1/시간이라 볼 수 있다. 최적 검사일정을 구하라.

풀이)

λ=0.002과 검사비용, 고장비용을 식 (13.1.11)에 대입하면, $t_1{}^* \approx \sqrt{\frac{2}{0.002}}$ = 31.6시간. 식 (13.1.10)을 이용하여 정확히 계산하면 $t_1{}^*$=31.3시간이 나온다.

13.1.2 준비태세의 최대화

앞 절에서는 고장을 발견할 때까지만 문제가 지속된다고 가정하여 단순검사 일정을 계산하는 방법을 살펴보았다. 그러나 고장을 탐지하면 이것을 수리하거나 교체해 주는 경우가 많다. 예를 들어 다음과 같은 경우를 생각해 보자.

1) 미사일을 수시로 점검하여 임전태세를 갖추도록 한다. 만일 고장이 탐지되면 즉시 수리를 하여 정상적인 상태로 복귀시킨다.
2) 전염병에 대비해서 주사약을 보관할 때에 수시로 그 약효를 점검하여 효력을 잃지 않게 하고 효력을 잃었다는 것이 탐지되는 즉시 주사약을 교체해 준다. 그러므로 검사-탐지-교체의 단계가 영구히 계속된다.
3) 생산장비가 제품을 생산할 때 제품의 품질이 수시로 검사되어 만일 공정에 변화가 탐지되는 즉시 수리되어 생산활동이 계속된다.

그러므로 준비태세 보전정책이 10~11장에서 검토한 예방보전정책과 다른 점은 검사를 통해서만 장비의 고장을 알 수 있기 때문에 긴급보전이 없다는 점이다 [Jorgenson, et al.].

이런 상황에서 최적 검사정책이란 단위시간당의 기대비용을 최소화하는 일정을 말한다. 여기서는 Brender에 발표된 방법을 소개한다. 여기서 앞의 가정 1) - 5)는 같고, 가정 6)은 다음과 같이 수정한다.

6) 고장을 탐지한 순간 수리(교체)를 해주며 여기에 소요되는 평균시간은 t_r, 평균비용은 c_r이며, 보전 후에는 장비가 신품의 상태로 복귀된다.

수리가 완료된 시각에서부터 다음 번 수리가 완료될 때까지를 일 주기라 정의하고 이 사이에 시점 $t_1 < t_2 < t_3 < \cdots$에서 검사가 행해진다고 하자.

시간당 기대비용은 다음과 같다.

$$C_R(\mathbf{t}) = \frac{C(\mathbf{t})}{T(\mathbf{t})} \qquad (13.1.12)$$

t = (t_1, t_2, ⋯) = 검사일정(표기편의상 벡터를 쓰자)

T(**t**) = 일정 **t**를 따를 때의 평균주기의 길이

C(**t**) = 일정 **t**를 따를 때의 주기 당 기대비용

식 (13.1.2)와 비슷하게

$$C(\mathbf{t}) = \left[\sum_{k=0}^{\infty}\int_{t_k}^{t_{k+1}}\{(k+1)c_i + c_f(t_{k+1}-t)f(t)\}\,dt\right] + c_r \qquad (13.1.13)$$

$$\begin{aligned} T(\mathbf{t}) &= MTBF + E[\text{지연시간}] + E[\text{보전시간}] \qquad (13.1.14) \\ &= \mu + \left[\sum_{k=0}^{\infty}\int_{t_k}^{t_{k+1}}(t_{k+1}-t)f(t)\,dt\right] + t_r \end{aligned}$$

매개변수 α를 도입하여 다음을 정의하자. 부록 라그랑주 기법을 참조하라.

$$D(\alpha,\mathbf{t}) = C(\mathbf{t}) - \alpha T(\mathbf{t}) \qquad (13.1.15)$$

최적검사간격정리의 가정을 만족시키는 장비에 대한 $C_R(t)$를 최소화시키는 일정 계산은 다음과 같은 절차에 따른다.

우선 지연시간당 손실이 시간당 평균검사비 및 보전비보다 작다면, 즉 $c_f \le \dfrac{c_i + c_r}{\mu + t_r}$이면 검사 및 보전을 하는 것이 더 불리하게 되므로 $\dfrac{c_i + c_r}{\mu + t_r} \le c_f$안 경우를 생각하기로 한다.

[검사 일정 계획 절차 II]

1) 임의의 α에 대하여 [절차 I]을 사용하여 식 (13.1.15)의 D(α,**t**)를 최소화시키는 $\mathbf{t}_\alpha$를 구한다.

2) α를 변화시켜서 D(α,t)=0이 되게 하는 α^*를 구하면 그 때의 t, 즉 t_{α^*}가 R(t)를 최소화시키는 최적일정이다.

증명)

D(α,t)={E[검사비]+E[지연손실]+E[보전비]}-α{MTBF+E[지연시간]+E[보전시간]}이므로 $D(c_f, t_{c_f}) = c_i + c_r - c_f(\mu + t_r) \le 0$ 이고, 또한 $D(0,t_0)>0$ 이다.

$D(\alpha, t_\alpha)$는 $\alpha \le c_f$의 구간에서 연속이므로 이는 0을 지나고 0과 같게 되는 α* 가 존재한다. 또한 t_{α^*}의 정의에 의해서 어떤 t에 대해서도

$$D(\alpha^*, t_{\alpha^*}) \le D(\alpha^*, t_.)$$
$$0 \le C(t_.) - \alpha^* T(t_.)$$
$$\alpha^* T(t_.) \le C(t_.)$$
$$\alpha^* \le \frac{C(t_.)}{T(t_.)} = C_R(t_.)$$

그런데 $D(\alpha^*, t_{\alpha^*}) = 0$은 식 (13.1.15)의 정의로부터

$$\alpha^* = \frac{C(t_{\alpha^*})}{T(t_{\alpha^*})}$$

따라서 모든 t에 대해서

$$\frac{C(t_.)}{T(t_.)} \ge \frac{C(t_{\alpha^*})}{T(t_{\alpha^*})}$$

이므로 t_{α^*}는 $C_R(t)$를 최소화시킨다.

만일 고장밀도함수가 비증가함수이면 그 해법은 조금 다르게 된다. 이 경우의 해법을 간단히 요약하면

$$\begin{aligned} D(\alpha, t) &= C(t) - \alpha T(t) \\ &= \sum_{k=0}^{\infty} \int_{t_k}^{t_{k+1}} [c_i(k+1) + (c_f - \alpha)(t_{k+1} - t) f(t) dt + c_r] - \alpha(\mu + t_r) \end{aligned}$$

이므로 $D(\alpha, t)$를 최소화하기 위하여 편미분을 0라 놓으면 다음과 같은 순환식을 얻을 수 있다.

$$t_{k+1} = t_k + \frac{F(t_k) - F(t_{k-1})}{f(t_k)} - \frac{c_i}{c_f - \alpha}, \quad k = 2, 3, \cdots \qquad (13.1.16)$$

임의의 α를 선정한 후에 일단 t_1이 선택되면, t_2, t_3, …는 식 (13.1.16)으로부터 재귀적으로 구할 수 있으므로 $D(\alpha, t)$가 계산된다. 이 때에 t_1을 조금씩 변화시키면 $D(\alpha, t)$를 최소화시키는 t_α를 구할 수 있다. 그 후에는 조금 다른 α에 대해서 동일한 절차를 반복하면 $D(\alpha, t_\alpha) = 0$을 만족하는 α*와 t_{α^*}를 구할 수 있고 이 일정이 $C_R(t)$를 최소화시킨다.

13.2 고장진단정책

현대에 들어 개발되는 고성능체계의 구조가 복잡해짐에 따라 여기에 수반되는 체계정비와 유지에 따르는 문제들이 점점 더 심각해지고 이러한 어려움을 극복하기 위하여 전문적인 진단기술자들이 훈련, 양성되고 있다. 그러나 장비구조가 복잡해지면 복잡해질수록 여러 형태로 일어날 수 있는 장비고장의 원인들을 모두 진단할 수 있게끔 기술자를 훈련시킨다는 것은 점점 더 힘들어지고 있다. 그러한 진단능력을 키우기 위해서는 오랜 기간 동안의 훈련이 필요하며 이렇게 습득된 지식은 또 제3자에게 전달하기도 힘든 것이다.

이것은 비단 장비고장의 진단에 국한되는 문제가 아니라 의사의 경우도 마찬 가지이다. 새로운 약이 개발됨에 따라 또 새로운 병이 발견 내지는 발생되고 오랜 기간의 훈련을 통해서 습득한 의학 지식은 짧은 시간에 제3자에게 전달할 수가 없는 것이다.

그러므로 개개인을 진단기술자로 훈련시키는 대신에 진단에 필요한 정보를 예를 들어 컴퓨터에 집어넣어 누구나가 다 이용하게 할 수가 있고 더구나 관측된 증상을 근거로 컴퓨터로 하여금 진단을 내리게 할 수 있는 것이 다. 선구적인 역할을 하는 몇몇의 우수한 병원에서는 이런 절차를 실용하고 있다.

본 장에서는 관측된 증상으로부터 고장원인의 확률을 계산하여 최소의 비용 으로 고장원인을 탐색해 낼 수 있는 최적 진단정책을 검토해 보기로 한다. 이 기법은 복잡한 장비의 고장탐색에는 물론 임상진단이나 공간에 나타나는 표적의 탐색에도 응용할 수가 있다.

13.2.1 고장원인의 확률

주어진 체계의 고장을 일으킬 수 있는 원인고장들을 M_i라 하고, 정상 또는 비정상인가를 관측할 수 있는 지표를 I_k라 하자. 두 가지 예를 보자.

1) 자동차 엔진의 경우

$$\begin{cases} M_1 = \text{팬벨트} \\ M_2 = \text{냉각수} \\ M_3 = \text{오일펌프} \\ M_4 = \text{발전기} \end{cases} \qquad \begin{cases} I_1 = \text{유압 경고등} \\ I_2 = \text{전류 경고등} \\ I_3 = \text{수온 경고등} \\ \end{cases}$$

2) 사람의 경우

$$\begin{cases} M_1 = \text{감기} \\ M_2 = \text{맹장염} \\ M_3 = \dots \end{cases} \qquad \begin{cases} I_1 = \text{체온} \\ I_2 = \text{복통} \\ I_3 = \text{기침} \end{cases}$$

특정한 원인고장 i에 대해서 나타날 수 있는 지표 k의 상호배타적인 조합을 증상으로서 다음과 같이 표시하자.

$$S_k^i = \begin{cases} \underline{s}_k^i & \text{증상이 나타난 경우} \\ ⓢ_k^i & \text{아닌 경우} \end{cases}, \quad k = 1,\ 2,\ \dots,\ K(i)$$

정상과 비정상 지표를 각각 I_k, $\underline{I_k}$라 표시하자. 자동차의 경우 팬벨트 고장시 전류 경고등, 수온 경고등이 표시된다. 실제적인 문제로 이 이외의 증상은 없다고 하자.

$$S_1^1 = \begin{cases} s_1^1 & = I_1 I_2 I_3 \\ unders_1^1 & = I_1 \underline{I_2}\, \underline{I_3} \end{cases}$$

만일 $P\{M_i\}$와 상호독립인 조건부 확률 $P\{S_k^i | M_i\}$를 알 수 있다면 $P\{M_i | I_1, I_2, \dots, I_J\}$는 베이즈 법칙에 의해서 다음과 같다.

$$\begin{aligned} P\{M_i | I_1, I_2, \dots, I_J\} &= P\{M_i | S_1^i, S_2^i, \dots, S_{K(i)}^i\} \\ &= \frac{P\{M_i\} \prod_{k=1}^{K(i)} P\{S_k^i | M_i\}}{\sum_{i=1}^{m} P\{M_i\} \prod_{k=1}^{K(i)} P\{S_k^i | M_i\}} \end{aligned} \tag{13.2.1}$$

식 (13.2.1)의 $P\{M_i\}$, $P\{S_k^i | M_i\}$를 구하는 방법에는 여러 가지가 있으나 우선 1) 과거의 자료로부터 추출, 2) 의도적으로 고장을 일으켜서 증상을 관찰하는 방법 등을 생각할 수가 있다.

13.2.2 최적 탐색순서

확률 $P\{M_i | I\}$를 구한 후 다음 단계는 이 확률과 개별적인 원인고장의 검사비용 $c_{i,}\ i \le m$을 고려해서 진정한 원인고장을 발견해 낼 때까지의 탐색 비용을 최소화하는 탐색 순서를 결정하는 일이다. 여기서 개별적인 원인고장의 검사 자체의 신뢰도는 100%라 가정한다.

1) 자동차 엔진의 경우, 검사에 걸리는 시간(즉, 인건비)이 다음과 같다.

c_1 = 1분

c_2 = 5분

c_3 = 2시간

c_4 = 1시간

만일 팬벨트가 끊어졌을 경우 탐색순서가 3, 4, 2, 1 순이었다면 3시간 6분에 대한 인건비가 들고, 탐색순서가 1, 2, 3, 4 순이었다면 단지 1분에 대한 인건비가 지출될 것이다.

최적 탐색순서 정리

체계에 이상이 있다는 것을 알고, $P\{M_i|I\}$와 개별적인 원인고장의 검사비용 $c_i,\ i \le m$이 주어졌을 때, 탐색비용을 최소화하는 최적 탐색순서는 $\dfrac{P\{M_i|I\}}{c_i}$의 비율이 큰 원인에서부터 시작하여 감소하는 순서로 시행하는 것이다.

증명)*

표기상의 편의를 위하여 $P\{M_i|I\} \equiv P_i$라 하고 원인고장을 검사석차순으로 나열하여 [j]로 표시하자. [3]=2라면 고장원인 2를 세 번째에 검사한다는 의미이다. 탐색순서를 벡터 **π**=([1],[2], ...,[m])로 표현하면, 탐색비용의 기대값은 다음과 같다.

$$\overline{C} = c_{[1]} + c_{[2]}(1-P_{[1]}) + c_{[3]}(1-P_{[1]}-P_{[2]}) + \cdots + c_{[m]}\left(1-\sum_{i=1}^{m-1} P_{[i]}\right)$$

이것은 원인고장 $M_{[1]}$에 대한 검사비용과, 만일 검사결과 $M_{[1]}$은 정상이라는 것을 알았을 때 $M_{[2]}$에 대한 검사비용과, 또 $M_{[2]}$도 정상이라는 것을 알았을 때 $M_{[3]}$에 대한 검사비용 ⋯ 등의 총합이다.

필요조건을 증명하기 위해서는 순서 $\boldsymbol{\pi}^* = (\ldots, [i]=\alpha, [i+1]=\beta, \ldots)$가 최적일 때에 $\dfrac{P_\alpha}{c_\alpha} > \dfrac{P_\beta}{c_\beta}$를 증명해야 한다. 최적순서에서 임의의 원인고장 α와 β의 검사석차를 뒤바꾼 탐색순서 $\boldsymbol{\pi}_i = (\ldots, \beta, \alpha, \ldots)$를 가정하자. **π***는 최적순서이므로 $\overline{C}(\boldsymbol{\pi}^*) - \overline{C}(\boldsymbol{\pi}_i) < 0$이며 이것은 다음과 같다.

$$\overline{C}(\boldsymbol{\pi}^*) - \overline{C}(\boldsymbol{\pi}_i) = \left(1-\sum_{t=1}^{i-1} P_{[t]}\right)c_\alpha + \left(1-\sum_{t=1}^{i} P_{[t]}\right)c_\beta - \left(1-\sum_{t=1}^{i-1} P_{[t]}\right)c_\beta - (1-P_{[t]}-P_\beta)c_\alpha < 0 \qquad (13.2.2)$$

간략히 하면

$$\overline{C}(\boldsymbol{\pi}^*) - \overline{C}(\boldsymbol{\pi}_i) = P_\beta c_\alpha - P_\alpha c_\beta < 0 \qquad (13.2.3)$$

그러므로 **π*** 가 최적이면 $\dfrac{P_\alpha}{c_\alpha} > \dfrac{P_\beta}{c_\beta}$이다.

충분조건을 증명하기 위해서는 위 탐색순서 **π***에서 $\dfrac{P_\alpha}{c_\alpha} > \dfrac{P_\beta}{c_\beta}$가 성립하면 그 순서는 최적이라는 것을 증명해야 한다. 증명을 간단히 하기 위해서 α와 β 이외의 고장원인의 검사석차는 위와 같이 배열되었다고 하자. $\frac{P_\alpha}{c_\alpha} > \frac{P_\beta}{c_\beta}$ 이면 $P_\alpha c_\beta > P_\beta c_\alpha$ 이다. 앞과 같이 $\pi_i = (\cdots, \beta, \alpha, \ldots)$ 라 하면 식 (13.2.2)를 식 (13.2.3)으로 간략화한 과정에 의해서

$$\overline{C}(\pi^*) - \overline{C}(\pi_i) = P_\beta c_\alpha - P_\alpha c_\beta < 0 \tag{13.2.4}$$

이것은 $\overline{C}(\boldsymbol{\pi}^*) - \overline{C}(\boldsymbol{\pi}_i) < 0$ 가 되어 $\boldsymbol{\pi}*$가 최적임을 나타낸다. 더구나 $\boldsymbol{\pi}_i$와는 다른 어떤 순서라도 $P_\alpha c_\beta > P_\beta c_\alpha$의 조건을 계속 만족시키면서 인접한 두 고장원인을 축차적으로 뒤바꾸어 줌으로써 얻을 수 있고 이 경우 α와 β 이외의 고장원인간 $\frac{P_\cdot}{c_\cdot}$ 의 배열이 필요조건을 위반하게 되므로 $\overline{C}(\boldsymbol{\pi}^*) < \overline{C}(\boldsymbol{\pi}_i) < \overline{C}(\boldsymbol{\pi})$가 된다.

[예제] 13.3

어떤 체계의 고장원인은 4 가지이고 6개의 지표가 있다. 각 원인고장에 대한 증상은 다음과 같고 $P\{S_k^i | M_i\}$는 모든 k에 대해서 상호독립이다.

$$\begin{aligned}
&\underline{s}_1^1 = \underline{s}_1^4 = \underline{I_1}\, I_2\, \underline{I_3}\, I_4\, I_5\, \underline{I_6} \qquad && \underline{s}_1^2 = \underline{s}_1^3 = \underline{I_1}\, I_2\, \underline{I_3}\, I_4\, I_5\, I_6 \\
&\underline{s}_2^1 = \underline{s}_2^4 = I_1\, I_2\, I_3\, \underline{I_4}\, I_5\, I_6 && \underline{s}_2^2 = \underline{s}_2^3 = I_1\, I_2\, I_3\, \underline{I_4}\, I_5\, I_6 \\
&\underline{s}_3^1 = \underline{s}_3^4 = I_1\, \underline{I_2}\, I_3\, I_4\, \underline{I_5}\, I_6 && \underline{s}_3^2 = \underline{s}_3^3 = I_1\, \underline{I_2}\, I_3\, I_4\, \underline{I_5}\, \underline{I_6}
\end{aligned}$$

그런데 $\{\underline{I_1}, \underline{I_2}, \underline{I_3}, I_4, \underline{I_5}, \underline{I_6}\}$라는 지표 변화가 나타났다. 또한 과거의 경험으로부터 다음과 같은 조건부 확률과 비용의 자료가 알려져 있다. 검사의 신뢰도는 100%라 할 때 최적 탐색순서를 결정하라.

M_i	$P(unders_1^i\|_I$	$P(unders_2^i\|_I$	$P(unders_3^i\|_I$	$P(M_i)$	c_i(만원)
M₁	0.2	0.4	0.4	0.3	2
M₂	0.3	0.6	0.1	0.4	3
M₃	0.1	0.1	0.8	0.2	1
M₄	0.2	0.2	0.6	0.1	4

풀이)

증상목록에 있는 각 증상이 문제의 지표변화에 기여할 수 있나를 점검하여 원인고장별로 구별하면 다음과 같이 표시할 수 있다.

$$M_1 : \{\underline{s}_1^1, s_2^1, \underline{s}_3^1\}, \qquad M_2 : \{\underline{s}_1^2, s_2^2, \underline{s}_3^2\}, \qquad \cdots$$

$$P\left\{M_1 | \underline{s}_1^1, s_2^1, \underline{s}_3^1\right\} = \frac{P\{M_1\}P\left\{\underline{s}_1^1 | M_1\right\}P\{s_2^1 | M_1\}P\left\{\underline{s}_3^1 | M_1\right\}}{\sum_{i=1}^{4} P\{M_1\}P\left\{\underline{s}_1^i | M_i\right\}P\{s_2^i | M_i\}P\left\{\underline{s}_3^i | M_i\right\}}$$

$$= \frac{144}{432} = 0.33$$

$$P\left\{M_2 | \underline{s}_1^2, s_2^2, \underline{s}_3^2\right\} = \frac{48}{432} = 0.111$$

$$P\left\{M_3 | \underline{s}_1^3, s_2^3, \underline{s}_3^3\right\} = \frac{144}{432} = 0.334$$

$$P\left\{M_4 | \underline{s}_1^4, s_2^4, \underline{s}_3^4\right\} = \frac{96}{432} = 0.221$$

또한

$$\frac{P_1}{c_1} = \frac{0.334}{2} = 0.167, \quad \frac{P_2}{c_2} = \frac{0.111}{3} = 0.037$$

$$\frac{P_3}{c_3} = \frac{0.334}{1} = 0.334, \quad \frac{P_4}{c_4} = \frac{0.221}{4} = 0.055$$

따라서 최적탐색순서는 비율이 큰 것부터 $\pi^* = (M_3, M_1, M_4, M_2)$이다.

13.3 마코브사슬 보전과정

13.3.1 마코브사슬의 보전 상황

체계의 관측시간이 정수값을 갖는 마코브사슬 모형으로 묘사할 수 있는 보전과정을 검토해 보기로 한다. 많은 독자들에게는 이 마코브사슬 모형이 새로울 수도 있고 또 그 응용이 대단히 중요하므로 수학적 모형을 제시하는 것과 동시에 수치적 예제를 표의 형태로 들어가면서 설명을 해 나가기로 한다.

우선 유한한 수의 상태를 갖는 체계 또는 장비가 있다고 가정하자. 주기적으로 (예를 들어 일주일 단위) 시점 t=0, 1, 2, …에서 이 장비의 상태를 점검하여 그 때마다 의사결정을 하여 어떤 조치 k(=1,2, …, K)를 취한다.

예로, 주어진 장비의 상태 i는 다음과 같은 3단계로 구분된다.

$$\text{상태}\,i = \begin{cases} 1: \text{불량상태}(90\%\text{미만의 성능}) \\ 2: \text{양호상태}(90\%\text{의 성능}) \\ 3: \text{완전상태}(100\%\text{의 성능}) \end{cases}$$

이 장비는 일주일 간격으로 상태점검을 하여 다음과 같은 조치 k를 내린다.

$$\text{조치}\,k = \begin{cases} 1: \text{보류} \\ 2: \text{수리} \\ 3: \text{교체} \end{cases}$$

여기서 조치 k를 취하는 것은 체계의 상태에 따라 확정적으로 취할 수도 있고 또는 가능한 조치들 중에서 특정한 확률을 가지고 선택할 수 있다고 볼 수도 있다.

체계의 현재 상태 i와 조치 k의 공동 결과로서 두 가지 일이 일어나게 되는데

1) 평균비용 c_{ik}가 지출(보전비+향후 1주일의 생산부진으로 인한 손실),

$$\| c_{ik} \| = \begin{array}{c} \\ \text{상태} \end{array}\begin{array}{c} i \diagdown^{k} \\ 1 \\ 2 \\ 3 \end{array}\begin{array}{c} \text{조처} \\ 1 \quad 2 \quad 3 \\ \begin{bmatrix} 20 & 5 & 10 \\ 2 & 4 & 9 \\ 0 & 3 & 8 \end{bmatrix} \end{array}$$

2) 체계의 상태는 추이확률 $q_{ij}(k)$를 가지고 새로운 상태로 추이한다.

$$\| q_{ij}(1:\text{보류}) \| = \begin{array}{c} i \diagdown^{j} \\ 1 \\ 2 \\ 3 \end{array}\begin{array}{c} 1 \quad 2 \quad 3 \\ \begin{bmatrix} 1 & 0 & 0 \\ 0.6 & 0.4 & 0 \\ 0.2 & 0.3 & 0.5 \end{bmatrix} \end{array}$$

$$\| q_{ij}(2:\text{수리}) \| = \begin{array}{c} i \diagdown^{j} \\ 1 \\ 2 \\ 3 \end{array}\begin{array}{c} 1 \quad 2 \quad 3 \\ \begin{bmatrix} 0.1 & 0.9 & 0 \\ 0.1 & 0.7 & 0.2 \\ 0.1 & 0.2 & 0.7 \end{bmatrix} \end{array}$$

$$\| q_{ij}(3:\text{교체}) \| = \begin{array}{c} i \diagdown^{j} \\ 1 \\ 2 \\ 3 \end{array}\begin{array}{c} 1 \quad 2 \quad 3 \\ \begin{bmatrix} 0.1 & 0.1 & 0.8 \\ 0.1 & 0.1 & 0.8 \\ 0.1 & 0.1 & 0.8 \end{bmatrix} \end{array}$$

여기서 우리가 관심을 가지고 있는 것은 단위시간당의 기대비용을 최소화하는 의사결정정책이다. 즉, C_t를 주어진 의사결정정책을 사용했을 때의 시점 t에서 발생하는 기대비용이라 하면 다음을 최소화하는 정책을 구하고자 하는 것이다.

$$\lim_{T \to \infty} \frac{\sum_{t=0}^{T} C_i}{T} \tag{13.3.1}$$

13.3.2 확률적 전략

일반으로 X_0, X_1, …을 일련의 체계 상태의 관측치라 하고 Δ_0, Δ_1, …을 일련의 의사결정을 통한 조치라 하자. 시점 t에서 확정적인 조치를 취하는 대신에 아래의 확률을 가지고 여러 가지의 취할 수 있는 조치 중에서 선택을 하는 것을 확률적 전략이라고 한다.

$$D_{ik} = P\{\Delta_t = k \mid X_0, \mathrm{X}_1, \cdots ; X_t = i\}$$

물론 이 확률적 전략 D_{ik}은 0 또는 1이 될 수 있으므로 확정적 의사결정을 포함하는 것이다. 또한 확률적 전략을 사용하여 문제 설정을 하여도 최적 의사결정정책

을 구해보면 0 또는 1으로 나오지만[Derman] 주어진 마코브 의사결정모형을 선형수리계획의 형태로 변환하기 위해서는 이와 같은 일반적인 입장을 취하는 것이 편리하다.

가능한 조치의 수가 K이므로 물론 $\sum_{k=1}^{K} D_{ik} = 1$이다.

체계의 상태가 i일 때 조치 k를 취하면 다음 시점(예, 일주일 후)에 상태가 j로 추이할 확률을 $q_{ij}(k)$라고 하면

$$P\{X_{t+1} = j \mid X_t = i\} = \sum_{k=1}^{K} q_{ij}(k) D_{ik} \equiv p_{ij} \qquad (13.3.2)$$

여기서 $\|p_{ij}\|$는 정상 추이확률이고 또 모든 확률적 의사결정정책 하에서 모든 상태 i는 흡수상태가 아니고 또 체계의 초기조건에 의한 영향은 시간이 감에 따라 감소하는, 즉 에르고딕[1)]이라고 가정한다.

13.3.3 마코브사슬의 특성

유한한 수의 상태가 있는 마코브사슬[2)]의 각 상태에서 몇 회의 추이를 걸쳐서라도 다른 어떤 상태로도 추이가 가능하다면 이러한 마코브사슬을 비가략적이라 한다. 또한 이러한 마코브사슬에서 일정하게 반복되는 주기성이 없다면, 체계가 특정한 상태를 차지할 확률이 초기조건(상태)으로부터 받는 영향은 시간이 지남에 따라서 점차로 감소하여 정상상태가 된다. 또한 위에서 묘사된 것과 같은 마코브사슬의 추이행렬을 $P = \|p_{ij}\|$라고 할 때,

$$\pi_j = \sum_{i=1}^{m} \pi_i p_{ij}, \quad j = 1, 2, \cdots, m \qquad (13.3.3)$$

$$\sum_{i=1}^{m} \pi_i = 1$$

벡터 $\boldsymbol{\pi} = (\pi_1, \pi_2, \cdots, \pi_{\mathrm{m}})$ 표기를 사용하면

$$\boldsymbol{\pi} P = \boldsymbol{\pi} \qquad (13.3.4)$$

이를 만족하는 고유한 확률벡터가 존재하며 이를 마코브사슬의 정상분포라고 한다. 이것은 어떤 시점에서 체계가 각 상태에 있을 확률이 π라면 그 시점 이후에서는 체계가 각 상태에 있게 될 확률은 항상 **π**로서 변하지 않는다는 것을 의미한다[Bhat].

---

1) ergodic: 충분히 큰 확률 체계에서 시간적 평균과 통계적 평균이 같아지는 성질. ergodic이라는 단어의 어원은 통계물리학자인 볼츠만이 그리스어의 ergon(일, 작용)과 hodos(길, 경로)를 붙여서 만들었다고 한다.

2) 마코브 연쇄 라고도 부른다...

정리

유한한 수의 상태를 갖는 마코브사슬 $\{X_t\}$의 추이확률을 p_{ij}라 하고, 마코브사슬이 어느 시점에서 상태 i에 있을 때 발생되는 비용을 c(i)라 하자. 또 주어진 마코브사슬의 고유한 정상분포를 **π**라 하여 식 (13.3.3)의 관계가 있을 때, 어떤 의사결정 정책 R을 따를 때의 평균기대비용의 수렴치는 다음과 같다.

$$\overline{C}_R = \lim_{n \to \infty} \frac{\sum_{k=1}^{n} c[X(k)]}{n} = \sum_{i=1}^{m} \pi_i c(i) \tag{13.3.2}$$

이다.

증명은 생략. 관심있는 독자는 Chung을 참조하기 바란다.

13.3.4 마코브 보전정책의 선형 수리계획모형

체계의 상태가 i일 때 모두 K 종류의 조치 중에서 하나를 선택할 수 있으므로

$$c(i) = \sum_{k=1}^{K} D_{ik} c_{ik}, \quad i = 1, 2, \cdots, m \tag{13.3.6}$$

이라 놓으면 식 (13.3.5)로부터

$$\overline{C}_R = \lim_{T \to \infty} \sum_{t=0}^{T} C_t / T = \sum_{i=1}^{m} \pi_i \sum_{k=1}^{K} D_{ik} c_{ik} \tag{13.3.7}$$

여기서 $x_{ik} = \pi_i D_{ik}$라고 놓으면 다음과 같다.

$$\sum_{i=1}^{m} \sum_{k=1}^{K} \pi_i D_{ik} c_{ik} = \sum_{i=1}^{m} \sum_{k=1}^{K} x_{ik} c_{ik} \tag{13.3.8}$$

$$\sum_{k=1}^{K} x_{ik} = \sum_{k=1}^{K} \pi_i D_{ik} = \pi_i \sum_{k=1}^{K} D_{ik} = \pi_i \tag{13.3.9}$$

주어진 문제는 식 (13.3.8)을 최소화하는 것이다. $\pi_i \geq 0, D_{ik} \geq 0$이므로 $x_{ik} = \pi_k D_{ik} \geq 0$이다. 제약식은 식 (13.3.3)으로부터 다음과 같다.

$$\pi_j \left(\sum_{k=1}^{K} D_{ik} \right) - \sum_{i=1}^{m} \pi_i \left[\sum_{k=1}^{K} D_{ik} q_{ij}(k) \right] \tag{13.3.10}$$

$$= \sum_{k=1}^{K} x_{ik} - \sum_{i=1}^{m} \sum_{k=1}^{K} x_{ik} q_{ij}(k) = 0$$

$$\sum_{i=1}^{m} \pi_i \left(\sum_{k=1}^{K} D_{ik} \right) = \sum_{i=1}^{m} \sum_{k=1}^{K} x_{ik} = 1$$

이상의 선형 수리계획 모형을 정돈하며 다음과 같다.

$$minimize \sum_{i=1}^{m}\sum_{k=1}^{K} x_{ik}c_{ik} \tag{13.3.11}$$

$$\sum_{k=1}^{K} x_{ik} - \sum_{i=1}^{m}\sum_{k=1}^{K} x_{ik}q_{ij}(k) = 0, \quad j=1, \cdots, m \tag{13.3.12}$$

$$\sum_{i=1}^{m}\sum_{k=1}^{K} x_{ik} = 1$$

$$x_{ik} \geq 0, \quad i=1, \cdots, m, \quad k=1, \cdots, K$$

식 (13.3.3)에는 고유한 해가 있으므로 어떠한 확률적 의사결정 정책에 대해서도 이에 대응하는 $\sum_{k=1}^{K} x_{ik} > 0$인 제약식의 해가 고유하게 존재하며, 따라서 제약식을 만족하는 최적해 $x_{ik}{}^*$를 구한 후에는 다음과 같이 최적 보전정책 $\| D_{ik}{}^* \|$를 구할 수가 있다[Barlow, et al.].

$$D_{ik}{}^* = \frac{x_{ik}{}^*}{\sum_{k=1}^{K} x_{ik}{}^*} \tag{13.3.13}$$

연습문제

13.1 13.3.1에 주어진 수치적 예제를 선형 수리계획 모형으로 전환하라.

13.2 위 문제의 최적해를 구하여 최적 보전 정책 $\| D_{ik}{}^* \|$를 결정하라.

제14장 신뢰도와 인간공학

14.1 인간신뢰도 서론

인간공학은 인간의 능력과 그 한계를 고려하여 장비, 작업 환경 및 작업 방법을 설계하는 공학이다. 그러므로 인간공학 전문가는 주로 (1) 장비 설계상의 특성, (2) 운용 및 보전 절차, (3) 작업 환경의 특성 (소음, 온도, 작업 공간 등)에 주로 관심을 가지며, 또한 (4) 체계 운전자의 성능에 영향을 마치는 기술 자료, (5) 통신, (6) 물자 지원 및 (7) 체계 조직에도 역시 관심을 갖는다.

인간공학이 하나의 공학 분야로서 인식되어 알려지기 시작한 것은 최근의 일이다. 인간공학은 세계 2차대전 중, 그리고 종전 후 크게 발전 하였는데 그 당시에 장비의 구조가 급격히 놀라울 정도로 복잡하게 되어 그것을 조작하는 인간에게 적합하도록 장비를 설계해야 된다는 생각을 하게 되었기 때문이다. 이 이전까지는 산업공학기사들이 업무에 적합하도록 인간을 선발하고 작업 방법을 개선해 보려고 시도해 왔었다. 그렇지만 무기 체계의 복잡성은 인간 능력 한계의 막바지에 도달하였으므로 인간-기계 체계의 효율적인 개선은 인간을 훈련시키기보다는 오히려 기계를 인간에 맞도록 수정함으로써 더 쉽게 이루어질 수 있음을 알 수 있다.

신뢰도공학과 인간공학 분야 사이에는 자연스러운 밀접한 관계가 있다 즉, 두 분야가 다 같이 체계 성능에 대한 예측, 관측, 개선에 관심을 갖는다. 다만 이러한 활동을 신뢰도공학은 장비를 통해서 반면에 인간공학은 상호 작용에의 해 운전자의 성능에 영향을 주는 여러 가지 장비의 특성을 통해서 하게되는 차이가 있을 뿐이다. 미국의 경우 많은 회사들이 신뢰도공학 분야에 인간공학 기술자들이 일하도록 하고 있다. 이 뿐만 아니라 신뢰도공학과 인간공학을 밀접하게 연관시키는 원인들도 많이 있다.

첫째로, 모든 장비 체계는 장비와 인간으로 구성되어 상호 밀접한 관계를 맺고 있다. 결과적으로 전체 체계의 신뢰도를 다루기 위해서는 이 두 요소를 함께 고려해야 되며, 따라서 장비의 신뢰도와 인간의 신뢰도를 별도로 취급 할 수는 없다.

둘째로, 설계 단계에서 신뢰도 기술자는 설계를 감독하고 검토한다. 그러므로 그들은 인간공학 원리가 설계에서 어떻게 적용되어야만 최대의 신뢰도를 얻을 수 있는가를 알아야만 된다. 오늘날까지도 인간 요소는 장비의 설계에서 적절히 고려되지 않고 있다. 그 결과 복잡한 체계의 조작과 보전이 어렵고 고장률이 높을 뿐만 아니라 가동 중단 시간이 지나치게 많다 그러므로 인간공학 원리를 적절히 적용하지 못한다면 곧바로 신뢰도가 저하되는 결과를 가져 오게 된다.

셋째로, 신뢰도를 예측하는 데 있어서 어느 부품이 추가되었을 때 만일 그 추가 요소가 절대적인 신뢰도를 갖지 못한다면 전체 신뢰도는 감소한다. 만일 신뢰도 관측시 단지 장비 요소만을 고려한다면 이것은 운전자 성능을 최적 상태, 즉 R(t)=1.00으로 가정했음을 뜻한다. 운전자 성능이 절대로 완전할 수 없다는 것은 명백한 사실이므로 신뢰도 기술자는 신뢰도를 관측할 때 운전자 성능을 반드시 포함시켜야한다. 그렇지 않으면 가끔 경험했던 것처럼 신뢰도 관측값이 지나치게 과장될 우려가 있다. 신뢰도에 대한 운전자의 영향은 인간의 실수로 발생하는 장비고장사고의 빈도가 상당히 높다는 것으로도 알 수 있다. 인적 요소로부터의 고장은 보고된 모든 고장건수 중 20-80%를 차지한다[Cooper, Shapero]. 그러므로 고장률에 대한 신뢰도분석 시 단지 장비 결함만을 고려한다면 체계 불신도의 주요한 원천을 간과하는 결과를 초래할 것이다.

몇몇 신뢰도 기술자들은 인간을 볼 때 장비기능을 통제하는 원칙과는 크게 다른 이상한 규칙에 의해 활동하는 외적 요소로 보고 있다. 이것은 아마도 인간요소가 장비에 비해서 그 관계가 정확히 또는 수량적으로 표현되지 못하기 때문일 것이다. 이에 대해서는 다음과 같은 두 가지 중요한 이유가 있다.

1) 인간은 현재 고안되었거나 또는 구상중인 어떤 기계보다도 훨신 복잡하다. 고도의 인간기능, 예를 들어 지각, 인지, 그리고 의사결정 등을 모방할 수 있는 기계를 현재까지는 제작할 수 없다[1].
2) 인간은 본래부터 기계보다 안정성이 부족하다. 즉 인간은 많은 조건들에 의해 영향을 받는다. 운전자의 성능은 그의 신체적 조건, 피로, 작업환경 (예를 들면 소음), 학습정도, 유인·보상, 기타 수많은 요인에 의해 영향을 받는다.

그렇지만 입력과 출력에 관해서 기계부품을 다루는 것처럼 인간운전자를 다룰 수 있다. 이 경우 신뢰도공학 및 인간공학 전문가들은 공통용어를 사용할 수 있을 뿐더라 또한 인간과 기계에 다같이 수학적 논리를 적용할 수 있다[Berry and Wulff, Park(87)].

14.2 인간공학의 이론

인간공학 원리를 자세히 설명하기에 앞서 이들 원리가 어떤 개념에 바탕을 두었는가를 요약해 볼 필요가 있다.

인간의 행태(behavior)에 대한 이해는 세 가지 변수 즉, 자극입력, 내부반응, 출력반응에 기초를 둔다. 자극입력 S는 인간이 감지 할 수 있는 환경의 물리적 변화이다. 깜박이 지시등, 레이다 상의 점의 출현, 기계의 작동중 고장, 공장의 사이렌 등은 모두 자극이다.

내부반응 O는, 인간 내부에서 발생하므로 인간이 물리적 자극을 감지하고 통합한 것이다. 기억, 의사결정 그리고 해석은 모두 내부 반응이다. 출력반응 R은 내부

---

1) 이는 인공지능(AI) 시대를 맞이하여 어느 정도 모방 수준이 되었다고 볼 수 있다.

반응 O에 대한 인간의 육체적 반응이고, 또한 역시 자극입력 S에 대한 반응이다. 그리기, 스위치 조작, 필기, 타격 등은 모두 출력 반응이다.

모든 행태는 이들 세 가지 요소 즉, S→O→R의 조합이다. 복잡한 행태는 S→O→R이 서로 얽히고 또 동시에 일어나는 S→O→R의 사슬로 이루어진다. S→O→R 사슬에서의 각 요소는 그보다 선행된 S→O→R 요소의 기능 성패에 좌우된다. 인간의 과오는 그 사슬 안의 어떤 요소가 다음과 같이 정상적으로 작용하지 못할 때 일어난다.

1) 환경에서의 물리적 변화가 S로서 감지되지 않는다.
2) 몇 가지 S가 인간에 의해 식별 될 수 없다
3) S가 감지되었으나 그 의미를 올바로 이해하지 못한다.
4) S를 올바로 이해했지만 올바른 결과 반응을 알지 못한다.
5) S에 대한 올바른 R을 알았으나 그 R이 인간의 육체적 능력 한계 밖에 있다.
6) 올바른 R이 인간의 능력 범위 내에 있으나 R의 기능을 틀리게 수행하거나 그 순서가 바뀌었다.

이들 요소들이 장비 설계에 어떤 영향을 미치는가는 명백하다. 즉 인간이 적절히 반응하기 위해서는 자극이 인간에 의해 감지 될 수 있어야하고 인간이 해 낼 능력이 있는 반응을 요구하여야 한다. 그러므로 장비와 과업(자극)의 특징들은, 조종간이나 계기판만이 아니라 수행될 업무의 전반적 특성까지 인간의 능력과 그 한계에 맞도록 설계되어야 하고, 그렇지 않으면 그들을 올바로 통제 할 수 없다. 인간에는 신체적, 생리적 한계가 있기 때문에 인간이 절대로 수행 할 수없는 일도 있다. 그러므로 예를 들어서 고주파레이다 및 소나(수중음파탐지기)의 충격음파는 가시, 가청 주파수로 바꾸지 않으면 안 된다. 또한 인간은 자외선이나 X-선을 탐지하지 못하고 인간은 맨손으로 무게가 1 톤 나가는 장비를 들 수 없다. 이외에도 덜 명확한 장비의 특성들이 많이 있으며 잘못 설계된 것은 효율적인 기능 수행에 장해가 될 수도 있다.

어느 정도로 인간에게 잘 맞도록 장비를 설계 하였는가는 곧 장비를 얼만큼 잘 사용할 수 있는가를 결정 해주게 된다. 그러므로 장비의 설계는 인체의 크기, 몸무게, 및 환경 자극에 대한 반응 시간을 고려하지 않으면 안 된다. 이 외에도 환경의 많은 특성들(소음, 온도 등)도 자극으로서 인간의 반응 능력에 영향을 미친다. 이러한 특성들이 인간의 기능에 역효과를 준다면 그것들을 수정하거나 제거하여야 한다.

그렇지만 인간이 옳다고 생각하는 반응을 하는 것만으로 충분치 않다. 인간은 자기의 반응의 결과에 대해서 확인을 하거나 또는 피드백을 받지 않으면 안 된다.

만일 행동에 대한 결과를 알지 못한다면 인간은 그가 옳게 행동을 했는지 아닌지를 확인할 수 없다.

피드백은 장비의 계기판에 나타나는 변화와 같이 간접적 일 수도 있고 (예를 들어서 회로에 전기가 통하면 지시등이 녹색으로 변하는 것과 같이), 또는 접근 하고 있는 표적의 영상이 점점 확대되어지는 것처럼 변화를 직접적으로 감지하기도 한다.

어떤 자극들은 성공적인 결과와 결합되기도 하고 다른 자극들은 성공적이지 못한 결과와 결합되기도 한다. 따라서 인간이 성공적인 또는 실패한 결과와 결합된 자극을 인지하였을 때에 똑같은 자극 S에 대해서 똑같은 반응 R을 계속 할 것인가, 아니면 중단 할 것인가에 대해서 명확히 알게 되는 것이다.

신뢰도가 높은 장비를 설계한다는 측면에서 보면 장비의 특성들은 인간에 대한 입력 및 피드백 자극으로서 작용한다. 그러므로 장비의 설계 시 인간에게 제공되는 환경 정보에 관해서 먼저 분석해야 한다. 인간이 꼭 알아야 할 필요가 있는 정보와 일치되는 피드백 정보를 최대로 제공하려는 것이 설계의 목표이다.

14.3 적응 제어

최근에 기술자들은 인체 기관이 센서(감응기), 컴퓨터, 제어 체계로서 놀랄만한 능력을 가지고 있다는 데에 점차적으로 크게 관심을 가져왔다. 이러한 행태 에 대한 주요한 특색의 하나는 새로운 환경 아래서도 만족스럽게 활동하기 위하여 행태를 재설정하여 환경의 변화에 적응하는 인체 기관의 능력이다. 예를 들면 어떤 신경 경로에 이상이 발생하면 다른 신경 경로를 훈련시켜서 똑같은 기능을 수행하도록 반응할 수 있는 것이다. 이러한 인체 기관의 기능을 이론적으로 생각해 봄으로써 고장이 일어나면 이에 반응을 해서 임무를 계속 수행 할 수 있도록 스스로 재구조가 가능한 복잡한 체계를 고안해 보려고 시도하게 되었다.

좀 더 구체적으로 설명하기 위해서 어떤 복잡한 제어 체계를 생각해보기로 하자. "성공"은 안정된 체계로 그리고 "실패"는 불안정한 체계로 정의해 두자. 또한 체계의 안정성 여부는 항상 확인할 수 있을 뿐 아니라, m 개의 체계 변수들은 안정된 체계를 얻기 위해 시도되는 각 단계에서 변화시킬 수 있다고 가정하자. 만일 체계가 처음 불안정하다면 안정상태에 도달할 때까지 변수들을 임의로 바꾸어서 결국 체계는 안정 상태에 도달하여 작동된다. 만일 고장이 발생하면 안정이 이루어질 때까지 이 과정은 스스로 반복된다. 우리가 이러한 체계를 제작할 수 있다고 가정한다면 안정이 이룩될 때까지 어느 정도의 시간이 걸릴 것인가가 아마도 첫째 의문이 될 것이다.

만일 안정확률이 p이고 불안정확률이 q라면 안정에 도달하는 데 필요한 시행횟수 n은 기하분포을 가지며[2], 확률밀도함수(확률질량함수)는 다음과 같다.

$$p(n) = q^{n-1}p \tag{14.3.1}$$

평균 시행횟수는 다음과 같은 기대값으로 주어진다.

$$E(n) = \sum_{n=1}^{\infty} nq^{n-1}p(1+2q+3q^2+\cdots nq^{n-1}+\cdots) \tag{14.3.2}$$

$$= \frac{p}{(1-q)^2} = \frac{p}{p^2} = \frac{1}{p}$$

그러므로 평균 시행횟수는 안정확률의 역수이다. p 값을 알기 위하여, 변수들은 두 상태 중 하나, 즉 0 또는 1이며 또한 이들 변수의 많은 가능한 조합 중 단지 하나의 조합만이 안정 체계를 이룩한다고 가정하자. 그러면 $p = \frac{1}{2^m}$이고 $E(n) = 2^m$이다. 예를 들어서 m=100이면 $2^{100} \approx 10^{30}$이다. 만일 우리가 초당 10^9 번의 스위치 조작을 할 수 있고, 즉 성능이 좋은 스위칭 트랜지스터가 할 수 있을 정도로 빨리 할 경우, 1 년이 3×10^7초라고 가정하면 3×10^3년이 걸리게 된다. 어떤 체계라도 이와 비슷한 착상으로부터 설계 되었다면 E(n)이 너무 커지지 않도록 변수의 수를 대폭 줄이거나 또는 체계를 안정시킬 수 있는 변수의 더 많은 조합을 찾아야 된다는 것은 명백하다. 물론이 같은 적응 행태의 논리는 여러 가지 다른 방법으로 자동화할 수도 있다. 한 가지 기법은 적응적 과반수표결기(majority voter)를 사용하는 것이다. 일반적인 과반수표결기는 출력의 평균을 취하는 장치로서 만일 평균>0.5 이면 출력 1을, <0.5 이면 출력 0을 발생시키는 장치이다. 적응 표결기는 각 출력 x_i가 계수 c_i에 의해서 가중된 값의 총합으로 나타난다. 계수 c_i는 출력 x_i가 올바른 값을 가질 확률과 같도록 조절될 수 있다. 그러므로 적응 표결기의 판정치는 다음과 같을 것이다.

$$\frac{c_1x_1 + c_2x_2 + c_{2n+1}x_{2n+1}}{c_1 + c_2 + \cdots c_{2n+1}} \tag{14.3.3}$$

계수 c_i는 출력 x_i와 표결기의 출력이 일치한 통계에 의하여 조절 될 수 있다. 이 이외에도 주기적으로 검사 입력을 보내서 각 출력 x_i를 이미 알고 있는 정확한 출력과 비교하는 다른 기법이 있다. 실제로 어떤 출력 x_i가 만일 자주 착오를 일으킨다면 그것을 분리시켜야만 한다. 적응 표결기에서는 아주 작은 수치가 되도록 계수 c_i를 조절하므로 본질적으로는 똑같은 처치를 하는 것이다. 적응 표결 방식의 신뢰도는 일반적인 표결 방식보다 아주 높지만 적응 표결기를 실제로 사용하기에

---

2) 이항분포와 기하분포는 '성공, 실패'의 두 가지 결과가 있는 1회 시행(베르누이 시행)과 관계가 있다. 이항분포에서는 여러 번의 성공이 있을 수 있으나, 기하분포에서는 한 번의 성공만 있다. 이항분포의 확률변수는 '성공 횟수'이고, 기하분포의 확률변수는 '성공까지의 시행 횟수'이다. 한편 초기하분포는 이항분포의 상황에서 비복원추출의 경우이다.

는 아직 많은 문제점이 있다.

14.4 인간의 적응제어 기능

앞에서도 이미 지적한 바와 같이 여분 구조를 갖는 체계의 신뢰도를 높이기 위한 수단으로 적응적 행태에 관한 많은 연구가 수행되고 있다. 현대 기술이 낳은 많은 복잡한 체계는 인간의 조작을 필요로 하는 체계가 많고 이 경우 인간의 적응적 능력을 응용하려는 노력은 그야말로 자연스러운 귀추이다. 제어 계통 내에서 인간이 어떻게 기능을 발휘 하는가를 연구하는 목적은 대부분 인간의 전달 함수(transfer function) 개발과 그것의 적응성의 규명에 있었다. 그러나 이런 정보는 체계 성능과 안정도에 관한 제어 분석에는 유용하지만 인간이 체계의 신뢰도에 어떤 영향을 미치는가 에는 답할 수가 없는 것이다.

인간이 체계의 신뢰도를 얼마나 증가시킬 수 있는가를 예시하기 위해서 인공위성을 조종하는 우주 비행사의 임무를 살펴보자.

머큐리 사업은 처음으로 미국이 발사한 유인 인공위성인데 모든 조종은 자동제어 계통에 의하여 수행되도록 설계하였으나 우주 비행사 한 명이 자동 조종 장치를 보조하기 위한 수동 조종을 하도록 되어 있었다. 가장 중요한 조종기능으로는 자세조종과 위성의 자전조종이 있었지만 자동조종장치가 몇 번이나 고장났던 까닭에 우주 비행사 자신이 수동조종을 해야 했던 경우가 여러 번 있었다. 매번 고장이 발생할 때마다 수동 또는 반수동 조종장치를 가동시킴으로써 임무를 성공적으로 완수했던 것이다[Shooman].

이와 같이 복잡한 체계의 신뢰도를 분석하기 위해서는 비행사를 나타내는 구성요소에 대한 신뢰도를 알아야 한다. 이것은 쉽지 않은 일로서 많은 변수들에 의해서 좌우된다. 이런 문제를 해결하기 위한 예비적 접근방법이 다음 절에서 검토된다.

14.5 인간의 신뢰도 모형

14.5.1 개요

체계의 한 부품으로서의 인간에 관한 공학적인 연구는 앞 절에서 살펴보았던 것처럼 인간의 제어기능에 주로 관심을 기울였다. 항공기 또는 우주선을 다루는 조종사의 동적 행태에 대해서는 광범위하게 연구되어 왔다. 그러나 인간의 신뢰도를 다룬 연구는 별로 없다. 예를 들어 여러 계기지시를 감시해서 그것을 적절히 해석한 후 수동통제를 해야 한다고 가정하자 인간은 계기판독, 해석, 또는 계기지시에 대한 반응을 잘못하여 틀린 조작을 함으로써 임무에 실패할 수가 있다. 또는 적절한 반응조작을 하는데 너무 지체해서 그에게 부여된 임무를 제대로 수행하지 못할 때가 있다.

계기판독은 다음 두 가지 전형적인 상황에서 생각해볼 수 있을 것이다. 첫째 경우는 계기지시가 일반으로 안전범위에 머무르지만 때로 그 범위에서 벗어나 인간이 그것을 정확히 해석해서 그가 당면하고 있는 새로운 정보에 즉각적으로 반응을 해야 할 때이고, 둘째 경우는 계기지시는 항상 변하고 있으므로 인간은 자주 그 지시에 반응하여 체계를 조작해야 할 때이다.

인간의 반응 범위는 매우 넓다. 그러나 여기에서는 인간이 시각 정보에 반응하여 여러 가지 토글스위치를 다루어야 하는 경우, 또는 계기판독에 반응해서 비행체를 제어 조종해야 하는 경우와 같은 두 가지 대표적인 상황에서의 반응에 대해서만 생각해 보자.

위의 두 상황에서 계기에 의해 표시되는 정보량과 인간의 정보 처리 능력을 관측하기 위하여 수학적인 정보 이론의 이용이 시도되어 왔고[Schwartz], 제어추적(control-tracking) 상황을 묘사하기 위해서는 정보 이론 모형의 사용에 대해 연구되고 있으나 후자의 경우 모형이 얼마나 잘 응용될 수 있는가는 불확실하다.

정보이론에서 사용되는 정보단위는 비트(bit)이고, H를 정보의 비트 수, n을 동일한 발생 확률을 갖고 독립적인 계기 지시의 수라고 할 때, 다음과 같이 정의된다.

$$H = \log n \tag{14.5.1}$$

때로 동요하는 일정 지시계기를 판독하는 경우에는 식 (14.5.1)은 계기지시값의 발생 확률이 항상 똑같지 않으므로 수정되어야한다. 만일 어떤 계기지시값이 지배적이라면 정보 내용은 줄어든다. 이러한 상황에서 인간이 정보를 처리하는 데 필요한 시간을 구하는 모형은 다음과 같다.

$$\tau = a + bH \tag{14.5.2}$$

τ = 반응시간, 초
a = 인간 반응시간의 하한 (=0.2초)
b = 인간정보처리율의 역수 (인간정보처리율=15비트/초)
H = 계기 정보의 비트 수

오류율(error rate)과 H간에 관계가 있다는 가설[McCormick]은 타당해 보이지만, 이 관계를 명백히 규명한 연구는 많이 수행된 것 같지 않다.

인간신뢰도는 "인간이 주어진 작업을 수행하는 동안 오류를 범하지 않고 작업을 수행할 확률"을 말한다. 인간신뢰도는 인간기계시스템에서 기계신뢰도와 함께 전체 시스템의 신뢰도를 추정하기 위해 사용된다. 장비를 운용할 때 인간의 역할이 있다면 인간신뢰도가 영향을 미칠 것이다. 인간신뢰도에 대한 주제는 다음과 같은 것들이 있다.

1) 인간오류(휴먼에러)의 정량적 분석: 인간은 작업에서 휴먼에러가 발생될 가능

성이 있다. 이를 확률적 측면에서 추정하는 일련의 과정을 말한다.

2) 인간신뢰도분석(HRA, human reliability analysis): MMS 전체 신뢰도를 추정하기 위해 인간이 담당하는 작업들을 식별하고 확률을 평가한다.
3) 인간기계시스템의 시스템신뢰도: 인간과 기계를 각각 구성요소들로 보고 신뢰도분석한다. 인간신뢰도를 R_H, 장비의 신뢰도를 R_M이라고 하자.
   - 직렬시스템: 장비와 인간이 모두 정상으로 역할을 수행해야만 시스템이 작동할 경우 체계신뢰도는

$$R_S = R_M \cdot R_H \tag{14.5.3}$$

   - 병렬시스템: 인간이 장비를 대신할 수 있는 역할일 경우 체계신뢰도는

$$R_S = 1-(1-R_M)\cdot(1-R_H) \tag{14.5.4}$$

14.5.2 이산적 직무의 인간신뢰도

인간이 수행하는 직무의 내용이 시작과 끝을 가지고 미리 잘 정의된 직무일 경우 이산적 직무이다.

인간신뢰도를 표현하는 기본단위는 인간오류확률(HEP, Human Error Probability)이라고 하며, HEP는 주어진 작업이 수행하는 동안 발생하는 오류의 확률이다.

$$HEP = \text{오류의 수} / \text{전체 오류발생 기회의 수} \tag{14.5.5}$$

이산적 직무에서 직무를 성공적으로 수행할 확률과 n개의 직무를 성공적으로 수행할 확률은 다음과 같다.

$$R(1) = 1 - HEP \tag{14.5.6}$$
$$R(n) = (1 - HEP)^n$$

인간의 활동에 관한 직무와 작업별 휴먼에러에 관한 자료를 데이터베이스화 하는 것이 중요하다. 이를 인간오류율 자료은행라 하며 HERB, Pontecorvo등이 있다[Modestus].

14.5.3 연속적 직무의 인간신뢰도

자동차의 운전이나 레이더 화면의 감시작업과 같이 인간의 직무가 시간에 따라 직무내용이 변하는 것을 연속적 직무라고 한다. 연속적 직무에 관한 인간오류율은 시간에 따라 우발적으로 발생하므로 오류율은 시간에 관한 함수로 표현된다. HEP을 기계신뢰도의 고장률과 유사하게 생각할 수 있다. 물론 고장률과 확률은 차원이 다르지만, 고장률이 아주 작을 경우 단위시간에서 이는 고장확률의 근사값이 된다.

경계근무, 추적과 같은 연속적인 작업에서의 인간 실수과정은 비균일 포아송 과

정을 따른다고 가정하였으며, 아울러, 다음과 같은 가정들을 하였다.

1) 인간성능은 학습효과에 의해 연속적으로 향상되나, 어떤 고정된 포화수준 (saturation level) 이상으로 증가하지 않는다.
2) 인간의 오류는 기간(interval) 동안 발생하는 것이 아니라 순간 사건(event)으로 발생한다.
3) 중복되지 않는 기간 내에서 발생하는 인간오류의 횟수는 서로 독립이다.
4) 어떤 주어진 기간동안에서 피로와 실증에 의한 인간의 성능의 감소는 없다.

인간오류율은 학습효과에 의해 단조감소 하다가, 시간이 지남에 따라 어떤 일정한 수준에서는 더 이상 감소하지 않는다. 이러한 연속적 직무에 대해 비균일 포아송과정으로 접근하는 모형이 있다[Kim, K].

인간 오류율 λ(t)는 다음과 같이 주어진다.

$$\lambda(t) \;=\; \lambda_0 + \alpha e^{-\beta t} \tag{14.5.7}$$

여기서, t=0일 때, $\lambda_0+\alpha$는 초기 인간 오류율이며, β는 학습효과의 속도를 나타내는 모수이다. 이를 포아송과정의 모수로 사용하면 비균일 포아송과정이 된다.

누적오류율 M(t)를 다음과 같이 정의하자.

$$\begin{aligned} M(t) &= \int_0^t \lambda(s)\,ds \\ &= \int_0^t \left[\lambda_0 + \alpha\, e^{(-\beta s)}\right] ds \\ &= \lambda_0 t + \frac{\alpha}{\beta}[1 - e^{(-\beta t)}] \end{aligned} \tag{14.5.8}$$

시간 t_1, t_2 사이에서 작업자에 의해 발생하는 인간오류 횟수의 분포는 다음과 같다.

$$P[N(t_2) - N(t_1) = K] = e^{-[M(t_2) - M(t_1)]} \cdot \frac{[M(t_2) - M(t_1)]^k}{K!} \tag{14.5.9}$$

한편, 시간 (t_1, t_2)에 인간이 작업을 성공적으로 수행할 확률, 인간 신뢰도 R(t_1,t_2)는 다음과 같다.

$$\begin{aligned} R(t_1, t_2) &= P[N(t_2) - N(t_1) = 0] \\ &= e^{-[M(t_2) - M(t_1)]} \end{aligned} \tag{14.5.10}$$

또한 t_0 시간까지 작업이 진행 되었을 때 그 이후의 시간 t에서의 신뢰도 R(t|t_2)와 (0,t)에서의 신뢰도 R(t)는 다음과 같다.

$$\begin{aligned} R(t|t_0) &= e^{-[M(t+t_0) - M(t_0)]} \\ &= e^{-[\lambda_0 t + \frac{\alpha}{\beta} e^{(-\beta t_0 (1 - e^{-\beta t})}]} \end{aligned} \tag{14.5.11}$$

$$R(t) = e^{-[\lambda_0 t + \frac{\alpha}{\beta}(1 - e^{-\beta t})]}, \;\; t > 0 \tag{14.5.12}$$

평균오류율 α(t)는 다음과 같다.

$$\alpha(t) = \frac{M(t)}{t} \quad (14.5.13)$$
$$= \lambda_0 + \frac{\alpha}{\beta}[\frac{1-e^{(-\beta)}}{t}], \quad t > 0$$

여기서, $\alpha(t)$는 단조감소함수이다.

인간 오류가 발생하는 분포함수 $F(t)$는 다음과 같다.

$$F(t) = 1 - R(t) \quad (14.5.14)$$
$$= 1 - e^{-M(t)}$$
$$= 1 - e^{-[\lambda_0 t + \frac{\alpha}{\beta}(1-e^{-\beta t})]}$$

최초 오류발생까지 평균시간 MTTFE는 다음 식으로 주어진다.

$$MTTFE = \int_0^\infty R(t)\,dt \quad (14.5.15)$$

MTTFE는 $\lambda(t)$에서 주어진 3개의 모수 λ_0, α, β의 값에 따라 결정된다. 인간성능을 평가하는 기준의 하나인 차후오류발생 평균시간 MTTFE는 다음과 같다.

$$MTTEE = \int_0^\infty R(\tau | t_0)\,d\tau \quad (14.5.16)$$
$$= \int_0^\infty e^{-[\lambda_0 \tau + (\alpha/\beta)e^{-\beta t}(1-e^{-\beta\tau})]}\,d\tau$$

이들의 모수 추정은 밀도함수의 곱을 미분=0로 푸는, 최우추정법으로 풀어야 하는데, 매우 복잡한 함수이므로 수리적으로 풀긴 어렵고 수치해석적으로 접근해야 한다.

14.5.3 요원의 중복에 따른 직무 신뢰도

요원 1의 인간신뢰도가 R_1, 요원 2의 인간신뢰도가 R_2라고 하면, 두 사람에 의해 수행되는 직무 신뢰도는, 두 요원의 신뢰도가 독립적이라면 다음과 같다.

$$R = R_1 + R_2 - R_1 \cdot R_2 (= 1 - (1-R_1)(1-R_2)) \quad (14.5.17)$$

항공기 조종사가 2명인 것은 고신뢰도가 필요한 장비이기 때문이다.

14.5.4 위급사건기법(CIT: critical incident technique)

일반으로 위험할 수는 있지만 실제 사고의 원인으로 돌려지지 않는 설계나 조건들에 의해 발생될 수 있는 사고를 위급사건이라고 하며 이에 대한 정보와 자료는 예방수단의 개발단서를 제공할 수 있다. 따라서 이와 같은 정보를 작업자 면접, 조사 등을 사용하여 수집하고 인간기계요소들의 관계규명 및 중대 작업 필요조건 확인을 통한 시스템 개선을 수행하는 기법을 말한다.

- 위급사건의 정보화자료: 예방수단 개발의 귀중한 실제결함이나 행태적 특이성 반영 단서 제공
- 정보수집을 위한 면접: 위험했던 경험들을 확인(사고나 위기일발, 조작실수, 불안전한 조건과 관행 등)

14.5.5 인간신뢰도분석기법(HRA)의 개발 동향

인간 신뢰도분석은 1960, 70년대부터 미국에서 시작돼 연구의 역사가 오래되지만 분석에 포함될 수 있는 주관적 편차를 최소화할 수 있는 방안의 수립이 큰 어려운 문제이다.

1) 1960년대부터 80년대까지 OAT, SLIM, MAUD, HCR 등의 초기 HRA들은 Swain이 개발한 THERP의 영향을 받아, 사고를 유발한 휴먼에러의 결과에만 초점을 두고 정량적 분석에 치중하여 그 휴먼에러를 제거할 수 있는 대책을 선정할 뿐, 사고의 근본원인에 대한 분석에는 미흡하였다.

2) 1990년대의 CES, COGENT, HITLINE, ATHEANA, CREAM 등의 차세대 HRA기법들은 휴먼에러의 근본원인에 대한 분석을 지향하여, 발생 가능한 휴먼에러를 도출하고, 분류하여 휴먼에러의 발생 구조를 분석하고, 그 결과를 바탕으로 휴먼에러의 발생 원인을 분석함으로써 최종적으로 휴먼에러를 줄일 수 있는 대책을 제시하고자 하였다.

3) 이후 개발된 기법들은 휴먼에러식별(Human Error Identification, HEI)의 형태를 띠고 있다. 이 HEI 기법들은, 휴먼에러는 확률적으로 발생하는 것이 아니며, 특정한 원인이나 기여요인들에 의하여 발생한다고 가정하고 있다. 즉, 휴먼에러의 원인들 및 기여요인들이 밝혀지면 에러발생 전에 제거될 수 있거나 적어도 개선될 수 있다는 것이다. 결과적으로, 해당 원인이나 기여요인들을 식별할 수 있다면 언제 어떤 상황에서 휴먼에러가 발생할 것인지 체계적으로 예측될 수 있을 것이라는 의미이다. HEI 기법에는 핵 발전 및 화학공정산업에 사용하기 위해 개발된 SHERPA, Human Error HAZOP, HEIST, The HERA framework, HEART, CREAM, SPEAR 등이 있고, 항공분야에 사용되기 위해 개발된 기법으로 HET, 항공교통관제분야에 사용되기 위해 개발된 TRACEr, 제품디자인과 시스템 디자인에 사용되기 위해 개발된 TAFEI, THEA 등이 개발되어 있다.

인간은 기계나 로봇과 달리 심리적 영향을 크게 받는다. 예컨대 앞 행동의 영향이 남아서 일이 안 될 때는 악영향을 미치게 된다. 당황해서 실수가 거듭된다고 하는 것이다. 그래서 인간이 필히 해야할 일을 줄이고 보조적 역할로, 나아가 루틴한 일 외의 일이 발생할 때 인간적인 일처리나, 계기에서 보여주는 신호를 확인하는 역할이 될 것이다. 인간신뢰도는 비록 수학적 모델을 수립할 수 있지만, 심리적 생리적으로 인간공학적 접근이 실제 신뢰도 문제해결에 유용할 것으로 보인다.

인간신뢰도에 대해 좀 더 관심이 있는 독자는 Dhillon(1986)과 Park, K.S.(박경수, 1987)의 저서를 보기 바란다.

표 14-1 인간오류모형 종류

모형	내용
1) 사고이론 모형	사고의 원인을 시스템설계, 관리적, 교육적 원인 등 간접적이고 근본적인 측면에서 찾음
2) 정보처리 모형	인간의 정보처리단계에서 오류발생을 파악. Wicken의 모형)
3) 표상처리 모형	인간의 표상을 처리하는 문제를 해결자로 보고, 멘탈 모형을 도입한 인지적 접근법. Rasmussen의 SRK, Reason의 GEMS 모형
4) 의사소통 모형	인간을 메시지를 주고받는 전달자로 봄. 메시지, 매체, 전달자와 수신자와 기대 요인으로 오류 분석
5) 제어체계 모형	폐회로의 연속조종이 요구되는 시스템에서 운전자의 제어작업에 대한 오류 분석
6) 신호탐지 이론	인간을 배경소음으로부터 신호를 찾는 존재로 봄. 검사, 경계 임무와 같은 작업
7) 작위오류 모형	고도의 복잡하고 명확한 기술중심시스템에 대한 상호작용 상의 오류를 분석

표 14-2 인간오류의 유형

분류	유형	내용
행위적 관점(Swain)	1) 실행오류 Commission error	작업수행과정 중 정확하게 수행하지 못함
	2) 생략오류 Ommission error	작업수행과정 중 행위를 빠트림
	3) 순서오류 Sequential error	작업수행과정 중 순서를 바꿈. 실행오류의 1
	4) 시간오류 Time error	정해진 시간내에 완수하지 못함
	5) 불필요한 수행오류 Extraneous error	작업수행과정에 불필요한 행동을 수행
원인에 의한 분류	1) 주오류 Primary error	작업자로부터 발생한 오류
	2) 부오류 Secondary error	작업조건에 문제가 생겨 발생한 오류
	3) 명령오류 Command error	작업자가 하고자 해도 할 수 없는 오류 (정보, 에너지, 물자공급이 안됨)
정보처리과정	입력오류	외부정보를 받아드리는 과정에서 인간의 감각기능의 한계
	정보처리오류	입력정보는 올바르나 처리과정에서 기억, 추론, 판단의 오류
	출력오류	신체적 반응에서 제대로 수행하지 못함
	피드백오류	
	의사결정오류	
작업별 오류	설계오류	인간의 신체적 심리적 특성을 고려하지 않음
	제조오류	제조상 오차
	검사오류	검사상 오류
	설치오류	설치과정에서 오류
	조작오류	사용방법, 절차 미준수

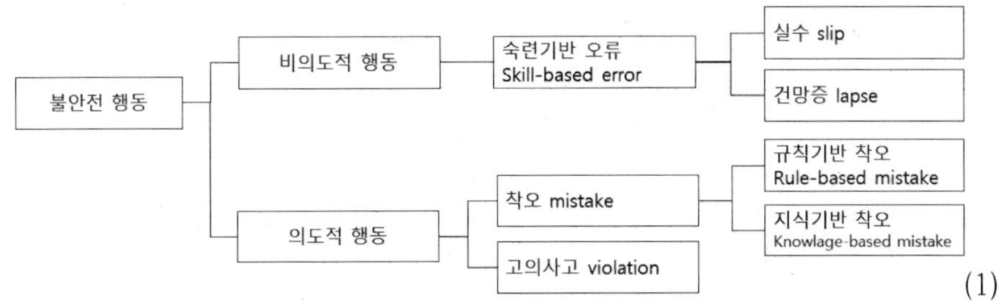

그림 14-1 Rasmussen-Reason의 오류 분류

(1) THERP(Technique for Human Error Rate Prediction)

인간오류율예측기법이란 의미의 약자로 고유명사화되었다. HRA에서 오래 전부터 유명한 기법이다. 인간의 오류 확률을 예측하고, 인간기계체계의 기능 저하를 평가하는 기법이다. 사건나무를 작성하고 순차적인 작업으로의 전개 가능성을 조건부 확률로 평가한다.

다음 예는 실제 오류확률(HEP) 계산시 THERP 방법론을 어떻게 사용하는지 보여준다. 지진 발생 후 질소정화시스템[3)]이 고장난 후 ITP(탱크내 침전) 처리 탱크 48 및 49에서 비상정화환기장치를 사용하여 공기환기 설정 작업의 HEP를 결정하는 데 사용된다.

가정과 방법은 생략하고 결과만 보이도록 한다. 대문자는 성공, 소문자는 실패를 뜻한다.

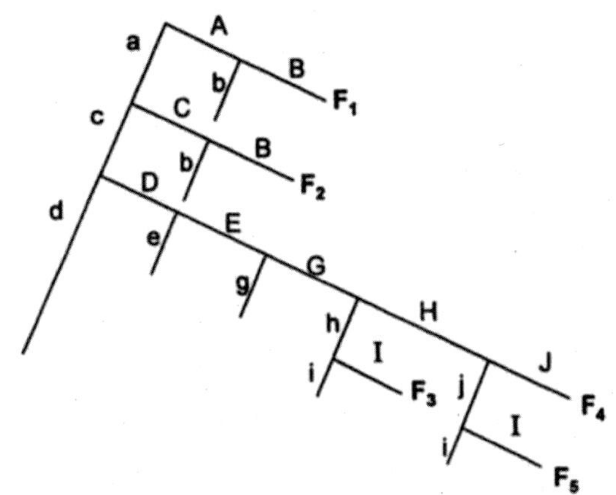

그림 14-2 HRA 사건나무 예

3) 정화(purge): 미연소 가스를 밖으로 배출하고 다른 기체로 교환하는 것

과업 A : 진단, HEP=6.0/10000 EF=30
과업 B : 복구계수 C로 육안검사 실시, HEP=0.001 EF=3
과업 C : 표준작업절차 시작 HEP=.003 EF=3
과업 D : 보전원 비상정화환기장비 연결 HEP=.003 EF=3
과업 E : 보전원2 복구계수 C로 비상정화 연결 HEP=0.5 EF=2
과업 G : 탱크 운전원 복구계수 C로 연결 지시/확인 HEP=0.5 하한=0.015 상한 =0.15
작업 H : 복구계수 C로 흐름표시기 판독 HEP=.15 하한=.04 상한=0.5
과제 I : 진단 HEP = 1.0/100000 EF = 30
작업 J : 복구계수 C로 휴대용 분석기를 사용하여 LFL 분석 HEP=0.5 하한 =0.015 상한=0.15

다양한 수치와 작업을 통해 지진 발생 후 질소정화시스템이 고장 난 후 탱크내 침전 처리 탱크 48 및 49에서 비상정화환기장비를 사용하여 공기환기를 설정하는 HEP는 4.2/1,000,000. 이 값은 로그정규척도에서 중간값으로 보인다. 그러나 이 결과는 모든 가정이 구현된 경우에만 유효하다는 점에 유의해야한다.

(2) HAZOP(hazard and operability Review)

1977년 영국에서 개발되었는데, 주로 화학공정이나 플랜트 등 장치산업의 위험물질관리를 대상으로, 기본 지침어와 속성의 조합에 의하여 위험요인을 체계적으로 도출해 낼 수 있다는 장점을 가지고 있다.

여러 가지가 후속 개발되었는데 한 예로, [Kim & Lim]은 Ergo-HAZOP를 개발하였다. ① 인간의 기본 행위를 손동작 27가지, 발동작 3가지, 몸동작 15가지 등 총 45개로 나누고, ② 행위의 적정성을 HAZOP의 기본지침어와 인간 기본행위의 조합에 의하여 평가, ③ 휴먼에러요인의 리스크 평가를 통상의 리스크 추정, 리스크 판정, 개선 대책의 수립 시행 재평가의 단계로 진행하였다. 원자력시설 해체공정과 건설업 강관비계 해체공정, 조선업 작업발판 해체공정에서 발생할 수 있는 휴먼에러를 분석한 결과와 재해 통계 분석으로 얻은 주요 재해유형을 비교하였다.

(3) 원자력발전소와 철도시스템의 인간신뢰도 예

원자력발전소는 정량적 위험성 평가를 위해서 확률론적 평가기법이 이용되고 있는데, 이를 위해서 여러 가지 분야의 신뢰도 데이터가 필요하다. 이러한 신뢰도 자료 중에 인간의 인지 행위 및 수행 행위로부터 발생하는 인간 오류 확률에 대해서는 그 특성상 실제 오류 확률을 얻기가 매우 어렵다.

한국원자력연구소에서는 인간 오류 사건을 관리하고 인간오류확률을 추정하기 위한 인간신뢰도분석시스템을 개발하였다. Park, J.(박진균)은 원자력 발전소 안전성 향상을 위한 HRA에 관한 저서를 발간하였다. 관심있는 독자는 참고하기 바란다.

철도 시스템은 높은 수준의 안정성을 요구하고 있으며 열차속도와 교통량의 증가로 다양한 안전시스템이 도입되었다. 그러나 많은 철도 사고에서도 인간의 책임이 중요한 비중을 차지하고 있으며 철도 시스템의 안전은 여전히 신뢰성 있는 인간의 업무수행능력에 많이 좌우된다. 이강원·정인수는 열차사고의 가장 중요한 원인으로 알려진 신호위반진입(SAPD)에 대한 인간 신뢰도 모델을 제시 하였다. 그리고 신호 발생 과정과 운전자의 성능 특성을 고려하여 인간 신뢰도를 정량화할 수 있는 수학적 표현식을 유도하였다.

연습문제

14.1 볼베어링을 검사하는 작업자가 한 로트에 5000개의 베어링을 조사하여 400개의 불량품을 발견했다. 이 로트에는 실제로 1000개의 불량품이 있었다. 인간오류율, 인간신뢰도를 구하고 검사자가 하루에 10개 로트를 검사하는 경우에 10개 로트에서 에러를 범하지 않을 확률을 구하라.

풀이)

HEP = 오류수/전체오류발생기회수=600/5000= 0.12

1로트 당 인간신뢰도 = 1-0.12 = 0.88

10로트 검사 시 인간신뢰도 $=(1-HEP)^{10}=(1-0.12)^{10}=0.2785$

14.2 미사일을 탐지하는 경보시스템에서 근무하는 병사는 한 시간마다 일련의 소프트웨어를 작동해야 하는데 HEP은 0.01이다. 3시간의 인간신뢰도는?

풀이) 3회의 직무가 있으므로 $(1-HEP)^3 = 97.03\%$

14.3 다음 글에서 "F"를 모두 찾아보라. 결과를 놓고 독자들끼리 해석하고 토론해 보라.

FINISHED FILES ARE THE RESULT OF YEARS OF SCIENTIFIC STUDY COMBINED WITH THE EXPERIENCE OF YEARS

14.4 레이다 감시병은 가끔 부주의로 레이더 표시장치에 나타나는 영상을 제대로 탐지하지 못한다. 작업자의 시간에 따른 오류율 h(t)가 0.01로 상수라면 8시간 동안 에러없이 임무를 수행할 확률은 얼마인가?

풀이)

$$R(n)= (1-HEP)^8 =(1-0.01)^8 = 0.923$$

14.5 작업자 한 사람의 성능신뢰도가 0.9 일 때, 2인 1조가 되어 작업을 진행하는 공정이 있다. 작업 기간 중 항상 요원이 작업을 수행한다면, 이 조의 인간 신뢰도는 얼마인가?

풀이)

$$1-(1-0.9)^2=1-0.01 = 0.99$$

제15장 소프트웨어 신뢰도와 4차 산업혁명 시대

15.1 소프트웨어 신뢰도

소프트웨어 신뢰성은 소프트웨어 또는 프로그램이 주어진 시간 동안 주어진 조건에서 요구 되는 기능을 수행할 수 있는 능력이며, 소프트웨어 신뢰도는 그러한 확률이다. 소프트웨어 신뢰도는 SW의 결함과 SW의 사용·입력과의 부합 여부에 달려 있다.

쉬운 예로, 프로그램 A가 처리시간 8시간 동안 100번 중 96번만 정확하게 작동할 때 프로그램 A의 신뢰도는 0.96이다.

소프트웨어 가용성은 프로그램이 주어진 시점에서 요구사항에 따라 운영될 확률이다. 가용성은 소프트웨어 유지보수성의 간접적인 관측이다.

신뢰성이 소프트웨어가 실패할 수 있는 확률에 관한 것이라면, 안전성은 소프트웨어의 실패가 재난을 불러올 수 있는 확률에 관한 것이다.

15.1.1 SW신뢰도와 HW신뢰도의 차이

HW신뢰도는 초기설계시 반영될 수 있으며 이산·연속 확률분포 등을 자유로이 사용하며 신뢰성모델이 풍부한 반면 SW신뢰도는 초기설계시 반영이 모호하며 이산수행의 대량화, 즉 테스트의 대량 수행으로서 연속분포를 도출할 수 있으며 신뢰성모델이 HW에 비해 빈약한 수준이다.

SW신뢰성이 주어진 조건에 돌아가는 SW를 출하하는 것이고, HW신뢰성은 주어진 조건에 고장없이 가동되는 것이다. 말하자면 SW신뢰성은 'When Release'의 문제이고 HW신뢰성은 'How long'의 문제라고 볼 수 있다.

SW신뢰도분석 목적

① 개발하고 있는 SW에 내재된 잠정결함 수를 예측하고 고장 시 발생하는 비용과 출하 시점까지 소요되는 시험비용을 고려하여 최적의 소프트웨어 출하 시점을 결정

② 출하 시점까지 필요한 시험기간과 비용을 결정

15.1.2 측정기법

초기추정(Early Estimation)은 개발초기 해당 SW의 신뢰성을 예측하는 것이고 말기추정(Late Estimation)은 개발막바지에 신뢰성추정을 하는 것이다. 이 두 가지

는 반비례로서, 고장률은 개발 초기에 높고 개발 마지막으로 갈수록 낮아진다. SW는 테스트 횟수에 의해 신뢰도는 증가하게 되는데 버그가 있다고해서 계속 테스트할 수는 없다. 어느 한계치에 이르면 신뢰도는 수렴한다. 테스트를 계속함으로써 99.999에서 99.9999로 즉 100은 아니나 100에 가까워진다. 그러나 SW개발 시 시간과 비용이 막대하게 투입되어서 0.0001%가 증가한다면 이는 투자자 입장에서 낭비이고 시장 진출이 늦어진다.

따라서 '언제 출하'의 문제가 대두된다. 어느 정도의 신뢰도 지수가 수렴하면 그때 출하할지 말지 결정해야 한다는 뜻이다. 왜냐면 상용 SW의 경우 시장출시상황, 마케팅요소를 고려해야 되고, 사내용 SW의 경우 언제 테스트를 종료하고 프로젝트 종료(및 유지보수 계약)하는가는 개발비, 일정, 요구사항 만족의 수준과 결부되기 때문이다. 즉 비용, 일정, SW수준과의 절충효과가 있다.

보통 내장형SW(임베디드SW)와 기업용SW(엔터프라이즈SW)는 신뢰도 수준이 다르며, 보안SW의 경우 신뢰도 수준은 6시그마 수준을 요구할 수도 있고 사내용 SW는 수준보다는 비용, 일정이 더 고려될 것이다.

15.1.3 신뢰도측정모델

관측모델의 경우 연속확률분포와 이산확률분포 모델이 있는데 전자의 경우 무중단 서버에 탑재되는 OS가 그 예이고, 후자의 경우 '처리(Transaction)'가 그 예이다. 이산확률분포가 무수히 많이 시행된다면 포아송분포나 이항분포가 정규분포화되는 것처럼 연속확률분포를 사용할 수 있다.

(1) SW신뢰도 향상

제품, 모델, 프로세스로 나누어, 상호관계성을 갖고 살펴봐야 한다.

프로세스 능력 향상을 위한 CMMI는 Capability Maturity Model Integration (능력 성숙도 모델 통합)의 약자로서, SW개발 또는 전산장비운영 역량의 국제공인 기준이다. 미성숙~최적의 5단계로, 소프트웨어 품질 보증 기준으로 널리 사용된다. CMMI의 유래는, 미국 국방부의 지원으로 산업계와 카네기멜론 대학 소프트웨어공학연구소(SEI)가 공동으로 SW와 시스템 엔지니어링의 역량 요소를 통합 개발한 것이다. CMMI의 목적은 SW 제품 또는 서비스의 개발, 획득, 유지 보수를 위한 조직의 공정 및 관리 능력을 향상시키기 위한 가이드를 제공하는 데 있으며, 검증된 실무 활동을 반영하여 조직의 성숙도 및 공정 능력 평가, 공정 향상을 위한 활동의 우선 순위 결정, 실제 공정 향상을 위한 구현 활동을 지원하는 틀로 구성되어 있다. 기존의 모델은 SW 개발 모델에 한정된 것과 달리 CMMI는 시스템과 SW 영역을 통합시켜 기업의 프로세스 개선 활동에 대한 광범위한 적용성을 제공한다.

제품 자체를 통한 신뢰도 향상은 SW Metric(ISO/IEC/IEEE 15939) 방법을 통해 SW관측을 실시해야 한다. '관측이 없으면 개선도 없다'는 경구처럼 제품의 신뢰도를 향상시키기 위해 관측을 통해 향상시켜야 된다.

SW신뢰도는 기준-척도-관측(metric-measure-measurement)의 확인과정이 필요하다. ISO 15939는 이 과정을 PDCA(계획-수행-점검-조치, Plan-Do-Check-Action) 수립이라고 표현하였다.

SW신뢰도 향상의 근간은 테스트 과정에 의해 달성되고, 품질관리, 시험, 검사, ITSM(IT Service Management) 가용성이 상호 연계되므로 ISO/IEC 25022(구, ISO 9126)에서 제시한 Metric, 통계적 기법을 응용한 관측모델이 있어야 한다.

(2) 프로세스 모델

그림 15-1의 나선형 모델(spiral model)은 "시스템 개발시 위험을 최소화 하기 위해 점진적으로 완벽한 시스템으로 개발해 나가는 모델"로 정의된다. 위험 분석 단계를 포함한 개발 단계를 점진적으로 반복하여 개발을 완성하는 모델이다.

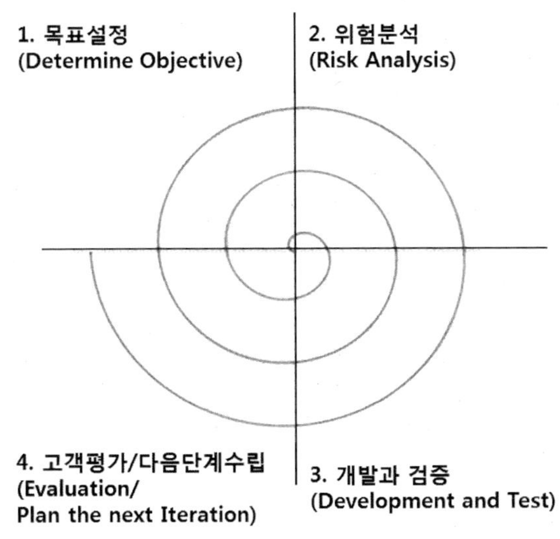

그림 15-1 나선형 모델의 프로세스

(3) 폭포수 모델

폭포수 모델(water fall model)은 전통적인 모델로 계획수립 - 요구사항분석 - 설계 - 개발/구현 - 테스트 - 유지보수 (Planning - Requirement Analysis - Design - Development/Implement - Test - Maintenance)의 프로세스로 진행된다.

(4) 폭포수 모델과 나선형 모델의 비교

나선형 모델은 위험분석(Risk Analysis) 단계가 추가되고 반복적인 것이다.

폭포수 모델은 순차적이고 하향식(Top-Down) 방법론이며, 구조상 피드백이 힘들지만, 나선형 모델은 위험성 낮고, 고객의 요구사항을 잘 수용할 수 있다. 단 고객 요구사항에 따라 프로젝트 기간이 길어질 수 있으며, 반복이 증가되면 프로젝트 관리가 어려워질 수 있다.

(5) 활용범위

폭포수 모델은 위험성이 낮고 요구사항이 명확하며, PM이 해당 방법론으로 프로젝트 경험이 있을 경우 적합하다.

나선형 모델은 위험성 분석이라는 안전장치로 인해 비교적 위험부담이 큰 시스템 구축에 적합하다.

나선형 모델의 장점은 위험 관리로 인해 위험성이 큰 프로젝트를 수행 할 수 있고, 고객의 요구사항을 보다 더 상세히 적용 할 수 있으며, 변경되는 요구사항에 대해서도 적용이 가능하고, 완성품에 대한 고객 만족도와 품질이 높다.

나선형 모델의 단점으로는 프로젝트 기간이 오래 걸린다는 점과, 반복 단계가 길어질수록 프로젝트 관리가 어렵다는 점, 그리고 위험관리 전문가가 필요 한 점이다.

15.1.4 소프트웨어 신뢰도분석 프로세스

소프트웨어 고장(failure)은 소프트웨어에 남아 있는 결함(fault)에 의해 발생한다. 남아 있는 결함을 정확하게 추정할 수 있다면 소프트웨어의 신뢰도는 정량적으로 관측될 수 있다. 소프트웨어 신뢰도분석은 하드웨어 신뢰도분석을 준용하되 소프트웨어에 적용할 수 있는 별도의 프로세스가 필요하다. 소프트웨어 신뢰도분석 프로세스를 소프트웨어 개발 프로세스와 연계하여 그림 15-2와 같이 제시된다.

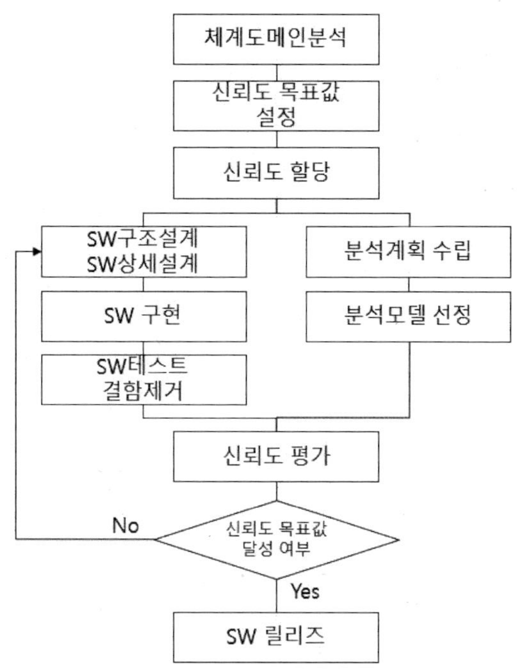

그림 15-2 소프트웨어 신뢰도분석 프로세스

체계 요구사항 분석(도메인 분석)

체계의 운용형태요약·임무유형(OMS-MP)을 기초로 개발프로세스 및 환경을 분석하고 소프트웨어 신뢰도 요구사항을 식별한다.

무기체계의 경우 요구작전능력(ROC) 중에 신뢰도보전도(RAM)요구서가 수록된다.

15.1.5 소프트웨어 신뢰도 평가모델(Estimation)

소프트웨어 신뢰도 평가모델은 테스트 과정에서 수집된 결함 데이터를 기반으로 현재의 신뢰도를 결정한다. 소프트웨어 신뢰도를 평가하고 만족한 결과에 도달하면 소프트웨어 시험을 종료하고 체계와 통합하여 기술시험(DT) 평가 및 운용시험(OT) 평가를 거쳐 체계개발이 완료된다.

(1) 기하 모형(Geometric model)

1) SW는 예상된 동작 모형과 유사하게 사용된다.
2) 총 실패 수의 상한은 존재하지 않는다. 즉, 프로그램은 절대로 에러가 없을 수 없다.
3) 모든 결함은 탐지될 확률이 동일하다.

4) 결함탐지는 다른 결함의 영향을 받지 않고 독립적으로 이루어진다.
5) 결함탐지율은 기하급수(등비 수열)을 이루고, 결함이 발생한 다음 결함이 발생할 때까지는 일정하다.

(2) 젤린스키-모란다 모형(Jelinski-Moranda model)

1) SW는 예상된 동작 모형과 유사하게 사용된다.
2) 결함탐지율은 현재 내재된 결함 수에 비례한다.
3) 모든 실패는 일어날 확률이 동일하며, 다른 실패의 영향을 받지 않는다.
4) 각각의 실패의 강도는 동일하다.
5) 실패간 시간(time between failure) 중 실패율은 일정하게 유지된다.
6) 결함은 새로운 결함의 유입 없이 즉각 수정된다.
7) 총 실패 수의 상한이 존재한다.

(3) 리틀우드-버랠 모형(Littlewood-Verrall model)

1) SW는 예상된 동작 모형과 유사하게 사용된다.
2) 실패간 시간은 서로 독립적인 확률변수로서 지수분포를 따른다.
3) 실패간 시간 중 실패율은 독립 변수들이고, 각각은 감마분포를 가지며 그 모수는 실패순서의 선형 또는 이차형의 형태를 가진다. 이는 결함수정이 이루어지는 동안 제거되는 결함보다 더 많은 결함이 프로그램에 유입된다면, 테스트가 진행되면서 프로그램의 신뢰도는 낮아진다. 모수의 양질을 고려하고자 하는 모델이다.
4) 총 실패 수의 상한은 존재하지 않는다. 즉, 프로그램은 절대로 에러가 없을 수 없다.

(4) 무사 모형(Musa model)

1) SW는 예상된 동작 모형과 유사하게 사용된다.
2) 실패의 발견은 서로 독립적으로 이루어진다. 즉, 하나의 실패의 발견은 다른 실패의 발견에 영향을 주지 않는다.
3) 모든 실패는 관찰될 수 있다. 즉, 총 실패의 수에는 상한이 존재한다.
4) CPU 시간을 기준으로 해서 관측된 실패간 시간은 지수분포를 따른다.
5) 실패율은 프로그램에 남아있는 결함의 수에 비례한다.
6) 결함수정율은 실패율에 비례한다.
7) 완전한 결함수정을 가정한다.

(5) 무사-오쿠모토 모형(Musa-Okumoto model)

1) SW는 예상된 동작 모형과 유사하게 사용된다.
2) 실패의 발견은 서로 독립적으로 이루어진다. 즉, 하나의 실패의 발견은 다른 실패의 발견에 영향을 주지 않는다.
3) 예상 실패 수는 시간에 대한 로그함수이다.
4) 예상 실패 수가 하나 하나씩 실제로 일어나면, 실패 강도는 기하급수적으로 감소한다.
5) 총 실패 수의 상한은 존재하지 않는다. 즉, 프로그램은 절대로 에러가 없을 수 없다.

(6) 비균일 포아송과정 모형(Non-Homogeneous Poisson Process model)

1) SW는 예상된 동작 모형과 유사하게 사용된다.
2) 각각의 테스트 주기에 발견된 결함의 수는 서로 독립적이고, 각각의 실패의 발견 확률은 모두 동일하다.
3) 임의 시점 t의 누적 실패 수는 평균 m(t)의 포아송 분포를 따른다. t에서 작은 구간 내의 실패의 수는 t까지의 발견되지 않은 실패 수에 비례한다.
4) 평균 m(t)는 테스트시간이 무한대로 갈수록 극한으로 테스트를 통해서 발견되는 예상 총 실패 수를 가지는 한정 비감소 함수라고 가정한다.
5) 완전한 디버깅을 가정한다.

(7) 일반 포아송과정 모형(Generalized Poisson model), 쉬크-볼버튼 모형(Schick-Wolverton model)

1) SW는 예상된 동작 모형과 유사하게 사용된다.
2) 임의의 구간에서 발생하는 예상 실패 수는 테스트단계 때 프로그램에 내재된 결함의 수에 비례하고, 테스트에 소요된 시간의 양에 대한 함수들에 비례한다.
3) 각각의 실패가 일어날 확률은 동일하고 서로 독립적이다.
4) 각각의 실패의 강도는 모두 동일하다.
5) 테스트 구간의 끝에서 결함은 수정되고, 이 과정에서 새로운 결함의 유입은 없다.

(8) 슈나이더빈트 모형(Schneidewind model) (all three variants):

1) SW는 예상된 동작 모형과 유사하게 사용된다.

2) 각각의 실패가 일어날 확률은 동일하고 서로 독립적이다.
3) 결함수정율은 수정된 결함의 수에 비례한다.
4) 발견된 실패의 평균값은 하나의 테스트 구간에서 다음 구간으로 갈수록 감소한다. 총 실패 수는 상위 한도를 가진다.
5) 모든 테스트 주기의 길이는 같다.
6) 결함탐지율은 테스트 단계에서 프로그램에 있는 결함의 수에 비례한다. 결함탐지과정은 기하급수적으로 감소하는 실패율을 가진 비균일 포아송과정이다.
7) 완전한 결함수정을 가정한다.

(9) 야마다 S형 모형(Yamada S-shaped model)

1) SW는 예상된 동작 모형과 유사하게 사용된다.
2) SW시스템은 시스템 내에 있는 결함에 의해서 아무 때나 실패될 수 있다.
3) SW시스템에 있는 초기 결함 수는 확률변수이다.
4) 실패 시간은 그 앞 번째 실패의 시간에 의존한다.
5) 각 실패가 발생할 때마다 그것을 유발시킨 결함은 즉각적으로 제거되고 새로운 결함의 유입은 없다.
6) 총 실패 수에 상한이 존재한다.

15.1.6 소프트웨어 신뢰도 데이터

소프트웨어 신뢰성을 평가하기 위해 필요한, 소프트웨어 수명주기의 적절한 시점에서의 정보를 말한다. 신뢰성 모델에 대한 오류데이터나 시간데이터, 복잡성과 같은 프로그램의 속성, 사용된 개발기법과 같은 프로그램의 특징, 프로그램의 경험 등이 있다.

15.2 4차산업과 신뢰성 패러다임

본 절은 정해성(2017)을 인용하여 서술하였다.

4차 산업혁명 시대에는 사람과 사람, 사람과 사물 뿐 만 아니라 사물과 사물이 네트워크로 연결되고, 이를 통해 발생되는 막대한 데이터가 활용됨으로써 개발, 설계, 제조, 유통 등 생산과정에서의 생산성, 품질 뿐만 아니라 사용 과정에서의 신뢰성 등 고객만족도를 획기적으로 향상시킬 수 있게 되었다. 이에 따라 고객의 다양하고, 복잡한 요구가 바로 설계에 반영되고, 자동화 생산 시스템 도입을 통해, 무결점·초고속 생산 공정이 실현되고, 사용 중에도 신뢰성 문제를 제어할 수 있게 되는 등 산업전반에 걸친 획기적인 변화가 예상된다. '융합, 연결, 복잡'의 특징을 지난 4차 산업혁명 등장에 따른 산업 변화와 신뢰성 패러다임의 변화를 살펴본다. 산업의 변화는 다음과 같다.

첫째, 스펙은 엔지니어가 아니라 고객이 준다. 이때, 고객의 요구를 설문 등 조사해서 반영하는 것은 늦다. 고객의 요구를 실시간으로 반영할 수 있어야 한다.

둘째, 제조 과정에서 정보통신기술이 적용되어 연결된 생산시스템을 통해 생산 품목, 생산 시기, 생산량이 자체적으로 조절되어야 한다. 이를 위해 진단기술의 획기적인 변화가 필요하다. 생산 과정에서 관리도 같은 전통적인 품질관리 기법은 늦다. 다시 말해, 컨베이어가 조금 지날 때, 감지하고 조치를 취해야 한다는 것이다. 또한 제조 공정에서 무결점, 초고신뢰성 확보, 신속대응으로 개념이 바뀌어야 한다.

셋째, 사용 중에도 초고신뢰성을 유지하기 위한 대응책을 적극적으로 마련해야 한다. 초연결, 초복잡계에서 신뢰성이 문제로 되는 범위와 깊이를 예단하기 어렵다. 따라서 4차 산업혁명 시대에서는 전보다 빠른 속도로 신뢰성 문제에 대응해야 한다.

넷째, 4차 산업혁명시대에서는 제품 수명주기 전 과정에서 HW와 SW사이에 많은 데이터와 정보가 존재한다. 따라서 데이터가 새로운 부하로써 작용하게 될 것이다. 이에 대한 신뢰성 기준이 필요하다. 또한 인공지능 기반의 자율기능 기기 또는 로봇의 경우 신뢰성 시험 문제, 자율 학습하여 대처하는 경우 신뢰성의 정의와 평가 문제 등이 신뢰성의 과제로 대두되었다. 신뢰성을 정의하는 어귀들을 4차 산업혁명 측면에서 살펴본다.

15.2.1 신뢰성 정의의 재고찰

(1) 신뢰성 대상의 범위

3차 산업혁명 시대까지는 신뢰성 문제의 대상이 되는 제품 및 서비스 자체 뿐만 아니라 이를 사용하는 인간의 결정, 행동 등 인간 요소와의 상호 작용도 신뢰성을 문제로 하는 대상의 범위에 넣어야 할 것인가를 시작으로 소프트웨어를 포함할 것인가가 논의의 범주에 있었다. 4차 산업혁명 시대에서는 데이터에 의해 활동이 상호 제어되고 능동적으로 작동하는 시스템 환경에서 데이터 처리과정 즉, 입력.처리.출력 과정에서의 오류, 과부하, 혼신 등 데이터 관련 문제를 대상에 포함시킬 것인가를 규정해야 한다. 이에 관련하여 데이터 신뢰성을 포함한 데이터 품질에 관한 연구가 진행 중이다.

(2) 규정된 사용 환경

4차 산업혁명 산출물들의 사용 환경은 초복잡계, 초연결계라고 할 수 있다. 무선통신, 센서기술, 사물인터넷(IOT, Internet of Things), 클라우드 컴퓨팅, 빅데이터, 인공지능, 시뮬레이션, 무인기술, 사이버보안 등 기술이 융합된 초복잡계, 초연결계에서는 사용 환경을 규정할 변수가 많다. 4차 산업혁명 시대에서 신뢰성을 정의하기 위한 사용 환경 변수의 선택과 범위는 신뢰성 연구자들에게 새롭게 주어진 과제라고 할 수 있다. 초복잡계, 초연결계에서는 망(network) 상의 한 요소가 미치는 영향의 범위 및 크기를 예측하기 어렵다. 즉, 망상의 한 요소가 제대로 작동하지 않을 때, 그 영향을 예측하기 어렵다는 점이 '주어진 사용 환경'을 규정하기 어렵게 하는 요소이다.

(3) 규정된 시간

4차 산업혁명 시대에서는 전보다 빠른 속도로 신뢰성 문제에 대응해야 한다. 따라서 규정된 시간의 관점에서 더 이상 평균수명, B10, B5, B1 수명의 수준이 아니다. B0.01, 그 이하를 보증, 관리해야 한다. 또한 이제까지 적합된 분포들은 평균 근방에서는 대충 맞지만, 꼬리 부분은 차이가 많이 난다. 따라서 꼬리 부분을 정확히 추정할 수 있는 분포 사용이 요구된다.

(4) 요구되는 기능

복잡성과 변동성이 증가함에 따라 고장 및 고장 징후를 예단하기 어렵다. 이제까지는 고장이 사전에 정의되고 이 기준에 따라 진단 및 조치를 취했는데, 초복잡계, 초연결계에서는 의도되지 않고 예상하지 못한 고장 및 이로 인한 사고가 발생할 수 있다. 따라서 이러한 사건이 발생했을 때 요구되는 성질로서 신뢰성을 절충할 수 있는 개념이 요구된다. 즉, 고장이 나지 않아야 하지만, 고장이 나더라도 영향이 최소화되어야 하며 빨리 회복하고 과거 고장 경험으로부터 학습하고 적응할 수 있어야 한다는 것이다. 스스로 또는 적극적으로 고장을 정의해가며 관리해야 한다는 것이다. 예를 들어, AI 기반의 자율기능 기기 또는 로봇의 경우, 스스로 학습 및 적응을 하면서 판단하게 된다. 이 과정에서 작동, 고장이라는 이분법적 판단에서 연속값으로서의 상태로 확장되어 고장의 상태가 정의되어야 한다. 다시 말해, 부분 작동, 미흡한 작동 상태도 고장의 분류에 포함될 수 있다는 것이다.

4차 산업혁명시대에서는 HW와 SW사이에 많은 데이터와 정보가 존재하고 데이터가 새로운 부하로써 작용하게 될 것이다. 이에 공학적 측면에서의 데이터 신뢰성에 대한 논의 및 연구가 필요하다. 회계감사에서 데이터 신뢰성은 다음과 같이 정의된다. 데이터 신뢰성은 데이터가 사용 목적과 사정에 맞게 완결성과 무결점성을 갖는 상태를 말한다. 공학적 측면에서 데이터가 사용 목적과 환경에 맞게 완결성과 무결점성을 갖기 위해서는 다음 성질을 만족해야 한다.

첫째, 적합성(relevancy), 데이터가 사용 목적에 적합하게 제공되어야 한다.

둘째, 품질(quality), 데이터의 항목, 내용, 레코드의 수 및 질이 확보되어야 한다.

셋째, 지속가능성(sustainability), 데이터가 시간의 흐름에 따라 원래의 성질이 유지되어야 한다. 이에는 유지 기간, 업데이트 정도 등이 포함된다.

넷째, 가용성(availability), 데이터가 필요할 때 적시에 제공되어야 한다.

15.2.2 4차 산업혁명시대에서의 3R

광의의 신뢰성 차원에서 가용성(availability)은 '어떤 기기나 시스템이 시점 t에서 정상 가동하고 있을 확률'로 정의된다[4]. 4차 산업혁명 시대에서는 최고 수준의 가용성이 요구된다. 이미 99.98%, 99.996%를 요구하고 있으며[5], 쉼 없이 이루어지는 데이터 송수신에 의해 작동되는 환경을 고려하면 9-nines 또는 그 이상이 요구될 것으로 판단된다. 이 때 최고 수준의 가용성을 확보하기 위해서는 극대 신뢰성(extreme high reliability)이 요구된다. 그러나 4차 산업혁명 시대의 초복잡계, 초연결계에서는 작동환경, 스트레스, 고장 원인 등의 파악이 어렵다. 또한 시간적, 비용적 제약으로 극소 고장률을 입증하기 어렵다. 즉, 극대 신뢰성 확보 및 입증에 어려움이 있다. 물론 수리시간 감축, 최상의 재고 정책, 운영 중 교체(hot swap replacement) 등 보전성 증대로 가용성 확보가 가능하지만 이것만으로 극대 신뢰성을 확보하기에는 불충분하다. 이를 극복하기 위해 4차 산업혁명 시대의 초복잡계, 초연결계 상황에서의 3R(Robustness, Redundancy, Resilience)에 대하여 논의하고자 한다.

(1) 강건성(Robustness)

강건성은 신뢰성을 포함하는 개념으로서, 불확실한 상황에서도 안정을 유지함으로써 외부의 충격을 견뎌내고 생존하는 능력을 나타낸다. 즉, 고장이 나도 사고나 재해로 연결되지 않게 하는 능력이라고 말할 수 있다. 항공기의 경우, 바퀴가 고장이 나도 안전하게 착륙할 수 있는 성질이 강건성에 해당한다. 강건성의 하위 요소로 적응성(adaptability), 모듈화, 단일 장애점(single point of failure) 제거가 있다.

적응성은 오류가 있더라도 이를 커버해주는 방어수단, 즉 고장시 안전(fail safe)이 작동하는 능력을 말한다. 도요타 급발진 사고의 원인으로 운전 조작 미숙, 차체 결함, 자동차 매트 영향, SW 오류 등이 제기되었다. 그러나 2007년 오클라호마주에서 일어난 캠리 승용차의 급발진 사건과 관련해 2013년 10월 배심원단이 피해자들에게 300만 달러를 배상하라"는 평결을 내리고 '징벌적 손해배상금'을 산정하려 하자 곧바로 피해자들과 합의한 북아웃(Bookout, 사람이름) 소송에서 BARR

그룹(민간 SW 컨설팅 기업)에 의해 급발진 원인이 비트반전(bit-flip)에 의해 일어난 SW 오류라고 밝혀졌다. 비트반전은 RAM 또는 매체에 저장된 비트 메모리 오류 또는 SW 오류로서 0과 1이 의도하지 않은 상태로 전환되는 오류를 말한다. 즉, 방사선 등에 의해 반도체 오류를 일으켜 메모리의 변수가 반전될 수 있으며, 주 OS의 프로세스를 관리하는 중요 변수가 바뀜으로써 사용자 의도와는 상관없이 스로틀 기능이 잘못 작동될 수 있다는 것이다. 이로써 이제까지 논란이었던 급발진 사고의 원인이 ETCS(Electronic Throttle Control System)의 ECU(Electronic Control Unit)내의 SW 오류임이 밝혀진 것이다. ETCS 내 메모리 영역에서 정보를 주고받을 때 특정 메모리 영역을 공유하는데, 이 공유 지점에서 간섭 현상이 일어나 ETCS에 잘못된 지시가 내려졌고 이것이 급발진으로 이어진 것이다. 이는 도요다의 소스코드가 결함이 있고 이로 인한 버그가 의도치 않은 가속을 일으킨 것으로 전술한 데이터가 부하로 작용해 고장을 일으킨 예이다. 더 나아가 강건성 면에서는 SW 상의 오류가 있더라도 이를 커버해주는 방어수단이 작동하지 않은 즉, 적응성 부재가 고장이 사고로 이어지게 한 것이라고 할 수 있다.

모듈화는 시스템 내 한 부분의 예상치 못한 충격이 시스템의 다른 부분으로 전파되는 것을 막음으로써 그 영향을 국소화하는 것을 말한다. 방화벽의 설치를 예로 들 수 있다.

단일 장애점은 해당 지점이 고장 나면 전체 시스템이 동작하지 않는 부분을 일컫는 말로서 일종의 급소에 해당한다. 단일 장애점이 없는 시스템은 강건하다고 할 수 있다.

(2) 여분성(Redundancy)

고장률이 0.0001%/시간인 부품 7,000개로 구성된 시스템의 고장률은 0.7%/시간으로 커진다. 즉, 많은 부품으로 구성된 시스템의 고장률을 적절하게 유지하기 위해서는 부품단위의 고장률이 극소이어야 한다. 리던던시는 초과용량 및 백업시스템을 갖는 것을 의미한다. 리던던시는 극소 고장률 및 강건성 확보의 방안이 될 수 있다.

고장률이 0.1%/시간인 부품에 대하여 2개의 리던던시 구조의 고장률은 대략 0.001^2 (=0.0001%)이며, 3개의 리던던시 구조의 고장률은 대략 0.001^3 (=0.0000001%)로 극소고장률이 확보될 수 있다. 참고로 보잉 777의 경우 치명적 부품에 대해 3+3 리던던시, 즉 3개의 작동 부품에 대해 여분의 3개가 리던던시의 구조로 이루어져 있다고 한다.

(3) 회복탄력성(Resilience)

최근 신뢰성을 보완하는 개념으로 회복탄력성에 관한 연구가 활발하다. 회복탄력성은 시스템이 회복되고 경우에 따라서는 역경으로부터 더 나은 상태로 바꿔 놓을 수 있는 능력을 말한다. 미국 국가기간시설 자문회의(The National Infrastructure Advisory Council)는 회복탄력성을 다음과 같이 구체적으로 정의하고 있다.

"장애를 주는 사고의 크기, 기간을 줄이는 성질이며, 장애를 야기 시킬 수 있는 잠재적 사고를 예측하고, 수용하고, 적응하며 또한 빠르게 복원시키는 능력에 의존된다."

회복탄력성 있는 시스템은 충격 발생시, 충격의 영향이 작아야 한다. 시스템의 일부분이 녹아웃되던가 완전히 녹다운이 아니라 좀 덜 만족스러운 상태, 예를 들면 갈색상태(brown outs)로 되는 것이 이에 해당한다. 또한 원래의 전 기능을 빠르게 회복해야 한다. 이러한 아이디어는 이제까지의 작동, 고장의 이분법 또는 열린 고장, 닫힌 고장 정도의 삼분법을 넘어서 연속 또는 스펙트럼의 값을 갖는 시스템 상태로 확장될 수 있음을 시사하고 있다.

3R은 서로 배타적인 개념이 아니다. 초복잡계, 초연결계에서 의도된 기능을 유지하기 위해서는 극대 신뢰성 뿐 만아니라 회복탄력성이 확보되어야 한다. 즉, 고장이 나지 않아야 하지만, 고장이 나더라도 영향이 최소화되어야 하며 빨리 회복하고 과거 고장 경험으로부터 학습하고 적응할 수 있어야 한다. 회복탄력성을 갖추기 위한 요소로 강건성과 리던던시 그리고 적합한 보전 절차를 들 수 있다. 적합한 보전 절차는 이제까지의 TBM (Time Based Maintenance), UBM (Usage Based Maintenance)에서 벗어나 CBM (Condition Based Maintenance), PHM (Prognostics and Health Management), 딥러닝 (Deep Learning) 등의 채용이다.

참고문헌

국방과학연구소, 소프트웨어 신뢰도 (2008.10).
국방대학교, 무기체계 신뢰성 개론 (2000.01).
기술표준원, 신뢰성용어 해설서 (2003).
김용대 외, 통계학개론, 영지문화사 (2017)
박경수, 경제성공학, 구민사, 서울 (1987).
박경수, 공장자동화 시대의 설비관리, 영지문화사, 서울 (1994).
박경수, 신뢰도공학 및 정비이론, 희중당, 서울 (1978).
박경수, 신뢰도 및 보전공학, 영지문화사, 서울 (1999).
박경수, 인간공학, 영지문화사, 서울 (1980).
박동호·임재학·남경현, 수명분포개념과 응용, 영지문화사 (2006)
이강원·정인수, "SPAD 인간 신뢰도 모델 연구", 한국철도학회논문집, 11.1 (2008).
정해성, "4차 산업혁명 시대에서의 신뢰성 패러다임의 변화", 신뢰성응용연구, 17.4, 289-295 (2017).
정해성·권영일·박동호, 신뢰성 시험 분석 평가, 영지문화사 (2007).
허장욱·백순흠·양성현, 정비성설계기술, 웅보출판사 (2004)
日本信頼性学会(編), 信頼性ハンドブック, 日本科学技術連盟
中里博明·武田知己, 二項確率紙の使い方, 日本科學技術聯盟, Q.C. テキストシリズ.
Abdel-Hameed M., "A gamma wear process," IEEE Trans. Reliability, R-24, 152-153 (1975).
Amstadter, B.L., Reliability Mathematics, McGraw-Hill Book Co. (1971).
ANSI/IEEE STD-729-1991, Standard Glossary of Software Engineering Terminology Subscription.
ARINC Research Corp., Reliability Engineering, Prentice-Hall (1964).
Barlow, R. and F. Proschan, Statistical Theory of Reliability and Life Testing, Holt, Rinehart and Winston Inc (1975).
Barlow, R. and F. Proschan, Mathematical Theory of Reliability, John Wiley (1965).
Barlow, R. and L. Hunter, "Mathematical Models for System Reliability: Part II," The Sylvania Technologist, 13, 55-65 (1960).
Barlow, R. and L. Hunter, "Optimum preventive maintenance policies," Operation Research, 8, 90-110 (1960).
Barlow, R., F. Proschan and L. Hunter, Mathematical Theory of Reliability, John Wiley & Sons (1965).
Barlow, R., L. Hunter and F. Proschan, "Optimum Checking Procedure," J. Soc. Indust. Appl. Math., 11.4 (1963).
Bazovsky, I., Reliability Theory and Practice, Prentice-Hall (1961).
Berry, P.C. and J.J. Wulff, "A Procedure for Predicting Reliability of Man-Machine Systems," IRE Natl. Conv. Record, March (1960).
Bhat, B., "Used item replacement policy," J. Appl. Prob., 6, 309-318 (1969).
Bhat, U.N., Elements of Applied Stochastic Processes, John Wiley & Sons (1972).

Bhat, U.N., Elements of Stochastic Processes, John Wiley & Sons (1972).
Blanchard, B.S., Logistics Engineering and Management, Prentice-Hall (1974).
Boehme, T.K., A. Kossow and W. Preuss, "A Generalization of Consecutive k-out-of-n Systems," IEEE Trans. Reliability, R-41.3, 451-457 (1992).
Brender, D.M., A Surveillance Model for Recurrent Events, IBM Watson Research Center report (1963).
Buzen, J., "Computational Algorithms for Closed Queueing Networks with Exponential Servers," Communications of the ACM, 16.9, 527-531 (1973).
Calabro, S.R., Reliability Principles and Practices, McGraw-Hill Book Co. (1962).
Chambers, R.P., "Random Number Generation on Digital Computers," IEEE Spectrum, Feb. (1967).
Chan, F.U., L.K. Chan and G.D. Lin, "On Consecutive k-out-of-n : F System, European J. of Oper. Res., R36, 207-216 (1988).
Chiang, D.T. and S. Niu, "Reliability of Consecutive k-out-of-n System," IEEE Trans. Reliability, R-30.1, 87-89 (1981).
Chu, W.W., "A Mathematical Model for Diagnosing System Failures," IEEE Trans. Electronic Computers, EC-16.3, June (1967).
Chung, K.L., Markov Chains with Stationary Transition Probabilities, Springer Verlag (1960).
Cooper, J.I., "Human-initiated Failures and Malfunction Reporting," IRE Trans. Human Factors Electron., HFE, September (1961).
Cox, D. and H.D. Miller. Theory of Stochastic Processes, John Wiley & Sons (1965).
Cox, D.R., Renewal Theory, John Wiley & Sons (1962).
Derman, C., "Stable Sequential Control Rules and Markov Chains," J. Math. Analysis and Applications, 6.2 (1963).
Derman, C., et al., "On the Consecutive k-out-of-n System," IEEE Trans. Reliability, R-31.1, 57-63 (1982).
Dhillon, B., Reliability Engineering in Systems Design and Operation, Van Nostrand Reinhold, 23, (1983).
Dhillon, B., Human reliability, Pergamon press (1986).
Drenick, R.F., "The Failure Law of Complex Equipment," J. Soc. Ind. Appl. Math., 8.4 (1960).
Epstein, B. and M. Sobel, "Sequential Life Tests in the Exponential Case," Annals of Mathematical Statistics, 26, 82-93 (1955).
Esary, J., A. Marshall and F. Proschan, "Shock models and wear processes," Annals of Probability, 1.4, 627-649 (1973).
Everett, H., "Generalized Lagrange multiplier method for Solving problems of optimum allocation of resources," Operations Research, 2, 399-417 (1963).
Feller, W., An Introduction to Probability. Theory and Its Applications, vol II, 2nd ed., John Wiley & Sons, 180 (1968).
Gordon, W. and G. Newell, "Closed Queuing Systems with Exponential Servers,"

Opns. Res., 15, 254-265 (1967).
Green, A.E. and A.J. Bourne, Reliability Technology, Wiley Interscience (1972).
Guess, F. and F. Proschan, "Mean Residual Life: Theory and Applications," Handbook of Statistics, 7, Reliability and Quality Control, P.R. Krishnaiah and C.R. Rao (eds.), 215-224 (1988).
Gupta, H. and J. Sharma, "A Delta-Star Transformation Approach for Reliability Evaluation," IEEE Tans. Reliability, R-27.3, 212-214 (1978).
Hadley, G. and T. Whitin, Analysis of Inventory Systems, Prentice-Hall 204-212 (1963).
Hall, J., R. Ringlee and A. Wood, "Frequency and Duration Methods for Power System Reliability Calculations: I-Generation System Model," IEEE Trans. PAS, PAS-87, 1787-1968 (1968).
Hammersley, J.M. and D.C. Handscomb, Monte Carlo Methods, John Wiley and Sons, New York (1964).
Hastings, N., "The repair limit method," Opl. Res. Q. 20, 337-349 (1969).
Haviland, R.P., Engineering Reliability and Long Life Design, Van Nostrand (1964).
Hoel, P.G., Introduction to Mathematical Statistics, John Wiley & Sons (1955).
Huff, D., How to Lie with Statistics, W. W. Norton and Co. (1954).
Hwang, F.K, "Fast Solutions for Consecutive k-out-of-n System," IEEE Trans. Reliability, R-31.5, 447-448 (1982).
Hwang, F.K. and D. Shi, "Redundant Consecutive-k System," Operations Research Letters, 6.6, 293-296 (1987).
Ireson, W.G., Reliability Handbook, McGraw-Hill Book Co. (1966).
Jones, J.V., Integrated Logistics Support Handbook, McGraw-Hill Book Co. (1994)
Jones, J.V., Logistics Support Analysis Handbook, TAB BOOKS Inc (1994)
Johnson, L.G., "The Median Ranks of Sample Values in the Population with an Application to Certain Fatigue Studies," Ind. Math., 2 (1951).
Johnson, N., "A Proof of Wald's Theorem on Cumulative Sums," Ann. Math. Statist. 30.4, 1245-1247 (1959).
Jorgenson, D., J. McCall and R. Radner, Optimal Replacement Policy, American Elsevier Publishing Co. (1967).
Kaio, N. and S. Osaki, "Optimum repair limit policies with a cost constraint," Microelectronics and Reliability, 21, 597-599 (1981).
Kaplan, E.L. and P. Meier, "Nonparametric Estimation from Incompete Observations," Journal of American Statistical Association, 53, 457-481 (1958).
Kapur, K. and L. Lamberson, Reliability in Engineering Design. John Wiley & Sons, 405-22 (1977).
Karmarkar, U., "Future costs of service constraints for consumer durable goods," AIIE Transactions, 10, 380-387 (1978).
Kim, D. G. and H. K. Lim, "Development of Ergo-HAZOP Technique for Identification and Prevention of Human Errors in Conventional Accidents," Journal of the Korean Society of Safety, 28.8, 46-51 (2013).

Kim, K., "Human reliability model with probabilistic learning in continuous time domain", Microelectronics and Reliability, 29.5, 801-811 (1989).

Kim, K. and K.S. Park, "Phased-mission system reliability under Markov environment," IEEE Trans. Reliability, R-43.2, 301-309 (1994)

Kontoleon, J.M., "Analysis of a Dynamic Redundant System," IEEE Trans. Reliability, R-27.2, 116-119 (1978).

Kossow, A. and W. Preuss, "Reliability of Consecutive k-out-of-n : F Systems with Nonidentical Component Reliabilities," IEEE Trans. Reliability, R-38.2, 229-233 (1989).

Lasala, K., A. Siegel and C. Sontz, "Allocation of Man-Machine Reliability," IEEE Proc. Annual Reliability & Maintainability Symp., 4-10 (1976).

Lewis, B. and L. Tow (ed.), Readings in Maintenance Management, Cahners Publishing Co. Ltd. (1973).

Lewis, B.T. and L.M. Tow (ed.), Readings in Maintenance Management, Cahners Publishing Co. (1973).

Lipson, C. and N.J. Sheth, Statistical Design and Analysis of Engineering Experiments, McGraw-Hill Book Co. (1973).

Locks, M.O., Relability, Maintainability, and Availability Assessment, Hayden Book Co. (1973).

McCormick, E.J., Human Factors in Engineering and Design (4th ed.) McGraw-Hill Book Co. (1976).

Meister, D., "A Critical review of human performance reliability predictive methods," IEEE Trans. Reliability, R-22.3, 116 (1973)

Messinger, M. and M. Shooman, "Exponential and Weibull Approximations for Chain Structures," IEEE Proc. Annual Reliability Symp., New York (1968).

MIL-HDBK-217, Reliability Stress and Failure Rate Data, Government Printing Office (1962).

Modestus, J. F., Technique for Human Error Rate Prediction, Strupress (2011).

Moskowitz, F. and J. McLean, "Some Reliability Aspects of System Design," IRE Thans. On Reliability and Quality Control, RQC-8, 735 (1956).

Muth, E., "An Optimal Decision Rule for Repair vs Replacement," IEEE Trans. Reliability, R-26.3, 179-181 (1977).

Nakagawa, T. and S. Osaki, "The optimum repair limit replacement policies," Opl. Res. Q.25, 311-317 (1974).

Nelson, W., "Theory and Applications of Hazard Plotting for Censored Failure Data," Technometrics, 14, 945-966 (1972).

Nguyen D. and D. N. P. Murthy, "A note on the repair limit replacement policy," J. Opl. Res. Soc. 3l, 1103- 1104 (1980).

O'Rourke, C.E., General Engineering Handbook, 2nd ed., McGraw-Hill Book Co. (1940).

O'Connor, P., Practical Reliability Engineering, 3rd ed, John Wiley & Sons (1991).

Office of the Assistant Secretary of Defense (Research and Development),

Reliability of Military Electronic Equipment, Report of Advisory Group on Reliability of Electronic Equipment, Washington (1957.06.).
Park, J., The Complexity of Proceduralized Task, Springer (2009).
Park, K.S., "Gamma Approximation for Preventine Maintenance Scheduling," AIIE Transactions (1975).
Park, K.S., "Reliability of a System with Standbys and Spares," J. Korean. Inst. Ind. Eng., 3.2 (1977).
Park, K.S., "Optimal number of minimal repairs before replacement," IEEE Trans. Reliability, R-28, 137-140 (1979)
Park, K.S., "(S-1, S) Spaire Part Inventory Policy for Fleet Maintenance," IEEE Trans. Reliability, R-30.5 (1981).
Park, K.S., "Optimal Diagnostic Procedure for Failures in a Series System," Int. J. Systems Science, 13.1 (1982).
Park, K.S., "Cost limit replacement policy under minimal repair," Microelectronics and Reliability, 23.2, 347-349 (1983).
Park, K.S., "Optimal Scheduling of Multiple Preventive Maintenance Activities," Microelectronics and Reliability, 23.2 (1983),
Park, K.S., "Effect of Burn-In on Mean Residual Life," IEEE Trans. Reliability, R-34.5, 522-523 (1985).
Park, K. S., "Human reliability with probabilistic learning in discrete and continuous tasks : Conceptualization and modelling," Microelectronics and Reliability, 25.1, 157 (1985).
Park, K.S., "Optimal Use of Product Warranties," IEEE Trans. Reliability, R34.5, 519-521 (1985).
Park, K. S., Human reliability, Elsevier (1987).
Park, K.S., "Optimal continuous-wear limit replacement under periodic inspections," IEEE Trans. Reliability, R-37, 97-102 (1988a).
Park, K.S., "Optimal Wear limit Replacement with Wear Dependent Failures," IEEE Trans. Reliability, R-37.3, 293-294 (1988b).
Park, K.S. and B.H. Ahn, "Fleet Availability in Closed Queueing Network with Inventory Stations," J. Society of Logistics Engineers, 14.2, 37-41 (1980).
Park, K.S. and B.H. Ahn, "A Note on the Deparature Process in an (S-1, S) Inventory System," International J. Systems Science, 15.10 (1984).
Park, K.S. and K. Kim, "Pull and prune technique for complex structural reliability analysis," Int. J. Systems Sci., 21.11, 2081-2089 (1990).
Park, K.S. and S.S. Kim, "Graphic Comparison of Three-state Device Redundancies," Microelectronics and Reliability, 24.3 (1984).
Park, K.S. and M. Kong, "Periodic Wear-limit Replacement with Wear-dependent Failures," Microelectronics and Reliability, 37.3, 467-472 (1997).
Park, K.S. and S. Yee, "Present Worth of service cost for consumer product warranty," IEEE Trans. Reliability, R-33, 424-426 (1984).
Park, K.S. and Y. Yoo, "Reliability Apportionment for Phased-Mission Oriented

System," Rel. Eng. & Systems Safety, 27, 357-364 (1990).

Parzen, E., Stochastic Processes. Holden-Day (1962).

Pearson, K., Tables of Incomplete Beta Function, Cambridge University Press (1932).

Pearson, K., Tables of the Incomplete Gamma Function, Cambridge University Press (1922).

Pedar, A. and V. Sarma, "Phased-mission analysis for evaluating the effectiveness of aerospace Computing-Systems," IEEE Trans. Reliability, R-30.5, 429-37 (1981).

Phelps, R., "Replacement policies under minimal repair," J. Opl. Rec. Soc. 32, 549-554 (1981).

Raiffa, H. and R. Schlaiffer, Applied, Statistical Decision. Theory, Division of Research, Graduate School of Business Administration, Havard University (1961).

Rau, J., Optimization and Probability in Systems Engineering, Van Nostrand Reinhold (1970).

Riggs, J.L., Production Systems Planning, Analysis, and Control (2nd ed.), John Wiley & Sons (1976).

Roberts, N.H., Mathematical Methods in Reliability Engineering, p.260, McGraw-Hill Book Co. (1964).

Salvia, A.A. and W.C. Lasher, "2-dimensional consecutive kout-of-n: F models," IEEE Trans. Reliability, R-39.3, 382-385, (1990).

Schmidt, J.W. and R.E. Taylor, Simulation and Analysis of Industrial Systems, Richard Irwin (1970).

Schriber, T.J., Simulation Using GPSS, John Wiley & Sons (1974).

Schwartz, M., Information Transmission, Modulation, and Noise, McGraw-Hill Book Co. (1959).

Shanthikumar, J.G., "Recursive algorithm to evaluate the reliability of a consecutive k-out-of-n: F System," IEEE Trans. Reliability, R-31.5, 442-443 (1982).

Shapero, A., et al., "Human Engineering Testing and Malfunction Data Collection in Weapon System Test Programs," Wright Air Develop Div. Tech. Rept. 60-36 (1960).

Shooman, M.L, Probabilistic Reliability: An Engineering Approach, McGraw-Hill Book Co. (1968).

Strehler, B.L. and Mildvan, A.S., "General Theory of Mortality and Aging," Science 132.3418, 14-20 (1960).

Strehler, B.L., Time, Cells and Aging, Academic Press (1962).

Sturges, H.A., "The Choice of a Class Interval.," J. Am. Statist. Assoc., 21, 65-66 (1926).

Thuesen, H., W. Fabrycky and G. Thuesen, Engineering Economy, 5th ed., Prentice-Hall (1977).

Tong, T.L., "A rearrangement inequality for the longest run, with an application to network reliability," J. App. Prob., 22, 386-393 (1985).
US Air Force, Procedures for Determining Aircraft Engine (Propulation Unit) Failure Rates, Actuarial Engine Life, and Forecasting Monthly Engine Changes by the Actuarial Method, Technical Order, TO 00-25-128 (1959.10.).
US MIL-HDBK-217, Reliability Prediction for Electronic Systems. Available from the National Technical Information Service, Springfield, Virginia.
Vital Statistics of the United States, 1960, Volume I, Part A, Table 59, U.S. Dept. of Health, Education and Welfare (1963).
Wald, A., "Sequential Tests of Statistical Hypothesis," Annals of Mathematical Statistics, 16.2 (1945).
Wald, A., Sequential Analysis, John Wiley & Sons (1947).
Weibull, W., "A Statistical Distribution Function of Wide Applicability," J. Appl. Mech., 18, 293-297 (1951).
Weibull, W., "A Statistical Representation of Fatigue Failures in Solids," Acta Polytech., Mech. Eng. Ser., 1.9 (1949).
Winokur, H. and L. Goldstein, "Analysis of mission-oriented systems," IEEE Trans. Reliability, R-18.4, 144 (1969).
Yun, D. and K.S. Park, "Redundancy Optimization by Linear Knapsack Approach." Int. J. Systems Science, 13.8, 839-848 (1982).
Zuo, M, "Reliability and Design of 2-dimensional consecutive k-out-of-n Systems," IEEE Trans. Reliability, R-42.3, 488-490 (1993).
Zuo, M, and W. Kuo, "Design and Performance Analysis of Consecutive k-out-of-n Structure," Naval Research Logistics Quarterly, 37, 203-230 (1990).

KS 신뢰성공학 관련 목록

KS A 0096, 기계용어(신뢰성, 보전성 및 가용성), 2017
KS A 3004, 용어 — 신인성 및 서비스 품질, 2017 (KS C IEC60050-191와 완전히 중복)
KS A 5607, 성능 열화 특성에 의한 신뢰성 보증, 2017
KS A IEC60300-1, 신인성 관리 — 제1부: 신인성 관리 시스템, 2014
KS A IEC60300-2, 신인성 관리 - 제2부 : 신인성 관리 지침, 2015
KS A IEC60300-3-1, 신인성 관리 - 제3부 : 적용 지침 - 제1절 : 신인성 분석 기법 - 방법에 대한 지침, 2015
KS A IEC60300-3-2, 신인성 관리 - 제3부 : 적용지침 - 제2절 : 필드로부터의 신인성 데이터 수집, 2015
KS A IEC60300-3-3, 신인성 관리 - 제3부 : 적용 지침 - 제3절 : 수명 주기 원가 계산, 2015
KS A IEC60300-3-4, 신인성 관리 — 제3부: 적용 지침 — 제4절: 신인성 요구 사항의 규격에 대한 지침, 2014
KS A IEC60300-3-5, 신인성 관리 - 제3부 : 적용 지침 - 제5장 : 신뢰성 시험 조건과 통계적 시험 원칙, 2013
KS A IEC60300-3-5, 신인성 관리 - 제3부 : 적용 지침 - 제5장 : 신뢰성 시험 조건과 통계적

시험 원칙, 2013
KS A IEC60300-3-6, 신인성 관리 − 제3부: 적용 지침 − 제6절: 신인성의 소프트웨어 측면, 2014
KS A IEC60300-3-7, 의존성 관리 - 제3부 : 사용 지침서 - 제7절 : 전자 제품의 신뢰성 스트레스 스크리닝, 2013
KS A IEC60300-3-9, 신인성 관리 − 제3부: 적용 지침 − 제9절: 기술적 시스템의 리스크 분석, 2017
KS A IEC60300-3-10, 신인성 관리 − 제3부: 적용 지침 − 제10절: 보전성, 2014
KS A IEC60300-3-11, 신인성 관리 − 제3부: 적용 지침 − 제11절: 신뢰성 중심 보전, 2014
KS A IEC60300-3-12, 신인성 관리 − 제3부: 적용 지침 − 제12절: 통합 로지스틱 지원, 2014
KS A IEC60300-3-14, 신인성 관리 - 제3 - 14부 : 응용지침 - 보전 및 보전지원, 2013
KS A IEC60319, 전자 부품의 신뢰성 데이터의 제시 및 설명, 2013
KS A IEC60605-2, 장비 신뢰성 시험 − 제2장: 시험 주기 설계, 2017
KS A IEC60605-3-1, 장비 신뢰성 시험 − 제3장: 표준 시험 조건 − 옥내 휴대용 장비 − 저급 시뮬레이션, 2017
KS A IEC60605-3-2, 장비 신뢰성 시험 − 제3장: 표준 시험 조건 − 기후 변화에 보호되는 장소에 사용하는 고정 장비 − 고급 시뮬레이션, 2017
KS A IEC60605-3-3, 장비 신뢰성 시험 − 제3장: 표준 시험 조건 − 제3절: 시험 주기 3: 부분적으로 기후 변화에 보호되는 장소에서 사용하는 고정 장비 − 저급 시뮬레이션, 2017
KS A IEC60605-3-4, 장비 신뢰성 시험 − 제3장: 표준 시험 조건 − 제4절: 시험 주기 4: 비고정 휴대 장비 − 저급 시뮬레이션, 2017
KS A IEC60605-3-5, 장비 신뢰성 시험 − 제3장: 표준 시험 조건 − 제5절: 시험 주기 5: 지상 이동 장비 − 저급 시뮬레이션, 2017
KS A IEC60605-3-6, 장비 신뢰성 시험 − 제3장: 표준 시험 조건 − 제6절: 시험 주기 6: 옥외 이동 장비 − 저급 시뮬레이션, 2017
KS A IEC60605-4, 장비 신뢰성 시험 - 제4부 : 지수 분포에 대한 통계적 절차 - 점추정, 신뢰 구간,예측 구간 및 허용 구간, 2013
KS A IEC60605-6, 장비 신뢰성 시험 - 제6부 : 일정 고장률 또는 일정 고장 강도 가정의 타당성에 대한 검정, 2013
KS A IEC60706-2, 장비 보전성 - 제2부 : 설계개발 단계의 보전성 요구조건 및 검토, 2013
KS A IEC60706-3, 장비 보전성 - 제3부 : 데이터의 수집 및 검증과 분석 및 결과제시, 2013
KS A IEC60706-5, 장비 보전성에 대한 지침 - 제5부 : 제4절 : 진단시험, 2013
KS A IEC60863, 신뢰성, 보전성 및 가용성 예측값의 소개, 2013
KS A IEC61014, 신뢰성 성장 프로그램, 2014
KS A IEC61078, 신인성 분석 기법 − 신뢰성 블록 다이어그램(RBD) 방법, 2017
KS A IEC61078, 신인성 분석 기법 − 신뢰성 블록 다이어그램(RBD) 방법, 2017
KS A IEC61123, 신뢰성 시험 - 성공비에 대한 적합 시험 계획, 2013
KS A IEC61124, 신뢰성 시험 - 일정 고장율 및 일정 고장 강도에 대한 적합성 시험, 2015
KS A IEC61163-1, 신뢰성 스트레스 선별 − 제1부: 로트 제조 수리 가능 조립품, 2014

KS A IEC61163-2, 신뢰성 스트레스 스크리닝 - 제2부 : 전자 부품, 2013
KS A IEC61650, 신뢰성 자료 분석 기법 - 두 일정 고장률과 두 일정 고장(사건) 강도의 비교 절차, 2013
KS A IEC61703, 신뢰성, 가용성, 보전성 및 보전 지원 용어에 대한 수학적 표현, 2014
KS A IEC61713, 소프트웨어 수명주기 공정을 통한 소프트웨어 신인성 – 적용지침서, 2017
KS A IEC62308, 장비 신뢰성 - 신뢰성 평가 방법, 2013
KS A IEC62309, 재사용 부품을 포함하는 제품의 신인성 - 기능 및 시험에 대한 요구 사항, 2015
KS A IEC62347, 시스템 신인성 표준서에 대한 지침, 2013
KS A IEC62429, 신뢰성 성장 – 유일 복합 시스템의 초기 고장 스트레스 시험, 2014
KS A ISO6527, 원자력 발전소 - 신뢰성 데이터 공유 - 일반지침, 2017
KS A ISO7385, 원자력발전소 - 신뢰성 데이터의 품질보증 지침, 2017
KS B 6387, 진공용 밸브의 신뢰성 시험방법-제1부: 앵글밸브, 2013
KS B 6967, 진공용 밸브의 신뢰성 시험방법 – 제2부: 게이트밸브, 2013
KS B 6968, 진공밸브의 신뢰성 시험방법 – 제3부: 압력조절밸브, 2013
KS B ISO3977-9, 가스터빈 - 조달 - 제9부: 신뢰성, 가용성, 유지 관리 및 안전성, 2014
KS C 5210, 신뢰성 보증 디지탈 반도체 집적 회로 통칙, 2015
KS C 5218, 신뢰성 보증 상보형 MOS 디지탈 반도체 직접 회로 (게이트), 2013
KS C 5219, 신뢰성 보증 제어용 소형 전자 계전기 통칙, 2014
KS C 6430, 신뢰성 보증 전자 부품 통칙, 2015
KS C 7112, 유기발광다이오드(OLED) 디스플레이 – 환경 신뢰성 시험방법, 2017
KS C 7202, 신뢰성 보증 아날로그 반도체 집적회로 통칙, 2016
KS C 7203, 신뢰성 보증 모놀리틱 연산 증폭기, 2017
KS C IEC60050-191, 국제전기기술용어 – 제191장: 신인성 및 서비스 품질, 2016 (KS A 3004와 완전히 중복)
KS C IEC61291-5-2, 광섬유증폭기 - 제5-2부: 신뢰성 평가, 2013
KS C IEC61751, 통신용 레이져 모듈 - 신뢰성 평가, 2013
KS C IEC62005-1, 광통신 연결소자 및 수동 부품의 신뢰성 – 제1부: 일반 지침 및 정의, 2017
KS C IEC62005-2, 광섬유 연결 소자 및 수동 광 부품의 신뢰성 – 제2부: 일정한 온도, 습도 조건에서의 가속 노화 시험에 의한 정량적 평가, 2017
KS C IEC62005-3, 광섬유 연결 소자 및 수동 광 부품의 신뢰성 – 제3부: 수동 광 부품의 고장 형태 및 고장 기구 규명을 위한 관련 시험, 2017
KS C IEC62005-4, 광섬유 연결 소자 및 수동 광 부품의 신뢰성 – 제4부: 제품의 선별, 2017
KS C IEC62059-11, 전기계량장치 — 신뢰성-제11부: 일반개념, 2013
KS C IEC62059-21, 전기계량장치 — 신뢰성–제21부: 현장으로부터 계기 신뢰성 자료 수집, 2013
KS C IEC62278, 철도용 전기설비의 신뢰성, 가용성, 유지보수성, 안전성(RAMS) 관련 시방서 및 설명서, 2014
KS C IEC62326-14, 인쇄회로기판 – 제14부: 부품내장기판 – 용어/신뢰성/설계안내, 2017

KS C IEC62341-5, 유기발광다이오드(OLED) 디스플레이 – 제5부: 환경 및 기계적 신뢰성 시험방법, 2017
KS X ISO/TR21089, 보건의료정보 – 신뢰성 있는 종단간 정보흐름, 2014
KS X ISOIEC9066-2, 정보처리 시스템 - 텍스트 통신 - 신뢰성 있는 전송- 제2부 : 프로토콜 명세, 2013

폐지된 표준 - 다른 표준으로 대체 또는 필요성이 없어진 것들(참고)

KS C 5200, 신뢰성 보증 저주파 저전력 트랜지스터
KS C 5201, 신뢰성 보증 고주파 저전력 트랜지스터
KS C 5202, 신뢰성 보증 전계 효과 트랜지스터
KS C 5203, 신뢰성 보증 소신호 다이오드
KS C 5204, 신뢰성 보증 소전류 정류 다이오드
KS C 5205, 신뢰성 보증 정전압 다이오드
KS C 5206, 신뢰성 보증 역저지 3단자 싸이리스터 (소전류)
KS C 5207, 신뢰성 보증 역저지 3단자 싸이리스터 (중·대전류)
KS C 5208, 신뢰성 보증 쌍방향 3단자 싸이리스터 (소전류)
KS C 5209, 신뢰성 보증 쌍방향 3단자 싸이리스터 (중·대전류)
KS C 5211, 신뢰성 보증 소전류 스위칭 트랜지스터
KS C 5212, 신뢰성 보증 개별 반도체 소자 통칙
KS C 5213, 신뢰성 보증 소전류 스위칭 다이오드
KS C 5214, 신뢰성 보증 TTL 정논리 NAND 게이트 직접 회로
KS C 5215, 신뢰성 보증 탄탈 고체전해 커패시터
KS C 5216, 신뢰성 보증 저주파 전력 트랜지스터 (중·대전류)
KS C 5217, 신뢰성 보증 경류 다이오드 (중·대전류)
KS C 6431, 신뢰성 보증 고정 저항기 통칙
KS C 6435, 신뢰성 보증 고정 콘덴서 통칙
KS C 6436, 신뢰성 보증 고정 자기 커패시터 통칙
KS C 6437, 신뢰성 보증 고정 자기 콘덴서 (종류 I)
KS C 6438, 신뢰성 보증 전해 커패시터 통칙
KS C 6439, 신뢰성 보증 고정 탄소체 저항기 통칙
KS C 6440, 신뢰성 보증 고정 탄소체 저항기 (고장률 설정)
KS C 6441, 신뢰성 보증 고정 탄소체 저항기 (방식 1의 등급 X)
KS C 6442, 신뢰성 보증 고정 탄소체 저항기 (방식 2의 등급 X),
KS C 6443, 신뢰성 보증 전력형 권선 고정 저항기 통칙,
KS C 6444, 신뢰성 보증 전력형 권선 고정 저항기 (특성 S) (고장률 설정)
KS C 6445, 신뢰성 보증 고정 종이 및 플라스틱 필름 콘덴서 통칙
KS C 6446, 신뢰성 보증 고정 마이카 콘덴서 통칙
KS C 6447, 신뢰성 보증 알루미늄 박형 전해 콘덴서
KS C 6448, 신뢰성 보증 플라스틱 필금 콘텐서 (특성 M)
KS C 6449, 신뢰성 보증 플라스틱 필금 콘텐서 (특성 S)
KS C IEC61069-5, 산업용 공정계측제어 - 시스템 평가를 위한 시스템 특성의 검증 - 제5부 : 시스템 신뢰성의 평가
KS C IECPAS62182, 신뢰성시험에 앞서 비밀봉 표면실장소자의 프리컨디셔닝
KS W 0124, 항공 용어 (신뢰성과 보존성)
KS W 0621, 비행기의 강도 및 강성 . 신뢰성 요구 사항 . 반복하중 및 피로

약어 목록(서두의 '기호 및 약어'에 나오는 것은 생략)

약어	대응영어	용어
AF	acceleration factor	가속계수
ALT	accelerated life test	가속수명시험
ARL	acceptable reliability level	합격신뢰도수준
AST	accelerated stress test	가속스트레스시험
BIT	built-in test	내장시험
BM	breakdown maintenance	사후보전
CBM	condition based maintenance	상태기준보전
CDT	condition diagnosis technique	설비진단기술
CFR	constant failure rate	상수고장률
CM	corrective maintenance	개량보전
CMMS	computerized maintenance management system	보전관리체계전산화
CSP	concurrent spare parts	동시조달예비부품,초도수리부품
CST	condition surveillance techniques	간이진단기술
CW-TPM	company-wide TPM	전사적TPM
DFR	decreasing failure rate	감소형고장률
DIN	Do It Now	즉시실행
DMMH/MA	direct maintenance man hours per maintenance action	보전활동당직접보전인력
DR	design review	설계검토
EOP	equipment operating procedure	장비운영절차서
EQM 5	five steps of easy quality maintenance	쉬운품질보전5단계
ESD	electrostatic discharge	정전기방전
ESS	environmental stress screening	환경스트레스검사
FAST	function analysis system technique chart	기능계통도
FFA	functional failure analysis	기능성고장분석
FIN	function identification number	기능확인번호
FIT	failures in time	FIT(고장률단위)
FM	failure mode	고장형태
GSE	general support equipment	일반지원장비
HALT	highly accelerated life test	초가속수명시험
HASS	highly accelerated stress screening	초가속스트레스시험
HOOS	hours out of service	서비스중단시간
MESC	material and equipment standard code	재료장비표준코드
MaxRT	maximum repair time	최대수리시간
MMT	mean maintenance time	평균보전시간
MOTBF	mean operating time between failures	평균고장간운용시간
MP	maintenance prevention	보전예방
MTBCF	mission time between critical failures	주요고장간임무시간
MTBD	mean time between demands	평균청구당시간
MTBDE	mean time between downing events	평균가동불능간격
MTBM	mean time between maintenances	평균보전간격
MTBR	mean time between removals	평균제거간격
MTBS	mean time between shutdowns	평균정지간격
MTTRF	mission time to restore functions	임무기능복구시간
MTTRS	mean time to restore system	평균시스템복구시간
MU	maintainable unit	보전가능유닛
MWC	maintenance work control	보전작업관리
MWO	maintenance work order	보전작업지시
MWR	maintenance work request	보전작업요청
NDT	nondestructive test	비파괴검사
OC	operating characteristic curve	검사특성곡선
ODR	operator driven reliability	운전원주도신뢰도
OEE	overall equipment efficiency	설비종합효율
OH	overhaul	분해수리
OIM	operator involved maintenance	운전원참여보전
OM	ordinary maintenance	일상보전
OPC	operation process chart	작업공정도
OPM	operator performed maintenance	운전원수행보전
OS	operability study	운전성해석
PdM	predictive maintenance	예지보전
PDT	precise diagnosis techniques	정밀진단기술
PID	piping and instrumentation diagram	배관계기배치도
PM	preventive maintenance	예방보전
PM	productive maintenance	생산보전
PM	protective maintenance	자원절약보전
PM분석	phenomena/physical-mechanism/4M analysis	PM(현상-메커니즘)분석
PrM	proactive maintenance	사전보전
PRAT	production reliability acceptance test	신뢰성수락시험
QM	quality maintenance	품질보전
RBD	reliability block diagram	신뢰성블록도
RBM	risk-based maintenance	위험기반보전
RCA	root cause analysis	근본원인분석
RCM	reliability centered maintenance	신뢰성중심보전
r-CM	risk-centered maintenance	위험중심보전
RDGT	reliability development/growth test	신뢰성발전성장시험
RGT	reliability growth test	신뢰성성장시험
RM	routine maintenance	일상보전
RQT	reliability qualification testing	신뢰성입증시험
RTBF	representative time to next failure	고장간전형시간
RTF	run to failure	고장까지운전
RU	replacement unit	교체품
SDI	shutdown inspection	정기수리검사
SMRP	Society for Maintenance and Reliability Professionals	미국보전신뢰도전문가협회
SP	spare part	예비품
SPIN	specific plant identification number	설비식별번호
SSC	stress corrosion cracking	응력부식균열
STF	stress to failure	고장스트레스
TAAF	test, analysis and fix	시험분석조치
TBM	time based maintenance	시간기준보전
TMDE	test measurement and diagnostic equipment	시험계측및진단장비
TPM	total productive maintenance	종합생산보전
TTT	total time on test	총시험시간
XOM	extraordinary maintenance	비상정비

부록

부록 A 중앙순위표

석차	Sample 수 n									
	1	2	3	4	5	6	7	8	9	10
1	.5000	.2929	.2063	.1591	.1294	.1091	.0943	.0830	.0741	.0670
2		.7937	.5000	.3864	.3147	.2655	.2295	.2021	.1806	.1632
3			.7937	.6136	.5000	.4218	.3648	.3213	.2871	.2594
4				.8409	.6853	.5782	.5000	.4404	.3935	.3557
5					.8706	.7345	.6352	.5596	.5000	.4519
6						.8909	.7705	.6787	.6065	.5481
7							.9057	.7979	.7129	.6443
8								.9170	.8194	.7406
9									.9259	.8368
10										.9330

석차	Sample 수 n									
	11	12	13	14	15	16	17	18	19	20
1	.0611	.0561	.0519	.0483	.0452	.0424	.0400	.0378	.0358	.0341
2	.1489	.1368	.1266	.1178	.1101	.1034	.0975	.0922	.0874	.0831
3	.2366	.2175	.2013	.1873	.1751	.1644	.1550	.1465	.1390	.1322
4	.3244	.2982	.2760	.2568	.2401	.2254	.2125	.2009	.1905	.1812
5	.4122	.3789	.3506	.3263	.3051	.2865	.2700	.2553	.2421	.2302
6	.5000	.4596	.4253	.3958	.3700	.3475	.3275	.3097	.2937	.2793
7	.5878	.5404	.5000	.4653	.4350	.4085	.3850	.3641	.3453	.3283
8	.6756	.6211	.5747	.5347	.5000	.4695	.4425	.4184	.3968	.3774
9	.7634	.7018	.6494	.6042	.5650	.5305	.5000	.4728	.4484	.4264
10	.8511	.7825	.7240	.6737	.6300	.5915	.5575	.5272	.5000	.4755
11	.9389	.8632	.7987	.7432	.6949	.6525	.6150	.5816	.5516	.5245
12		.9439	.8734	.8127	.7599	.7135	.6725	.6359	.6032	.5736
13			.9481	.8822	.8249	.7746	.7300	.6903	.6547	.6226
14				.9517	.8899	.8356	.7875	.7447	.7063	.6717
15					.9548	.8966	.8450	.7991	.7579	.7207
16						.9576	.9025	.8535	.8095	.7698
17							.9600	.9078	.8610	.8188
18								.9622	.9126	.8678
19									.9642	.9169
20										.9659

부록 B 표준정규분포표

$$P[Z \geq z] = \int_{z}^{\infty} \frac{1}{\sqrt{2\pi}} exp(-t^2/2)\, dt$$

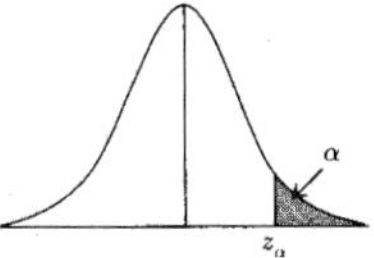

z	0.00	0.01	0.02	0.03	0.04	0.05	0.06	0.07	0.08	0.09
0.0	0.5000	0.4960	0.4920	0.4480	0.4840	0.4801	0.4761	0.4721	0.4681	0.4641
0.1	0.4602	0.4562	0.4522	0.4483	0.4443	0.4404	0.4364	0.4325	0.4286	0.4247
0.2	0.4207	0.4168	0.4129	0.4090	0.4052	0.4013	0.3974	0.3936	0.3897	0.3859
0.3	0.3821	0.3783	0.3745	0.3707	0.3669	0.3632	0.3594	0.3557	0.3520	0.3483
0.4	0.3446	0.3409	0.3372	0.3336	0.3300	0.3264	0.3228	0.3192	0.3156	0.3121
0.5	0.3085	0.3050	0.3015	0.2981	0.2946	0.2912	0.2877	0.2843	0.2810	0.2776
0.6	0.2743	0.2709	0.2676	0.2643	0.2611	0.2578	0.2546	0.2514	0.2483	0.2451
0.7	0.2420	0.2389	0.2358	0.2327	0.2296	0.2266	0.2236	0.2206	0.2177	0.2148
0.8	0.2119	0.2090	0.2061	0.2033	0.2005	0.1977	0.1949	0.1922	0.1894	0.1867
0.9	0.1841	0.1841	0.1788	0.1762	0.1736	0.1711	0.1685	0.1660	0.1635	0.1611
1.0	0.1587	0.1562	0.1539	0.1515	0.1492	0.1469	0.1446	0.1423	0.1401	0.1379
1.1	0.1357	0.1335	0.1314	0.1292	0.1271	0.1251	0.1230	0.1210	0.1190	0.1170
1.2	0.1151	0.1131	0.1112	0.1093	0.1075	0.1056	0.1038	0.1020	0.1003	0.0985
1.3	0.0968	0.0951	0.0934	0.0918	0.0901	0.0885	0.0869	0.0853	0.0838	0.0823
1.4	0.0808	0.0793	0.0778	0.0764	0.0749	0.0735	0.0721	0.0708	0.0694	0.0681
1.5	0.0668	0.0655	0.0643	0.0630	0.0618	0.0606	0.0594	0.0582	0.0571	0.0559
1.6	0.0548	0.0537	0.0526	0.0516	0.0505	0.0495	0.0485	0.0475	0.0465	0.0455
1.7	0.0446	0.0436	0.0427	0.0418	0.0409	0.0401	0.0392	0.0384	0.0375	0.0367
1.8	0.0359	0.0351	0.0344	0.0336	0.0329	0.0322	0.0314	0.0307	0.0301	0.0294
1.9	0.0287	0.0281	0.0274	0.0268	0.0262	0.0256	0.0250	0.0244	0.0239	0.0233
2.0	0.0228	0.0222	0.0217	0.0212	0.0207	0.0202	0.0197	0.0192	0.0188	0.0183
2.1	0.0179	0.0174	0.0170	0.0166	0.0162	0.0158	0.0154	0.0150	0.0146	0.0143
2.2	0.0139	0.0136	0.0132	0.0129	0.0125	0.0122	0.0119	0.0116	0.0113	0.0110
2.3	0.0107	0.0104	0.0102	0.0099	0.0096	0.0094	0.0091	0.0089	0.0087	0.0084
2.4	0.0082	0.0080	0.0078	0.0075	0.0073	0.0071	0.0069	0.0068	0.0066	0.0064
2.5	0.0062	0.0060	0.0059	0.0057	0.0055	0.0054	0.0052	0.0051	0.0049	0.0048
2.6	0.0047	0.0045	0.0044	0.0043	0.0041	0.0040	0.0039	0.0038	0.0037	0.0036
2.7	0.0035	0.0034	0.0033	0.0032	0.0031	0.0030	0.0029	0.0028	0.0027	0.0026
2.8	0.0026	0.0025	0.0024	0.0023	0.0023	0.0022	0.0021	0.0021	0.0020	0.0019
2.9	0.0019	0.0018	0.0018	0.0017	0.0016	0.0016	0.0015	0.0015	0.0014	0.0014
3.0	0.0013	0.0013	0.0013	0.0012	0.0012	0.0011	0.0011	0.0011	0.0010	0.0010
3.1	0.0010	0.0009	0.0009	0.0009	0.0008	0.0008	0.0008	0.0008	0.0007	0.0007
3.2	0.0007	0.0007	0.0006	0.0006	0.0006	0.0006	0.0006	0.0005	0.0005	0.0005
3.3	0.0005	0.0005	0.0005	0.0004	0.0004	0.0004	0.0004	0.0004	0.0004	0.0003
3.4	0.0003	0.0003	0.0003	0.0003	0.0003	0.0003	0.0003	0.0003	0.0003	0.0002
3.5	0.0002	0.0002	0.0002	0.0002	0.0002	0.0002	0.0002	0.0002	0.0002	0.0002
3.6	0.0002	0.0002	0.0001	0.0001	0.0001	0.0001	0.0001	0.0001	0.0001	0.0001
3.7	0.0001	0.0001	0.0001	0.0001	0.0001	0.0001	0.0001	0.0001	0.0001	0.0001
3.8	0.0001	0.0001	0.0001	0.0001	0.0001	0.0001	0.0001	0.0001	0.0001	0.0001
3.9	0.0000	0.0000	0.0000	0.0000	0.0000	0.0000	0.0000	0.0000	0.0000	0.0000

부록 C 카이제곱분포표

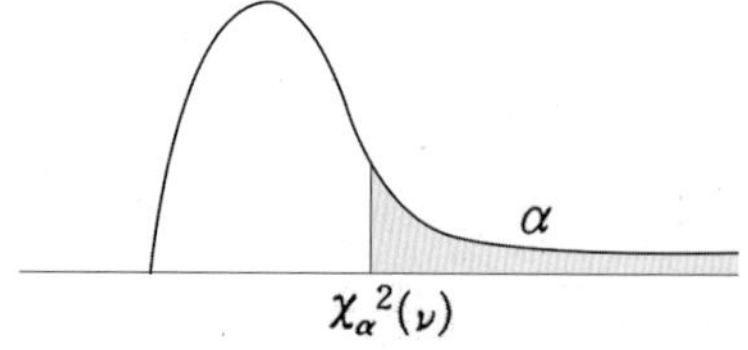

ν † α	.975	.95	.9	.1	.05	.025
1	0.0^3982	0.0^2393	0.0158	2.71	3.84	5.02
2	0.0506	0.103	0.211	4.61	5.99	7.38
3	0.216	0.352	0.584	6.25	7.81	9.35
4	0.484	0.711	1.064	7.78	9.49	11.14
5	0.831	1.145	1.61	9.24	11.07	12.83
6	1.24	1.64	2.20	10.64	12.59	14.45
7	1.69	2.17	2.83	12.02	14.07	16.01
8	2.18	2.73	3.49	13.36	15.51	17.53
9	2.70	3.33	4.17	14.68	16.92	19.02
10	3.25	3.94	4.87	15.99	18.31	20.48
11	3.82	4.57	5.58	17.28	19.68	21.92
12	4.40	5.23	6.30	18.55	21.03	23.34
13	5.01	5.89	7.04	19.81	22.36	24.74
14	5.63	6.57	7.79	21.06	23.68	26.12
15	6.26	7.26	8.55	22.31	25.00	27.49
16	6.91	7.96	9.31	23.54	26.30	28.85
17	7.56	8.67	10.09	24.77	27.59	30.19
18	8.23	9.39	10.86	25.99	28.87	31.53
19	8.91	10.12	11.65	27.20	30.14	32.85
20	9.59	10.85	12.44	28.41	31.41	34.17
21	10.28	11.59	13.24	29.62	32.67	35.48
22	10.98	12.34	14.04	30.81	33.92	36.78
23	11.69	13.09	14.85	32.01	35.17	38.08
24	12.40	13.85	15.66	33.20	36.42	39.36
25	13.12	14.61	16.47	34.38	37.65	40.65
26	13.84	15.38	17.29	35.56	38.89	41.92
27	14.57	16.15	18.11	36.74	40.11	43.19
28	15.31	16.93	18.94	37.92	41.34	44.46
29	16.05	17.71	19.77	39.09	42.56	45.72
30	16.79	18.49	20.60	40.26	43.77	46.98
40	24.43	26.51	29.05	51.81	55.76	59.34
50	32.36	34.76	37.69	63.17	67.50	71.42
60	40.48	43.19	46.46	74.40	79.08	83.30
70	48.76	51.74	55.33	85.53	90.53	95.02
80	57.15	60.39	64.28	96.58	101.9	106.6
90	65.65	69.13	73.29	107.6	113.1	118.1
100	74.22	77.93	82.36	118.5	124.3	129.6

부록 D 와이블분포 확률지

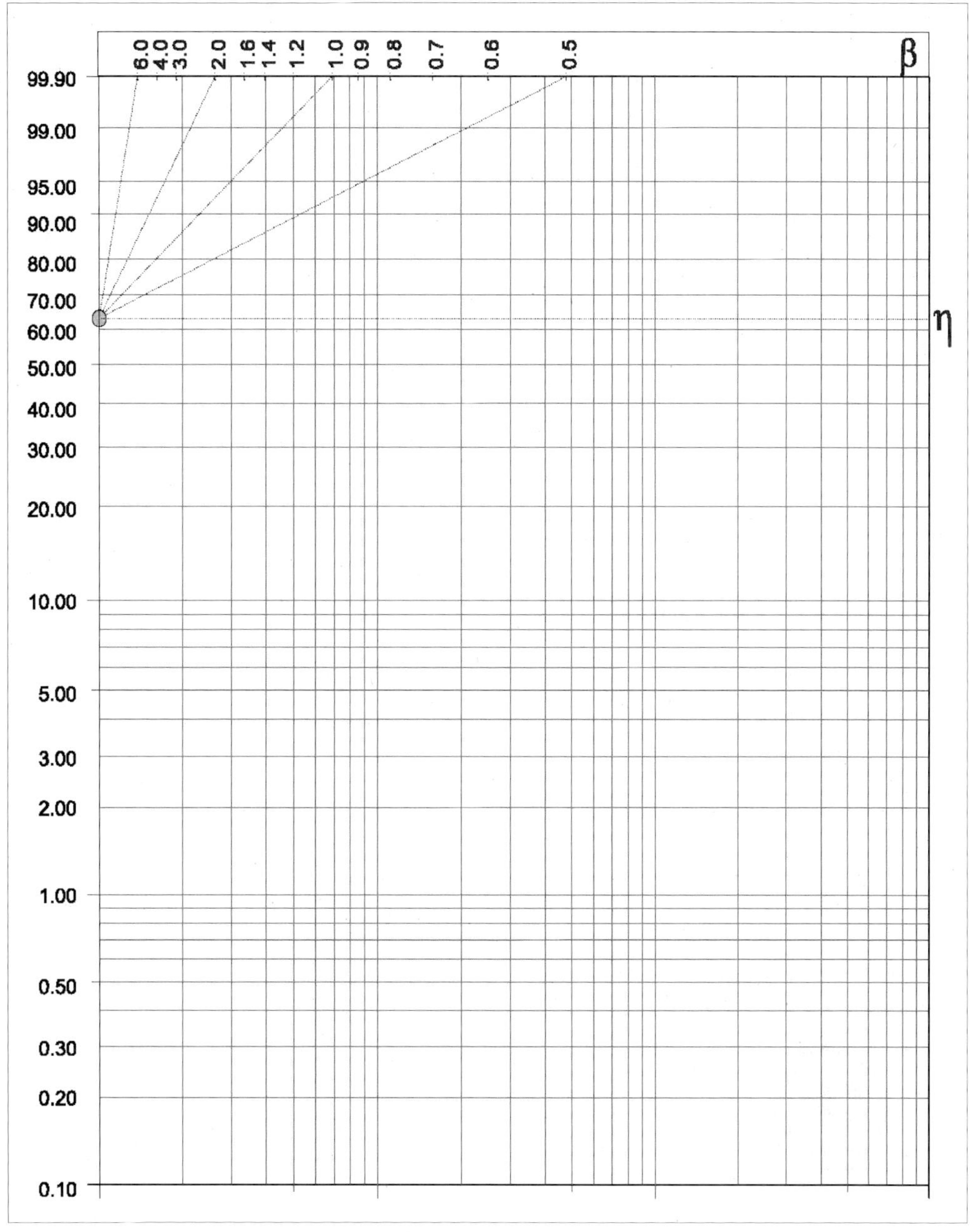

부록 E 정규분포 확률지

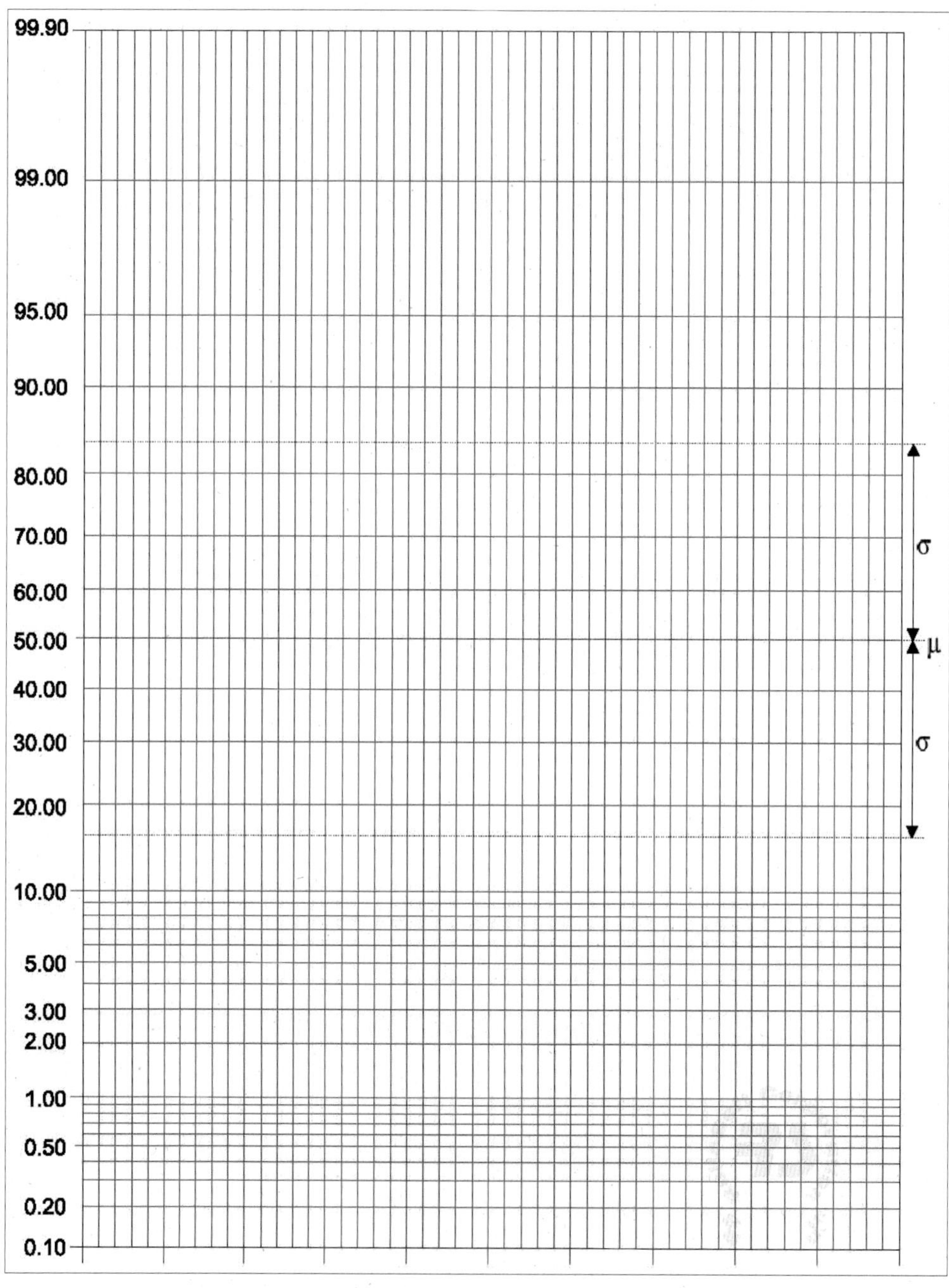
99.90
99.00
95.00
90.00
80.00
70.00
60.00
50.00
40.00
30.00
20.00
10.00
5.00
3.00
2.00
1.00
0.50
0.20
0.10
σ
μ
σ

부록 F 수학 기초

신뢰도분석에 필요한 수학으로서 필요하다고 보이는 것을 간략하게 소개한다. 쉽게 접근하려는 것이므로 필요하다면 다른 책으로 더 학습해야 한다.

1. 확률의 기본 성질

성질	비고
$0 \le P(A) \le 1$	기본공리. A: 사상(event)
$P(S)=1$	기본공리. S: 전체집합(universal set)
$P(\varnothing)=0$	원소 없음. ∅: 공집합(empty set).
$P(A+\overline{A})=P(S)=1$	여집합(나머지집합)의 성질. 윗줄은 여집합 기호
$P(\overline{A})=1-P(A)$	여집합의 성질. $\overline{S}=\varnothing$
$P(A_1+A_2+\cdots+A_n)=[P(A_1)+P(A_2)+\cdots+P(A_n)] - [P(A_1A_2)+P(A_1A_3)+\cdots+P_{i\neq j}(A_iA_j)] \cdots +(-1)^{n-1}[P(A_1A_2\cdots A_n)]$	합집합 확률의 덧셈공식
$P(A_1+A_2+\cdots+A_n)=1-[P(\overline{A}_1\overline{A}_2\cdots\overline{A}_n)]$	덧셈공식의 다른 표현
$P(A_1+A_2+\cdots+A_n)=P(A_1)+P(A_2)+\cdots+P(A_n)$	배반사상(교집합이 없음)의 합집합 확률
$P(A_1A_2\cdots A_n)=P(A_1)P(A_2 \mid A_1)\cdots P(A_n \mid A_1A_2\cdots A_{n-1})$	교집합(공통집합) 확률의 곱셈공식
$P(A_1A_2\cdots A_n)=P(A_1)P(A_2)\cdots P(A_n)$	독립사상의 교집합 확률

2. 모집단의 평균과 분산, 표준편차

X가 확률변수일 때, 모집단의 평균 μ는 X의 기대값 E[X], 분산은 $(X-\mu)^2$의 기대값 $E[(X-\mu)^2]$이다. 분산을 V[X]로 쓰기도 한다. 보통은 평균, 분산의 기호로 μ, σ^2을 쓰지만, 예를 들어 로그정규분포의 경우 단지 모수의 기호이다(본문의 로그정규분포 항 참조).

확률변수 X의 단위가, 예를 들어 cm라면, 평균의 단위는 cm이지만 분산은 cm^2이다. 따라서 분산의 제곱근인 표준편차가 같은 단위이므로 물리적으로 더 이해하기 좋다. 분산의 정의는 수학적으로 다루기가 편하기 때문이라고 생각하라.

다음 공식은 반드시 알아야 한다. a,b는 편의상 양수로 하자.

$$E[(X-\mu)^2]=E[X^2]-\mu^2$$

$$E[aX\pm bY]=aE[X]\pm bE[Y]$$

$$V[aX\pm bY]=a^2V[X]+b^2V[Y]$$

예컨대 X-Y의 평균은 부호대로 빼지만, 분산은 항상 더해짐에 유의하라. 제곱의 기대값이므로 당연하다.

3. 점추정과 구간추정

모집단의 모수 즉 평균 또는 분산 등의 추정을 하나의 값으로 한다면 점추정이라고 한다. 모집단의 평균, 분산 등의 모수 추정은 모멘트(적률) 방법, 최우추정법, 최소제곱법 등이 있다.

모평균의 추정값으로 표본평균을 쓰고, 모분산의 추정값으로 표본분산을 쓴다. 모수 기호에 ^를 씌운 것은 추정값을 말하고, n은 표본크기이다.

$$\hat{\mu} = \bar{x} = \frac{\sum_{i=1}^{n} x_i}{n}$$

$$\widehat{\sigma^2} = s^2 = \frac{\sum_{i=1}^{n} \left(x_i - \bar{x}\right)^2}{n-1}$$

표본분산 시 n이 아닌 n-1로 나누는 것은 모평균을 몰라서 모평균의 추정값을 쓸 때, 자료간의 자유도를 1을 잃어서이다. 표본분산의 기호는 책에 따라 달리 쓰기도 한다.

구간추정은 점추정값에 적당한 값을 가감하여 추정의 상한과 하한으로 사용하는 추정이다. 상한, 하한 내에 모수가 포함될 확률을 신뢰수준이라고 한다. 신뢰수준이 클수록 구간이 넓어지는 것은 자명하다.

모평균의 구간추정은 다음과 같은 요령이다. (n이 적으면 t 분포를 사용한다.)

$$\bar{x} - z_p \frac{s}{\sqrt{n}} \le \mu \le \bar{x} + z_p \frac{s}{\sqrt{n}}$$

z_p는 p에 따른 표준정규분포의 수평축 값인데 수표를 읽는 방법을 반드시 알아야 한다. 구간추정은 동일한 신뢰수준이라면 표본크기가 클수록 좁은 구간, 즉 더 정밀하게 보여준다.

모분산의 구간추정은 카이제곱분포를 이용하는데 자세한 것은 생략한다. 본문 중에 언급된 부분이 있다.

결합밀도함수와 합성곱(컨볼루션)

독립적인 확률변수 X, Y가 각각 확률밀도함수 f, g에 따를 때, X+Y의 밀도함수를 결합밀도함수라고 하며, 각 밀도함수의 컨볼루션(합성곱)으로 다음과 같다 (*는 컨볼루션의 기호).

$$(f*g)(t) = \int_0^t f(\tau)g(t-\tau)d\tau$$

이산 함수의 경우, 컨볼루션을 다음과 같이 정의한다.

$$(f*g)(m)=\sum_{i}^{m}f(i)g(m-i)$$

4. 미분방정식

여기서는 보통의 도함수(導函數, derivative, 미분으로 얻어진 함수)를 다루는 상미분방정식, 그 중에도 상수계수인 '상계수 상미분방정식'만 설명한다. 상계수 상미분방정식은 일반으로 다음형태이다. 편의상 최고차(n) 항의 계수를 1로 만들었다.

$$\frac{d^n y}{dx^n}+a_1\frac{d^n-1y}{dx^{n-1}}+\cdots+a_{n-1}\frac{dy}{dx}+a_n y=f(x)$$

일반으로 n개의 초기조건, 보통 시점 0의 상태가 존재하면 이 식의 고유의 해가 존재한다. 이 식의 우변 f(x)=0일 경우 특히 제차식(homogeneous equation)이라고 한다.

미분방정식을 푸는 일반 절차는 다음과 같다.

1) 제차식, 즉 우변이 0인 방정식을 풀어 n개의 해를 얻고 이들의 합으로 이루어진 선형조합인 제차해(일반해) $y_h(t)$를 구한다.

2) 우변에 0이 아닌 함수가 있을 때, 특수해 $y_p(t)$를 구한다.

3) 완전해는 $y(t)=y_h(t)+y_p(t)$이고, n개의 초기조건을 $y(t)$에 대입하면 n개의 연립방정식이 생기고 이를 미정계수법으로 풀면 n개의 계수값이 정해진다.

(1) 제차해

제차해에 포함되는 함수들은 항상 $e^{rt}, t^m e^{rt}$의 형태를 갖는다. 심지어 sin, cos 같은 삼각함수라 하더라도 지수부에 허수로 나타나는 것과 마찬가지이다. 이 관계는 오일러공식으로 잘 알려져 있다. 오일러 공식은 다음과 같다.

$$e^{i\theta}=\cos\theta+i\sin\theta$$

먼저 해를 e^{rt}라고 가정하여 제차식에 대입하여 얻어지는 특성방정식을 풀어서 그 근 r 들을 구해야 한다. 예를 들어 설명한다. 편의상 도함수는 y' 식의 표기를 사용하자.

$$y''+5y'+6y=0$$

$y=e^{rt}$라면 $y'=re^{rt}$, $y''=r^2e^{rt}$이고 이를 대입하면 다음과 같다.

$$r^2e^{rt}+5re^{rt}+6e^{rt}=0$$
$$(r^2+5r+6)e^{rt}=0$$

$e^{rt}\neq 0$이므로 $(r^2+5r+6)=0$을 인수분해나 근의 공식으로 풀면 r=-2, r=-3이다. 따라서 제차해는 다음과 같다.

$$y_h(t) = c_1 e^{-2t} + c_2 e^{-3t}$$

만일 중근이 나올 경우 중근 수 만큼 t의 거듭제곱을 붙여준다. 예를 들어

$$\begin{aligned} & y'' + 4y' + 4y = 0 \\ & (r^2 + 4r + 4) = 0 \\ & r = -2\,(\text{중근}) \\ & y_h(t) = c_1 e^{-2t} + c_2 t e^{-2t} \end{aligned}$$

(2) 특수해와 미정계수법

미분방정식의 우변이 $t^m, e^{pt}, \cos qt, \sin qt$ 또는 이들의 곱의 형태를 가질 때에 미정계수를 가진 특수해를 가정하여 미분방정식에 대입한다. 그 후 계수를 비교하여 구하는 미정계수법을 사용하여 특수해를 구한다. 특수해의 항이 제차해의 항과 같은 형태일 경우, 중근이나 마찬가지로 역시 t의 거듭제곱을 덧붙인다.

예를 들어 다음 미분방정식을 풀기로 하자.

$$y'' + 5y' + 6y = e^{-t}, \quad y(0) = 0.5, y'(0) = 0.5$$

제차해는

$$y_h(t) = c_1 e^{-2t} + c_2 e^{-3t}$$

미분방정식의 우변과 제차해 항이 다르므로, 특수해를 Ae^{-t}로 선택하여 식에 대입하여 A를 푼다.

$$\begin{aligned} & Ae^{-t} - 5Ae^{-t} + 6Ae^{-t} = e^{-t} \\ & A = 0.5 \\ & y_p(t) = 0.5e^{-t} \end{aligned}$$

$$\therefore y(t) = c_1 e^{-2t} + c_2 e^{-3t} + 0.5e^{-t}$$

초기조건을 대입하여

$$\begin{aligned} & y(0) = 0.5 = c_1 + c_2 + 0.5 \\ & y'(0) = 0.5 = -2c_1 - 3c_2 - 0.5 \\ & \begin{cases} c_1 + c_2 = 0 \\ 2c_1 + 3c_2 = -1 \end{cases} \\ & c_1 = -1, c_2 = 1 \\ & \therefore y(t) = -1e^{-2t} + 1e^{-3t} + 0.5e^{-t} \end{aligned}$$

더 이상의 자세한 내용은 생략한다.

5. 라플라스 변환

라플라스변환은 미분방정식의 해를 구하는데 유용하다[1]. 확률론에서 많이 쓰이는 모멘트(적률)함수는 사실 라플라스변환에 불과하다. 함수 f(t)의 라플라스변환은 다음과 같이 정의된다. 적분이 존재하는 s의 정의역 내에서만 정의된다. 별표(*)가 붙는 것은 기호이다.

$$\mathcal{L}\{f(t)\} \equiv f^*(s) = \int_0^\infty f(t)e^{-st}dt$$

라플라스변환의 효용성은 미분방정식이 대수방정식으로 전환되어 비교적 쉽게 풀리고, 이 해가 다시 역변환에 의해 원래 변수의 함수로 재전환될 수 있는 점이다. 비유하자면 로그를 사용하여 곱셈, 나눗셈, 거듭제곱이 덧셈, 뺄셈, 곱셈으로 변환되는 것과 비슷하다.

확률이 쓰이는 신뢰성공학에도 많이 쓰이는데 특히 신뢰도에는 e^{rt}꼴이 많으므로 더욱 유용하다.

라플라스 변환의 예는 다음과 같다.

$$f(t) = e^{-at}$$

$$f^*(s) = \int_0^\infty e^{-at}e^{-st}dt = \int_0^\infty e^{-(a+s)t}dt$$

$$= \frac{-e^{-(a+s)t}}{s+a}\Big]_0^\infty = \frac{1}{s+a},\ s > -a$$

s>-a는 적분이 수렴하기 위한 제약이다. 다음 표는 자주 쓰이는 함수의 라플라스변환을 보여 준다. 5번 항이 대표적으로 여러 가지를 아우른다. 이 형태는 감마함수와도 연관된다.

대표적인 함수의 라플라스변환표

순번	원함수	라플라스변환
1	$\delta_0(t)$ 충격함수(unit impulse)	1
2	1	$1/s$
3	t	$1/s^2$
4	e^{-at}	$1/(s+a)$
5	$\frac{1}{(n-1)!}t^{n-1}e^{-at}$	$1/(s+a)^n$
6	$\sin at$	$a/(s^2+a^2)$
7	$\cos at$	$s/(s^2+a^2)$

미분정리를 포함한 라플라스변환의 여러 정리를 다음 표로 보인다. 미분정리는 재귀관계식으로 표현된다. 컨볼루션 정리, 초기값 정리, 최종값 정리는 신뢰도 계산에 중요하게 쓰인다.

---

1) 피에르시몽 라플라스: 18세기 말~19세기 초의 천체역학, 확률론에 기여한 수학자

라플라스변환의 여러 정리

순번	조작	원함수	라플라스변환
1	선형조합	$a_1f_1(t)+a_2f_2(t)$	$a_1f_1{}^*(s)+a_2f_2{}^*(s)$
2	미분정리	$\frac{df(t)}{dt}$ $\frac{d^2f(t)}{dt^2}$ $\frac{d^{n+1}f(t)}{dt^{n+1}}$	$sf^*(s)-f(0)$ $s^2f^*(s)-sf(0)-f'(0)$ $s\mathcal{L}\left\{\frac{d^nf(t)}{dt^n}\right\}-f^n(0)$
3	적분정리	$\int_0^t f(\tau)d\tau$ $\int_{-\infty}^t f(\tau)d\tau$	$\frac{f^*(s)}{s}$ $\frac{f^*(s)}{s}+\frac{\int_{-\infty}^0 f(\tau)d\tau}{s}$
4	합성곱 (컨볼루션)	$f_1(t)\circledast f_2(t)=\int_0^t f_1(\tau)f_2(t-\tau)d\tau$	$f_1{}^*(t)f_2{}^*(t)$
5	t의 곱	$tf(t)$	$-\frac{df^*(s)}{ds}$
6	치환정리	$e^{-at}f(t)$	$f^*(s+a)$
7	초기값정리	$\lim_{t\to 0}f(t)$	$\lim_{t\to\infty}sf^*(s)$
8	최종값정리	$\lim_{t\to\infty}f(t)$	$\lim_{t\to 0}sf^*(s)$

라플라스변환 기법을 제차 미분방정식에 적용해 보자.

$$y''+5y'+6y=0,\ y(0)=0,\ y'(0)=1$$

각 항의 변환을 취하면

$$[s^2y^*(s)-sy(0)-y'(0)]+5[sy^*(s)-y(0)]+6y^*(s)=0$$
$$[s^2y^*(s)-1]+5[sy^*(s)]+6y^*(s)=0$$
$$(s^2+5s+6)y^*(s)=1$$
$$y^*(s)=\frac{1}{(s^2+5s+6)}=\frac{1}{s+2}-\frac{1}{s+3}$$

이의 역변환을 사용하여

$$y(t)=e^{-2t}-e^{-3t}.$$

만일 우변에 0이 아닌 구동함수가 있을 경우도 동일한 요령으로 풀 수 있다.

6. 부분분수 전개 공식 (Partial-fraction Expansion)

일반성을 잃지 않고, 분자의 차수가 분모의 차수보다 낮다고 하자. 다항식의 분수를 부분분수로 전개하려면 보통의 방법, 즉 미정계수법으로서 통분을 사용하거나, 다음 공식을 사용한다. 우선 분모의 근으로 분해될 경우를 생각하자.

$$\frac{N(s)}{D(s)} = \frac{A_1}{s+r_1} + \frac{A_2}{s+r_2} + \cdots + \frac{A_n}{s+r_n}$$

$$A_i = \left[\frac{N(s)}{D(s)}(s+r_i) \right]_{s=-r_i}$$

중근이 나올 경우는 생략한다.

7. 차분방정식(difference equation)과 Z-변환

f(n)을 이산형 변수 n(=1, 2, …)의 함수라고 하자. 그 예는 4^n, $\frac{1}{n!}$ 등이다.

f(n-1)은 f(n)의 우천이함수 즉 오른쪽으로 한 칸 옮긴 함수이다. f(n+1)은 좌천이함수라고 한다.

차분방정식(差分方程式, 정차방정식)은 천이함수로 이루어진 관계식이다. 상계수 2차 차분방정식의 예는 다음과 같다. 편의상 최고차 천이함수의 계수를 1로 한다.

$$f(n-2) - 5f(n-1) + 6f(n) = 4^n,\ f(0) = 0,\ f(1) = 1$$

차분방정식의 풀이는 Z-변환을 사용하면 편리하다. 차분방정식이 대수방정식으로 전환되어 이를 풀고 이 해를 다시 역변환에 의해 재전환되어 차분방정식의 해를 구할 수 있다.

라플라스변환의 정의에서 $z \equiv e^{-s}$로 변수치환을 하면 Z-변환이 된다[2]. 이 변환은 합산 Σ가 존재하는 z의 정의역 내에서만 정의된다.

$$Z\{f(n)\} \equiv f^*(z) = \sum_{n=0}^{\infty} z^n f(n)$$

대표적인 함수의 Z-변환표

순번	원함수	Z-변환
1	1	$1/(1-z)$
2	n	$z/(1-z)^2$
3	a^n	$1/(1-az)$
4	e^{an}	$1/(1-e^a z)$
5	$\frac{1}{n!}$	e^z
6	$e^{-\lambda}\frac{\lambda^n}{n!}$	$e^{\lambda(z-1)}$
7	$\sin an$	$\frac{z\sin a}{1+z^2-2z\cos a}$
8	$\cos an$	$\frac{1-z\cos a}{1+z^2-2z\cos a}$

2) 정규분포의 확률변수를 표준정규분포로 변환하는 것과 혼동하지 말 것.

여기서 그냥 $z \equiv e^{-s}$으로 두면 이산 확률변수의 모멘트함수가 됨에 유의하라.

표의 3, 4번 항은 본질적으로 같다. 6번 항은 포아송과정에서 보이는 것과 유사하다. Z-변환의 여러 정리는 표와 같다.

Z-변환의 여러 정리

순번	조작	원함수	Z-변환
1	선형조합	$a_1 f_1(n) + a_2 f_2(n)$	$a_1 f_1{}^*(z) + a_2 f_2{}^*(z)$
2	우천이	$f(n-1)$ $f(n-2)$ $f(n-k)$	$zf^*(z)$ $z^2 f^*(z)$ $z^k f^*(z)$
3	좌천이	$f(n+1)$ $f(n+2)$ $f(n+k)$	$z^{-1}f^*(z) - z^{-1}f(0)$ $z^{-2}f^*(z) - z^{-2}f(0) - z^{-1}f(1)$ $z^{-k}f^*(z) - z^k f(0) - z^{-(k-1)}f(1)$ $\cdots - z^{-1}f(k-1)$
4	치환정리	$a^n f(n)$	$f^*(az)$
5	덧셈정리	$\sum_{k=0}^{n} f(k)$	$f^*(z)/(1-z)$
6	합성곱 (컨볼루션)	$f_1(n) \circledast f_2(n) = \sum_{k=0}^{n} f_1(k) f_2(n-k)$	$f_1{}^*(z) f_2{}^*(z)$
7	n의 곱	$nf(n)$	$z\dfrac{df^*(z)}{dz}$
8	척도변환	$f(an)$	$f^*(z^{1/a})$
9	초기값정리	$\lim_{n \to 0} f(n)$	$\lim_{z \to 0} f^*(z)$
10	최종값정리	$\lim_{n \to \infty} f(n)$	$\lim_{z \to 1} (1-z) f^*(z)$

8. 행렬대수와 연립방정식 풀이

다음과 같은 선형 연립방정식이 있다. 편의상 0, 1의 계수도 표시하였다. 설명을 위해 첫 줄의 x_1 계수는 0으로 하였다.

$$\begin{cases} 0x_1 + 5x_2 + 2x_3 = -3 \\ 3x_1 + 4x_2 + 0x_3 = 2 \\ 0x_1 + 3x_2 + 4x_3 = 1 \end{cases}$$

이를 행렬과 벡터로 표시하면 다음과 같다.

$$\begin{bmatrix} 0 & 5 & 2 \\ 3 & 4 & 0 \\ 0 & 3 & 4 \end{bmatrix} \begin{bmatrix} x_1 \\ x_2 \\ x_3 \end{bmatrix} = \begin{bmatrix} -3 \\ 2 \\ 1 \end{bmatrix}$$

수평과 수직으로 배열된 m×n의 숫자들의 집합을 '행렬'이라고 하며 다음과 같이 표시한다. 여기서 수평의 숫자들을 행, 수직의 숫자들을 열이라고 하며 각 a_{ij}를 원소라고 한다. m=n일 경우 n차원의 정사각행렬이라고 한다.

$$A = \| a_{ij} \| = \begin{bmatrix} a_{11} & a_{12} & \cdots & a_{1n} \\ a_{21} & a_{22} & \cdots & a_{2n} \\ & \vdots & & \\ a_{m1} & a_{m2} & \cdots & a_{mn} \end{bmatrix}, \quad x = \begin{bmatrix} x_1 \\ x_2 \\ \vdots \\ x_n \end{bmatrix}, \quad b = \begin{bmatrix} b_1 \\ b_2 \\ \vdots \\ b_m \end{bmatrix}$$

일반으로 x나 b처럼 하나의 열로만 구성된 경우 벡터 또는 열벡터가 된다. 하나의 행으로만 구성된 경우 행벡터라고 한다.

행렬의 곱

행렬의 곱은 반드시 알아야 한다. 행렬 A의 열 수와 행렬 B의 행 수가 같으면 곱할 수가 있으며, 다음과 같다.

$$A_{m \times p} B_{p \times n} = C_{m \times n} = \| c_{ij} \|$$
$$c_{ij} = \sum_{k=1}^{p} a_{ik} b_{kj}$$

A의 행과 B의 열의 각 원소끼리 곱한 후 전부 더한 것이 C의 원소임에 유의하라. 벡터의 곱 표시를 사용하여 예컨대 $c_{11} = \mathbf{a}_{1.} \mathbf{b}_{.1}$와 같다. 아래첨자에 점을 찍은 것은 그 값은 관계없음을 표시하기 위한 것이다.

그러면 연립방정식은 다음과 같이 표시된다.

$$Ax = b$$

미지수가 한 개인 방정식을 풀 때 쉽게 다음과 같이 푼다.

$$ax = b$$
$$x = a^{-1} b$$

그럼 행렬로 표시된 Ax=b를 $x=A^{-1}b$처럼 구할 수 있을까. 먼저 답이 있는 정사각행렬의 연립방정식을 생각하자.

이러한 A^{-1}이 존재한다면 이를 역행렬이라고 한다. 대각선만 1이고 나머지는 0인 행렬을 단위행렬 또는 항등행렬 I라고 하며, 다음과 같은 성질을 가진다.

$$AA^{-1} = A^{-1}A = I$$

역행렬이 존재하려면 A의 행렬식(determinant) $|A| \neq 0$ 이어야 한다[3]. 행렬식은 행렬과 달리 한 개의 값으로 존재한다. 행렬식은 n에 대하여 재귀적으로 구할 수 있는데 뒤의 크래머 법칙에서 살펴보도록 한다.

가우스 조단 소거법

연립방정식을 푸는 데에 가우스 조단 소거법이 유용하다. 먼저 다음과 같은 '행

---

3) 역사적으로 행렬식이 행렬보다 먼저 등장하였다. 선형 연립방정식의 성질을 결정하기 위해서 정의되었고, 영어 이름이 그로부터 유래되었다. $|A|=0$인 경우 특이(singular)하다고 말한다.

연산'을 이해하자.

1) 두 행을 서로 교환한다.

2) 하나 행에 0이 아닌 상수를 곱한다.

3) 기본행연산: 한 행에 임의의 상수를 곱하여 다른 행에 더한다.

과거 배워왔던 연립방정식의 해법을 떠올리면, 이러한 행연산을 하여도 연립방정식의 해는 변하지 않는다. 즉 A에 b를 덧붙인 행렬에 행연산을 해서 A자리를 I로 만들면 우측의 덧붙인 열이 연립방정식의 해이다.

가우스 소거법은 행연산을 통해 대각선 아래를 0으로 만든 삼각행렬을 만든 뒤 아래에서부터 해를 하나씩 구하는 방법이고, 조단 소거법은 처음부터 I 행렬을 만드는 과정이다. 원리는 같으므로 가우스 조단 소거법이라고 하며, 계산량은 조단 방식이 좀 더 많다. 예제를 풀어서 살펴본다.

$$\begin{bmatrix} 0 & 5 & 2 & -3 \\ 3 & 4 & 0 & 2 \\ 0 & 3 & 4 & 1 \end{bmatrix}$$

x_1, x_2, x_3의 풀이 순서는 상관없으나 x_1부터 풀자. 첫 행의 a_{11}이 0이므로 2행을 첫 행에 더하여

$$\begin{bmatrix} 3 & 9 & 2 & -1 \\ 3 & 4 & 0 & 2 \\ 0 & 3 & 4 & 1 \end{bmatrix}$$

첫 행의 a_{11}을 1로 만들려면, a_{11}으로 나누면 된다. 즉 신1행 = 구1행$/a_{11}$이다.

$$\begin{bmatrix} 1 & 3 & 0.667 & -0.333 \\ 3 & 4 & 0 & 2 \\ 0 & 3 & 4 & 1 \end{bmatrix}$$

나머지 2, 3행의 $a_{\cdot 1}$을 소거한다. 즉 신i행 = 구i행$-a_{i1}$*신1행이다.

예컨대 신2행=(3, 4, 0, 2)-3(1, 3, 0.667, -0.333)

$$\begin{bmatrix} 1 & 3 & 0.667 & -0.333 \\ 0 & -5 & -2 & 3 \\ 0 & 3 & 4 & 1 \end{bmatrix}$$

행복하게 3행 a_{31}은 0이니 수고가 줄었다.

두 번째 반복과정으로, 2 행의 a_{22}를 1로 만든다. 즉 신2행 = 구2행$/a_{22}$이다.

$$\begin{bmatrix} 1 & 3 & 0.667 & -0.333 \\ 0 & 1 & 0.4 & -0.6 \\ 0 & 3 & 4 & 1 \end{bmatrix}$$

나머지 1, 3행의 $a_{\cdot 2}$를 소거한다. 즉 신i행 = 구i행$-a_{i2}$*신2행이다.

$$\begin{bmatrix} 1 & 0 & -0.533 & 1.467 \\ 0 & 1 & 0.4 & -0.6 \\ 0 & 0 & 2.8 & 2.8 \end{bmatrix}$$

세 번째 반복과정으로 3행의 a_{33}를 1로 만든다. 즉 신3행 = 구3행$/a_{33}$이다.

$$\begin{bmatrix} 1 & 0 & -0.533 & 1.467 \\ 0 & 1 & 0.4 & -0.6 \\ 0 & 0 & 1 & 1 \end{bmatrix}$$

나머지 1, 2행의 $a_{\cdot 3}$를 소거한다. 즉 신i행 = 구i행 - a_{i3}* 신3행이다.

$$\begin{bmatrix} 1 & 0 & 0 & 2 \\ 0 & 1 & 0.4 & -1 \\ 0 & 0 & 1 & 1 \end{bmatrix}$$

결과로 $x_1 = 2, x_2 = -1, x_3 = 1$이다.

연립방정식의 해가 존재하려면 미지수의 수만큼 독립인 행이 있어야 한다. 즉 행렬의 계급(階級, rank)[4]이 미지수의 수와 같아야 한다. 계급 수는 행연산을 통해 나온 행 중 (0, 0, …, 0) 이 아닌 행의 수이다.

행연산 중, A부분에 0행이 나왔는데 우변항이 0이 아닌 수가 나오면 이 연립방정식은 '불능'이다. 즉 $0x_1 + 0x_2 + 0x_3 = 1$과 같은 잘못된 연립방정식이다. 계급이 미지수 수보다 적으면 불능은 아니지만 해를 구할 수 없는, 즉 '부정'이다. 이 경우 계급 수를 초과하는 변수는 미지수로 두거나 예를 들어 0으로 둔다면(이를 기본해라고 부르기도 한다) 계급 수만큼의 변수를 풀 수 있다. 따라서 식이 아무리 많더라도 계급이 미지수의 수와 같다면 가우스 조단 소거법으로 해를 구할 수 있다. 계급 수를 초과하는 방정식은 과잉한 셈이다.

가우스 조단 소거법은 역행렬을 구하는 데도 유용하다. 즉 A의 역행렬이 있다면, I를 병렬시켜서 소거법을 같이 진행하면, 결과 후, 원래 I의 자리에는 역행렬이 있게 된다. 단, 행연산의 1)번, 행 치환이 된다면 역행렬 나오는 자리에서도 치환이 된다.

행렬식과 크래머 법칙

차원이 2와 3인 행렬의 행렬식은 다음과 같다.

$$\begin{vmatrix} a & b \\ c & d \end{vmatrix} = ad - bc$$

$$\begin{vmatrix} a & b & c \\ d & e & f \\ g & h & i \end{vmatrix} = aeh + bfg + cdh - ceg - bdi - afh$$

4차원 이상의 행렬식도 비슷할 것으로 짐작해서는 안된다. 행렬식은 A_{ik}를 A에서 i행과 j열을 제거한 작은 행렬이라고 할 때, 다음과 같이 정의된다.

$$|A| = \sum_{k=1}^{n} (-1)^{i+k} |A_{ik}| \quad \text{또는} \quad |A| = \sum_{i=1}^{n} (-1)^{i+k} |A_{ik}|$$

4) 원래 계수(階數)라고 불리는데 다른 의미의 계수(係數, coefficient)와 혼동되므로 계급이라고 한다. 곧잘 랭크라고 말한다.

즉, 한 행 또는 열을 기준으로 잡고, 재귀적으로 구할 수 있다. 3차원 행렬식의 예는 다음과 같다.

$$\begin{vmatrix} a & b & c \\ d & e & f \\ g & h & i \end{vmatrix} = a\begin{vmatrix} e & f \\ h & i \end{vmatrix} - b\begin{vmatrix} d & f \\ g & i \end{vmatrix} + c\begin{vmatrix} d & e \\ g & h \end{vmatrix}$$

사실 3차원을 초과하면 손계산으로는 풀기 어렵다.

Ax=b에서, A가 정사각 행렬이며, 행렬식이 0이 아니라고 하자. 그렇다면, 그 유일한 해는 다음과 같이 나타낼 수 있으며, 이를 크래머 공식이라고 한다. Aj를 A에서 j열을 우변항 b로 대체시킨 행렬이라고 하면

$$x_j = \frac{|A_j|}{|A|} = \frac{\begin{bmatrix} a_{11} \cdots b_1 \cdots a_{1n} \\ a_{21} \cdots b_2 \cdots a_{2n} \\ \vdots \\ a_{m1} \cdots b_m \cdots a_{mn} \end{bmatrix}}{\begin{bmatrix} a_{11} \cdots a_{1j} \cdots a_{1n} \\ a_{21} \cdots a_{2j} \cdots a_{2n} \\ \vdots \\ a_{m1} \cdots a_{mj} \cdots a_{mn} \end{bmatrix}}$$

손계산의 경우, 3차원 이하의 연립방정식의 해법으로 보통 크래머 공식이 가장 쉽다.

9. 최적화 개념 및 라그랑주 기법(Lagrange multiplier method)

(1) 최적화의 개념

제약식이 없을 때, 수학적으로 $f(x_1, x_2, \cdots, x_n)$이 최소값을 가지려면, 일차도함수가 모두 0이고 이차도함수는 모두 양수일 때이다. 수학적 표현으로 그래디언트(기울기) ∇f=0, 헤세 행렬(Hessian matrix) H(f)=양정치행렬(고유값이 모두 양)이라고 한다. 최대값 문제는 -f로 생각하면 된다. 이러한 최소값 문제에서 이 기준은 부분적인 극소점들이며 모든 정의역에서 최소값을 가진다는 것은 아니다.

최적설계 방법론에서 최소값을 찾는 것은 어려운 문제이다. 이의 해법으로 일반적인 방법은 여러 가지 출발점을 이용하여 문제를 풀어 보는 것이다. 주어진 출발점에서 찾아진 최소값은 출발점에 가까운 극소점이고 출발점을 잘 찾는 것은 이러한 극소점 중에 최소점을 찾을 가능성이 높다. 수학적 이론에 비해 현실 문제는 관심있는 있는 범위에서 해를 찾으므로 출발점은 실질적으로 대부분 의미있는 출발점이 된다.

출발점에서 한 번에 한 변수씩 변화하면서 보폭을 이동해 가는 방식으로 탐색한다. 한편 그래디언트를 이용하면 급경사 방향과 크기를 구할 수 있다. 자세한 것은 생략한다.

(2) 라그랑주 기법

라그랑주 기법은 제약이 있는 최적화 문제를 푸는 방법이다. 최적화하려 하는 값에 형식적인 라그랑주 승수 항을 더하여, 제약 문제를 제약이 없는 문제로 바꾼다. 조셉 루이 라그랑주가 도입하였다. 수학, 역학, 경제학, OR 등에 쓰인다. 라그랑주 승수는 최소화 문제일 경우 비음수, 최대화 문제에서는 비양수의 실수를 사용한다. 요령은 라그랑주 승수를 변화하면서 반복적으로 푼다.

선형계획법을 알고 있다면, 각 제약식에 새로운 변수를 곱한 것을 생각하자. 쌍대변수라고 하는데 이것이 라그랑주 승수에 해당한다. 신뢰성공학의 경우, 여분설계, 신뢰도 배분 등의 최적설계에 사용된다.

예를 들어 문제가 다음과 같다고 하자.

$$minimize \sum_{j=1}^{n} f_j(x_j)$$

$$\text{제약조건} \sum_{j=1}^{n} g_{kj}(x_j) = 0,\ k = 1,\ \cdots, m$$

라그랑주 함수는 다음과 같다. 이때 ϕ_i를 라그랑주 승수라고 한다.

$$L(\mathbf{x}, \boldsymbol{\phi}) = \sum_{j=1}^{n} f_j(x_j) + \sum_{k=1}^{m} \phi_k \left(\sum_{j=1}^{n} g_{kj}(x_j) \right)$$

변수가 원래의 변수 n개와 라그랑주 승수 m개를 더한 n+m개가 되었다. 원 문제의 최적화값은 라그랑주 함수의 최적화값을 찾으면 얻어질 수 있다는 것은 증명된 사실이다[Rao(1984)]. 라그랑주 함수를 최적화시키는데는 n+m개의 편미분을 0으로 놓고 풀면 해를 구할 수 있다.

제약조건이 부등식일 경우, 차이, 즉 여유분 또는 잉여분 만큼에 해당하는 값을 변수로 추가하여 등식화하여 접근하는 것이 선형계획법이다.

부록 G 컴퓨터 시뮬레이션

대부분의 신뢰성 문제의 경우 근사적으로 해를 구했거나, 또는 이론적으로 구한 해를 크고 복잡한 규모에 사용할 때, 컴퓨터 분석 결과를 점검 또는 보조하는 것이 바람직하며, 때로는 필수적이다. 컴퓨터와 몬테칼로 기법을 사용하여 확률과정[5]의 모형을 수립하고 그 과정을 분석할 수도 있다. 시뮬레이션은 이렇게 현실을 컴퓨터로 흉내내기 하여 결과를 해석하는 것이다.

몬테칼로 시뮬레이션의 주요 절차는 우선 특정한 확률밀도함수를 가진 확률변수에 대해 일련의 값을 추출하고, 이렇게 임의로 추출된 확률변수를 사용하여 시스템이 어떻게 움직이는가를 관측하고, 그리고 이러한 관측결과를 실제로 시스템의 실험 결과로 취급하여 이를 도표화하는 것이다. 이 절차를 한 예를 들어 설명한다.

어떤 신뢰도그래프에 대한 체계신뢰도를 구한다고 하자. 각 부품은 지수분포의 수명을 갖는다고 하자. 그러면 먼저 부품별로 지수분포 수명을 갖는 일련의 난수(亂數, random number)를 발생시켜야 한다. 지수분포의 난수를 얻기 위해서 지수분포를 갖는 자연현상을 관찰하여 기록하였다가 필요시 사용하는 것을 생각할 수 있으나 이러한 실험과 통계적 자료구축은 시간낭비 및 비경제적이다.

그래서 미리 준비된 균등분포의 난수표를 사용하여 난수를 얻고 이를 해당되는 지수분포의 난수로 바꾸어 주는 것이 더 나을 것이다.

1947년 미국 랜드 연구소는 룰렛으로 백만개의 난수를 추출하여 통계적 검정을 거쳐 난수표를 만들었다. 이러한 난수표는 손계산의 시뮬레이션용으로는 적당하지만 컴퓨터 시뮬레이션에서는 곤란하다. 그래서 컴퓨터로 여러 가지 난수발생기가 시도되었는데 congruential(합동) 기법은 다음과 같은 재귀식을 이용하여 i 번째 난수를 발생시키는 것이다. MOD_m은 m으로 나눈 나머지를 주는 함수이고, a는 0과 m-1 사이의 정수, m은 반복주기이다.

$$x_i = MOD_m(a x_{i-1})$$

이것으로 얻는 난수는 0과 m-1 사이의 정수로 발생된다. 난수의 반복주기를 실현하기 위해서 m, a를 적절히 선택해야 한다. 일반으로 컴퓨터가 처리하는 가장 큰 정수를 m으로 쓴다. 그렇다면 사실 발생된 숫자는 엄밀하게는 m 주기로 같은 숫자가 반복되므로 가짜난수(pseudorandom number)이다. 그러나 그 주기는 보통 필요한 총 난수보다 크고 숫자간의 상관관계가 무시할 정도로 작으므로 이 가짜난수는 훌륭히 실용적이다.

위에서 얻은 난수를 m으로 나누면 [0,1] 사이에 정의되는 균등분포의 난수가 된다. 그러나 대부분의 컴퓨터는 난수발생 함수를 가지고 있어서 시뮬레이션을 위해

---

5) 확률과정, 추계적과정, 시계열 등은 본질적으로 같은 현상을 말한다. 시계열은 경영학에서 많이 사용하는 용어이다.

난수발생기를 특별히 프로그래밍을 할 필요가 없다. 예를 들어 RAND()와 같다. 엑셀에도 같은 이름의 난수발생함수가 있다.

수명분포는 균등분포만이 아니고 지수분포나 와이블분포 등이므로 난수로부터 해당 분포의 난수로 변환하여야 한다. 이것이 몬테칼로 시뮬레이션의 핵심 원리이다. u가 균등분포의 난수라면 분포함수 F(t)를 따르는 수명 t는 F의 역함수를 써서 $t=F^{-1}(u)$과 같다. 즉 u를 누적확률값으로 보는 것이다. u가 균등분포에 따르면 1-u 역시 균등분포를 따르므로 F 대신 1-F 즉 신뢰도함수 R(t)를 사용해도 상관없다. 예를 들어 지수분포를 갖는 확률변수 t를 추출하기 위해서는 다음과 같다.

$$u = 1 - e^{-\lambda t}$$

$$t = -\frac{1}{\lambda}\ln(1-u) \text{ 또는 } t = -\frac{1}{\lambda}\ln(u)$$

예를 들어 부품 3 개가 병렬로 연결된 시스템을 생각하자. 세 부품의 수명을 난수로 구했더니 0.7년, 0.6년, 0.9년이라면, 이들 중 가장 긴 0.9가 시스템의 수명이 된다. 이러한 일을 1,000번(표본크기) 행하면 1,000개의 수명자료가 얻어지게 된다. 어떤 시점, 예를 들어 1년 운영의 신뢰도를 구해보자. 1,000개의 자료 중 시스템 수명이 1년 이상인 것들의 개수가 746개라면, R(t=1)=0.746이 될 것이다. 적절한 시간 간격으로 예를 들어 R(0.1), R(0.2), …를 타점한다면 신뢰도 곡선의 모습을 보여줄 것이다.

시뮬레이션의 표본크기는 기대하는 정확도에 달려있다. 표본크기 n에 따른 오차는 구간추정에서 익히 보았듯이 $1/\sqrt{n}$로 줄어든다. 신뢰도가 높은 구간에서 정확도의 척도는 불신도의 상대오차를 사용하는 것이 합리적이다.

몬테칼로 기법과 난수발생에 관한 고전적 문헌은 Hammersley & Handscomb (1964)와 Chambers(1967)이 있으니 관심있는 독자는 참조하기 바란다. 또한 시뮬레이션을 위한 도구는 여러 가지가 개발되었는데, 한 예로 GPSS는 IBM에서 개발된 이산체계 시뮬레이션 중심의 언어이다. 관심있는 독자는 Schriber(1974)를 참조하기 바란다.

시뮬레이션 기법은 복잡한 모델에 유용하다. 특히 보전이 포함될 경우 복잡한데다가 경제성분석이 포함되므로 시뮬레이션이 유용하다. 이론적으로 푸는 연구의 수많은 모델은 비교적 단순한 모델인데도 불구하고 지수, 미분, 적분, 합성곱, 비용률 등이 등장하는 상당히 복잡한 수식의 해가 나타난다. 산업체계의 응용에 관심있는 독자는 Schmidt를 참조하기 바란다.

부록 H 품질경영기사의 신뢰성공학 문제

1. 필기시험: 신뢰성관리 20문항(고르기)

과목	세부 항목	세세 항목
신뢰성 관리	1, 신뢰성의 개념	1. 신뢰성의 기초개념 2. 신뢰성 수명분포 3. 신뢰도 함수 4. 신뢰성 척도 계산
	2. 고장률과 고장 확률밀도함수	1. 고장률과 고장확률밀도함수 2. 욕조곡선 3. 평균수명과 평균고장률 계산
	3. 보전성과 유용성	1. 보전성 2. 유용성
	4. 신뢰성 시험과 추정	1. 고장률 곡선 2. 신뢰성 데이터 분석 3, 정상수명시험 4. 확률도(와이블, 정규, 지수 등)를 통한 신뢰성추정 5. 가속수명시험 6. 신뢰성 샘플링기법 7. 간섭이론과 안전계수
	5. 시스템의 신뢰도	1. 직렬결합 시스템의 신뢰도 2. 병렬결합 시스템의 신뢰도 3. 기타 결합 시스템의 신뢰도
	6. 신뢰성 설계	1. 신뢰성 설계 개념 2. 신뢰성 설계 방법
	7. 고장해석 방법	1. FMEA에 의한 고장해석 2. FTA에 의한 고장해석
	8. 신뢰성관리	1. 신뢰성관리

2. 실기시험:

과목	세부 항목	세세 항목
신뢰성 관리	신뢰성 관리	1. 신뢰성시험 결과를 통해 평균수명을 예측할 수 있다. 2. 해당 로트의 수명에 대해 적용되는 신뢰성 분포를 적용할 수 있다. 3. 해당 로트의 신뢰성 데이터를 통해 수명의 검정 및 추정을 할 수 있다. 4. 시스템에 대한 평균수명과 신뢰도를 추정할 수 있다. 5. FTA분석에 대한 불신뢰도 계산 및 신뢰도 추정을 할 수 있다.

실기시험 문제는 비공개이므로 여기서 보일 수 없고, 필기시험 문제만 예로 보인다. 2017년 3회차는 시행되지 않은 것으로 보인다.

2017년 1회

1. 신뢰도가 각각 0.9인 부품 3개를 그림과 같이 연결하였을 때 이 시스템의 신뢰도는 얼마인가?

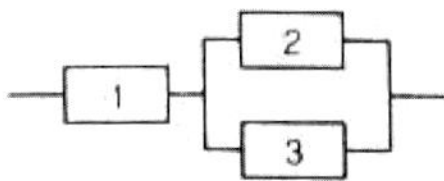

① 0.729 ② 0.891 ③ 0.990 ④ 0.999

2. 신뢰도가 0.95인 부품이 직렬로 결합되어 시스템을 구성한다면, 시스템의 목표신뢰도 0.90을 만족시키기 위한 부품의 수는?
① 2개 ② 3개 ③ 4개 ④ 5개

3. 부품에 가해지는 부하(y)는 평균이 25000, 표준편차가 4472인 정규분포를 따르며, 부품의 강도(x)는 평균이 50000이다. 신뢰도 0.999가 요구될 때 부품강도의 표준편차는 약 얼마인가? 단, $P(Z \geq -3.1)=0.999$이다.
① 6840psi ② 7840psi
③ 9850psi ④ 13680psi

4. 평균수명이 4000시간인 2개의 부품이 병렬결합된 시스템의 평균수명은 몇 시간인가?
① 2000 ② 4000 ③ 6000 ④ 8000

5. 비기억특성을 가짐으로 수리가능한 시스템의 가용도분석에 가장 많이 사용되는 수명분포는?
① 감마분포 ② 와이블분포
③ 지수분포 ④ 대수정규분포

6. 신뢰성시험에 대한 설명 중 틀린 것은?
① 현장시험(Field Test)은 실제 사용 상태에서 실시하는 시험이다.
② 가속수명시험은 고장매커니즘을 촉진하기 위해 가혹한 환경조건에서 실시하는 시험이다.
③ 정수중단시험은 규정된 시험시간 또는 고장발생수에 도달하면 시험을 종결하는 방식이다.
④ 단계 스트레스시험이란 아이템에 대하여 등간격으로 여러 증가하는 스트레스 수준을 순차적으로 적용하는 시험이다.

7. 용어-신인성 및 서비스 품질(KS A 3004: 2002)규격에서 아이템의 고장 확률 또는 기능열화를 줄이기 위해 미리 정해진 간격 또는 규정된 기준에 따라 수행되는 보전을 뜻하는 용어는?
① 원격보전 ② 제어보전
③ 예방보전 ④ 개량보전

8. 고장률 곡선에서 초기에 발생하는 고장률 함수의 특성은?
① AFR(average failure rate)
② CFR(constant failure rate)
③ IFR(increasing failure rate)
④ DFR(decreasing failure rate)

9. 신뢰성을 향상시키는 설계방법이 아닌 것은?
① 스트레스를 분산시킨다.
② 사용하는 부품의 수를 늘린다.
③ 부품에 걸리는 스트레스를 경감시킨다.
④ 스트레스에 대한 안전계수를 크게 한다.

10. 지수분포를 따르는 부품 10개에 대해 고장이 나면 즉시 교체가 되는 수명시험으로 100시간에서 중지하였다. 이 시간 동안 고장 난 부품이 4개로 고장이 각각 10, 30, 70, 90시간에서 발생하였다. 이 부품에 대한 t_0=100시간에서의 누적고장률 H(t)는 얼마인가?
① 0.33/hr ② 0.40/hr
③ 0.50/hr ④ 0.67/hr

11. 그림에서 A,B,C의 고장확률이 각각 0.02, 0.1, 0.05인 경우 정상사상의 고장 확률은?

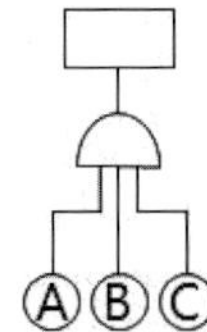

① 0.0001 ② 0.1621
③ 0.8379 ④ 0.9999

12. 부품의 단가는 400원이고, 시험하는 전체 부품의 시간당 시험비는 60원이다. 총시험시간(T)을 200시간으로 수명시험을 할 때, 어느 것이 가장 경제적인가?
① 샘플 5개를 40시간 시험한다.
② 샘플 10개를 20시간 시험한다.
③ 샘플 20개를 10시간 시험한다.
④ 샘플 40개를 5시간 시험한다.

13. MTTF 산출식으로 맞는 것은? 단, R(t): 신뢰도함수, f(t): 고장밀도함수이다.
① $\int_t^{\infty} \frac{f(t)}{R(t)} dt$ ② $\int_0^t F(t)dt$
③ $\int_0^{\infty} \frac{dR(t)}{dt} dt$ ④ $\int_0^{\infty} R(t)dt$

14. 다음 FMEA의 절차를 순서대로 나열한 것은?

㉠ 시스템의 분해수준을 결정한다. ㉡ 블록마다 고장모드를 열거한다. ㉢ 효과적인 고장모드를 선정한다. ㉣ 신뢰성 블록도를 작성한다. ㉤ 고장등급이 높은 것에 대한 개선제안을 한다.

① ㉠→㉡→㉢→㉣→㉤
② ㉢→㉤→㉠→㉣→㉡
③ ㉣→㉤→㉡→㉠→㉢
④ ㉠→㉣→㉡→㉢→㉤

15. 표본의 크기가 n일 때 시간 t를 지정하여 그 시간까지 고장수를 r로 한다면 수명 t에 대한 신뢰도 R(t)의 추정식은?
① R(t) = r/n ② R(t) = n-r/n
③ R(t) = n/r ④ R(t) = r-n/r

16. 시스템의 고장율이 0.03/hr이고 수리율이 0.1/hr인 경우, 시스템의 가용도는? 단, 고장시간과 수리시간은 지수분포를 따른다.
① 13/3 ② 13/10 ③ 3/13 ④ 10/13

17. 가속수명시험의 시험조건 사이에 가속성이 성립한다는 것을 확률용지에서 어떻게 확인할 수 있는가?
① 확률용지에서 각 시험조건의 수명분포 추정선들이 서로 평행이다.
② 확률용지에서 각 시험조건의 수명분포 추정선들이 서로 직교한다.
③ 확률용지에서 각 시험조건의 수명분포 추정선들이 상호 무상관이다.
④ 확률용지에서 각 시험조건의 수명분포 추정선들의 절편이 서로 동일하다.

18. 샘플 10개에 대한 수명시험에서 얻은 데이터는 다음과 같다(단위: 시간). 중앙순위법(median rank)을 이용한 t=40시간에서의 누적고장확률 (F(t))의 값은 약 얼마인가?

5	10	17.5	30	40
55	67.5	82.5	100	117.5

① 0.450 ② 0.452 ③ 0.455 ④ 0.500

19. 고장밀도함수가 지수분포에 따르는 부품을 100시간 사용하였을 때, 신뢰도가 0.96인 경우 순간고장률은 약 얼마인가?
① 1.05×10^{-3}/시 ② 2.02×10^{-4}/시
③ 4.08×10^{-4}/시 ④ 5.13×10^{-4}/시

20. 지수분포의 확률지에 관한 설명으로 틀린 것은?
① 회귀선의 기울기를 구하면 평균고장률이 된다.
② 세로축은 누적고장률, 가로축은 고장시간을 타점하도록 되어 있다.
③ 타점결과 원점을 지나는 직선의 형태가 되면 지수분포라 볼 수 있다.
④ 누적고장률의 추정은 t시간까지의 고장회수의 역수를 취하여 이루어진다.

[답]
1.②, 2.①, 3.①, 4.③, 5.③, 6.③, 7.③, 8.④, 9.②, 10.②, 11.①, 12.①, 13.④, 14.④, 15.②, 16.④, 17.①, 18.②, 19.③, 20.④

2017년 2회

1. 현장시험의 결과 아래 표와 같은 데이터를 얻었다. 5시간에 대한 보전도를 구하면 약 몇 %인가? (단, 수리시간은 지수분포를 따른다.)

회수	6	3	4	5	5
수리시간	3	6	4	2	5

① 60.22 ② 65.22 ③ 70.22 ④ 73.34

2. 와이블 확률지를 이용한 신뢰성 척도의 추정방법을 설명한 것으로 틀린 것은? 단, t는 시간이고 F(t)는 t의 분포함수이다.

① 평균수명은 $\eta\Gamma(1+ 1/m)$으로 추정한다.
② 모분산은 $\eta^2[\Gamma(1+2/m)-\Gamma^2(1+1/m)$으로 추정한다.
③ 와이블 확률지의 X축의 값은 t, Y축의 값은 lnln(1-F(t))이다.
④ 특성수명 η의 추정값은 타점의 직선이 F(t)=63%인 선과 만나는 점의 t눈금을 읽으면 된다.

3. 샘플 5개를 50시간 가속수명시험을 하였고 고장이 한 개도 발생하지 않았다. 신뢰수준 95%에서 평균수명의 하한값은 약 얼마인가? 단, $\chi^2_{0.95}(2)=5.99$이다.

① 84시간 ② 126시간
③ 168시간 ④ 252시간

4. FTA 작성 시 모든 입력사상이 고장날 경우에만 상위사상이 발생하는 것을 무엇이라 하는가?

① 기본사상 ② OR게이트
③ 제약게이트 ④ AND게이트

5. 2개의 부품이 병렬구조로 구성된 시스템이 있다. 각 부품의 고장률이 각각 λ_1=0.02/hr, λ_2=0.04/hr일 때, 이 시스템의 MTTF는 약 몇 시간인가?

① 58.3 ② 63.3 ③ 70.5 ④ 75.0

6. 트랜지스터 수명분포는 지수분포를 따르고 고장률 λ=0.002/10000시간이다. 1000시간에서 트랜지스터의 신뢰도는 약 얼마인가?

① 0.9980 ② 0.9990
③ 0.9998 ④ 0.9999

7. 10개의 제품을 모두 고장이 날 때까지 시험하였다. 중앙순위(메디안 랭크)법을 사용하였을 때, 6번째 고장시간에 대한 누적고장확률 F(t)는 약 얼마인가?

① 0.4017 ② 0.4548
③ 0.5481 ④ 0.6076

8. 20개의 동일한 설비를 6개가 고장이 날 때까지 시험을 하고 시험을 중단하였다. 시험 결과 6개 설비의 고장시간은 각각 55, 65, 74, 99, 105, 115시간째이었다. 이 제품의 수명이 지수분포를 따르는 것으로 가정하고, 평균수명에 대한 90% 신뢰구간 추정 시 하측 신뢰한계 값을 구하면 약 얼마인가? 단 $\chi^2_{.95}(12)=21.03$, $\chi^2_{.95}(14)=23.68$, $\chi^2_{.975}(12)=23.34$, $\chi^2_{.975}(14)=26.12$이다.

① 101 ② 179 ③ 182 ④ 202

9. 평균수명이 5로 일정한 시스템에서 t=2 시점에서의 신뢰도는?

① $e^{-0.6}$ ② $e^{-0.5}$ ③ $e^{-0.4}$ ④ $e^{-0.3}$

10. A, B, C의 총 3 개의 부품이 직렬 연결된 시스템의 MTBF를 60시간 이상으로 하고자 한다. A, B의 MTBF는 각각 300시간, 400시간이면 C부품의 MTBF는 약 얼마 이상인가?

① 70시간 이상 ② 80시간 이상
③ 90시간 이상 ④ 93시간 이상

11. 고장률 λ=0.001/시간인 지수분포를 따르는 부품이 있다. 이 부품 2개를 신뢰도 100%인 스위치를 사용하면 대기결합 모델로 시스템을 만들었다면, 이 시스템을 100시간 사용하였을 때의 신뢰도는 부품 1개를 사용한 경우와 비교하여 몇 배로 증가하는가?
① 1.0 ② 1.1 ③ 1.5 ④ 2.0

12. 신뢰성의 척도 중 시점 t에서의 순간고장률을 나타낸 것으로 틀린 것은? 단, R(t)는 신뢰도, F(t)는 불신뢰도, f(t)는 고장확률밀도함수, n(t)는 시점 t에서의 잔존개수이다.
① $\frac{f(t)}{R(t)}$
② $R(t)\frac{-dR(t)}{dt}$
③ $\frac{dF(t)}{dt}\times\frac{1}{1-F(t)}$
④ $\frac{[n(t)-n(t+\Delta t)]}{n(t)\Delta t}$

13. 재료의 강도는 평균 50kg/mm², 표준편차가 2kg/mm², 하중은 평균 45kg/mm², 표준편차가 2kg/mm²인 정규분포를 따른다고 한다. 이 재료가 파괴될 확률은? 단, Z는 표준정규분포의 확률변수이다.
① $P_r(Z>-1.77)$ ② $P_r(Z>1.77)$
③ $P_r(Z>-2.50)$ ④ $P_r(Z>2.50)$

14. 수명 데이터를 분석하기 위해서는 먼저 그 데이터가 가정된 분포에 적합한지를 검정하영햐 한다. 이 경우 적용되는 기법이 아닌 것은?
① 카이제곱 검정
② 파레토 검정
③ 바틀렛 검정
④ 콜모고로프-스미르노프 검정

15. 기본설계 단계에서 FMEA를 실시한다면 큰 효과를 발휘할 수 있다. FMEA의 결과로 얻을 수 있는 항목이 아닌 것은?
① 설계상 약점이 무엇인지 파악
② 컴포넌트가 고장이 발생하는 확률의 발견
③ 임무달성에 큰 방해가 되는 고장모드 발견
④ 인명손실, 건물파손 등 넓은 범위에 걸쳐 피해를 주는 고장모드 발견

16. 시스템 수명곡선인 욕조곡선의 초기고장기간에 발생하는 고장의 원인에 해당되지 않는 것은?
① 불충분한 정비
② 조립상의 과오
③ 빈약한 제조기술
④ 표준 이하의 재료 사용

17. 어떤 시스템의 평균수명(MTBF)은 15000시간으로 추정되었고, 이 기계의 평균수리시간(MTTR)은 5000시간이다. 이 시스템의 가용도는 몇 %인가?
① 33% ② 67% ③ 75% ④ 86%

18. 신뢰성 샘플링 검사에서 지수분포를 가정한 신뢰성 샘플링 방식의 경우 λ_0와 λ_1을 고장률 척도로 하게 된다. 이 때 λ_1을 무엇이라고 하는가?
① ARL ② AFR ③ AQL ④ LTFR

19. 신뢰도 배분에 대한 설명으로 틀린 것은?
① 리던던시 설계 이후에 신뢰도를 배분한다.
② 시스템 측면에서 요구되는 고장률의 중요성에 따라 신뢰도를 배분한다.
③ 상위 시스템으로부터 시작하여 하위시스템으로 배분한다.
④ 신뢰도를 배분하기 위해서는 시스템의 요구기능에 필요한 직렬결합 부품 수, 시스템설계 목표치 등의 자료가 필요하다.

20. 파괴시험에 해당되지 않는 것은?
① 동작시험 ② 정상수명시험
③ 가속수명시험 ④ 강제열화시험

[답]

1.④, 2.③, 3.①, 4.④, 5.①, 6.③, 7.③, 8.④, 9.③, 10.④, 11.②, 12.②, 13.②, 14.②, 15.②, 16.①, 17.③, 18.④, 19.①, 20.①

2017년 3회

1. 신뢰성 축차샘플링 검사에서 사용되는 공식 중 틀린 것은?
   ① $T_a = s \cdot r + h_a$
   ② $s = \ln\left(\frac{\lambda_1}{\lambda_0}\right)/(\lambda_1 - \lambda_0)$
   ③ $h_a = \ln\left(\frac{1-\alpha}{\beta}\right)/(\lambda_1 - \lambda_0)$
   ④ $h_r = \left(\frac{1-\alpha}{\beta}\right)/\ln\left(\frac{\lambda_1}{\lambda_0}\right)$

2. 수명시험 방식 중 정시중단방식의 설명으로 맞는 것은?
   ① 정해진 시간마다 고장수를 기록하는 방식
   ② 미리 고장갯수를 정해놓고 그 수의 고장이 발생하면 시험을 중단하는 방식
   ③ 미리 시간을 정해놓고 그 시간이 되면 고장수에 관계없이 시험을 중단하는 방식
   ④ 미리 시간을 정해놓고 그 시간이 되면 고장난 아이템에 관계없이 전체를 교체하는 방식

3. 가속수명시험을 위한 가속모델 중에서 확장된 아이링 모델이 아레니우스 모델과 특히 다른 점은?
   ① 가속인자로 온도만 사용
   ② 두 모델에는 차이가 없음
   ③ 가속인자로 온도와 습도 2 개를 사용
   ④ 가속인자로 온도 외의 다른 인자도 사용

4. 한 부품의 요구 신뢰도는 0.96인데 시중에서 구입 가능한 이 부품의 신뢰도는 0.8밖에 되지 않는다. 따라서 이 부품이 사용되는 부분을 병렬 리던던시 설계에 사용하기로 하였다. 요구되는 최소 병렬 부품수는 몇 개인가?
   ① 1 ② 2 ③ 3 ④ 4

5. 와이블 확률지에 관한 설명으로 맞는 것은?
   ① 관측 중단 데이터가 있으면 사용할 수 없다.
   ② 분포의 모수를 확률지로부터 추정할 수 있다.
   ③ 와이블 분포는 타점 후 반드시 원점을 지나는 직선이 나오게 된다.
   ④ H(t)를 누적고장률함수라고 할 때, H(t)가 t의 선형함수임을 이용한 것이다.

6. 와이블 분포에서 형상모수 값은 2.0, 척도모수 값은 3604.7, 위치모수 값은 0으로 추정된 경우, 평균수명은 약 몇 시간인가. 단 Γ(1.5)=0.836, Γ(2)=1.0, Γ(2.5)=1.329이다.
   ① 2460.6시간 ② 3013.5시간
   ③ 3604.7시간 ④ 4790.6시간

7. m/n계(n중m 구조) 리던던시에 관한 설명으로 맞는 것은?
   ① m=n일 때, 병렬 리던던시가 된다.
   ② m=1일 때, 병렬 리던던시가 된다.
   ③ m=2일 때, 병렬 리던던시가 된다.
   ④ 직렬 리던던시는 n중m구조로 설명할 수 없다.

8. 취급·조작, 서비스, 설치환경 및 운용에 관한 것으로서 제품의 신뢰도를 증가시키는 것이 아니고, 설계와 제조과정에서 형성된 제품의 신뢰도를 장기간 보존하려는 신뢰성은?
   ① 동작 신뢰성 ② 고유 신뢰성
   ③ 신뢰성 관리 ④ 사용 신뢰성

9. 우발고장기간에 발생하는 고장의 원인이 아닌 것은?
   ① 노화 ② 과중한 부하
   ③ 사용자의 과오 ④ 낮은 안전계수

10. 와이블 분포가 지수분포와 동일한 특성을 갖기 위한 형상모수의 값은 얼마인가?
① 0.5 ② 1.0 ③ 1.5 ④ 2.0

11. 20개 제품에 대해 5000시간의 수명시험을 실시한 실험결과 6개의 고장이 발생하였다. 고장시간은 다음과 같다. 고장시간이 지수분포를 따른다고 가정할 때, 고장률을 구하면 약 얼마인가?

50, 630, 790, 1670, 3400

① 0.000076/시 ② 0.00018/시
③ 0.00025/시 ④ 0.00068/시

12. 다음 고장나무에서 정상사사의 확률은 얼마인가? 단, 기본사상의 고장확률은 P(A)=0.002, P(B)=0.003, P(C)=0.004이다.

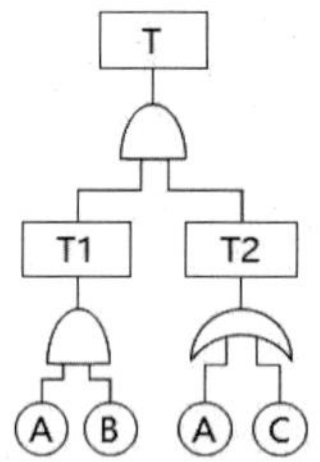

① 1.2×10^{-11} ② 4.8×10^{-11}
③ 3.6×10^{-8} ④ 6×10^{-8}

13. 부하-강도 모델에서 μ_X, μ_Y의 거리가 n_X, n_Y일 때, 안전계수식으로 맞는 것은? 단, 부하평균:μ_X, 강도평균:μ_Y, 부하표준편차:σ_X, 강도표준편차:σ_Y이다.

① $\dfrac{\mu_X-\mu_Y}{\mu_Y}$ ② $\dfrac{\mu_Y-n_Y\sigma_Y}{\mu_X-n_X\sigma_X}$

③ $\dfrac{\mu_X-\mu_Y}{\mu_X}$ ④ $\dfrac{\mu_Y-n_Y\sigma_Y}{\mu_X+n_X\sigma_X}$

14. FMEA의 실시절차의 순서로서 맞는 것은?

ㄱ 시스템의 분해레벨을 결정한다. ㄴ 효과적인 고장모드를 선정한다. ㄷ 고장등급을 결정한다. ㄹ 신뢰성블록도를 작성한다. ㅁ 고장모드에 대한 추정원인을 열거한다.

① ㄱ → ㄴ → ㄹ → ㄷ → ㅁ
② ㄹ → ㄴ → ㄱ → ㄷ → ㅁ
③ ㄱ → ㄹ → ㄴ → ㅁ → ㄷ
④ ㄹ → ㄴ → ㄱ → ㅁ → ㄷ

15. 1만시간당 고장률이 각각 25, 38, 15, 50, 102인 지수분포를 따르는 부품 5개로 구성된 직렬시스템의 평균수명은 약 몇 시간인가?
① 36.29 ② 40.12 ③ 43.48 ④ 50.05

16. 평균고장률 λ, 평균수리율 μ인 지수분포를 따를 경우 평균수리시간(MTR)을 맞게 표현한 것은
① 1/μ ② μ/(λ+μ)
③ λ/(λ+μ) ④ $1-e^{-\mu t}$

17. 어떤 시스템을 80시간 동안(수리시간 포함) 연속 사용한 경우 5회의 고장이 발생하였고, 각각의 수리시간이 1, 2, 3, 4, 5 시간이었다면 이 시스템의 가용도는 약 얼마인가?
① 91% ② 85% ③ 88% ④ 89%

18. 소시료 신뢰성 실험에서 평균순위법의 고장률 함수를 맞게 표현한 것은? 단 n은 시료의 수, i는 고장순번, ti는 i번째 고장발생시간이다.

① $\dfrac{1}{n+1}\times\dfrac{1}{t_{i+1}-t_i}$ ② $\dfrac{1}{n+0.4}\times\dfrac{1}{t_{i+1}-t_i}$

③ $\dfrac{1}{n-1+1}\times\dfrac{1}{t_{i+1}-t_i}$ ④ $\dfrac{1}{n-i+0.7}\times\dfrac{1}{t_{i+1}-t_i}$

19. 신뢰성 설계기술 중 시스템을 구성하며 각 부품에 걸리는 부하에 여유를 두고 설계하는 기법은?
① 내환경성 설계 ② 디레이팅 설계
③ 설계심사 ④ 리던던시 설계

20. 신뢰도함수 R(t)를 표현한 것으로 맞는 것은? 단, F(t)는 고장분포함수, f(t)는 고장밀도함수이다.

① $\int_0^t f(x)dx$ ② $\int_0^t F(x)dx$

③ $\int_t^\infty f(x)dx$ ④ $\int_t^\infty F(x)dx$

[답]

1.④, 2.③, 3.④, 4.②, 5.②, 6.②, 7.②, 8.④, 9.①, 10.②, 11.①, 12.④, 13.④, 14.③, 15.③, 16.①, 17.①, 18.③, 19.②, 20.③

찾아보기

【차】

【카】

【타】

【파】

【하】

【영문 · 숫자】

박경수
(朴景洙)

- 미 Univ. of Florida, Industrial & Systems Eng. 석사 (1969)
- 미 Univ. of Michigan, Industrial & Operations Eng. 박사 (1973)
- 미 로체스터 공과대학 산업공학과 1973~1976
- 카이스트 산업공학과 교수 1976~2015
- 대한인간공학회 회장 1982~1992
- 한국경영공학회 회장 1996~1999
- 편집위원
- 한국 과학기술한림원 종신회원 96~

저서
- Human Reliability: Analysis, Prediction, and Prevention of Human Errors, Elsevier
- Human Reliability, 38 in Handbook of Industrial Engineering, 2nd ed., Wiley
- 경제성공학 (구민사)
- 신뢰성 개론 (영지문화사)
- 신뢰도공학 및 정비이론 (희중당)
- 신뢰도 및 보전공학 (영지문화사)
- 경영공학개론 (희중당)
- 인간공학 (영지문화사)
- 설비관리 (영지문화사)
- 자재관리 및 재고통제 (구민사)
- 산업공학입문 (한국경제신문사)

수상
- 미국 의학협회, Adolf G. Kammer 최우수논문상 수상 (1975)
- 미국 인간공학회, 88년도 해외 석학상 수상 (1988)

김국
(金局)

- 카이스트 산업공학 박사 (1993)
- 국방과학연구소 선임연구원 (1979~1995)
- 서경대학교 교수 (1995~현재)
- 국가기술표준원 표준심의위원
- 한국신뢰성학회 이사
- 한국경영공학회 부회장
- 남북경영경제포럼 대표

저서
- 프로젝트관리와 연구개발관리 (경문사)
- 핵심물류관리사 (연학사)
- 생생한 현장설비관리 (교우사)
- 설비관리용어사전 (한국능률협회컨설팅)
- 비즈니스 인텔리전스 (원저: Halliman, C., Business Intelligence) (교우사)
- 기술과 특허 (한올출판사)

수상
- 대한상공회의소, 우수상, 산학협력 기업컨설팅 지원사업, (2003)
- 국방과학연구소, 공로상 (1992)
- 한국경영공학회, 우수논문상 (2013)

감수 **정해성**

- 서울대학교 계산통계학 박사
- 현) 서원대학교 교수(1991~현재)
  한국신뢰성학회 회장 (2017~현재)

저서
- 신뢰성 시험 분석 평가(영지문화사, 2007)
- Maintenance, Modeling and Optimization(Springer, 2000)
- 신뢰성평가 표준매뉴얼 (편찬, "신뢰성 향상을 위한 표준화 기반 구축 및 확산" 사업

신뢰성공학

2018년 8월 25일 초판1쇄 인쇄
2018년 8월 30일 초판1쇄 발행

저 자 박경수 · 김국
펴낸이 임 순 재
펴낸곳 (주)한올출판사
등록 제11-403호

주 소 서울시 마포구 모래내로 83(성산동, 한올빌딩 3층)
전 화 (02)376-4298(대표)
팩 스 (02)302-8073
홈페이지 www.hanol.co.kr
e-메 일 hanol@hanol.co.kr

ISBN 979-11-5685-723-5